영양학

실용과 실천

WENDY J. SCHIFF

정은희 · 이승교 · 원향례 공역

BIO
BIOSCIENCE
(주)바이오사이언스출판

이 도서의 국립중앙도서관 출판예정도서목록(CIP)은 서지정보유통지원시스템 홈페이지(http://seoji.nl.go.kr)와 국가자료공동목록시스템(http://www.nl.go.kr/kolisnet)에서 이용하실 수 있습니다.
(CIP제어번호: CIP2016010834)

영양학 실용과 실천

초판 인쇄: 2016년 6월 20일
초판 발행: 2016년 6월 30일

저　　자: WENDY J. SCHIFF
역　　자: 정은희 · 이승교 · 원향례
발 행 인: 문정구
발 행 처: (주)바이오사이언스출판
주　　소: 서울특별시 서초구 도구로 115 1층
전　　화: (02)581-4057~8　팩스: (02)581-4059
이 메 일: inquiry@biosciencepub.com
홈페이지: http://www.biobooks.co.kr
I S B N: 978-89-6824-052-2
등록번호: 제22-3079호
값 28,000원

요약 목차

저자 소개

웬디(Wendy J. Schiff, MS, RD)는 펜실베니아 주립대학에서 보건/의료 영양학 학사 및 인체영양 석사학위를 받았다. 그녀는 콜롬비아시의 미주리대학에서 기초 식품영양학을 강의하고, 세인트루이스 커뮤니티 칼리지-Meramec에서 영양학, 인체생물학 및 개인건강 과목을 강의하고 있다. 그녀는 미주리주 제퍼슨시의 링컨대학에서 미주리 평생교육원의 주립 식품영양전문가 및 앨러게니 지역보건국(피츠버그, 펜실베니아)에서 공중보건영양사로 근무하고 있다. 또한 그녀는 *Nutrition Essentials: A Personal Approach*(영양학: 실용과 실천)의 저자이면서, *Nutrition for Healthy Living*의 저자이며, 교양 영양학 관련 대학 교재도 공저하였다. 뿐만 아니라, 웬디는 수많은 영양-건강 관련 교육 자료를 제작했다. 그녀는 공인영양사이며, 미국영양학회의 회원이다.

나의 스승이자 멘토이며, 공동저자,
동료, 그리고 가장 가까운 친구인
샌디 앨터스를 기리며...

영양학: 실용과 실천에 오신 것을 환영합니다

몇 년 전에 나는, 영양에 대해서 알고 싶어 하는 학생들이 쉽게 배울 수 있는 대학수준의 영양학 교재가 없다고 판단했습니다. 기존의 교과서는 화려한 색깔의 그래픽을 많이 사용하고 있어 수준이 낮은 듯이 보이지만, 너무 전문적인데다, 실용적인 정보가 충분하지 않았습니다. 나는 맥그로힐 출판사의 편집자에게 영양과학의 필수요소는 포함하면서도 덜 딱딱한 개인용 영양교재를 개발할 수 있는지 물어봤습니다. 새롭게 개발한 이 교재는 매력적으로 기술될 것이며, 쉽게 읽고 이해할 수 있을 것입니다. 그리고 학습을 촉진시키기 위해 흥미로운 사진, 멋진 그림, 실제 대학생의 관점, 똑똑한 소비자가 될 수 있도록 도와주는 실용적인 식품 및 영양 관련 팁이 포함되어야 한다고 제안했습니다. 이런 제안이 받아들여져서 감격했지만, 그런 독특한 교재를 개발하기 위해서는 시간과 노력이 많이 필요할 것이라는 것을 알고 있었습니다.

그리하여 이제, 영양학 강좌를 가르치는 강사와 배우는 학생들은 즐겁게 사용할 교재를 갖게 되었습니다. **영양학: 실용과 실천**은 다음의 내용을 갖춘 새로운 종류의 영양교재입니다.

- 소비자에 초점을 맞추어, 음식을 더 안전하고 건강하게 준비하고 영양관련 정보를 잘 아는 소비자가 되는 방법 등의 개념을 적용하기 위한 실용적인 팁을 제공하며,
- 학생들에게 영양학의 기본적인 과학적 원리를 시각적으로, 흥미있는 내용으로 제공하고, 복잡한 생리적 과정에 관련된 주요 단계는 **필수개념**으로 정리하여 삽화를 넣고 설명하였습니다.

본 교재는 내가 목표로 한 모든 것을 충족시킬 것으로 기대합니다.

Wendy J Schiff

역자 머리말

건강에 대한 관심이 많아지면서 식생활과 영양에 대한 내용을 다룬 영양학 관련 교재가 많이 나와 있지만, 대부분이 전공지식에 치우친 딱딱한 내용으로 일관되어 있거나, 교양 강의를 위한 가벼운 내용인 경우가 많습니다. 그러므로 영양학의 필수적인 요소를 포함하면서도 쉽고, 실용적이며, 흥미 있는 내용의 교재가 필요하다고 생각하던 중 맥그로힐 출판사에서 출간한 웬디 J. 쉬프의 영양학: 실용과 실천(*Nutrition Essentials: A Personal Approach*)을 알게 되었습니다.

이 책은 개인의 영양적 개선에 초점을 맞춘 대학수준의 영양학 교재로서, 영양학 전공자뿐 아니라, 건강과 영양 및 식생활에 관심이 많은 일반인들도 쉽게 이해할 수 있도록 시각적으로 흥미로운 사진과 그림을 제시하였고, 실제 대학생이 관심 있는 영양적 문제를 제시하는 한편, 학생들이 더 올바른 정보를 가질 수 있도록 도와주는 실용적인 팁을 포함하고 있으므로 대학생을 위한 영양학 교재로 사용하기에 안성맞춤이라 생각합니다. 뿐만 아니라 원문도 매우 쉽고 간단하게 서술되어 있어서 좀 더 많은 학생들이 보다 쉽게 접할 수 있도록 도움을 주고자 번역을 하게 되었습니다.

또한 이 책은 영양과 관련하여 실제적인 소비자의 초점에서 서술되어 있으며, 개개인이 가정이나 현장의 식생활 분야에 쉽게 적용할 수 있도록 설계되었으므로 영양과 식생활에 관련된 분야에 관심을 가진 사람들에게 매우 실용적이며 유익할 것으로 기대합니다.

이 책의 특징을 간략히 소개하면

1. 효과적인 학습을 위해서 흥미로운 사진, 명쾌한 설명과 영양과학에서의 올바른 관점을 쉽게 읽고 이해하고 현실적으로 적용할 수 있어 교수와 학생 모두 즐겁게 공부할 수 있고,
2. 다양한 정보를 가진 소비자의 입장에서 필요한 식품과 영양정보 등 실용적 개념을 활용하여 안전하고 건강한 식품을 실생활에 활용하는 똑똑한 소비자가 되는 방법을 제공하며,
3. 복잡한 생리적 대사과정을 필수개념으로 요약하여 잘 설명하고 있습니다.

이번 번역작업을 하면서 원서를 그대로 읽고 이해하는 것보다 우리 글로 재조립하여 표현하는 것이 얼마나 더 어려운 일인 것을 새삼 깨닫게 되었습니다. 역자 모두는 정확하고 완성도 높은 번역서를 위해 가급적 원문에 충실하고자 노력하였으며, 용어들의 통일에도 중점을 두었습니다.

이 책이 나오기까지 많은 수고를 해주신 (주)바이오사이언스 출판의 관계자 분들께 깊은 감사를 드립니다.

2016년 5월

역자 일동

역자 소개

정은희

서원대학교 식품영양학과 ehjung@seowon.ac.kr

이승교

수원대학교 식품영양학과 sgrhie@suwon.ac.kr

원향례

상지대학교 식품영양학과 hrwon@sangji.ac.kr

개인 소비자에 맞춘 초점

오로지 개인에게 초점을 맞춘 영양학 교재

- 개인 소비자에 초점을 맞추어 건강에 좋은 의사결정과 음식을 선택하는 방법을 알 수 있도록 도와주는 다양한 실제 예를 제공한다.

영양이란 단지 채소를 먹는 것만이 아니다.
우리가 어떻게 그것을 개인적인 것으로 만드는지 알아보자.

이 Unit은 재미있고 읽기 쉬웠다. 학생들이 이런 정보로부터 배울 것이 많다고 믿는다. 다루어진 정보의 난이도는 기초적인 영양학 학습자에 초점을 맞추고 있다. 내용의 흐름은 매끄럽고 전환이 잘 이루어졌다.

Mark Deaton, Ph.D., CSCS, EIM
Morehead State University

"나는 잘못된 음식을 먹는다고 생각한다. 모든 음식에 버터를 사용한다. 엄마는 아침 식사로 보통 소시지, 계란 프라이, 그리고 팬케이크를 준비한다. 점심 식사로는, 샐러드를 먹으려고 노력하지만, 때때로, 그냥 감자 칩이나 "뜨거운 감자튀김"을 집게 된다. 저녁 식사는 늦게 먹어서—약 밤 10시경—어머니가 패스트푸드를 가져올 때이다. 나는 더 많은 식이섬유를 먹으려고 매일 시리얼을 먹고 있다. 식이섬유가 많고, 항산화 효과가 큰 곡물을 좋아한다. 어머니는 콜레스테롤과 혈압을 낮추는 약물을 드신다. . . . 나는 건강하다, 그러나 내 포동포동한 허리를 좋아하지 않는다. 적어도 20이나 30파운드쯤 빼고 싶다. 난 그냥 건강하게 먹고 운동을 하는 동기가 아직 생기지 않았다."

Nancy Scott

영양학: 실용과 실천은 비전공자에게 영양학의 기본적인 과학적 원리를 개인의 선택과 경험에 초점을 맞추어 시각적으로, 흥미 있는 내용으로 제공하도록 독특하게 설계되었다.

오늘날의 21세기 대학생을 염두에 두고, 각 Unit은 실제 대학생의 영양문제를 강조한다. Unit의 틀을 학생 자신들의 말로 표현하여 호감을 갖게 하고, 자신들의 영양적 관심과 질문에 대해서 생각해보게 한다.

[당신의 식사는 적절한가?!]는 학생들에게 매우 유익하며, 디지털이나 교재를 통해 유사한 과제를 내줄 수 있을 것으로 기대한다.

Katherine Brau
Hibbing Community College

당신의 식사는 적절한가?!는 각 Unit의 끝부분에서 학생들이 일상생활에서 그 개념을 즉시 적용할 수 있도록 다양한 방법을 제공한다.

Unit 복습 125

• 식이섬유가 풍부한 식품을 섭취하면 비만, 제2형 당뇨병, 심혈관 질환 및 특정 장관질환의 위험을 감소시킬 수 있다. 불용성 식이섬유가 함유된 식품을 많이 섭취하면 변비와 치질의 위험을 낮출 수 있다. 수용성 식이섬유를 함유한 식품 섭취는 소장에서 콜레스테롤 흡수를 감소시켜 심혈관의 건강을 향상시킬 수 있다.

당신의 식사는 적절한가?!

1. Unit 3에 있는 개인 식단 분석의 3일간의 식품 기록을 참조한다. 매일 소비한 칼로리 양을 열거한다. 3일간의 수치를 더해서, 3으로 나눈 뒤, 반올림하여 정수로 만들면, 일일 평균 에너지 섭취량을 얻을 수 있다.

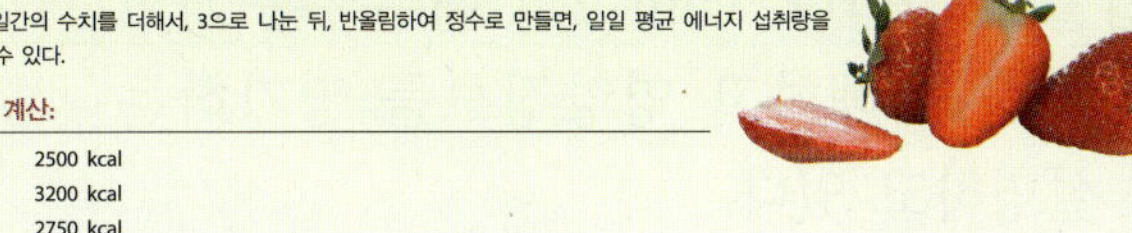

샘플 계산:

1일 2500 kcal
2일 3200 kcal
3일 2750 kcal
합계 8450 kcal ÷ 3일 = **2817** kcal/일
(평균 kcal 섭취, 가장 가까운 정수로 반올림)

당신의 계산:

1일 ______ kcal
2일 ______ kcal
3일 ______ kcal
합계 ________ ÷ 3일 = ______ kcal/일
(평균 kcal 섭취, 가장 가까운 정수로 반올림)

2. 기간 중 매일 먹은 탄수화물의 g 수를 더한다. 3으로 나눈 뒤, 반올림해서 정수로 만들면, 일일 평균 섭취한 탄수화물의 양을 얻는다.

1일 300 g
2일 495 g
3일 475 g
합계 1,270 g ÷ 3일 = **423** g/일
(평균, 가장 가까운 정수로 반올림)

당신의 계산:

1일 ______ g
2일 ______ g
3일 ______ g
합계 ______ g ÷ 3일 = ______ g/일
(평균, 가장 가까운 정수로 반올림)

3. 탄수화물 1 g은 약 4 kcal를 제공한다; 따라서 탄수화물이 제공한 총에너지를 계산하기 위해, 2단계에서 얻은 탄수화물 평균량에 4를 곱해야 한다.

샘플 계산:

423 g/일 × 4 kcal/g = 1692 kcal

당신의 계산:

____ g/일 × 4 kcal/g = ___ kcal

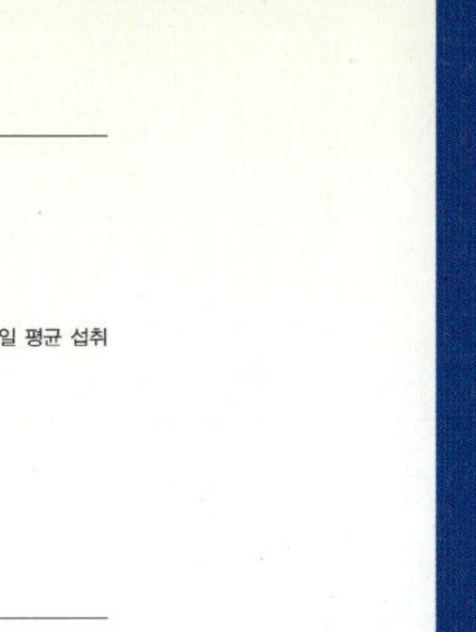

맛있는 팁

일반적으로 진한 주황색 과일과 채소는 옅은 색보다 베타-카로틴을 비롯한 프로비타민 A인 카로티노이드를 많이 함유하고 있다. 짙은 녹색 과일과 채소 역시 프로비타민 A를 함유하고 있지만, 녹색 색소는 주황색 색소를 가리고 있다. 그러므로 조리할 때, 양배추, 상추, 또는 브로콜리의 짙은 녹색 잎을 버리지 말고, 샐러드나 수프 또는 샌드위치에 쓴다.

맛있는 팁

통조림 과일은 종종 설탕 시럽으로 채워져 있다. 물이나 자체 주스로 채워진 과일 통조림을 구입하는 것이 좋다. 과일 통조림이 설탕시럽에 들어 있다면, 과일을 먹기 전에 물에 헹구어낸다. 또한 설탕이 첨가되지 않은 냉동 과일을 선택한다.

맛있는 팁은 식품과 영양에 관한 흥미있는 정보이며, 학생들에게 더 잘 아는 소비자가 되도록 하여 건강한 선택을 하는 방법을 알려준다.

맛있는 팁

고온에 고기를 조리하면 고기가 타고 헤테로 사이클릭 아민이라는 발암 물질군이 생성된다. 따라서 구운 고기의 섭취를 제한하고 숯불구이 고기의 탄 부분을 피함으로써 특정 암의 위험을 줄일 수 있다. 또한 불판을 알루미늄 포일로 덮고, 포크로 몇 군데 구멍을 낸 후, 그 위에 고기를 올려 구우면 고기가 타는 것을 줄일 수 있다.

[맛있는 팁]은 긍정적인 변화를 이끌어 낼 수 있는 좋은 방법이며, 이 책에서 내가 가장 좋아하는 부분이었다. 그것은 누구나 할 수 있는 실제적인 영양적 변화를 지원해준다."

Michelle Higgins
Erie Community College

소비자에 맞춘 초점

학생들이 건강한 생활을 위한 영양정보를 더 잘 평가할 수 있도록 지도한다

영양학: 실용과 실천은 소비자에게 초점을 맞추고, 학생들에게 영양정보를 평가하고 건강한 생활을 위한 실용적인 팁을 적용하는 다양한 방법을 제공한다. Unit 2의 대부분은 과학적인 방법을 이해하고 영양정보를 평가하는 방법을 설명하고 있다.

모듈 2.3

영양정보에 대해 더 깐깐한 소비자 되기

2.3 - 학습목표

1. 이 모듈의 주요 용어를 모두 정의한다.
2. 영양정보의 신중하고 비판적인 소비자가 될 수 있는 방법에 대해 설명한다.
3. 잘못된 영양정보의 표시인 "붉은 깃발(red flags)"을 확인한다.
4. 영양정보의 신뢰할 수 있는 출처를 확인하는 방법에 대해 설명한다.

연방통상위원회(Federal Trade Commission, FTC)는 소비자 보호법을 시행하고, 광고에 사용되는 허위 또는 오해의 소지가 있는 건강강조표시에 대한 불만을 조사한다. FTC에 따르면, 미국인들은 사기 판매와 종종 쓸모없는 치료 및 검증되지 않은 건강 관련 제품에 매년 수십억 달러를 지출한다.[4] 이러한 제품의 주장은 종종 비만과 암을 포함한 일반적이고 심각한 의료질환에 대한 치료를 약속한다. 제품이 효과가 없다고 판명되면, 제품의 주장을 믿고 구입한 사람들은 사기당하여 돈을 잃고, 어떤 경우에는 쓸모없는 제품을 사용하며 시간을 낭비한 결과로 건강이 쇠약해진다.

대부분의 사람들은 필요없거나, 쓸모없거나, 해로울지도 모르는 것에 돈을 낭비하고 싶지 않다. 쓸모없는 영양제품의 홍보자는 종종 제품의 효과에 대한 획기적인 주장을 포함한 영악한 마케팅 방법을 사용해서 사람들이 불필요한 구매를 하도록 유도한다. 깐깐한 사람들은 그런 주장을 확인하기 전에는 믿지 않는다.

2.3a 더 깐깐한 소비자 되기

어떻게 하면 영양관련 정보, 제품 또는 서비스에 대해 더 신중하고 비판적인 소비자가 될 수 있는가? 방법은 더 의심해보는 것이다.

1. 영양관련 제품이나 서비스를 포함하여, 영양에 대해 듣거나 읽은 모든 것을 믿지 않는다.
2. 정보의 출처에 대한 질문을 하자. 왜 그 출처를 믿고 신뢰해야 하는가?
3. 정보를 홍보하는 출처의 동기에 대한 질문을 하자. 영양정보를 사실이라고 홍보하는 라디오나 TV 프로그램은 실제로는 영양관련 제품이나 서비스에 대한 영리성 광고일 수 있다.
4. 다음을 주의하자:
   - **영업 사원.** 영업 사원은 그들이 판매하는 제품에 대해 우호적인 편견을 가지고 있어서, 이러한 제품에 대해 믿을만한 정보를 주지 않을 수 있다. 예를 들어, 건강기능식품 상점의

...eral Trade
소비자 보호법
...강조표시를 조사

모듈 2.1

영양: 소비자를 위한 과학

2.1 - 학습목표

1. 이 모듈의 주요 용어를 모두 정의한다.
2. 일반적으로 영양연구에 관련된 과학적인 방법의 기본 단계를 열거한다.
3. 과학자들이 인간 대상의 영양관련 연구를 수행하는 방법을 논의한다.
4. 서로 유사한 연구에서 다른 결과가 나오는 이유를 설명한다.

과거에는 영양학적 사실 및 권장 식이 사례가 종종 직관, 상식, "기존의 지혜"(전통), 또는 **일화(anecdotes**; 개인적인 경험의 보고)를 기반으로 했다. 오늘날, 영양사 및 기타 영양전문가들은 현재의 과학적 연구에 의해 입증되지 않으면, 전통적 신념, 설명 및 관행을 폐기한다.

2.1a 과학에 근거한 증거 수집

과학자들은 일반적으로 자연 및 신체 관찰에 대한 질문에 답변하기 위해 과학적인 방법을 사용한다. 예를 들어, 과학자들은 다음과 같은 질문에 대해 답변해 왔다: "위는 어떻게 식이 단백질을 분해하는가?" "왜 아기는 정상적인 발달을 위해 철분이 필요한가?" "좋은 건강을 유지하기 위해 비타민 C가 왜 필요한가?"

실험(experiment)은 과학적 의문을 테스트하는 방법이다. 영양학자들은 종종 안전과 윤리적 문제 때문에, 인간을 대상으로 연구를 수행하기 전에 작은 포유동물에 대한 실험을 수행한다. 특정 종류의 생쥐나 쥐는 실험을 위해 사육된다. 설치류는 실험실 사육비용이 저렴하고, 먹이와 다른 생활환경의 조절이 용이하다. 연구자들은 동물을

필수개념

2.1 과학적 방법 적용

1 관찰한다
과학자들은 위암 입원 환자 그룹을 관찰한다. 모든 환자에서 식이 정보를 얻은 후, 연구진은 위암 환자가 같은 연령의, 위암이 없는 사람들보다 숯불구이 고기를 더 많이 먹는다는 것을 알아낸다.

2 질문을 개발한다
연구진은 숯불구이 고기를 먹는 것이 위암의 위험을 증가한다고 생각하고 질문을 개발한다: "화학물질 X는 숯불로 구운 고기에만 있다. 화학물질 X를 6개월 동안 실험용 생쥐 그룹에 투여한다면, 화학물질 X를 먹지 않은 쥐보다 위암이 더 많이 발생할 것인가?"

일화(anecdotes) 개인적인 경험의 보고서

실험(experiment) 과학적 문제를 테스트하는 방법

전문가 심사(peer review) 연구 논문이 출판되기 전 전문가의 비판적 분석

24

"이 Unit은 영양학의 개념에 참신하게 접근하고 있다. 내가 수업을 할 때 종종 영양정보의 신뢰성에 대해 충분히 논의하는 자료가 충분치 않아서 따로 자료를 준비해서 제공했었다."

Maria L. Stewart
University of Hawaii at Manoa

무엇일까요?는 일반인에게 익숙하지 않은 식품을 강조하고 식품에 대한 영양정보를 제공한다. 학생들에게 새로운 식품을 소개하여 소비자로서의 선택의 폭을 넓혀준다.

무엇일까요?

살아 있는 활성 생균제를 함유한 식품은 건강, 특히 장 건강에 유익할 수 있다. 케피어(kefir)는 "배양" 우유이다. 케피어와 배양 버터우유와 같은 배양우유는 생균제가 첨가되어 있다. 생균제는 우유에 있는 천연 탄수화물을 에너지로 사용하여, 산과 이산화탄소를 생산한다. 산은 우유를 응고시키고, 특유의 맛을 내게 한다; 이산화탄소는 탄산음료처럼 약간의 "거품"을 만든다. 2% 우유로 만든 케피어 1 컵은 2% 우유와 동량의 에너지와 영양 성분을 제공한다.

영양, 사실인가 허구인가?는 "설탕이 과잉 행동을 유발한다", "5초의 규칙", "신입생 15" 등의 식품과 영양에 관한 유명한 신화들을 지워버린다.

영양, 사실인가 허구인가?

시금치는 철의 우수한 급원이기 때문에 어린아이들은 꼭 먹어야 한다.

만화주인공 "뽀빠이"는 특히 순식간에 강하게 되고 싶은 어린이들에게 시금치를 먹도록 고무시켰다. 그러나 시금치에 천연적으로 존재하는 다른 물질이 철과 결합하여 철의 흡수를 저하시킨다. 시금치가 철의 좋은 급원은 아니지만, 푸른잎 채소는 엽산, 베타카로틴, 마그네슘, 칼륨 및 식이섬유의 좋은 급원이다.[15]

"난 이 교재를 정말 많이 좋아하며, 학생들이 배울 수 있는 흥미있는 것들이 많을수록 더 좋다고 생각한다. 내 수업에는 신화부분이 있는데, 정말 잘 맞을 것이다."

Sara K. Rosenkranz, PhD
Kansas State University

158 Unit 6 지질: 지방과 콜레스테롤을 중심으로

생각해 봅시다...

1. 미국 심장학회(American Heart Association, www.heart.org)의 "심장마비 위험 계산기" 사이트를 방문해서 심장마비 위험을 계산해 본다. 계산해 본 결과, 당신은 심장마비의 위험에 대해 걱정하고 있나? 걱정하는 이유 또는 걱정하지 않는 이유를 설명하라. 만약 걱정한다면, 죽상동맥경화증의 위험을 줄이기 위해 할 수 있는 단계를 설명하라.
2. 튀긴 음식을 피하고, 식료품을 구매할 때 "가벼운" 그리고 "저지방" 식품을 찾는가? 그렇게 행동하는 이유 또는 그렇게 행동하지 않는 이유를 설명하라.
3. 에너지의 25~35%를 지방으로 제공하는 식사를 계획하라. 식사는 주요 식품군을 포함하고 700~900 kcal를 제공해야 한다.
4. 포화 및 트랜스 지방의 섭취를 줄이고 불포화 지방의 섭취를 증가시키는 방법을 네 가지 이상 제시하라.
5. 고등학생을 대상으로, 죽상동맥경화증을 설명하고, 개인의 선택(생활양식)이 그 질병의 발생에 미치는 역할에 대한 강의자료를 개발한다.

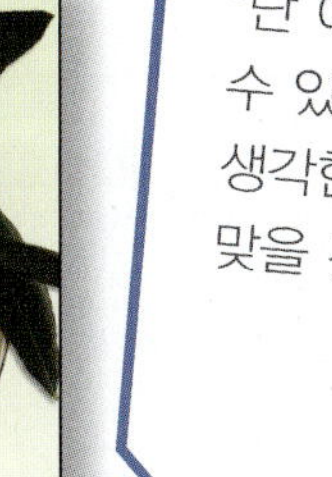

혼자 풀어보기

가장 올바른 대답을 선택하라.

1. 식품 내 지방은
   a. 풍미를 준다.
   b. 위장에서 소화되고 흡수된다.
   c. 수용성 영양소를 운반한다.
   d. 건강한 식사를 위해 먹지 않는다.
2. 고체지방은 일반적으로 ________ 지방산을 높은 비율로 포함한다.
   a. 불포화
   b. 포화
   c. 다가불포화
   d. 단일불포화
3. 포화 지방산은
   a. 탄소 사슬 내에 이중결합이 한 개 있다.
   b. 탄소 사슬 내에 이중결합이 두 개 있다.
   c. 탄소 사슬 내에 이중결합이 없다.
   d. 탄소 사슬 내에 이중결합이 세 개 있다.
4. 다음 내용 중 진실은?
   a. 특정 생선은 오메가-3 지방산이 풍부한 급원이다.
   b. 오메가-3 지방산은 심혈관 질환의 위험을 증가시킨다.
   c. 트랜스 지방은 오메가-3 지방산이 풍부한 급원이다.
   d. 인체는 식이섬유소를 오메가-3 지방산으로 전환한다.
5. 트랜스 지방산은
   a. 자연적으로 많은 식품에 들어 있다.
   b. 수소화 과정의 부산물이다.
   c. 좋은 건강을 위해 필요하다.
   d. 필수 지방산의 급원이다.
6. 콜레스테롤은
   a. 에너지로 대사된다.
   b. 동물성 식품에서만 발견된다.
   c. 인체에서 합성되지 않는다.
   d. 건강에 해롭다.

생각해 봅시다는 이 Unit의 내용과 관련된 비판적인 생각과 질문을 통해 학생들이 읽은 내용을 적용하도록 도와준다.

혼자 풀어보기는 각 Unit의 끝부분에서 학생들의 지식을 확인하고 시험 준비를 도울 수 있도록 객관식 문제로 구성되어 있다.

개인적 접근

학생들이 기억하기 쉬운 시각적 자료

영양학: 실용과 실천은 잡지와 같은 영향력과 오늘날의 21세기 학생을 염두에 두고 디자인하였다. 많은 사진과 매력적인 구성은 학생들로 하여금 더 읽어보고 찾아보고 싶게 한다. 시각적 자료의 특징은 때때로 길게 서술된 문장들이 주는 불안감을 줄일 수 있다.

> "나는 시각적 자료가 종종 글의 수많은 페이지에 압도된다는 독자들을 끌어들이는 역할을 한다고 확신한다. 이 책의 느낌은 학생들을 편안하게 하는 스타일이다."
>
> **Andrea Villarreal**
> Phoenix College

9.2b 체액의 균형 유지: 칼륨과 나트륨

칼륨과 나트륨은 정상적인 체액 균형이 유지되는 데 중요한 역할을 한다. 전형적인 미국 식사는 칼륨보다 나트륨을 더 많이 공급한다. 이 같은 무기질의 불균형 섭취는 심각한 장기적 건강 문제인 고혈압을 일으킬 수도 있다. 그러나 칼륨을 함유한 식품을 보다 많이 섭취함으로써 과도한 나트륨이 건강에 미치는 위험을 감소시킬 수 있다.[9]

칼륨

칼륨(K)은 세포내액에 있는 주요 양이온이다. 신선한 과일, 과일주스, 채소는 칼륨의 좋은 급원 식품이다. 우유, 전곡, 마른 콩, 육류 또한 미국인의 식사에서 칼륨의 중요한 급원 식품이다.

2세 이상의 미국인들은 2009년~2010년에 하루 2600 mg의 칼륨을 섭취하였다.[2] 이 양은 적정 섭취량(4700mg)보다 훨씬 적다. 과일, 채소, 통곡물빵과 시리얼, 저지방 및 무지방 유제품을 보다 많이 섭취함으로써 칼륨 섭취를 증가시킬 수 있다. **표 9.4**는 몇 가지 대표적인 칼륨 급원 식품과 칼륨 함량에 대한 정보를 제시한 것이다. **그림 9.9**는 칼륨이 풍부한 식품군이다.

표 9.4 칼륨 급원 식품의 종류와 함량

식품	칼륨(mg)
근대, 삶은 것, 건더기, 1컵	1309
구운 감자, 껍질 째, 6온스	963
시금치, 조리된, 건더기, 1컵	839
코코넛 액체, 1컵	600
키위, 슬라이스 조각, 1컵	562
바나나, 슬라이스 조각, 1컵	537
고구마, 으깬 것, 통조림, 1컵	536
냉동 오렌지주스, 해동, 1컵	473
캔털루프, 큐브조각, 1컵	427
파파야, 생것, 으깬, 1컵	419
우유, 액체, 1% 지방, 1컵	366
붉은 연어, 조리된, 3온스	347
복숭아, 생것, 슬라이스 조각, 1컵	293
붉은 포도, 생것, 1컵	288
저지방 플레인 요구르트, 8온스	264
노란 옥수수 통조림, 1컵	226
참치통조림, 건더기, 3온스	202

성인 권장섭취량 = 4700 mg/일
출처: *USDA National nutrient database for standard reference, release 25.*

그림 9.9 MyPlate: 칼륨이 풍부한 급원 식품.

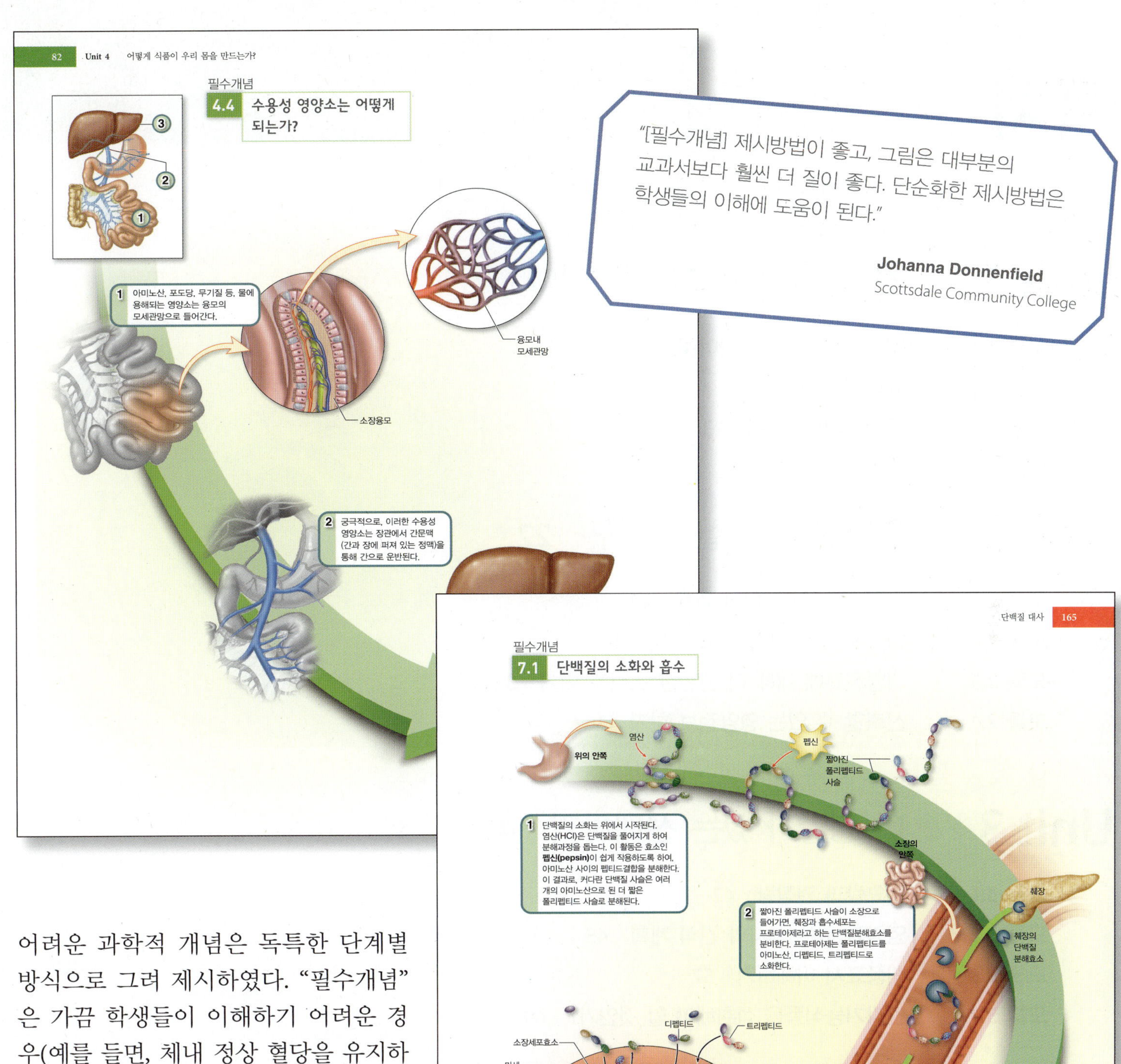

어려운 과학적 개념은 독특한 단계별 방식으로 그려 제시하였다. "필수개념"은 가끔 학생들이 이해하기 어려운 경우(예를 들면, 체내 정상 혈당을 유지하는 방법 등)에 사용하였다. 번호가 있는 상자에는 그림의 특별한 부분에 관련된 요약을 정리했으며, 녹색 화살표를 넣어 학생들이 그 과정을 단계별로 볼 수 있도록 하였다.

목차

Unit 9 주요 무기질, 물 그리고 알코올 228

Unit 10 건강한 체중과 날씬한 몸매를 위한 영양 274

Unit 11 삶, 환경, 세계를 위한 영양 316

영양학 실용과 실천

Nutrition essentials

Unit 1

음식: 먹는 것 그 이상이다

학습내용

모듈 1.1
왜 영양에 대해 알아야 하는가?

모듈 1.2
영양의 기초

모듈 1.3
주요 영양적 개념

"대학 신입생 시절, 내 친구들은 나의 식품섭취에 영향을 미쳤다. 내가 가족과 함께 집에 있을 때, 우리는 항상 같은 시간에, 그리고 더 중요한 것은, 같이 건강한 음식을 먹었다. 집에서 떨어져 있는 동안, 친구가 가족을 대신하게 되었고, 건강하지 못한 음식을 좀 더 편한 마음으로 먹게 되었다. 심지어 그것들이 영양적으로 적절하지 않은 것임을 알면서도... 친구와 같은 음식을 먹는다는 것은 나를 편안하게 해주었고, 그것은 가족과 함께 식사하는 것과 같은 느낌이었다."

Bridgett Reidy

브리짓 리디는 노던 아이오와 대학에서 전자미디어통신을 전공하는 2학년 학생이다. 브리짓이 대학에 입학하기 전에는, 가족이 그녀의 식품선택에 주로 영향을 미쳤다. 이제 그녀는 집에서 떨어져 살고, 무엇을 먹을지 선택할 때 친구의 음식선택에 영향을 받게 된다. 당신의 친구는 당신의 식품선택에 어느 정도 영향을 미치는가?

당신은 이제까지 다른 식품이 아닌 어떤 특정 식품을 먹는 이유에 대해 생각해본 적이 있는가? 식품이 건강에 미치는 영향보다 식품의 비용 및 편의성에 더 많은 관심이 있지는 않은가? 전반적으로, 당신이 먹는 식품의 영양적인 질을 어떻게 평가하는가—양호하다, 그냥 괜찮다, 불량하다?

무엇을 먹을지 결정하는 데에는 많은 요인이 영향을 미친다(**그림 1.1**). 일반적으로는 좋아하고, 경제적으로 감당할 수 있고, 쉽게 준비할 수 있거나 신속하게 얻을 수 있는 음식을 선택하게 된다. 불행하게도, 인간은 신체가 적절하게 기능하기 위해 필요한 물질들이 적절하게 조합된 것을 선택하는 본능적인 욕구가 없다. 잘 먹기 위해서는 식품선택이 건강에 미치는 영양과 그 효과에 대해 알아볼 필요가 있다.

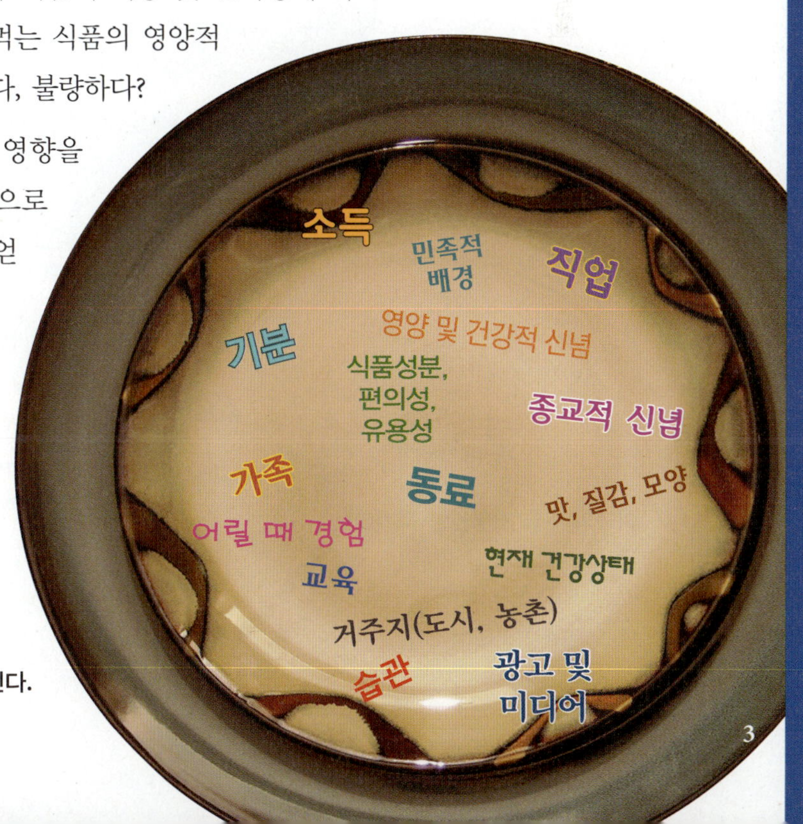

그림 1.1 **많은 요인이 식품 선택에 영향을 미친다.**

■ 당신의 식사에는 무엇이 영향을 미치는가?

모듈 1.1

왜 영양에 대해 알아야 하는가?

1.1 - 학습목표

1. 이 모듈의 주요 용어를 모두 정의한다.
2. 미국의 주요 사망원인과 이러한 질병의 위험에 기여하는 생활양식 요인을 파악한다.

영양소(nutrients) 적절한 신체 기능을 위해 식품 속에 포함되어 있는, 생명을 유지하는 화학물질

영양학(nutrition) 영양소 및 인체의 영양소 이용에 대한 과학적 연구

식이(diet) 음식 선택의 일상적인 유형

음식은 단지 "먹기 좋은 것" 그 이상이다. 무엇을 먹고 마시든지 관계없이 신체가 적절히 기능하기 위해서는 생명을 유지시키는 화학물질인 **영양소(nutrients)**를 필요로 한다. **영양학(nutrition)**은 영양소 및 인체의 영양소 이용에 대한 과학적 연구이다.

식이(diet)는 음식 선택의 일상적인 유형이다. 왜 우리는 식이에 관심을 가져야 하는가? 미국에서는 부적절한 식습관이 심장질환, 일부 암, 뇌졸중, 당뇨병을 포함한 여러 가지 주요 사망원인에 기여하고 있다(**그림 1.2**). 심장질환, 암, 당뇨병 등은 만성적 질환이며, 발병하기까지 수년간

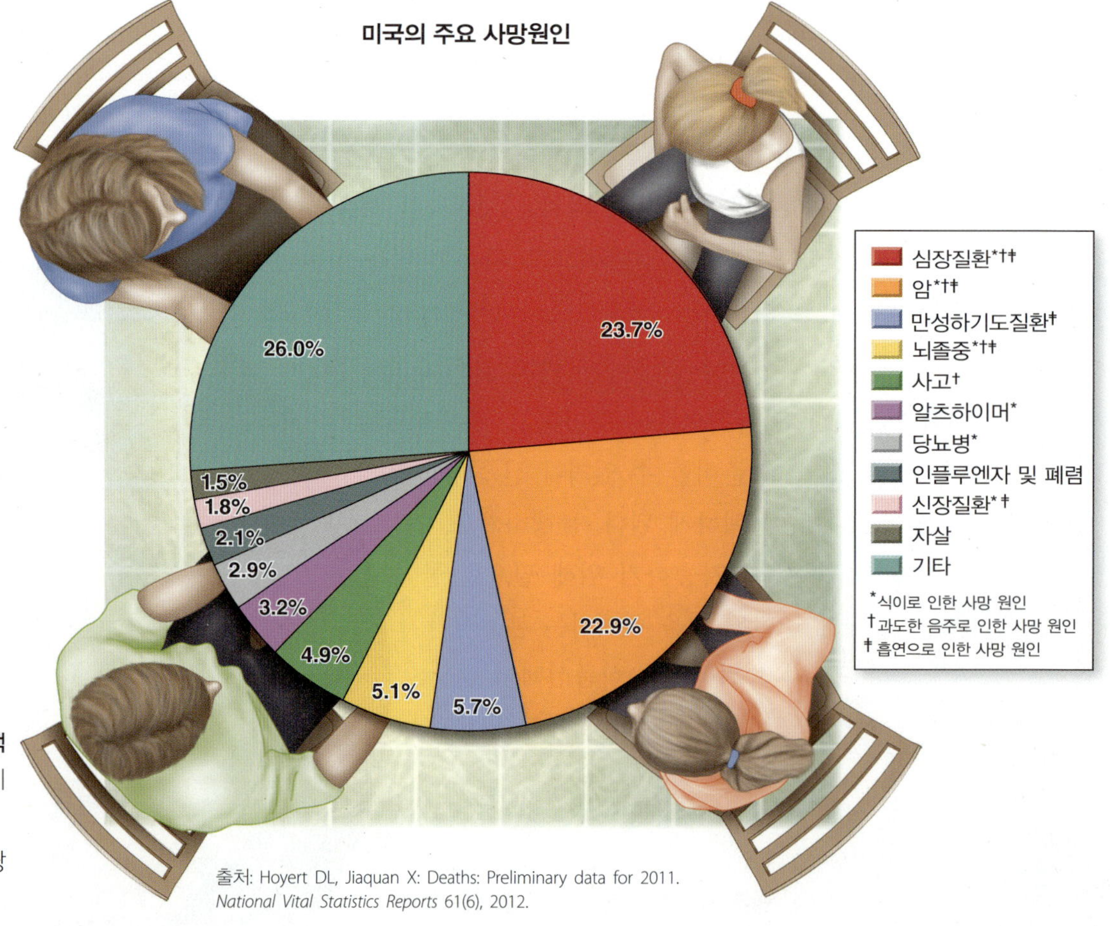

그림 1.2 미국의 주요 사망원인 백분율. 여러 가지 생활습관 요인들이 10대 사망원인에 기여하고 있다.

■ 이 중에서 당신의 가족력에 해당하는 것이 있는가?

걸리고, 그 원인도 복잡하다.

위험인자(risk factor)는 만성질환의 발병 가능성을 증가시키는 개인적인 특성이다. 예를 들어, 가족력은 심장질환의 중요한 위험인자이다. 만일 할아버지가 55세 이전에 심장마비가 있었고, 어머니가 고콜레스테롤혈증(심장질환의 위험인자)으로 치료를 받고 있다면, 당신의 가족력은 당신이 심장질환에 걸릴 위험이 평균 이상으로 높은 것을 나타낸다. 그러나 만성질환의 가족력이 있다고 해서 반드시 만성질환으로 발병되는 것은 아니다. 건강 문제를 일으키는 다른 위험인자로는 연령, 환경조건 및 생활양식 등이 포함된다.

미국에서 흡연은 예방 가능한 사망의 주요원인이다.

생활양식(lifestyle)은 식이, 신체활동 습관, 흡연이나 음주 등의 약물 사용 및 그 외 전형적인 건강관련 행위 등을 포함한 개인의 삶의 방식이다. 생활양식은 만성질환 발생을 증가 또는 감소시킬 수 있으며, 그 발병을 10년까지도 지연시킬 수 있다. 많은 사람들이 그들의 생활양식으로 인해 너무 빨리 사망하기도 한다. 예를 들어, 흡연은 생활양식이다. 미국에서는 흡연이 예방 가능한 사망의 주요 원인이다.[1]

대부분의 영양전문가에 따르면, 규칙적인 운동뿐 아니라, 과일, 채소, 무염 견과류, 무지방 또는 저지방 유제품, 전곡류를 더 많이 섭취함으로써 건강하게 장수할 가능성을 증가시킬 수 있다.[2] 그럼에도 불구하고, 수명 연장이 확실히 보장된 방법은 없다.

위험인자(risk factor) 만성질환 발병 가능성을 증가시키는 개인적인 특성

생활양식(lifestyle) 식이, 신체활동 습관, 흡연이나 음주 등의 약물 사용 및 그 외 전형적인 건강관련 행위 등을 포함한 개인의 삶의 방식

당신은 식사와 간식 때 패스트푸드점을 자주 이용하는 편인가?

모듈 1.2

영양의 기초

1.2 - 학습목표

1. 이 모듈의 주요 용어를 모두 정의한다.
2. 6대 영양소를 나열하고, 각 영양소의 체내 주요 역할을 정의한다.
3. 식품 중 다량영양소(와 알코올)에 근거하여 식품 1회 분량의 열량을 계산한다.
4. 필수영양소, 비영양소, 피토케미칼 및 건강기능식품의 예를 제시한다.
5. 항산화제 섭취의 중요성을 설명한다.

1.2a 영양소와 주요 기능

영양소에는 탄수화물, 지방, 단백질, 비타민, 무기질 및 물의 6종류가 있다. 탄수화물, 지질, 단백질, 비타민은 화학 구조에 탄소를 가지고 있으므로 **유기 영양소(organic nutrients)**라고 한다.

표 1.1에 체내 영양소의 주요 역할을 제시하였다. 대부분의 영양소는 체내에서 한 가지 이상의 기능을 나타내며, 일부 영양소는 비슷한 역할을 한다. 일반적으로, 인체는 에너지, 성장과 발달, 세포의 복구 및 유지를 포함한 세포 기능 조절을 위한 특정 영양소를 필요로 한다. 건강한 신체를 유지하기 위해서는 여러 영양소가 함께 작용하는 경우가 많다.

비록 평균적으로 건강한 젊은 남성과 여성은 비슷한 양의 비타민, 무기질, 탄수화물을 보유하고 있지만, 젊은 여성은 수분과 단백질 함량이 더 적고, 지방 함량은 더 많다(**그림 1.3**).

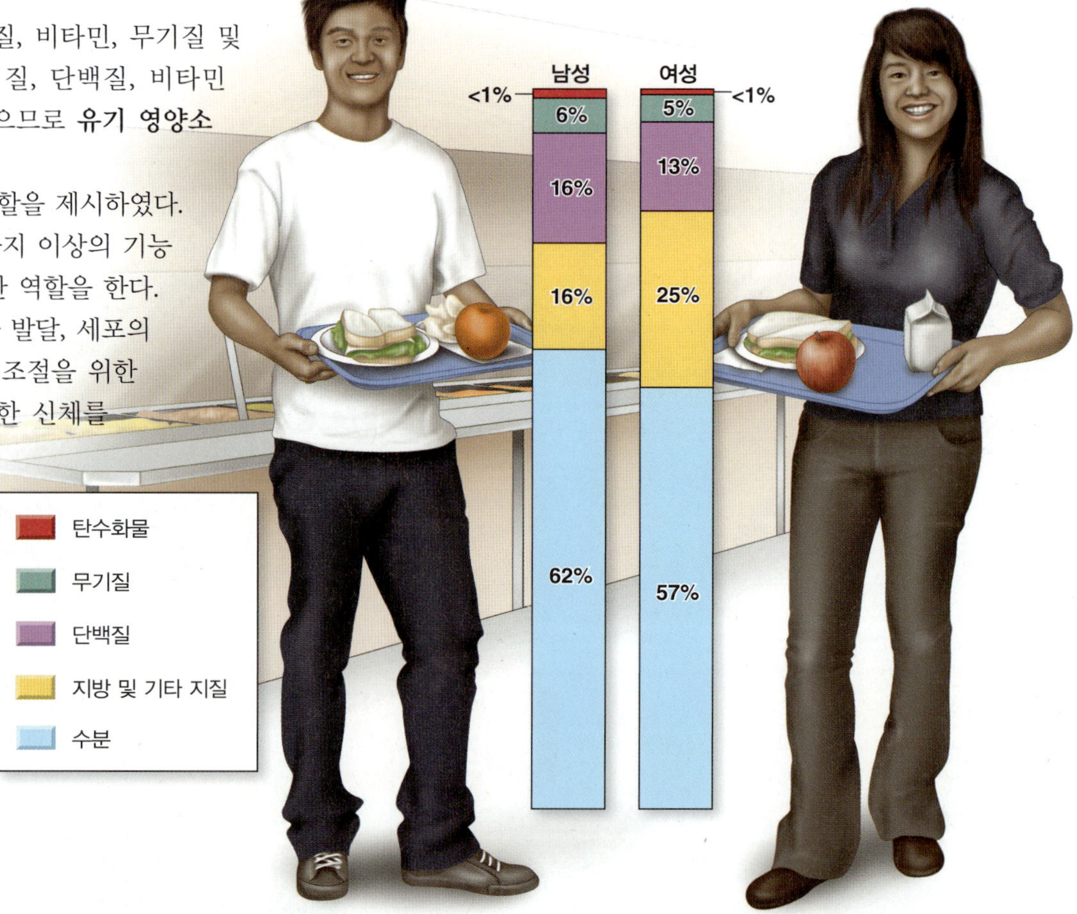

그림 1.3 **신체 조성 비교.** 인체 내 비타민은 극소량이므로, 함량(%)이 제시되지 않았다.

유기 영양소(organic nutrients)
화학 구조에 탄소를 가지고 있는 영양소

표 1.1 인체 내 영양소와 주요 기능

영양소	주요 기능
탄수화물	에너지원
지질	에너지원, 세포발달, 신체 성장과 발달, 체내 대사 조절, 지용성비타민 흡수
단백질	구조적 및 기능적 구성성분 생성, 세포의 발달, 성장 및 유지, 체내 대사 조절, 면역기능, 체액 균형, 에너지원
비타민	체내 대사 조절, 면역기능 유지, 조직의 생성 및 유지, 세포 구성성분 손상 인자에 대한 보호
무기질	체액 균형을 포함한 체내 대사 조절, 특정 화학적 메신저의 생성, 다양한 물질과 조직의 구조적, 기능적 성분, 신체의 성장, 유지 및 발달에 필요
물	체액의 균형 유지, 체온 조절, 노폐물 제거, 물질 이동, 각종 화학반응에 관여

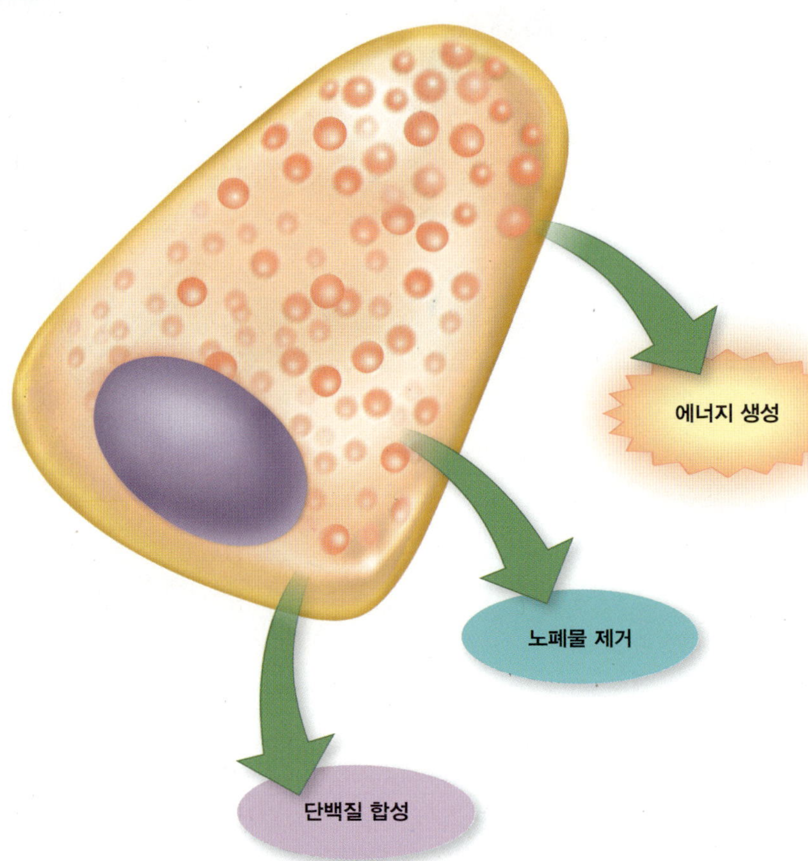

그림 1.4 일반적인 인체 세포의 일부 기능.

세포(cell)는 인체를 포함하여 생체 내에서 가장 작은 기능적 단위이다(**그림 1.4**). 세포는 생존을 위해 식품을 필요로 하지는 않지만, 대사적 활성을 위해 식품 중의 영양소를 필요로 한다. **대사(metabolism)**는 에너지 생성에 관련된 반응, 단백질 합성, 노폐물 제거 등을 포함하여, 생체 내에서 일어나는 모든 화학반응(변화)이다.

1.2b 식품 에너지

체내 모든 세포는 달리기, 앉아 있기, 공부하기, 심지어 자고 있는 동안에도 다양한 활동을 수행하기 위해 에너지를 사용한다. 인체는 살아 있는 한, 지속적으로 에너지를 사용한다. 지방, 탄수화물, 단백질을 함유한 식품과 음료 및 알코올은 신체에 에너지를 공급한다. Unit 4에서 세포가 어떻게 에너지를 얻는지 학습하게 될 것이다.

이제부터 식품 중 에너지 함량을 나타내는 단위인 칼로리(*calorie*)라는 용어에 익숙해질 것이다. 식품 중 에너지 함량은 **kilocalories** 또는 **Calories**라고 불리는 1,000 calrorie 단위로 나타낸다. kilocalories에서 숫자가 명시되어 있지 않으면 "calories"라고 쓰는 것이 적절하다. 이 책에서 "kilocalories"(**kcal**)는 "식품에너지" 또는 단순히 "에너지"로 사용된다.

세포(cell) 유기체의 가장 작은 기능적 단위

대사(metabolism) 생체 내에서 일어나는 모든 화학반응

kilocalories (kcal) 또는 Calories 식품의 에너지를 측정하는 단위

인체는 자는 동안에도 에너지를 사용한다.

1.2c 다량영양소와 미량영양소

탄수화물, 지방, 단백질은 체내에서 매일 비교적 다량으로 필요하기 때문에 **다량영양소(macronutrients)**라고 한다. 비타민과 무기질은 체내에서 극히 소량만 필요하므로 **미량영양소(micronutrients)**라고 한다. 다량영양소는 세포에 에너지를 공급하지만, 미량영양소는 에너지를 공급하지 않는다. 신체는 다량의 물을 필요로 하지만, 물은 에너지를 공급하지 않으며, 일반적으로 다량영양소로 분류되지 않는다.

영양전문가들은 종종 온스나 컵 등 가정용 계량치 대신에 그램이나 리터와 같은 미터측정법을 사용한다. 예를 들면, 소금 1온스는 약 28 g이다. **표 1.2**는 킬로-, 밀리-를 포함하여 일반적으로 사용되는 일부 미터법 접두어의 의미를 보여준다. 일반적으로 탄수화물, 지방 및 단백질의 1회 제공량은 g으로, 비타민과 무기질은 mg이나 μg으로 제공된다. 부록 A에 일상적인 영어식에서 미터법으로, 미터법에서 가정용 계량치 단위로의 전환에 대한 정보를 제시하였다.

표 1.2 영양학에서 사용되는 상용 미터법의 접두어

kilo- (k) = 1000
deci- (d) = 1/10 (0.1)
centi- (c) = 1/100 (0.01)
milli- (m) = 1/1000 (0.001)
micro- (mc 또는 μ) = $1/10^6$ (0.000001)

그림 1.5 **인체의 에너지 급원.** 알코올은 영양소가 아니다.
■ 식품 중의 열량을 어떻게 계산할 수 있는가?

탄수화물과 단백질 1 g은 각각 4 kcal를, 지방 1 g은 9 kcal를 제공한다(**그림 1.5**). 알코올은 영양소는 아니지만 열량을 생성하며, 순수 알코올 1 g당 7 kcal의 열량을 낸다.

탄수화물, 단백질, 지방 및 알코올이 식품 중에 얼마나 있는지 안다면, 열량을 추정할 수 있다. 예를 들어, 식사에 탄수화물 10 g 및 지방 5 g이 포함된 경우, 10 × 4(탄수화물 1 g당 열량), 5 × 9(지방 1 g당 열량)를 계산하여 더하면, 40 + 45 = 85 kcal가 제공된다는 것을 알 수 있다.

탄수화물 30 g, 지방 10 g, 단백질 5 g이 들어 있는 음식의 열량을 추정해보면,

탄수화물 30 g × 4 kcal/g = 120 kcal

지방 10 g × 9 kcal/g = 90 kcal

단백질 5 g × 4 kcal/g = 20 kcal

세 가지를 모두 더하면

120 kcal + 90 kcal + 20 kcal = 230 kcal

다량영양소(macronutrients) 매일 g 단위로 다량이 필요하며 에너지를 제공한다; 탄수화물, 지방, 단백질

미량영양소(micronutrients) 비타민과 무기질

물은 가장 필수적인 영양소이다.

1.2d 필수영양소란 무엇인가?

인체는 지방과 콜레스테롤 등 여러 가지 영양소를 만들 수 있지만, 약 50가지의 영양소는 체내에서 생산되지 않거나, 필요한 만큼 충분히 생산되지 않기 때문에 식품을 통해 공급되어야 한다. 이러한 영양소를 **필수영양소(essential nutrients; 표 1.3)**라고 한다. 물은 가장 필수적인 영양소이다. 철 또는 비타민 C가 없어도 수개월은 살 수 있지만, 물 없이는 겨우 2~3일 정도만 살 수 있다. 식이 중에 필수영양소가 들어 있지 않으면, **결핍증(deficiency disease)**이 발생한다. 결핍증은 특정한 비정상적인 **생리적**(기능적) 변화의 상태이며, 징후와 증상을 수반하는 질병을 초래한다. 이러한 징후와 증상은 피부 발진, 설사 및 야맹증을 포함할 수 있다. 결핍증을 치료하는 것은 대개 간단하다: 누락된 필수영양소를 식이에 첨가하면, 결핍증이 치료된다.

1.2e 비영양성분이란 무엇인가?

일부 식품, 특히 식물성 식품은 비영양성분을 함유한다: 영양소는 아니지만 건강에 이로운 효과를 나타내기도 한다. 알코올은 건강에 해롭지만, 에너지를 공급하는 비영양적 물질로 유익한 영향을 미칠 수도 있다. 식물은 수백 가지의 **피토케미칼(phytochemicals)**을 만들어낸다. 예를 들면, 카페인은 커피 식물에 의해 자연적으로 생산된 피토케미칼로, 각성 효과가 있다. 카페인과 알코올에 대해서는 뒷부분에서 더 자세하게 다루기로 한다.

다양한 피토케미칼은 항산화 기능을 가지고 있어, 심장질환과 특정 암의 위험을 감소시킬 수 있다. **항산화제(antioxidant)**는 세포 및 그 구성성분이 내부적 요인이나 유해한 환경에 노출되어 손상되거나 파괴되지 않도록 보호한다. 그러나 모든 피토케미칼이 인체에 유익한 효과를 갖는 것은 아니다; 어떤 것은 독성을 나타내거나 영양소의 흡수를 저해하기도 한다. **표 1.4**에 여러 가지 피토케미칼과 급원 식품, 건강상의 이점을 포함한 체내 효과를 제시하였다.

표 1.3 인체의 필수영양소

물				
비타민				
A			C	
B군 비타민			D*	
티아민	판토텐산	B_6	E	
리보플라빈	비오틴	B_{12}	K	콜린**
니아신	엽산			
포도당 (탄수화물 함유 식품에서)†				
무기질				
칼슘	구리	마그네슘	인	나트륨
염소	요오드	망간	칼륨	황
크롬	철	몰리브덴	셀레늄	아연
아래의 단백질 구성요소(아미노산)는 일반적으로 필수아미노산으로 알려져 있다:				
히스티딘	리신	트레오닌		
이소류신	메티오닌	트립토판		
류신	페닐알라닌	발린		
리놀레산과 α-리놀렌산을 함유한 지방				

* 인체는 햇빛에 노출되어 비타민 D를 만들지만, 가끔은 식이를 통한 비타민 D 공급이 필요하다.
** 인체는 체내 콜린을 합성할 수 있지만, 필요량을 충족시키기에는 충분치 않을 수 있으므로, 비타민 유사물질로 분류되기도 한다.
† 포도당 공급은 신경계에 에너지를 공급하고 에너지로 사용되는 단백질을 절약할 수 있다.

필수영양소(essential nutrients) 음식으로 공급되어야 하는 영양소

결핍증(deficiency disease) 식이에서 영양소가 누락되었을 때 나타나는 건강상태

피토케미칼(phytochemicals) 식물에서 생성되며, 영양소는 아니지만 건강에 이로운 물질

항산화제(antioxidant) 세포 및 그 구성성분이 내부적 요인이나 유해한 환경에 노출되어 손상되거나 파괴되지 않도록 보호하는 물질

표 1.4 피토케미칼

예	주요 급원 식품	생물학적 효과/건강상 이점
α-카로틴, β-카로틴, 루테인, 리코펜	오렌지, 빨간색, 노란색 과일 및 채소, 달걀 노른자	특정 암의 위험 감소, 황반변성(실명의 원인) 요인 감소
퀘르세틴	사과, 차, 적포도주, 양파, 올리브, 라즈베리, 코코아	항산화 활성, 암 성장 억제, 심장질환의 위험 감소
안토시아닌	빨간색, 파란색, 자주색 과일과 야채	항산화 활성, 암 성장 억제, 심장질환의 위험 감소
레스베라트롤	적포도주, 자주색 포도와 포도주스, 다크초콜릿, 코코아	항산화 활성, 암 성장 억제, 심장질환의 위험 감소
이소플라보노이드	콩 및 기타 콩과 식물	항산화 활성, 암 성장 억제, 심장질환의 위험 감소
황화합물	마늘, 양파, 파, 브로콜리, 콜리플라워, 양배추, 케일, 쪽파, 콜라드와 겨자잎	항산화 활성, 암 성장 억제, 심장질환의 위험 감소
카페인	커피, 차, 코코아	각성효과
사포닌	병아리콩, 콩, 귀리, 포도, 올리브, 시금치, 마늘, 퀴노아	특정 미생물을 죽이거나 특정 암 억제, 심장질환의 위험 감소
캡사이신	칠리 고추	진통효과

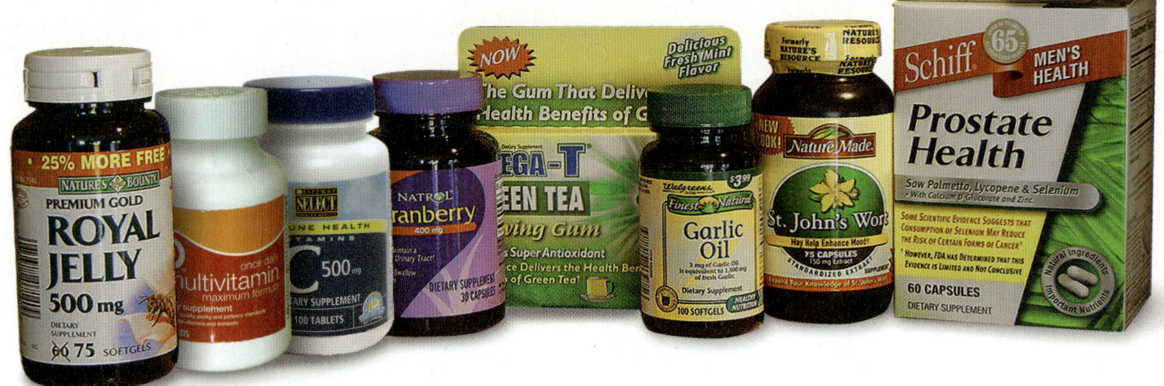

1.2f 건강기능식품이란 무엇인가?

많은 미국인들은 건강을 개선하기 위해 비타민 정제와 허브 추출물 등 건강기능식품을 섭취하고 있다. **건강기능식품(dietary supplement)**은 (담배를 제외하고) 비타민, 무기질, 허브나 그 외 식물성 성분 및 아미노산이나, 총섭취량을 증가시켜 식이를 보충하는 식이성분이다.[3] 과학적 증거에 따르면, 비타민, 무기질 및 특정 허브 등의 일부 건강기능식품은 건강에 유익한 영향을 미칠 수 있다. 그러나 과학적 검사 결과, 인기 있는 많은 건강기능식품이 건강에 도움이 되지 않으며, 오히려 해를 끼칠 수도 있는 것으로 나타났다. 특정 건강기능식품에 대한 정보는 이 책의 관련된 부분에서 다루게 될 것이다.

1.2g 영양불량은 무엇인가?

영양불량(malnutrition)은 신체가 적절한 영양 공급을 받지 못했을 때의 건강상태이다. 모든 사람은 살기 위해서 음식과 물을 섭취해야만 하는데, 다양하고 영양이 풍부한 식품이 많이 있음에도 불구하고, 많은 미국인들은 영양적으로 빈약한 식사를 하고, 그 결과 영양불량으로 고통받고 있다. 어떤 사람들은 영양이 풍부한 식품이나 건강에 미치는 영양의 중요성에 대한 지식이 부족하기 때문에 영양학적으로 적절치 못한 식단을 선택한다. 한편, 저소득층은 제한된 경제 사정 때문에 현명한 식품 구매를 할 수 없어서 영양불량의 위험에 처해 있다. 그 외에 심각한 섭식장애가 있거나 알코올 중독, 또는 특정한 중증 의료문제가 있는 경우에도 영양불량이 있을 수 있다.

많은 사람들이 영양불량을 영양부족과 기아와 연관시키지만, 장기간에 걸친 에너지 또는 영양섭취의 과다 또한 영양불량의 한 형태이다. 영양과다는 종종 건강하지 못한 체지방량(비만)으로 나타난다. 미국에서는 영양과다가 영양부족보다 더 일반적이라는 것을 알면 놀랄 것이다. 비만은 대부분의 사람들이 다량의 식품을 구입할 재정적 수단이 있고, 충분한 식량이 공급되며, 거의 운동을 하지 않는 지역에서 만연해 있다. Unit 10에서 비만에 대한 정보가 제공될 것이며; Unit 11에서는 국제적 영양문제에 대해 논의할 것이다.

비만은 영양불량의 한 형태이다.

건강기능식품(dietary supplement) 비타민, 무기질, 허브나 그 외 식물성 성분 및 아미노산이나, 총섭취량을 증가시켜 식이를 보충하는 식이성분

영양불량(malnutrition) 신체가 적절한 영양 공급을 받지 못했을 때의 건강상태

영양, 사실인가 허구인가?

전형적인 대학생은 신입생 1년 동안 체중이 15파운드 증가한다.

어떤 사람들은 대학에서 첫 1년 동안 체중이 증가하는데, 일반적인 체중 증가는 약 4파운드 정도이다.[4] 대학 입학 시에 과체중이었거나 스트레스가 쌓인 경우는 체중이 증가할 가능성이 더 크다.

모듈 1.3

주요 영양적 개념

1.3 - 학습목표

1. 이 모듈의 주요 용어를 모두 정의한다.
2. 영양소 밀도가 높은 식품, 에너지 밀도가 높은 식품, 빈 칼로리 식품을 분류할 수 있다.
3. (a) 다양한 식품 섭취의 중요성과 (b) 모든 영양소를 포함하고 있는 천연식품은 없다는 것을 포함하여 중요한 기본 영양적 개념을 파악한다.

영양소와 건강에 미치는 영양소의 역할에 대해 학습하기 전에 몇 가지 중요한 기본 영양적 개념을 파악하는 것이 중요하다(**표 1.5**). 이 모듈의 각각의 섹션은 이러한 개념 하나하나에 초점을 맞추고 있다. 이어지는 Unit의 내용은 이러한 주요 개념을 구축하여 식생활에 대해 더 잘 알고 선택할 수 있도록 도와줄 것이다.

1.3a "좋은" 또는 "나쁜" 음식은 없다

사람들은 피자, 과자, 사탕, 도넛, 아이스크림, 가당음료를 "정크푸드"라고 한다. 그러나 모든 음식은 영양적으로 가치가 있으며, "나쁜" 또는 "쓰레기"라고 취급되는 것은 타당치 않다. 파이, 도넛 및 아이스크림은 비록 지방과 설탕이 많이 포함되어 있지만, 소량의 단백질, 비타민, 무기질도 포함하고 있다. 예를 들어, 초콜릿 도넛은 단백질 6 g, 식이섬유 4 g, 니아신(비타민 B) 2 mg 및 철 4 mg을 제공한다. 심지어 가당음료도 두 가지 영양소, 물과 에너지 급원인 단순당류를 제공한다. 이 책을 읽으면서 왜 어떤 음식이 다른 것보다 더 건강한 선택이 되는지 알게 될 것이다.

독성물질이 들어 있거나, 식품매개질병의 원인인 세균, 바이러스, 또는 미세동물에 오염되어 있는 것은 나쁜 음식이다. 누구나 적어도 한 번쯤은 식품으로 인한 질병으로 고통받은 적이 있었을 것이다. 일반적으로 복통, 구역질, 구토, 설사 등을 수반하는 식품매개질병은 오염된 음식을 먹은 후, 몇 시간 또는 며칠 내에 발생한다. Unit 11에서는 식품매개질병의 주요 유형 및 그 예방 방법을 포함하여 식품 안전 문제를 다룰 것이다.

빈 칼로리 식품

사탕, 페이스트리, 스낵 칩, 가당 음료 및 알코올음료 등의 일부 식품과 음료는 "빈 칼로리"의 급원 식품이라 한다.[5] **빈 칼로리 식품(empty-calorie)**은 건강에 해로운 유형의 지방, 첨가당 및 알코올로부터 다량의 칼로리를 공급한다. 또한 빈 칼로리 식품은

빈 칼로리 식품(empty-calorie) 건강에 해로운 지방, 첨가당, 알코올 등에서 과다한 열량을 공급하는 식품

표 1.5 주요 영양적 개념

1. 좋은 음식 또는 나쁜 음식은 없다.
2. 다양성, 적정량, 균형은 건강한 식사의 특징이다
3. 식품은 영양소와 피토케미칼의 가장 좋은 급원이다.
4. 좋은 영양을 위해 한 가지로 모두 통용되는 방법은 없다.
5. 음식과 영양소는 만병통치가 아니다.

빈 칼로리 식품

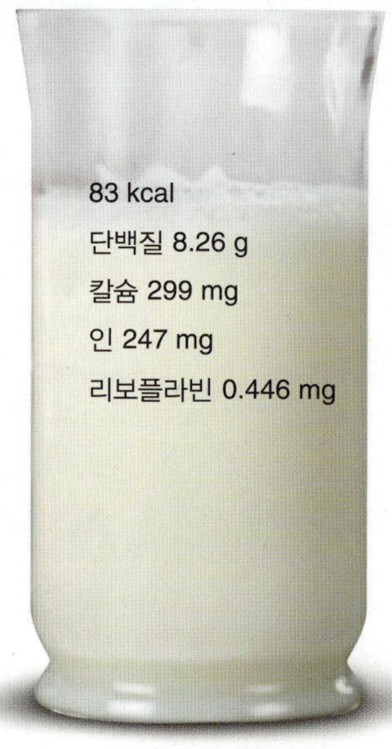

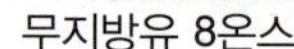
무지방유 8온스

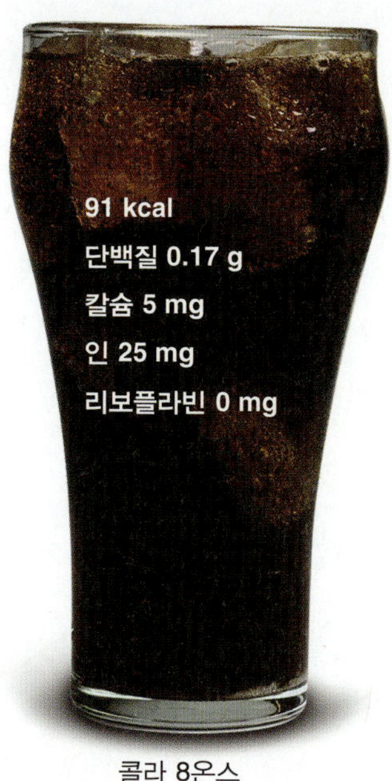

콜라 8온스

그림 1.6 영양밀도.
■ 빈 칼로리 식품과 영양밀도가 높은 식품을 어떻게 구별할 수 있는가?

비타민과 무기질의 좋은 급원이 아니다. 빈 칼로리 식품을 너무 많이 섭취하면 더 영양적인 다른 식품의 섭취량이 줄어들 수 있다. 본 교재의 뒷부분에서 알코올을 포함한 빈 칼로리 식품에 대하여 더 자세하게 다룰 것이다.

영양밀도가 높은 식품은 무엇인가?

어떤 식품은 다른 식품보다 더 영양가가 있다. **영양밀도가 높은 식품(nutrient-dense)**은 총열량, 특히 건강에 해로운 유형의 지방, 설탕 및 알코올의 열량에 비해 더 많은 비타민과 무기질을 포함하고 있다. 브로콜리, 잎채소, 무지방우유, 오렌지주스, 살코기 및 전곡류는 영양밀도가 높은 식품의 예다.

영양밀도가 높은 식품(nutrient-dense) 총열량에 비해 더 많은 비타민과 무기질을 공급하는 식품이나 음료

에너지밀도(energy density) 식품 중량에 대한 식품의 에너지 값

그림 1.6은 무지방 우유와 일반 콜라 8온스에 함유되어 있는 에너지와 몇 가지 영양소를 비교한 것이다. 두 가지 음료의 칼로리는 유사하지만, 우유에서 더 많은 단백질, 리보플라빈, 칼슘과 인을 얻을 수 있다. 건강한 식사는 영양밀도가 높은 식품을 다양하게 포함하고 빈 칼로리 식품은 적게 포함한 것이다.

에너지밀도가 높은 식품은 어떤 것이 있는가?

에너지밀도(energy density)란 어떤 식품의 중량에 대한 에너지 값을 말한다. 예를 들어, 중량이 약 3.5온스이고, 직경 약 4인치인 초콜릿 입힌 도넛은 거의 400 kcal이다. 딸기 중간크기 8알도 3.5온스이지만, 단지 32 kcal에 불과하다. 초콜릿 도넛과 같은 양의 에너지를 얻으려면 딸기 100알을 먹어야 한다(**그림 1.7**). 그러므로 도넛은 딸기에 비해 에너지밀도가 높은 음식이다. 일반적으로 도넛처럼 고지방 식품은 농축된 열량 때문에 에너지밀도가 높다. 대부분의 과일은 지방보다는 수분을 많이 함유하고 있기 때문에 에너지 밀도가 높지 않다.

에너지밀도가 높은 식품이 모두 다 빈 칼로리 식품은 아니다. 예를 들어 견과류는 지방 함량이 높고, 따라서 에너지 밀도가 높다. 그러나 견과류는 단백질, 비타민, 무기질, 식이섬유 등의 영양소가 풍부하다. (식이섬유의 대부분은 탄수화물로 분류된다.) 에너지와 영양소 함량에 대한 정보는 미국농무부의 웹사이트 www.ars.usda.gov/Services/docs.htm?docid=17032의 “What's In the Foods You Eat Search Tool”을 이용하여 알 수 있다.

1.3b 다양성, 적정량 및 균형은 건강한 식이의 특징이다

대부분의 식품은 영양소의 혼합물이지만, 인체가 필요로 하는 모든 영양소를 함유한 “완벽

400 kcal

400 kcal

그림 1.7 에너지밀도.
■ 에너지밀도가 높은 식품과 그렇지 않은 식품을 어떻게 구별할 수 있는가?

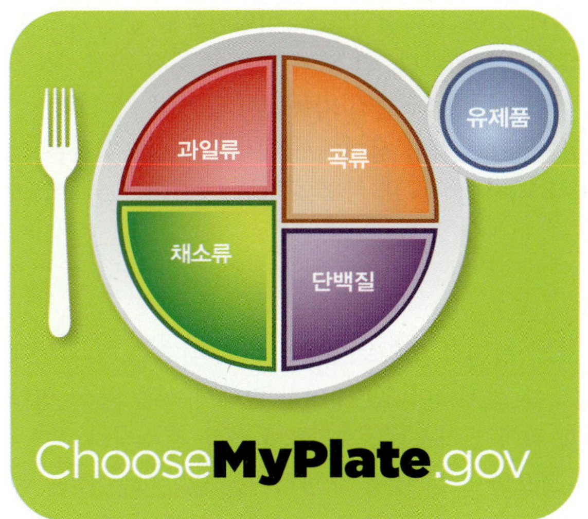

그림 1.8 MyPlate 식이지침(Unit 3 참조).

이 Unit의 서두에서 언급했던 브리짓은 대학 신입생 1년 동안 형편없는 음식 선택을 하였다. 그녀는 자신의 식이에서 빈 칼로리 식품을 모두 제거할 필요는 없다는 것을 알고 안심할 것이다. 그녀가 매일 주로 영양 밀도가 높은 음식을 먹어서 영양적 요구를 충족하는 경우, 빈 칼로리 식품 품목 한 가지 정도를 포함하여 생활에 소소한 즐거움을 추가할 수 있다. 반면, 자신의 에너지 필요량에 비해 빈 칼로리 식품을 너무 많이 섭취한다면, 과다한 체지방을 얻게 될 것이다.

한" 천연식품은 없다. 몸에 이로운 피토케미칼뿐 아니라, 모든 필수영양소를 포함한 식사를 위해서는 각 식품군에서 **다양성(variety)** 있는 식품을 선택하여(**그림 1.8**) **적정량(moderation)**을 섭취하는 것이다. 또한 칼로리 섭취와 건강체중 유지를 위해 충분한 신체 활동과의 **균형(balance)**이 이루어져야 한다. Unit 3에서는 1회 제공량과 식품군에 대해 더 많은 정보를 제공할 것이다.

다양성(variety) 각 식품군으로부터 다른 식품을 포함하는 것

적정량(moderation) 적절한 식품량을 섭취하는 것

균형(balance) 건강체중을 유지하기 위한 칼로리 섭취와 소비의 균형

1.3c 식품은 영양소와 피토케미칼의 최고의 급원이다

영양소와 유익한 피토케미칼을 얻기 위한 가장 자연적이고 신뢰할 수 있는 경제적 방법은 다양한 "전체"식품과 최소한으로 가공한 식품을 섭취하는 것이다. 대부분의 미국인들에게서 100% 생음식을 섭취하는 것은 현실적이지 않으며, 어떤 면에서는 안전하지 않다. 대부분의 식품들은 섭취되기까지 껍질벗기기(박피), 정제, 가열 등 어떤 형태로든 가공과정을 겪게 된다. 그러한 처리는 식품을 보다 더 안전하고 편리하게 먹을 수 있게 한다.

식물성 식품은 자연적으로 다양한 영양소와 피토케미칼을 포함하지만, 가공과정 중 건강에 가장 좋은 부분이 일부 제거되기도 한다. 예를 들면, 통밀은 흰 밀가루로 정제되는 과정에서 배아 및 밀기울이 제거된다(**그림 1.9**). 밀 배아는 비타민 E와 이로운(건강에 좋은) 지방의 좋은 급원이다. 밀기울은 식이섬유 및 특정 피토케미칼을 함유하며, 여러 가지 미량영양소의 농축된 급원이다. 배유는

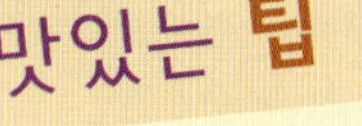

아몬드 및 기타 견과류는 영양이 풍부하고 에너지 밀도가 높다. 예를 들면, 아몬드 1온스(약 23알)는 약 160 kcal, 단백질 6 g, 지방 14 g, 비타민 E 7 mg 이상, 소량의 철, 칼슘 및 비타민 B를 공급한다. 견과류 한줌을 간식으로 또는 곡류(시리얼)에 추가해서 먹으면 좋다.

그림 1.9 흰 밀가루는 무엇인가? 통밀의 정제과정에서 영양가 높은 배아와 껍질 부분이 제거되고, 주로 전분인 배유 부분이 남는다.

■ 다양한 음식, 특히 전체(그대로) 또는 최소한으로 가공한 식품을 선택하는 것이 왜 중요한가?

주로 전분(탄수화물의 한 형태)이며, 일부 단백질과 소량의 미량영양소, 식이섬유로 구성되어 있다. "전곡"은 배유와 함께 낟알의 배아와 껍질 부분을 포함한다. 흰 빵과 같은 정제된 곡류제품을 100% 전곡제품으로 대체하면 다양한 영양소 및 피토케미칼의 섭취 가능성이 증가될 것이다.

각각의 미량영양소에는 안전한 섭취량의 범위가 있다. 자연 상태에서 대부분의 상용식품은 안전한 수준의 미량영양소를 함유하고 있다. 그러나 비타민이나 무기질을 함유한 식이보충제의 과다 복용은 건강상의 문제를 초래할 수 있다.

영양보충제를 섭취해야 하는가?

많은 사람들이 정제, 가루, 바, 웨이퍼, 또는 음료의 형태로 영양보충제를 섭취한다. 그러나 인체는 보충제가 아니라, 식품으로부터 영양소를 얻도록 설계되어 있다. 어떤 면에서 식품 중의 영양소가 더 효과적으로 이용될 수 있다—즉, 보충제 중의 영양소보다 더 쉽게 소화, 흡수된다.

영양보충제가 체내 최적의 영양상태를 위해 필요한 모든 것을 포함하지는 않는다는 것을 이해하는 것이 중요하다. 예를 들어, 이들은 식물성 식품에서 발견되는 다양한 피토케미칼을 함유하지 않는다. 피토케미칼을 함유한 보충제를 사용할 수도 있지만, 이들을 함유한 식물을 섭취하여 얻은 것과 같은 건강상의 이점을 기대할 수는 없을 것이다. 왜냐하면 체내에서 바람직한 효과를 나타내기 위해서는 영양소와 피토케미칼이 함께 섭취되어야 할 필요가 있기 때문이다. 식품은 자연스럽게 이러한 화학 물질을 아주 소량, 특정 비율의 조합으로 함유하고 있다. 보충제를 한주먹 삼키는 것은 전혀 "자연"스럽지 않다. Unit 2와 3에서 영양보충제에 대한 더 많은 정보를 다룰 것이다.

임신부는 영양이 풍부한 식품을 선택한다 해도, 여전히 특별한 영양 보충제 섭취가 필요할 수 있다.

1.3d 좋은 영양을 위해 한 가지로 모두 통용되는 방법은 없다

Unit 3에서 제시한 식이지침을 활용하여, 영양적으로 적절하고, 기호, 예산, 생활양식에 맞도록 식이를 개별화시킬 수 있다. 식이를 개별화하는 것은 혈액형, 머리 색깔, 성격, 또는 신발 사이즈와 "어울리는" 음식만 먹는다는 것을 의미하지는 않는다. 누군가가 개인의 특성에 따른 식이를 주장한다면, 피하는 것이 좋다. 신체적 특성이나 개성에 어울리는 식사를 해야 했다면, 인간은 수천 년 동안 살아남지 못했을 것이다.

건강한 사람들의 영양소 요구는 삶의 여러 단계에 따라 차이가 있는 것에 주목해야 한다. 즉, 유아, 어린이, 임산부, 그리고 노인은 종종 영양 섭취를 증진시킬 영양보충제가 필요하다. 또한 의사들은 만성질환 환자들에게 영양보충제나 특별식을 처방하기도 한다.

무엇일까요?

리치열매를 맺는 나무는 중국이 원산지이지만, 하와이, 캘리포니아, 플로리다에서도 재배된다. 신선한 리치 100 g(약 3.5온스)은 약 65 kcal와 24~60 mg의 비타민 C를 공급한다.[6] 가죽 같은 껍질을 벗기고 달콤한 과육을 먹으며, 펄프로 둘러싸인 씨는 먹지 않는다. 껍질을 벗기고 씨를 발라낸 리치는 과일 샐러드에 흥미로운 맛과 질감을 더 할 수 있다; 과즙은 다른 과일 음료에 첨가되기도 한다.

1.3e 식품 및 영양소는 만병통치가 아니다

특정 영양소 결핍증은 결핍되었거나 부족한 영양소를 함유한 식품을 먹으면 치유될 수 있지만, 영양소들이 다른 질병을 치료할 수는 없다. 식이는 건강에 영향을 미치는 단지 한 가지 측면일 뿐이다. 유전과 환경뿐 아니라, 다른 생활양식 요인 역시 건강 상태를 결정하는 중요한 역할을 한다.

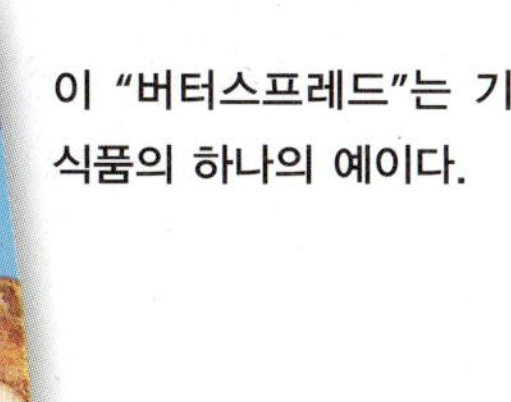
이 "버터스프레드"는 기능성 식품의 하나의 예이다.

기능성 식품은 무엇인가?

특정 건강 관련 기능을 위해 많은 식품이 만들어지고 있다. **기능성 식품**에 대한 법적 정의는 존재하지 않지만, 이러한 제품은 건강에 관련된 목적을 가진다.[7] 기능성 식품은 종종 영양 섭취를 향상시키거나, 특정 건강문제를 관리할 수 있도록 제조된다. 예를 들어, 무기질이 첨가된 오렌지주스를 구입하여 칼슘 섭취를 증가시킬 수 있다. 어떤 마가린 대용품은 심장질환의 위험을 낮출 수 있는 피토케미칼을 함유하고 있다. 대부분의 요구르트 제품은 설사를 완화시켜주는 특정 세균을 함유한다. 이러한 세균은 생균제(probiotics), 즉 건강에 유익한 살아 있는 미생물이다. 비록 일부 기능성 식품이 사람들의 건강을 향상시키는 데 도움이 되긴 하지만, 유익한 효과뿐 아니라, 해로운 영향의 가능성을 판단하기 위해서 더 많은 연구가 필요하다.

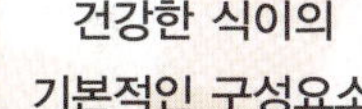
건강한 식이의 기본적인 구성요소

1.3f 맺음말

영양과 건강한 식이의 역할에 대해 배운 것을 적용하면 더 오래 건강하게 살 수 있다. 또한, 본 교재를 통해 영양관련 정보의 더 신중한 소비자가 될 수 있다. 살기 위해서는 먹어야 하므로, 정보를 활용할 수 있는 기회가 많이 있을 것이다. 어떤 경우에는, 음식과 관련한 새로운 태도와 습관을 개발하게 될 것이다. 즐기도록!

요점정리

모듈 1.1 왜 영양에 대해 알아야 하는가?

- 잘못된 식습관과 신체 활동량 부족 등의 생활양식 선택은 심장질환, 암, 뇌졸중, 당뇨병을 포함한 미국 성인의 조기 사망의 주요 원인 발생에 상당부분 기여하고 있다. 영양과 식이 및 건강의 역할에 대해 배운 것을 적용하면 수명을 연장하고 삶의 질을 향상시킬 수 있을 것이다.
- 심장질환 등의 만성질환은 여러 가지 위험인자로 인한 복잡한 상태이다. 그 중 한 가지 위험인자는 질병의 발생 가능성을 증가시키는 생활양식과 가족력 등의 개인적인 특성이다. 많은 경우, 사람들은 그들의 식단을 수정하고, 신체적 활동을 증가시키며, 생활양식의 다른 면들을 변화시킴으로써 더 오래 건강하게 살 수 있다.

모듈 1.2 영양의 기초

- 영양소는 신체가 적절한 기능을 위해 필요로 하는, 식품 중의 화학물질이며, 영양학은 영양소와 인체가 영양소를 이용하는 방법에 대한 과학적 연구를 하는 학문이다. 영양소는 탄수화물, 지질, 단백질, 비타민, 무기질 및 물의 6가지로 분류할 수 있다.
- 인체는 에너지, 성장과 발달, 세포의 유지·보수를 포함하는 조절작용을 위해 특정 영양소를 필요로 한다. 인체는 많은 영양소를 만들 수 있지만, 약 50가지의 영양소는 체내에서 생산되지 않거나, 필요한 만큼 충분히 생산되지 않기 때문에 필수적으로 식품을 통해 공급되어야 한다.
- 식물성 식품은 천연적으로 다양한 피토케미칼을 함유하고 있는데, 이 물질들은 아직 건강에 이로운 영양소로 분류되지 않는다. 피토케미칼은 세포가 특정 환경요인에 노출되어 파괴되거나 손상되지 않도록 보호해주는 항산화제이다. 그러나 일부 피토케미칼은 독성이 있다.
- 모든 세포는 에너지를 필요로 한다. Cal 또는 kcal는 식품의 에너지 값을 나타내는 데 사용된다. 탄수화물 1 g과 단백질 1 g은 각각 약 4 kcal를 공급하고 지방 1 g은 약 9 kcal를 공급한다. 알코올은 영양소는 아니지만, 1 g당 7 kcal를 공급한다.
- 탄수화물, 지방 및 단백질은 신체가 매일 비교적 다량으로 필요로 하기 때문에 다량영양소라고 한다. 비타민과 무기질은 아주 소량만이 필요하기 때문에 미량영양소라고 한다. 비록 신체가 물도 다량 필요로 하지만, 물은 에너지를 공급하지 못하므로 일반적으로 다량영양소로 분류되지 않는다.

모듈 1.3 주요 영양적 개념

- 대부분의 천연 식품은 영양소의 혼합물이지만, 적절한 건강 유지에 필요한 영양소를 모두 포함한 식품은 존재하지 않는다. 따라서 영양학적으로 적절한 식이는 모든 식품군에서 다양한 식품을 포함하고, 에너지 섭취량과 소모량의 균형이 이루어져야 한다.
- 식품을 "좋은" 또는 "나쁜" 것으로 구분하기보다는 모든 음식을 적정량 섭취하고, 빈 칼로리 식품을 제한하는 것에 초점을 맞추는 것이 필요하다.
- 각각의 영양소에는 안전한 섭취량의 범위가 있다.
- 건강한 사람은 영양 필요량을 충족시키기기 위해 영양보충제를 복용하기보다는 다양한 식품을 섭취하도록 한다.
- 비록 영양소가 좋은 건강을 유지하는 데 매우 중요하지만, 식품과 그에 함유된 영양소가 만병통치는 아니다. 영양학적으로 적절한 식이 계획에 왕도는 없다.

당신의 식사는 적절한가?!

1. 당신이 정기적으로 음식을 구입하는 경우, 일주일 동안의 식료품과 편의점 영수증을 보관한다.
   a. 식품구입비로 얼마나 많이 지출했는가?
   b. 어떤 식품이 가장 비쌌는가?
   c. 짭짤한 간식, 과자, 청량음료, 사탕 등의 빈 칼로리 식품 및 음료 구입에 얼마나 많은 돈을 지출했는가?
   d. 식품구입비의 몇 퍼센트가 빈 칼로리 식품에 쓰였는가? ______ (일주일 동안 총 식품 구입비에 대한 빈 칼로리 식품 구입비의 백분율 %).
   e. 전곡류, 과일, 채소 등 영양밀도가 높은 식품에 얼마나 많은 돈을 지출했는가?
   f. 식품구입비의 몇 퍼센트가 영양밀도가 높은 식품에 사용되었는가? ______ (일주일 동안 총 식품 구입비에 대한 영양밀도가 높은 식품 구입비의 백분율 %)
2. 일주일 동안 일상적인 자동판매기 구입에 대해, 구입한 품목과 각각의 구입비를 포함하여 자세히 기록한다.
   a. 자동판매기에서 어떤 종류의 음식과 음료를 구입했는가?
   b. 매일 얼마나 많은 청량음료를 소비했는가?
   c. 자동판매기 식품과 음료 구입에 얼마나 많은 돈을 지출했는가?
   d. 이번 주 자동판매기 지출을 바탕으로, 1년에 얼마나 많은 돈을 자동판매기 식품 구입에 지출하는지 추정해보자.
3. 일주일 동안 편의점에서 구입하는 패스트푸드를 포함하여 일상적인 패스트푸드 소비에 대해 자세히 기록한다.
   a. 일주일 동안 얼마나 자주 패스트푸드점이나 편의점에서 식품을 구입했는가?
   b. 일반적으로 어떤 음식 종류를 구입했는가?
   c. 패스트푸드에 얼마나 많은 돈을 지출했는가?
   d. 이번 주 지출을 바탕으로, 1년에 얼마나 많은 돈을 패스트푸드 구입에 지출하는지 추정해보자.
4. 지난 한 달 동안 건강기능식품을 구입했는가? "예"라고 답한 경우, 어떤 제품을 구입했는가?

   ____

   그 제품 구입에 얼마나 지출했는가? ______________

생각해 봅시다...

1. 음식 및 음료 선택에 영향을 주는 최소 6가지 요인을 알아보자. 이들 중 어떤 것이 가장 중요한가? 그 이유를 설명하라.
2. 현재의 식습관을 고려할 때, 영양적으로 적절하거나 또는 적절하지 않다고 생각하는 이유를 설명하라.
3. 만성적인 건강문제 발생 위험이 있는데 식이의 변화로 예방할 수 있다면, 이에 필요한 변화를 시도하겠는가?
4. "모든 것을 적절하게" 이 말이 식이적 관점에서 무엇을 의미하는지 설명하라.
5. 지난 24시간 동안 먹거나 마신 모든 것을 회상해 보자. 그 중에서 빈 칼로리, 고밀도 에너지 및 영양소 밀도가 높은 식품을 구별한다. 그러한 식품의 섭취량을 줄일 의향이 있는가? 왜 줄이려고 하는지 또는 왜 줄일 생각이 없는지 설명하라.

혼자 풀어보기

가장 올바른 대답을 선택하라.

1. 다이어트는
   a. 에너지 섭취를 제한하는 것이다.
   b. 음식 선택의 형태이다.
   c. 1회 분량을 줄이는 방법이다.
   d. 탄수화물 섭취를 줄이는 기술이다.
2. 다음 중 미국의 10대 주요 사망원인이 아닌 것은?
   a. 결핵
   b. 암
   c. 심장병
   d. 뇌졸중
3. 에너지를 제공하는 영양소는?
   a. 탄수화물, 비타민, 지질
   b. 지질, 단백질, 무기질
   c. 비타민, 무기질, 단백질
   d. 단백질, 지방, 탄수화물
4. ______ (이)란 생체 세포에서 일어나는 모든 화학적 과정을 의미한다.
   a. 생리학
   b. 이화
   c. 해부
   d. 대사
5. 피토케미칼이란?
   a. 필수영양소이다.
   b. 건강에 이로울 수 있다.
   c. 피해야 한다.
   d. 동물성 식품이 급원이다.
6. 다음 식품 중 에너지와 영양밀도가 높은 것은?
   a. 땅콩버터
   b. 가당 청량음료
   c. 무지방 우유
   d. 아이스버그 양상추
7. 다음 식품 중 피토케미칼이 풍부한 것은?
   a. 햄버거
   b. 물고기
   c. 복숭아
   d. 닭

8. 다음 중 만성질환은?
   a. 심장병
   b. 배탈
   c. 갈비뼈 골절
   d. 보통의 감기

9. 미국에서 예방 가능한 암으로 인한 사망의 주요 원인은?
   a. 신체 활동
   b. 흡연
   c. 고지방식
   d. 과도한 알코올 섭취

10. 어떤 식품의 1회 섭취량이 탄수화물 10 g, 단백질 2 g 및 지방 4 g을 포함하고 있다면, 이 식품의 1회 섭취량은 몇 칼로리를 공급하는가?
   a. 64
   b. 74
   c. 84
   d. 94

11. 다음 중 빈 칼로리 식품은?
   a. 코티지 치즈
   b. 플레인 요구르트
   c. 청포도
   d. 막대사탕

12. 다음 중 가장 영양밀도가 높은 식품은?
   a. 감자 튀김(프렌치후라이) 15개
   b. 복숭아 1컵
   c. 버터 1큰술
   d. 초콜릿 칩 쿠키 1개

참고문헌

➡ 부록 F 참조

Unit 2 영양정보: 사실과 허구

학습내용

모듈 2.1
영양: 소비자를 위한 과학

모듈 2.2
잘못된 영양정보를 퍼뜨리다

모듈 2.3
영양정보에 대해 더 깐깐한 소비자 되기

모듈 2.4
신뢰할 수 있는 영양정보 찾기

"대학에서 나의 가장 친한 친구 중 한 명은 매우 건강하고 활동적이며, 건강에 좋은 음식을 먹는다. 그녀는 나에게 코코넛 오일에 대한 굉장한 이야기를 했다. 코코넛 오일이 머리카락과 피부에 좋고, 건강에 매우 이롭다는 것이다. 그래서 친구는 항상 그 오일을 차(茶)에 넣어 마시고, 땅콩버터 샌드위치에 발라 먹는다. 친구따라 나도 요리할 때 코코넛 오일을 사용하기 시작했고, 차 마실 때나 넣을 수 있는 모든 것에 코코넛 오일을 넣어 먹는다. 코코넛 오일을 충분히 사용해 봤다고 확신하지는 못하므로, 코코넛 오일 사용 효과에 대해 말할 수 있을지는 모르겠다. 그러나 나는 확실히 만족한다... 그것이 효과적이라는 것에 대해 조금도 의심하지 않는다."

Clare Chapman

클레어 채프먼은 미네소타 주립대학(맨케이토)의 대학원생이다. 코코넛 오일의 장점에 대한 그녀 친구의 열정적인 주장은 흥미롭지만, 그것은 개인적인 경험일 뿐이며, 과학적인 증거가 될 수 없다. 당신이라면 클레어와 그녀의 친구가 그것을 사용한다고 해서, 코코넛 오일을 구입하고 음식에 넣어 먹겠는가? 그 오일을 사용하는 것이 안전한지 또 실제로 건강에 도움이 되는지를 어떻게 확인할 수 있는가?

우리는 음식을 섭취하고, 영양정보를 통해 소비한다. 잡지, 책, TV, 라디오, 광고 및 인터넷, 심지어 가족과 친구가 영양정보를 "홍수"처럼 쏟아낸다. 이 정보의 대부분은 과학적 근거가 없다. 중요한 것은 건강 강조를 포함하여 영양 관련 정보의 신뢰성에 의문을 제기하는 깐깐한 소비자가 되는 방법을 배우는 것이다.

이 Unit에서는 과학자들이 영양에 관한 정보를 수집하는 방법에 대해 자세히 살펴본다. 또한 인터넷 사이트와 잡지 기사 등 대중적인 영양정보 출처의 정직성과 신뢰성을 판단하기 위한 실용적인 팁을 제공한다.

모듈 2.1

영양: 소비자를 위한 과학

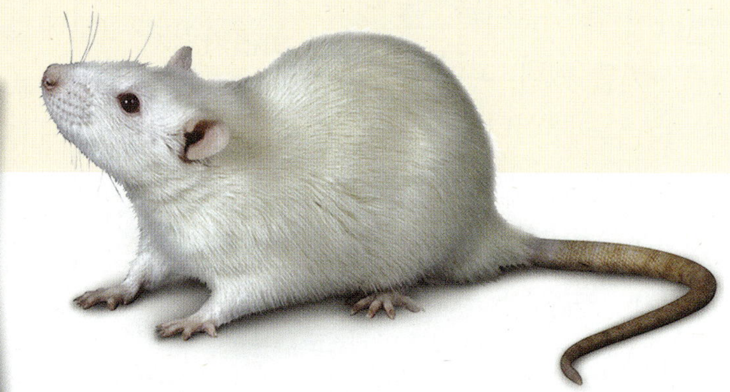

2.1 - 학습목표

1. 이 모듈의 주요 용어를 모두 정의한다.
2. 일반적으로 영양연구에 관련된 과학적인 방법의 기본 단계를 열거한다.
3. 과학자들이 인간 대상의 영양관련 연구를 수행하는 방법을 논의한다.
4. 서로 유사한 연구에서 다른 결과가 나오는 이유를 설명한다.

과거에는 영양학적 사실 및 권장 식이 사례가 종종 직관, 상식, "기존의 지혜"(전통), 또는 **일화(anecdotes**; 개인적인 경험의 보고)를 기반으로 했다. 오늘날, 영양사 및 기타 영양전문가들은 현재의 과학적 연구에 의해 입증되지 않으면, 전통적 신념, 설명 및 관행을 폐기한다.

2.1a 과학에 근거한 증거 수집

과학자들은 일반적으로 자연 및 신체 관찰에 대한 질문에 답변하기 위해 과학적인 방법을 사용한다. 예를 들어, 과학자들은 다음과 같은 질문에 대해 답변해 왔다: "위는 어떻게 식이 단백질을 분해하는가?" "왜 아기는 정상적인 발달을 위해 철분이 필요한가?" "좋은 건강을 유지하기 위해 비타민 C가 왜 필요한가?"

실험(experiment)은 과학적 의문을 테스트하는 방법이다. 영양학자들은 종종 안전과 윤리적 문제 때문에, 인간을 대상으로 연구를 수행하기 전에 작은 포유동물에 대한 실험을 수행한다. 특정 종류의 생쥐나 쥐는 실험을 위해 사육된다. 설치류는 실험실 사육비용이 저렴하고, 먹이와 다른 생활환경의 조절이 용이하다. 연구자들은 동물을

필수개념

2.1 과학적 방법 적용

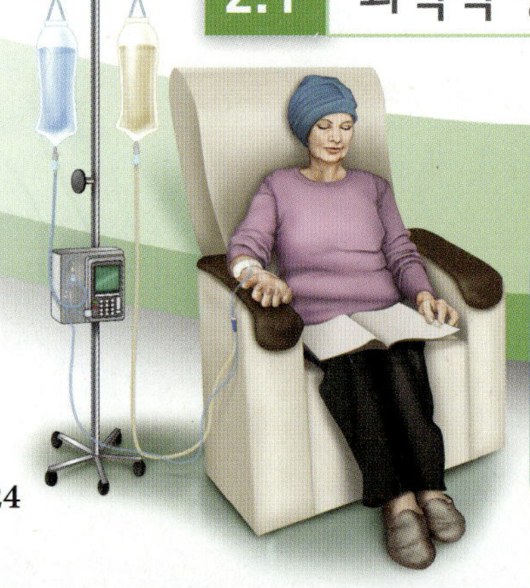

1 관찰한다
과학자들은 위암 입원 환자 그룹을 관찰한다. 모든 환자에서 식이 정보를 얻은 후, 연구진은 위암 환자가 같은 연령의, 위암이 없는 사람들보다 숯불구이 고기를 더 많이 먹는다는 것을 알아낸다.

2 질문을 개발한다
연구진은 숯불구이 고기를 먹는 것이 위암의 위험을 증가한다고 생각하고 질문을 개발한다: "화학물질 X는 숯불로 구운 고기에만 있다. 화학물질 X를 6개월 동안 실험용 생쥐 그룹에 투여한다면, 화학물질 X를 먹지 않은 쥐보다 위암이 더 많이 발생할 것인가?"

일화(anecdotes) 개인적인 경험의 보고서

실험(experiment) 과학적 문제를 테스트하는 방법

전문가 심사(peer review) 연구 논문이 출판되기 전 전문가의 비판적 분석

다루는 방법이나 동물이 받는 신체활동 종류 등의 시험되지 않는 조건을 조절한다. 그렇지 않으면, 그 연구 결과는 불분명하거나 부정확할 가능성이 있다.

필수개념 2.1은 실험용 생쥐를 이용하여 영양관련 실험에 적용하는 과학적 방법의 기본 단계를 기술한다.

인간 중재 연구

사람과 "실험"동물 사이에는 많은 차이가 있기 때문에, 사람들에게 동물대상의 실험 결과를 적용할 때는 주의해야 한다. 그러나 특정 식습관에서 초래될 수 있는 건강 상태(결과)에 대한 정보를 얻기 위해서는 인간을 이용하여 중재를 수행한다. 이러한 경우에, 과학자들은 종종 **이중 맹검 연구(double-blind study)**를 설계한다. 이중 맹검 연구에서 연구자와 실험 대상자는 **처치군(treatment group)**과 **대조군(control group)**에 어떤 참가자가 배정되는지 모른다. 연구자와 실험대상자는 누가 어떤 그룹에 배정되었는지 추측하려고 하기 때문에, 연구과정 동안 비밀을 유지하는 것은 중요하다. 참가자를 인터뷰하는 연구자가 연구(단일 맹검 연구) 중 개개인의 그룹 배정을 알고 있다면, 그들은 서로에게 단서를 전달할 수 있다. 예를 들어, 연구자의 어조 또는 신체적 언어는 실험대상이 실험군 또는 대조군 어디에 속해 있는지에 대한 믿음에 영향을 미칠 수 있다. 대조군에 있다고 생각하는 실험대상은 자신의 상태에 변화가 없다고 보고할 수 있다. 이상적으로, 실험대상은 연구기간 동안 자신의 그룹 배정을 알아낼 수 없어야 한다.

이중 맹검 연구를 수행할 때, 연구자들은 모든 연구 대상자에게 동일한 지침과 건강기능식품 또는 실험식과 같은 처방을 제공한다. 그러나 실험군의 구성원만 실제로 처치를 받을 수 있으며, 대조군에게는 위약이 주어진다.

위약(placebo)은 단순히 "설탕 정제"가 아니다. 위약은 가짜 약, 주사, 또는 의료 절차와 같은 가짜 치료이다. 치료방법이 약인 경우, 위약은 실험군에 제공된 약과 같은 모양, 맛, 냄새를 가진다. 그러나 위약은 측정 가능한 어떤 신체적 변화도 유발하지 않는 물질로 되어 있다. 대조군에게 위약을 제공하여 실험군의 치료 반응 정도를 위약과 비교할 수 있다.

위약효과는 무엇인가?

비록 위약을 투여받았어도, 사람들은 종종 처방에 긍정적이거나 부정적인 반응을 보인다. 환자가 의료치료가 자신의 건강을 향상시킨다고 믿는다면, 환자는 치료에 대해 좀 더 긍정적인 결과를 보이는 경향이 있다. 이러한 희망적 생각을 **위약효과(placebo effect)**라 한다.

현재, 코코넛 오일이 뛰어난 의료 혜택을 주는 "슈퍼 푸드"라는 주장을 뒷받침하는 과학적인 증거는 거의 없다. 그 열대 오일로 건강이 개선되었다는 클레어 채프먼의 확고한 신념은 위약효과의 결과일 수 있다. 한편으로는, 클레어의 몸이 이제까지 연구자가 고려하지 못하거나 측정하지 못했던 오일 사용의 긍정적인 효

맛있는 팁

위약은 특히 고통을 수반하는 조건하에 있는 사람에게 유익한 결과를 낳을 수 있다. 대조군의 참여자들은 그들이 실제 치료를 받고 있다고 믿으므로, "치료"에 대한 그들의 믿음은 뇌에서 통증 인지를 변화시키고 불편함을 덜어주는 화학 물질의 분비를 자극할 수 있다. 따라서 긍정적인 반응을 기대하지 않았던 사람들이, 심지어 위약을 복용했을 경우에도 치료가 도움이 되었다고 보고하였다. 뇌에서 분비된 화학 물질이 실제로 고통을 완화하기 때문이다.

이중 맹검 연구(double-blind study) 실험대상이나 연구자가 각 실험대상이 배정된 그룹을 알지 못하도록 설계된 실험

처치군(treatment group) 치료를 받는 그룹

대조군(control group) 치료를 받지 않는 그룹

위약(placebo) 가짜 약, 주사, 또는 의료 절차 등의 가짜 치료

위약효과(placebo effect) 위약에 대한 반응

영양연구자들은 종종 모집단의 식행동에 대한 정보를 얻기 위해 설문 조사를 활용한다.

과를 경험하는 것일 수 있다. 더 많은 사람들이 코코넛 오일을 섭취하게 되면, 과학자는 그 오일이 실제로 건강에 부정적인 영향을 포함하여 어떤 영향을 주는지 판단하기 위한 연구를 수행하게 될 것이다.

집단 연구

수십 년 동안 영양학자들은 다양한 집단들에서 사망원인과 만성질환의 비율에 차이가 있는 것에 주목했다. 이러한 차이가 나는 이유를 알기 위해 연구자들은 사람들의 신장 및 체중측정 등 신체검사를 하여 건강 자료를 얻는다. 또한 설문조사를 하여 특정 집단의 건강과 식품 관련 행동에 대한 정보를 얻을 수도 있다. 이러한 설문 조사는 종종 개인 및 가족 병력, 환경 노출, 식이 관행에 대해서 질문한다.

프래밍험 심장 연구(The Framingham Heart Study)

매사추세츠 주에서 1949년에 시작한 프래밍험 심장 연구는 영양에 관한 가장 잘 알려진 집단 연구 중 하나이다. 연구가 시작될 때, 5,000명의 건강한 참가자들이 신체검사를 받고, 생활양식뿐만 아니라 가족 및 개인의 병력에 대한 설문조사를 받았다. 계속하여 수년 동안 의학연구자들이 각 참가자의 건강에 관한 정보를 주기적으로 수집했고, 참가자가 죽으면, 사망원인을 조사했다. 과학자들은 이 정보를 분석하고, 다양한 개인적 특성과 건강 결과와의 관계를 찾았다. 프래밍험 심장 연구의 결과는 고콜레스테롤혈증과 흡연을 포함하여, 심장질환의 여러 가지 위험 요인을 규명했다. 오늘날, 의료연구진은 여전히 프래밍험 심장 연구 참가자뿐만 아니라 그 후손에게서 정보를 수집하고 있다.

당신의 식이 선택과 생활양식은 의료기록에 영향을 미친다.

2.1b 혼란 및 갈등

어느 날, 뉴스 미디어는 마늘, 다크 초콜릿, 현미, 또는 체리 등의 섭취가 건강에 이롭다는 연구에 대해 강조한다. 몇 주 후, 뉴스 미디어는 이전의 연구 결과를 지지하지 않는 새로운 과학적 조사 결과를 보고한다. 소비자는 가끔씩 영양연구의 결과가 서로 다른 것에 혼란스러워하고 실망한다. 그러므로 어떤 사람들은 영양학자들이 자기들이 무엇을 하는지 모른다고 생각한다. 왜 과학자들은 특정 음식 섭취가 건강에 이롭다는 것에 동의할 수 없고, 그 증거를 제공할 수 없는가?

서로 상충되는 결과는 종종 다양한 연구 설계방법의 차이에 기인한다. 같은 질문을 조사하는 경우에도, 다른 그룹의 과학자는 종종 연구 수행 및 결과 분석을 다르게 하기도 한다. 예를 들어, 각각의 연구에 참여하는 사람의 수, 나이 및 신체조건, 연구의 유형 및 연구 기간, 제공한 처방량, 그리고 결과를 분석하기 위해 사용한 방법은 연구마다 다르다. 또한 개인의 상황, 유전, 행동 및 환경의 차이들로 인해 처방에 반응하는 방식은 서로 많이 다르다. 사람들은 유전적으로 다를 뿐만 아니라 다른 생활양식을 가지고 있으며, 그들은 보통 식이정보를 기억해서 말하고, 건강관리 방법에 관한 지침도 서로 다르게 받아들인다. 그러므로 다양한 요인들이 인간을 대상으로 한 영양 조사 결과에 영향을 미칠 수 있다. 이것이 영양섭취기준이 하나의 연구결과로부터 결정되어서는 안되는 이유이다. 그러나 대중매체는 종종 세간의 주목을 끌만한 선풍적인 연구 결과를 발표한다.

연구편향은 무엇인가?

데이터를 수집하고 분석할 때, 과학자들은 다른 연구자가 그들의 개인적인 태도와 편견("관점")에 의존하지 않고, 결과를 객관적이고 정직하게 평가, 보고하기를 기대한다. 그러나 과학적 연구의 자금 공급원은 연구 결과에 대해 어떤 기대 또는 편견을 가질 수 있으며, 따라서 자신의 관심사를 지지하는 쪽의 연구를 하는 과학자에게 연구 자금을 제공할 가능성이 높다. 예를 들어, 쇠고기 산업은 쇠고기의 다량 섭취와 특정 암의 위험간의 연결을 찾기 위한 과학적 조사에는 연구비를 제공하지 않을 것이다. 반면, 쇠고기 산업이 쇠고기를 많이 함유한 고단백식이가 체중 감량을 시도하는 사람들에게 도움이 된다고 한 과학자들의 지원에 더 관심이 있을 수 있다.

전문가 심사를 하는 저널은 일반적으로 논문의 저자가 자신의 소속과 연구비 지원 출처를 공개하도록 요구한다. (전문가 심사는 25쪽에 설명되었다.) 이러한 공개는 논문의 첫 페이지 또는

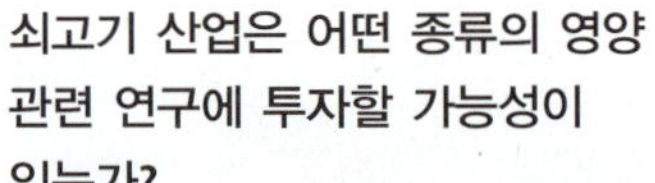
쇠고기 산업은 어떤 종류의 영양 관련 연구에 투자할 가능성이 있는가?

끝 부분에 표시된다. 이 정보를 보고 독자들은 연구편향이 연구자에게 영향을 미쳤을 것인지 여부를 결정할 수 있다. 전문가 심사가 가능한 한, 과학자들이 윤리적이고 객관적인지 확인하는 데 도움이 되지만, 모든 연구편향을 제거하는 것은 불가능하다.

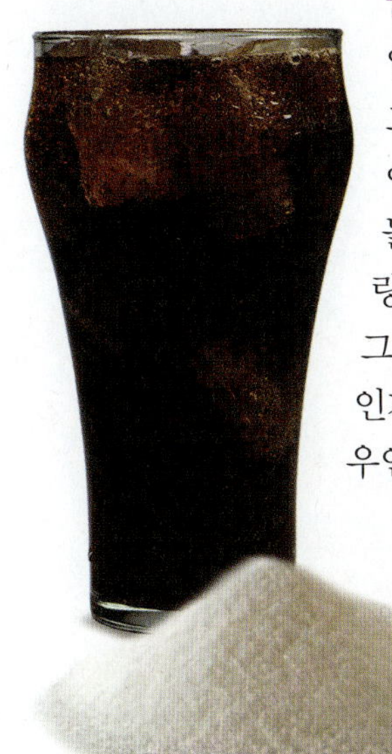

원인과 결과

일반적으로 사람들과 그들의 식행동과 관련된 집단 연구는 **원인과 결과**, 즉 그 습관이 결과에 대한 책임이 있는지 여부를 입증할 수 없다. 한 집단 내에서 두 개의 서로 다른 자연적인 사건이 동시에 발생하는 경우, 반드시 그들이 서로 관련되어 있다고는 할 수 없다. 예를 들면, 어느 집단의 가당 청량음료의 섭취가 증가할 때, 그 집단의 과체중 사람들의 비율도 증가한다. 그렇다면 과당 청량음료를 마시는 것이 체중 증가의 원인임을 증명하는 것인가? 꼭 그렇지는 않다. 어떤 식행동과 신체적 결과간의 관계로 보이는 것은 우연히 일어나는 것일 수도 있다.

심장질환 및 암과 같은 만성질환의 경우에, 단일 인자가 그 상황의 원인이 된다는 것을 증명하는 것은 어렵다. 일반적으로는 질병 발현에 대한 **유전적 가능성**을 포함하여 복합적인 위험 요인이 만성질환을 유발할 것인지 여부에 영향을 준다. 심장질환의 발병에 역할을 하는 다른 요인으로는 체중, 연령, 흡연, 특정 지방 섭취 등이 있다. Unit 6은 심장질환에 대한 자세한 정보를 제공한다.

무엇일까요?

수 세기 동안, 아시아 사람들은 복통, 메스꺼움, 설사, 관절염 및 근육 통증을 치료하기 위해 열대식물인 생강(*Zingiber officinale*)의 지하 과육 줄기인 뿌리줄기를 사용했다.[2] 생강의 인기 있는 형태로는 바로 캔 것, 설탕에 절인 것, 생강 추출물 및 많은 미국인들이 파이와 케이크에 넣어 즐기는 건조, 분말 조미료가 있다. 과학적 연구 결과에 따르면, 단기간 동안 소량의 생강을 먹는 것은 "입덧"(종종 임신 초기에 오는 오심과 구토)을 완화하는 안전한 방법이다. 그러나 한편 생강을 먹는 것이 입덧의 조절에 도움이 되지 않을 수도 있다는 연구도 있다. 생강이 관절염과 근육 통증을 완화시킨다는 과학적인 근거는 거의 없다. 생강, 특히 분말 생강을 섭취하면, 장내 가스, 가슴앓이, 그리고 아이러니하게도, 메스꺼움을 포함한 부작용을 경험할 수 있다.

영양, 사실인가 허구인가?

감정적 스트레스가 위궤양을 일으킨다.

항상 그런 것은 아니다. 1982년, 배리 마셜 박사와 로빈 워렌 박사는 세균의 일종인 헬리코박터 파일로리균이 위 내벽의 염증인 위염을 일으킨다고 보고했다.[3] 위염은 위궤양으로 이어질 수 있다. 처음에, 다른 내과의사들은 이 보고가 기존의 의학적 신념에 도전을 한 것으로 여겨, 그 발견에 대해 회의적이었다. 자신의 생각을 지지하기 위해, 마셜은 실제로 세균을 삼켰고, 그 결과 심한 위장 염증이 유발되었다. 오늘날 내과의사들은 헬리코박터 파일로리균이 위염과 위궤양의 주요 원인인 것을 알고 있다. 감정적 스트레스가 위궤양의 위험을 증가시킬 수도 있지만, 위궤양과 헬리코박터균을 가진 사람은 항생제로 치료한다.

H. pylory

모듈 2.2

잘못된 영양정보를 퍼뜨린다

2.2 - 학습목표

1. 이 모듈의 주요 용어를 모두 정의한다.
2. 일화와 추천의 차이를 설명한다.
3. 왜 잘못된 영양정보가 그렇게 많은지 설명한다.

당신이 이미 영양학적 사실을 많이 알고 있다면, 그런 정보를 어디서 얻었는가? 잡지나 인터넷에 의존하는가? 왜 이러한 정보원을 신뢰할 수 있다고 생각했는가? 많은 경우, 대중적인 영양정보의 출처는 신뢰할 수 없다. 영양정보와 조언을 구할 때, 주의해야 하는 이유에 대해 자세히 살펴보자.

2.2a 일화와 추천

인기 TV 프로그램 진행자가 희귀한 종류의 선인장으로 만든 체중감량약을 복용한 후 체중을 많이 감량했다고 주장하는 매력적인 젊은 여배우를 인터뷰한다. 며칠 후, 한 친구가 일주일 전에 이 제품을 복용하기 시작한 이후 3파운드를 감량했다고 한다. 당신은 식품섭취를 제한하거나 운동을 하지 않고 2~3파운드의 체중을 감량하고 싶다. 당신도 이 건강기능식품을 섭취할 것인가? 이 건강기능식품은 TV쇼 진행자가 홍보하고, 여배우와 친구의 체중감량도 도왔다. 그것은 아마 당신의 체중감량을 도울지도 모른다.

TV 쇼 진행자가 정직한 느낌의, 호감이 가는 사람이고, 여배우와 친구의 개인적인 경험이 체중감량 보조제가 효과가 있다는 증거를 제공하는 듯하다고 그들의 판단을 신뢰할 수 있는가?

여배우의 정보는 **추천(testimonial)**, 즉 제품에 대한 개인적인 보증이다. 사람들은 일반적으로 그들의 추천을 광고에 이용하기 위해 비용을 지불한다. 따라서 그들의 발언은 제품을 좋아하는 쪽으로 치우칠 수 있다. 체중감량 제품에 대한 친구의 경험은 하나의 일화이다. 영양정보의 출처가 추천, 광고, 또는 일화인 경우, 그 정보가 과학적인 사실에 근거하며, 따라서 신뢰할 수 있는지를 확신할 수 없다.

추천(testimonial) 제품에 대한 개인적인 보증

2.2b 불신의 문제

의학부문에서 과학이 발달되어 사람들의 삶이 개선되었지만, 많은 미국인은 과학자, 영양사 및 기타 의학전문가의 동기를 신뢰하지 않는다. 잘못된 영양정보의 홍보자는 이런 불신을 이용해서 자신의 제품을 판매한다. 예를 들어, 영양정보의 홍보자는 의사가 환자들에게 최선인 것을 행하는 것보다 식이보충제의 추천 등으로 돈을 버는데 더 관심이 있다고 주장하기도 한다. 의사들은 욕심 때문에 환자의 질병으로 돈을 벌려고 하는가? 의사들은 환자에게 자연 치료에 대한 정보를 숨기는가?

의사가 자신과 가족을 부양하기 위해 소득이 필요한 것은 사실이다. 그러나 "의료/과학 기관이 당신의 고통으로 단지 돈을 벌기 위해 자연 치료에 대한 정보를 숨기고 있다"고 말하는 사람들은 당신이 의료 당국에 대한 불신을 갖도록 **공포 전술**을 사용하고 있다. 이렇게 생각해 보자: 의사가 실수를 하는 경우, 당신은 의료 과실로 그 사람을 고소할 수 있다. 당신이 영양 관련 제품이나 서비스를 구매하는 경우, 당신의 돈은 판매홍보자의 주머니로 들어간다. 그 제품이나 서비스가 판매홍보자의 주장에 미치지 못하거나 또는 유해한 경우, 당신은 무엇을 할 수 있는가?

의사들은 하나의 그룹으로, 과학적으로 안전성과 유효성이 검증된 기술을 사용하여, 질병을 진단하고 치료하기 위해 노력한다. 의사가 대중에게 치료를 은폐하여 얻는 것은 없지만, 친절하고 효과적으로 환자를 치료해서 얻는 것은 많다. 당신이 의사의

맛있는 팁

종종 단순히 표지를 보고 내용을 훑어보면서, 전문가 심사를 하는 과학 저널과 대중잡지를 구별할 수 있다. 과학 저널에 비해 대중 잡지는 전형적으로 다음의 특성이 있다:

- 더 화려하고, 매력적인 표지 및 사진
- 보통 사람이 읽기에 더 짧고 쉬운 기사
- 기사에서 언급한 제품에 대한 광고

조언을 따르고 긍정적인 결과가 있었다면, 오랫동안 그 의사의 환자로 있으며, 다른 사람에게 그 의사를 추천하려고 하지 않겠는가?

차가 고장나면, 당신은 아마도 가장 잘 훈련되고, 가장 좋은 도구 및 장비를 가진 사람이 문제를 확인하고 수리하기를 원할 것이다. 당신 몸에 뭔가 이상이 있다고 생각하면, 그것을 진단하고 치료하기 위해 과학적인 훈련이 가장 잘되어 있고, 경험이 많은 의료 전문가에게 정보과 의견을 구하는 것이 현명하다.

2.2c 왜 잘못된 영양정보가 많이 있는가?

사람들은 대중잡지 기사나 베스트셀러를 읽고, 인터넷 웹사이트를 방문하거나, 텔레비전 뉴스, 광고, 정보 광고 또는 홈쇼핑 방송을 보면서, 영양에 대한 사실을 배운다고 생각할 수도 있다. 그러나 많은 경우, 그들은 잘못된 정보를 받게 된다. 신중한 소비자가 되려면, 대중 매체에서 제시되는 모든 영양정보가 믿을 수 있다고는 생각하지 말아야 한다. 왜?

미국식품의약국(U.S. Food and Drug Administration, FDA) 제품 표지에 있는 주장을 규제하는 연방 정부 기관

헌법수정 제1조의 자유

미국 헌법수정 제1조는 언론과 표현의 자유를 보장한다. 그 결과, 사람들은 사실이 아닌 영양정보를 제공할 수 있다. 이렇듯, 헌법수정 제1조는 잘못된 영양정보, 혹은 영양에 대한 거짓 주장을 하는 자유로부터 소비자를 보호하지 않는다.

미국식품의약국(U.S. Food and Drug Administration, FDA)은 제품 표지에 있는 영양과 건강 관련 주장을 규제할 수는 있지만, 책 또는 팸플릿에 게재되거나, 텔레비전 또는 라디오 프로그램에서 방송된 잘못된 건강과 영양정보의 확산을 막지는 못한다. 잘못된 영양정보를 홍보하는 사람들은 이러한 자유로부터 이익을 얻는다. 소비자로서, 당신은 영양관련 주장을 하는 사람들의 자격뿐만 아니라, 영양정보의 정확성에 대해 의문을 가지며 조사할 책임이 있다.

모듈 2.3

영양정보에 대해 더 깐깐한 소비자 되기

2.3 - 학습목표

1. 이 모듈의 주요 용어를 모두 정의한다.
2. 영양정보의 신중하고 비판적인 소비자가 될 수 있는 방법에 대해 설명한다.
3. 잘못된 영양정보의 표시인 "붉은 깃발(red flags)"을 확인한다.
4. 영양정보의 신뢰할 수 있는 출처를 확인하는 방법에 대해 설명한다.

연방통상위원회(Federal Trade Commission, FTC)는 소비자 보호법을 시행하고, 광고에 사용되는 허위 또는 오해의 소지가 있는 건강강조표시에 대한 불만을 조사한다. FTC에 따르면, 미국인들은 사기 판매와 종종 쓸모없는 치료 및 검증되지 않은 건강 관련 제품에 매년 수십억 달러를 지출한다.[4] 이러한 제품의 주장은 종종 비만과 암을 포함한 일반적이고 심각한 의료질환에 대한 치료를 약속한다. 제품이 효과가 없다고 판명되면, 제품의 주장을 믿고 구입한 사람들은 사기당하여 돈을 잃고, 어떤 경우에는 쓸모없는 제품을 사용하며 시간을 낭비한 결과로 건강이 쇠약해진다.

대부분의 사람들은 필요없거나, 쓸모없거나, 해로울지도 모르는 것에 돈을 낭비하고 싶지 않다. 쓸모없는 영양제품의 홍보자는 종종 제품의 효과에 대한 획기적인 주장을 포함한 영악한 마케팅 방법을 사용해서 사람들이 불필요한 구매를 하도록 유도한다. 깐깐한 사람들은 그런 주장을 확인하기 전에는 믿지 않는다.

2.3a 더 깐깐한 소비자 되기

어떻게 하면 영양관련 정보, 제품 또는 서비스에 대해 더 신중하고 비판적인 소비자가 될 수 있는가? 방법은 더 의심해보는 것이다.

1. 영양관련 제품이나 서비스를 포함하여, 영양에 대해 듣거나 읽은 모든 것을 믿지 않는다.
2. 정보의 출처에 대한 질문을 하자. 왜 그 출처를 믿고 신뢰해야 하는가?
3. 정보를 홍보하는 출처의 동기에 대한 질문을 하자. 영양정보를 사실이라고 홍보하는 라디오나 TV 프로그램은 실제로는 영양관련 제품이나 서비스에 대한 영리성 광고일 수 있다.
4. 다음을 주의하자:
   - **영업 사원**. 영업 사원은 그들이 판매하는 제품에 대해 우호적인 편견을 가지고 있어서, 이러한 제품에 대해 믿을만한 정보를 주지 않을 수 있다. 예를 들어, 건강기능식품 상점의

연방통상위원회(Federal Trade Commission, FTC) 소비자 보호법을 시행하고 건강 강조표시를 조사하는 연방정부기관

점원은, 마치 과학이나 의료 교육을 받은 것처럼 보이기 위해 흰색 실험복을 입기도 한다. 점원은 건강기능식품을 판매하기 위해 고용되었으며, 과학적 교육은 거의 또는 전혀 받지 않았을 수 있음을 명심하자. 게다가, 점원은 그들이 판매하는 것에 대해 수수료를 받을 수 있으므로, 제품이나 서비스를 사용하는 부정적인 측면에 대해서는 알려주지 않을 수 있다.

맛있는 팁

적절한 훈련이나 면허 없이 의료행위를 하는 것(**돌팔이치료, quackery**)은 불법이다. 돌팔이치료는 관절염을 치료하기 위해 구리 팔찌와 같은 쓸모없는 의료 기구를 홍보하는 것 등이다.

- **영양 "전문가".** 누구라도 자신을 "영양전문가"처럼 보이도록 "영양사"로 부를 수 있다. 그 사람의 교육적 배경은 무엇인가? 공인기관의 영양관련 학위가 있는가? 그 사람의 전문적 경험은 무엇인가? 그것이 영양관련 제품의 판매산업에만 국한되어 있지 않은가?

돌팔이치료(quackery) 적절한 훈련이나 면허없이 의료행위를 하는 것

- **제품이 "과학적으로 시험" 또는 "임상적으로 주요 대학에서 시험"되었다는 주장.** 당신은 이 연구에 대한 기사를 어디에서 읽을 수 있는가? 어떤 대학이 임상 시험에 참여했는가? 그 대학은 인가받은 대학인가?
- **과학 저널 기사인 것처럼 보이도록 인용.** 홍보요원은 종종 과학적으로 신뢰할 만한 모양새를 갖추기 위해 저널을 인용하거나 제조업체에 의해 만들어진 "저널"을 인용한다.
- "효소 요법", "영양제", 또는 "콜로이드 킬레이트 추출물"과 같은 **과학적으로 들리는 용어**, 홍보자는 거짓 또는 잘못된 정보를 사실처럼, 그리고 과학적 방법에 의해 얻어진 것처럼 보이려 할 때, 모호하거나 의미없는 이러한 용어를 전형적으로 사용한다. 이런 용어는 과학적 배경이 없는 사람들에게 영양관련 정보가 사실이라고 확신시키기 위해 만들어졌다.
- 잡지와 인터넷 등 **영양정보의 대중적인 출처.** 이러한 출처는 일반적으로 정보를 게시하기 전에 자료들에 대한 전문가의 검토과정이 없다. 신뢰할 수 있는 출처는 그 유용성을 지지하지 않는 과학적 연구뿐 아니라, 제품의 효과를 지지하는 연구에 대한 정보를 가지고 있다. 또한 신뢰할 수 있는 정보출처는 소비자에게 제품 사용시 생길 수도 있는 건강 위험을 알려준다.

2.3b 잘못된 정보의 "붉은 깃발(red flags)" 찾기

붉은 깃발은 주목을 끄는 용어나 표현이다. 영양정보의 소비자들에게, 붉은 깃발은 미디어, 광고 및 개인적인 통신에서 잘못된 정보의 단서나 신호이다. 흔하게 나타나는 붉은 깃발은 다음과 같다:

1. **빠르고 쉬운 건강 치료의 약속**, 예: "우리 제품은 운동이나 식이요법을 하지 않고, 체중을 빨리 줄이도록 도와준다."
2. **사실이라고 믿기엔 너무 좋은 주장**, 예: "좋아하는 것을 모두 먹으면서도 체중을 줄일 수 있다"와 "마늘환이 심장질환을 치료한다" 이러한 주장은 거의 사실이 아니다. 사실이라고 믿기엔 너무 좋은 주장은 아마도 사실이 아닐 거라는 것을 명심하자.
3. **공포 전술**, 예: "당신의 간은 독소로 차 있어서, 정화가 필요하다"와 "당신의 음식에는 화학물질이 있다!" 간은 "정화"될 수 없고, 주변 환경의 모든 것은 본질적으로 화학물질이다.

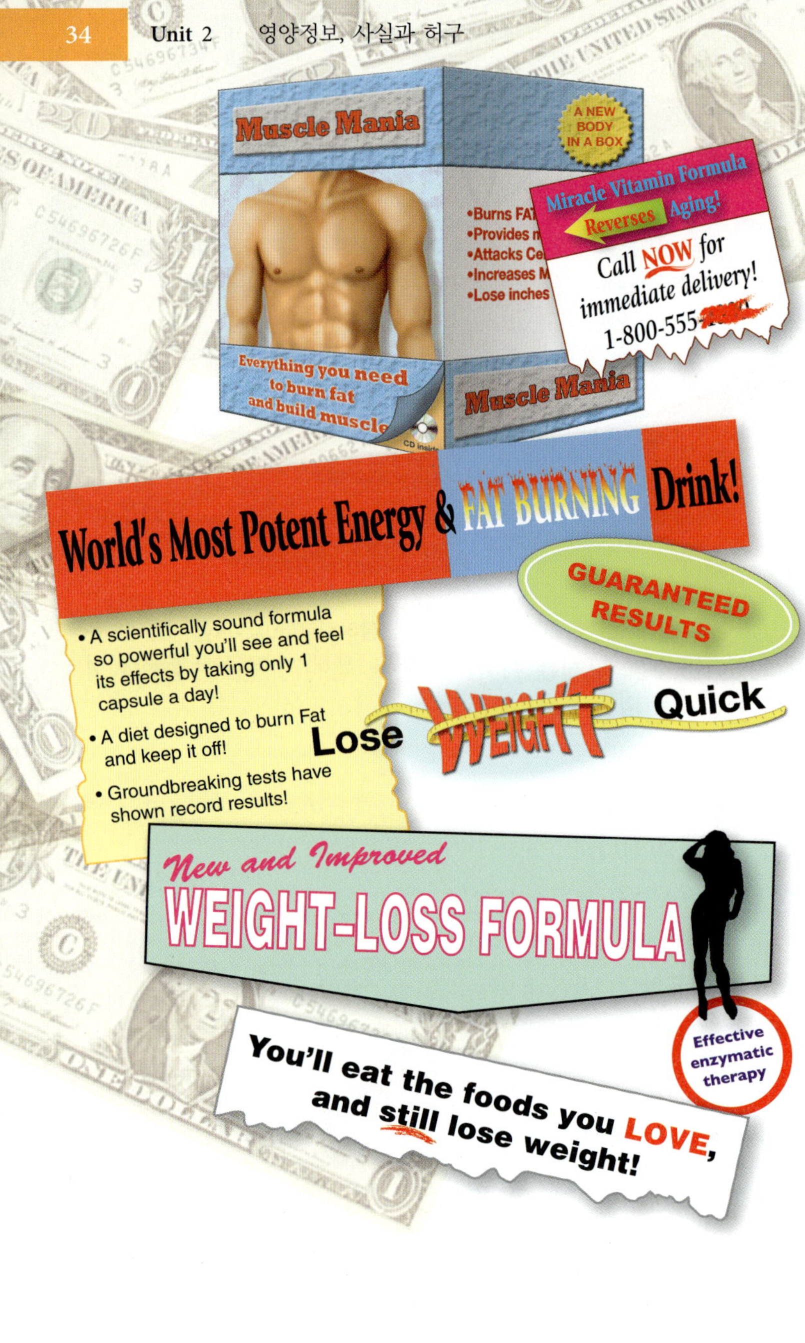

4. **"환불" 보증,** 예: "위험이 없다. 다만 쓰던 용기를 반환하고, 운송 및 취급수수료만 지불하라" 또는 "당신은 잃을 게 없다!" 그러나 쓸모없고 효과도 없으며, 또 안전하지 않을 수 있는 건강기능식품에 돈을 잃을 수도 있다. 또한 일반적으로 더 효과적인 기존의 치료를 받으려 하지 않고, 혼자서 심각한 건강 문제를 진단하고 치료하면서 귀중한 시간을 허비할 수 있다.

5. **기존의 틀에서 벗어난 의료 행위의 우수성에 대한 진술,** 예: "러시아 과학자들은 시베리아 인삼복용이 건강에 많은 도움이 되는 것을 발견했다" 또는 "허브차가 대장암의 유일한 치료법이다."

6. **효과를 증명하는 추천과 일화,** 예: "이 제품을 사용하여 30일 만에 체중 50파운드가 줄었다" 또는 "비타민 E가 함유된 로션을 상처에 바르고 며칠 만에 상처가 나았다." 앞서 언급한 바와 같이, 추천 및 일화는 과학적이 아니다.

7. **제품의 장점을 홍보하고 그 위험성을 간과하는 정보:** "우리 회사의 100% 천연 보충제는 자연스럽게 신진대사를 향상시키므로 인체에 해롭지 않다." 건강기능식품 또는 영양관련 치료의 잠재적 부작용을 언급하지 않는 정보를 조심하자. 당신이 섭취하는 모든 것, 심지어 물과 무기질 등의 천연 물질도 다량 복용시 독성이 될 수 있다.

8. **하나의 연구에 기반을 둔 권고:** "우리의 민간 의료시설에서 실시된 연구에서 커피 관장이 암을 치료할 수 있다는 것이 증명되었다." 이러한 연구 결과는 편향되었을 수 있다.

9. **신뢰할 만한 과학적 증거가 없는, 영양소 또는 인체에 관한 정보:** "이 책은, 당신의 혈액형에 따라 특정 음식을 조합하는 방법에 대해 설명한다" 또는 "대부분의 질병은 소화되지 않은 음식이 소화관에 축적되어 발생된다" 또는 "알칼리성 신체인 사람들은 암이 생기지 않는다."

10. **일반적으로 작거나 읽기 어렵게 인쇄된 면책조항:** "결과는 다를 수 있다" "전형적이지 않은 결과" 또는 "이 제품은 질병을 진단, 치료, 또는 예방하기 위한 것이 아니다." 면책 조항은 종종 제품이 소비자들의 기대나 제조업체의 주장에 미치지 못할 수 있을 것이라는 단서이다.

이 면책조항은 이 제품이 거의 또는 전혀 효과가 없다는 붉은 깃발일 수 있다.

bio-supplement
*Results not typical and

인터넷은 잘못된 영양정보 출처가 될 수 있다.

2.3c 인터넷

인터넷상에서도 건강기능식품의 장점과 영양에 대한 정보를 많이 찾을 수 있다. 정보를 신뢰하기 전에, 그 출처에 대해 신중하게 심사숙고해야 한다. 인터넷상의 정보의 신뢰성을 판단하기 위해서는 다른 출처의 영양정보를 평가하는 것과 같은 비평적인 소비자 도구를 적용할 수 있다(모듈 2.3a와 2.3b 참조).

신중한 영양정보의 소비자는:

- 여러 사이트, 특히 질병통제예방센터(www.cdc.gov)와 식품의약국(www.fda.gov) 등의 정부기관 사이트(*.gov)를 이용한다.
- 주로 자격을 갖춘 의료 전문가 그룹에 의해 후원되는 사이트에 의존한다. 일반적으로, 미국영양학회(www.eatright.org) 및 비영리 단체인 미국암협회(www.cancer.org), 국립골다공증재단(www.nof.org) 등 국가에서 인정된 보건기구에 의해 후원되는 웹사이트(*.org)는 신뢰할 수 있는 영양정보 출처이다. 국가에서 인가받은 대학(*.edu)도 믿을만한 영양정보의 우수한 출처이다.
- 블로그에 있는 정보를 의심한다. 블로그는 흥미로운 읽을거리이지만, 반드시 신뢰할 수 있는 것은 아니다.
- 영리를 위해 제품을 홍보하거나 판매하는 웹사이트(*.com)를 조심한다. 그러한 정보는 편향될 수 있기 때문이다. *.org 사이트라도 건강기능식품을 온라인 판매하거나 위험성에 대한 언급 없이 제품의 장점을 홍보하는 기사가 있다면 조심한다.
- 면책조항을 포함하는 사이트를 피한다. 면책조항의 예로는 "FDA는 이 웹사이트를 평가하지 않았다" 또는 "이 사이트의 저자 및 소유자는 사이트의 내용의 결과로 인한 개인의 행동에 대해 책임을 지지 않는다" 등이 있다.
- 의학적 또는 과학적 업적의 신뢰성에 대해 비방하는 사이트를 신뢰하지 않는다.
- 온라인으로 진단 및 처방을 하는 사이트를 피한다.
- 사이트에 개인정보를 주지 않는다. 비밀이 보호되지 않을 수도 있다.

FTC(연방통상위원회)는 소비자보호법을 시행하고 인터넷상의 허위 또는 오해의 소지가 있는 건강강조표시에 대한 불만 사항을 조사한다. 영양과 건강관련 주장을 평가하는 데 도움이 되는 더 많은 정보를 얻으려면, FTC의 웹사이트를 방문하라. 제품에 대한 불만이 있다면, 웹사이트에 있는 FTC의 불만 양식을 작성해서 제출하거나, 수신자 부담 전화(1-877-382-4357)로 전화를 할 수 있다. [우리나라의 경우는 식품안전정보원(국번없이 1399), 한국소비자원(http://www.kca.go.kr, 02-2460-3000이 있다.—역자주]

2010년, 연방 지방법원은 "중국 차 식이요법"과 "바이오 슬림 패치"를 홍보하기 위해 검증되지 않은 내용을 주장한 회사와 관련된 재판에서 FTC의 손을 들어 주었다. 법원은 그 제품들이 운동과 칼로리 감소 없이 체중을 줄일 수 있다는 주장을 한 기업들에게 거의 2백만 달러의 벌금을 부과했다.[5]

모듈 2.4

신뢰할 수 있는 영양정보 찾기

2.4 - 학습목표

1. 신뢰할 수 있는 영양전문가를 식별하는 방법을 설명한다.

식품이나 영양에 대해 문의 사항이 있는 경우, 어디서 맞는 답을 찾는가? 친구 또는 코치에게 물어 볼 것인가? 누가 사실을 말해줄 것이라고 믿을 수 있는가?

2.4a 영양전문가

피트니스나, 식품 또는 건강 잡지를 한 권 뽑아 읽어 본다면, 영양에 대해 뭔가를 찾을 수도 있을 것이다. 예를 들어, 남성 피트니스를 위한 대중잡지의 한 기사에서 "피트니스 전문가이자 영양전문가"가 개발한 허브차 레시피를 언급하고 있다. 이것은 음식을 먹는 사람이라면 누구나 자신을 영양사로 칭하고 영양과 식품에 관련된 조언을 하는 것과 같다.

미국의 대부분 지역에서 스스로 영양사라 부르는 사람들을 규제하고 면허를 발급하지만, 자신을 영양전문가나 영양사(nutrition expert, nutritionist, nutritionalist)로 칭하는 사람들을 항상 믿을 수 있는 것은 아니다. 왜냐하면 이러한 용어들에 대한 법적 기준의 정의가 없기 때문이다.

"의사"는 내과의사나 영양학자가 아닐 수 있다. 대부분의 내과의사들은 의과대학에서 인체 영양에 대한 광범위한 훈련을 받지 않았으므로 영양전문가가 아니다. 또한 "박사"라 자처하는 소위 영양전문가는 공인된 대학의 인체영양에 관한 박사 학위가 없을 수도 있다. 이러한 사람은 공인된 대학에서 해당 과정을 이수 또는 졸업하지 않고, 단순히 인터넷이나 통신 판매를 통해 학위를 구매했을 수도 있다.

저자 또는 영양사의 자격 증명에 대한 정보를 얻으려면, 인터넷 검색란에 그 사람의 이름을 입력하여 조사해 볼 수 있다. 예를 들어, 그 사람이 주립 또는 사립대학 등 고등 교육의 인가를 받은 학교나 미국농무부 등의 정부기관과 관련된 과학자인가? 또한 www.quackwatch.org 사이트를 방문하여 자격 증명에 대한 정보를 요청하는 "질문하기"와 같은 전자 메일을 보낼 수 있다

어떤 사람이 TV 쇼 또는 잡지 광고에 출연하는 경우, 당신은 그 사람이 영양정보의 신뢰할 수 있는 정보원이라고 생각하는가? 왜 그 사람의 영양관련 조언을 신뢰하는지 또는 신뢰하지 않는지를 설명해보자.

영양학 교수 및 공인 영양사

영양학과가 있는 대학이라면 그 학과에 재직하고 있는 영양학 교수와 공인 영양사를 포함한 영양전문가를 쉽게 찾을 수 있다. 영양학 교수는 일반적으로 공인된 대학의 인체영양학 박사 학위와 인체영양의 수업에 중점을 둔 광범위한 교육적 배경을 가지고 있다. 이러한 강사는 영양학 수업이나 영양학 연구 또는 둘 다 수행한다.

공인 영양사는 대학 교육을 받은 건강관리 전문가로서, 식품, 영양에 대한 광범위한 지식을 가지고 있으므로 다양한 건강관련 증상의 치료를 위해 영양 및 식품 정보를 적용한다. 공인 영양사는 정기적으로 국가에서 설정한 기준을 충족하여 인증을 받고 유지해야 한다. "공인 영양사"라는 직명은 법적으로 보호되므로 일반 사람들은 (아무나) 적절한 인증 없이 "공인 영양사"로 자처할 수 없다. 전화번호부를 참조하거나, 해당 지역의 영양사 협회나 지역 병원의 관련부서를 접촉하거나, 미국영양학회 웹사이트(www.eatright.org) 또는 캐나다의 영양학회 웹사이트(www.dietitians.ca)를 방문해서 공인 영양사를 찾을 수 있다.

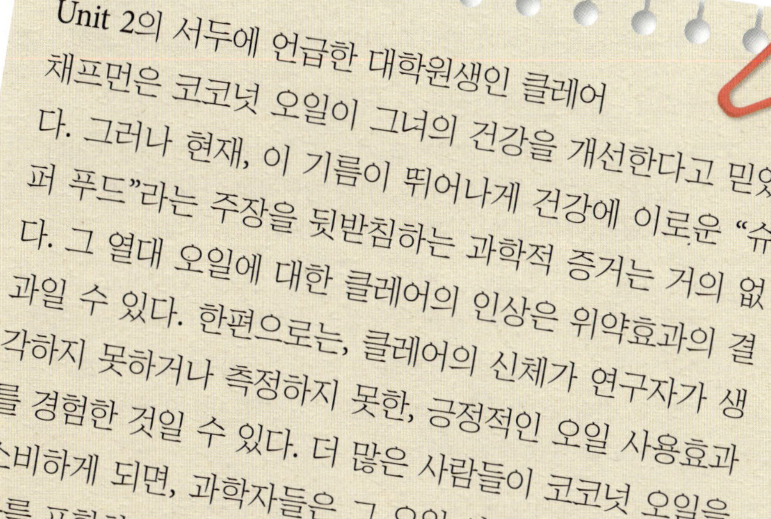
Unit 2의 서두에 언급한 대학원생인 클레어 채프먼은 코코넛 오일이 그녀의 건강을 개선한다고 믿었다. 그러나 현재, 이 기름이 뛰어나게 건강에 이로운 "슈퍼 푸드"라는 주장을 뒷받침하는 과학적 증거는 거의 없다. 그 열대 오일에 대한 클레어의 인상은 위약효과의 결과일 수 있다. 한편으로는, 클레어의 신체가 연구자가 생각하지 못하거나 측정하지 못한, 긍정적인 오일 사용효과를 경험한 것일 수 있다. 더 많은 사람들이 코코넛 오일을 소비하게 되면, 과학자들은 그 오일 사용의 부정적인 효과를 포함하여 실제로 건강에 어떤 효과가 있는지 확인하기 위해 연구를 수행할 수 있을 것이다.

요점정리

모듈 2.1 영양: 소비자를 위한 과학

- 과학자들은 자연과 신체의 관찰에 대한 질문에 답변하기 위해 일반적으로 과학적인 방법을 사용한다.
- 영양연구는 일반적으로 관찰, 질문, 검증, 자료 수집과 분석, 자료에서 결론의 도출, 연구 결과의 보고를 포함하는 과학적 방법에 의존한다. 다른 과학자는 그 결과를 확인 또는 부정하기 위한 검증을 할 수 있다.
- 인간을 대상으로 하는 실험 연구는 종종 이중 맹검 연구와 위약을 포함한다. 실험과 관련 없는 연구에서는 설문조사를 실시하여 특정 집단의 건강과 식품 관련 관행에 대한 정보를 수집할 수 있다.
- 과학자들은 자료를 수집하고 분석할 때, 다른 연구자가 개인적 태도와 편견에 의존하지 않기를 바라고, 결과를 객관적이고 정직하게 평가하고 보고할 것을 기대한다.
- 과학자들은 일반적으로 연구와 그 내용을 설명하는 논문의 형태로 자신의 연구 결과를 공유한다. 논문을 출간하기 전에, 과학 저널의 편집장은 논문의 복사본을 심사자에게 보낸다. 심사위원이 그 연구 결과를 과학적으로 신뢰할 수 있다고 동의하면, 저널의 편집장은 논문을 게재하는 데 동의한다.
- 서로 다른 연구팀은 연구 설계, 모집단 및 결과를 분석하는 방법이 다르기 때문에 종종 상충되는 연구 결과가 발생한다. 그 외 개

인의 유전 및 생활양식의 차이와 같은 요인 또한 인체를 이용한 영양조사 결과에 영향을 미칠 수 있다.

- 사람과 그들의 식품관련 관행을 포함하는 연구는 일반적으로 원인과 결과를 입증하기 어렵다. 한 집단 내에서 다른 두 가지 자연스런 사건이 동시에 발생하는 경우, 반드시 그들이 서로 관련있다는 것을 의미하지는 않는다. 식이 관행과 신체적 결과 간의 관계로 보이는 것은 우연의 일치일 수 있다.

모듈 2.2 잘못된 영양정보를 퍼뜨리다

- 추천 및 일화가 종종 영양관련 제품을 홍보하는 데 사용되지만, 그런 정보가 신빙성 있거나 과학적 사실에 근거한다고 확신할 수는 없다. 개인적인 관찰은 생활양식과 환경 등 많은 요인에 의해 영향을 받을 수 있기 때문에, 인과 관계의 증거가 되지 않는다.
- 대중잡지 기사, 인기있는 베스트셀러 책, 인터넷 웹사이트, 텔레비전 뉴스 보도 및 다른 형태의 미디어는 종종 영양정보의 신뢰할 수 없는 출처이다.
- 미국 헌법수정 제1조는 언론과 표현의 자유를 보장한다. FDA는 제품에 표시된 영양 및 건강 관련 주장을 규제할 수 있지만, 미디어에서 제공하는 잘못된 영양정보의 확산을 막을 수는 없다.

모듈 2.3 영양정보에 대한 더 깐깐한 소비자 되기

- 영양정보의 깐깐한 소비자가 되기 위해서는 가족, 친구 및 미디어에서 쉽게 얻는 영양정보의 신뢰성에 대해 좀 더 의심을 해보자. 정보의 출처를 신뢰할 수 있는지 알아보기 위해 그 정보를 홍보하는 이유를 알 수 있는 질문을 한다. 또 사실이라고 하기에는 너무 좋거나 공포 전술인 듯한 주장 등 잘못된 정보를 나타내는 붉은 깃발을 찾아볼 수 있다.
- 인터넷상에 있는 영양정보의 대부분은 신뢰할 수 없고 판매를 홍보하기 위한 것이다. 비영리 단체, 국가에서 인정한 건강협회, 정부기관 및 정부 공인 대학에서 후원하고 있는 웹사이트는 일반적으로 신뢰할 수 있는 정보 출처이다.
- FTC는 소비자보호법을 시행하고, 인터넷상의 허위 또는 오해의 소지가 있는 건강 주장에 대한 불만을 조사한다.

모듈 2.4 신뢰할 수 있는 영양정보 찾기

- 미국의 많은 주에서는 영양사를 규제하고, 면허를 주지만, "영양사"에 대해 법적으로 정의된 기준은 없다.
- 신뢰할 수 있는 식품, 영양, 식이 정보에 대해, 영양 교사 및 공인 영양사 등 공인된 고등 교육기관에서 인체 영양 학위를 가진 사람에게 조언을 구한다. 공인 영양사를 찾으려면, 현지 전화번호부를 참조하거나, 지역 영양사협회에 연락하거나, 지역 병원의 관련부서에 전화하거나, 미국영양학회 웹사이트를 방문한다.

생각해 봅시다...

1. 뉴스 방송자는 생선 기름과 비타민 E 보충제를 매일 섭취한 사람들의 심장마비 위험이 줄어들지 않은 연구 결과를 보도한다. 연구자들은 그 보충제가 오히려 뇌졸중의 위험을 증가시키는 것을 알고 연구를 중단하였다. 이 정보가 신빙성 있는지 확인하는 방법을 설명하라.
2. 부모나 친구들 중 누군가가 건강에 좋다는 건강기능식품이나 특이한 음식을 먹도록 추천한 경우를 기억해보자. 권장한 내용을 설명하고, 당신이 왜 그 조언을 따르거나 따르지 않았는지에 대해 설명하라.
3. 건강기능식품을 홍보하고 판매하는 웹사이트에 대한 인터넷을 검색한다. 사이트의 URL을 기록한다. 모듈 2.3의 정보를 사용해서 그 사이트에서 제공하는 영양정보의 신뢰성을 판단하라.
4. 대중잡지를 통해 영양에 관한 기사나 광고를

찾고, 그것을 복사한다. 각 문장이나 기사 또는 광고를 분석해서 믿지 못할 내용이 있는지 살펴본다. 기사 또는 광고가 정보를 신뢰할 수 있는 출처인가? 왜 그런지 또는 아닌지를 설명하라.

혼자 풀어보기

가장 올바른 대답을 선택하라.

1. 과학적 방법의 제1단계가 일반적으로 포함하는 것은?

a. 데이터 수집하기

b. 질문 개발하기

c. 개인의 특성 사이의 관계를 규명하기

d. 관찰하기

2. 거짓 또는 오해의 소지가 있는 건강관련 주장을 조사하여 소비자 보호법을 집행하는 정부기관은?

a. 연방통상위원회(FTC)

b. 환경보호국(EPA)

c. 농업연구서비스(ARS)

d. 질병통제예방센터(CDC)

3. 추천이란?

a. 제품의 가치에 대한 편향된 보고서

b. 과학적으로 정당한 주장

c. 제품의 개인적인 보증

d. 과학적 증거의 한 형태

4. 다음 중 편향되고 신뢰할 수 없는 영양정보를 제공할 가능성이 높은 웹사이트는?

a. 국가가 인정한 건강협회의 사이트 (*.org)

b. 건강기능식품을 홍보 또는 판매하는 사이트 (*.com)

c. 미국 정부기관의 사이트 (*.gov)

d. 공인된 대학의 사이트 (*.edu)

5. 가짜 치료는?

a. 일화

b. 이중 맹검 연구

c. 제어 실험

d. 위약

6. 식품 표시에 적힌 영양적 주장을 규제할 수 있는 연방 정부기관은?

a. FDA　　**b.** FTC

c. EPA　　**d.** USGS

7. 당신이 미국에서 재배된 채소에 대한 기사를 읽는데, 그 기사의 저자에 따르면, 채소는 필수 영양소가 부족하기 때문에, 미국인들은 건강기능식품을 취할 필요가 있다, 이 주장은 다음의 어떤 예인가?

a. 일화

b. 과학적 사실

c. 공포 전술

d. 증거 기반의 보고서

8. 어떤 영양학자가 100명을 실험군에, 또 100명을 대조군에 할당하도록 연구를 설계한다. 연구자는 각 대상자들이 할당된 그룹을 알고 있지만, 실험대상자들은 자신이 할당된 그룹을 모른다. 이것은 다음의 어떤 예인가?

a. 이중 맹검 연구

b. 통제되지 않은 연구

c. 편향된 연구

d. 단일 맹검 연구

참고문헌

➡ 부록 F 참조

Unit 3

더 영양가 있는 선택하기

학습내용

인도 야외시장에서 판매되는 대량 향신료

“내 이름은 아브히나야, 하지만 난 보통 “애비” 또는 “아브히”로 불린다. 나는 인도 마드라스에서 태어났다. 우리 가족은 내가 13살일 때 미국으로 옮겨왔다. . . . 미국 음식은 매우 순하다. 나의 미국 친구들은 인도 음식이 매우 맵다고 하지만, 난 고춧가루와 그 외 인도 향신료를 많이 넣은 음식을 좋아한다. 매년 여름, 우리 가족은 인도에 있는 친척을 방문한다. 돌아올 때는 여기에서 구할 수 없는 식품과 향신료를 가져온다.

전통적인 인도 요리는 매우 균형잡힌 식단을 제공한다. 그중에는 익힌 렌즈콩, 콩, 채소, 다량의 양파와 마늘이 포함된다. 나는 인도 남부 출신이라서 버터 맛이 나는 기(ghee; 액체버터)를 얹은 흰쌀밥을 많이 먹는다. . . . 집에 있을 때는 다양한 종류의 과일과 채소를 먹는다. 내가 좋아하는 과일은 망고, 신선한 파인애플, 바나나 등이다. . . . 딸기는 전통적인 인도 과일은 아니지만, 제철에 나는 딸기를 먹는 것도 좋아한다.

애비 라그호사만은 아이오와 주립대학에서 항공우주공학을 전공하는 2학년생이다. 그녀의 식사는 전형적인 미국 대학생과는 달라서, 대학 식당에서 메뉴를 선택할 때 어려움을 겪는다. 애비와 같은 전통적인 아시아인 식사는 동물성 식품 소량과 지역에서 재배되는 과일 채소, 렌즈 콩 및 정제되지 않은 곡물을 다량 포함하고 있다. 영양학자들은 일반적으로 미국인들이 식물성 식품의 소비를 증가시키고 동물성 식품, 특히 붉은 고기의 섭취를 줄이도록 권장한다. 그러한 변화는 많은 미국인의 건강 상태를 개선할 수 있을 것이다.

어떻게 하면 붉은 고기, 감자튀김, 사과소스 통조림 및 아이스버그 양상추에 의존하지 않고 영양가 있는 식사와 간식을 계획할 수 있을까? Unit 3에서는 식이 기준; 영양적으로 적절하고 균형이 잘 이루어진 식사를 계획하는 실제적 방법; 식품과 건강기능식품에 표시된 영양관련 정보를 어떻게 해석하고 활용할 수 있는지 알아본다.

모듈 3.1

필요량과 권장량

3.1 - 학습목표

1. 이 모듈의 주요 용어를 모두 정의한다.
2. 영양섭취기준의 여러 가지 섭취기준의 분류를 이해한다.
3. 성인의 탄수화물, 단백질, 지방의 에너지 적정섭취비율을 확인하고 적용한다.

Unit 2에서 다루었던 연구방법을 활용하여 과학자들은 여러 가지 필수영양소의 필요량을 추정할 수 있었다. **필요량(requirement)**이란 영양학적으로 건강한 수준을 유지하기 위한 영양소의 최소량으로 정의될 수 있다.[1] 일반적으로 그만큼의 양을 매일 섭취하면 결핍증을 예방할 수 있다. 특정 영양소에 대한 필요량은 사람마다 어느 정도 다르다. 연령, 성별, 일반적 건강상태, 신체활동 수준 및 생애주기단계(예를 들어 임신)는 영양소 요구량에 영향을 주는 요인들이다.

우리의 몸은 비타민 D와 철분, 칼슘 등 많은 영양소를 저장하고 있다. 주요 저장 부위는 간, 체지방 및 뼈이다. 그러나 비타민 C와 대부분의 비타민 B 등의 다른 영양소는 체내 저장되지 않는다. 최적의 영양상태를 위해, 매일 이러한 영양소를 충분히 섭취하여 체내 영양소의 수준을 적정하게 유지할 필요가 있다.

신체는 마치 돈을 관리하기 위해 저축계좌를 이용하는 것과 같이 저장된 영양소를 사용한다. 여분의 현금이 있다면 저축계좌에 넣어 두었다가 장래에 필요할 때 빚을 지지 않고 보유금의 일부를 찾아 쓸 수 있도록 하는 것이 현명하다. 특정 영양소의 섭취량이 필요량을 충족시키고도 남을 경우, 여분의 영양소는 저장된다. 심각한 질병 또는 이러한 질병에서 회복되는 동안, 여러 가지 영양소에 대한 신체의 요구량은 정상보다 더 많은데, 식욕이 없을 수도 있다. 이러한 상황이 발생하면, 신체는 저장되어 있던 영양소를 꺼내어 쓸 수 있다. 영양소가 적절하게 저장되어 있으면 더 빠르게 회복될 수 있다.

연령, 성별, 생애주기단계, 일반 건강 상태 및 신체 활동량은 영양적 필요량에 영향을 주는 요소들이다.

그림 3.1 **영양섭취기준(DRIs).**

3.1a DRIs 소개

영양섭취기준(Dietary Reference Intakes, DRIs)은 사람들이 영양 결핍 및 과잉의 위험을 줄이고, 질병을 예방하며, 최적의 건강을 달성하는 데 도움이 될 수 있도록 에너지와 영양소 섭취에 대한 다양한 기준을 포함한다(**그림 3.1**).[2] 영양사는 집단을 위해 영양이 풍부한 식단을 계획하고, 식단의 영양적 적절성을 평가할 때 영양섭취기준을 참조한다. 그러나 개인의 식사의 영양적 질을 평가하기 위해서도 영양섭취기준을 사용할 수 있다.[3]

평균필요량(EAR)

평균필요량(Estimated Average Requirement, EAR)은 특정 생활주기 및 성별에 속한 건강한 사람의 50%의 요구를 충족하는 영양소의 양이다(**그림 3.2**). 생활주기 및 성별 그룹은 연령, 성별, 그리고 임신 또는 모유수유 여부에 따라 분류한다. EAR은 모집단의 절반의 요구량만을 충족시키기 때문에, 개인의 일일 섭취량이 적절한지 판단하는 기준으로는 사용할 수 없다. 그럼에도, 학자들은 영양권장량의 설정을 위해 EAR을 사용한다.

에너지필요추정량(EER)

에너지필요추정량(Estimated Energy Requirement, EER)은 체중을 유지하는 건강한 사람의 필요량을 충족시키는 평균 에너지 섭취량이다. 에너지필요추정량은 성별과 생애주기뿐만 아니라, 신체 활동 수준, 키, 몸무게 등을 고려한다. 에너지필요추정량은 평균 수치이기 때문에, 개인의 에너지 요구량은 더 높거나 더 낮을 수 있다.

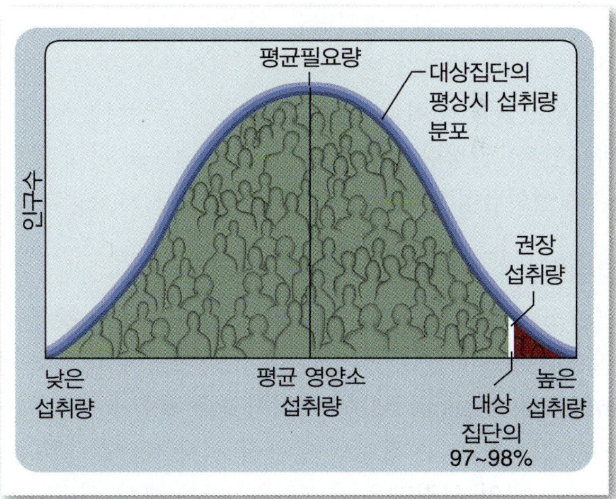

그림 3.2 **EAR.**

■ EAR은 무엇인가?

필요량(requirement) 정의된 영양적 건강 수준을 유지하는 영양소의 최소량

영양섭취기준(Dietary Reference Intakes, DRIs) 미국인을 위한 다양한 에너지와 영양소 섭취기준

평균필요량(Estimated Average Requirement, EAR) 생활주기 및 성별에 따른 건강한 사람의 50%의 요구를 충족하는 영양소의 양

에너지필요추정량(Estimated Energy Requirement, EER) 체중을 유지하는 건강한 사람의 필요량을 충족시키는 평균 에너지 섭취량

권장섭취량(RDA)

단순히 영양소 필요량만을 섭취하는 것이 항상 최적의 영양 상태를 가져오지는 않는다. 어떤 사람들은 자연적으로 필요량이 더 높을 수도 있다. 어떤 특정 영양소에 대한 필요량이 평균보다 높다면? 그런 경우, 일반적인 사람의 필요량 이상 섭취하지 않으면 영양 결핍증이 나타날 수 있다.

권장섭취량(Recommended Dietary Allowances, RDA)은 각종 영양소의 일일 권장섭취기준량이다. 권장섭취량은 생활주기 및 성별에 따른 대부분(97~98%)의 건강한 인구집단의 영양소 필요량을 충족하는 영양소의 수준이다(그림 3.2 참조).

권장섭취량을 설정하려면, 영양학자들은 영양 요구량에 대한 개인간 변이와 조직 저장량을 유지하도록 평균 필요량에 안전율을 추가한다. 예를 들어, 미국에서는 비타민 C의 성인(비흡연자) 권장량은 임신 또는 모유수유를 하지 않는 여성(75 mg)과 성인남성(90 mg)의 평균필요량보다 15 mg 더 높다.[2]

충분섭취량(AI)

몇몇 영양소는 인체필요량을 산정하기 위한 정보가 충분치 않으므로 권장섭취량이 없다. 이러한 특정 영양소에 대해서 **충분섭취량(Adequate Intakes, AI)**이 설정되었다. 충분섭취량을 설정하기 위해서 건강한 인구 집단의 평균적 식사 패턴을 기록하고 영양소의 평균 일일 섭취량을 추정한다. 관찰 대상 인구집단이 영양소의 결핍 장애를 보이지 않는다면, 섭취량의 평균 수준은 적절하며, 충분섭취량이 된다**(그림 3.3)**. 각각의 영양소에 대한 개인의 평균 일일 섭취량이 RDA 또는 AI 값을 충족하는 경우, 영양학적으로 적절한 식사일 확률이 높다.

권장섭취량(Recommended Dietary Allowances, RDA) 각종 영양소의 일일 권장섭취 기준량

충분섭취량(Adequate Intakes, AI) 결핍증이 나타나지 않아 평균 일일 섭취량으로 적절하다고 추정되는 양

상한섭취량(Tolerable Upper Intake Level, UL) 매일 섭취해도 해가 되지 않을 정도의 최대 영양소 섭취량

에너지적정비율(Acceptable Macronutrient Distribution Ranges, AMDRs) 영양적으로 적절하고 식이관련 만성질환의 위험을 낮출 수 있는 다량영양소의 섭취 범위

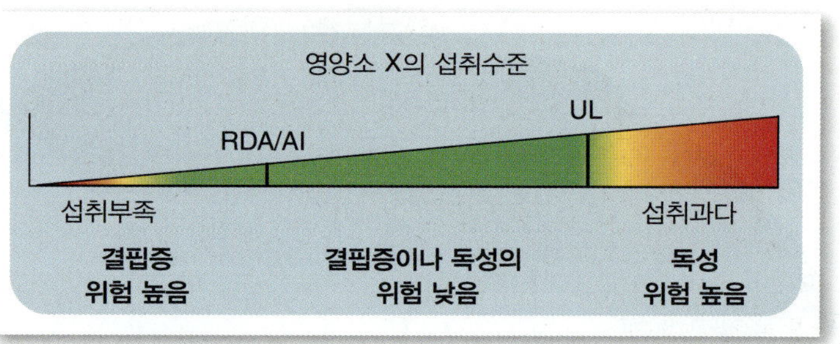

그림 3.3 권장섭취량과 충분섭취량.

■ 상한섭취량이란 무엇인가?

상한섭취량(UL)

많은 비타민과 무기질은 **상한섭취량(Tolerable Upper Intake Level, UL)**이 있다. 상한섭취량은 대다수의 사람들이 어떤 영양소를 매일 섭취해도 유해하지 않을 정도의 최대량이다(그림 3.3). 정기적으로 상한섭취량을 초과한 영양소 양을 섭취할 때 독성 질환의 위험은 증가한다. 예를 들어, 비타민 C의 상한섭취량은 성인기준으로 2,000 mg/일이다.

3.1b 에너지적정비율(AMDRs)

에너지적정비율(Acceptable Macronutrient Distribution Ranges, AMDRs)은 적절한 양의 비타민과 무기질을 제공하고, 식이관련 만성질환의 위험을 낮출 수 있는 탄수화물, 지방, 단백질의 섭취 범위를 나타낸다. 에너지적정비율을 확인하여 식이 중에 다량영양소가 건강하게 균형되어 있는지 알아볼 수 있다. **표 3.1**은 성인의 에너지적정비율이다.

표 3.1 성인의 에너지적정비율

다량영양소	미국 에너지 적정비율 %	한국 에너지 적정비율 %**
탄수화물	45~65	55~65
단백질	10~35	7~20
지방*	20~35	15~30

*지방 섭취는 필수지방산을 포함할 것(Unit 6 참조).
**2015년 한국인 영양섭취기준, 보건복지부.

모듈 3.2

영양가 있는 식사와 간식 계획

3.2 - 학습목표

1. 이 모듈의 주요 용어를 모두 정의한다.
2. 주요 식품군을 열거하고 각 식품군에 속하는 대표적인 식품들을 분류한다.
3. 미국 식이지침, 2010의 세 가지 주요 구성요소를 열거하고, 각각의 요소에서 적어도 한 가지 권고사항을 제시한다.
4. MyPlate를 활용하여 영양적으로 적절한 식단을 개발한다.

3.2a 식품군

DRIs가 식단을 계획하는데 실용적이지 않으므로, 영양전문가들은 더 소비자 친화적인 식이지침을 개발했다. 일반적으로, 식이지침은 자연적 급원과 주요 영양소에 따라 주요 식품군으로 분류한다. 예를 들어, 가장 일반적으로 소비되는 유제품은 우유에서 만들어지며, 우수한 칼슘 급원이다. 식이지침은 각 식품군에서 매일 섭취해야 하는 식품의 양을 권장하고 있다. 이러한 식이지침은 식사의 다양성, 영양적 균형, 적절성뿐 아니라 매일 무엇을 먹을지 계획할 때도 활용할 수 있다.

곡류

곡물은 밀, 쌀, 귀리로 만든 제품을 포함한다. 파스타, 국수, 크래커, 밀가루 토르티야가 이 군에 속한다. 옥수수와 팝콘은 일반적으로 곡류제품으로 분류된다. 옥수수는 곡류의 일종이지만, 가끔 식사에서 채소로 사용되기도 한다.

탄수화물(전분) 및 단백질은 곡류에서 주요한 다량영양소이다. 식이지침은 일반적으로 **전곡**으로 만든 음식을 선택하도록 권장하고 있다. **전곡(whole grains)**은 밀, 메밀, 귀리, 옥수수, 쌀, 야생 벼(줄풀), 호밀, 보리 등 곡물의 낟알을 그대로, 또는 갈거나, 잘게 부수거나, 얇게 으깬 것들이다.[4] 통곡물 빵과 통곡물 시리얼 등의 전곡류는 미량영양소와 식이섬유의 좋은 급원이다.

맛있는 팁

정제된 곡류제품과 비교하여 전곡류로 만든 식품은 자연히 더 많은 식이섬유를 함유한다. "전곡 10 g으로 만들었다"라고 주장하는 제품에 주의한다. 전곡은 영양소가 아니므로 이러한 주장은 오해의 소지가 있을 수 있다. 제품 1회 제공량 중 식이섬유와 기타 영양소의 양에 대해 살펴볼 필요가 있다. 그런 정보는 제품 표지에 있는 영양정보에서 확인할 수 있다.

이 시리얼 1회 제공량은 "전곡" 18 g을 함유하지만, 식이섬유는 얼마나 많이 들어 있을까?

전곡(whole grains) 밀, 메밀, 귀리, 옥수수, 쌀, 야생 벼, 호밀, 보리 등 곡물의 낟알을 그대로, 또는 갈거나, 잘게 부수거나, 얇게 으깬 것들

강화(enrichment) 곡류 및 그 외 식품에 영양소를 추가하는 것

미국의 경우, 강화 곡류 제품도 여러 가지 비타민과 무기질의 좋은 급원이 될 수 있다. **강화(enrichment)**는 밀과 쌀 등의 정제 곡류 제품의 정제과정에서 손실된 영양소의 일부, 즉 철분과 비타민 B군인 티아민, 리보플라빈, 나이아신, 엽산 등을 첨가하거나, 그 외 식품에 특정 영양소를 추가하는 것이다. 영양소 강화는 가공 중에 손실되었거나 특정 건강 혜택을 제공하기 위해 식품에서 영양소를 복원시킬 수 있다. 강화의 예는 간편 시리얼과 곡물 바에 비타민과 무기질, 오렌지주스에 칼슘, 우유에 비타민 A와 D를 첨가하는 것 등이다.

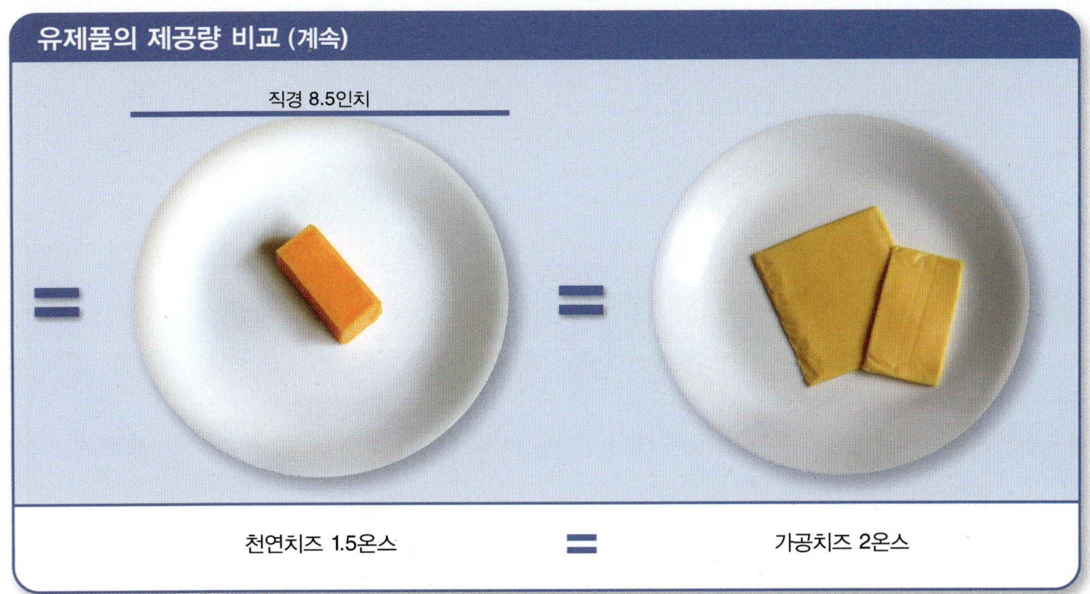

유제품류

우유 및 유제품은 가공 후에도 원래 칼슘의 일부 또는 대부분을 보유한다. 대부분의 유제품은 칼슘 이외에도 단백질, 인, 칼륨, 비타민 A와 D(강화한 경우), 리보플라빈의 우수한 급원 식품이다. 콩으로 만든 음료("두유")에 칼슘과 다른 미량영양소를 강화시켜 우유를 대체할 수도 있다.

아이스크림, 푸딩, 프로즌 요구르트, 아이스밀크는 설탕과 지방 함량이 높은데도 불구하고, 종종 유제품으로 분류된다. 크림치즈, 크림, 버터는 우유에서 만들어지지만, 지방 함량이 높고, 칼슘은 거의 없으므로 이 그룹에 포함되지 않는다.

맛있는 팁

우유는 약 3.25%의 지방을 함유하고 있다. 저지방유는 단지 1%의 지방을 함유하며, 종종 "1% 우유"라고 한다. 대부분의 식이지침은 저지방유나 지방함량이 0.5% 미만인 **무지방**(탈지)유를 선택하도록 권장한다.

단백질 식품

단백질이 풍부한 음식은 쇠고기, 돼지고기, 양고기, 생선, 조개류, 간, 가금류 등이 있다. 콩, 계란, 견과류, 두부, 씨앗류도 단백질이 풍부하여 육류를 대체할 수 있으므로 이 그룹에 포함된다. 이 그룹에 속한 식품들은 단백질뿐 아니라, 각종 미량영양소 특히, 철, 아연, 비타민 B 등의 우수한 급원이다.

일반적으로, 신체는 철, 아연 등의 무기질을 식물성보다는 동물성 식품에서 더 쉽게 흡수한다. 그런데 동물성 식품은 포화 지방과 콜레스테롤을 많이 함유하고 있으므로, 이러한 지질을 다량 함유한 식사는 심장 및 혈관질환의 위험을 증가시킬 수 있다.

맛있는 팁

어떤 식이지침은 육류와 기타 단백질이 풍부한 식품을 분류하기 위해 지방 함량을 기준으로 이용한다. 이 지침에 의하면, 칠면조의 백색부위는 **기름기 없는** 살코기이며; 지방함량이 15% 이하인 갈은 쇠고기와 참치는 기름기 없는 살코기이다. 돼지고기 소시지, 베이컨, 핫도그는 **고지방** 육류의 예다.

과일류

과일류는 100% 과일주스뿐 아니라, 신선한 것, 건조한 것, 냉동한 것, 소스, 통조림 등을 포함한다.[5] 과일은 단백질의 좋은 급원은 아니지만, 대부분 지방함량이 낮으며, 칼륨, 비타민 C, 엽산 등 미량영양소와 피토케미칼의 좋은 급원 식품이다. 100% 주스도 과일 섭취량으로 계산되긴 하지만, 과일을 통째로 또는 자른 조각의 형태로 먹는 것이 바람직하다.[6] 그 이유는 생과일이 더 많은 식이섬유를 함유하고 있으므로 주스보다 더 건강한 선택이 될 수 있다.

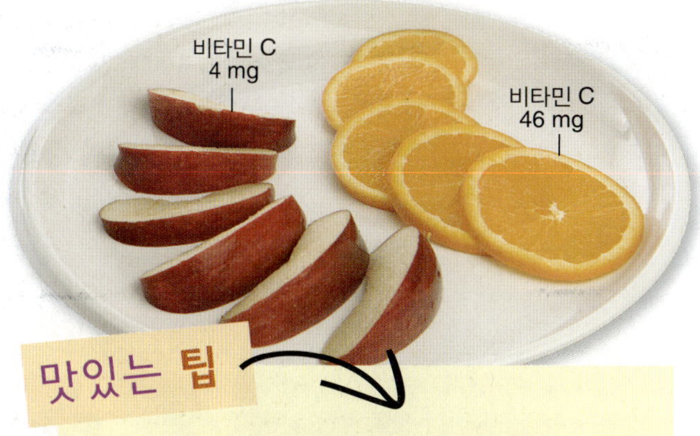

맛있는 팁

각 식품군에 속한 식품들의 영양소 함량은 매우 다양하다. 예를 들어, 신선한 사과 3.5온스와 오렌지 3.5온스는 각각 50 kcal를 제공한다. 그러나 오렌지는 46 mg의 비타민 C를 공급하는 데 비해서 사과는 약 4 mg의 비타민 C를 공급한다. 이것이 각 식품군에서 다양한 식품을 먹어야 하는 이유이다.

과일류 제공량 비교

100% 과일주스 1컵 = 큰 딸기 8알

과일류 제공량 비교 (계속)

= 말린 과일 ½컵 = 사과소스 1컵 = 작은 사과(직경 3인치)

채소류

채소류는 100% 채소주스뿐 아니라, 신선한 것, 익힌 것, 통조림, 냉동한 것, 건조/탈수시킨 것 등을 포함한다. 채소류는 진녹색, 오렌지색 및 전분질로 더 세분화할 수 있다. 어떤 지침서는 말린 콩류를 단백질이 풍부한 식품군뿐 아니라 채소류군에 포함시킨다. 많은 종류의 채소는 미량영양소, 식이섬유 및 피토케미칼의 좋은 급원이다. 또한 대부분의 채소는 지방과 에너지함량이 낮다.

기타 식품

식이지침은 기름군 및 당, 알코올음료군를 포함할 수 있다. 기름은 카놀라유, 옥수수유, 올리브유 및 그 외 실온에서 액체인 기름을 포함한다. 식물성유에서 만들어진 마요네즈, 마아가린, 샐러드드레싱 등도 기름으로 분류된다. 견과류, 올리브, 아보카도, 일부 유형의 생선은 지방함량이 높아서 기름군에 포함시키기도 한다.[7] 기름은 지용성 비타민의 좋은 급원이며, 심혈관 질환의 위험을 증가하지 않는 "건강한" 지방의 급원이 될 수 있다.

무엇일까요?

수 세기 동안, 중앙아메리카의 사람들은 토마티요(껍질토마토)를 재배하여 먹었다. 종이 같은 껍질을 벗기고 볶고, 다지고, 고춧가루에 섞어서 살사 베르데(녹색 소스) 등의 소스를 만들었다. 중간크기 세 개의 토마티요는 약 33 kcal, 식이섬유 2 g, 비타민 C 12 mg을 제공한다.

영양, 사실인가 허구인가?

유기농 식품은 일반 식품보다 더 영양이 풍부하다

유기농 식품(organic foods)의 생산은 항생물질, 호르몬, 합성비료, 농약, 유전자 조작, 또는 방사선 사용에 의존하지 않는다.[8] 과학적 연구 결과, 일반적으로 유기농 식품 작물이 기존의 농법으로 재배한 작물보다 더 영양가 있는 것은 아니다.[9] 그러나 유기농 식품을 먹는 것은 잔류 농약, 항생제 내성 세균에 대한 노출을 줄일 수 있다.[9] 국가 유기농 프로그램 및 유기농 식품 기준에 대한 자세한 내용은 미국농무부(www.usda.gov)에서 알 수 있다.

쇠기름, 버터, 라드(돼지 기름), 쇼트닝 등의 **고체지방**은 실온에서 매우 단단하다. 고체지방은 심혈관 질환의 위험을 증가시키는 "건강에 해로운" 지방을 함유할 수 있다. 크림, 크림치즈와 사워크림은 실온에서 액체이거나 부드럽지만, 일반적으로 고체지방으로 분류되고 있다. Unit 6에서 식이 지방이 건강에 어떻게 영향을 미치는지에 대해 설명한다.

사탕, 일반 청량음료, 젤리 등등을 포함하는 달콤한 음식("당류")은 가공시 다량의 설탕이 첨가된다. 달콤한 음식과 알코올음료는 에너지 함량에 비하여 미량영양소가 거의, 또는 전혀 없는 빈 칼로리 식품이다.

3.2b 복합 식품은 어떻게 분류하는가?

피자, 샌드위치, 그리고 찌개류와 같은 한 가지 이상의 식품군에서 조금씩 섞어 만든 음식은 어떻게 분류할 것인가? 첫 번째 단계는 성분을 결정하여 각각 적절한 식품군으로 분류하는 것이다. 예를 들어, 피자 한 조각은, 밀가루(곡류)로 만든 크러스트 위에 토마토 소스(채소류), 치즈(유제품류)를 얹은 것이다. 각 재료의 분량을 측정하고, 그 식품이 속하는 식품군의 양을 기록한다. 피자 조각은 채소 ¼컵, 곡물 2온스 및 유제품 ¼컵을 제공한다. **그림 3.4**의 눈에 익은 물건들은 식품량 측정을 위한 저울이나 계량컵을 사용하지 않고도 제공량을 판단하는 데 유용하게 쓰인다.

유기농 식품(organic foods) 항생물질, 호르몬, 합성비료, 농약, 유전자 조작, 또는 방사선을 사용하지 않고 생산된 식품

그림 3.4 제공량을 추정하는데 유용한 물건들.

주사위 4개 = 1온스 치즈

3.2c 식이지침

미국보건복지부(USDHHS)와 미국농무부(USDA)는 2세 이상의 건강한 사람을 위한 영양 관련 생활양식을 권장한 미국인의 식이지침을 발표하였다.[10] 이 식이지침은 적절한 영양상태 및 건강을 증진하고, 비만, 고혈압, 심혈관 질환 등 영양과 관련한 주요 만성질환의 위험을 감소시키기 위해 만들어졌다. 이 지침은 5년마다 갱신된다. 식이지침의 가장 최신 버전인, 미국인을 위한 식이지침, 2010은 매우 중요한 두 가지 개념을 포함한다:

- 건강체중을 달성하고 유지하기 위해 지속적으로 칼로리의 균형을 유지한다.
- 영양밀도가 높은 식품과 음료를 섭취하도록 노력한다.

식이지침의 주요 구성요소

1. **체중 관리를 위한 칼로리 균형**
   - 식행동과 신체활동 습관을 개선하여 과체중이나 비만을 예방 또는 감소시킨다.
   - 체중 관리를 위해 총칼로리 섭취량을 조절한다.
   - 신체 활동을 늘린다.
   - 생애주기별로 적절한 칼로리 균형을 유지한다.

맛있는 팁

"건강하게 먹기" 위해서 다음의 기본적 팁을 고려한다.

- 음식을 즐기되, 너무 과다한 양은 삼가한다.
- 식사량의 반은 과일과 채소로 먹는다.
- 곡류의 최소한 반을 전곡류로 먹는다.
- 식품 중의 나트륨 함량을 비교하고, 가장 나트륨 함량이 적은 식품을 선택한다.
- 가당음료 대신 물을 마신다.[10]

런천미트와 딜 피클은 나트륨 함량이 높다.

2. 줄여야 하는 식품 및 식품 성분

- 나트륨 섭취는 하루 2,300 mg 미만(미국 기준)으로 줄인다. 아프리카계 미국인과 50대 이상의 성인 또는 고혈압, 당뇨, 만성적 신부전 환자는 나트륨 섭취를 하루 1,500 mg으로 줄여야 한다.
- 포화지방을 불포화지방으로 대체하여 포화지방에서 얻는 열량을 10% 미만으로 섭취한다.
- 콜레스테롤은 하루 300 mg 미만으로 섭취한다.
- 트랜스지방 섭취량을 가능한 한 낮게 유지한다.
- 정제 곡물, 특히 고체지방, 첨가당, 나트륨을 함유한 식품의 섭취를 줄인다.
- 알코올을 마실 때는 적절한 양으로, 법적으로 허용되는 연령에서만 마신다.

3. 늘려야 하는 식품과 영양소

- 과일과 채소를 더 많이 먹는다.
- 진녹색, 빨강색, 주황색 채소 및 콩류 등 다양한 채소를 선택해 먹는다.
- 통곡물 빵과 통곡물 시리얼 등 전곡류를 선택해 먹는다.
- 무지방 우유와 저지방 요구르트 등 무지방 또는 저지방 유제품을 선택해 먹는다.
- 연어 등의 해산물을 선택해 먹는다.
- 해산물, 살코기 및 가금류, 계란, 콩, 완두콩, 콩 제품 및 무염 견과류와 씨앗류 등 다양한 단백질 식품을 선택해 먹는다.
- 가능하면 고체지방을 기름으로 대체해 먹는다.
- 칼륨, 식이섬유, 칼슘과 비타민 D가 풍부한 식품을 선택해 먹는다.

맛있는 팁

여러 가지 과일은 배낭이나 가방에 넣어 가지고 다니면서 쉽고 빠르게 먹을 수 있는 간식거리이다. 사과, 오렌지, 감귤, 키위, 포도 등 신선한 과일은 실온에서 2~3일간 보관할 수 있다. 냉장고에 넣으면 좀 더 오랫동안 보관할 수도 있다. 바나나 껍질은 냉장시에 암갈색으로 변하긴 하지만, 여전히 맛있게 먹을 수 있다.

식이지침 적용하기

표 3.2는 식이지침을 활용하기 위한 몇 가지 방법을 제시한다.

표 3.2 식이지침의 실제

평소 먹는 것	대체하면 좋은 것
흰 빵과 롤	통밀 빵과 롤
가당된 시리얼	고식이섬유 시리얼에 과일로 단맛을 낸 것
치즈버거, 감자튀김, 일반 청량음료	구운 닭 또는 칠면조 샌드위치, 구운 콩, 무지방 우유 또는 두유
감자 샐러드나 양배추 샐러드	잎채소 샐러드
달콤한 롤, 도넛, 짭짤한 스낵	땅콩버터와 건포도를 얹은 작은 밀기울 머핀이나 베이글
청량음료	물, 무지방이나 저지방 우유, 100% 과일주스
베이컨, 소시지, 핫도그 등 기름기 많은 육류	닭, 칠면조, 생선, 살코기(같은 것 등)
초콜릿 칩이나 크림 채운 쿠키	오트밀 쿠키나 신선한 과일

3.2d MyPlate

2011년 미국농무부는 "MyPyramid"를 대체하는 대화형 식생활 및 식단 계획 지침인 **Myplate**를 제안하였다. MyPlate는 과일류, 채소류, 단백질 식품, 곡류, 유제품류, 5가지 식품군에 초점을 맞추고 있다(**그림 3.5**).[11] 미국농무부에 따르면, "유지류"는 필수 영양소를 제공하기는 해도 식품군으로 분류하지 않지만,[7] 한편으로는 약간의 빈 칼로리뿐만 아니라, 식이 중의 일부 지방은 필요하다는 것을 언급하고 있다.

MyPlate의 5가지 식품군에 대한 자세한 내용은 www.choosemyplate.gov/를 방문하여 "MyPlate"를 클릭하면 식품군의 목록을 얻을 수 있다. 그런 다음, 해당 식품군을 클릭하면, 식이패턴(얼마나 섭취해야 하는지)과 과학적으로 증명된 식품의 건강상 이점, 유용한 식품관련 팁 등 각 식품군의 식품에 대한 실제적인 정보를 얻을 수 있다.

ChooseMyPlate.gov는 또한 소비자를 위한 식품, 영양, 신체 활동의 다양한 자료를 포함한다. 예를 들면, "Food-A-Pedia"는 특정 식품에 관한 정보를 제공한다. 또 다른 자원인 "SuperTracker"로 매일 선택한 식품의 에너지와 영양소 함량을 쉽게 알 수 있다. SuperTracker는 매일의 식사와 신체활동 습관을 기록하고 모니터할 수 있게 한다. 미국농무부는 또한 어린이와 임신, 수유부를 위한 MyPlate 식단 계획 도구를 개발하였다.

그림 3.5 MyPlate는 대화형 식단 계획 지침이다.

■ 검은 콩, 양상추, 살사, 체다치즈가 들어 있는 타코는 어떤 식품군인가?

MyPlate 인터넷상으로 상호작용하는 미국농무부의 식생활 및 식단계획지침

빈 칼로리 허용량(empty calorie allowance) 주요 식품군에서 고체지방과 첨가당을 거의 함유하지 않는 식품의 권장량을 섭취한 후에 남은 에너지량

빈 칼로리의 허용량

일상적으로 섭취하는 많은 식품은 다양한 양의 빈 칼로리를 포함한다. 미국인들의 식단에서 가장 많은 빈 칼로리 양을 제공하는 식품과 음료는 다음과 같다:

- 케이크, 쿠키, 페이스츄리(파이), 도넛,
- 치즈 (고체지방의 급원),
- 아이스크림.[11]
- 가당 청량음료, 스포츠 음료, 과일 음료,
- 피자 (고체지방의 급원),

MyPlate 식이패턴은 신체의 총에너지 필요량에 근거하여 어느 정도의 빈 칼로리를 허용한다. **빈 칼로리 허용량(empty calorie allowance)**은 고체지방과 첨가당을 거의 함유하지 않는 식품의 권장량을 섭취한 후에 남은 에너지량이다. 예를 들어, 2,000 kcal 식이패턴은 260 kcal의 빈 칼로리를 허용하는데, 이는 아이스크림 1컵 또는 12온스의 가당 청량음료 2개보다 적은 양이다.

고체지방과 첨가당이 많이 함유된 식품을 선택하여 빈 칼로리 허용량을 채울 수 있다. 예를 들어, 고지방 육류 대신 살코기를 먹고, 베이글에 크림치즈를 추가하거나, 단맛이 없는 익힌 오트밀 대신 달콤한 가당 시리얼을 먹을 수 있다. 반면에 신선한 과일, 채소, 견과류, 또는 최소한으로 가공된 곡류 제품 등의 더 영양밀도가 높은 식품으로 빈칼로리 허용량을 채울 수도 있다, 빈 칼로리에 대한 더 자세한 내용은 www.choosemyplate.gov 홈페이지의 "체중 관리 및 칼로리"에서 볼 수 있다.

MyPlate 활용

전반적으로, MyPlate 웹사이트는 식품의 다양성, 영양적 충족, 적절성을 위해 노력하므로 식단 계획에 유용하다. 또한 MyPlate를 활용하여 식품과 음료 선택을 기록하고, 식품군을 분류하며, 각 식품군으로부터의 제공량을 추정하여 매일의 식사의 영양적 질을 평가할 수 있다. **표 3.3**은 건강한 20세의 성인을 위한

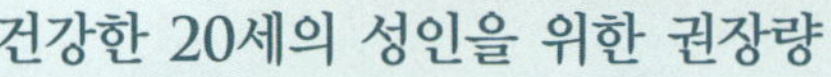
표 3.3 건강한 20세의 성인을 위한 권장량

MyPlate 일일 식이지침	여자	남자
Kilocalories	1800~2400	2600~3200
과일류	2컵	2~2.5컵
채소류	2.5~3컵	3.4~4.0컵
곡류	6~8온스	9~10온스
단백질 식품	5.0~6.5온스	6.5~7온스
유제품	3컵	3컵
유지류	5~7작은술	8~11작은술
빈 칼로리	160~330 kcal	360~600 kcal

이 단원의 첫 부분에 등장하는 학생인, 애비는 전통적인 인도 식단을 따른다. 애비가 선택하는 전통적인 아시아 식단은 일반적으로 다량의 채소, 쌀, 국수에 약간의 육류, 가금류, 생선, 또는 조개 등을 곁들인 것이다. 그녀의 기본적인 식품선택을 그림 3.7에 나타난 전통적 아시아인 식품피라미드와 비교해보자.

식품의 권장량을 보여준다.

기타 식이지침과 분석 도구

미국농무부의 기존의 식이지침 피라미드는 주류 미국인("서양")과는 다른 문화적, 민족적 특성의 음식전통을 따르는 사람들을 위한 다른 식품피라미드의 개발에 영향을 미쳤다. 이러한 지침의 예로 지중해식 식이지침(**그림 3.6**) 및 아시아인 식품피라미드(**그림 3.7**)가 있다. 캐나다인의 건강 증진을 돕기 위한 정부기관인 캐나다 보건부(Health Canada)도 "캐나다 식이지침으로 잘 먹기(Eating Well with Canada's Food Guide)"라는 식이지침을 가지고 있다(부록 B 참조).

미국농무부는 www.choosemyplate.gov 외에도 사람들이 자신의 영양섭취량을 분석할 수 있도록 돕기 위한 다른 웹사이트를 후원한다. "What's in the Food You Eat Search Tool(당신이 먹는 식품 속에 무엇이 있는가를 찾는 도구)"도 그런 사이트이다(www.ars.usda.gov/Services/docs.htmldocid= 17032).

Mediterranean Diet Pyramid

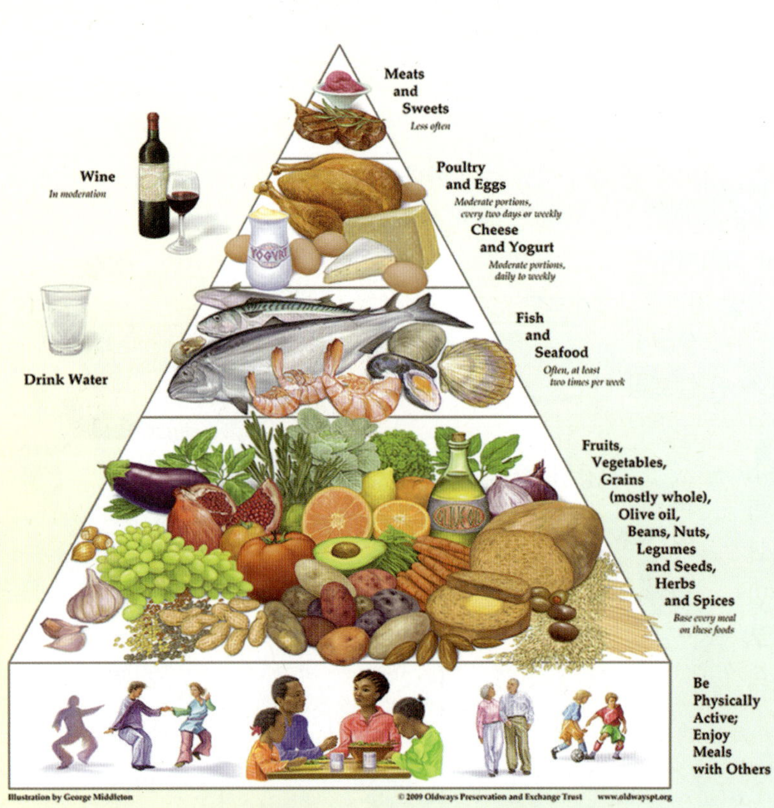

그림 3.6 전통적인 지중해식 식이지침.

Asian Diet Pyramid

그림 3.7 전통적인 아시아인 식이지침.

■ 가끔 전통적인 아시아 식단에서 부족되는 무기질 영양소는?

모듈 3.3

식품표시 이해하기

3.3 - 학습목표

1. 이 모듈의 주요 용어를 모두 정의한다.
2. 영양표시를 활용하여 더 영양적인 식품 선택을 한다.
3. 식품표시에 있는 영양관련 주장의 유형을 식별한다.

3.3a 영양정보

오늘날, 거의 모든 식품과 음료는 식별할 수 있는 제품명, 제조자의 이름과 주소, 제품의 양을 보여주는 표시가 있어야 한다. FDA는 대부분 포장 상품의 에너지와 영양소 함량에 대한 정보를 표시하기 위해 식품제조업체가 **영양표시(Nutrition Facts panel)**라는 특별한 표시 형식을 사용하도록 요구한다**(그림 3.8)**.[12] 식품표시에 있는 정보는 식품의 성분을 확인하고, 유사한 포장식품의 에너지 및 영양소 함량을 비교하는 데 이용할 수 있다. 영양표시는 1회 제공량과 전체 용기의 제공횟수를 제시한다. 1회 제공량은 유사한 식품들 간에 일관성이 있어야 한다—예를 들어, 모든 아이스크림 브랜드는 제품의 영양 성분을 설명하는 영양표시에서 똑같은 1회 제공량(½컵)을 사용해야 한다. 또한 1회 제공량의 에너지의 총량과 지방에서 얻는 에너지량을 칼로리로 표시해야 한다. 식품 1회 제공시 영양소의 양은 g 및 mg으로 표시한다.

영양표시는 식품 중의 총지방, 포화지방, 트랜스지방, 콜레스테롤, 나트륨, 총탄수화물, 식이섬유, 당류,

영양표시(Nutrition Facts panel) 식품 1회 제공량당 영양정보를 표시한 식품 포장의 정보

제공량은 가정용 및 미터법 단위로 표시된다.

용기당 제공횟수

심장질환의 위험을 줄이려면 포화지방, 트랜스지방, 콜레스테롤, 나트륨 함량이 낮은 음식을 선택한다.

성분 목록의 처음 몇 가지 항목을 포함하여 가당한 식품의 섭취를 제한하는 것이 좋다.

식품 품목명

성분의 목록

실중량 (또는 부피)

제조자 명칭과 주소

다량영양소와 식이섬유를 적정량 섭취한다.

그림 3.8 **식품표시는 영양정보의 출처이다.**

맛있는 팁

신선 또는 냉동한 과일과 채소; 신선한 고기, 닭고기, 생선, 조개; 기타 일부 식품은 제품의 **원산지**를 표시해야 한다.

하루섭취량(Daily Values, DV) 식품 표시를 위한 목적으로 개발한 영양섭취 기준

단백질, 비타민 A, 비타민 C, 칼슘, 철들의 함량을 표시해야 한다. 식품제조업체는 제품에 다른 영양소량을 표시할 수도 있다. FDA는 2~3년 이내에 새로운 영양표시 형식을 제시할 수도 있으므로 그 양식은 변할 수도 있다.

영양표시를 사용할 때 주의할 점이 있다; 정보가 포장 전체에 적용된다고 가정하지 않는다. 예를 들면, 식품 포장의 영양표시에 4회 제공량으로 표시되어 있는데, 제품 전체를 다 먹는다고 하면 칼로리, 지방 및 다른 성분들에 4를 곱해야 한다. 왜냐하면 영양표시의 정보는 단지 1회 제공량에 적용된 정보이며, 제품 전체는 4회 제공량이기 때문이다.

한 가지 이상의 성분으로 구성된 제품은 그 성분 목록을 중량에 따라 순서대로 나열하여야 한다. 그림 3.8의 다진 토마토 통조림의 영양표시에 표시된 성분 목록을 주목하라. 이 제품은 첫 번째 성분으로 토마토가 있다. 따라서 목록에 나열된 다른 성분들보다 더 많은 양의 토마토가 함유되어야 한다.

하루섭취량 이해하기

권장섭취량과 충분섭취량은 성별, 연령별, 생애주기별로 다르다. 그러므로 이런 복잡한 기준을 참고해야 하는 식품표시에 영양정보를 제공하는 것은 실용적이지 않다. 소비자의 식품 제품의 영양성분 평가를 돕기 위해, FDA가 제품의 표시를 목적으로 **하루섭취량(Daily Values, DV)**을 개발하였다. DV는 권장섭취량/충분섭취량보다 더 간단하고 실용적인 영양섭취기준이다. 성인의 영양소 하루섭취량은 2,000kcal/일 에너지를 공급하는 식사를 근거로 하고 있다. 하루섭취량은 총지방, 콜레스테롤, 탄수화물, 식이섬유 및 각종 비타민과 무기질에 설정되어 있으나(그림 3.8 참조), 모든 영양소의 하루섭취량이 설정되어 있지는 않다. 설탕이나 트랜스지방의 하루섭취량은 설정되어 있지 않다. 특정 영양소의 하루섭취량은 영양표시(Nutrition Facts panel, **그림 3.9**)의 하단에 표시된다. 보다 자세한 목록은 부록 C를 참조한다.

하루섭취량의 백분율은 소비자가 포장식품의 영양성분을 비교하여 더 건강한 선택을 할 수 있도록 돕기 위해 고안되었다. 어떤 영양소의 하루섭취량의 5% 이하를 공급하는 식품은 그 영양소가 **낮은 급원**이며; 20% 이상을 공급하는 식품은 **높은 급원**이다.[12]

영양가 있는 메뉴를 계획하거나 평가할 때의 목표는 매일 식이섬유, 비타민, 무기질을 하루섭취량의 100% 이상 섭취하는 것이다. 총 지방, 콜레스테롤, 나트륨을 많이 섭취하는 것은 건강에 부정적인 영향을 끼칠 수 있다. 그러므로 그런 영양소들의 섭취량은 하루섭취량의 100%를 넘지 않도록 하는 것이 필요할 것이다.

음식점과 자동판매기 식품은 어떤가?

2010년 환자 보호 및 적정가 보장 법안(PPACA)

어디서 주로 영양정보를 얻는가? 식품표시이다. 제품들을 비교하기 위해 식품표시를 이용한다. 만복감을 느낄 수 있는 식품이 필요하므로 칼로리가 낮은 식품이라면 좀 더 먹을 수 있다.

— 아만다 크록커, 캔사스대학교

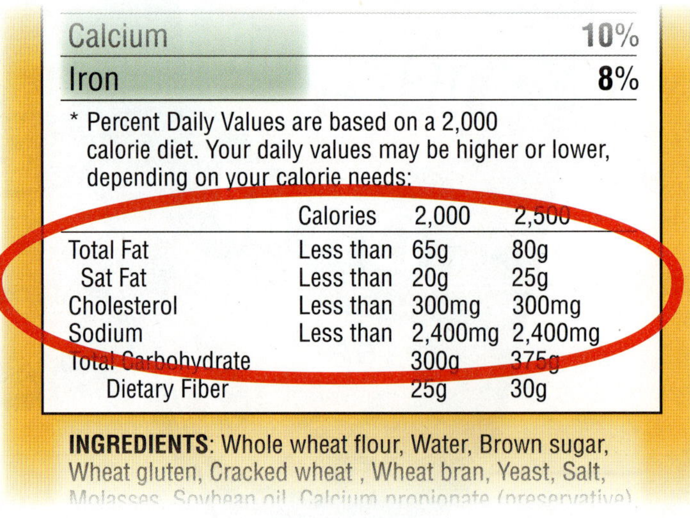

그림 3.9 하루섭취량의 기준이 식품 포장 표시에 제시된다.

■ 하루섭취량이란 무엇인가?

에 따르면, 20개소 이상으로 구성된 유사한 소매식품 시설 및 음식점은 메뉴와 메뉴판의 표준 메뉴 품목에 대한 칼로리 함량 정보를 표시해야 한다.[13] 메뉴 품목의 총열량, 지방, 포화지방, 콜레스테롤, 나트륨, 총 탄수화물, 설탕, 식이섬유 및 총 단백질 함량에 대한 정보는 고객의 요청에 따라 서면으로 제공될 수 있어야 한다. 또한 20개 이상의 식품 자동판매기를 운영하는 회사는 특정 항목들의 칼로리 함량을 공개해야 한다. FDA는 영양정보를 제공하기 위한 규칙을 개발하기위한 책임이 있다.

식품 강조 표시

제조업체들은 소비자의 관심을 끌기 위해, 특정한 건강효과가 있다거나 영양소 함량이 높다고 제품을 홍보하곤 한다. 미국에서는 FDA가 식품 표시상의 대부분의 정보를 규제한다. FDA는 식품제조업체가 제품표시에 특정 건강효과, 구조/기능 및 영양소 함량을 표시할 수 있도록 허용하고 있다(**그림 3.10**).

- **건강 강조 표시(health claim)**는 식품이나 식품 성분과 영양 관련 질환의 위험 감소 사이의 관계를 설명한다.
- **구조/기능 강조 표시(structure/function claim)**는 뼈 등의 구조를 유지하거나 소화 등 정상적인 기능을 증진시키는 위한 영양소의 역할을 설명한다.
- **영양소 함량 강조 표시(nutrient content claim)**는 포장된 식품의 영양소 함량을 설명한다. 그런 표시는 제품에 영양소 함량이 얼마나 많은지 설명하기 위해 "무," "고," 또는 "저" 등의 용어를 쓸 수 있다. 또한 영양소 함량 표시는 유사한 제품(기준식품)과 비교하기 위해 "더 많은" 또는 "줄인" 등의 용어를 사용할 수 있다.

그림 3.10 **이 식품 포장의 표시를 주목하자.**

■ 식품표시에는 어떤 종류의 표시가 허용되는가?

가벼운(*light* or lite food) 식품은:

- 기준식품보다 적어도 1/3 이하의 kcal나 절반의 지방량을 함유한 것이다.

지방을 줄인(reduced-fat food) 식품은:

- 기준식품보다 지방 함량이 25% 미만인 것이다.

저지방 식품은:

- 1회 제공량당 지방량이 3 g 이하인 것이다.

저칼로리 식품은:

- 1회 제공량당 40 kcal 이하인 것이다.

살코기나 가금류는:

- 1회제공량당 지방 10 g, 포화지방 4.5 g, 콜레스테롤 95 mg 미만을 공급한다.

살코기나 가금류는:

- 1회 제공량당 지방 5 g, 포화지방 2 g, 콜레스테롤 95 mg 미만을 공급한다.

식품표시에 "천연적"이라는 용어를 사용하려면, 식품 착색제, 인공 향료 또는 기타 제조 물질을 함유하지 않아야 한다. 식품표시 목적으로 사용할 수 있도록 허용된 건강 강조 표시에 대한 자세한 내용은 FDA의 웹사이트 www.fda.gov에서 확인할 수 있다.

건강 강조 표시(health claim) 식품이나 식품 성분과 영양 관련 질환의 위험 감소 사이의 관계를 설명한 것

구조/기능 강조 표시(structure/function claim) 뼈 등의 구조를 유지하거나 소화 등 정상적인 기능을 증진시키는 위한 영양소의 역할을 설명한 것

영양소 함량 강조 표시(nutrient content claim) 포장된 식품의 영양소 함량을 설명한 것

맛있는 팁

랜치 드레싱이나 블루치즈 드레싱 등의 크림소스 드레싱과 "light" 드레싱의 유일한 차이점은 물의 함유량이다. 저칼로리 샐러드 드레싱 제품을 사는데 비싼 비용을 지불하지 말고, 대신 일반 크림 샐러드 드레싱의 한 병에 물 ¼컵을 넣어 섞어서 자신만의 light 샐러드 드레싱을 만들어보자.

모듈 3.4

건강기능식품을 섭취해야 할 것인가?

3.4 - 학습목표

1. 이 모듈의 주요 용어를 모두 정의한다.
2. 건강기능식품 섭취의 장점과 위험에 대해 토의한다.
3. 특정 건강기능식품이 필요한 사람을 확인한다.

당신은 자신의 음식에 비타민과 무기질이 부족하다고 생각하는가? 당신은 건강증진을 위해 비타민이나 허브추출물을 섭취하고 있는가? 많은 미국인이 비타민이나 허브추출물 등의 건강기능식품이 필요하거나 도움이 된다고 생각하여 섭취하고 있다. 건강기능식품이란 무엇인가?

Unit 1에서 건강기능식품은 경구섭취(담배 제외) 또는 총섭취량을 증가시켜 식이를 보충하는 제품이라고 한 것을 기억하자.

건강기능식품은 다음을 포함할 수 있다:

- 비타민,
- 무기질,
- 허브 또는 다른 식물 제품,
- 아미노산(단백질의 성분).

노인들을 위한 종합비타민/무기질제

1994년 The Dietary Supplement and Health Education Act(건강기능식품과 건강교육법, 1994) 제조업체들이 건강기능식품을 식품으로 분류하도록 허용했다. 그 결과 건강기능식품의 제조업체는 제품의 안전성과 효과를 검사할 필요가 없게 되었다. 비타민이나 허브 등의 몇몇 건강기능식품은 건강에 유익할 수도 있지만, 식물성 제품을 포함하여 대부분의 비영양적 건강기능식품의 안전성과 유용성을 지지하는 과학적 증거는 거의 없다.[14]

3.4a 인기있는 건강기능식품

미국에서 가장 일반적으로 사용되는 건강기능식품은 각종 비타민과 무기질을 함유한 종합비타민/무기질제이다.[15] 미국 성인들 사이에서 가장 인기있는 비미량영양소 건강기능식품은 다음과 같다:

- 생선 기름 또는 "오메가 3",
- 글루코사민,
- 에키네시아,
- 아마씨 오일과 정제.[14]

사람들에게 왜 건강기능식품을 사용하는지 물었을 때, 그 대답은 영양 섭취량을 늘리기 위해, 특정 질병을 예방하기 위해, 더 많은 에너지를 얻기 위해, 건강을 향상시키기 위해, 기존 질환을 치료하기 위해 등등, 매우 다양했다.[16] **표 3.4**는 미국에서 인기있는 일부 건강기능식품에 대한 정보를 제공한다. 특정 건강기능식품에 대한 정보는 각 Unit에서 적절하게 다루어질 것이다.

건강기능식품 표시

모든 건강기능식품의 용기에는 적절한 표시가 붙어 있어야 한다(**그림 3.11**). 제품의 표시에는 "건강기능식품"이란 용어나 "허브 추출물"이나 "비타민 C 보충제"처럼 제품의 특별 성분을 설명하는 용어를 사용해야 한다. 또한 제품표시에는 "Supplement

그림 3.11 **건강기능식품의 표시는 특별한 양식으로 정보를 제공해야 한다.**

Facts" panel의 특별한 형식으로 제품의 함량에 대한 내용을 포함해야 한다(그림 3.11 참조). 제품표시는 1회 제공량과 하루섭취량에 대한 비율 등의 정보를 제공한다. 비록 하루섭취량(DV)이 여러 가지 영양소의 바람직하거나 최대 섭취의 기준이 되긴 하지만, 에키네시아와 크랜베리 과일 농축액 등 비영양적 제품에 대한 하루섭취량 값은 설정되어 있지 않다.

FDA에 따르면, 건강기능식품은 질병을 처방, 진단, 치료, 또는 완화시키기 위한 것은 아니다. 따라서 제조업체가 건강기능식품을 질환의 처방이나 치료, 또는 질병의 징후 또는 증상을 완화시키기 위한 용도로 판매하는 것은 허용되지 않는다. 이러한 제품들은 일반적으로 질병을 예방할 수는 없지만, 일부는 건강을 개선하거나 특정 질환 또는 증상의 위험을 줄일 수 있다. 그러므로 FDA는 건강기능식품의 제조업체가 구조/기능 표시를 할 수 있도록 허용하고 있다. 예를 들어, 철 보충제의 제조업체는 다음과 같이 적을 수 있다: "철은 건강한 적혈구 형성을 위해 필수적이다." 만일 FDA가 그 표시를 검토하지 않은 경우, 표시에는 기관에 의해 평가되지 않았음을 나타내는 FDA의 면책조항을 포함해야 한다(**그림 3.12**).

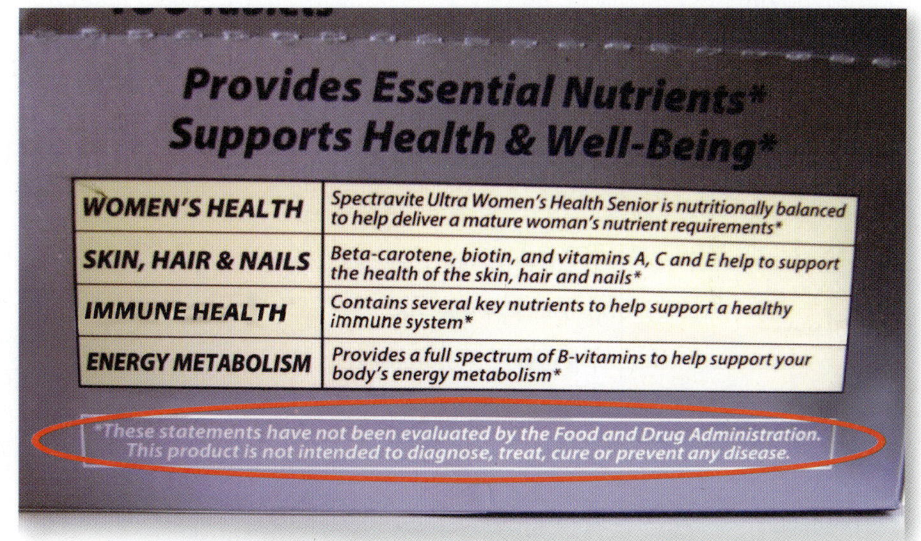

그림 3.12 **표시된 면책조항은 읽기 어렵다. 이 제품은 한 가지 이상의 표시를 나타낸다.**

■ 왜 FDA는 특정 식품과 건강기능식품 포장의 표시에 면책조항을 요구하는가?

표 3.4 많이 이용되는 건강기능식품

건강기능식품	주요 표시	알려진 효능* 이점	위험(부작용)
애시도필러스	생균배양액은 대장내 유해세균의 과도성장 위험을 감소시킴	장내 유해세균의 균형을 유지하여 건강을 개선시킬 수 있음	췌장염환자의 경우, 감염성 합병증 발생할 수 있음
베타카로틴	항산화제 암과 심장질환위험을 감소시킴	비타민 A의 급원 항산화제	과량은 암세포 성장을 촉진시킬 수 있음
콘드로이틴	관절염의 관절손상을 완화시킴	건강상의 이점을 지지하는 일부 과학적인 증거가 있지만, 더 많은 연구가 필요함 자주 글루코사민과 함께 사용됨	알려진 바 없음
코엔자임 Q-10	운동 내성 증가 심장질환과 암 예방 노화와 질병의 징후를 완화시킴	항산화제 생성 및 에너지 대사 관여 과학적 증거는 불충분함	고혈압을 저하시킬 수 있지만, 더 많은 연구가 필요함 독성은 낮지만 장기적 안전성은 알 수 없음
에키네시아	면역체계 향상 감기 예방 및 감기 증상 완화	여러 과학적 증거가 감기 예방의 주장을 지지하지만, 연구는 계속되고 있음	일반적으로 안전하지만, 알레르기 반응 또는 복통을 유발할 수 있음
달맞이꽃 종자유	습진(일반적인 피부 상태) 치료 관절염과 폐경기 증상 완화	습진 완화 다른 건강 이점에 대한 주장들은 과학적 증거가 거의 없음	알려진 바 없음
어유	심장질환과 뇌졸중 예방 류마티스 관절염 치료 우울증과 알츠하이머병의 위험 감소	오메가-3 지방산의 급원 염증을 감소하고 고혈중 중성지방(지방) 수준을 낮추지만, 다른 건강 이점을 결정하기 위해서는 더 많은 연구가 필요함	혈액 응고를 방해하여 출혈성 뇌졸중의 위험을 증가시킬 수 있음 간유는 다량 복용시 독성이 있는 비타민 A를 포함함
아마씨와 아마씨 기름	완화제(변비약) (아마씨) 혈중 콜레스테롤 저하	오메가-3 지방산의 식물성 급원 씨앗은 변비약 효과가 있음 심장질환을 가진 사람은 도움이 될 듯하지만 더 많은 연구가 필요함	일반적으로 안전함
마늘	혈중 콜레스테롤 저하	콜레스테롤을 일관되게 낮추지는 않음 고혈압을 저하시킬 수 있음	알레르기 반응, 불쾌한 체취의 원인, 혈액 희석제 효과를 방해할 수 있음
생강	"입덧"과 구역질 치료 위장장애 완화	입덧을 안전하게 치료할 수 있으며, 다른 종류의 구역질도 감소시킬 수 있음 다른 건강 이점 주장에 대한 과학적 증거는 부족함	가벼운 구역질, 그러나 심각한 부작용은 알려진 바 없음

건강기능식품	주요 표시	알려진 효능*	
		이점	위험(부작용)
은행나무	기억력 향상 알츠하이머 및 다른 형태의 치매 위험을 감소시킴	건강 이점에 대한 과학적 증거 부족	출혈위험 증가, 알레르기 반응, 두통, 복통, 구역질을 유발할 수 있음 은행나무 열매는 독성이 있음
인삼(아시아)	전반적인 건강 향상 남성 발기부전 치료	상승된 혈당 수준을 낮추고 면역계에 도움이 됨 다른 건강 이점 주장에 대한 과학적 증거는 부족함	두통, 수면 장애, 알레르기 반응, 위장장애를 일으킬 수 있음 장기간 섭취는 독성의 위험을 증가시킬 수 있음
글루코사민	관절염의 관절손상을 완화시킴	일부 과학적인 증거는 제시되었지만, 더 많은 연구가 필요함 (자주 콘드로이틴과 함께 사용)	알려진 바 없음
녹차	암 예방 또는 치료 체중감량 촉진 혈중 콜레스테롤 수준 감소	일부 실험실 연구 결과는 녹차가 암 예방 또는 암세포의 성장 저해 효과가 있다고 하지만, 인간대상의 연구 결과는 확실치 않음 다른 건강 이점 주장에 대한 신뢰할 만한 증거는 부족함	녹차추출물은 간을 손상시킬 수도 있음 카페인 함량은 수면장애, 과민반응, 소화기 장애를 유발할 수 있음
카바	스트레스 저하	카바 사용의 잠재적인 피해는 건강상 이점을 능가함	독성은 간을 손상시킬 수 있음 비정상적인 근육의 움직임, 피부의 황변 및 졸음을 유발할 수 있음
라이신	음부포진 발생의 재발 방지	아미노산(단백질 성분) 건강 이점 주장에 대한 과학적 증거는 부족함	알려진 바 없음
멜라토닌	수면장애 치료 시차 예방	수면장애 치료 및 시차예방에 효과적임	장기적 사용의 안전성은 의문
붉은효모쌀	혈중 콜레스테롤을 저하시켜 심장질환의 위험을 감소시킴	혈중 콜레스테롤 저하 처방을 받을 수 없는 사람들에게 특히 유용함	장기적 사용의 안전성에 대해서는 알려진 바 없음
세인트 워트존스(요한초)	우울증 완화	중등도 우울증 치료에 효과적임	다른 허브 추출물이나 항우울제 및 경구피임약 등의 특별 처방과 상호작용을 할 수 있음
발레리안	휴식 촉진 수면장애 치료	건강 이점을 주장하는 증거들이 일치하지 않음	현기증, 두통, 위통 장기적 사용의 안전성은 의문

***출처:** Office of Dietary Supplements http://ods.od.nih.gov/factsheets/list-Botanicals/; http://www.nlm.nih.gov/medlineplus/druginfo/natural/938.html; and http://nccam.nih.gov/health/herbsataglance.htm. Accessed: July 27, 2012

FDA는 건강기능식품 제조업자나 판매자가 제품 용기에 표시하기 전에 표시된 내용이 정확하거나 믿을만하다는 증거를 제공하도록 요구하지는 않는다. 그러나 기관의 담당자는 건강기능식품의 안전성이나 제품에 표시된 내용의 진실성에 의문을 제기할 수 있다. 이 경우, 제조업체는 제품이 안전하고 표시된 내용은 정직하고 오해의 소지가 없음을 증명할 수 있는 근거를 FDA에 제출할 책임이 있다.

비타민과 무기질 보충제: 안전성

대부분의 상용식품은 자연적인 상태에서 영양소의 독성수준을 함유하지는 않는다. 비타민/무기질 보충제를 **고용량(megadose)**으로 섭취하지 않는 한, 미량영양소의 독성수준을 섭취할 것을 우려할 필요는 없다. 고용량이란 비타민이나 무기질 권장량의 최소 10배 정도의 양을 의미한다.[17] 대부분의 비타민은 다량 섭취 시, 약물처럼 작용하여 불유쾌하거나 심지어 독성의 부작용까지 일으킬 수 있다.

고용량(megadose)의:

- 비타민 B군의 니아신은 고통스런 안면홍조와 간 손상을 유발할 수 있다.
- 비타민 B_6는 구역질, 속쓰림과 심각한 신경 손상을 유발할 수 있다.
- 비타민 C는 복통 및 설사를 유발할 수 있다.
- 비타민 A는 선천적 결함 유발 및 치명적일 수 있다.
- 비타민 D는 복통, 허약, 혼란, 방향감각 상실, 부정맥 및 신부전 등을 유발할 수 있다.
- 철은 구역질, 구토, 변비, 설사, 어두운 색 대변 등을 유발하며, 특히 어린이에게 치명적일 수 있다.
- 칼슘은 신결석 위험을 증가시킬 수 있다.
- 셀레늄은 복통, 탈모, 피로, 과민성, 가벼운 신경손상을 유발할 수 있다.

고용량(megadose) 비타민이나 무기질 권장량의 최소 10배 정도의 양

이 비타민 C정 한 알은 하루섭취량의 8배 이상을 제공한다.

페니로열

대부분의 사람들의 경우, 건강을 위해 필요한 양보다 과다한 영양소량을 섭취하는 것은 경제적으로 낭비일 뿐 아니라 인체에 해로울 수 있다. 적정 영양에 관해서는 "많은 것이 항상 좋은 것은 아니다."

허브 보충제: 안전성

허브 보충제는 독성부분이 있는 식물에서 만들어질 수 있다. 컴프리, 박하, 사사프라스, 카바, 로벨리아, 마황은 매우 독성이며, 암을 유발한다고 알려져 있는 식물들이다. 이들 식물 성분을 함유한 제품은 피해야 한다. 허브차는 허브 또는 관련 종에 특히 민감한 사람에게, 알레르기를 일으킬 수 있는 꽃가루 및 다른 부분을 포함할 수 있다. 에키네시아(보라색 콘 플라워)는 자주 계절적 호흡성 알레르기와 연관되어 있는 돼지풀(두드러기쑥)과 관련되어 있다.[18] 돼지풀 꽃가루에 알레르기가 있는 사람이 에키네시아를 함유한 보조식품을 섭취했을 때, 일반 감기와 유사한 증상(눈물, 콧물, 재채기)의 알레르기 반응을 일으킬 수 있다. 어떤 경우에는 에키네시아나 다른 식물에 노출된 후, 천식 발작 등의 염증 반응이 발생할 수 있다. 천식은 생명을 위협할 수 있다. 따라서 천식이나 알레르기가 있는 사람은 식물성 보조식품을 사용할 때 매우 주의해야 한다.

소비자는 또한 의료용 약초가 다른 약초뿐 아니라 처방약 또는 처방전 없이 살 수 있는 약과 상호작용할 수 있는 물질을 함유할 수 있다는 것을 알 필요가 있다. 그러한 반응은 바람직하지 않거나, 심지어 위험한 부작용을 초래할 수 있다(표 3.4 참조). 예를 들어, 은행나무는 아스피린과 상호작용하여 출혈의 위험을 증가시킬 수 있다. 마늘, 인삼, 비타민 E 보충제 또한 출혈을 증가시킬 수 있다. 카바와 바레리안은 진정제로 작용하고 수술 중 마취효과를 증폭시킬 수 있다. 그러므로 어린이에게 건강기능식품을 먹이거나 사용하기 전에 의사나 약사와 상의해야 한다. 또한 건강기능식품을 약물로 취급하여, 어린이의 손이 닿지 않는 곳에 보관하고, 복용하고 있는 제품의 목록을 의사와 다른 의료 전문가에게 알려준다.

에키네시아 꽃

3.4b 건강기능식품을 섭취해야 하는가?

2011년, 미국인들은 건강기능식품에 300억 달러를 지출했다.[19] 그러나 많은 경우에, 사람들은 건강기능식품이 필요치 않으며, 건강기능식품 구매에 돈을 낭비하고 있다—그 돈은 영양소와 피토케미칼의 천연 급원, 특히 과일, 채소, 전곡류 등에 더 유용하게 쓸 수 있다.

인체는 영양분과 피토케미칼을 보충제가 아니라, 식품에서 얻을 수 있도록 설계되었다. 영양보충제가 최적의 건강을 위해 필요한 모든 것을 함유하고 있지는 않다는 것을 이해하는 것이 중요하다. 예를 들면, 그들은 식물성 식품에서 발견되는 다양한 피토케미칼을 함유하지 않는다. 또한 피토케미칼을 함유한 보충제는 그 물질을 함유한 식물 자체를 섭취하는 것과 같은 효과를 나타내지 않을 수도 있다. 왜? 체내에서 바람직한 효과를 위해서는 영양소와 피토케미칼을 함께 섭취할 필요가 있을 수 있다. 식품은 이러한 화학물질의 조합을 자연적으로 매우 소량, 특정 비율로 포함한다. 보충제를 한줌 먹는 것은 전혀 "자연스럽지" 않다.

어떤 사람들은 의사나 영양사가 권장한 제품으로 특정 영양소가 함유된 건강기능식품을 섭취한다. 비임신여성에 비해 임신여성은 여러 가지 영양소를 더 많이 필요로 한다. 따라서 의사들은 일반적으로 임신여성에게 특정 종합영양제(비타민/무기질 보충제)를 권장한다. 드물긴 하지만, 유전적으로 미량영양소 필요량이 증가하는 경우도 있다. 노인이나 만성 질환자들도 영양소의 흡수불량이나 이용장애 때문에 비타민 보충이 필요할 수 있다.

대부분의 건강기능식품은 의사의 처방이 필요하지 않으므로, 사람들은 의사의 지식과 승인없이 섭취할 수 있다. 일반적으로, 하루 권장량의 100%를 제공하는 종합영양제 섭취는 거의 위험하지 않다.[20] 그러나 건강한 성인이 "보험정책"으로 그런 보충제를 먹는 것은 신중할 필요가 있으며, 보충제 섭취가 영양이 풍부한 다양한 식품을 대체할 수는 없다.

만일 한 가지 이상의 건강기능식품을 섭취하고 있거나, 섭취할 계획이 있다면:

- 제품을 구매 또는 사용하기 전에, 의사나 영양사와 보충제가 필요한지 상의한다. 이 과정은 임신이나 모유수유 중이거나 당뇨 및 심장병 등의 만성질환이 있을 때 특히 중요하다.
- 심각한 질병의 징후와 증상이 나타나면, 즉시 의사와 상담한다. 심각한 질병을 치료하기 위해 효과가 입증된 기존의 의료서비스 대신 보충제를 사용하는 것은 위험한 방법이다. 이런 경우, 유용한 의학적 처치를 지연시키거나 회피하여 상태를 악화시킬 수 있으며, 심지어 생명을 위협할 수도 있다.
- 보충제의 이점에 대한 주장에 주의하고, 제품 홍보에 사용된 주장을 조사한다. 건강기능식품에 대해 믿을만한 정보를 제공하고, 제품 판매 사업을 하지 않는 웹사이트를 찾아본다.
- 그 보충제 섭취와 관련된 위험을 알아본다.

건강기능식품국의 웹사이트 http://ods.od.nih.gov에서 다양한 건강기능식품의 위험과 이점에 대한 정보를 찾을 수 있다. 특정 건강기능식품 사용 후 부작용이 발생하면, 즉시 의사한테 검사를 받는 것이 좋다. 또한 당신의 담당의사뿐만 아니라, 당신 자신도 미국 식품의약국의 메드워치 프로그램에 전화하거나 (800) FDA-1088, 웹사이트를 방문하여 문제를 보고해야 한다.

은행나뭇잎

나이는 영양소 필요량에 영향을 미친다.

요점정리

모듈 3.1 필요량과 권장량

- 필요량은 영양적 건강상태를 유지하기 위한 영양소의 최소량이다. 연령과 건강 상태를 포함하여 많은 요인들이 영양소 필요량에 영향을 미친다. 학자들은 특정 식이 권장량을 설정하기 위해 영양소 필요량과 신체의 저장능력에 대한 정보를 사용한다.
- 영양섭취기준(DRIs)은 영양 부족과 과잉의 위험을 줄이고 질병예방 및 최적의 건강을 달성하기 위해 활용될 수 있는 다양한 에너지 및 영양소 섭취기준을 포함한다. 평균필요량(EAR)은 특정 생애주기/성별 그룹에서 건강한 사람의 50%의 요구량을 충족시키는 영양소의 양이다.
- 영양학자들은 어떤 영양소에 대한 권장섭취량을 설정할 수 없을 때, 충분섭취량(AI)을 설정한다. 상한섭취량(UL)은 대부분의 사람들이 매일 섭취할 때, 해를 미칠 가능성이 없는 영양소의 최대량이다.
- 에너지적정비율(AMDR)은 적절한 양의 비타민과 무기질을 제공하고, 식이관련 만성질환의 위험을 낮출 수 있는 탄수화물, 지방, 단백질의 섭취 범위를 나타낸다.

모듈 3.2 영양가 있는 식사와 간식 계획

- 식이지침은 일반적으로 식품을 자연적 급원과 주요 영양소에 따라 주요 식품군으로 분류한다. 이러한 지침은 일반적으로 곡류, 유제품, 그리고 채소 등 주요 식품군을 포함하고 있다. 또 어떤 식이지침은 기름과 빈 칼로리 식품이나 음료에 대한 식품군을 포함한다.
- 식이지침은 적절한 영양 및 건강상태를 증진시키고 주요 만성질환의 위험을 줄이기 위한 일반적인 영양관련 생활양식 권장사항을 모아 놓은 것이다.
- 미국인을 위한 식이지침 2010은 두 가지 중요한 개념을 가지고 있다.
    - 건강한 체중 달성 및 유지를 위해 칼로리 균형을 유지한다.
    - 영양밀도가 높은 식품과 음료의 섭취에 초점을 맞춘다.
- Choosemyplate.gov는 식품, 영양, 신체활동 정보에 대한 상호작용 가능한 온라인 제공처이다. MyPlate 웹사이트는 식품의 다양성, 영양적 충족, 적정량을 위해 노력하므로 식단 작성에 도움이 될 수 있다.

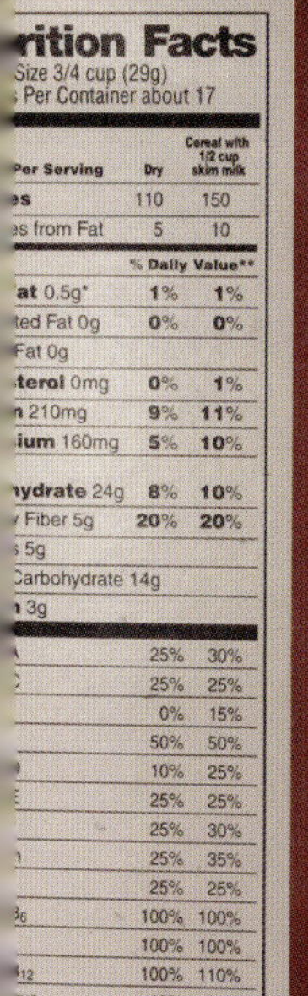

모듈 3.3 식품표시 이해하기

- 소비자는 식품표시의 정보를 이용하여, 포장된 식품 및 음료의 성분을 확인하고 영양소 함량을 비교할 수 있다. FDA는 규제와 제품의 건강 효과에 대한 주장을 포함하여 식품표시에 포함시킬 수 있는 정보를 규제하고 감시(모니터링)한다.
- 슈퍼마켓에서 판매되는 거의 모든 식품과 음료는 제품명, 제조업체명과 주소, 포장제품의 중량, 무게가 많은 순서대로 나열된 성분 및 원산지 표시를 붙여야 한다. 식품표시는 특정 양식의 영양 표시 패널(Nutrition Facts panel)을 사용해야 한다.
- 하루섭취량(DV)은 식품표시의 목적을 위한 실제적인 영양소 섭취기준이다. 식품의 1회 제공량 중의 영양소 함량은 하루섭취량에 대한 비율(% DV)로 표시되어 있다. 모든 영양소의 하루섭취량이 설정되어 있지는 않다. 식사의 목표는 매일 식이섬유, 비타민 및 무기질(나트륨 제외)을 최소한 하루섭취량의 100%를 섭취하는 것이다.
- FDA는 식품표시에 넣을 수 있는 많은 정보를 규제한다. FDA는 식품제조업체가 식품표시에 특정 건강 효과, 구조/기능, 영양소 함량에 대한 강조표시를 할 수 있도록 허용하고 있다.

모듈 3.4 건강기능식품을 섭취해야 할 것인가?

- DSHEA(건강기능식품과 건강교육법)에 따르면, 건강기능식품(담배 제외)은 비타민, 무기질, 허브 또는 다른 식물제품, 아미노산, 또는 총 섭취량을 증가시켜 식이를 보충하기 위한 물질이 포함된 제품이다.
- FDA에 따르면, 건강기능식품은 질병을 처방, 진단, 치료, 또는 완화시키기 위한 것은 아니다. 따라서

제조업체가 건강기능식품을 질병의 처방이나 치료, 또는 질병의 징후 또는 증상을 완화시키기 위한 용도로 판매하는 것은 허용되지 않는다.

- 과학적 증거에 따르면, 일부 건강기능식품은 건강에 유익한 영향을 미칠 수 있다. 그러나 과학적인 검사 결과, 많은 인기있는 건강기능식품이 도움이 되지 않으며, 심지어 해가 될 수도 있는 것으로 나타났다.

당신의 식사는 적절한가?!

I. **기록하기**

A. 24시간 회상법

1. 지난 24시간 동안 먹은 모든 식품과 음료를 기억한다. 얼마나 많이 섭취했는지 어떻게 조리했는지 기억한다.
   a. 식품 섭취를 기억하는 것이 얼마나 쉽거나 어려웠는가?
   b. 비타민 C 등의 영양보충제의 섭취를 기억한다.

B. 3 일간 식사기록법

1. 평소의 식이를 변경하지 않고, 3일 동안 식품과 음료 섭취에 대한 자세히 기록한다; 3일 중 하루는 금요일 또는 토요일이어야 한다. 매일 다른 기록지를 사용한다. 영양보충제의 섭취량도 포함해야 한다.

II. **분석하기**

영양분석 소프트웨어를 사용하여, 하루 동안의 식품과 영양보충제 섭취량을 분석하고, III의 질문에 대답한다. 나중을 위해 기록을 파일로 보존해둔다.

A. 컴퓨터를 이용한 식이 분석

1. 컴퓨터에 소프트웨어를 설치하거나, 소프트웨어 웹사이트에 로그온 한다.
2. 생애주기, 성별, 신장 및 체중에 따른 영양기준이나 DRI를 선택한다.
3. 3일간의 식사기록 정보를 입력한다. 각 식품 및 음료와 그 섭취량을 입력하도록 하고 영양보충제 섭취량도 입력한다.
4. 소프트웨어 프로그램은 다음과 같은 결과를 제공한다.
   a. 각 영양소의 적절한 권장섭취량(또는 관련 표준)
   b. 매일 섭취한 각 영양소의 총량과 kcal
   c. 매일 섭취한 각 영양소를 기준치와 비교한 백분율
5. 다른 Unit에서의 적용을 위해 보존해 둔다.

III. **영양소 섭취량 평가**

매일 영양권장량의 최대치를 섭취할 필요는 없다는 것을 기억하라. 일반적인 기준은 며칠 동안의 평균이 기준량의 최소 70%를 충족하는 것이다. 일부 영양소의 잠재적인 독성을 피하기 위해 장기간에 걸쳐 상한섭취량(설정된 경우)을 초과하지 않는 것이 좋다.

A. 평균적인 섭취량이 권고된 양보다 적게, 즉 권장섭취량이나 충분섭취량의 70% 미만을 섭취한 영양소는 어떤 것인가?

B. 평균적인 섭취량이 상한섭취량(설정된 경우)보다 과다하게 섭취한 영양소는 어떤 것인가?

IV. **MyPlate**

여기서는 미국농무부의 www.choosemyplate.gov에서 권장하는 각 식품군의 식품 섭취량에 비교하여 당신의 식이는 어느 정도인지를 알아본다.

A. 3일간의 식품 섭취기록을 참조한다. *MyPlate*의 적절한 식품군에서 각 식품 항목을 분류한다. 각 식품군에서, 성별, 나이, 신장, 체중 및 신체 활동수준에 따라 매일 권장량을 먹고 있는지를 표시한다. 당신이 선택한 음식이, 예를 들어, 피자처럼, 한 가지 이상의 식품군에 기여할 수 있다는 것을 주목하자. 각 식품군에서 MyPlate 권고량보다 적으면 (−) 표시, 같거나 많으면 (+) 표시를 한다.

생각해 봅시다...

1. 당신의 친구가 매일 여러 가지 건강기능식품을 섭취하고, 그 결과로 비타민 B_6 섭취량이 권장량보다 50배 이상이다. 친구의 보충제 복용을 중단하도록 설득하고 싶다. 어떤 영양기준을 제시하는 것이 도움이 될 것인가. 그 이유는?

2. 식단을 계획할 때, 왜 영양섭취기준(DRIs) 대신 MyPlate를 사용해야 하는가?

3. 당신의 소금, 고체지방 및 첨가당 섭취량은 최근의 식이지침 권고에 비교하여 어떤가?

4. 뉴욕에 있는 회사에서 만들어진 밀 크래커에 동물성 또는 식물성 지방이 있는지 여부를 어떻게 확인할 수 있는가?

5. 미국농무부의 웹사이트에 들어가 식품 중 영양소 함량을 검색하기 위한 데이터베이스인 "What's in the Foods You Eat *Search Tool*"을 찾는다. 이 검색 도구를 사용하여 연습하기 위해, 생 히카마(jicama) 1컵, 비타민 A 첨가한 2% 우유 1컵, 건조하여 볶고 가염한 해바라기씨 ¼컵(껍질 벗긴) 중의 식이섬유, 비타민 C, 철, 카페인의 양과 kcal를 찾아본다.

혼자 풀어보기

가장 올바른 대답을 선택하라.

1. 특정 집단내 건강한 사람들의 절반의 요구량을 충족시키는 영양소량은?
   - **a.** 평균필요량(EAR)
   - **b.** 권장섭취량량(RDA)
   - **c.** 충분섭취량(AI)
   - **d.** 상한섭취량(UL)

2. 다음 설명 중 틀린 것은?
   - **a.** RDAs는 특정 영양소의 일일 섭취기준이다.
   - **b.** RDAs는 거의 모든 건강한 사람들의 영양소 요구량을 충족시킨다.
   - **c.** RDAs는 안전율을 포함한다.
   - **d.** RDAs는 영양소에 대한 요구량이다.

3. 에너지필요추정량(EER)은?
   - **a.** 안전율이 포함되어 있다.
   - **b.** 개인의 신장, 체중 또는 신체 활동 수준을 고려하지 않는다.
   - **c.** 건강한 사람의 일일 평균 에너지 요구량을 근거로 한다.
   - **d.** 개인의 실제 일일 에너지 요구량을 반영한다.

4. 식이가 안전하고 영양학적으로 적절할 가능성이 높은 경우는?
   - **a.** 일일 평균 영양소 섭취량이 권장섭취량이나 충분섭취량을 충족시킬 때
   - **b.** 각각의 영양소 섭취량이 일관되게 평균필요량보다 적을 때
   - **c.** 영양소 섭취량이 일관되게 상한섭취량보다 높을 때
   - **d.** 비타민 보충제를 포함할 때

5. MyPlate에 의하면, 다음 중 유제품군에 속한 것은?
   - **a.** 치즈
   - **b.** 달걀
   - **c.** 버터
   - **d.** 사우어 크림

6. 단백질이 풍부하고 포화 지방과 콜레스테롤을 포함한 급원 식품은?
   - **a.** 땅콩버터
   - **b.** 마른 콩
   - **c.** 견과류
   - **d.** 쇠고기

7. 일반적으로 과일은 다음과 같은 물질 모두의 좋은 급원이다. 잘못된 것은?
   - **a.** 식이섬유
   - **b.** 비타민 C
   - **c.** 피토케미칼
   - **d.** 단백질

8. 다음 식품 중 MyPlate에서 "빈 칼로리"로 분류되는 것은 어느 것인가?

a. 초콜릿 시럽

b. 무지방 우유

c. 식빵

d. 옥수수유

9. 다음 문장 중 사실인 것은?

a. MyPlate에서 식물성유는 "지방과 오일" 식품군으로 분류된다.

b. MyPlate 식단 계획 지침은 개인의 식품기호를 충족하도록 개별화할 수 없다.

c. 개인이 www.choosemyplate.gov를 이용하여 자신의 식사가 영양적으로 적절한지 평가할 수 있다.

d. MyPlate는 미국인을 위해 개발된 첫 번째 식이지침이다.

10. 다음 중 영양표시(Nutrition Facts panel)에 포함되지 않는 정보는?

a. 지방으로부터의 칼로리의 비율

b. 1회 제공량당 탄수화물의 양

c. 1회 제공량

d. 1회 제공량당 트랜스 지방의 양

11. 하루섭취량(DV)은?

a. 하루 1200~1500 kcal를 소비하는 사람들을 위한 것

b. 각 영양소별로 가장 낮은 영양권장량 또는 충분섭취량에 근거한 것

c. 식품표시 목적으로 개발된 섭취 기준

d. 한 집단의 식사의 영양적 적정성을 평가하는 데 사용하는 것

참고문헌

➡ 부록 F 참조

Unit 4

어떻게 식품이 우리 몸을 만드는가?

학습내용

모듈 4.1
세포에서 기관계

모듈 4.2
소화기계

모듈 4.3
일반적인 소화 장애

모듈 4.4
대사의 기초

"나는 고등학교와 대학의 첫 해 내내 매우 건강하다고 생각했다. 하지만 대학교 2학년 때, 하복부 통증과 약간의 장출혈을 경험했다… 검사를 받으려고 대학 병원에 갔는데, 궤양성 대장염으로 밝혀졌다. 나는 이것이 무엇을 의미하는지 전혀 몰랐으나, 의사는 나의 대장에 염증과 부종이 생겼다고 설명했다—질병 치료의 가능성이 낮은 장기 질병이다.

의사는 식사가 궤양성 대장염과 아무 상관이 없다고 생각하지만, 붉은색 고기, 감귤류, 유제품, 특히 아이스크림을 먹으면, 약간의 복부 불편함이 나타나는 것을 알았다. 탄산음료는 나를 많이 힘들게 했다. 나는 하루에 한두 캔의 일반 청량음료를 마시곤 했는데, 마시고 30분쯤 후에 복통이 생겨서, 지금은 내 식단에서 이 음료를 거의 제외시켰다. 맥주도 나를 괴롭히긴 하지만 내 식단에서 맥주를 제외하지는 않았다."

Matthew Lang

매튜 랭은 미주리대 컬럼비아 캠퍼스에서 회계학을 전공하는 대학원생이다. 그의 만성적인 건강 문제인 궤양성 대장염은 일반적으로 15세에서 30세 사이의 젊은 사람들에서 발병하고 있다.[1] 당신의 장이 정상적으로 기능을 하면, 당신은 아마 원하는 대로 먹을 것이다. 당신에게 궤양성 대장염이나 다른 만성 장질환이 발병한다면, 어떻게 할 것인가? 의사의 권고를 따르고, 필요한 경우, 문제가 되는 음식을 피하겠는가? 아니면 식사를 포함하여 평소 생활을 계속하겠는가?

Unit 4는 신체가 영양분을 섭취하고, 그들을 필요로 하는 곳에 운반하는 과정을 포함하여 주로 소화기계에 초점을 맞춘다. 모듈 4.3은 궤양성 대장염과 변비와 속쓰림을 포함한 몇 가지 일반적인 장질환에 대한 일반 정보를 제공한다.

모듈 4.1

세포에서 기관계

4.1 - 학습목표

1. 신체가 세포, 조직, 기관 및 기관계로 어떻게 구성되어 있는지 설명한다.
2. 각 기관계에서 주요 기관을 식별한다.
3. 각 기관계의 주요 기능을 한 가지 이상 말할 수 있다.

4.1a 신체의 구성

인체에 대해 학습하면서, 생명 유지, 신체적 활동성, 정신적 주의력과 건강을 유지해 주는 다양한 대사 활동에 놀라고, 또 그 복잡함에 감탄할 것이다. Unit 1에서 언급한 바와 같이, 세포는 인체 내 가장 작은 생명 기능 단위이다. 인체는 다양한 세포 유형으로 분류되는 약 100조 개의 세포로 구성되어 있다. 세포의 각 유형은 특정 기능을 가지고 있다. 예를 들어, 근육세포는 운동에 필요하고, 신경세포는 메시지를 보내며, 적혈구는 산소를 운반하고, 어떤 백혈구는 체내 질병을 유발하는 세균이나 바이러스로부터 몸을 보호한다. 인체 세포는 막으로 둘러싸여 있으며, 영양소와 기타 물질의 세포 내외 이동을 제어한다.

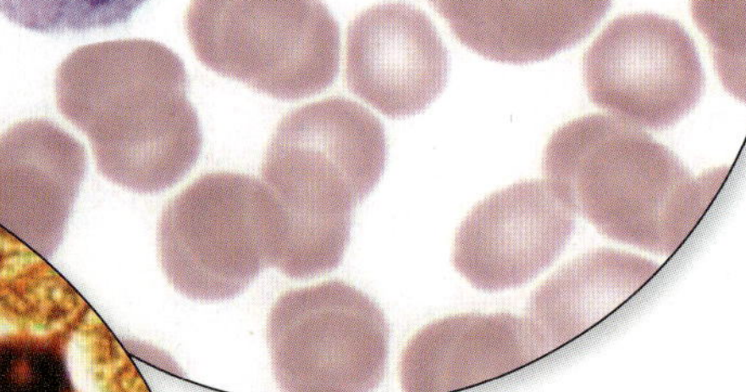

혈액세포

신경세포

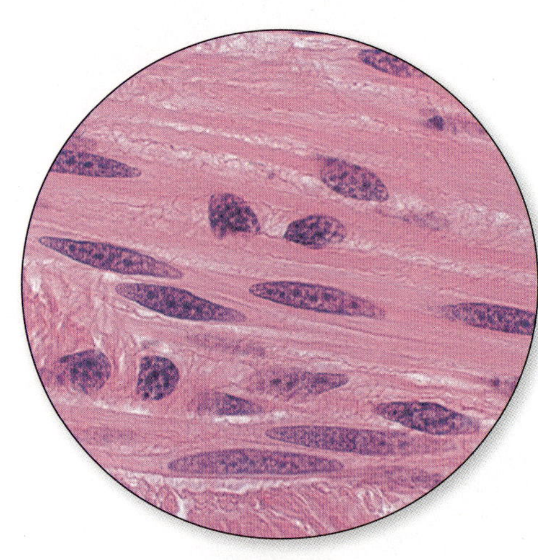

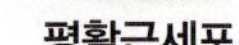

평활근세포

필수개념

4.1 인체의 구성

조직(tissues) 유사한 특성과 기능을 가지는 세포들의 결합체

기관(organ) 연관된 방식으로 기능하는 다양한 조직들의 결합체

기관계(organ system) 유사한 목적을 위해 함께 작동하는 기관의 그룹

1 세포
예를 들어, 근육세포는 운동에 필요하고 신경은 메시지를 보낸다.

2 조직
유사한 특성과 기능을 갖는 세포들이 서로 결합해서 **조직(tissues)** 이라는 큰 덩어리가 된다.

3 기관
기관(organ)은 연관된 방식으로 기능하는 다양한 조직이 모여 형성된 것이다. 예를 들어, 위는 음식을 섞고 구성성분을 분해하기 위해 함께 작용하는 다른 종류의 조직을 포함하고 있기 때문에 기관이라고 한다.

4 기관계
기관계(organ system)는 유사한 목적을 위해 함께 작동하는 기관이 모여 형성된 것이다. 예를 들면, 소화기계는 위를 포함하여 여러 기관을 포함한다.

5 유기체
건강한 사람은 적절하게 함께 작동하는 기관계로 구성되어 있다.

4.1b 신체의 기관계

기관계는 서로 의존한다. 예를 들어, 간이 제대로 기능하지 않는 경우, 신체의 나머지 부분이 부정적인 영향을 받을 것이다. 영양학적으로 적절한 식이요법을 따른다면, 더 건강해질 수 있을 것이다. **표 4.1**은 각 기관계의 주요 기관이나 조직을 열거하고, 그 주요 기능을 요약한 것이다.

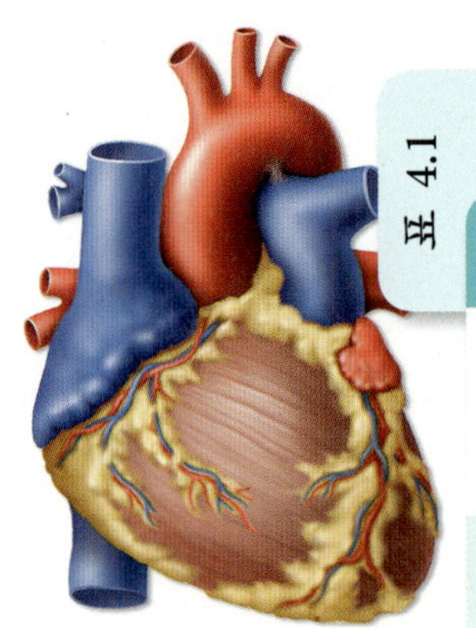

표 4.1 인체의 기관계

기관계	주요 기관이나 조직	주요 기능
소화기	입, 침샘, 식도, 위, 장, 췌장, 간, 담낭	영양소의 소화와 흡수
심혈관	심장, 혈관, 혈액	혈액 순환
호흡기	코, 인두, 후두, 기관, 기관지, 폐	산소와 이산화탄소의 교환
림프 및 면역	림프액, 백혈구, 림프관 및 림프절, 비장, 흉선	감염성 병원체에 대한 방어와 면역, 체액 균형, 백혈구 생산, 장내 지용성 영양소의 흡수
요도	신장, 방광	소금, 수분, 노폐물의 제거; 체액 균형 유지
근육	근육	신체의 움직임과 안정
골격	뼈, 힘줄, 인대	지지, 운동, 보호 및 혈구의 생산
신경	뇌, 척수, 신경, 감각 수용체	사고과정, 신체 활동의 규제와 조정, 외부 및 내부 환경의 변화 감지
내분비	호르몬(화학 메신저) 분비선이나 기관	성장, 영양 균형, 번식 등 많은 신체 활동의 규제 및 조정
외피	피부, 머리카락, 손톱	보호 및 면역, 체온 조절, 비타민 D 합성
생식	생식선과 생식기	출산(아이 만들기)

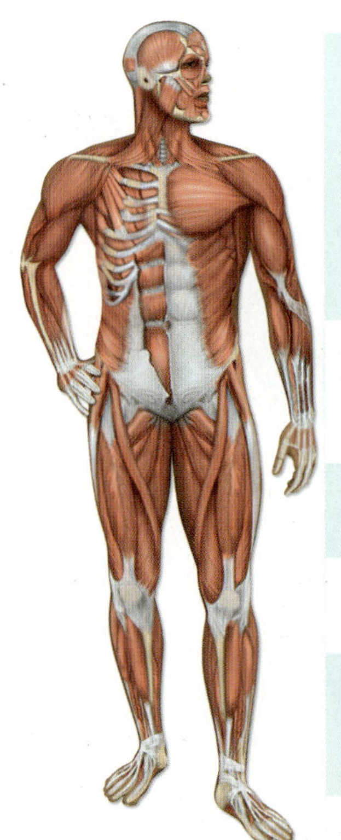

Adapted from: Widmaier EP, and others: *Vander's human physiology*, 12th ed. Boston: McGraw-Hill Publishing Company, 2011.

모듈 4.2

소화기계

4.2 - 학습목표

1. 이 모듈의 주요 용어를 모두 정의한다.
2. 기계적 및 화학적 소화의 차이를 설명하고, 각각의 예를 제시한다.
3. 소화기계의 기관 및 구조를 확인하고, 주요 기능을 설명한다.
4. 소화와 흡수의 전반적인 과정을 토론한다.

4.2a 소화의 개요

회색 곰은 잡식성이다. 연어뿐 아니라, 다른 동물을 먹지만, 과일, 견과류, 잎, 뿌리가 그들의 기본 먹이가 된다. 인간은 **잡식성 동물(omnivore)**이고, 식물, 동물, 버섯을 포함한 곰팡이류, 심지어 세균으로부터 영양소를 소화하고 흡수하는 유기체이다. 인체의 소화기계는, 이러한 모든 공급원으로부터 식품을 받아, 영양소로 분해하고, 혈류에 영양소를 운반하며, 노폐물을 제거하도록 설계되었다. 인체는 식품을 필요로 하지 않는다—체내 세포가 기능을 수행하기 위해 식품 중의 영양소를 필요로 한다.

소화(digestion)는 커다란 식품 성분을 개별적인 영양소를 포함하여 더 작은 물질(**분자, molecules**)로 분해하는 과정이다. 이 과정은 기계적, 화학적 소화를 포함한다.

- **기계적 소화(mechanical digestion)**는 식품의 물리적 파쇄를 의미하며, 치아의 저작작용과 위장의 섞는 운동을 포함한다.
- **화학적 소화(chemical digestion)**는 **소화관(digestive tract)**으로 분비된 물질에 의한 식품의 화학적 파쇄를 의미한다.

흡수(absorption)는 영양소와 기타 물질이 소화관으로 흡수되어, 혈류 또는 림프계(표 4.1 참조)로 들어가는 과정이다. 이 모듈은 소화기계의 기능에 초점을 맞추고 있다.

잡식성 동물의 식품은 식물, 동물, 버섯, 요구르트에 들어 있는 특정 생균 등을 포함한다.

잡식성 동물(omnivore) 식물, 동물, 버섯, 세균으로부터 영양소를 소화하고 흡수하는 유기체

소화(digestion) 커다란 식품 성분이 물리적, 화학적으로 분해되는 과정

분자(molecules) 물질을 구성하는 기본적인 화학적 단위

기계적 소화(mechanical digestion) 식품의 물리적 분해

화학적 소화(chemical digestion) 소화관으로 분비된 물질에 의한 식품의 화학적 분해

소화관(digestive tract) 입에서 항문으로 이어지는 근육 관

흡수(absorption) 물질이 소화관으로 흡수되어, 혈류 또는 림프계로 들어가는 과정

부속 기관(accessory organs) 소화관의 기능을 돕는 소화기계의 기관

4.2b 소화관

입, 식도, 위, 그리고 소장, 대장은 소화관의 주요 기관들이며, 소화기계라고 한다(**그림 4.1a**). 소화관은 입에서 시작하여 항문까지 이어지는 근육 관을 형성한다.

치아, 혀, 침샘, 간, 담낭, 췌장은 소화관의 기능을 돕는 소화기계의 **부속 기관(accessory organs)**이다(**그림 4.1b**). 간, 담낭, 췌장은 음식이 통과하여 이동하지는 않지만, 소화에서 중요한 역할을 한다.

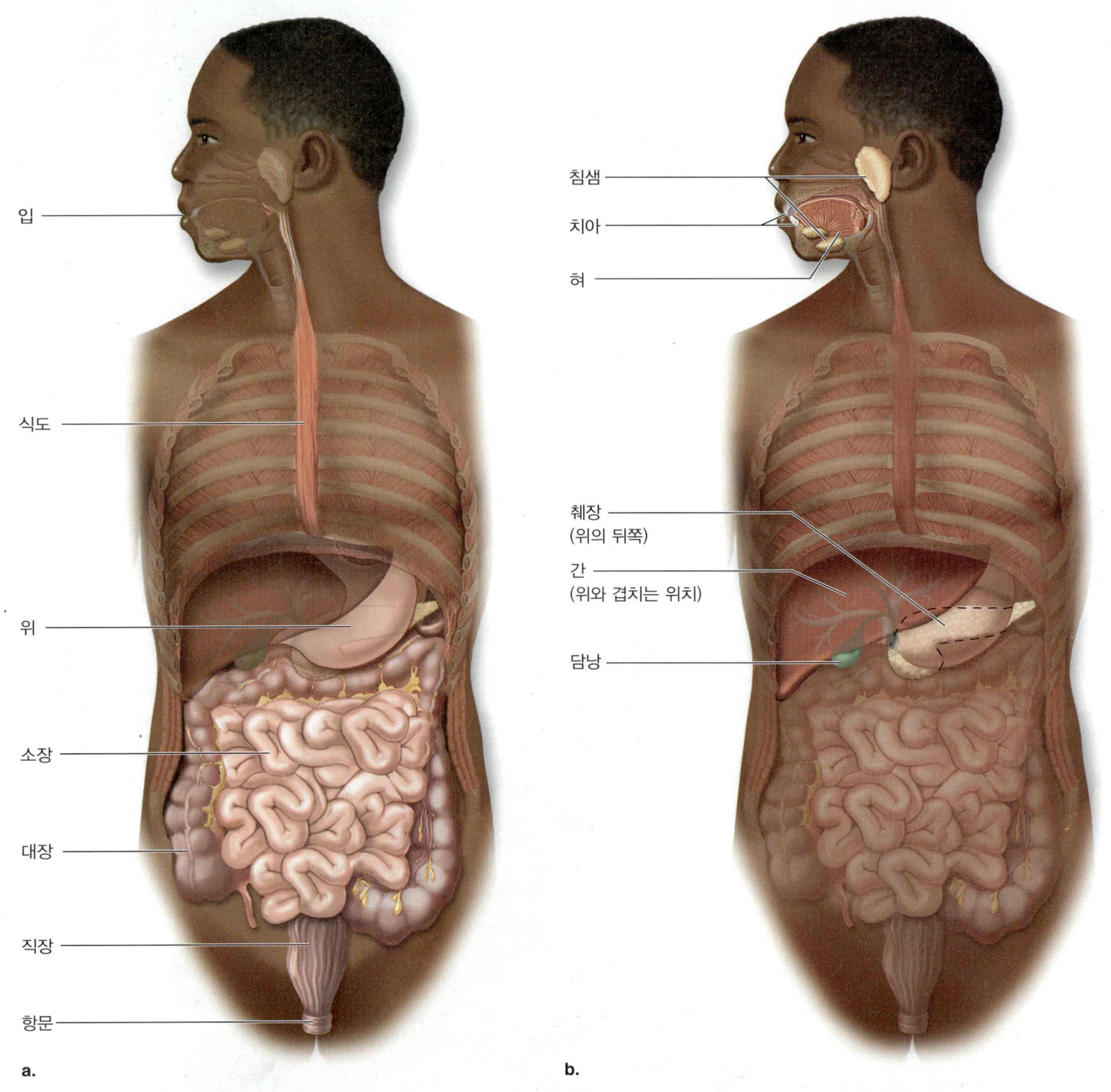

그림 4.1 **소화관. (a)** 소화기계의 주요 기관. **(b)** 소화기계의 부속 기관.

입

소화는 실제로 입에서 시작된다:

- 치아는 음식덩어리를 물고, 찢고, 갈아서 삼키기 쉬운 작은 조각으로 만들며 기계적 소화를 시작한다.
- 침샘은 **침(saliva)**을 분비하고, 침은 음식물과 혼합되어 삼키기 쉽게 만든다. 침은 소량의 전분을 화학적으로 소화시킬 수 있는 효소를 포함한다. **효소(enzymes)**는 큰 물질의 파쇄와 같은 특정 화학적 변화가 일어나도록 도와주는 단백질이다.
- 혀는 식품의 맛과 질감을 느끼고, 입의 뒷쪽으로 음식을 보내 삼켜지도록 한다.

맛의 문제

주로 혀에 있는 미뢰는 단맛, 신맛, 짠맛, 쓴맛, 감칠맛을 구별할 수 있도록 도와주는 특별한 세포가 있다. 감칠맛은 종종 고기 맛으로 묘사된다. 혀 전체는 다섯 가지 맛을 모두 감지할 수 있지만, 혀의 어떤 부분은 특정한 맛에 특히 민감하다.[2]

- 혀의 끝은 단맛을 가장 잘 느낀다.
- 혀의 측면은 짠맛과 신맛에 더 민감하다.
- 혀의 뒤쪽은 다른 부분보다 쓴맛을 가장 잘 느낀다.

후각도 맛볼 수 있는 능력에 기여한다. 음식을 씹으면, 화학물질이 방출되고 공기 중으로 운반되어 코 내부의 신경을 자극하게 된다. 뇌는 이 정보를 받아서, 음식 냄새를 식별하기 위해 입에서 얻은 미각에 대한 정보와 결합한다. 따라서 위쪽 기도가 감염되고 코가 막히면, 좋아하던 음식이 맛없어 보이고, 먹고 싶지 않을 수 있다.

침(saliva) 침샘에서 분비되어, 음식과 섞이는 액체

효소(enzymes) 화학적 변화가 일어나도록 도와주는 단백질

아이들은 성인보다 많은 미뢰를 가진다. 이것은 아이들이 간, 익힌 브로콜리, 생양파와 같은 강한 맛의 음식을 거부하는 이유를 설명할 수 있다. 나이를 먹을수록, 입의 미뢰의 수는 감소하고, 더 나이가 들면, 맛을 증진시키기 위해 음식에 더 많은 양념을 추가하게 될 것이다.

필수개념

4.2 음식물을 삼킬 때 어떤 일이 일어나는가?

식도

식도(esophagus)는 입의 뒤쪽에서 위의 상부에 이르는 약 10인치의 근육관이다. **필수개념 4.2**는 입안에 있는 물질을 삼킬 때 어떻게 되는지 보여준다.

비강
식괴
혀
입 뒤
후두개
식도
후두(음성 상자)
기관(Windpipe)

1 식도는 삼킨 음식을 위장으로 보낸다. 식도 입구는 후두 근처에 있고, 기관의 시작 부분이다.

식도(esophagus) 입의 뒤쪽과 위를 연결하는 소화관의 관 모양 기관

후두개(epiglottis) 음식을 삼킬 때 폐로 들어가지 않도록 기관을 덮는 덮개모양의 조직

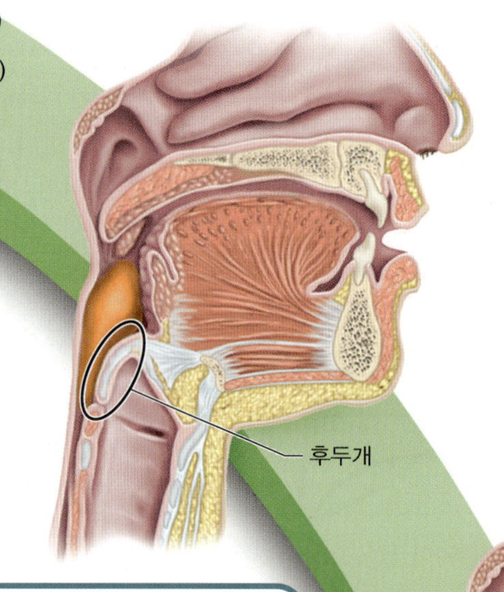

2 음식을 삼킬 때, **후두개(epiglottis)**는 기관을 덮는다. 이는 음식이 후두와 기관으로 들어가는 것을 막아주어 질식을 일으키지 않도록 한다.

후두개

3 음식덩어리(식괴)를 삼킨 후, 후두개는 본래 위치로 돌아간다. 그러면 후두 및 기관은 공기를 얻을 수 있기 때문에, 다시 숨을 쉬고 말할 수 있다.

안전하게 삼키는 것은 필수개념 4.2에 제시된 단계가 필요하다.

음식을 삼키는 것은 **연동운동(peristalsis)**을 촉진한다. 연동운동은 음식물이 소화관을 통해 이동하도록 돕는 파동형 근육활동이다. **그림 4.2**는 연동운동이 어떻게 음식물 덩어리를 식도에서 위까지 이동시키는지 보여준다. 연동운동은 또한 위와 장에서도 일어난다.

연동운동은 불수의적 반응으로, 의지와는 상관없이 발생하는 근육운동을 의미한다.

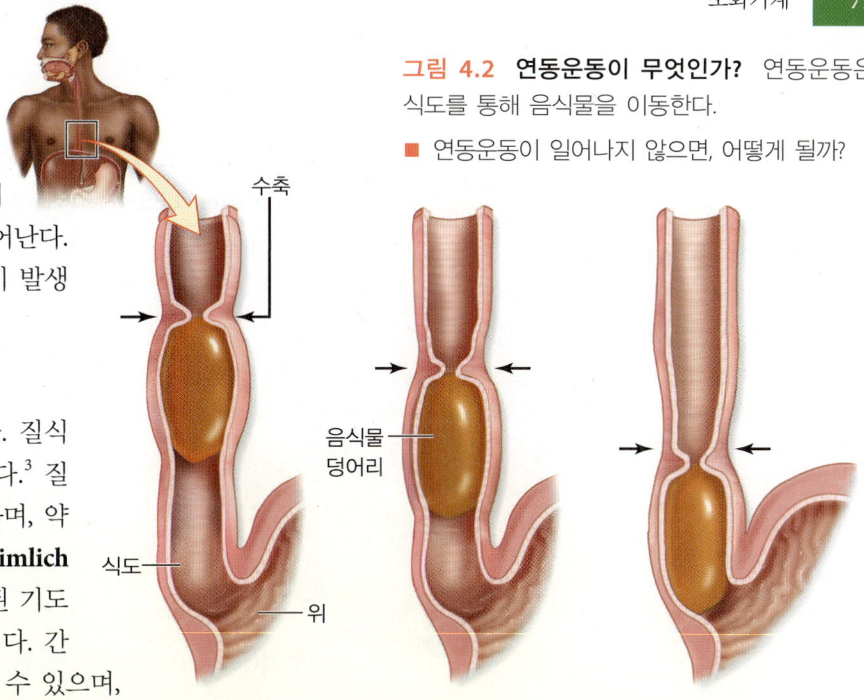

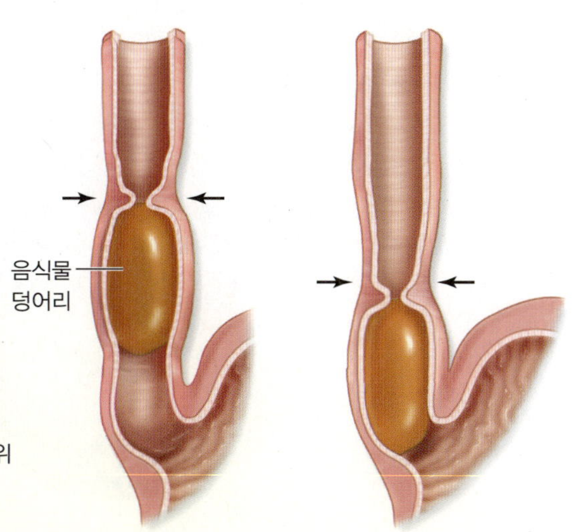

그림 4.2 연동운동이 무엇인가? 연동운동은 식도를 통해 음식물을 이동한다.

■ 연동운동이 일어나지 않으면, 어떻게 될까?

인명 구조 방법

갑작스런 질식은 예방 가능한 사망의 주요 원인이다. 질식의 보편적인 고통의 표시는 손으로 목을 잡는 것이다.[3] 질식 위험의 표시는 청색 피부, 호흡 곤란 및 말을 못하며, 약하고 비효율적인 기침을 수반한다. **하임릭 응급법(Heimlich maneuver,** 또한 "복부 압박")은 질식한 사람의 차단된 기도를 회복하는 데 도움을 줄 수 있는 응급 처치 기술이다. 간단한 하임릭 응급법을 학습함으로써, 한 생명을 구할 수 있으며, 아마도 당신 자신의 생명까지도 구할 수 있을 것이다.

필수개념

4.3 질식의 응급 처치: 하임릭 응급법

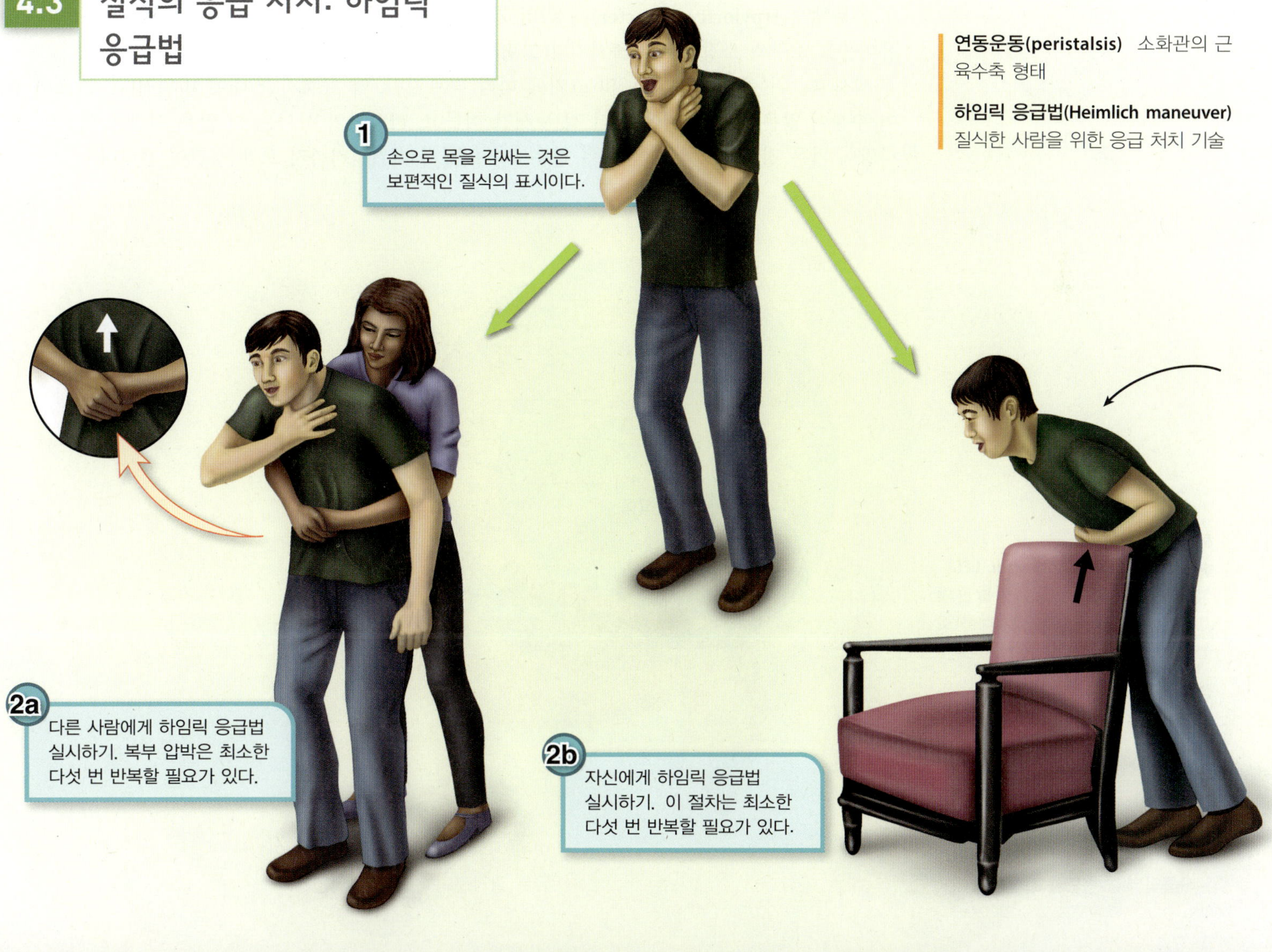

연동운동(peristalsis) 소화관의 근육수축 형태

하임릭 응급법(Heimlich maneuver) 질식한 사람을 위한 응급 처치 기술

1 손으로 목을 감싸는 것은 보편적인 질식의 표시이다.

2a 다른 사람에게 하임릭 응급법 실시하기. 복부 압박은 최소한 다섯 번 반복할 필요가 있다.

2b 자신에게 하임릭 응급법 실시하기. 이 절차는 최소한 다섯 번 반복할 필요가 있다.

맛있는 팁

음식을 먹거나 음료를 마실 때 공기도 약간 마신다. 트림은 공기가 위에 들어가기 전에 대부분을 방출시킨다. 먹고 마시는 속도를 늦춤으로써 삼키는 공기의 양을 줄일 수 있다.

위

위는 확장될 수 있는 근육주머니이며, 식사 후에 약 4~6컵의 음식물을 보유할 수 있다.[2] **하부식도괄약근(lower gastroesophageal sphincter, LES)**은 위의 개폐를 조절하는 근육조직의 고리이다(**그림 4.3**). 음식이 위에 들어가면, 하부식도괄약근이 수축하여, 음식을 위에 머물게 한다.

위 내의 특정 세포는 염산(HCl)과 효소를 포함하는 위액을 분비한다. 효소는 일부 단백질과 지방을 분해한다. HCl은 단백질이 쉽게 소화되도록 돕는다. 또 산은 음식물에 있을 수 있는, 위험하고, 질병을 유발하는 많은 미생물을 죽인다.

그림 4.3에서 볼 수 있듯이, 위벽은 근육층으로 구성되어 있다. 근육은 단백질을 포함한다—그런데 어떻게 위 자체는 소화되지 않는가? 위의 내측에 있는 특수한 세포는 두꺼운 점액층을 생성한다. **점액(mucus)**은 미끌미끌한 물질로서 산 및 효소로부터 위벽을 보호한다.

위에 들어온 음식물이 위를 자극하면, 위의 휘젓는 운동이 음식물과 위액을 섞는다. 이 시점에서, 음식물은 **유미즙(chyme)**이라는 반고형 액체 상태로 된다. 위는 유미즙으로부터 거의 영양소를 흡수하지 못하지만, 일부 알코올을 포함한 몇 가지 약물은 위 벽을 통과하여 혈류로 들어갈 수 있다.

유문괄약근(pyloric sphincter)은 위의 기저 부분에 있는 근육 조직의 고리이다. 이 괄약근은 유미즙을 소량씩 소장으로 배출시킨다(그림 4.3 참조).

식사 후, 위는 식사의 내용 및 크기에 따라 다르지만, 약 3~4시간 내에 비워진다.[4] 스프와 같이 수분이 많은 식사는 위에서 더 적은 시간 머물고, 지방질의 식사는 더 많은 시간을 머문다. 식사량이 많은 경우는 식사량이 적은 경우보다 위에서 비워지기까지 오랜 시간이 걸린다.

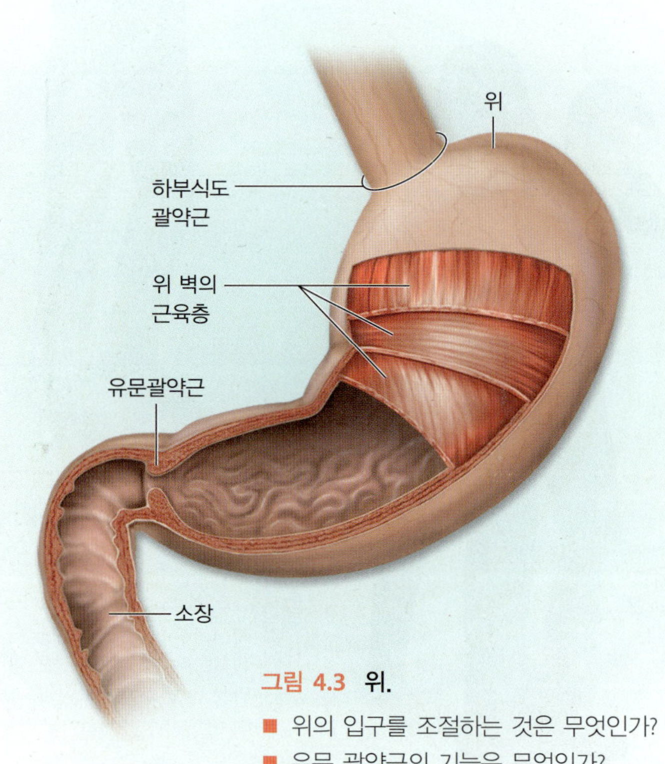

그림 4.3 **위.**

- 위의 입구를 조절하는 것은 무엇인가?
- 유문 괄약근의 기능은 무엇인가?

하부식도괄약근(lower gastroesophageal sphincter, LES) 식도의 끝부분에 있는 평활근의 고리; 식도와 위의 사이의 개폐를 조절함

점액(mucus) 특정 세포를 보호하는 미끌미끌한 물질

유미즙(chyme) 부분적으로 소화된 음식과 위액의 혼합물

유문괄약근(pyloric sphincter) 위의 기저 부분에서 있는 근육의 고리. 유미즙의 배출 속도를 조절함

소장

소장은 위에서 대장까지 이어진 관이다. 대부분의 영양소의 소화 및 흡수는 소장에서 일어난다. 소장은 다음의 세 부분으로 나누어진다(**그림 4.4**):

- **십이지장(duodenum)**
- **공장(jejunum)**
- **회장(ileum)**

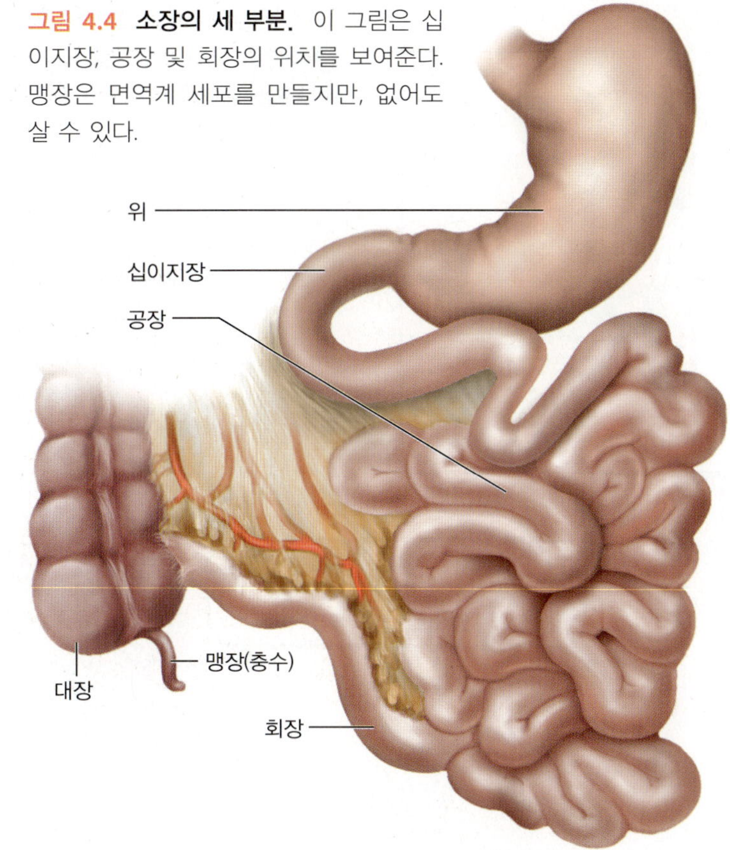

그림 4.4 소장의 세 부분. 이 그림은 십이지장, 공장 및 회장의 위치를 보여준다. 맹장은 면역계 세포를 만들지만, 없어도 살 수 있다.

융모는 무엇인가?

소장의 내벽은 **융모(villi)**라고 하는 작고, 손가락 같은 돌기로 덮여 있다(**그림 4.5a**). 융모는 흡수세포라는 특수한 세포의 외층을 가지고 있으며(**그림 4.5b**), **흡수세포(absorptive cells)**는 유미즙에 노출되는 미세융모라는 작은 구조를 가지고 있다. 융모와 미세융모는 소장의 표면적을 증가시켜, 영양소를 소화, 흡수하는 신체 능력을 증가시킨다.

흡수세포는 소화를 완성하는 효소를 분비한다. 이 효소 작용의 결과로서, 다량영양소는 기본적인 구성성분으로 분해된다. 단백질은 아미노산으로, 지방은 지방산 및 글리세롤로, 대부분의 식이 탄수화물은 포도당으로 분해된다. Unit 5, 6, 7에서 이러한 영양소의 소화에 대한 자세한 내용을 배울 것이다.

흡수세포는 유미즙으로부터 소화된 물질을 흡수한다. 각 융모 내에 모세관 망을 형성하는 작은 혈관과 **림프(lymph)**라는 액체를 운반하는 림프관인 **유미관(lacteal)**이 있다.

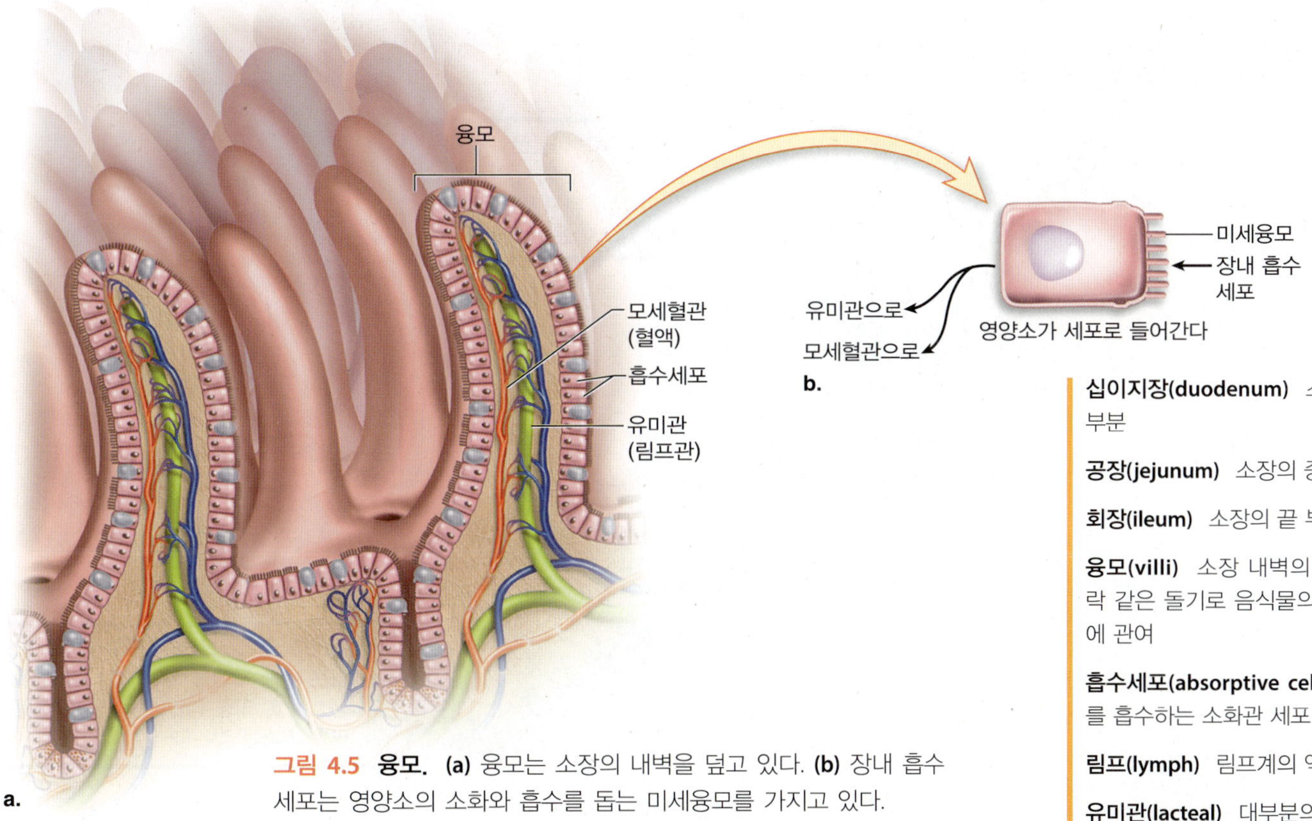

그림 4.5 융모. (a) 융모는 소장의 내벽을 덮고 있다. **(b)** 장내 흡수세포는 영양소의 소화와 흡수를 돕는 미세융모를 가지고 있다.

■ 소장이 융모를 가지고 있지 않다면 어떤 일이 일어날까?

십이지장(duodenum) 소장의 처음 부분

공장(jejunum) 소장의 중간 부분

회장(ileum) 소장의 끝 부분

융모(villi) 소장 내벽의 작고, 손가락 같은 돌기로 음식물의 소화 흡수에 관여

흡수세포(absorptive cells) 영양소를 흡수하는 소화관 세포

림프(lymph) 림프계의 액체

유미관(lacteal) 대부분의 지방을 흡수하는 융모에 있는 림프관

필수개념

4.4 수용성 영양소는 어떻게 되는가?

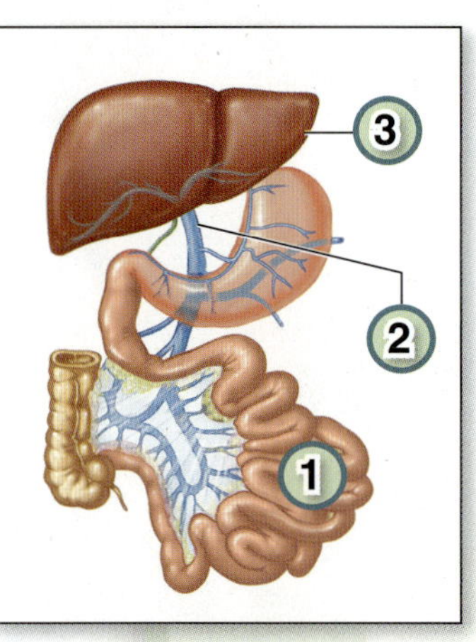

1 아미노산, 포도당, 무기질 등, 물에 용해되는 영양소는 융모의 모세관망으로 들어간다.

융모내 모세관망

소장융모

2 궁극적으로, 이러한 수용성 영양소는 장관에서 간문맥(간과 장에 퍼져 있는 정맥)을 통해 간으로 운반된다.

3 간은 혈액의 영양소 함량을 모니터하고, 많은 유해 물질을 해독하고, 포도당을 생성하고, 각종 영양소를 저장하는 등의 많은 기능을 갖는다.

지방산 등 물에 녹지 않는 영양소(비수용성 영양소)는 혈류에 들어가기 전에 특별한 조치가 필요하다. 흡수세포는 비수용성 영양분을 사용하여 킬로미크론을 형성한다. **킬로미크론(chylomicron)**은 단백질 및 인지질로 쌓여 있는, 지질이 많은 입자이며, 혈액 내 지방산 및 콜레스테롤을 쉽게 운반하게 해준다.

킬로미크론은 너무 커서 모세혈관으로 들어갈 수 없지만, 유미관으로 이동할 수 있다(**그림 4.6**). 림프계는 킬로미크론을 소장에서 멀리까지 수송한다. 궁극적으로, 킬로미크론이 많은 림프액은 심장 근처에 위치한 주요 정맥(쇄골하 정맥)을 경유하여 순환계로 들어간다(그림 4.6 참조). 순환계는 킬로미크론을 간으로 옮겨서 처리를 한다.

점심 식사로 땅콩버터 샌드위치와 우유 한 잔을 섭취했다고 하자. 몇 시간 내에, 그 음식은 장에서 소화되고 영양소는 흡수된다. 이제, 세포는 이들 영양소를 사용할 수 있다. 우유에 있던 칼슘은 뼈로 가고, 땅콩버터, 우유, 빵에 있던 아미노산은 필요한 단백질을 만드는 데 사용될 수 있다. 이 음식에 있던 지방과 탄수화물은 에너지로 소모될 수 있다. 이렇듯, 우리의 몸은 우리가 먹는 것 그 자체이다!

킬로미크론이 소장을 통과하는 데 걸리는 시간은 약 3~5시간이다.[4] 킬로미크론이 대장에 도착하면, 대부분의 영양소는 소화 흡수된다. 이제 물과 소화되지 않고 남은 물질이 대장으로 들어간다.

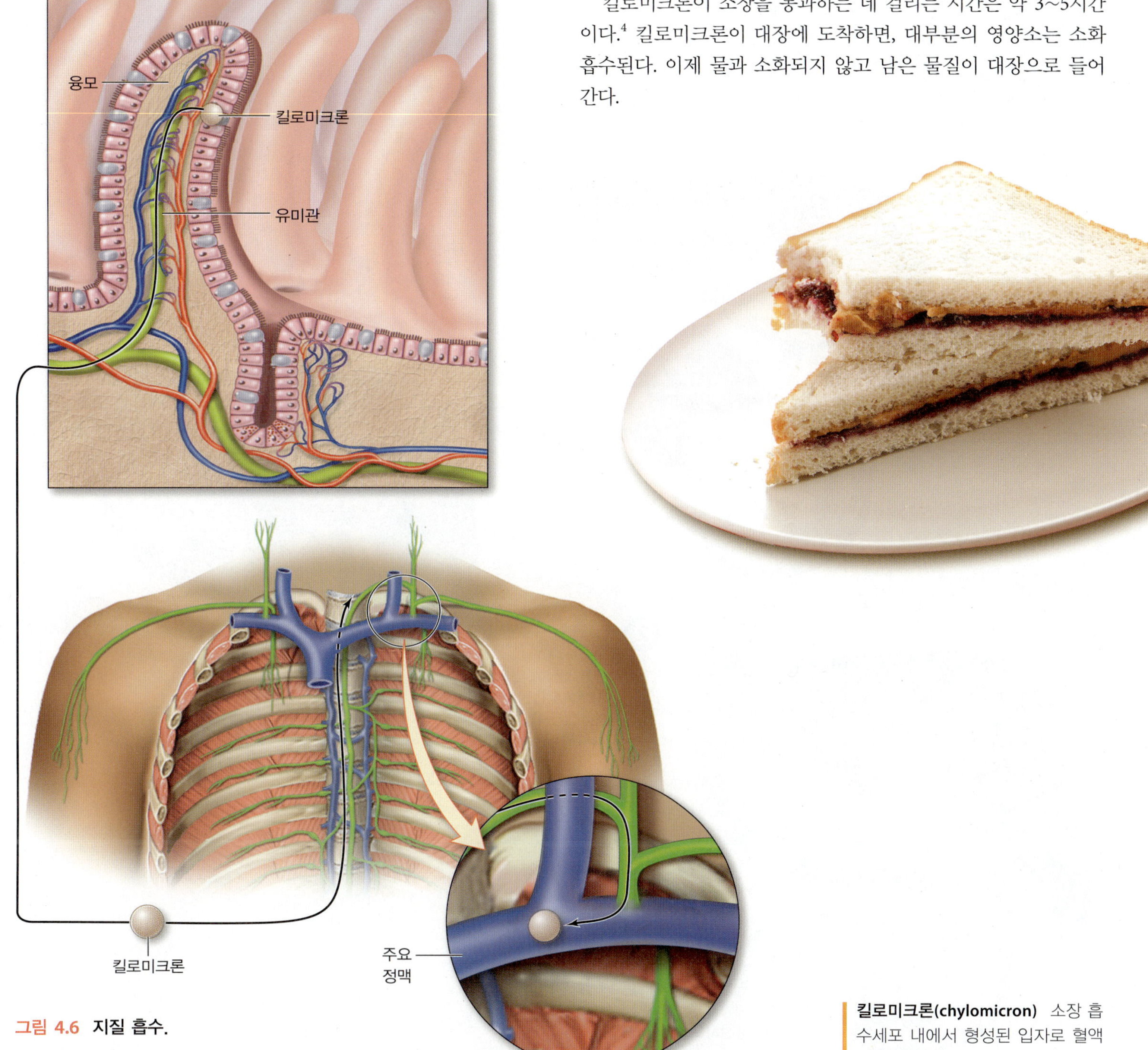

그림 4.6 지질 흡수.

■ 킬로미크론의 기능은 무엇인가?

킬로미크론(chylomicron) 소장 흡수세포 내에서 형성된 입자로 혈액 내 지질을 운반

부속 기관

위와 소장과 함께, 다음의 부속 기관들이 음식의 소화 과정에 관여한다.

필수개념

4.5 간, 담낭 및 췌장

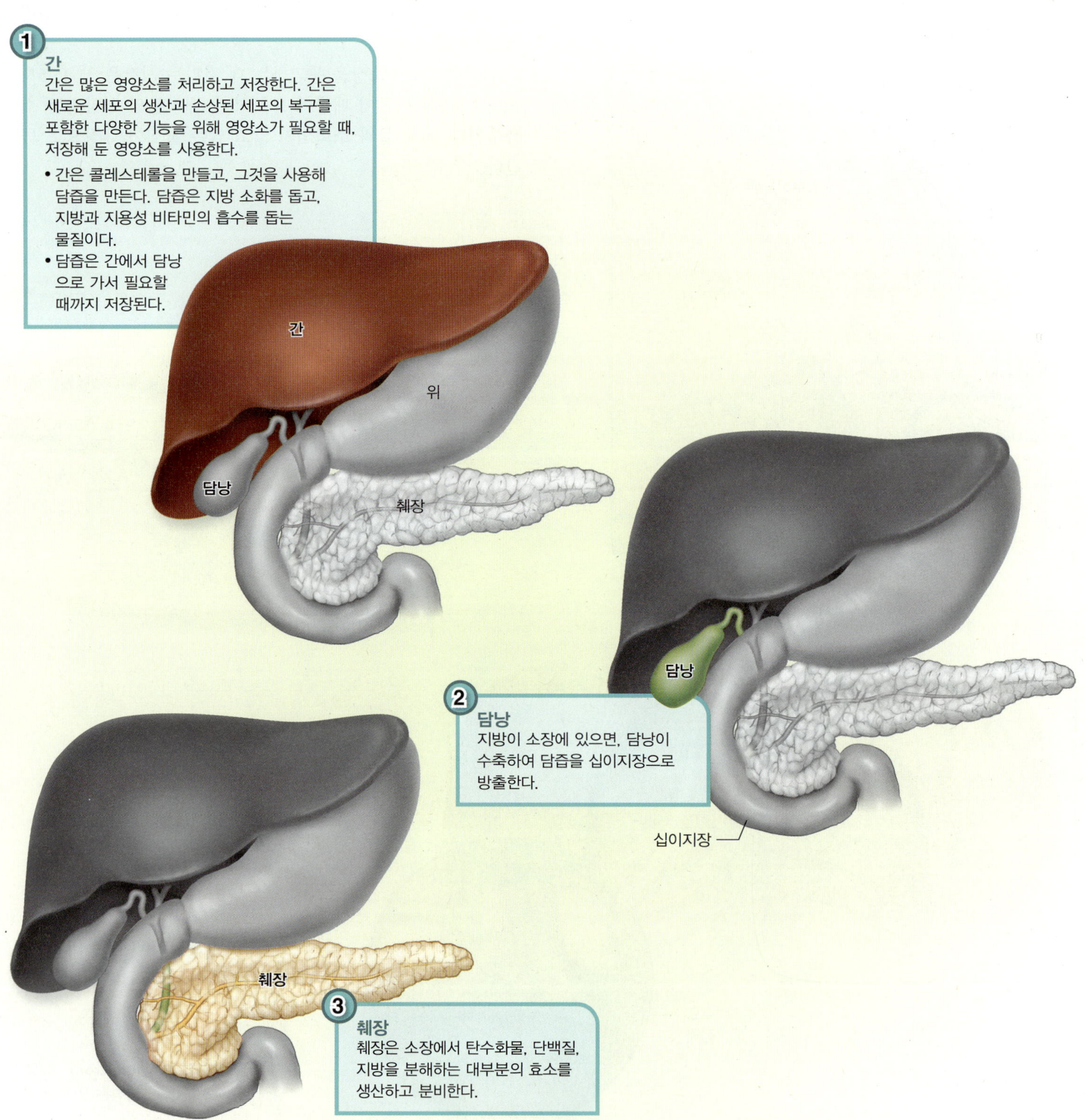

대장

대장의 두 가지 주요 부위는 **결장(colon)**과 **직장(rectum)**이다(**그림 4.7**). 결장은 대장의 주요 부분이며, 대장의 하부에 있는 직장과 연결되어 있다.

정상적인 환경에서, 탄수화물(식이섬유 제외), 단백질 및 지방은 거의 대장으로 들어가지 않는다. 대장은 융모가 없어서, 물과 약간의 무기질 이외는 거의 흡수하지 않는다.

유미즙이 대장을 통과할 때, 수분은 대부분 흡수된다. 그 결과, 잔류물은 반고체 형태로 되며, **대변**이라고 한다. 대변은 주로 정상적으로 대장에 살고 있는 박테리아로 구성되어 있다. 또한 대변은 식물성 식품에서 소화되지 않은 식이섬유, 일부 단백질, 물, 그리고 점액, 소량의 지방 및 장벽에서 탈락된 세포를 포함한다. 대변은 직장에 머물다가 근육이 수축되면서 항문을 통해 체외로 배출된다.

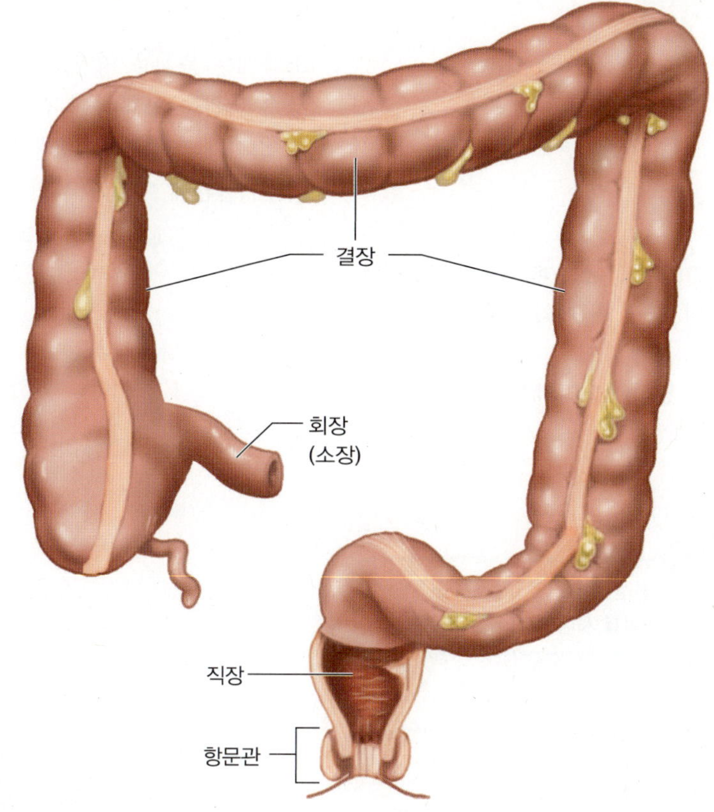

그림 4.7 **대장.**

장내 세균

대장은 다양한 종류의 엄청나게 많은 세균이 살고 있는 곳이다. 이러한 세균들은 **발효**를 이용하게 되는데, 발효는 소화되지 않은 음식물을 세균들이 영양적 요구를 위해 사용할 수 있는 물질로 변환하는 화학적 과정이다. 장내 세균은 비타민 K와 비오틴을 만들어 체내 흡수될 수 있으며, 결장 세포가 에너지로 사용할 수 있는 물질을 생성할 수 있다. 세균은 대사활동의 결과로서 **방귀**—항문을 통해 배출되는 장내 가스의 방출—에도 기여한다.

정상적인 조건에서 각각 다른 세균 군락은 체내 유익한 균형을 유지한다. 세균 감염 때문에 항생제를 복용하면, 대장에 있는 유해한 세균뿐 아니라 유익한 세균까지 죽일 수 있다. 결과적으로, 유해 세균이 활발하게 번식하여 "좋은" 세균의 성장을 제한할 수 있다. **생균제(probiotics)**는 대장에서 세균 군락의 정상적인 균형을 유지하고 재설정하도록 돕는, 살아 있고, 활성적인 유익한 미생물이다. 일부 브랜드의 요구르트는 생균제를 포함하고 있다. 제품 내에 "살아 있는 활성적인" 배양균이 포함되어 있는지 알아보기 위해 식품표시를 확인한다.

기아, 항생제 사용, 과도한 감정적 스트레스는 장내 세균의 정상적인 균형을 무너뜨려 장 감염을 초래할 수 있다. 어떤 종류의 장내 세균은 체내의 다른 부분에 들어가거나 음식물을 오염시키는 경우, 매우 해로울 수 있다. 장관으로부터 위험한 미생물이 확산될 가능성을 줄이기 위해, 사람들은 배변 후에 손을 씻어야 한다. Unit 11은 일반적인 음식물 매개 감염을 일으키는 미생물과 그런 미생물에 노출되지 않을 수 있는 방법을 알아본다.

결장(colon) 대장의 주요 부분

직장(rectum) 대장의 아랫부분

생균제(probiotics) 살아 있고, 활성적인 유익한 미생물

4.2c 소화계의 요약

소화계는 음식을 영양소로 분해해서 흡수하고 이용할 수 있게 한다. **그림 4.8**은 소화계의 구조와 부속 기관을 포함하여 각 기관의 주요 기능을 요약한 것이다. 다음 모듈은 변비 및 설사를 포함한 소화계의 장애에 대해 설명한다. 셀리악병(글루텐 불내증)도 장관에 영향을 미친다. Unit 7에서 이 질환에 대한 자세한 내용을 배울 것이다.

그림 4.8 소화계 기능의 개요. 소화, 흡수 및 배설의 과정에서 중요한 단계.

■ 담즙은 어디서 만들어지는가?

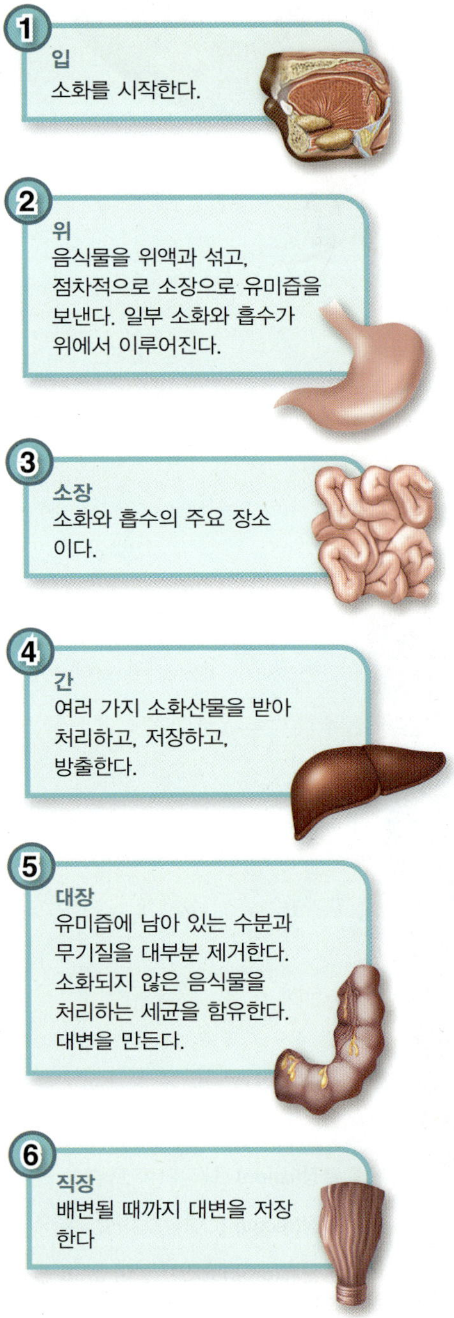

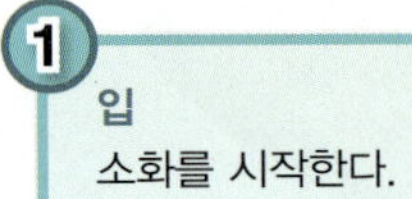

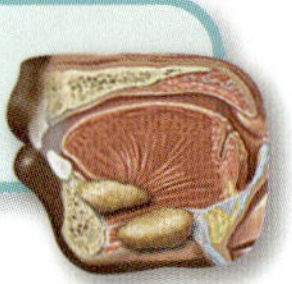

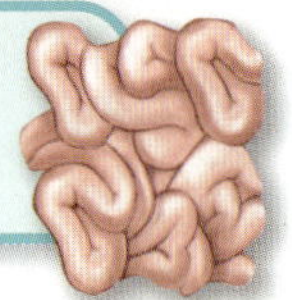

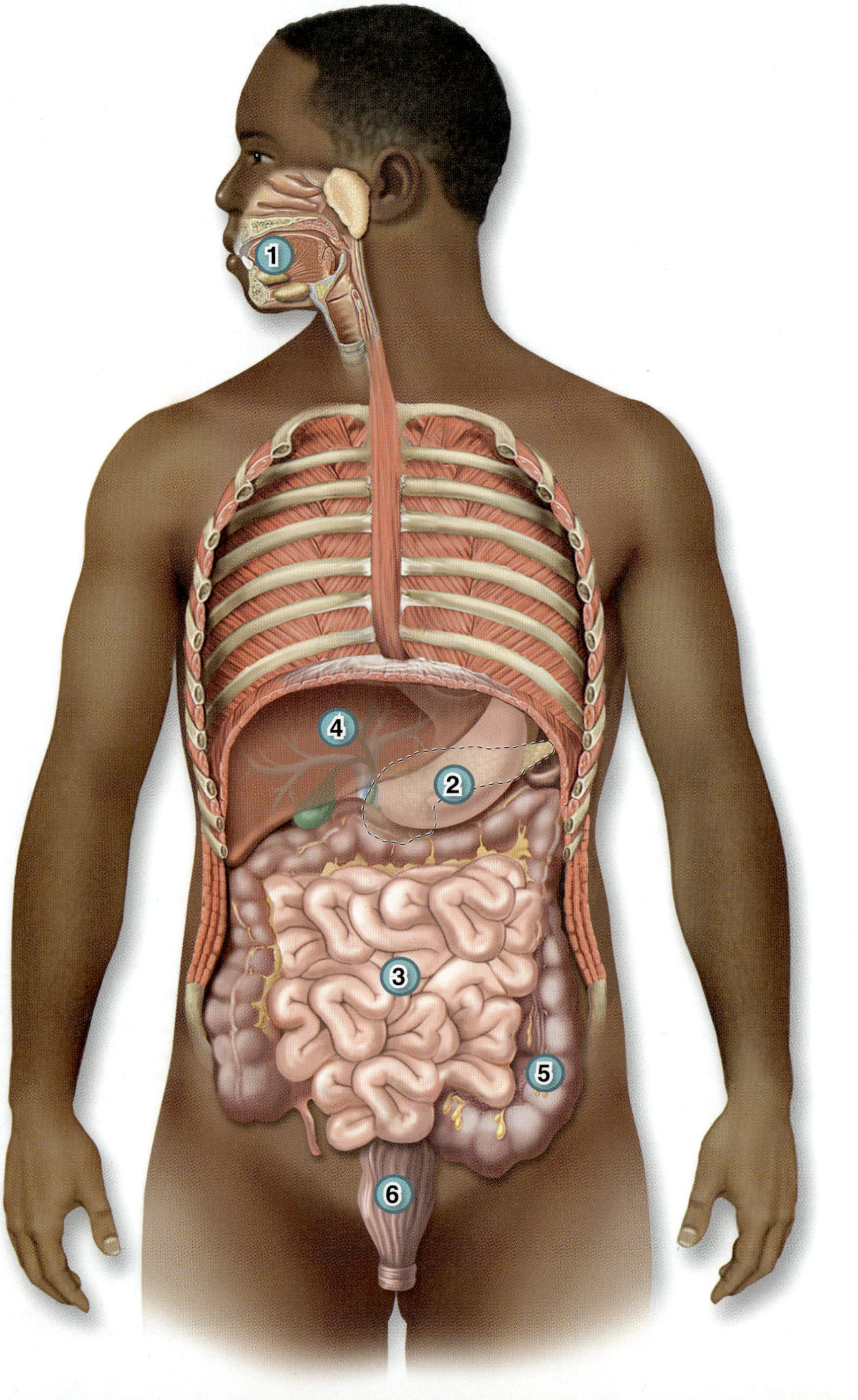

모듈 4.3

일반적인 소화 장애

4.3 - 학습목표

1. 이 모듈의 주요 용어를 모두 정의한다.
2. 심각한 소화계 문제뿐 아니라, 몇 가지 일반적인 소화계 문제를 확인하고, 그 예방 조치 및 전형적인 치료에 대해 논의한다.

4.3a 변비

배변의 정상적인 빈도는 개인에 따라 다르지만, 건강한 사람은 최소한 3일에 한 번은 배변을 해야 한다.[5] 배변을 자주 못하거나 대변을 배출하기 어려운 경우, **변비(constipation)**가 생긴다.

여러 가지 요인이 배변의 빈도에 영향을 미친다:

- 식이섬유의 부족,
- 수분 섭취 부족,
- 불안, 우울증 및 다른 심리적 장애,
- 운동 부족,
- 긴 여행을 하거나 큰 수술 등, 전형적인 일상의 변화.

더욱이, 자주 정상적인 배변 충동을 무시하고, 화장실에 가는 것이 불편하여 기피하는 경우, 변비가 발생할 수 있다.

만성적 변비는 불편함을 유발하며, 치질과 게실의 발생을 초래할 수 있다. **치질(hemorrhoids)**은 항문관의 정맥이 부푼 것이며, 가려움증과 출혈을 일으킬 수 있다(**그림 4.9**). **게실(diverticula)**은 대장의 내벽에서 형성되는 작은 주머니이다(**그림 4.10**). 게실은 세균과 대변이 들어가 쌓일 수 있다. 게실이 감염되면 항생제나, 경우에 따라 수술이 필요할 수 있다.

변비가 자주 생기는 경우, 의사와 상의한다. 대부분의 경우, 수분과 섬유질이 풍부한 음식을 더 많이 섭취하는 것이 "규칙성"의 첫 번째 단계이다. Unit 5는 식이 섭유와 그 주요 급원식품에 대한 정보를 제공한다.

그림 4.9 치질.

■ 치질은 무엇인가?

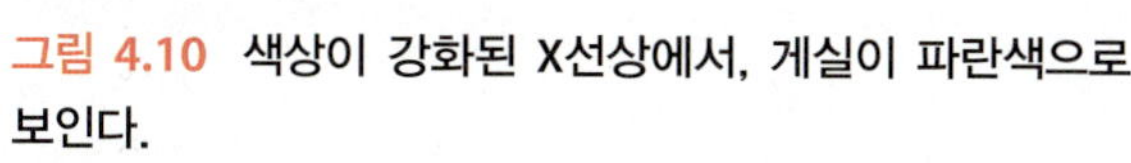

그림 4.10 색상이 강화된 X선상에서, 게실이 파란색으로 보인다.

■ 게실은 무엇인가?

변비(constipation) 정상적인 경우보다 배변빈도가 적고, 배변이 어려운 상태

치질(hemorrhoids) 항문관의 정맥이 부풀어, 가려움증과 출혈이 있는 질환

게실(diverticula) 대장의 내벽에서 형성되는 작은 주머니

무엇일까요?

살아 있는 활성 생균제를 함유한 식품은 건강, 특히 장 건강에 유익할 수 있다. 케피어(kefir)는 "배양"우유이다. 케피어와 배양 버터우유와 같은 배양우유는 생균제가 첨가되어 있다. 생균제는 우유에 있는 천연 탄수화물을 에너지로 사용하여, 산과 이산화탄소를 생산한다. 산은 우유를 응고시키고, 특유의 맛을 내게 한다; 이산화탄소는 탄산음료처럼 약간의 "거품"을 만든다. 2% 우유로 만든 케피어 1 컵은 2% 우유와 동량의 에너지와 영양 성분을 제공한다.

4.3b 설사

설사는 묽은 변을 자주 배설하는 상태이다. 설사는 평소보다 더 많은 물이 위장관으로 분비될 때, 또는 위장관이 평소보다 소량의 물을 흡수할 때 발생한다. 설사는 대부분 장내 세균 또는 바이러스 감염의 결과이다. 전염성 세균이나 바이러스는 위장관의 움직임(운동)을 증가시키는 자극적이거나 독성 물질을 생산한다. 그 결과, 유미즙이 더 빠르게 진행되어 소화관은 평소보다 소량의 물을 흡수한다. 또한 소화관 운동 증가는 대장이 물같은 대변과 독성 물질을 빠르게 제거하도록 한다.

처방전 없이 살 수 있는 약인 **로페라미드(*Loperamide*)**는 가끔씩 발생하는 가벼운 설사를 완화시키는 데 도움이 될 수 있다. 그러나 심한 설사의 경우는 더 즉각적인 의사의 치료를 필요로 한다. 잦은 설사는 체내의 수분량을 고갈시킬 수 있으며(탈수), 나트륨과 칼륨 등의 무기질의 과도한 손실을 야기한다. 그러므로 심한 설사 치료 시에는 일반적으로 나트륨, 칼륨 및 포도당 등의 단당류를 함유한 액체를 마시도록 한다.

특히 유아 및 노인의 경우, 심한 설사시 급격하게 탈수가 될 수 있으므로 신속한 처리(24~48시간)가 매우 중요하다. 성인의 경우, 혈변을 수반하거나 7일 이상 지속되는 설사는 심각한 장 질환의 징후일 수 있으며, 반드시 의사와 상의해야 한다.

맛있는 팁

감염 원인인 세균을 죽이기 위해 항생제를 복용하면, 정상적으로 대장에 살고 있는 세균도 사멸한다. 이러한 상황은 대장의 세균 군락에 불균형을 초래할 수 있으며, 그 결과 설사를 일으킬 수 있다. 생균제를 포함하는 식품을 섭취하여 설사의 위험을 줄일 수 있을 것이다.[6]

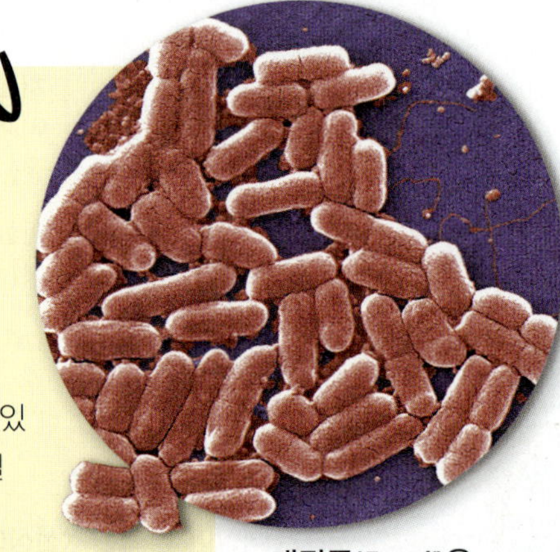
대장균(*E. coli*)은 일반적으로 대장에서 서식하고 있다.

특정 브랜드의 배양 우유와 요구르트처럼 생균제를 포함하는 식품은 대장 내 정상적인 세균 군락을 복원하는 데 도움이 될 수 있다. 그러나 생균제의 가장 효과적인 형태 및 투여량을 결정하기 위해서는 더 많은 연구가 필요하다.

4.3c 구토

독성 물질을 먹거나 술을 너무 많이 마신 후, 곧 메스껍거나 "복통"을 느끼게 된다. 체내에서 해로운 식품이나 음료를 제거하는 효과적인 방법으로는 구토가 있다. 구토는 불쾌한 경험이지만, 독성물질이 소장으로 들어가는 것을 막아주어, 더 많은 해를 끼치거나 흡수되지 않도록 한다. 구토는 또한 강한 통증이나 감정적인 스트레스, 머리 부상, 머리의 회전운동("멀미"), 임신 중 호르몬의 변화(입덧), 불쾌한 냄새에 대한 반응으로 나타날 수 있다.[7]

치료는 구토가 가라앉을 때까지 고형식품을 피하고, 스포츠음료 같은 비탄산 청량음료를 포함한 맑은 액체나 물을 소량씩 마시면 체액을 유지하는 데 도움이 될 수 있다. 구토를 하지 않고 소량의 액체를 마실 수 있다면, 구토가 완전히 가라앉을 때까지 양을 증가시켜 마시도록 한다.

구토는 일반적으로 24시간 이상 지속되지 않는다. 그러나 반복된 구토는, 특히 설사가 수반된다면, 탈수를 초래할 수 있다. 구토가 하루 이상 지속되거나(성인) 다음의 증상이 수반되면 의사와 상의한다:

- 혈액 또는 커피 찌꺼기처럼 보이는 구토물(부분적으로 소화된 혈액 표시),
- 탈수의 징후,
- 설사,
- 발열,
- 무기력,
- 두통이나 목 뻐근함,
- 심한 복통,
- 혼미함 또는 주의력 감소.

4.3d 역류성 식도염

하부식도괄약근이 제대로 기능을 못하고, 닫혀야 할 때 열리면, 위의 내용물은 다시 식도로 역류할 수 있다. **위산 역류**라 하는 이런 질환은 식도의 점막을 자극하여 일반적으로 "산 소화불량" 또는 속쓰림이라 부르는 증상을 일으킨다. **속쓰림(heartburn)**은 일반적으로 흉골 밑 가슴 위쪽에서 느끼는 갉아먹는 듯한 고통 또는 불타는 느낌이다. 속쓰림은 심장 문제가 아니라, 역류성 식도염의 결과이다.

여러 가지 요인이 위산 역류에 기여하거나 상황을 악화시킬 수 있다:

- 임신,
- 과다한 체지방, 특히 복부지방,
- 음주,
- 흡연,
- 다량의 식사를 하고 곧 눕는 경우,
- 특정 음식 섭취.

이런 음식 조합은 역류성 식도염을 유발할 수 있다.

역류성 식도염을 유발할 수 있는 상용 식품, 조미료 및 음료는 다음과 같다:

- 지방이나 기름진 음식,
- 케첩, 겨자, 식초,
- 탄산음료,
- 토마토를 주재료로 한 소스,
- 박하,
- 디카페인 커피를 포함한 커피,

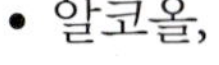

- 알코올,
- 초콜릿,
- 감귤류 과일과 주스.[8]

속쓰림(heartburn) 자극적인 위의 내용물이 식도로 역류하는 것

맛있는 팁

당신이 가벼운 속쓰림 증상이 있다면, 불편함을 해소하기 위해 제산제를 복용할 수 있다. 흔히 사용되는 제산제는 일반적으로 위산을 중화시키는 형태의 마그네슘, 칼슘, 알루미늄을 포함한다. 그러나 제산제는 부작용이 있을 수 있다. 마그네슘을 포함하는 제품은 설사를 일으킬 수 있고, 알루미늄 또는 칼슘을 포함하는 제산제는 변비를 유발할 수 있다. 칼슘을 함유한 제산제는 위산을 중화시키는 것 이외에 무기질 영양소인 칼슘의 급원이 될 수 있다. 여러 종류의 제산제를 처방 없이도 살 수 있지만, 사용 전에 의사와 상의하는 것이 좋다.

위식도역류질환

많은 사람들이 속쓰림은 무시해도 좋은 사소한 건강 문제라고 생각한다. 그러나 잦은 위산 역류는 만성질환인 **위식도역류질환(gastroesophageal reflux disease, GERD)**의 징후일 수 있다. 위식도 역류의 증상은 다음과 같다:

- 위산 역류가 일주일에 두 번 이상 발생,[9]
- 구역질,
- 목이 막힘,
- 만성적인 마른 기침,
- 쉰 목소리.

속쓰림의 위험을 줄이고 위식도역류를 관리하기 위해서:

- 식후 속쓰림을 완화시키고 과도한 위산을 중화시키기 위해 (처방이 필요 없는) 제산제를 복용한다.
- 복부 지방이 너무 많다면, 과잉 체중을 줄인다.
- 식사 후 2~3시간 내에 눕지 않는다.
- 과식하지 않는다.
- 금연한다.
- 침대의 머리부분을 다리부분보다 4~6인치 높게 올린다.
- 꽉 끼는 벨트, 복부를 압박하는 속옷, 또는 꽉 죄는 허리밴드가 있는 옷을 착용하지 않는다.
- 자주 위산 역류를 일으키는 식품을 피한다

잦은 속쓰림으로 고통을 겪으면서 위식도역류 증상이 있는 경우, 의사에게 알린다. 위식도 역류는 식도의 점막을 손상시키고 궤양이라는 염증으로 진행될 수 있다.

위식도역류로 고통받는 사람들은 이런 병력이 없는 사람보다 식도암의 위험이 높다. 생활양식을 바꾸고, 위산의 생산을 막는 약물을 복용하면 위식도역류질환을 관리할 수 있으며, 속쓰림도 방지할 수 있다.

4.3e 소화성 궤양

소화성 궤양(peptic ulcer)은 상부 소화관의 점막, 특히, 십이지장, 위, 식도에서 발생하는 염증이다. 위와 소장을 보호하는 점액층이 손상되면, 염산과 단백질 소화효소가 위와 소장 벽에서 조직을 손상시킬 수 있으며, 손상된 조직에서 하나 또는 그 이상의 궤양이 형성될 수 있다. 궤양이 혈관 벽을 손상시키면 생명을 위협할 수도 있는 심각한 출혈을 일으킬 수 있다. 그러므로 소화성 궤양의 징후와 증상을 인식하고 전문적인 치료를 받는 것이 중요하다.

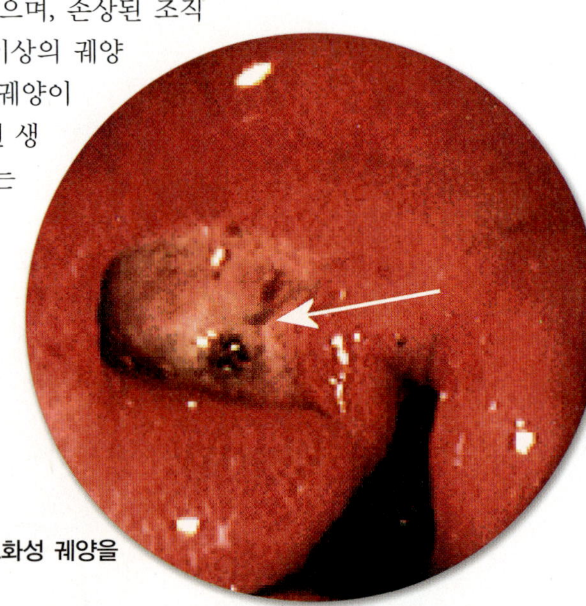

화살표는 소화성 궤양을 가리킨다.

위식도역류질환(gastroesophageal reflux disease, GERD) 속쓰림이 잦은 만성질환

소화성 궤양(peptic ulcer) 상부 소화관 점막의 염증

소화성 궤양의 전형적인 징후와 증상은 다음과 같다:

- 상복부에서 느껴지는 "갉아먹는 듯한" 또는 불타는 느낌의 통증. 통증은 전형적으로 위가 비어 있을 때 시작되고, 음식을 먹으면 불편함이 완화된다.
- 선혈을 토하거나 "커피 찌꺼기"처럼 보이는 구토물.
- 검은 타르색 대변(소화된 혈액의 표시).

소화성 궤양의 위험을 증가시키는 요인은 다음과 같다:

- *H. pylori*(헬리코박터균) 감염,
- 위산 과다,
- 흡연,
- 다량의 알코올 섭취,
- 아스피린, 이부프로펜, 나프록센과 같은 비스테로이드성 소염제 (NSAIDs)의 빈번한 사용,
- 소화성 궤양의 가족력.

소화성 궤양에 대한 치료는 헬리코박터균을 죽이는 항생제와 위산 생산을 제어하는 약물을 포함한다.

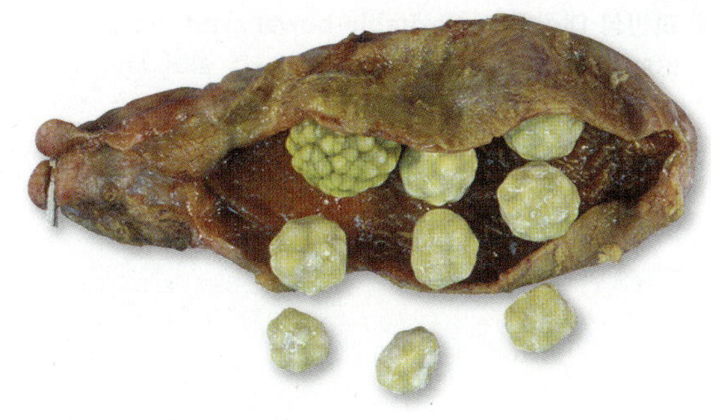

그림 4.11 담낭과 담석.

■ 담석은 어디에서 생성되는가?

4.3f 담석

기름진 식사를 한 후, 한두 시간 이내에 배의 오른쪽 상단 부분에 심한 통증을 경험한다면, 체내 담석을 가지고 있을 수 있다.

담석은 담낭에서 만들어진다. 담석은 일반적으로 콜레스테롤로 구성되고, 모래 입자와 같이, 작은 낟알모양이거나, 동전 같은 대형일 수 있다 (**그림 4.11**).

때로는 담석이 십이지장으로 담즙을 운반하는 작은 통로를 막는다. 이 경우, 담즙은 간이나 췌장으로 역류하여 그 장기들을 손상시킬 수 있다. 병든 담낭을 제거하는 수술은 통증을 완화하고 간이나 췌장의 손상을 방지하는 데 필요하다. 수술 후, 담즙은 간에서 직접 소장으로 들어간다.

과다한 체지방은 담석의 위험을 증가시킨다. 담석의 위험을 줄이기 위해, 체중을 건강한 수준으로 유지한다.

체내 담석이 있다면, 기름진 식사는 담낭을 "공격"한다.

과민성 대장증후군(irritable bowel syndrome, IBS) 설사 또는 변비와 장경련이 자주 일어나는 만성질환

궤양성 대장염(ulcerative colitis, UC) 염증성 장질환 형태

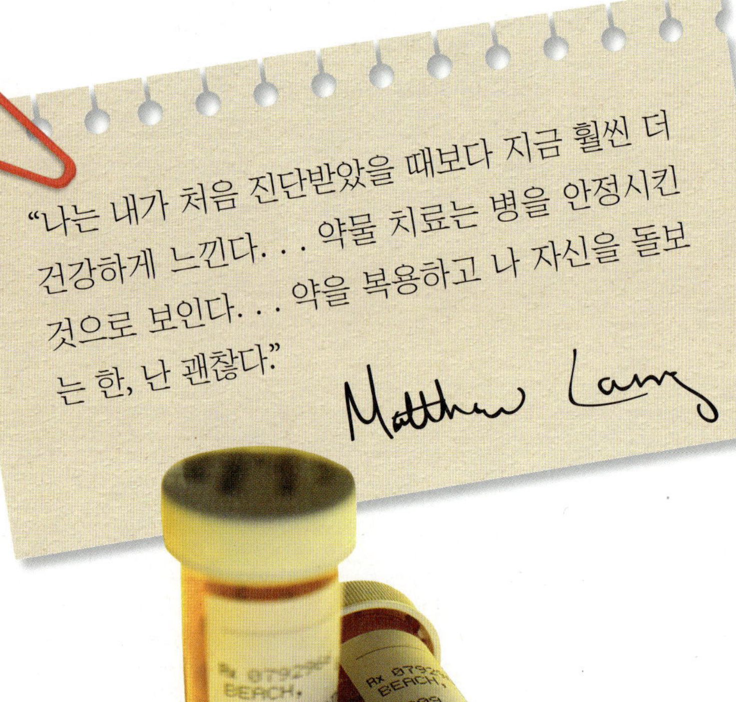

4.3g 과민성 대장증후군(IBS)

미국의 많은 성인들은 **과민성 대장증후군(irritable bowel syndrome, IBS)**으로 고통받고 있다. 과민성 대장증후군이 있는 사람은 설사 또는 변비가 있는 장경련을 자주 경험한다. 어떤 사람들은 설사와 변비를 경험한다. 과민성 대장증후군의 원인은 알려져 있지 않지만, 감정적 스트레스뿐 아니라 특정 식품과 음료가 증상을 촉발시킬 수 있다.

과민성 대장증후군의 치료는 개인에 따라 다르며, 다음을 포함한다:

- IBS 증상을 유발할 가능성이 있는 음식을 섭취하지 않는다,
- 스트레스 관리 전략을 배운다,
- 심리 상담을 받는다,
- 항우울제 및 다른 약물을 복용한다.

과민성 대장증후군은 불편하지만, 대장 조직에 염증을 일으키거나 대장암의 위험을 증가시키는 것 같지는 않다.

4.3h 궤양성 대장염

이 Unit의 서두에 언급한 학생인 매튜 랭은 그가 대학 2학년 때 **궤양성 대장염(ulcerative colitis, UC)** 진단을 받았다. 궤양성 대장염은 대장의 내벽에 궤양을 일으키는 만성 염증성 장질환이다. 염증 때문에, 대장의 내벽은 깎여 나가고, 복부 경련, 직장 출혈, 설사로 이어진다. 다른 징후와 증상은 다음과 같다:

- 빈혈,
- 피로,
- 발열,
- 구역질,
- 식욕 감소와 체중 감소.

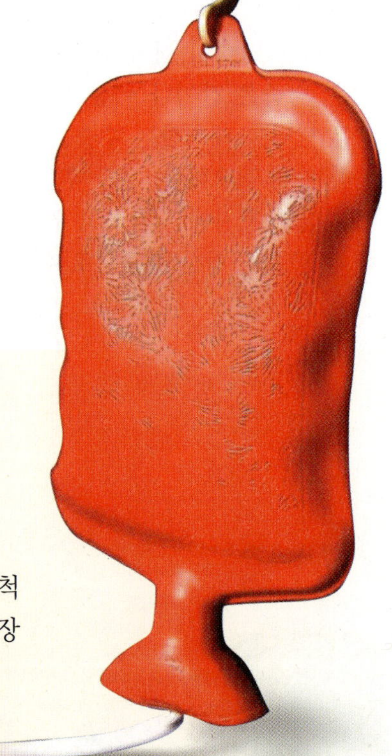

영양, 사실인가 허구인가?

규칙적인 장청소는 건강을 위해 필요하다.

건강한 대장은 독소나 다량의 대변을 저장하지 않는다. 대장은 청소할 필요가 없기 때문에, 장세척(하이콜로닉스)이나 다른 형태의 관장법을 사용하여 장청소를 할 필요는 없다. 더구나, 빈번한 관장은 체내 수분, 나트륨과 칼륨을 포함한 무기질을 고갈시킬 수 있다.

의료전문가들은 궤양성 대장염의 원인을 모른다. 이 질환을 가진 사람들은 소화관의 세균에 비정상적으로 반응하는 면역체계를 가질 수 있다. 궤양성 대장염은 "집안 내력"인 경향이 있으므로, 유전적 요인이 궤양성 대장염의 발병에 중요한 역할을 하는 것으로 의심된다. 감정적 스트레스가 궤양성 대장염을 일으키지는 않지만, 이 질환을 가진 사람들은 스트레스가 증상을 악화시키는 것 같다고 한다. 또한 식품 알레르기는 궤양성 대장염의 원인이 아니다. 그런데 매튜 랭을 포함하여 이 질환을 가진 사람들 일부는 특정 식품과 음료 섭취가 질병을 촉발한다고 생각하여 피하고 있다. 식이 권장사항은 소량씩 더 자주 섭취하고, 탄산음료를 피하고, 자극이 없는 음식을 섭취하며, 고식이섬유 식품을 피하는 것 등을 포함한다.[1]

매튜 랭이 이 Unit의 서두에서 언급한 바와 같이, 궤양성 대장염에 대한 치료법은 없다. 치료는 일반적으로 염증을 감소시키는 처방을 포함한다. 궤양성 대장염 환자들은 대장이 심각하게 나빠져서 제거 수술이 필요한 상황이 아니면, 일반적으로 평생 동안 약을 복용해야 한다.

궤양성 대장염 환자는 특히 대장 전체가 영향을 받고, 8년 이상 된 경우, 대장암의 위험이 증가한다. 환자는 약물 치료로 염증을 관리하고 대장암 검출을 위해 정기 검진(검사)을 받으면 대장암의 위험을 줄일 수 있다.

4.3i 대장암

정상적으로 세포는 성장하고, 필요할 때 분열하여 새로운 세포를 형성한다. 세포가 늙으면 죽는다. 때때로, 새로운 세포가 분열하여, 정상 세포보다 더 빠르게 성장한다. 또한 이런 세포는 정상적으로 기능하지 않고, 종종 종양이라 불리는 조직 덩어리를 형성하며, 주변 조직을 침범한다. 그런 비정상 세포가 암세포이다.

신체의 다른 부위로 전이된 암(악성) 세포는 수술로 제거된 후 다시 커질 수 있고, 생명을 위협할 수 있다. 결장 또는 직장에서 시작하는 암을 **대장암(colorectal cancer)**이라고 한다(**그림 4.12**).

미국의 경우, 대장암은 성인 암 사망의 두 번째 주요 원인이

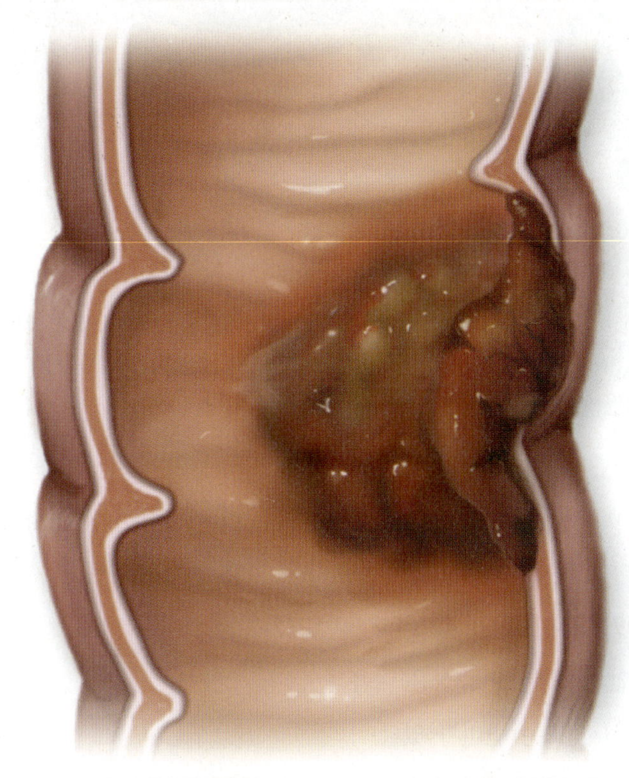

그림 4.12 대장 내 악성종양.

■ 대장암의 위험을 줄이기 위해 어떤 단계를 할 수 있는가?

대장암(colorectal cancer) 결장 또는 직장에서 시작하는 암

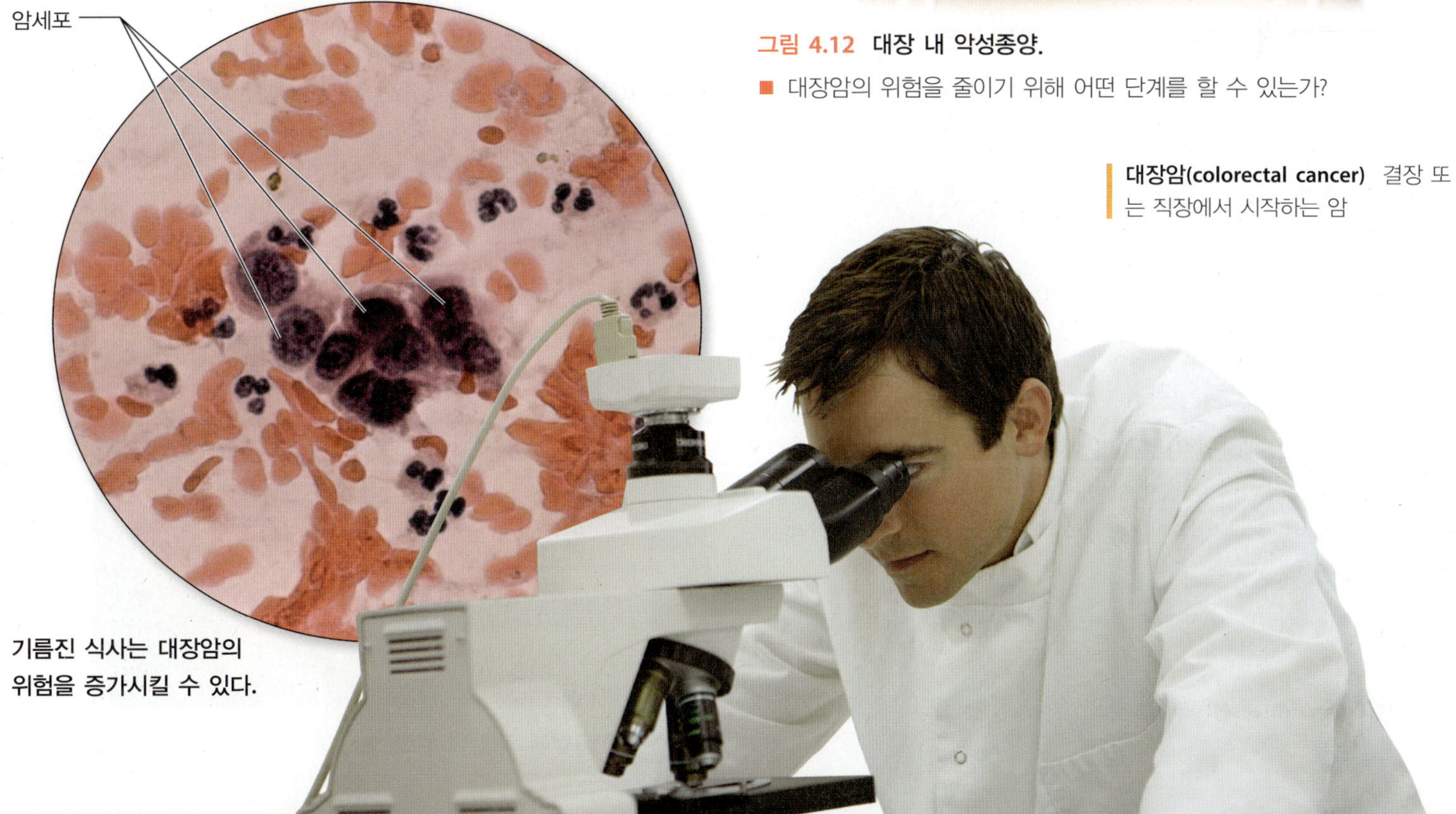

기름진 식사는 대장암의 위험을 증가시킬 수 있다.

기름진 육류를 많이 먹으면 대장암 위험이 증가될 수 있다.

며,[12] 미국인 암 사망의 첫 번째 주요 원인은 폐암이다. Unit 8은 암과 암 발생에서 식이의 역할에 대한 여러 가지 정보를 제공한다.

대장암의 징후 및 증상은 무엇인가?

대장암의 징후 및 증상은 다음과 같다:

- 설사 또는 변비가 있다,
- 배변 후 대장이 완전히 비워지지 않는 느낌이 있다,
- 변에서(선홍색이거나 검붉은색) 혈액이 나타난다,
- 변이 평소보다 가늘다,
- 가스 통증 또는 경련이 자주 있거나, 포만감 또는 부푼 느낌이 있다,
- 이유없이 체중이 감소한다,
- 항상 매우 피곤하다,
- 구역질 또는 구토를 한다.

일반적으로 초기 대장암은 통증을 유발하지 않는다.

검사결과, 결장이나 직장에서 용종이나 비정상적인 부분이 있다면, 조직 일부를 떼어내어(생검), 현미경으로 관찰하여 암세포를 찾을 수 있다.

크론병(Crohn's disease) 염증성 장질환 형태

누가 위험한가?

다음은 대장암 발생 위험을 증가시키는 특징이다:

- 50세 이상이다.
- 대장 **용종**이 있다. 용종은 결장 또는 직장의 내벽에서 성장하는 작은 조직 덩어리이다. 대부분의 용종이 암은 아니지만, 일부는 암이 될 수 있다.
- 대장암의 가족력이 있다. 가까운 친척 중 많은 사람들이 대장암 병력이 있는 경우, 질병에 걸릴 위험이 높다.
- 암의 개인병력이 있다. 이미 대장암 치료를 받은 적이 있는 경우, 다시 대장암에 걸릴 위험이 있다.
- 염증성 장질환이 있다. 궤양성 대장염 또는 다른 염증성 장질환인 **크론병(Crohn's disease)**을 가진 사람들은 대장암 발병 위험이 증가한다.
- 특정 음식을 먹는다. 붉은 고기와 가공육을 많이 섭취하는 경우, 대장암의 위험이 증가할 수 있다.[13]
- 흡연. 흡연하는 경우, 비흡연자보다 대장암에 걸릴 위험이 더 크다.

대장암의 위험이 높으면, 의사와 상의한다. 의사는 대장 검진을 하고, 더 자주 검진받도록 할 것이다.

치료 방법

대장암의 치료는 보통 수술, 화학요법, 생물학적 치료, 또는 방사선 치료를 포함한다. 수술은 대장의 환부를 제거한다. 화학요법은 약물을 사용해서 암세포를 죽인다. 생물학적 치료는 대장암세포를 감지하고 이에 결합하는 특별한 단백질인 항체 사용을 포함한다. 이 치료는 암세포의 성장 및 확산 능력을 방해한다. 방사선요법은 고에너지 방사선을 사용해서 암세포를 죽인다. 수술이 대장암의 가장 일반적인 치료이지만, 가끔 여러 치료법을 혼합해서 치료하기도 한다.

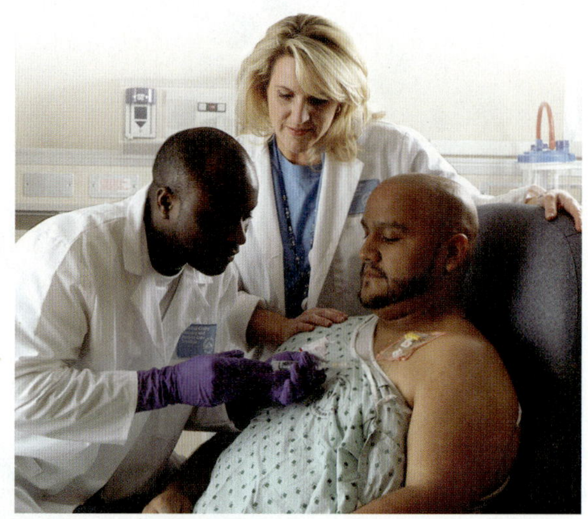
화학요법에 의한 암 치료

모듈 4.4

대사의 기초

4.4 - 학습목표

1. 이 모듈의 주요 용어를 모두 정의한다.
2. 동화작용과 이화작용을 구별한다.
3. ATP 생산량에 영향을 미치는 요인을 확인한다.

4.4a 놀라운 기계

본질적으로, 인체는 자동차 엔진과 아주 많이 닮았다—두 가지 모두 에너지를 발생하고, 노폐물을 제거하고, 여분의 에너지는 필요할 때까지 저장하고, 적절한 온도를 유지해야 하는 복잡한 시스템이다. 인체는 보수하고, 유지하고, 심지어 자신을 만들어 갈 수 있기 때문에 자동차보다 훨씬 더 놀랍다. 또 인체는 섭취한 식품 및 음료에서 얻어진 다양한 "생물학적" 연료—포도당(탄수화물), 지방, 단백질—로 작동할 수 있다. 인체에 가스 탱크와 같은 연료 저장고는 없지만, 간, 근육 및 체지방에 많은 양의 에너지를 저장할 수 있다. 음식물을 섭취하지 않고 장시간 근육을 사용할 때, "가스 고갈"인 것처럼 느낄 수 있다. 물론 휴식과 음식을 섭취하여 연료 공급을 보충할 수 있다. 자동차와 마찬가지로 적절한 고품질의 연료를 공급받는다면, 신체의 기능을 획기적으로 향상시킬 수 있다.

에너지(energy) 작업을 수행할 수 있는 능력

에너지 대사

에너지(energy)는 작업을 수행할 수 있는 능력이다. 에너지는 화학, 기계, 전기, 열, 태양 및 핵 에너지를 포함하여 여러 가지 형태가 있다. 인간의 세포는 화학에너지를 사용해서 작업을 수행한다. 에너지는 생성되거나 소멸되지 않지만, 변환될 수는 있다. 예를 들어, 화학에너지는 열에너지로 변환될 수 있는데, 이는 자동차 엔진이 휘발유를 연소할 때 열이 나고, 신체의 근육이 운동 중에 더워지는 이유를 설명한다.

체내 세포는 끊임없이 에너지를 방출하고, 이동시키고, 사용한다. 에너지는 움직이고, 숨쉬고, 기타 익숙한 작업을 수행할 수 있게 해준다. 세포는 특정 영양소를 분해하여 그곳에 저장된 화학에너지를 방출해서 에너지를 얻는다. 탄수화물, 지질, 단백질 및 알코올만이 에너지로 대사될("연소") 수 있다는 것을 기억하는 것이 중요하다; 세포는 비타민, 무기질, 또는 물에서 에너지를 방출할 수 없다.

대사는 다량영양소로부터 에너지를 방출하고, 단백질을 만들며, 노폐물을 제거하는 반응을 포함하여, 살아 있는 세포에서 일어나는 모

이화작용(catabolism) 큰 물질을 더 작은 것으로 분해하는 대사과정

동화작용(anabolism) 작은 물질에서 더 큰 물질을 만드는 대사과정

호르몬(hormones) 화학적 메신저

아데노신 삼인산(adenosine triphosphate, ATP) 세포의 "에너지 통화"

호기적 대사(aerobic metabolism) 산소를 필요로 하는 대사과정

혐기적 대사(anaerobic metabolism) 산소를 필요로 하지 않는 대사과정

든 화학반응을 의미한다. 에너지 대사는 인체가 다량영양소로부터 에너지를 얻고 이용할 수 있도록 해주는 대사 경로를 포함한다. 대사 경로는 화합물을 새로운 화합물로 변환하는 단계별 과정이다. 이 과정에서 에너지가 방출되거나 소모될 수 있다. 대사 반응은 이화작용 또는 동화작용이다.

- **이화작용(catabolism)**은 큰 물질을 더 작은 것으로 분해하는 대사과정을 의미한다. 이화작용의 예로는 에너지를 방출하기 위한 지방산의 분해가 있다. 그 결과, 세포는 노폐물인, 이산화탄소와 물을 생성한다. 숨을 내쉴 때, 폐는 과다한 이산화탄소를 내보낸다. 인체는 다른 화학 반응에서 이화작용 중에 형성된 물을 사용할 수 있다. 그렇지 않으면, 여분의 물은 숨을 내쉬거나, 땀을 흘리거나, 소변을 볼 때 배출된다. 열은 방출된 에너지의 일부—"대사열"이며, 신체가 정상 체온을 유지하도록 돕는다.
- **동화작용(anabolism)**은 작은 물질에서 더 큰 물질을 만드는 대사과정을 의미한다. 이 과정은 일반적으로 향후 사용을 위해 에너지를 저장한다. 동화작용은 단백질, 뼈, 호르몬 생성에 관련된 반응을 포함한다. **호르몬(hormones)**은 체내 메시지를 전송하기 위해 사용하는 화학물질이다.

ATP는 무엇인가?

이화작용에 의해 방출되는 에너지의 대부분은 에너지 분자인 **아데노신 삼인산(adenosine triphosphate, ATP)**에서 화학적 형태로 포착된다. ATP는 화폐와 같은 기능을 하기 때문에, 종종 "에너지 통화"라고도 한다. 구매가 필요할 때까지 돈을 저축하는 것처럼, 세포 활동을 위한 에너지가 필요할 때까지, 세포는 ATP에 에너지를 저장한다. 세포는 에너지를 방출하는 이화작용에서 ATP를 "획득"하고, 에너지를 필요로 하는 동화작용에서 ATP를 "소비"한다

날숨(호기) 중의 따뜻한 수증기가 찬공기와 만나 응축될 때 "호흡하는 것을 볼" 수 있다.

호기적, 혐기적 에너지 대사

세포는 다량영양소의 이화작용으로부터 최대한 많은 ATP 분자를 생성하기 위해 산소를 필요로 한다. 세포 내에 충분한 산소가 있는 경우, 세포는 많은 ATP를 만들 수 있다(**호기적 대사, aerobic metabolism**). ATP 공급이 불충분한 경우, 세포는 산소를 필요로 하지 않는 대사 경로를 사용하여 여전히 ATP 분자를 얻을 수 있다(**혐기적 대사, anaerobic metabolism**). 그러나 저산소 조건하에서는 호기적 대사에 비해 훨씬 적은 ATP가 생성된다. 장시간 동안 격렬히 운동하면, 폐와 순환계는 근육세포가 적당

한 ATP 생산을 유지하기에 충분한 산소를 제공할 수 없다. 그 결과, 격렬한 운동을 계속할 수 없으며, 에너지가 고갈되어 속도를 늦춰야 한다. Unit 10에서, 모듈 10.5는 운동이 에너지에 사용되는 다량영양소의 비율에 어떻게 영향을 미칠 수 있는지를 포함하여, 에너지 대사에 대한 많은 정보를 제공한다.

생물학적 연료

체내 세포는 에너지를 얻기 위해 지방과 포도당에 크게 의존한다. 정상적인 조건에서, 세포는 에너지를 얻기 위해 단백질 대사를 많이 하지는 않는다. 중추신경계(CNS)의 세포는 지방이나 단백질보다 주로 포도당에 의존하여 에너지 필요량을 충족한다. 그러나 포도당을 이용할 수 없는 경우, 중추신경계의 세포를 포함하여 대부분의 세포들은 한 가지 이상의 연료, 특히 지방을 연소시켜 에너지를 얻을 수도 있다. **그림 4.13**은 에너지 대사 중 일어나는 식이 단백질, 탄수화물, 지방의 몇 가지 대사 경로의 기본 개요를 제공한다. 세포가 ATP를 얻기 위해 사용하는 주요 대사 경로에 대한 자세한 내용은 부록 D를 참조한다.

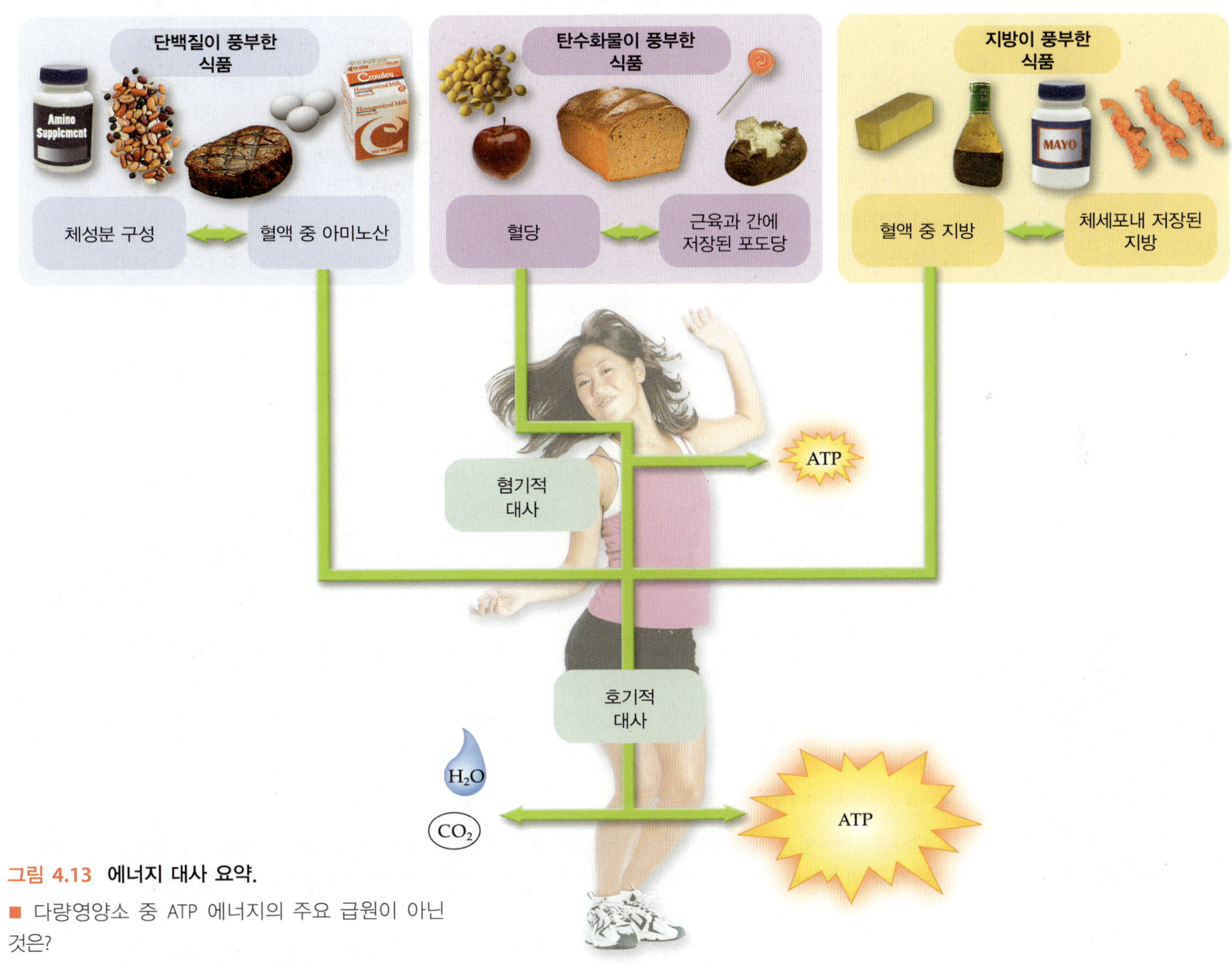

그림 4.13 에너지 대사 요약.

■ 다량영양소 중 ATP 에너지의 주요 급원이 아닌 것은?

요점정리

모듈 4.1 세포에서 기관계로

- 세포는 신체의 기본 생명 단위이다. 유사한 특성과 기능을 가진 많은 세포는 조직을 형성한다. 기관은 연관된 방식으로 기능하는 조직들이 모여 형성된 것이며, 기관계는 유사한 목적을 위해 함께 작동하는 기관들이 모여 형성된 것이다.

모듈 4.2 소화기계

- 소화기계는 음식물을 영양소로 분해하여, 혈류로 영양소를 흡수하고, 노폐물을 제거한다. 소화과정에서 커다란 식품 성분은 개별적인 영양소를 포함하여 더 작은 물질로 분해된다. 이 과정은 기계적 및 화학적 소화에 의해 이루어진다.
- 입, 식도, 위 및 소장과 대장은 소화기계의 주요 기관이다. 치아, 혀, 침샘, 간, 담낭, 췌장은 소화관의 기능을 돕는 소화기계의 부속 기관이다.
- 소화는 입에서 시작된다. 치아는 음식덩어리를 물고, 찢고, 갈아서 삼키기 쉬운 작은 조각으로 만들며 기계적 소화를 시작한다.
- 위에서는 기계적 및 화학적 소화가 일부 일어난다. 위액의 효소는 일부 단백질과 지방을 분해한다; 위액 내의 염산은 단백질의 소화를 돕는다. 또한 산은 음식에 있을 수 있는 위험한 질병을 유발하는 많은 미생물을 죽인다.
- 대부분의 영양소의 소화와 흡수는 소장에서 이루어진다. 소장의 내벽은 융모로 덮여 있으며, 융모는 소화를 완성하는 효소를 분비한다. 단백질은 아미노산으로, 지방은 지방산 및 글리세롤로, 대부분의 식이 탄수화물은 포도당으로 분해된다.
- 흡수세포는 유미즙으로부터 소화된 물질을 흡수한다. 수용성 영양소는 모세관망으로 들어가서, 대정맥에 의해 간으로 운반된다. 비수용성 영양소는 킬로미크론을 형성하여 유미관으로 이동한다. 림프계는 킬로미크론을 소장으로부터 멀리 운반한다.
- 간은 많은 영양소를 처리하고 저장하며, 콜레스테롤과 담즙을 만든다. 담낭은 필요할 때까지 담즙을 저장한다. 췌장은 소장에서 탄수화물, 단백질, 지방을 분해하는 대부분의 효소를 생산하고 분비한다.
- 대장에서는 물과 일부 무기질 이외는 거의 흡수되지 않는다. 대변은 주로 정상적으로 대장에 살고 있는 세균으로 구성되어 있다. 또한 대변은 식물성 식품에서 소화되지 않은 식이섬유, 소량의 지방, 단백질, 물, 그리고 점액 및 장벽에서 탈락된 세포를 포함한다.

모듈 4.3 일반적인 소화 장애

- 만성적 변비는 치질과 게실의 발생을 초래할 수 있다.
- 잦은 위산역류는 위식도역류질환의 증상일 수 있다. 위식도역류질환이 있는 사람들은 식도암의 위협이 있다. 소화성 궤양은 생명을 위협하는 출혈을 일으킬 수 있다.
- 과민성 대장증후군은 흔하지만, 대장 내 염증을 초래하지는 않는다. 궤양성 대장염은 대장의 염증성 질환이다. 미국의 경우, 대장암은 성인 암 사망의 두 번째 주요 원인이다

모듈 4.4 신진 대사의 기초

- 대사는 살아 있는 세포에서 일어나는 모든 화학반응을 의미한다. 세포는 다량영양소에 저장된 화학 에너지를 방출하기 위해 다량영양소를 분해해서 에너지를 얻는다. 대사 반응은 이화작용 또는 동화작용이 있다.
- 이화작용에 의해 방출되는 에너지의 대부분은 ATP로 포착된다. 세포는 화학반응을 일으키기 위해 “ATP 에너지”를 사용한다. 세포는 에너지를 방출하는 이화작용에서 ATP를 “획득”하고, 에너지를 필요로 하는 동화작용에서 ATP를 “소비”한다. 포도당과 지방은 세포를 위한 ATP 에너지의 주요 공급원이다.

생각해 봅시다...

1. 당신이 5살이었을 때, 달콤한 음식 맛을 보기 위해, 왜 혀의 끝 부분을 사용했는가?

2. 당신의 여동생이 최근에 기분이 좋지 않았다. 그녀는 커피를 마시지 않는데, 오늘 아침, 커피 찌꺼기로 보이는 것을 토했다. 이 정보를 바탕으로, 여동생은 일반적인 소화관 장애가 있을 수 있으므로 의사와 상의해야 할 것인가?

3. 테일러는 소장 상부의 1/3을 제거해야 하는 심각한 상태였다. 이 정보에 의하면, 테일러가 여러 영양소 결핍증을 유발할 위험이 있는가? 왜 그런지 또는 왜 안 그런지 설명하라.

4. 당신의 어머니는 지속적인 속쓰림이 있다고 불평하지만, 의사의 진단을 받아야 할 만큼 심각하다고 생각하지는 않는다. 당신은 속쓰림에 대한 그녀의 태도에 동의하는가, 동의하지 않는가? 당신의 생각을 설명하라.

혼자 풀어보기

가장 올바른 대답을 선택하라.

1. ______는(은) 유사한 기능을 수행하는 유사한 세포의 그룹이다.
   - a. 리보솜
   - b. 조직
   - c. 세포질
   - d. 기관계

2. 다음 중 소화기계의 부속 기관은 어느 것인가?
   - a. 심장
   - b. 신장
   - c. 간
   - d. 방광

3. 기계적 소화가 시작되는 곳은?
   - a. 입
   - b. 위
   - c. 소장
   - d. 간

4. 물질의 분해 또는 생성을 돕는 화학 물질은?
   - a. 효소
   - b. 세포
   - c. 모세혈관
   - d. 호르몬

5. 영양분을 흡수하는 소장의 작고, 손가락 같은 돌기는?
   - a. 모세혈관
   - b. 융모
   - c. 십이지장
   - d. 유미즙

6. 유미관이란?
   - a. 각 융모 내의 림프관
   - b. 우유 중의 탄수화물 형태
   - c. 대장에서 소화를 조절하는 근육 구조
   - d. 전문화된 세포

7. 위가 분비하는 것은?
   - a. 침
   - b. 담즙
   - c. 염산
   - d. 앞의 모든 것

8. 연동운동은?
   - a. 흔한 장내 감염이다.
   - b. 소장 내 지질 흡수를 방해한다.
   - c. 대장암의 생성을 촉진한다.
   - d. 소화관을 통한 음식/유미즙의 이동을 돕는다.

9. 인체의 세포는 직접적 에너지원으로 ____을(를) 사용한다.
   - a. ATP
   - b. 담즙
   - c. 아미노산
   - d. GERD

10. 소화성 궤양의 위험을 증가시키는 것은?
    - a. 껌 씹기
    - b. 흡연
    - c. 우유 마시기
    - d. 저식이섬유식이 섭취하기

참고문헌 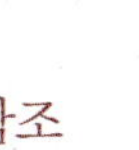 부록 F 참조

Unit 5

탄수화물: 연료와 식이섬유

학습내용

모듈 5.1
설탕, 감미료, 전분 및 식이섬유

모듈 5.2
섭취한 탄수화물은 어떻게 되는가?

모듈 5.3
탄수화물과 건강

"나는 매우 건강한 식사를 하고 있다고 생각한다. 나는 과일, 특히 딸기와 바나나를 좋아하고, 통곡물 빵, 칠면조, 닭고기로 만든 샌드위치를 좋아한다. 또 청량음료에는 과당함량이 높은 옥수수 시럽이 많이 들어있기 때문에 마시지 않으려고 노력한다. 내가 아는 바로는, 고과당 옥수수 시럽은 비만의 주요 원인 중 하나이다. 그래서 그 시럽을 함유한 식품을 피하고, 설탕 대신 꿀을 사용한다. 나는 꿀을 좋아한다! 꿀이 설탕의 건강한 대체물이라고 생각하며, 그 맛을 좋아한다. 단것을 먹지 않으려고 노력은 하지만, 건강 전문가는 아니다... 나는 케이크를 좋아한다! 내가 좋아하는 음식은 흰 가루설탕과 색색 장식을 뿌린 초콜릿 케이크이다."

Neill Warrington

당신이 시러큐스 대학에서 수학과 물리학을 전공하는 3학년 학생인 **닐 워링턴**과 같은 경우라면, 케이크는 즐기지만, "단 음식" 특히 고과당 옥수수 시럽으로 달게 만든 청량음료의 섭취에 대해 염려할 것이다. 평균적으로, 미국인은 2012년 약 76파운드의 칼로리 감미료를 소비했다.[1] 이러한 감미료는 꿀과 설탕뿐 아니라 고과당 옥수수 시럽을 포함한다. 칼로리 감미료는 탄수화물 이외의 영양 가치가 거의 없는 "빈 칼로리"이다. 이런 감미료를 포함한 음식을 너무 많이 먹는 것은 더 영양가 있는 음식을 먹고 싶은 욕구를 저하시킬 수 있다.

모든 탄수화물은 건강에 해로운가? 우리 몸은 얼마나 많은 "탄수화물"을 필요로 하는가? 꿀은 설탕보다 더 영양가 있는 감미료인가? 고과당 옥수수 시럽을 너무 많이 먹는 것은 과다한 체중 증가나 다른 건강 문제를 야기하는가? Unit 5에서는 어떤 탄수화물이 다른 것보다 더 좋은 영양소 급원인가를 포함하여 탄수화물에 대해 학습한다.

모듈 5.1

설탕, 감미료, 전분 및 식이섬유

5.1 - 학습목표

1. 이 모듈의 주요 용어를 모두 정의한다.
2. 탄수화물의 주요 급원 식품과 체내 기능뿐만 아니라, 식이 내 주요 탄수화물을 확인한다.
3. 영양적 감미료의 화학적, 일반적 명칭을 인식하고 일반적인 대체감미료를 식별한다.

왜 사람들은, 심지어 신생아도 달콤한 식품을 선호하는가? 기분을 좋게 하고 때로는 거부할 수 없는 설탕의 맛은 그 식품이 세포의 주요 에너지원인 **탄수화물(carbohydrates)**을 함유하고 있다는 단서이다. 에너지의 안정적 공급이 없으면 세포는 기능할 수 없고, 죽게 된다.

설탕, 전분 및 대부분 종류의 식이섬유는 탄수화물이다. 식물은 태양에너지를 사용하여 이산화탄소(*carbo-*)와 물(*-hydrate*)로부터 탄소, 산소 및 수소 원자를 결합하여 탄수화물을 만든다. 따라서 식물은 탄수화물이 풍부한 급원이다. 탄수화물은 탄소를 포함하고 있으므로 유기 영양소이다.

세포는 대부분 탄수화물의 기본적 화학단위를 대사("연소")시킬 수 있다. 이런 중요한 작용은 근육 수축, 효소 생산 및 뼈 성장을 포함한 다양한 형태의 세포활동을 위한 에너지를 방출한다. 비록 에너지원으로 어느 정도의 탄수화물을 필요로 하지만, 탄수화물 및 다른 다량영양소를 너무 많이 섭취하면, 과다한 체지방을 초래할 수 있다. Unit 5에서는 탄수화물의 주요 형태와 주요 급원 식품을 소개한다.

햇빛

탄수화물:
• 식이섬유
• 설탕
• 전분

CO_2

O_2

H_2O
(뿌리로부터)

탄수화물(carbohydrates) 체내 에너지의 주요 급원인 영양소

5.1a 단순 탄수화물: 당류

당신은 아마 **당류**를 시리얼에 뿌리거나 또는 아이스티에 넣는, 달고, 흰 입자의 결정으로 생각할 것이다. 그러나 보통 "테이블 설탕"으로 불리는 이 감미료는 당류의 하나의 유형일 뿐이다. 당류는 탄수화물에 속한다—단순당.

종종 화학명으로 단순당을 식별할 수 있다. 식품표시에 있는 성분 중 그 이름의 끝에 "ose"가 있는 물질이 있다면, 대부분 탄수화물일 것이다. 예를 들어, 테이블 설탕의 화학명은 자당(sucrose)이다.

단당류

당류의 가장 단순한 형태인 **단당류(monosaccharide)**, "단일 당질"은 탄수화물의 기본적 화학 단위이다. 가장 중요한 식이 단당류 세 가지는 다음과 같다:

- **포도당(glucose)**은 일반적으로 "혈당"이라고 불리는 것으로, 근육 및 다른 세포의 주요 연료이다. 정상적인 조건하에서 적혈구 및 뇌를 포함한 신경계 세포는 포도당을 에너지원으로 사용한다. 따라서 건강한 신체는 혈당 수준을 신중하게 유지한다. 과일과 채소, 특히 포도, 베리류, 옥수수, 당근은 포도당의 좋은 급원 식품이다.

포도당

- **갈락토오스(galactose)**는 일반적으로 음식물에서 단당류로 발견되지 않는다. 이 단당류는 유당의 구성 성분으로, 우유에 있는 탄수화물의 형태이다.

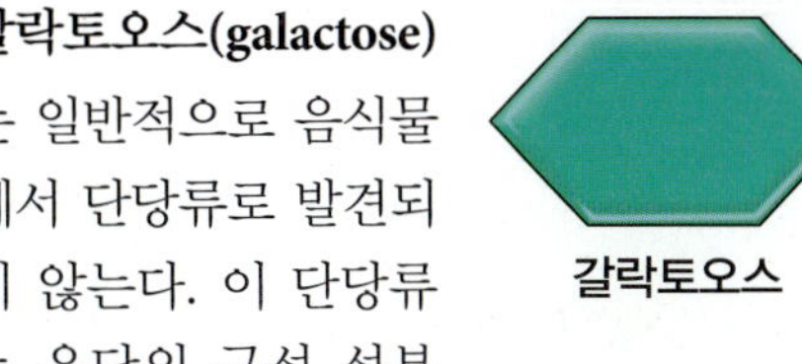
갈락토오스

- **과당(fructose**, 과일당; levulose)은 천연적으로 과일, 꿀, 몇 가지 채소, 특히 양배추, 녹색 콩, 아스파라거스에서 발견된다. 우리 몸은 대부분의 과당을 포도당으로 전환시킨다. 과당의 화학 구조는 포도당과 갈락토오스와는 다르며, 이 차이 때문에 과당이 다른 천연당류보다 더 달다.

과당

단당류(monosaccharide) 탄수화물의 기본 분자인 단순당

포도당(glucose) 근육과 다른 세포의 주요 연료인 단당류; "혈당"

갈락토오스(galactose) 유당의 구성 성분인 단당류

과당(fructose) 과일, 꿀, 몇 가지 채소에 들어 있는 단당류; "levulose"나 과일당

이당류(disaccharide) 두 개의 단당류로 구성된 단순당

유당(lactose) 갈락토오스와 포도당으로 구성된 이당류; "milk sugar"

맥아당(maltose) 두 개의 포도당 분자가 서로 결합된 이당류

자당(sucrose) 포도당과 과당으로 구성된 이당류; 테이블 설탕

이당류

이당류(disaccharide)는 두 개의 단당류로 구성된 당이다. 이당류에는 맥아당, 유당, 자당이 포함된다.

- **유당(lactose)**은 "milk sugar"로 불리는 것으로, 갈락토오스 분자와 포도당 분자로 구성된다.

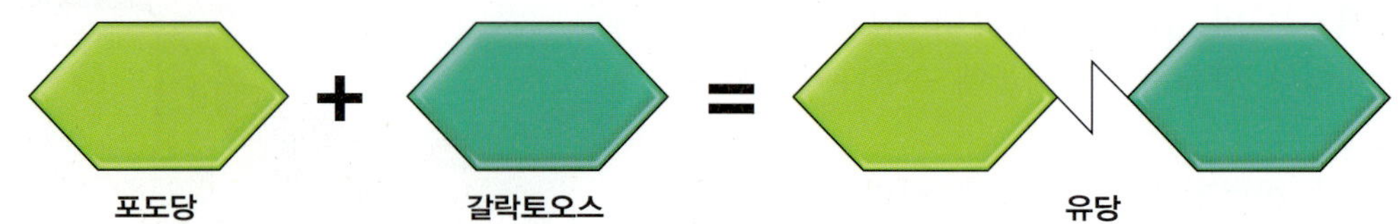

대부분의 동물성 식품은 탄수화물의 급원이 아니지만, 우유와 아이스크림과 같은 일부 유제품은 유당을 포함한다.

- **맥아당(maltose**, "맥아 설탕")은 두 개의 포도당 분자가 서로 결합되어 있다. 천연적으로 맥아당을 포함한 식품은 거의 없지만, 특정한 복합 탄수화물을 분해하여 만들 수 있다. 식품 제조업체는 과자류의 단맛을 내는 성분으로 고농도의 맥아당 시럽을 사용한다. 고농도의 맥아당 시럽은 맥주를 양조하는 데에도 사용된다.

- **자당(sucrose**, 테이블 설탕)은 친숙한 감미료로, 포도당 한 분자와 과당 한 분자로 구성되어 있다.

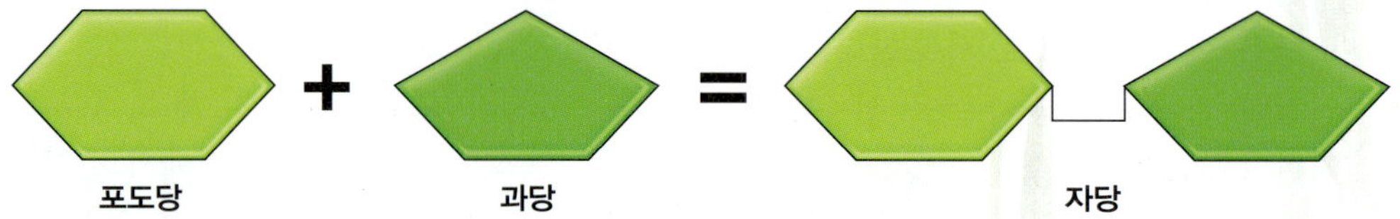

자당은 천연적으로 꿀, 메이플 시럽, 당근, 파인애플 등의 식품 중에 있지만, 미국인 식사에서 사용되는 자당의 대부분은 사탕수수와 사탕무에서 정제된다. 정제 과정에서 사탕수수와 사탕무에 있는 소량의 비타민과 무기질이 제거된다.

위장관은 자당을 포도당과 과당 분자로 소화시킨다. 따라서 우리의 몸은 포도당이나 과당이 설탕이나 꿀, 어디에서 생긴 것인지 구별할 수 없다.

하와이의 사탕수수밭

영양, 사실인가 허구인가?

설탕은 아이들이 과잉행동하게 한다.

아이의 생일 파티에 참석해 봤다면, 왜 사람들이 단 음식이 과잉행동을 유발한다고 비난하는지를 이해할 수 있다. 그러나 과학적 연구 결과, 당이 *ADHD*(주의력 결핍 과잉 행동 장애)의 원인은 아니다.[2] ADHD를 가진 아이들은 충동적이고 자신의 행동을 제어하고 집중하기가 어렵다. ADHD의 원인은 불확실하지만, 유전적, 환경적 요인이 중요한 역할을 한다. 아이들이 파티에 참석하면, 그들의 흥분과 자제력의 부족은 당류의 섭취보다 상황에 더 기인하는 것 같다.

카페인이 어린이의 "과잉"행동의 원인일 가능성이 있다. 카페인은 흥분을 유발하는 약물이다. 아이들의 식이에서 카페인의 급원으로는 "에너지 음료", 콜라와 같은 특정 가당 청량음료, 초콜릿이 있다.

표 5.1은 테이블 설탕과 꿀의 몇 가지 영양소 함량과 에너지를 비교하여 제시한 것이다. 흰 설탕은 거의 100% 자당이고; 꿀은 포도당, 과당, 물, 소량의 자당을 갖는다. 꿀은 흰 설탕보다 더 많은 단백질과 미량영양소를 가지고 있지만, 그 양은 아주 소량이다. 예를 들어, 단백질 1 g, 비타민 C 1.6 mg과 철 1.4 mg을 얻기 위해 꿀 한 컵을 먹어야 한다. 꿀 한 컵(240 ml)은 약 1,000 kcal 정도를 제공한다! 꿀은 유익한 피토케미칼을 포함하긴 하지만, 그 양이 너무 작아서 피토케미칼의 급원 식품이라고 할 수는 없다. MyPlate에 의하면, 테이블 설탕, 꿀, 기타 **첨가당(added sugars)**은 빈 칼로리의 급원이다.

첨가당(added sugars) 식품의 가공이나 처리과정 중에 첨가된 당

표 5.1 감미료의 영양소 비교

설탕/시럽 (1큰술)	수분 %	kcal	단백질 g	탄수화물 g	비타민 C mg	칼슘 mg	나이아신 mg	칼륨 mg	철 mg	아연 mg
꿀	17	64	0.06	17.3	0.1	1	0.025	11	0.09	0.05
정백당	0	49	0	12.6	0	0	0	0	0.01	0
단풍시럽	32	52	0.01	13.4	0	20	0.016	42	0.02	0.29
고과당 옥수수시럽	24	53	0	14.4	0	0	0	0	0.01	0
황설탕	1	52	0.02	13.5	0	11	0.015	18	0.10	0
당밀	22	58	0	15.0	0	41	0.186	293	0.94	0.06

출처: Data from *USDA National nutrient database for standard reference, release 25.*

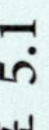

무엇일까요?

최신의 일부 대체감미료는 남미의 관목 스테비아 *Rebaudiana* Bertonil의 잎에서 만들어진다. *Rebiana*는 스테비아 잎에서 강력한 단맛을 내는 화학물질(rebaudioside A)을 고도로 정제한 형태의 일반적 명칭이다. FDA는 rebiana가 다목적 감미료로 안전하게 사용될 수 있다고 하였다.

맛있는 팁

어린 아가베

아가베즙은 미국 남서부와 멕시코가 원산지인 식물, 푸른 아가베(용설란)로 만든 영양적인 감미료이다. 이 즙은 성숙한 용설란으로 만들어지며, 식품과 음료를 달게 하는 꿀처럼 사용할 수 있는 순한 향의 시럽으로 정제된다. 영양적으로 아가베즙은 꿀과 유사하지만, 일부 제품은 과당이 더 높은 경우도 있다.[3] 과당을 포함한 과잉의 탄수화물은 체내에서 지방으로 변환될 수 있으므로, 이 감미료는 소량으로 사용해야 한다.

5.1.b 감미료

설탕과 시럽은 에너지를 공급하므로 영양적 감미료이다, 단당류 또는 이당류의 각 1 g은 4 kcal를 제공한다. **그림 5.1**에 열거된 영양적 감미료들 중 하나가 제품의 표시에 있는 첫 번째 또는 두 번째 성분이면, 그 식품은 아마 다량의 당을 포함하고 있다.

과당은 포도당보다 훨씬 달콤한 맛이 나고, 옥수수에서 쉽게 만들어진다. 그러므로 식품 제조업체들은 가당한 "일반" 청량음료, 사탕, 빵 제품을 만들 때, 종종 다량의 고과당 옥수수 시럽(HFCS)을 첨가한다. **표 5.2**는 상용되는 식품과 음료에 함유된 (테이블 설탕과 HFCS 등의) 첨가당의 양을 나타낸다,

Cholesterol	Less than	300mg	300mg
Sodium	Less than	2,400mg	2,400mg
Total Carbohydrate		300g	375g
Dietary Fiber		25g	30g

성분: 천연 설탕, 황설탕, 테이블 설탕, Turbinado 설탕, 제과용 또는 가루 설탕, 코코넛 설탕, 대추야자 설탕, 증류한 사탕수수 주스, 과립형 사탕수수 주스, 옥수수 감미료, 옥수수 시럽, 고과당 옥수수 시럽(HFCS), 배양된 옥수수 시럽, 고맥아당 옥수수 시럽, 아가베즙, 메이플 시럽, 당밀, 꿀, 농축 과일 주스, 과일 주스 감미료, 포도당, 덱스트로오스, 폴리덱스트로오스, 과당(레블로오스), 전화당, 유당, 맥아당, 말토덱스트린, 솔비톨, 만니톨, 자일리톨, 에리스리톨

그림 5.1 **설탕과 그 외 영양적 감미료.** 제품에 표시된 성분표를 읽고 첨가당의 급원을 알 수 있다.

표 5.2 식품 중 첨가당 함량

식품	1회제공량	Kcal	대략적인 첨가당 양 (1큰술)
도넛, 케이크	직경 3¼인치	226	
초콜릿 칩 쿠키, 상품명	중간 것 2개 (50 g)	239	
설탕장식 콘플레이크	¾컵	114	
초콜릿 맛 2% 우유	1컵	158	
아이스크림, 바닐라, 소프트, 저지방	½컵	111	
초콜릿 캔디 아몬드바	1.76온스	235	
사과 파이, 더블 크러스트	1/6, 직경 8인치 파이	277	
스낵 스폰지 케이크, 크림 채운	1 cake (43 g)	157	
요구르트, 바닐라 저지방	8온스	193	
콜라, 캔	12온스	136	
과일 펀치 음료	12온스	175	
초콜릿 밀크 쉐이크, 패스트 푸드	16온스	580	

Adapted from: Krebs-Smith SM: Choose beverages and foods to moderate your intake of sugars:Measurement requires quantification. *Journal of Nutrition* 131: 527S, 2006.

대체감미료(alternative sweeteners) 음식에 첨가하여 단맛을 내면서 칼로리가 거의 없는 물질

인공감미료[nonnutritive ("artificial") sweeteners] 합성된 대체감미료이며 설탕과 비교하여 단맛이 매우 강한 물질

대체감미료

대체감미료(alternative sweeteners)는 칼로리가 없거나 자당보다 더 적은 칼로리를 제공하면서, 음식에 첨가하여 단맛을 내는 물질이다. 대체감미료에는 당 알코올인 **소르비톨, 자일리톨, 에리스리톨**(Nectresse™), **만니톨**이 있다. 당알코올은 당과는 달리, 충치를 일으키지 않는다. 따라서, 이들 화합물은 무설탕 껌, 박하사탕 및 "당뇨"사탕과 같은 제품에서 설탕대신 사용된다. 당알코올은 장관에 의해 완전히 흡수되지 않고, 그 결과, 평균 2 kcal/g을 제공한다. 에리스리톨을 제외하고, 당알코올은 다량섭취하면 설사를 일으킬 수 있다.

인공감미료[nonnutritive ("artificial") sweeteners]는 합성된 대체감미료이며, 다음과 같은 것이 있다:

- 사카린,
- 네오탐,
- 아스파탐,
- 몽크프루트 추출물,
- 아세설팜-K,
- 스테비아 잎 추출물.
- 수크랄로스,

인공감미료는 동량의 설탕과 비교하여 단맛이 매우 강하다(**표 5.3**). 그러므로 음식의 단맛을 내기 위해서 매우 소량으로 충분하며, 그 결과 이들 감미료는 1회 제공량당 에너지가 전혀 없다.

인공감미료는 사람들이 자신의 에너지 섭취를 조절하고, 식욕을 증가시키지 않고 자신의 체중을 관리하는 데 도움이 될 수 있다.[4] 그러나 대부분의 "무설탕" 또는 "당뇨" 식품은 무칼로리가 아니다. 또한 일부 연구결과는 인공감미료를 첨가한 식품과 음료는 과도한 칼로리 소비를 촉진할 수 있다고 주장한다. 왜? 더 많은 연구가 필요하지만, 인공감미료를 함유한 제품의 맛은 달콤한 음식과 음료의 섭취를 조절하는 능력을 방해할 수 있다.[5]

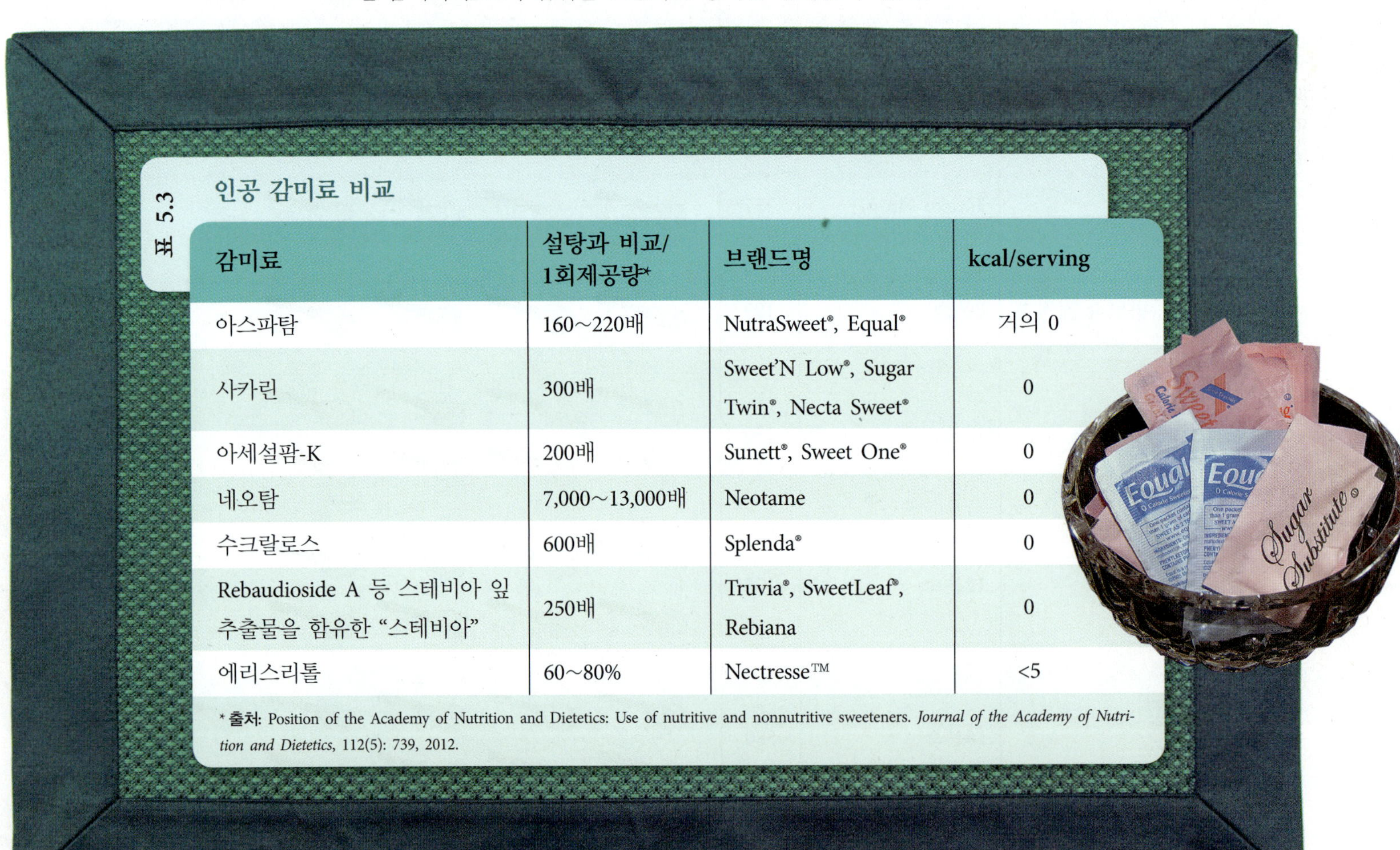

표 5.3 인공 감미료 비교

감미료	설탕과 비교/1회제공량*	브랜드명	kcal/serving
아스파탐	160~220배	NutraSweet®, Equal®	거의 0
사카린	300배	Sweet'N Low®, Sugar Twin®, Necta Sweet®	0
아세설팜-K	200배	Sunett®, Sweet One®	0
네오탐	7,000~13,000배	Neotame	0
수크랄로스	600배	Splenda®	0
Rebaudioside A 등 스테비아 잎 추출물을 함유한 "스테비아"	250배	Truvia®, SweetLeaf®, Rebiana	0
에리스리톨	60~80%	Nectresse™	<5

* **출처:** Position of the Academy of Nutrition and Dietetics: Use of nutritive and nonnutritive sweeteners. *Journal of the Academy of Nutrition and Dietetics*, 112(5): 739, 2012.

맛있는 팁

꿀은 식품 저장법에 의해 파괴되지 않는 치명적인 세균인 클로스트리디움 보툴리눔(*Clostridium botulinum*)의 포자를 함유할 수 있다.[6] 이 포자는 유아의 장관 내에서 활성화되어 신경에 매우 유독한 독을 생성할 수 있다. 따라서 꿀은 유아에게 보툴리누스 중독을 일으킬 수 있기 때문에 12개월 이하의 어린이에게 먹이거나, 영유아용 식품에 사용해서는 안 된다.[7] 청소년과 성인은 성숙한 위가 산을 충분히 생성하여 세균의 포자를 파괴할 수 있으므로 안전하게 꿀을 먹을 수 있다.

인공감미료는 안전한가?

미국 영양학회에 따르면, 미국 식품의약국(FDA)의 승인을 받은 모든 인공감미료는 안전하다.[4] FDA 등 국제보건안전조직은 특정 인공감미료의 **일일 허용섭취량**(ADIs)을 설정했다**(표 5.4)**. ADI는 평생 동안 매일 안전하게 소비할 수 있는 인공감미료의 양이다.[4]

아스파탐은 어떤가?

아스파탐은 페닐알라닌과 아스파라긴산, 두 가지 아미노산(단백질의 구조물)으로 구성된다. **페닐케톤증**(*PKU*)이 있는 사람들은 아스파탐과 단백질이 풍부한 특정 음식을 피해야 한다. PKU는 희귀 유전적 질환으로 신체가 페닐알라닌을 적절하게 사용하지 못한다. PKU를 진단하기 위해 의사들은 일반적으로 출생 후 48시간 이내의 유아에게 간단한 혈액 검사를 한다. PKU를 가진 유아를 특수 식이요법으로 치료하지 않는 경우, 페닐알라닌이 혈액에 축적되어 심각한 뇌손상을 일으킨다. FDA는 아스파탐이 포함되어 있는 모든 식품의 표시에 다음과 같은 경고문을 쓰도록 요구한다:

PHENYLKETONURICS: 페닐알라닌을 포함한다.[8]

표 5.4 특정 인공감미료의 일일 허용섭취량

식품/음료	인공 감미료	양
다이어트콜라	아스파탐	18~19, 12온스캔
Packets	사카린	9~12팩
레몬-라임 청량음료	아세설팜-K	30~32, 12온스캔
다이어트콜라	수크랄로스	6, 12온스캔

출처: Mattes RD, Popkin BM: Non-nutritive sweetener consumption in humans: Effects on appetite and food intake and their putative mechanisms. *American Journal of Clinical Nutrition* 89(1): 1, 2009.

다당류(polysaccharides) 10개 이상의 단당류가 결합하여 구성된 화합물

전분(starch) 식물의 포도당 저장 형태

글리코겐(glycogen) 인간과 다른 동물의 포도당 저장 형태

식이섬유(dietary fiber, fiber) 소화되지 않는 식물성 물질; 대부분 다당류의 형태

수용성 식이섬유(soluble fiber) 물에 녹거나 물을 흡수하여 팽창하는 식이섬유 형태

불용성 식이섬유(insoluble fiber) 일반적으로 물에 녹지 않는 식이섬유 형태

5.1c 전분

식물과 동물의 세포는 포도당 분자를 결합하여 **다당류(polysaccharides)**라 불리는 긴사슬을 만든다. 세포는 에너지를 저장하기 위해 다당류를 사용한다; 식물 세포는 또한 줄기와 잎과 같은 구조적 성분을 만들기 위해 다당류를 사용한다. 가장 일반적인 식이 다당류는 수백개의 포도당 분자로 이루어지고, 소화할 수 있는 형태와 소화되지 않는 형태가 있다.

전분과 글리코겐

식물은 포도당을 **전분(starch)**이라는 다당류로 저장한다. 소화관은 전분을 포도당 분자로 소화하여 흡수할 수 있다.

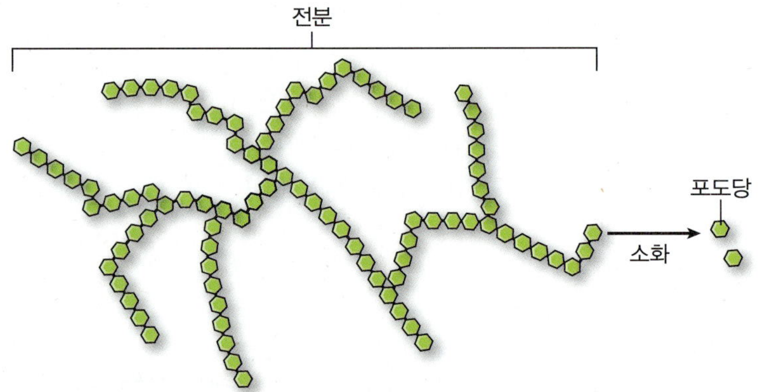

전분은 소화되어 포도당 분자를 생성한다.

씨앗, 뿌리, 그리고 괴경(*tubers*)이라 불리는 지하줄기는 종종 전분을 함유한다. 전분식품은 다음과 같다:

- 밀, 쌀, 보리, 귀리로 만든 빵과 시리얼 제품;
- 옥수수, 호박, 콩, 완두콩과 같은 채소;
- 감자, 고구마, 토란, 카사바 및 히카마 등의 괴경.

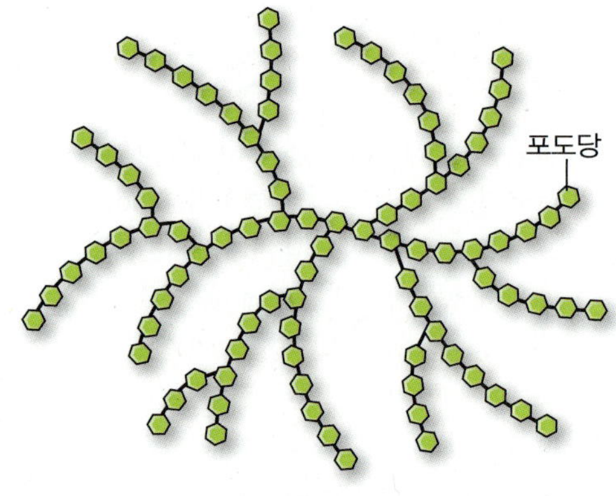

글리코겐

동물은 포도당을 글리코겐("동물성 전분")이라는 다당류로 저장한다. 체내 **글리코겐(glycogen)** 저장량은 제한되어 있다. 근육과 간은 글리코겐의 생성과 저장을 위한 주요 장소이다. 근육은 글리코겐을 함유하지만, 근육 글리코겐은 동물이 사망한 후, 곧 분해되기 때문에, 대부분의 동물성 식품(예를 들어, 고기 또는 생선과 가금류의 살)은 탄수화물의 급원이 아니다.

5.1d 식이섬유

식이섬유(dietary fiber, ***fiber*****)**의 대부분은 포도당과 같은 단당류로 구성되어 있지만, 인체 내에서 소화될 수 없다. 셀룰로오스, 헤미셀룰로오스, 펙틴, 검, 그리고 뮤실라즈는 탄수화물 형태의 식이섬유이다. 식물의 목질부와 씨앗에 있는 리그닌은 유일하게 탄수화물이 아니다.

식이섬유는 소화되지 않으므로, 인간의 장을 통과해서 대변으로 배설된다. 단지 식물성 식품만 식이섬유를 제공하고, 동물의 살은 소화가능한 단백질인 근육섬유를 갖는다.

식이섬유에는 **수용성 식이섬유(soluble fiber)**와 **불용성 식이섬유(insoluble fiber)**, 두 가지 유형이 있다:

- 수용성 식이섬유는 물에 녹거나 물을 흡수하여 팽창한다.
- 불용성 식이섬유는 일반적으로 물에 녹지 않는다.

표 5.5 식이섬유의 분류

형태	성분	생리적 효과	급원 식품
불용성	셀룰로오스, 헤미셀룰로오스	대변량 증가, 배변 속도 증가	모든 식물 보리, 귀리, 현미, 채소류
	리그닌	대변량 증가, 배변 속도 증가	전곡, 밀기울
수용성	펙틴, 검, 뮤실라즈, 일부 헤미셀룰로오스	위체류시간 증가; 포도당 흡수지연; 혈중 콜레스테롤 저하	사과, 바나나, 감귤류, 당근, 귀리, 보리, 질경이씨앗(psyllium seeds), 콩류, 기타 식품에 첨가된 증점제

식이섬유는 인체 내에서 소화되지 않지만, 수용성 및 불용성 식이섬유는 각각 중요한 건강상 이점을 제공한다. 수용성 식이섬유는 콜레스테롤과 결합하고, 포도당의 흡수를 지연시키며, 그 결과 혈중 콜레스테롤과 혈당 수치를 줄이는 데 도움이 된다. 불용성 식이섬유는 배변을 용이하게 하도록 대변의 "양"을 증가시킨다. **표 5.5**는 다양한 종류의 식이섬유의 용해도, 체내 효과, 수용성과 불용성 식이섬유의 주요 급원 식품에 대한 정보를 제공한다. 식물성 식품은 일반적으로 두 가지 형태를 모두 포함한다. **표 5.6**은 일부 식품의 식이섬유 함량을 나열한 것이다.

표 5.6 상용식품의 식이섬유 함량

식품	식이섬유(g)	식품	식이섬유(g)
쪼갠 완두콩, 익힌 것 (1컵)	16.3	깍지콩, 익힌 것 (1컵)	4.0
검은 콩, 익힌 것 (1컵)	15.0	바나나, 저민 것 (1컵)	3.9
귀리 껍질, 생것 (1컵)	14.5	아몬드 (24알)	3.5
강남콩, 통조림 (1컵)	13.6	사과, 껍질째 (약 4.5온스)	3.3
병아리콩, 익힌 것 (1컵)	12.5	딸기, 생것, 저민 것 (1컵)	3.3
구운 콩, 통조림 (1컵)	10.4	당근, 생것 (1컵)	3.1
켈로그 올브랜 시리얼 (½컵)	8.8	오렌지, 생것 (1개)	3.1
완두콩, 익힌 것 (1컵)	8.8	보리, 익힌 것 (½컵)	3.0
라즈베리, 생것 (1컵)	8.0	자두, 말린 것 (5개)	3.0
블랙베리 (1컵)	7.6	통곡물빵 (1조각)	1.9
켈로그 건포도 시리얼 (1컵)	6.8	로메인 상추 (1컵)	1.2
브로콜리, 익힌 것 (1컵)	5.1	아이스버그 상추 (1컵)	0.7
구운 감자, 껍질째 (약 6.5온스)	4.4	흰 빵 (1조각)	0.7

출처: Data from U.S. Department of Agriculture, Agricultural Research Service, USD Nutrient Data Laboratory: *USDA Nutrient database for standard reference, release 25, 2012.*

5.1e 탄수화물은 어느 정도 섭취해야 하는가?

영양적으로 적절한 식단은 총 에너지의 45~65%를 탄수화물에서 제공해야 한다.[9] 2세 이상 미국인의 전형적인 식사는 탄수화물에서 약 52%의 칼로리를 공급한다(**그림 5.2**).[10]

첨가당

2012년, 미국인은 평균적으로 하루에 22작은술이 약간 넘는 첨가당을 소비했는데, 이것은 2,000 kcal/day를 공급하는 식이에서 에너지의 18%에 해당하는 양이다.[1] 미국농무부에 따르면, 2,000 kcal/day의 식이를 섭취하는 사람은 첨가당의 섭취를 하루에 최대 8작은술로 제한해야 한다.[4]

미국인의 식이에서 첨가당의 주요 급원은 가당음료이며, 그 종류로는 탄산음료, 과일에이드, 비타민 음료, 에너지 음료 등이 있다.[11] 12온스(340 ml) 캔의 콜라 맛의 가당 청량음료는 약 33 g의 고과당 옥수수시럽을 함유하고, 이것은 약 8작은술의 설탕에 해당된다.[12] 12온스의 100% 오렌지주스에는 31 g의 천연 설탕이 들어 있다. 이 두 가지가 비슷한 양의 설탕을 함유한다고 해서, 과일주스 대신 가당 청량음료를 마셔야 할 것인가? 콜라와 다른 청량음료와 달리, 오렌지, 자몽, 그리고 크랜베리 주스와 같은 100% 과일주스는 수용성 비타민과 항산화제인 피토케미칼을 제공한다. MyPlate에 따르면, 성인은 매일 1.5~2컵의 과일이나 과일류를 섭취해야 하고, 그 중 일부는 100% 과일주스도 가능하다.

다음 정보는 가당음료의 섭취를 줄이도록 도울 수 있다:

맛있는 팁

통조림 과일은 종종 설탕 시럽으로 채워져 있다. 물이나 자체 주스로 채워진 과일 통조림을 구입하는 것이 좋다. 과일 통조림이 설탕시럽에 들어 있다면, 과일을 먹기 전에 물에 헹구어낸다. 또한 설탕이 첨가되지 않은 냉동 과일을 선택한다.

- 청량음료 대신 천연적으로 칼로리가 없으면서 갈증을 없애주는 것—물—을 선택한다. 일반 물에 레몬이나 라임, 또는 신선하거나 냉동된 딸기류 저민 것을 넣어 마셔도 좋다.
- 오렌지 또는 다른 100% 과일주스에 소다수를 같은 양으로 첨가해서 청량 탄산음료를 만든다.
- 과일 "음료", "펀치", "혼합", "칵테일" 또는 "에이드"는 피한다, 왜냐하면 이들은 종종 과일주스는 거의 들어 있지 않으면서 다량의 첨가당을 함유하고 있기 때문이다.
- 미리 단맛이 가미된 커피와 차의 섭취를 제한한다. 스스로 직접 커피와 차를 타서, 설탕 넣는 양을 조절하면 돈을 절약할 수도 있다. 더 바람직한 것은 차와 커피에 설탕을 넣지 않고 마시는 것이다!

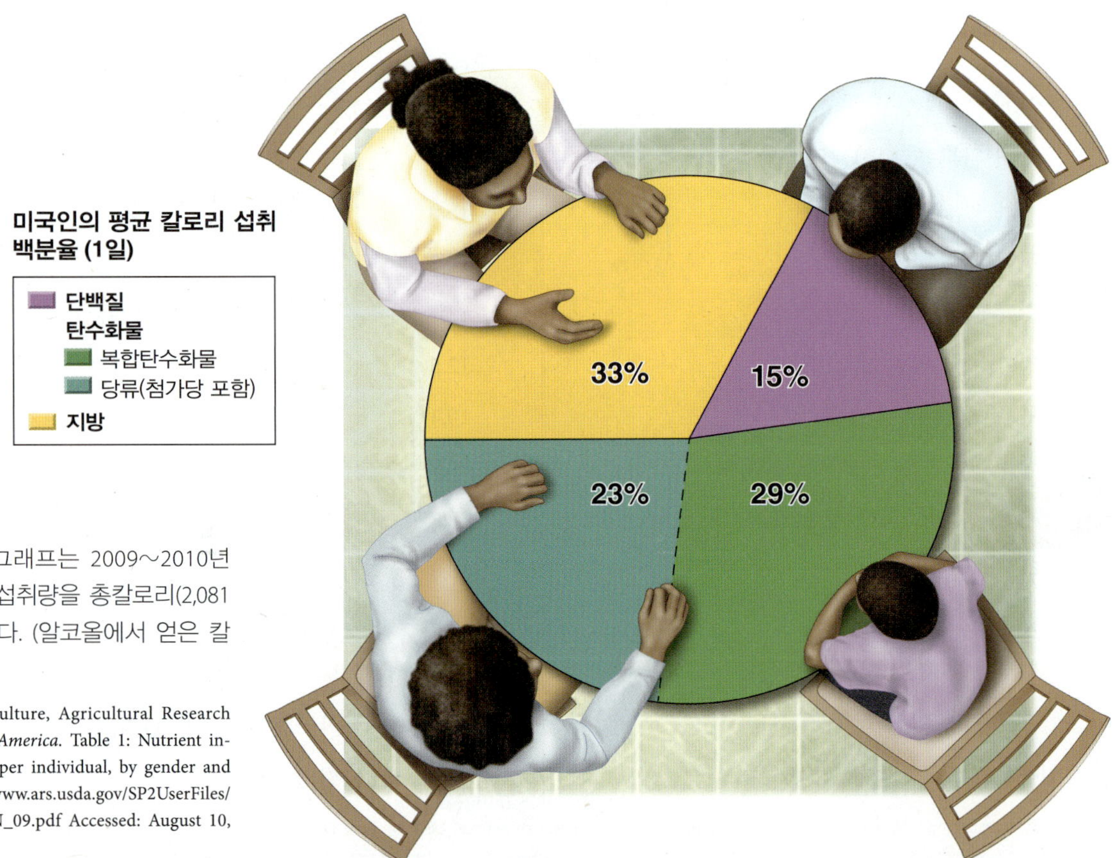

그림 5.2 다량영양소 섭취. 이 그래프는 2009~2010년의 미국인의 평균적인 다량영양소 섭취량을 총칼로리(2,081 kcal)에 대한 백분율로 나타낸 것이다. (알코올에서 얻은 칼로리는 포함시키지 않았음.)

출처: Data from U.S. Department of Agriculture, Agricultural Research Service: *NHANES, 2009–0, What we eat in America*. Table 1: Nutrient intakes from food: Mean amounts consumed per individual, by gender and age, in the United States, 2009–010. http://www.ars.usda.gov/SP2UserFiles/Place/12355000/pdf/0910/Table_1_NIN_GEN_09.pdf Accessed: August 10, 2012.

모듈 5.2

섭취한 탄수화물은 어떻게 되는가?

5.2 - 학습목표

1. 이 모듈의 주요 용어를 모두 정의한다.
2. 인체가 탄수화물을 소화하고, 다량영양소를 에너지원으로 사용하는 과정을 설명한다.
3. 인체가 어떻게 혈당치를 조절하는지 설명한다.

타액 아밀라아제(salivary amylase) 침샘에서 분비되어 입에서 전분의 소화를 시작하는 효소

말타아제(maltase) 맥아당을 두 개의 포도당으로 분해하는 효소

슈크라아제(sucrase) 자당을 포도당과 과당으로 분해하는 효소

락타아제(lactase) 유당을 포도당과 과당으로 분해하는 효소

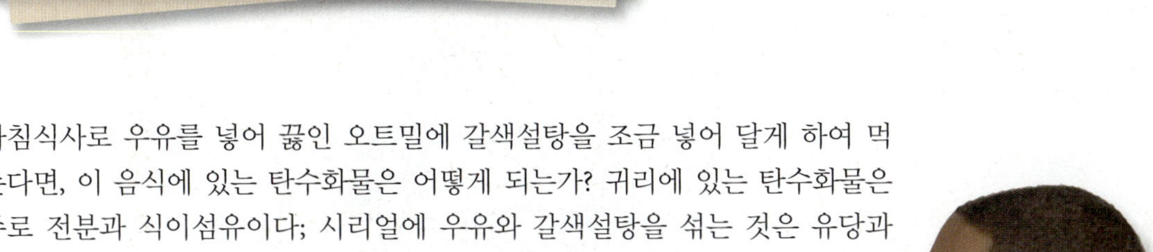

아침식사로 우유를 넣어 끓인 오트밀에 갈색설탕을 조금 넣어 달게 하여 먹는다면, 이 음식에 있는 탄수화물은 어떻게 되는가? 귀리에 있는 탄수화물은 주로 전분과 식이섬유이다; 시리얼에 우유와 갈색설탕을 섞는 것은 유당과 자당을 첨가하는 것이다. **그림 5.3**은 이 식사에 있는 탄수화물 종류를 포함하여 탄수화물 소화의 주요 단계를 나타낸다. 이 과정에 관련된 **타액 아밀라아제(salivary amylase)** 등의 효소에 주목한다.

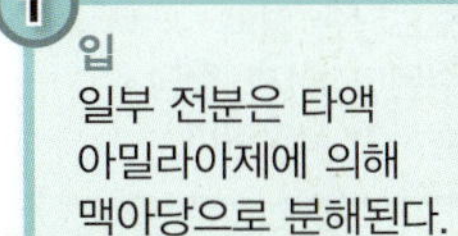

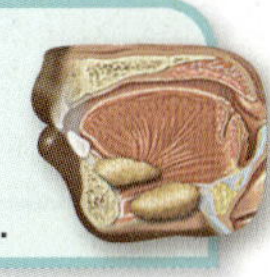

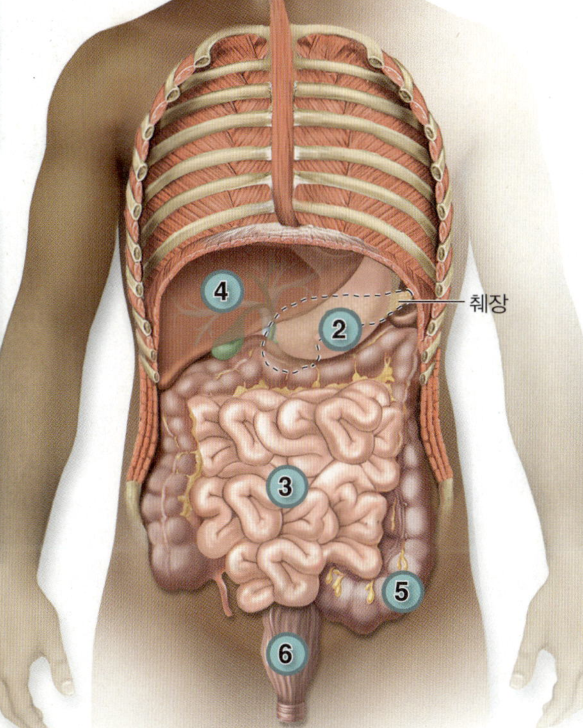

그림 5.3 탄수화물의 소화, 흡수, 배설.

■ 탄수화물 소화의 최종 산물은 무엇인가?

인슐린(insulin) 혈당을 저하시키는 호르몬

글루카곤(glucagon) 혈당을 증가시키는 호르몬

그림 5.3의 5단계는 대장에 있는 세균이 자신의 영양소 필요량을 위해 일부 식이섬유를 대사하는 것을 보여준다. 대사결과로 얻은 부산물은 대장 내벽의 세포에 의해 에너지로 사용될 수 있다. 그러나 1 g의 식이섬유는 3 kcal 미만을 생성한다.[9] 미국인은 평균적으로 매일 단지 약 16 g의 섬유소를 섭취한다; 따라서 식이섬유는 일반적인 사람의 에너지 섭취에 거의 기여하는 것이 없다.[10]

5.2a 정상 혈당 유지

포도당은 세포의 주요 연료이다. 따라서 호르몬은 신중하게 혈당치를 유지한다. 췌장에는 베타 및 알파 세포를 포함하여 다양한 형태의 세포가 있다. 베타 세포는 **인슐린(insulin)**을 생산하고, 알파 세포는 **글루카곤(glucagon)**을

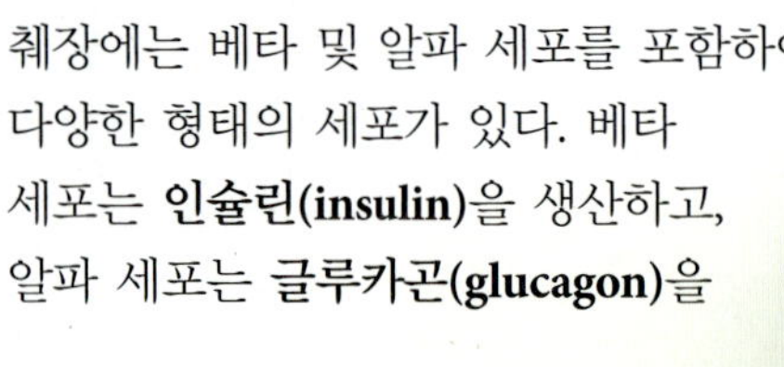

필수개념

5.1 체내 혈당 조절과정

만든다. 이 두 호르몬은 혈당 수준을 조절하는데 중요한 역할을 한다. 신체가 건강한 경우, 인슐린과 글루카곤은 70~110 mg/dl 사이의 혈당 수준을 유지하도록 돕는다.[13] **필수개념 5.1**은 인슐린과 글루카곤이 어떻게 체내 혈당 수준을 조절하는지 보여준다.

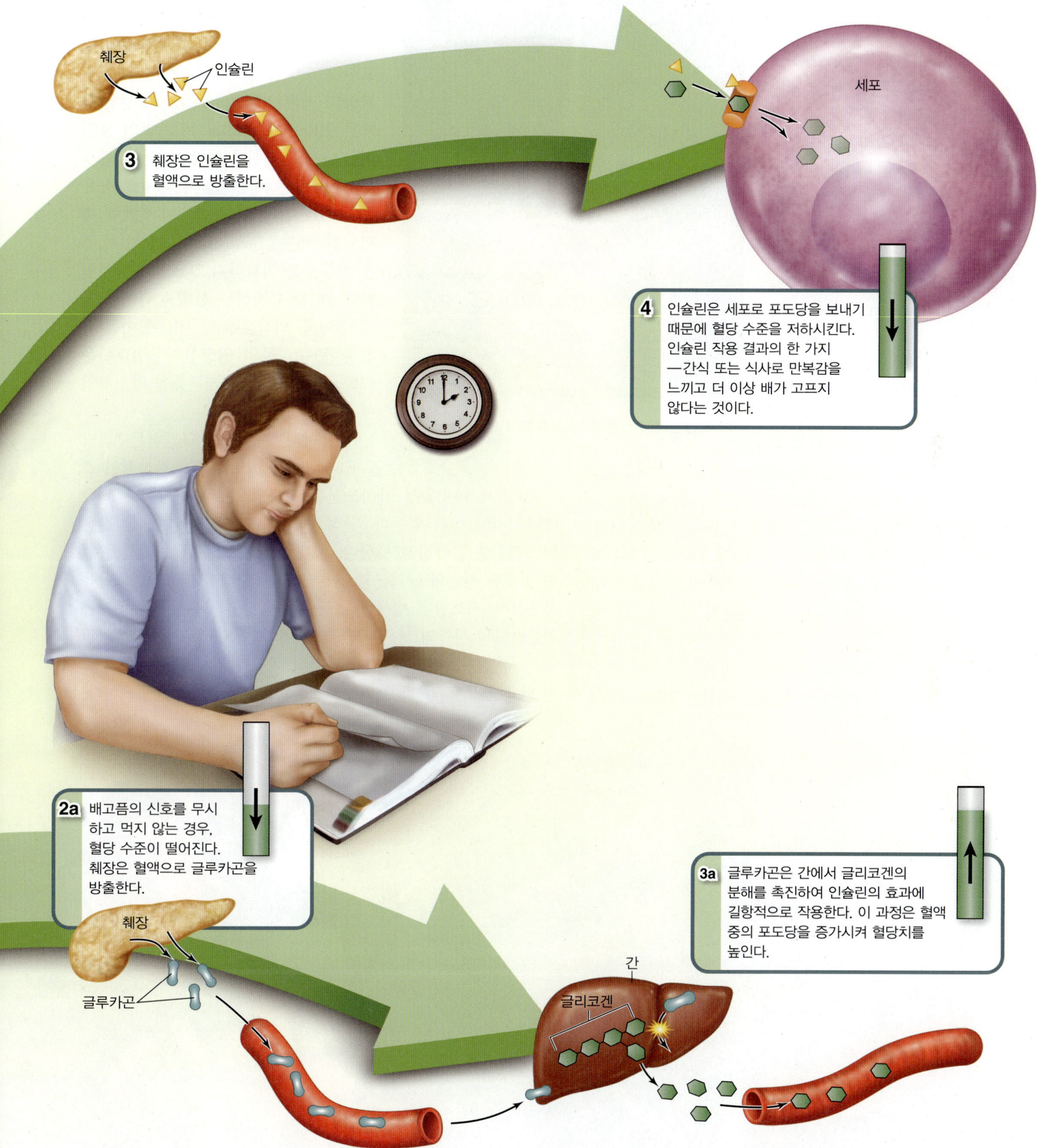

5.2b 포도당의 운명

포도당은 세포로 들어간 후 어떻게 되는가? 포도당을 사용하는 근육과 다른 세포가 에너지를 필요로 하는 경우, 단순당류가 대사되어 에너지를 생산할 것이다. 식사를 하고 휴식을 취할 때, 인체는 여분의 포도당을 글리코겐으로 저장한다. 글리코겐 저장량이 최대량에 도달하면, 간은 과다한 포도당을 지방으로 변환시키고 혈류로 방출할 수 있다. 혈액 중의 지방은 이동되어 지방 세포에 축적된다. 따라서 포도당의 급원 식품을 너무 많이 섭취하면 과도한 에너지 섭취와 체중 증가를 초래할 수 있다.

"지방은 탄수화물의 불꽃 속에서 연소된다."

에너지를 위한 포도당

세포는 포도당을 대사하여 에너지를 생성한다. 포도당은 체내 세포를 위한 주된 연료이다. 또한 뇌와 기타 신경계 세포 및 적혈구는 주로 포도당을 연소시켜 에너지를 얻는다. 공급원에 관계없이 1 g의 포도당은 4 kcal를 제공한다. 포도당은 "완전연소" 연료이다—세포는 포도당을 완전 연소시킬 수 있으며, 노폐물로 탄산가스와 물을 방출한다. Unit 4와 10은 에너지 대사에 대한 많은 정보를 제공한다. 부록 D에 세포가 포도당을 대사하여 에너지를 얻는 데 관여하는 주요 화학적 경로를 요약하였다.

세포가 정상적으로 지방을 대사하여 에너지를 얻으려면 소량의 포도당이 필요하다. 단식이나 기아 또는 극심한 저탄수화물/고단백 식이(예를 들어, Atkins식단)를 할 때, 체내 세포는 에너지를 얻기 위해 정상보다 훨씬 많은 양의 지방을 사용해야 한다. 이러한 상황이 발생하면, 세포가 효과적으로 지방을 대사하기에 필요한 포도당이 충분하지 않다. 그 결과, 과량의 **케톤체**("ketones")가 생성된다. **케톤체(ketone bodies)**는 지방의 불완전한 대사로 생성된 화학물질이다. 근육과 뇌 세포는 케톤체를 에너지로 사용할 수 있지만, 이들 화합물이 혈액에 축적되면, 케톤증(ketosis)이 발생한다. 중증 케톤증은 치료하지 않으면 정상적인 혈액상태를 유지하는 신체 능력에 지장을 주어서, 의식장애 및 사망에 이를 수 있다. 탄수화물의 권장섭취량(RDA)은 130 g/일이다.[9] 이는 케톤증을 방지하기에 충분한 양이다.

아미노산은 단백질을 구성하는 "빌딩 블록(building blocks)"이다. 정상적인 조건에서, 세포는 특정 아미노산을 포도당으로 변환하여 필요한 에너지의 소량을 얻는다. 단식요법은 포도당과 아미노산 같은 에너지원을 공급하지 못한다. 체내 에너지 요구를 충족하기 위해 굶주린 사람의 골격근과 다른 조직은 단백질에서 아미노산을 사용하여, 포도당을 생성한다. 근육 단백질을 사용하여 에너지를 얻음으로써 사람의 생존 시간을 연장하지만, 근육 손실, 허약, 결국은 사망을 초래하게 된다. 따라서 에너지에 사용되는 체내 조직 단백질을 "절약"하기 위해 어느 정도의 탄수화물은 필요하다.

케톤체(ketone bodies) 지방의 불완전한 분해과정으로 생긴 화합물

모듈 5.3

탄수화물과 건강

5.3 - 학습목표

1. 이 모듈의 주요 용어를 모두 정의한다.
2. 과도한 탄수화물 섭취가 비만에 어떻게 관여하는지를 설명한다.
3. 제1형 및 제2형 당뇨병의 차이점에 대해 토론하고, 공통된 징후와 각 장애의 증상을 나열한다.
4. 제2형 당뇨병의 위험 요소와 이 질병을 예방할 수 있는 조치를 설명한다.
5. 탄수화물이 충치에 어떻게 기여할 수 있는지를 설명한다.
6. 수용성과 불용성 식이섬유의 건강상 이점을 설명한다.
7. 유당 불내증이 발생하는 이유를 설명하고, 그 징후와 증상을 감소시키는 식이적 조치에 대해 논의한다.

5.3a 탄수화물은 살 찌게 하는가?

현대의 미국인은 20년 전보다 더 뚱뚱하다. 탄수화물이 비만을 유발하는가? 지방, 단백질 및 알코올뿐만 아니라, 탄수화물로부터의 과도한 칼로리 섭취는 과잉 체지방을 초래한다. 탄수화물을 과다하게 섭취하면, 포도당의 일부는 체내에서 지방으로 변환하지만, 대부분은 생물학적 연료로 "연소"된다. 그 결과, 식이 지방은 연료로 사용되지 않고, 지방세포에 저장된다. 따라서 탄수화물을 너무 많이 섭취하면 원치 않는 체중 증가를 초래할 수 있다.

정제된 탄수화물, 특히 첨가당을 다량 함유한 식품은 단백질, 지방 및 식이섬유를 많이 함유한 식품만큼, 공복감을 충족시키지 못한다. 그 결과, 고단백, 고지방, 또는 고식이섬유 식이나 간식을 섭취한 경우보다, 첨가당과 정제된 전분을 많이 포함한 식이나 간식을 섭취한 후에 더 금방 배가 고파질 수 있다.

일부 영양학자들은 고과당 옥수수시럽으로 달게 한 청량음료에 대한 미국인의 사랑이 비만 인구의 증가율에 큰 책임이 있다고 생각한다.[11] 가당 청량음료("액체 사탕")를 마시는 사람들이 고형식품에서의 에너지 섭취를 그만큼 줄이지 않으면, 너무 많은 칼로리를 섭취하여 체지방을 축적하게 된다. 그러므로 가당 청량음료를 마시는 것은 제2형 당뇨병의 위험을 증가시킬 수 있다.[11] 달콤한 청량음료가 비만에 어떻게 기여하는지에 대해 더 많은 연구가 필요하다.

지방 1 g은 탄수화물 1 g보다 두 배 이상의 칼로리를 제공한다. 그러나 사람들은 종종 바람직하지 않은 체중 증가에 대해 탄수화물 때문이라 생각한다. 왜? 전분과 설탕은 종종 버터, 기름, 또는 가공 식품에서의 쇼트닝 등의 "숨겨진 지방"과 결합한다. 지방은 음식 맛을 풍부하고 부드럽게 만들며, 그 유혹은 견디기 어렵다. 음식에 설탕을 추가하면, 단맛이 지방의 느끼한 맛을 가려 준다. 스낵 칩, 막대 사탕, 케이크, 쿠키, 파이 등, "탄수화물"과 지방이 결합된 에너지 밀도가 높은 식품의 섭취를 제한하는 것이 쉽겠는가?

단지 한 개만 먹을 수 있는가?

체중 감소를 위한 탄수화물

에너지 필요량의 70% 이상을 탄수화물로 공급하는

이 Unit의 서두에서 인용한 닐 워링턴처럼, 단맛을 내기 위해 꿀을 사용해야 하는가? 꿀은 설탕보다 더 영양가 있는 감미료인가? 닐에게 감미료로 꿀 대신 아가베즙을 사용하도록 추천하겠는가? 왜 이 추천을 하는지 또는 안하는지 이유를 설명하라.

식사, 특히 정제되지 않은 전분을 포함하여, 식이섬유가 풍부한 식품이 함유된 식이는 체중을 감소시킬 수 있다.[14] 이런 식이를 섭취하는 사람들은 일반적으로 덜 먹는다. 식이섬유가 풍부한 식품은 정제된 탄수화물을 다량 함유한 식품보다 더 포만감을 주는 경향이 있기 때문이다.[15]

5.3b 당뇨병

당뇨병(diabetes mellitus, diabetes)은 체내 혈당치가 제대로 조절되지 않는 심각한 만성질환이다. 이 질병은 심지어 공복상태에서도 혈당이 비정상적으로 높게 유지되는 것이 특징이다. 당뇨병은 제1형 및 제2형의 두 가지 주요 유형이 있으며, 당뇨환자의 5~10%가 제1형이다.[16] 성인당뇨의 대부분은 제2형이다. 당뇨병의 두 가지 유형은 연령에 관계없이 모든 사람에게 영향을 미칠 수 있다.

공복시의 혈당이:

- 70~99 mg/dl이면 정상이다;
- 100~125 mg/dl이면 내당능장애이다;
- 126 mg/dl 이상이면 당뇨병이다.

일부 당뇨환자는 체내에서 인슐린이 거의 생산되지 않거나, 필요량을 충족할 만큼 충분히 생산되지 않으므로 혈당치가 높아진다. 다른 경우는, 인슐린이 생산되긴 하지만, 체내 세포가 그 호르몬에 제대로 반응하지 않는 경우이다(인슐린 저항성).

당뇨환자는 공복시 혈당이 높은 것과 함께, 일반적으로 다음 증상을 경험한다:

- 과도한 갈증,
- 빈번한 배뇨,
- 흐릿한 시야,
- 질 곰팡이 감염 (성인 여성),
- 발 통증, 복부 통증,
- 발기 부전(남성),
- 치유되지 않는 상처.

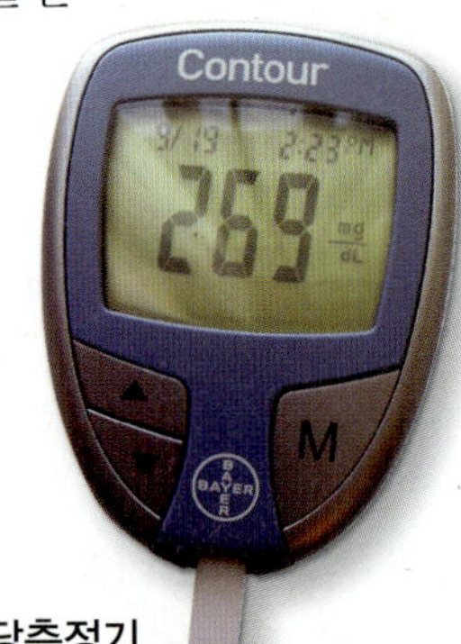

혈당측정기

제1형 당뇨환자가 제대로 관리되지 않으면, 다음 증상이 나타난다:

- 체중 감소와 함께 식욕 증가,
- 과일 냄새가 나는 호흡,
- 피로,
- 혼미상태.

당뇨병을 치료하지 않거나 적절히 관리하지 않으면, 시간이 지나면서 신경, 장기, 혈관을 손상시킨다. 미국 성인의 경우, 당뇨병은 심장질환, 신부전, 실명 및 하지절단의 주요 원인이다. 이 질환은 미국 내 주요 사망원인의 일곱 번째 요인이다.[16]

당뇨환자 수는 놀라운 속도로 증가하고 있다. 2010년, 2,580만 명의 미국인이 당뇨병인 것으로 추정되고 있다; 이중 1,880만 명이 당뇨병 진단을 받았고, 나머지는 질병이 있는지도 몰랐다.

제1형 당뇨병

제1형 당뇨병은 자가면역질환이다. 특정 면역계 세포가 췌장의 자체 인슐린 생성 세포를 인식하지 못할 때 이러한 질병이 발생한다. 그 결과, 면역세포는 췌장세포를 공격하고, 파괴한다. 면역세포 기능부전의 원인은 명확하지 않지만, 유전적 감수성과 환경적 요인, 특히 특정 바이러스성 장염의 감염이 제1형 당뇨병의 발생과 관련이 있다.[17]

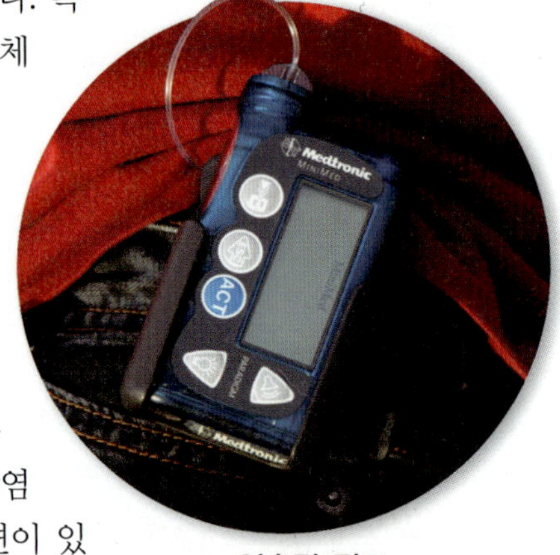

인슐린 펌프

제1형 당뇨환자는 주사나 "인슐린 펌프"라는 장치를 통해 인슐린을 투여 받아야 한다. 인슐린 펌프장치는 보통 허리밴드나 벨트에 착용되며, 인슐린 용기를 가지고 있다. 인슐린 펌프는 환자의 피부 밑으로 삽입된 작은 관을 통해 호르몬이 운반되도록 설계되어 있다.

제2형 당뇨병

가장 흔한 형태의 당뇨병은 제2형 당뇨병이다. 제2형 당뇨환자의 베타 세포는 인슐린을 생산하지만, 체내 세포가 인슐린 저항성을 나타내며, 이는 세포가 호르몬에 적절히 반응하지 않는 것을 의미한다. 그 결과, 혈당치가 비정상적인 수준으로 상승하고, 당뇨병의 징후가 발생한다.

제2형 당뇨병 위험이 높은 사람들은 다음과 같다:

- 신체 활동량이 적고,
- 과체중이나 비만,
- 유전적 관련이 있는 가까운 가족 중에 제2형 당뇨환자가 있는 경우,
- 히스패닉, 아메리카 원주민, 아시아, 아프리카, 또는 태평양 섬사람을 조상으로 둔 경우.[16]

일부 제2형 당뇨환자들은 규칙적인 운동과 체중 감량으로 자신의 질병을 조절할 수 있지만, 다른 환자들은 인슐린을 분비하도록 췌장을 자극하는 약물뿐 아니라, 특별한 식이요법을 해야 한다. 미국 당뇨병협회는 당뇨병의 두 가지 유형에 대한 심층적인 정보를 제공하며, 또한 제2형 당뇨병의 위험여부를 자가진단할 수 있는 온라인 설문조사도 제공한다. 협회의 웹사이트를 방문하면 설문조사를 해볼 수 있다(www.diabetes.org).

임신성 당뇨

여성은 임신기간 중 당뇨병이 생길 수 있다(**임신성 당뇨**). 임신성 당뇨가 적절히 관리되지 않으면 태아는 모체로부터 지나치게 많은 포도당을 공급받는다. 따라서 태아는 빠르게 체중이 늘어나고 출생시 비정상적으로 무거울 수 있다. 큰 아기를 출산하는 것은 산모뿐 아니라 아기에게도 위험하며, 종종 제왕절개 분만이 필요한 경우도 있다. 또한 임신성 당뇨가 있는 여성의 아기는 혈당 조절이 어려울 가능성이 더 높다.[18]

임신성 당뇨였던 여성 중 일부는 분만 후에도 계속해서 당뇨병이 있으며, 비록 회복된 후에도 정상 임신을 한 여성에 비해 향후 제2형 당뇨병의 발생 가능성이 더 높다.

그림 5.4 **카슨 스미스는 제1형 당뇨환자이다.** 그는 하루에 적어도 4번 혈당검사를 한다.

■ 왜 많은 당뇨환자들이 혈당을 모니터해야 하는가?

당뇨병의 모니터링

심각한 합병증을 피하거나 지연시키기 위해 당뇨환자는 정상 또는 정상에 가까운 혈당치를 달성하고 유지할 필요가 있다. 이를 위해서 환자에게 필요한 개별화된 치료와 함께 식사와 간식을 신중하게 계획하고, 그 간격을 넓히는 것이 필요하다.

많은 당뇨환자들은 자신의 혈당치를 확인하기 위해 매일 혈액검사를 한다(**그림 5.4**). 그런 혈액 검사는 단지 한순간의 혈당치를 제공할 뿐이다. 의사는 또한 과거 2~3개월에 걸친 환자의 평균 혈당수준을 알아보기 위해 당화헤모글로빈(A1c)을 측정해야 한다.

헤모글로빈은 산소를 운반하는 적혈구내 화합물이다. 건강한 사람의 헤모글로빈의 약 5%가 A1c이다. **표 5.7**에 A1c 값에 따라 당뇨병을 분류하여 제시하였다.[19] 일반적으로, 당뇨환자는 HbA1c를 7% 이하로 유지하도록 노력해야 한다.[20]

당뇨병(diabetes mellitus, diabetes) 비정상적인 포도당, 지방, 단백질 대사를 나타내는 심각한 만성질환

당뇨환자는 혈당조절을 이해하는 새로운 방법을 사용할 수 있다. 추정 혈당 평균값(eGA)은 혈당 측정기에 의해 제공된 값에 A1c를 연관시키는 방법이다. eGA에 대한 자세한 내용은, 미국당뇨병협회 웹사이트에서 얻을 수 있다: www.diabetes.org.

표 5.7 A1C 값에 따른 당뇨병 분류

진단*	A1c 값
정상	5.7% 미만
내당능장애	5.7~6.4%
당뇨	6.5% 이상

* 당뇨진단검사는 환자가 당뇨의 징후와 증상을 나타내지 않으면 진단을 확인하기 위한 두 번째 검사가 필요하다.

당뇨병은 예방될 수 있는가?

지난 20년 동안 미국에서, 제2형 당뇨병을 가진 성인과 어린이의 수가 크게 증가했다. 제1형 당뇨병의 유병률은 유럽에서 증가하고 있지만, 현재로서는 이 질환의 유병률이 미국에서도 상승하고 있는지는 불분명하다.[21] 제1형 당뇨병을 예방할 수 있는 방법은 없지만, 제2형 당뇨병의 위험은 다음과 같은 방법으로 줄일 수 있다:

혈당지수(glycemic index, GI) 표준량의 포도당 또는 흰 빵과 비교하여 소화 가능한 탄수화물 50 g을 함유한 식품을 섭취한 후의 체내 혈당 반응 측정치

혈당부하(glycemic load, GL) 어떤 식품의 일반적인 1회 제공량에 함유된 탄수화물의 양에 그 식품의 혈당지수를 곱한 값

저혈당증(hypoglycemia) 혈당치가 비정상적으로 낮은 상태

- 과다 체중 감량(필요한 경우),
- 규칙적인 운동,
- 붉은색 고기와 가공육은 줄이고 가금류, 생선, 식이섬유가 풍부한 전곡, 콩, 과일, 채소를 더 많이 포함하는 식사 섭취.[22]

혈당지수

인체는 탄수화물이 풍부한 식품을 서로 다른 속도로 소화하고, 각 식품에 대한 혈당 반응도 다르다. 이 반응은 혈당지수에 의해 평가될 수 있다. **혈당지수(glycemic index, GI)**는 표준량의 포도당 또는 흰 빵과 비교하여, 소화가능한 탄수화물 50 g을 함유한 식품을 섭취한 후의 체내 혈당 반응을 반영한 값이다. 혈당지수가 높은 식품은 70 이상의 값을 갖는다. 콘플레이크(GI = 80)와 같이 탄수화물이 풍부한 식품은 정제된 탄수화물을 다량 포함하므로 빠르게 소화된다. 그 결과, 포도당이 신속하게 혈류로 유입되어, 혈당 및 인슐린 수준을 급격히 상승시킨다.[23] 생당근과 같이 식이섬유 함량이 높은 고탄수화물 식품은 천천히 소화된다. 저혈당지수 식품은 탄수화물 소화속도를 느리게 하여 혈당 및 인슐린 수준을 급격히 증가시키지 않는다. 일부 영양전문가들은 고혈당지수 식품보다 저혈당지수 식품을 많이 포함한 식이를 섭취하는 것이 더 건강하다고 생각한다.

이와 관련한 값인 **혈당부하(glycemic load, GL)**는, 어떤 식품의 일반적인 1회 제공량에 함유된 탄수화물의 양에 그 식품의 혈당지수를 곱하여 결정한다. **필수개념 5.2**는 여러 가지 상용식품의 평균 혈당지수와 혈당부하를 제시한 것이다. 고 GL 식품은 20 이상의 값을 갖는다.

혈당지수와 혈당부하는 식품의 생산 지역, 성숙 정도 또는 가공 정도에 따라 크게 다를 수 있다. 또한 혈당지수와 혈당부하는 혈당치에 영향을 미치는 단일 식품의 효과를 반영한다. 다량영양소가 혼합된 식사로 섭취할 때,

필수개념

5.2 혈당지수와 혈당부하: 특정 식품의 평균값

혈당치의 증가는 급격하지 않을 수 있다.

저혈당지수/혈당부하 식이요법으로 제2형 당뇨병, 심장질환 및 노화와 관련된 특정 안과 질환의 위험을 줄일 수 있다. 그러나 그런 식이를 일반 집단에 권장하기 전에 보다 장기간의 연구가 필요하다.

5.3c 저혈당증

당신이 건강하고 잠시 식사를 하지 않은 경우, 혈당 수준은 떨어지고 배가 고파진다. 식사나 간식을 먹으면 혈당이 올라간다. 혈당치가 70 mg/dl 이하일 때 **저혈당증(hypoglycemia)**이 발생한다.[24] 혈당이 급격히 저하되면, 아드레날린이라고도 알려져 있는 에피네프린 호르몬이 분비된다. 글루카곤과 마찬가지로 에피네프린은 혈액 내 포도당과 지방산의 공급을 증가시키지만, 또한 과민, 긴장, 불안, 발한을 유발할 수 있다. 혈당치가 너무 낮아지면, 세포는 에너지 생성에 필요한 포도당을 충분히 얻을 수 없다. 혈당치가 낮아지면 어지럽고, 의식을 잃거나 사망할 수 있다.

저혈당증은 건강한 사람에게 거의 영향을 미치지 않는다. 고도로 정제된 탄수화물을 많이 먹은 후에는 췌장이 인슐린을 너무 많이 방출하므로 반응성 저혈당증을 초래하는 경우가 있다. **반응성 저혈당**이 있는 사람들은 단 음식을 많이 먹지 말아야 하고, 대신 다량영양소가 혼합된 식사를 조금씩, 더 자주 섭취하는 것이 좋을 것이다.

5.3d 대사증후군

주변 사람 중에 "spare tire(허리 둘레의 군살)", "맥주 배", "love handles(배 둘레의 군살)" 또는 "사과형" 체형을 가진 사람들이 있는가? 너무 뚱뚱한 사람은 종종 과다한 복부 지방을 가지고 있어 위험할 수 있으며, 특히 고혈압, 고지혈증과 고콜레스테롤혈증을 동반할 때 더 위험하다.

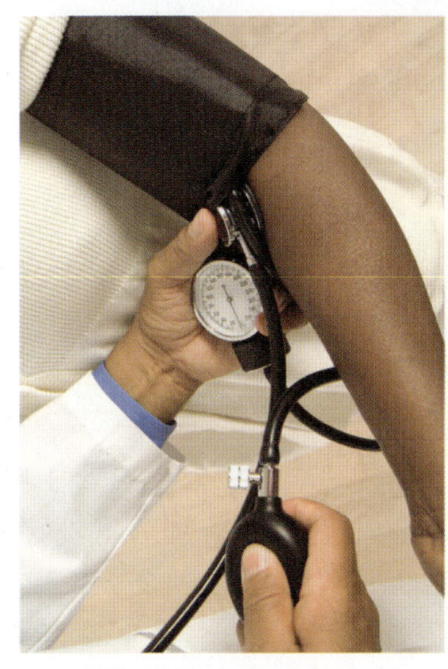

고혈압은 대사증후군의 증상일 수 있다.

오렌지주스 66 12 (8온스)
프렌치프라이 90 21 (2온스)
스파게티(익힌 것) 68 23 (6온스)
플레인 베이글 99 24 (2온스)
콘플레이크 80 21 (1온스)
땅콩 10 0 (2온스)
구운 감자 158 33 (5온스)
젤리빈 114 22 (1온스)

*흰빵(GI = 100)과 비교.

출처: Data from Atkinson FS and others: International tables of glycemic index and glycemic load values: 2008. *Diabetes Care* 31(12): 2281, 2008.

다음과 같은 증상이 세 개 이상 있는 경우, **대사증후군(metabolic syndrome)**으로 분류한다:

- 큰 허리둘레—40인치 이상(남자), 35인치 이상(여성),
- 만성적 고혈압,
- 만성적으로 높은 공복시 혈중 **중성지방** 수준,
- 높은 공복시 혈당수준,
- 낮은 공복시 HDL 콜레스테롤("좋은 콜레스테롤") 수준.

대사증후군이 없는 사람에 비해, 대사증후군 환자는 심혈관 질환의 위험이 두 배로 증가한다.[25] 대사증후군의 발병 가능성을 낮추려면, 건강 체중을 유지하고; 과일, 채소, 견과류, 기타 식이섬유가 풍부한 식품의 섭취를 늘리고; 살코기, 해산물, 가금류, 무지방 또는 저지방 유제품을 선택한다.[26]

5.3e 충치

탄수화물, 특히 치아에 부착되는 단순당은 충치를 유발한다. 치아와 잇몸에 서식하는 세균은 식품 중의 탄수화물을 이용하여 에너지를 얻는다. 세균은 산을 생산하여 치아 에나멜질을 손상하고 충치를 유발한다. 어떻게 하면 60세까지 모든 치아를 온전하게 유지할 수 있을까? 단순 탄수화물, 특히 부착성이 큰 식품의 섭취를 제한하고; 치실질과 양치질을 매일 실시하며; 그리고 정기적으로 치과 검진을 받는다.

5.3f 유당불내증

수백만 미국인은 **유당불내증(lactose intolerance)**으로 고통을 받고 있다. 유당불내증이 있는 사람들은 유당을 포도당과 갈락토오스로 분해하는 효소인 락타아제를 충분히 생산하지 못한다. 유당불내증이 있는 사람이 유당을 섭취하면, 유당이 완전히 소화되지 못하며, 대장에 들어갈 때까지 흡수되지 않는다. 대장에 있는 세균은 유당을 분해하고, 대사산물로 가스와 산을 생산한다. 결과적으로, 유당불내증이 있는 사람은 일반적으로 우유나 그 외 유당 함유 제품을 섭취한 후 몇 시간 내에 장 경련, 팽만감, 가스, 설사를 경험한다.

정상적으로, 유아는 락타아제를 생산하지만, 2세 무렵부터, 소장에서 그 효소를 더 적게 생산하기 시작한다. 많은 청소년과 성인, 특히 아프리카, 아시아, 동유럽계의 사람들은 유당불내증이 있고, 우유를 마신 후 어느 정도의 복부 불편을 경험한다. 유당불내증은 우유 알레르기와 다르다. 우유 알레르기는 우유 단백질에 대한 면역계의 반응이다.

우유 및 유제품은 단백질, 비타민, 칼슘과 인의 훌륭한 공급원이다. 일부 유당불내증이 있는 사람들은 소화관의 문제없이 딱딱한 치즈와 요구르트를 먹을 수 있다.[27] 왜냐하면 체다와 스위스치즈 등의 숙성 치즈를 만드는 과정에서 우유는 유당 함량의 대부분을 잃게 되며, 요구르트를 만들기 위해 사용된 세균은 우유 중 유당의 대부분을 젖산으로 전환시키기 때문이다.

유당을 소화하지 못한다고 생각되면, 평소보다 소량의 우유를 마시고 2~3시간 내에 장내 불편이 있는지 알아본다. 만약 소량의 신선한 우유도 문제가 된다면, 우유 대신 락토오스를 함유하지 않은 두유를 선택할 수 있다. 또 다른 선택은 미리 락타아제로 처리된 우유를 마시는 것이다. 대부분의 슈퍼마켓은 유제품 코너에서 락타아제 처리된 신선한 우유를 판매하고 있다. 또한 처방전 없이도 락타아제 함유 용액과 약을 구입할 수 있다. 신선한 우유를 마시기 전에 간단히 그 용액을 소량 첨가하거나, 유당을 함유한 식품과 함께 약 한 알을 복용한다.

맛있는 팁

자는 동안 우유, 주스, 또는 설탕을 함유한 다른 음료를 마시는 유아와 어린이는 "젖병 증후군"이 될 가능성이 있다. 아이가 졸려서 젖병을 천천히 빨면, 탄수화물이 풍부한 용액이 치아에 붙어서, 충치의 가능성을 높인다. 젖병 증후군의 위험을 줄이기 위해 잠자리의 어린이에게 일반 물병을 주도록 한다.

5.3g 식이섬유와 건강

식이섬유는 없어도 살 수 있기 때문에 필수영양소는 아니다. 그러나 식사에 식이섬유가 풍부한 음식을 더한다면 더 나은 생활을 할 수 있다. 식이섬유가 풍부한 식품을 섭취하면 특정 장관질환, 비만, 당뇨 및 심장병과 뇌졸중을 포함한 심혈관 질환의 위험을 감소시킬 수 있다.

식이섬유와 소화관

고식이섬유식이는 변비를 예방하고 게실 및 치질의 발병을 방지하도록 도울 수 있다(Unit 4 참조).[28] 소화되지 않은 음식물 중의 불용성 식이섬유는 대장에서 크고, 부드러운 분변덩어리의 형성을 촉진한다. 이 분변덩어리는 대장 내부 근육층 벽에 압력을 가한다. 이 압력은 근육을 자극해서 결장을 통해 쉽게 분변을 밀어낸다. 따라서 변비를 치료하기 위

대사증후군(metabolic syndrome) 심혈관 질환의 위험을 증가시키는 상태
유당불내증(lactose intolerance) 유당을 적절하게 소화할 수 없는 것

해 변비약에 의존할 필요가 없을 것이다. 식이섬유가 풍부한 음식을 더 많이, 충분한 양의 물과 함께 먹도록 해보자—그것이 규칙적으로 배변할 수 있는 자연스런 방법이다.

식이섬유와 대장암

현재, 고식이섬유식이를 성인기에서 시작하는 경우, 대장암의 위험을 감소시킨다는 명확한 과학적 증거는 없다.[29] 그러나 고식이섬유식품 섭취는 심혈관계 질환의 위험 감소 등의 다른 중요한 건강상 이점을 제공한다.

식이섬유와 심장 건강

콜레스테롤의 높은 혈중 농도는 심혈관 질환의 위험 증가와 관련되어 있다. 식이섬유, 특히 수용성 식이섬유가 풍부한 식이는 혈중 콜레스테롤 수치를 저하시켜 심혈관 질환의 위험을 줄일 수 있다.[30] Unit 4에서 장은 담즙을 분해하고, 그 성분을 흡수해서, 결국 간으로 들어간다고 언급했다. 간은 담즙 성분을 재활용하여 새로운 담즙을 만든다. 그러나 수용성 식이섬유를 섭취하면, 담즙 성분과 결합해서, 담즙이 흡수되는 것을 방지한다. 따라서 담즙 성분은 배변운동으로 배출된다. 그 결과, 간이 혈액 중 콜레스테롤을 이용하여 새로운 담즙을 만들면서, 혈중 콜레스테롤 수치가 떨어진다.

식이섬유와 체중 조절

과다한 체지방을 줄이고 싶다면, 식이섬유가 풍부한 식품을 더 추가하여 먹는 것이 도움이 될 것이다. 고식이섬유식이는 음식의 부피를 증가시켜 위의 만복감을 느끼게 한다. 또한 고식이섬유식은 같은 양의 저식이섬유식보다 일반적으로 에너지함량이 낮다.[30] 결과적으로, 저식이섬유식에서 고식이섬유식으로 바꾸면, 에너지 섭취량이 감소할 것이다.

식이섬유 섭취량 늘리기

미국의 젊은 남성과 여성의 식이섬유의 충분섭취량(AI)은 각각 38과 25 g/일로 권장되고 있으며, 이는 전형적인 미국인이 먹는 것보다 훨씬 많은 양이다.[10] 다음 정보는 식이섬유 섭취량을 높이는데 도움이 될 수 있다:

- 성분 표시를 읽어서 빵이나 시리얼 제품이 통곡물인지 확인한다; **통곡물** 또는 **밀기울**이 첫 번째 성분이어야 한다.
- 빵 또는 시리얼 제품을 비교할 때, 제품명이나 외관에 의존하지 않고, 성분을 확인한다. "100% 밀", "잡곡", 또는 "맷돌에 간 밀"과 같은 용어는 오해의 소지가 있으며, 제품이 거의 또는 전혀 통곡물을 포함하지 않을 수 있다.
- 현미는 흰 쌀보다 많은 식이섬유와 풍미가 있다. 즉석조리용 현미는 일반 현미보다 요리하는 시간이 적게 걸린다.
- 일반 파스타를 통밀 파스타로 대체하거나, 파스타 요리로 통밀과 일반 파스타를 반씩 사용한다.
- 간식으로 신선하거나, 냉동된, 또는 말린 과일 조각을 먹는다.
- 먹을 수 있는 껍질, 과육, 과일과 채소의 씨앗을 버리지 않고 먹는다. 간식으로 채소를 먹는다.
- 견과류, 콩류, 씨앗류를 더 많이 섭취한다.
- 통밀 크래커에 땅콩버터나 콩 버터를 발라서 식이섬유가 충분한 간식을 만들어 먹는다.
- 팬케이크, 와플, 또는 샐러드에 무염 견과류 또는 껍질 벗긴 해바라기씨를 뿌린다.
- 시리얼이나 플레인 요구르트에 단맛을 내기 위해 설탕이나 꿀 대신 딸기류, 건포도, 또는 바나나와 같은 냉동, 건조, 또는 신선한 과일을 첨가한다.
- 햄버거나 미트로프를 만들 때, 생고기 간 것에 오트밀과 밀 배아를 소량 첨가한다.
- 팬케이크나 와플 반죽에 밀기울, 밀 배아, 오트밀을 첨가한다.
- 1회 제공량당 최소 2.5 g의 식이섬유를 함유하는 포장식품을 선택한다. 제품표시 중의 영양표시에서 식품 중 식이섬유 함량을 알 수 있다.

지나치게 과다한 양의 식이섬유를 섭취하면, 특정 무기질의 장내 흡수가 방해될 수 있다. 이 책의 웹사이트에서 개인 식단분석을 하여, 식이섬유를 포함한 하루 탄수화물 섭취량을 추정할 수 있다.

대장 내 세균은 식이섬유를 대사할 때 가스를 생산하므로, 고식이섬유식은 장내 가스를 증가시킬 수 있다. 헛배(불편하고 당황스런 장내 가스)의 가능성을 줄이기 위해 식사 전에 콩류가 함유된 Beano® 같은 제품을 첨가할 수 있다. Beano®는 소화되지 않은 복합 탄수화물을 장내 세균에 의해 대사되기 전에 분해하는 천연 효소를 가지고 있다. 또한 급하게 먹기; 탄산음료 마시기, 특히 빨대로 마시기; 껌 씹기 등의 공기를 삼키는 행위도 장내 가스 발생을 유발한다.

맛있는 팁

귀리에 있는 수용성 식이섬유를 먹는 건강상 이점은 매우 중요하므로, FDA는 귀리 시리얼(오트밀)의 제조업체가 미국 심장협회의 심장 건강 심볼을 사용하고, 포장 표시에 특정 건강관련 주장을 할 수 있도록 허용하고 있다.

요점정리

모듈 5.1 설탕, 감미료, 전분 및 식이섬유

- 설탕, 전분과 대부분의 종류의 식이섬유는 탄수화물이다. 탄수화물은 체내 중요한 에너지 급원이다. 식물은 태양에너지를 사용하여 이산화탄소와 물로부터 탄소, 산소 및 수소원자를 결합하여 탄수화물을 만든다.
- 가장 중요한 세 가지 단당류는 포도당, 과당 및 갈락토오스이다. 포도당은 근육과 다른 세포의 주요 연료이다; 정상적인 조건하에서 적혈구 및 뇌를 포함한 신경계 세포는 포도당을 에너지원으로 사용한다. 과일과 채소, 특히 포도, 베리류, 옥수수, 당근은 포도당의 좋은 급원 식품이다.
- 유당과 자당은 주요 이당류이다. 대부분의 동물성 식품은 탄수화물의 급원이 아니지만, 우유와 아이스크림과 같은 일부 유제품은 유당을 포함한다. 미국인 식사에서 사용되는 자당의 대부분은 사탕수수와 사탕무에서 정제된다.
- 영양적으로 적절한 식단은 총 에너지의 45~65%를 탄수화물에서 제공해야 한다. 미국인의 식사에서 첨가당의 주요 급원은 자당과 고과당 옥수수시럽으로 만든 가당 음료이다.
- 대체감미료는 음식을 달게 하면서, 자당보다 더 적은 칼로리를 제공한다. 영양적인 대체감미료는 소르비톨, 자일리톨, 만니톨 등의 당알코올을 포함한다: 비영양적 감미료는 사람들이 자신의 에너지 섭취를 조절하고, 식욕을 증가시키지 않고 자신의 체중을 관리하는 데 도움이 될 수 있다. PKU질환(페닐케톤뇨증)인 경우, 비영양적 감미료인 아스파탐을 섭취하지 않도록 해야 한다.
- 전분, 글리코겐 및 대부분의 식이섬유는 다당류이다. 장관은 전분을 포도당 분자로 소화하여 흡수되도록 한다. 근육과 간은 글리코겐 형성 및 저장을 위한 주요 부위이다. 식이섬유는 인체 내에서 소화되지 않지만, 수용성 및 불용성 식이섬유는 중요한 건강상 이점을 제공한다. 수용성 식이섬유는 혈중 콜레스테롤 수치를 저하시키고, 불용성 식이섬유는 배변을 용이하게 할 수 있다.

모듈 5.2 섭취한 탄수화물은 어떻게 되는가?

- 포도당은 탄수화물 소화의 주요 최종산물이며, 중요한 세포 연료이다. 인슐린과 글루카곤은 정상적인 혈당 수준을 유지한다. 세포가 정상적으로 지방을 대사하여 에너지를 얻으려면 소량의 포도당이 필요하다. 포도당을 사용할 수 없는 경우, 지방의 불완전한 대사산물로 케톤체가 생성된다. 케톤체가 혈액에 축적되면 케톤증이 발생한다.

모듈 5.3 탄수화물과 건강

- 지방, 단백질 및 알코올뿐만 아니라, 탄수화물로부터의 과도한 칼로리 섭취는 과잉의 체지방을 생성한다. 과다한 식이 포도당의 일부는 체내에서 지방으로 변환되지만, 대부분은 생물학적 연료로 연소된다. 그 결과, 식이지방은 연료로 사용되지 않고, 지방세포에 저장된다. 따라서 탄수화물을 너무 많이 섭취하면 원치 않는 체중 증가를 초래한다.
- 정제된 탄수화물을 다량 함유한 식품은 원하지 않는 체중증가를 초래할 수 있는데, 탄수화물은 종종 가공식품에 숨겨진 지방과 결합하기 때문이다. 설탕과 결합한 지방은 음식 맛을 풍부하고 부드럽게 만들어, 거부하기 힘들게 한다.
- 당뇨병은 고혈당 수준이 특징이다. 당뇨병을 적절히 관리하지 않으면 심혈관 질환, 신부전, 실명 및 하지절단을 초래할 수 있다. 신체적으로 비활동적이고, 과체중이며, 가까운 친척 중에 제2형 당뇨환자가 있는 사람은 당뇨병이 발생할 위험이 있다.
- 혈당지수(GI)와 혈당 부하(GL)는 혈당 수준에 미치는 영향에 의해 특정 식품을 분류하는 방법이다. 저혈당지수/혈당부하 식이요법으로 제2형 당뇨병, 심장 질환 및 노화와 관련된 안과 질환의 위험을 줄일 수 있다.
- 대사증후군의 발병 가능성을 낮추려면 건강체중을 유지하고; 식이섬유가 풍부한 식품의 섭취를 늘리며; 살코기, 해산물, 가금류, 무지방 또는 저지방 유제품을 선택한다.

- 식이섬유가 풍부한 식품을 섭취하면 비만, 제2형 당뇨병, 심혈관 질환 및 특정 장관질환의 위험을 감소시킬 수 있다. 불용성 식이섬유가 함유된 식품을 많이 섭취하면 변비와 치질의 위험을 낮출 수 있다. 수용성 식이섬유를 함유한 식품 섭취는 소장에서 콜레스테롤 흡수를 감소시켜 심혈관의 건강을 향상시킬 수 있다.

당신의 식사는 적절한가?!

1. Unit 3에 있는 개인 식단 분석의 3일간의 식품 기록을 참조한다. 매일 소비한 칼로리 양을 열거한다. 3일간의 수치를 더해서, 3으로 나눈 뒤, 반올림하여 정수로 만들면, 일일 평균 에너지 섭취량을 얻을 수 있다.

샘플 계산:

1일 2500 kcal
2일 3200 kcal
3일 2750 kcal
합계 8450 kcal ÷ 3일 = **2817** kcal/일
(평균 kcal 섭취, 가장 가까운 정수로 반올림)

당신의 계산:

1일 ______ kcal
2일 ______ kcal
3일 ______ kcal
합계 ________ ÷ 3일 = ______ kcal/일
(평균 kcal 섭취, 가장 가까운 정수로 반올림)

2. 기간 중 매일 먹은 탄수화물의 g 수를 더한다. 3으로 나눈 뒤, 반올림해서 정수로 만들면, 일일 평균 섭취한 탄수화물의 양을 얻는다.

1일 300 g
2일 495 g
3일 475 g
합계 1,270 g ÷ 3일 = **423** g/일
(평균, 가장 가까운 정수로 반올림)

당신의 계산:

1일 ______ g
2일 ______ g
3일 ______ g
합계 ______ g ÷ 3일 = ______ g/일
(평균, 가장 가까운 정수로 반올림)

3. 탄수화물 1 g은 약 4 kcal를 제공한다; 따라서 탄수화물이 제공한 총에너지를 계산하기 위해, 2단계에서 얻은 탄수화물 평균량에 4를 곱해야 한다.

샘플 계산:

423 g/일 × 4 kcal/g = 1692 kcal

당신의 계산:

____ g/일 × 4 kcal/g = ___ kcal

4. 식이에서 탄수화물이 차지하는 kcal의 일일 평균 비율을 계산하려면, 3단계에서 얻은 탄수화물의 평균 kcal를 1단계에서 얻은 평균 일일 총 kcal의 섭취량으로 나눈다. 반올림해서 소수점 이하 두 자릿수로 만들어, 100을 곱해서, 소수점을 없애고 % 기호를 붙인다.

샘플 계산:

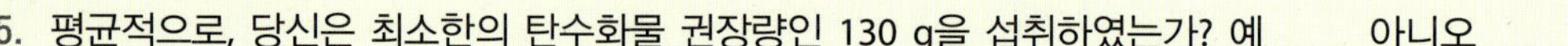

1692 kcal ÷ 2817 kcal = 0.60

0.60 × 100 = 60%

당신의 계산:

____ kcal ÷ ____ kcal = ___

____ × 100 = ___ %

5. 평균적으로, 당신은 최소한의 탄수화물 권장량인 130 g을 섭취하였는가? 예____ 아니오 ____

6. 평균 탄수화물 섭취량이 권장범위인 총 에너지의 45~65%를 충족하는가? 예 ____ 아니오 ____
   a. 당신의 평균 탄수화물 섭취량이 130 g 미만이거나, 총 kcal의 45% 미만이면, 당신의 탄수화물의 섭취를 증가시키기 위해 먹을 수 있는, 영양밀도가 높고 탄수화물이 풍부한 식품 다섯 가지를 열거해 본다.

   식품: ____________________

7. 3일간의 식품 섭취기록을 검토한다. 3일에 걸쳐 섭취한 식이섬유의 양을 모두 더해서, 3으로 나누어, 식이섬유의 일일 평균 섭취량을 계산한다.

당신의 계산:

1일 _____ g
2일 _____ g
3일 _____ g
총 = _____ g
총 g _____ ÷ 3일 = ____ g/일

   a. 당신의 일일 평균 식이섬유 섭취량은 얼마인가? ____ g
   b. 당신의 일일 평균 식이섬유 섭취량은 젊은 남성과 여성을 위한 충분섭취량인 38 g/일 및 25 g/일을 만족하는가? 예____ 아니오 ____
   c. 당신의 답이 "예"인 경우, 식이섬유 섭취에 기여한 식품을 나열해 보자.
   d. 당신이 식이섬유 권장섭취수준을 충족하지 않은 경우, 당신의 식이섬유 섭취를 권장 수준으로 늘리기 위해 먹을 수 있는 식품 목록을 최소한 다섯 개 열거해 보자.

생각해 봅시다...

1. 친구 한 명이 꿀이 설탕보다 더 영양가 있고 안전하다고 생각한다. 그는 당신이 감미료로 설탕을 피하고 꿀만을 사용하기를 원한다. 당신은 그 친구에게 설탕과 비교하여 꿀의 영양가와 안전성에 대해 어떻게 말할 것인가?

2. 식이섬유의 건강상 이점을 설명하는 팸플릿을 준비하자. 영어 외에도 스페인어, 베트남어, 또는 다른 현대적인 언어로 팸플릿을 준비할 수 있다.

3. Unit 5를 읽기 전에 가당 청량음료를 마시는 것에 대해 어떻게 생각했는가? 당신의 생각이 바뀌었는가? 그렇다면 어떻게 바뀌었는지 설명해 보라.

4. 당신이 25파운드 과체중이라면, 탄수화물로부터 15% 이하의 열량을 제공하는 체중 감량 식단을 따를 것인지 또는 따르지 않을 것인지 그 이유를 설명해 보라.

5. 당신의 식이 중 식이섬유 함량을 생각하자. 매일 충분한 식이섬유를 섭취하고 있는가? 식이섬유 섭취량이 적절한 경우, 규칙적으로 수용성과 불용성 식이섬유 섭취에 기여하는 식품은 어떤 것이 있는가? 당신의 식이섬유 섭취량이 낮은 경우, 두 가지 유형의 식이섬유 섭취를 늘리기 위해서 섭취해야 할 식품을 열거해 보라.

혼자 풀어보기

가장 올바른 대답을 선택하라.

1. 다음 중 이당류는?

a. 과당
b. 자당
c. 갈락토오스
d. 글리코겐

2. 다음 중 근육 및 다른 세포들을 위한 기본 연료는?

a. 단백질
b. 콜레스테롤
c. 포도당
d. HFCS

3. 다음 중 다당류는?

a. 글리코겐
b. 포도당
c. 유당
d. 인슐린

4. 식이섬유는

a. 지방보다 더 많은 에너지를 제공한다.
b. 인간의 장관에서 소화되지 않는다.
c. 충치 발생을 촉진한다.
d. 단지 동물성 식품에만 있다.

5. 수용성 식이섬유는

a. 쇠고기와 돼지고기에 있다.
b. 물에 용해되거나 물을 흡수하여 팽창한다.
c. 유제품에 있다.
d. 심장 질환의 위험을 증가시킨다.

6. 다음 중 포도당이 세포에 들어가도록 하는 호르몬은?

a. 글루카곤
b. 인슐린
c. 글리세린
d. 케토닌

7. 전형적인 미국인 식단에서 첨가당의 주요 급원은?

a. 사탕
b. 가당 청량음료
c. 정제된 곡물
d. 구운 콩

8. 제2형 당뇨병은

a. 주로 어린이에게 발생하는 질병이다.
b. 심한 저혈당이 특징이다.
c. 종종 과체중과 관련된다.
d. 정제된 당을 먹어서 발생한다.

9. 다음 중 대사증후군과 연관된 징후는?

a. 저혈압
b. 높은 공복시 혈당
c. 낮은 헤모글로빈
d. 높은 공복시 HDL 콜레스테롤

10. 다음 중 유당을 분해하는 효소는?

a. 갈락토오스
b. 염산
c. 락타아제
d. 젖산

참고문헌

➡ 부록 F 참조

Unit 6

지질: 지방과 콜레스테롤을 중심으로

학습내용

모듈 6.1
지질은 무엇인가?

모듈 6.2
지방과 콜레스테롤의 대사

모듈 6.3
심혈관 질환: 미국인의 주요 사망원인

"나는 잘못된 음식을 먹는다고 생각한다. 모든 음식에 버터를 사용한다. 엄마는 아침 식사로 보통 소시지, 계란 프라이, 그리고 팬케이크를 준비한다. 점심 식사로는, 샐러드를 먹으려고 노력하지만, 때때로, 그냥 감자 칩이나 "뜨거운 감자튀김"을 집게 된다. 저녁 식사는 늦게 먹어서—약 밤 10시경—어머니가 패스트푸드를 가져올 때이다.

나는 더 많은 식이섬유를 먹으려고 매일 시리얼을 먹고 있다. 식이섬유가 많고, 항산화 효과가 큰 곡물을 좋아한다.

어머니는 콜레스테롤과 혈압을 낮추는 약물을 드신다. . . . 나는 건강하다, 그러나 내 포동포동한 허리를 좋아하지 않는다. 적어도 20이나 30파운드쯤 빼고 싶다. 난 그냥 건강하게 먹고 운동을 하는 동기가 아직 생기지 않았다."

Nancy Scott

냅시 스콧은 플로리선트 계곡의 커뮤니티 칼리지에서 간호학을 전공한다. 비전통적인 대학의 학생이면서 취학 전 아이 두 명을 둔 어머니로서, 직업, 가족, 학교 일로 매우 바쁘다. 자신과 아이들을 위해 영양가 있는 식사 계획을 하는 것은 어렵다. 이런 그녀에게 특히 지방 섭취가 많은 식사에 대하여 더 관심을 가져야 하는가?

지방이나 콜레스테롤이란 말을 들을 때 어떤 생각이 드나? "나쁜" 또는 "과체중" 또는 "심장 질환" 이런 말이 마음에 들어오는가? 만약 대답이 "예"라면, 식사에서 지방의 형태와 양에 대하여 우려하고 있는가? 왜?

지금 식사에 지방("좋은 지방")을 포함하는 것이 좋은 건강에 필수적이라는 것을 알면 놀랄 것이다. 그러나 특정 지방("나쁜 지방")을 다량으로 섭취하는 것은 건강 상태를 심각하게 위협하며, 특히 심장 질환의 위험을 증가시킬 수 있다.[1] Unit 6에서는, 식품과 체내 지질 및 그 주요 식품급원에 대하여 배울 것이다. 또한 이들 영양소가 건강에 미치는 영향도 학습할 것이다.

모듈 6.1

지질은 무엇인가?

6.1 - 학습목표

1. 이 모듈의 주요 용어를 모두 정의한다.
2. 식사의 주요 지질과 주요 식품 급원과 체내 기능을 확인한다.
3. 포화 및 불포화 지방산의 차이를 설명한다.
4. 포화지방, 단일 불포화지방, 또는 다가 불포화지방이 풍부한 급원 식품을 구분한다.
5. 두 가지 필수 지방산을 알아내고 풍부한 식품 급원을 구별한다.
6. 트랜스 지방의 급원을 확인하고 부분적으로 수소화된 지방을 식품에서 사용하는 이유를 설명한다.

지질(lipids) 물에 녹지 않는(물 불용성) 유기영양소 분류

중성지방(triglyceride) 글리세롤이라 부르는 세 개 탄소화합물에 세 개의 지방산이 결합된 지질

식물성 기름과 같은 지질은 대체로 물에 녹지 않는다.

동물성 지방, 식물성 기름, 콜레스테롤은 **지질(lipids)**이며 유기영양소의 종류이며, 물에 녹지 않는(물 불용성) 영양소이다. 동물성 지방과 콜레스테롤에 대하여 "나쁘다"는 인식에도 불구하고 지질은 우리 몸에서 많은 역할을 한다:

- 에너지를 내고 저장함(지방),
- 세포막 유지,
- 특정 호르몬 생산,
- 추위를 이겨내는 신체 보호 작용,
- 혈압과 염증 반응 조절,
- 물리적 충격에 대한 쿠션 역할.

식이 지방은 체내에서 지용성 비타민과 피토케미칼의 흡수를 돕는다. 식이 지질은 또한 풍부한 맛, 부드러운 질감, 그리고 맛있는 냄새를 제공한다. 이것이 지방이 포함된 음식이 부족한 음식보다 더 즐거운 맛을 가지는 이유다. 당신은 구운 감자에 무엇을 넣는가, 버터, 마가린, 사우어 크림, 또는 지방이 풍부한 여러 식품인가?

6.1a 중성지방

중성지방은 인체와 식품 내 지질의 약 95%를 차지하고 있다. 중성지방은 종종 **지방** 및 **기름**으로 구분한다. 이 책에서는 중성지방, 고형지방 및 기름을 단순히 "지방"이라고 하기도 한다.

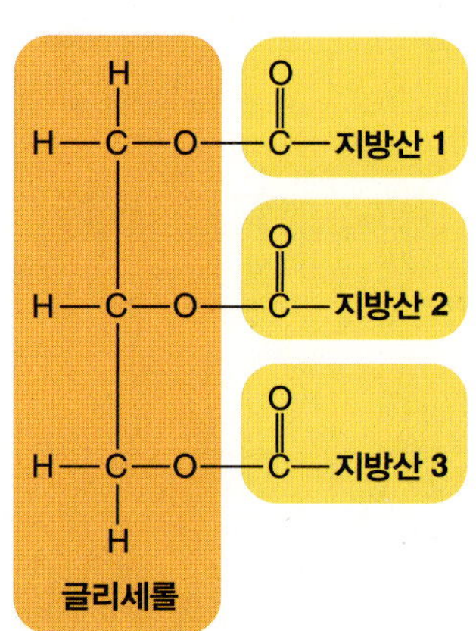

그림 6.1 **중성지방의 기본구조.** 화학자들은 탄소, 수소, 산소 원자 사이의 결합을 직선으로 표시한다.

중성지방(triglyceride)은 글리세롤 "탄소골격" 분자에 연결된 세 개의 지방산 분자로 구성되어 있다(**그림 6.1**).

각 지방산은 서로 수소원자에 결합한 탄소원자의 사슬을 갖는다. 지방산 사슬의 한쪽 끝인 첫째 탄소는 세 개의 수소원자를 부착하고

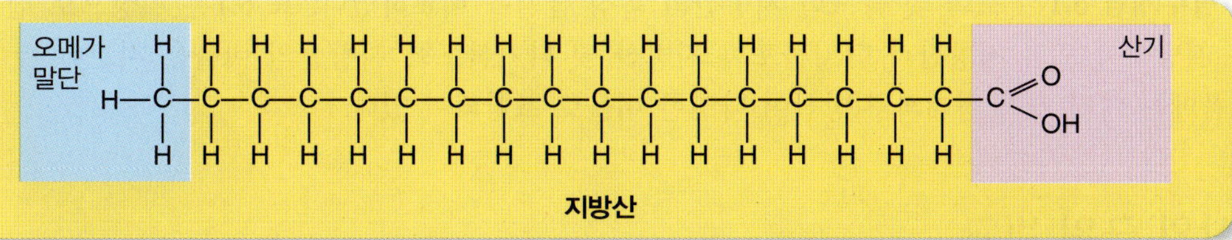

그림 6.2 **지방산.**

있다(**그림 6.2**). 사슬의 이 부분은 오메가 말단이라 부른다. 지방산 사슬 다른 쪽 끝은 마지막 탄소로서 두 개의 산소원자와 한 개의 수소원자가 배열을 하고 있으며, 이를 "산기"라 부른다.

포화 지방과 불포화 지방은 무엇인가?

지방산은 포화 또는 불포화될 수 있다. 그림 6.2에 보여준 지방산은 탄소 사슬이 각 탄소와 단일 결합을 갖는다. 이들 탄소는 각각에 연결된 두 개의 수소 원자와 결합하고 있다. 이것은 **포화 지방산(saturated fatty acid, SFA)**인데 사슬 내의 각 탄소는 수소원자로 완전히 채워져 있기 때문(포화)이다. 동물성 지방은 식물성 기름보다 더 많은 포화 지방산을 함유하는 경향이 있다. 중요한 예외는 포화된 식물성 기름 함량이 높은 코코넛, 야자, 야자 핵 기름이다.

단일불포화 지방산(monounsaturated fatty acid, MUFA)은 탄소사슬 내에 인접한 두 개 탄소가 수소원자 부족 상태로 있다. 이 때, 이들 두 개 탄소는 이중 결합으로 이어준다(**그림 6.3**). 아보카도, 올리브, 땅콩, 카놀라 기름은 불포화 지방산의 풍부한 급원이다.

다가불포화 지방산(polyunsaturated fatty acid, PUFA)은 탄소 사슬에서 하나 이상의 이중결합을 포함한다(**그림 6.4**). 홍화씨 기름(리놀레산 풍부), 포도씨 기름, 해바라기씨 기름(리놀레산 풍부), 콩기름은 불포화 지방산이 풍부한 급원이다.

포화 지방산(saturated fatty acid, SFA) 탄소 사슬 내 탄소 모두 단일 결합으로만 이루어진 지방산

단일불포화 지방산(monounsaturated fatty acid, MUFA) 탄소 사슬 내에 한 개의 이중결합을 갖는 지방산

다가불포화 지방산(polyunsaturated fatty acid, PUFA) 탄소 사슬 내에 두 개 이상의 이중결합을 갖는 지방산

이중결합
오메가 말단
산기
단일불포화 지방산

그림 6.3 **단일불포화 지방산.**

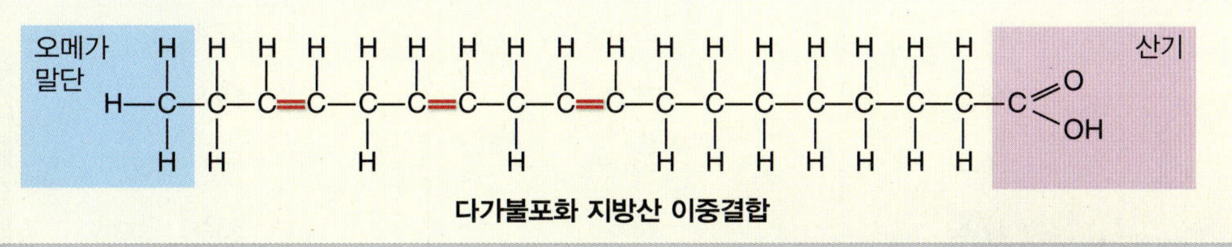

그림 6.4 **다가불포화 지방산.**

■ 불포화 지방산 및 단일불포화 지방산의 기본 구조적 차이는 무엇인가?

피부 아래 지방층은 추운 기후에 대항하여 신체를 보호한다.

필수개념 6.1은 포화 및 불포화 지방산의 특정 급원을 비교하였다. **표 6.1**은 일상으로 섭취하는 지방에서 포화 지방산과 단일불포화 지방산 및 다가불포화 지방산의 비율을 비교한 것이다. 식품에는 여러 가지 형태의 지방산이 다양한 비율로 포함되어 있다.

필수개념

6.1 포화와 불포화 지방산의 급원 비교

포화 지방산의 비교

쇠고기 지방은 옥수수 기름보다 **포화 지방산**이 더 많다.

다가불포화 지방산 비교

옥수수 기름은 **포화 지방산**을 포함하지만, 쇠고기 지방보다 **불포화 지방산**이 풍부한 공급원이다.

단일불포화 지방산 비교

올리브 기름은 쇠고기 지방이나 옥수수 기름보다 **단일불포화 지방산**을 더 많이 함유한다.

표 6.1 지방과 기름의 지방산 함량 비교

지방/기름	% 포화	% 단일불포화	% 다가불포화
홍화씨 기름(리놀레산 풍부)	6.2	14.35	74.62
카놀라 기름	7.4	64.1	28.5
호두기름	9.5	24.0	66.5
포도씨 기름	10.1	16.8	73.1
해바라기씨 기름(리놀레산 풍부)	10.8	20.4	68.8
옥수수 기름	13.6	29.0	57.4
올리브기름	14.2	75.0	10.8
콩기름	16.3	23.7	60.0
땅콩기름	17.8	48.6	33.6
닭고기지방	31.2	46.9	21.9
라드	41.0	47.2	11.7
야자유	51.6	38.7	9.7
쇠고기 지방	52.1	43.7	4.2
코코아 버터	62.4	34.4	3.2
버터지방	68.1	27.9	4.0
코코넛 기름	91.9	6.2	1.9

액체 또는 고체 지방

포화 지방산 분자는 불포화 지방산보다 직선구조이기 때문에 포화 지방산 분자가 서로 단단히 붙어 있을 수 있다. 이 구조적 차이 때문에 쇠고기 지방과 버터 같이 포화 지방산의 풍부한 급원인 동물성 지방은 실온에서 고체로 존재한다. 한편 불포화 지방산의 이중결합은 분자가 화학 구조에 "구부러짐" 또는 꼬임을 갖게 한다. **그림 6.5**에서 나타난 "시스"형의 구부러짐이 그 전형적인 형태이다. 이러한 구부러짐은 분자가 서로 단단히 배열하여 고체를 형성하는 것을 방지한다. 이런 이유로 해바라기씨 기름, 옥수수 기름 등 불포화 지방산 함량이 많은 지질은 실온에서 액체 상태로 존재한다.

그림 6.5 **시스 지방산.** 간단히 표시하기 위해 탄소 사슬 내에 수소를 모두 나타내지 않았음.

■ 이중결합의 시스형이 지방산 분자의 모양에 어떤 영향을 미치는가?

필수 지방산

우리의 몸은 두 가지 불포화 지방산을 합성할 수 없다. 이들 **필수 지방산(essential fatty acids)**은 **알파-리놀렌산(alpha-linolenic acid)**과 **리놀레산(linoleic acid)**이다. 알파-리놀렌산은 **오메가-3 지방산(omega-3 fatty acid)**이다(그림 6.4 참조). 리놀레산은 **오메가-6 지방산(omega-6 fatty acid)**(**그림 6.6**)이다. "3"과 "6"은 탄소분자의 오메가 위치인 끝에서 탄소수를 세기 시작할 때, 첫 번째 이중 결합의 위치를 의미한다.

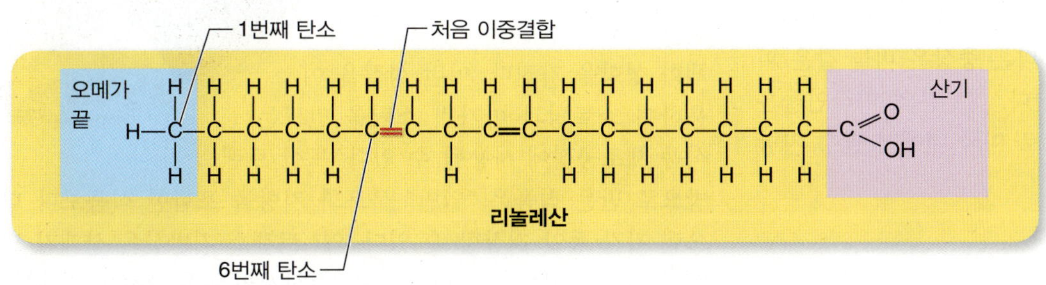

그림 6.6 **리놀레산(오메가-6 지방산).**

세포는 알파-리놀렌산으로 두 가지 다른 오메가-3 지방산인 **에이코사펜타엔산(eicosapentaenoic acid, EPA)**과 **도코사헥사엔산(docosahexaenoic acid, DHA)**을 합성한다. 세포는 리놀레산으로 다른 오메가-6 지방산인 **아라키돈산(arachidonic acid, AA)**으로 전환할 수 있다. **그림 6.7**은 필수 지방산들의 관계를 제시한 것이다.

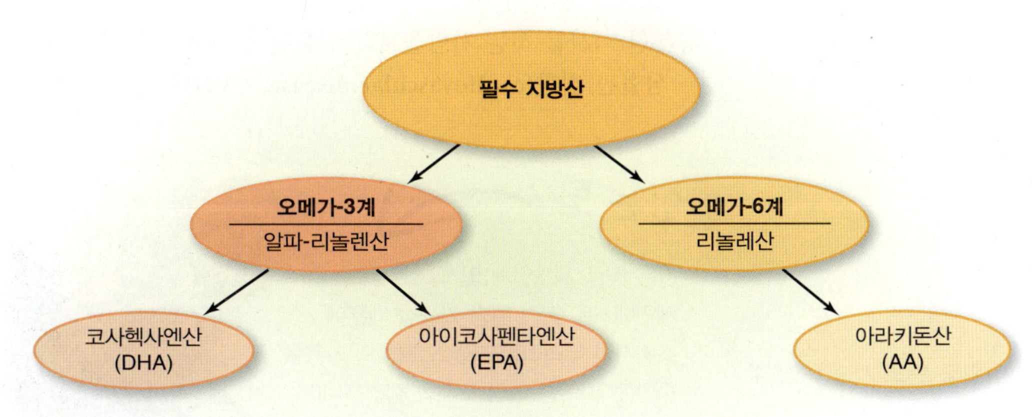

그림 6.7 **필수 지방산들의 관계.**

필수 지방산(essential fatty acids) 식사로 섭취되어야 하는 지질

알파-리놀렌산(alpha-linolenic acid) 필수 오메가-3 지방산

리놀레산(linoleic acid) 필수 오메가-6 지방산

오메가-3 지방산(omega-3 fatty acid) 3번째 탄소에 처음 이중결합을 갖는 다가불포화 지방산

오메가-6 지방산(omega-6 fatty acid) 6번째 탄소에 처음 이중결합을 갖는 다가불포화 지방산

에이코사펜타엔산(eicosapentaenoic acid, EPA) 오메가-3 지방산의 알파 리놀렌산으로부터 유래

도코사헥사엔산(docosahexaenoic acid, DHA) 오메가-3 지방산의 알파 리놀렌산으로부터 유래

아라키돈산(arachidonic acid, AA) 리놀레산에서 유래된 오메가-6 지방산

맛있는 팁

2010년, 연방통상위원회(Federal Trade Commission)는 건강보조식품 유통업체 NBTY, Inc.와 두 개의 관련 업체, Naturesmart LLC 및 Rexall Sundown, Inc에 그들의 제품 중 Disney-와 Marvel Heros-licensed 어린이용 복합비타민 보충제에 DHA 양에 대한 잘못된 주장에 대해 제재를 실시하였다. 이들 회사는 매일 복합비타민을 섭취하면 어린이의 뇌와 눈의 건강한 발달을 촉진시킨다는 주장을 하였다. 연방통상위원회에 따르면, 이러한 주장은 과학적 증거가 없으므로, 이 회사에게 비타민을 구입한 소비자에게 210만 달러를 환불하도록 판결하였다.[2]

필수 지방산은 건강을 위해서 소량 필요하다. 신체는 EPA, DHA와 AA를 사용하여 여러 가지 호르몬 유사물질을 만든다. 이들 물질은 고혈압 및 면역계의 염증 반응을 조절하는 등 여러 가지 중요한 작용을 한다. 영아는 신경계 발달을 위해 DHA 및 EPA를 필요로 하며, 식이 중 필수 지방산이 부족한 경우 제대로 성장하지 못한다. 필수 지방산 결핍의 다른 증상은 비늘 같은 피부, 탈모, 상처 회복 지연 등을 포함한다. 대부분의 미국인들은 지방, 특히 리놀레산을 많이 섭취하므로 미국 내에서 필수 지방산의 결핍은 드물다.

트랜스 지방은 무엇인가?

트랜스 지방산(*trans* fatty acids)("트랜스 지방")은 다른 화학 구조를 가진 불포화 지방산이다**(그림 6.8)**. 이 구조는 일반 형태의 불포화 지방산과 비교하여(그림 6.5 참조), 탄소 사슬이 직선으로 되어 있다.

우유와 유제품, 버터, 육류에는 자연적으로 트랜스 지방이 소량 있다. 그러나 미국인의 식단에서 가공 식품사용은 트랜스 지방의 가장 큰 비율을 차지한다. 이런 식품은 다음과 같다:

- 크래커, 쿠키, 케이크, 냉동 파이 및 기타 빵 제품,
- 스낵 식품,
- 냉동 피자,
- 패스트푸드,
- 식물성 쇼트닝과 스틱형 마가린,
- 커피 크리머,
- 냉장 냉동 생지 반죽 제품(예: 비스킷과 계피롤 등),
- 즉석 설탕장식.[3]

트랜스형

그림 6.8 트랜스 지방산. 단순하게 표현하기 위해, 탄소 사슬 내에 수소를 모두 나타내지 않았음.

■ 트랜스 지방산의 형태는 불포화 지방산의 시스형과 어떤 차이가 있나?

우리는 포장 식품을 구입할 때 제품 중의 트랜스 지방량에 대한 영양정보 표시를 확인한다. 제품에 "0 g" 트랜스 지방이라고 할지라도, 어떤 형태든 수소화 지방이 제품에 있는지 확인하기 위해서 식품표시의 성분 목록을 읽어보자.

판매되는 조리 식품 중에 있는 트랜스 지방 대부분은 수소화라 부르는 가공 제조 공정에서 만들어진다. **부분적 수소화(partial hydrogenation)** 과정은 자연적으로는 불포화 지방산의 시스 결합으로 들어 있는 기름을 트랜스 결합 지방산과 포화 지방산으로 전환한다. 트랜스 지방산의 형태가 포화 지방과 비슷하기 때문에, 부분적으로 수소화된 식물성 기름은 실온에서 더 고체화 성향을 가진다. 이런 성질을 이용하여 쇼트닝과 마가린 스틱을 만드는 식품 제조공정에 사용될 수 있다. 또한 트랜스 지방으로 만든 식품은 "일반" 불포화 지방을 포함한 식품보다 더 오랜 기간 동안 저장할 수 있다. 왜? 트랜스 지방산은 산패가 덜 일어난다. 산패는 물질의 구조를 손상시키는 화학적 변화 때문에 발생한다. 산패된 식품은 식욕을 떨어뜨리는 냄새와 맛을 낸다. 일반적인 불포화 지방산, 특히 다가불포화 지방산은 산패되기 매우 쉽다. 한편 식품 제조업자는 부틸히드록시아니솔(BHA) 및 부틸히드록시톨루엔(BHT) 등 항산화제를 첨가하여 식품 중의 불포화 지방산을 보존할 수 있다.

포화, 불포화, 트랜스 지방 간의 차이를 이해하고, 이런 지방이 많이 함유된 식품을 확인하는 것이 왜 중요한가? 포화 지방과 트랜스 지방이 풍부한 식사를 하는 사람들은 불포화 지방이 풍부한 식사를 하는 사람들보다 심혈관 질환의 위험이 높다.[4]

심혈관 질환(cardiovascular disease, CVD)은 심장과 혈관에

맛있는 팁

많은 식품 제조업체 및 패스트푸드 체인에서는 건강 위험 가능성 때문에 소비자가 우려하는 트랜스 지방의 사용을 중단했다. 또한 여러 도시와 캘리포니아 주에서는 식당에서 판매되는 식품의 제조에 트랜스 지방의 사용을 금지하고 있다.

영향을 미치는 모든 질환이다. 심혈관 질환은 심장 마비, 뇌졸중, 신부전으로 나타날 수 있다. 모듈 6.3에서 이 질환에 대해 학습할 것이며, 왜 특정 지방의 섭취를 제한하고 다른 종류를 더 섭취하는 것이 더 나은지에 대해 학습한다.

6.1b 콜레스테롤

콜레스테롤(cholesterol)은 스테롤의 일종이다. 스테롤은 탄소 고리구조를 가지고 있다**(그림 6.9)**. 지방산과 중성지방은 탄소 고리가 없다.

많은 사람들이 콜레스테롤이 건강에 좋지 못하다고 생각하므로, 지질을 함유한 식품을 피한다. 그러나 콜레스테롤은 체내에서 다양한 기능을 가진 주요 영양소이다. 콜레스테롤은 모든 세포막의 구성 성분이다. 특히, 뇌 세포는 콜레스테롤 함량이 높다. 콜레스테롤은 에너지로 대사되지 않지만, 세포는 비타민 D 및 에스트로겐 및 테스토스테론과 같은 스테로이드 호르몬을 포함한 다양한 물질을 생산하는 데 사용한다. 간은 콜레스테롤을 사용하여 담즙산염을 만들어 소장에서 지질의 소화를 돕는다.

그림 6.9 콜레스테롤. 간단히 표현하기 위해 이 그림에는 콜레스테롤의 탄소 원자의 배열만을 제시하였고, 탄소 고리가 강조되었다.

■ 세포는 왜 콜레스테롤을 필요로 하는가?

표 6.2 식품 1회 제공량 중의 대략적인 콜레스테롤 함량

식품	제공량	콜레스테롤(mg)
간	3온스	234
계란	1개 큰 것	186
계란노른자	1개	186
정어리	3온스	121
치즈버거 패티	1개	111
쇠고기	3온스	88
칠면조, 고기 간 것	3온스	84
덴마크형 과일 채운 페스트리	2½온스	81
새우 큰 것	6마리	80
햄	3온스	80
아이스크림, 소프트형	½컵	78
간 고기, 살코기로(15% 지방)	3온스	77
연어	3온스	75
칠면조, 진한 색 육질	3온스	71
계란 국수	1컵	53
닭 가슴살	3온스	49
핫도그	1개	44
초콜릿 밀크셰이크	16온스	43
전유	1컵	34

트랜스 지방산(trans fatty acids) 특이한 화학 구조를 가진 불포화 지방산

부분적 수소화(partial hydrogenation) 액상 식물성 기름에 수소원자를 첨가하여, 트랜스 지방과 포화 지방을 형성하는 식품가공 공정

심혈관 질환(cardiovascular disease, CVD) 심장과 혈관에 영향을 주는 질병군

콜레스테롤(cholesterol) 동물성 식품에 있는 스테롤이며 체내에서도 합성됨

인지질(phospholipid) 세포막 합성과 신경세포의 적절한 기능에 필요한 지질

레시틴(lecithin) 식품에 포함된 주요 인지질

중성지방은 동식물성 식품에 있지만, 콜레스테롤은 동물성 식품에만 있다. 계란노른자, 간, 육류, 가금류, 전유, 치즈, 아이스크림 등은 콜레스테롤의 풍부한 급원 식품이다(**표 6.2**). 심지어 동물성 식품을 먹지 않는다 해도, 인체는 주로 간에서 필요한 만큼의 콜레스테롤을 합성한다. 체내에서 너무 많은 콜레스테롤을 합성하면, 초과분은 CVD의 위험을 증가시킨다.

6.1c 인지질

인지질(phospholipid)은 화학적으로 중성지방과 유사하나 지방산 하나가 인과 때로는 질소를 함유하는 화합물로 대체되어 있다. 인지질은 뇌를 포함한 신경세포의 정상적인 기능을 위해 필요하다. 인지질은 또한 세포막의 주요 구성성분이다. 세포막은 대부분 인지질의 이중층으로 구성되어 있다(**그림 6.10**). 인지질의 "머리" 부분의 인산은 수용성이다. 인지질의 지방산인 "꼬리" 부분은 수용성이 아니다. 따라서 인지질은 지방과 물, 두 영역에 가용성이다. 세포막에서 인지질의 인산 머리는 세포 내외부의 물과 만나고 있다. 인지질의 지방산 꼬리는 물 환경을 피하기 때문에 막의 안쪽 내부를 향하고 있다(그림 6.10 참조). 이 특성은 막을 유연하게 하여 지용성 물질이 세포 안팎으로 쉽게 이동할 수 있게 한다.

인지질은 식물성 식품과 동물성 식품에 천연적으로 함유되어 있다. **레시틴(lecithin)**은 식품에 있는 주요 인지질이다; 계란노른자, 간, 밀배아, 땅콩버터, 대두는 레시틴이 풍부한 급원 식품이다.

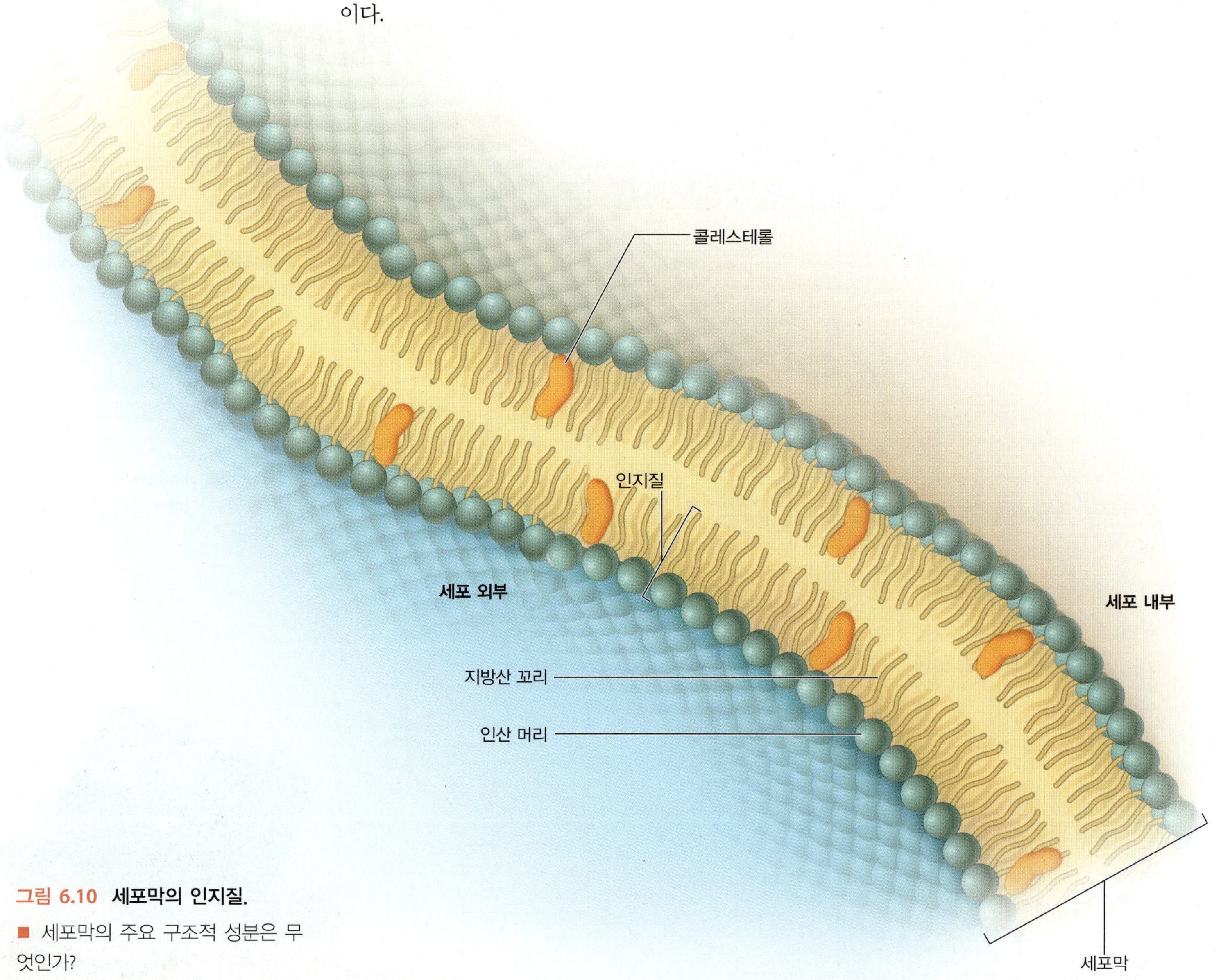

그림 6.10 세포막의 인지질.

■ 세포막의 주요 구조적 성분은 무엇인가?

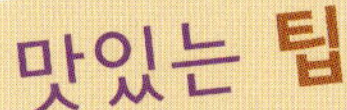

갈색 껍질 계란이 흰 껍질 계란보다 더 영양가 있는 것은 아니다; 계란 껍질의 색깔은 암탉의 품종에 따라 결정된다. 또한 계란의 "등급"이 영양소 함량을 반영하지 않는다. AA, A, B의 계란 등급은 껍질 모양과 계란 흰자의 두께 등의 특정 물리적 특성을 기준으로 부여된다.

레시틴은 **콜린(choline)**을 함유한다. 신경은 콜린을 사용하여 아세틸콜린을 합성하는데 이는 신경세포 간의 정보를 전달하는 화학물질이다.

건강한 성인의 신체는 인지질을 합성하므로 성인의 인지질 결핍은 드물다. 그러나 특정 상황에서는 결핍증상이 일어날 수 있기 때문에 영양학자는 콜린을 비타민 유사물질로 분류한다.[5] Unit 8은 콜린에 대한 자세한 정보를 제공한다.

인지질은 식품 내에서 지용성 및 수용성 화합물을 함께 섞이게 하는 역할을 하는 **유화제(emulsifier)**로 사용될 수 있다. 식품제조업자는 저장 중에 기름과 물 성분이 분리되는 것을 막기 위해 유화제를 첨가하기도 한다. 계란노른자는 천연적으로 인지질을 함유한다. 계란은 마요네즈를 만들 때 기름과 식초를 유화시키는데 사용하고 케이크이나 팬케이크 반죽에 기름과 우유를 혼합할 때 사용된다.

콜린(choline) 레시틴에 있는 유사 비타민 화합물

유화제(emulsifier) 지용성과 수용성 물질이 서로 혼합되도록 도와주는 물질

땅콩버터, 에다마메(풋콩), 밀 배아는 레시틴의 풍부한 급원 식품이다.

모듈 6.2

지방과 콜레스테롤의 대사

6.2 - 학습목표

1. 이 모듈의 주요 용어를 모두 정의한다.
2. 식품의 지방과 콜레스테롤은 소장에서 소화 흡수 진행 후 어떻게 되는지 설명한다.
3. 유미지립의 기능을 설명한다.

6.2a 지질의 소화

치즈버거와 감자튀김, 또는 다른 음식을 먹을 때, 섭취한 지방은 위에서 극히 조금 소화되지만 대부분은 소화되지 않는다. 지질 소화는 소장이 담당한다. 췌장은 지방과 인지질을 소화하는 효소(**리파아제, lipases**)를 소장에 방출한다. 지방은 물이 많은 유미즙에는 잘 용해되지 않기 때문에, 지방 소화에는 유화제가 필요하다(**필수개념 6.2** 참조).

필수개념

6.2 지방 소화과정

1 십이지장에 지방이 많은 유미즙이 있을 때, 담즙 배출 자극으로, 담낭은 담즙을 유미즙으로 방출한다. 담즙은 **담즙염(bile salts)**을 함유하며, 이는 지질을 유화시켜 유미즙 안에서 지방을 작은 입자 형태로 섞이도록 한다.

글리세롤
유리지방산
단일글리세리드
중성지방
담즙염

담즙 안의 담즙염

큰 지방 입자

유화된 지질

2 소장 안에 유미즙의 존재는 **췌장 리파아제(pancreatic lipase)**를 분비하도록 췌장을 자극한다. 췌장 리파아제는 담즙염의 작용으로 지방 분자에 쉽게 작용할 수 있다. 그 결과, 리파아제는보다 쉽게 분자들을 소화한다. 담즙염이 없으면, 유미즙의 지질은 커다란 지방덩이로 뭉쳐져 있어 지질 소화의 효율이 떨어진다.

췌장으로부터의 리파아제

리파아제(lipases) 지질분해효소

담즙염(bile salts) 담즙의 구성요소

췌장 리파아제(pancreatic lipase) 각 중성지방 분자에서 두 개의 지방산을 분리하는 소화효소

모노글리세리드(monoglyceride) 글리세롤 골격에 지방산이 한 개 붙은 것

미셀(micelle) 담즙염에 둘러싸인 지질풍부 입자. 지질을 흡수세포에 이동

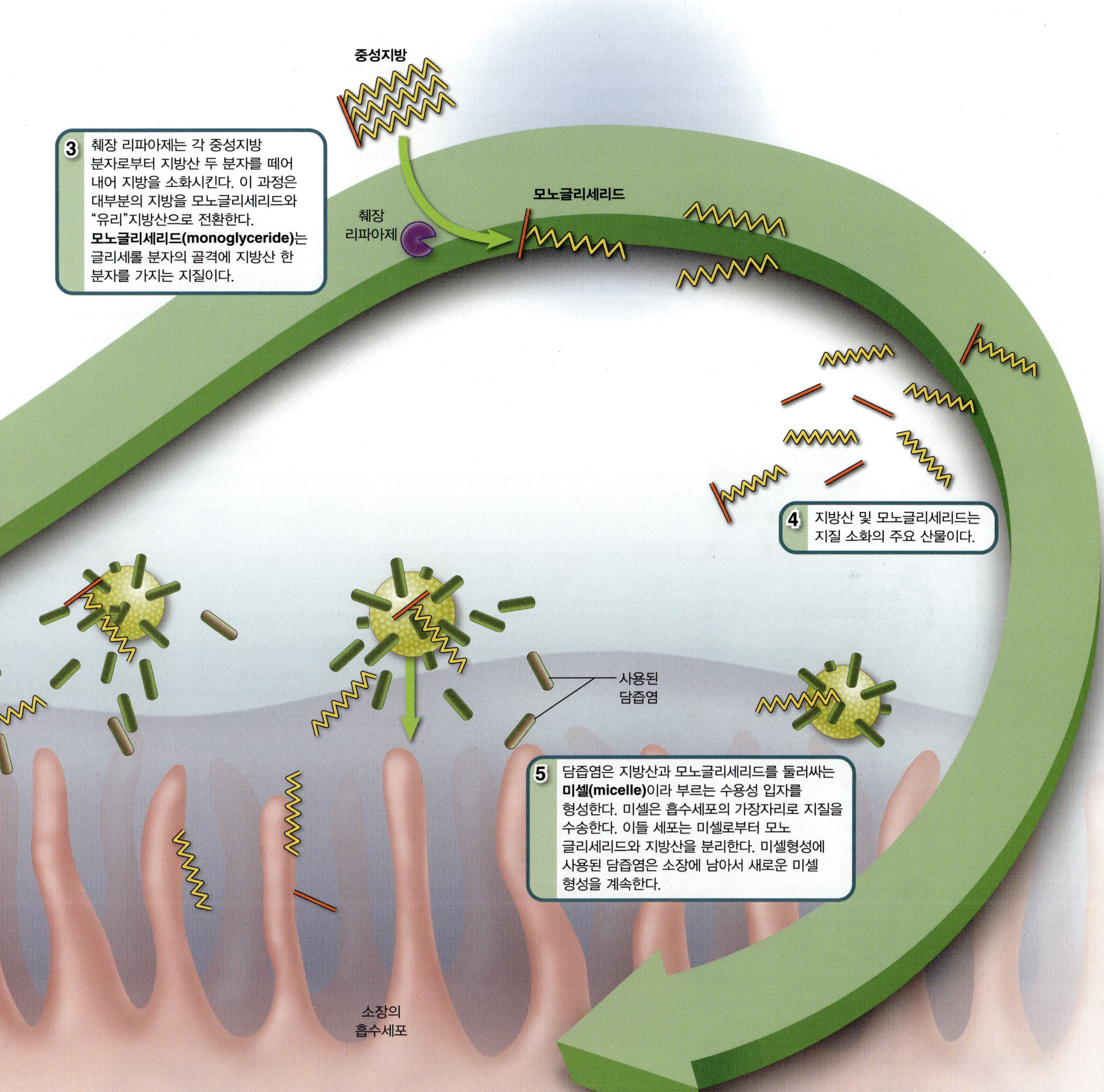

킬로미크론(chylomicrons) 흡수세포에서 형성된 지단백질의 한 종류

지단백질(lipoprotein) 혈액과 림프를 통해 지질을 운반하는 구조물

초저밀도 지단백질(very-low-density lipoprotein, VLDL) 혈중 지질의 상당부분을 운반하는 지단백질

6.2b 지방과 콜레스테롤의 흡수 및 운반

소장에서 흡수세포는 모노글리세리드, 지방산, 글리세롤 및 콜레스테롤을 유미즙에서 받아들인다. (콜레스테롤은 소화 작용을 거치지 않는다.) 정상적인 조건에서 소장은 식품에 있는 거의 모든 지방을 소화하고 흡수하지만, 식이 콜레스테롤은 약 50%만 흡수된다. 소장 흡수세포는 지방산과 모노글리세리드를 중성지방 분자로 재합성한다(**그림 6.11**).

지질은 림프 및 혈액 등과 같은 체액에 잘 용해되지 않는다. 흡수세포는 단백질, 인지질, 콜레스테롤로 구성된 얇은 층으로 지질을 덮어서 **킬로미크론(chylomicrons)**을 형성한다(그림 6.11 참조). 킬로미크론은 지단백질의 일종이다. **지단백질(lipoprotein)**은 혈액과 같은 물이 풍부한 환경을 통하여 지질을 수송한다.

킬로미크론은 흡수세포로부터 직접 혈액으로 들어가기에는 너무 크다. 그러나 이들은 큰 입구를 가진 유미관, 즉 융모에 있는 림프관을 통과할 수 있다(그림 4.5 참조).

킬로미크론 대사

모세혈관이라 불리는 매우 작은 혈관 벽에 있는 세포는 리파아제를 분비하여 킬로미크론의 지방을 지방산과 글리세롤로 분해한다. 인근 세포는 지방산과 글리세롤을 잡아서 에너지로 대사시킬 수 있다. 식사 후 10~12시간이면, 대부분 킬로미크론은 콜레스테롤이 풍부한 작은 입자로 줄어든다. 간은 혈액에서 이러한 입자를 받아서 **초저밀도 지단백(very-low-density lipoprotein, VLDL)** 등 다양한 물질을 합성하는 데 사용한다. VLDL은 혈액에서 지질의 상당부분을 운반한다. 모듈 6.3은 VLDL 등의 지단백질에 대한 자세한 내용을 배운다.

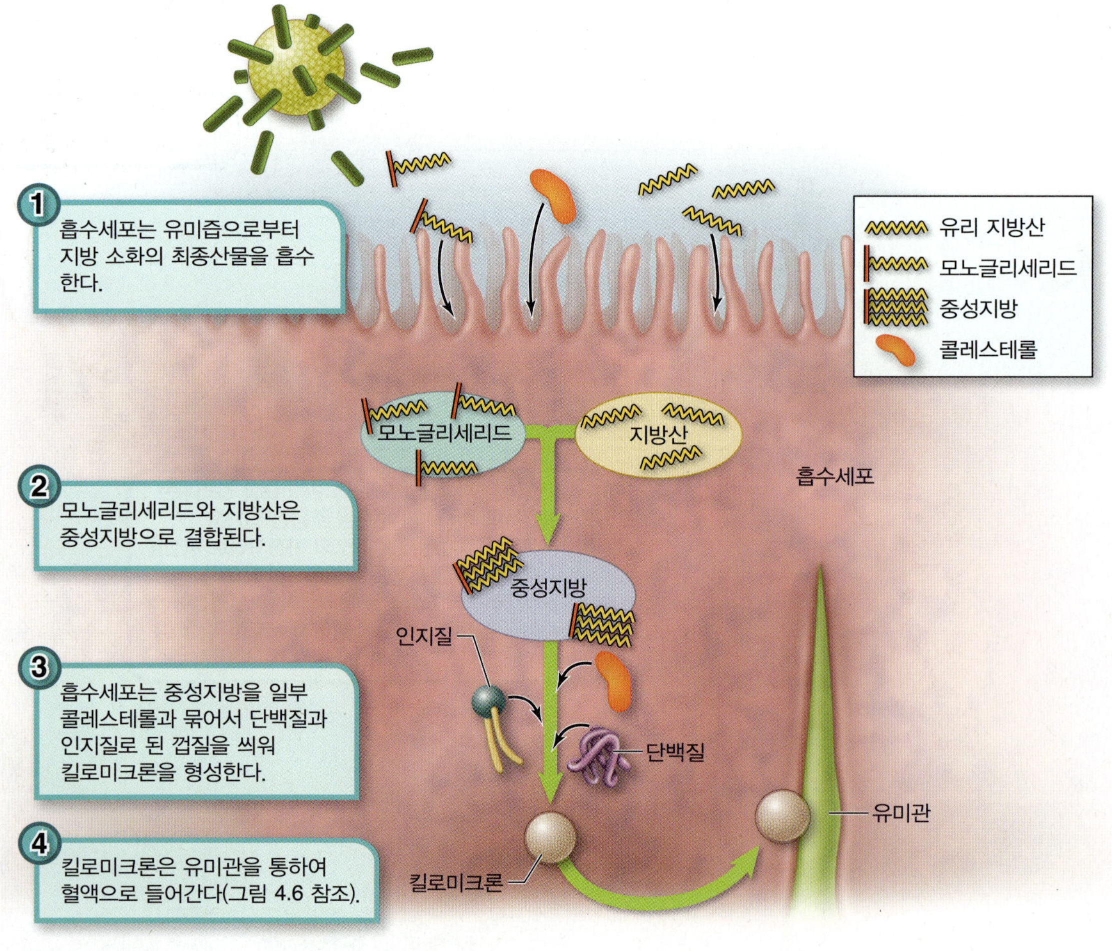

그림 6.11 **킬로미크론 형성.**

6.2c 담즙염 대사

흡수세포가 미셀로부터 지질을 흡수한 후에, 사용된 담즙염은 소장 내에 남아 있다. **필수개념 6.3**은 사용된 담즙염의 대사에 대해 설명한다.

필수개념

6.3 담즙염의 재사용과 배설

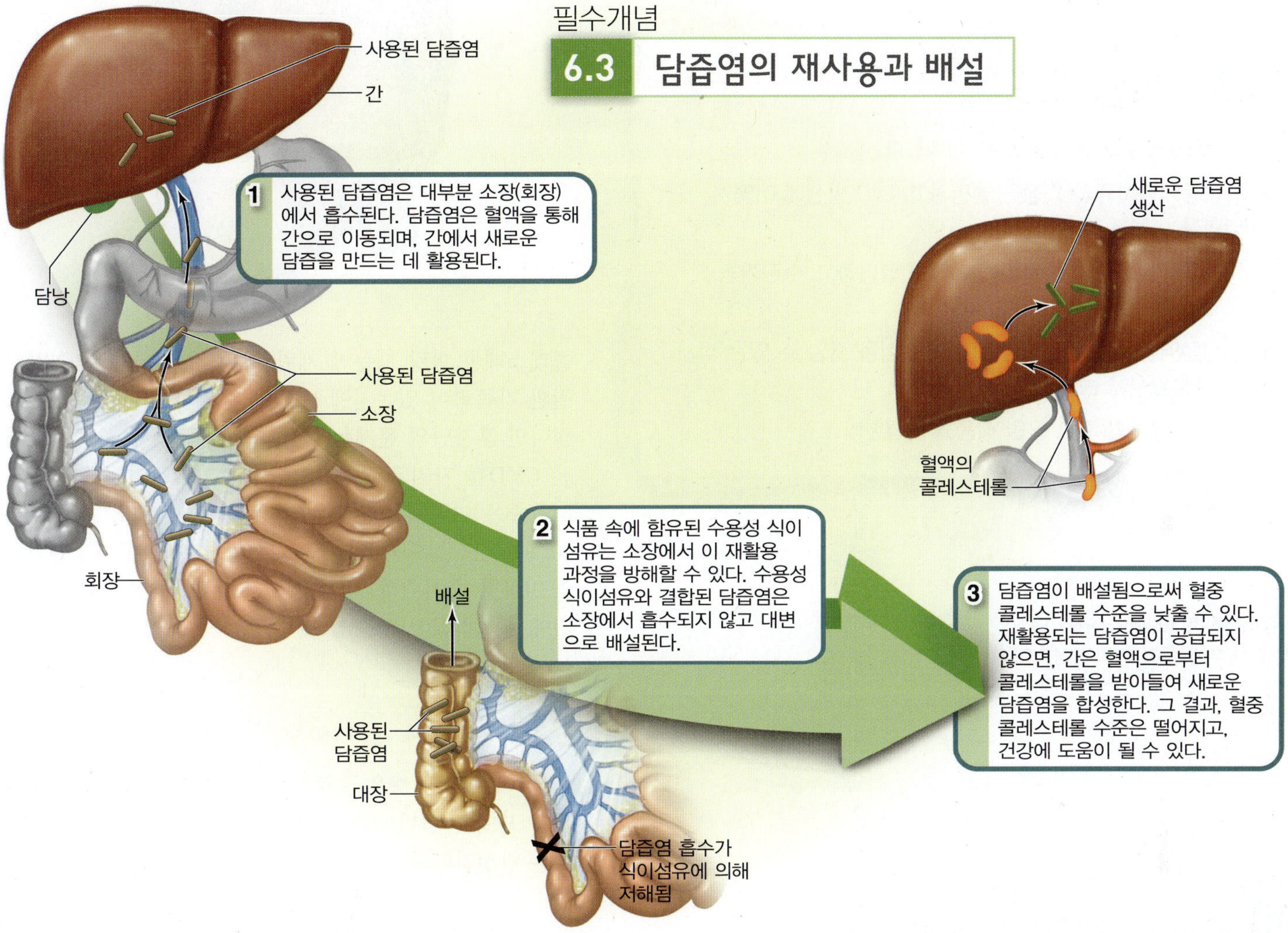

사용된 담즙염

간

담낭

1 사용된 담즙염은 대부분 소장(회장)에서 흡수된다. 담즙염은 혈액을 통해 간으로 이동되며, 간에서 새로운 담즙을 만드는 데 활용된다.

사용된 담즙염

소장

회장

배설

2 식품 속에 함유된 수용성 식이섬유는 소장에서 이 재활용 과정을 방해할 수 있다. 수용성 식이섬유와 결합된 담즙염은 소장에서 흡수되지 않고 대변으로 배설된다.

사용된 담즙염

대장

담즙염 흡수가 식이섬유에 의해 저해됨

새로운 담즙염 생산

혈액의 콜레스테롤

3 담즙염이 배설됨으로써 혈중 콜레스테롤 수준을 낮출 수 있다. 재활용되는 담즙염이 공급되지 않으면, 간은 혈액으로부터 콜레스테롤을 받아들여 새로운 담즙염을 합성한다. 그 결과, 혈중 콜레스테롤 수준은 떨어지고, 건강에 도움이 될 수 있다.

6.2d 과다 섭취한 지방의 대사

대부분 세포는 지방산을 대사("태워서")시켜서 분자내 저장된 에너지를 방출할 수 있다. 때때로 신체는 금방 섭취한 지방을 에너지로 사용하지 않는다. 이 경우, **지방세포(adipose cells)**는 혈액에서 지방산과 글리세롤을 받아 지방으로 재합성하여 저장한다.

지방세포(adipose cells) 지방세포(fat cells)

지방세포는 다량의 지방을 저장하도록 설계되어 있다(**그림 6.12**). 체내 에너지가 필요할 때, 지방세포는 일부 저장된 중성지방을 분해하여 지방산과 글리세롤 분자로 혈액으로 방출한다. 근육 및 다른 세포는 혈액으로부터 지방산을 받아들여 사용한다. 간은 혈액 중의 글리세롤 분자를 받아 세포가 에너지로 사용할 수 있는 포도당 분자로 전환시킨다.

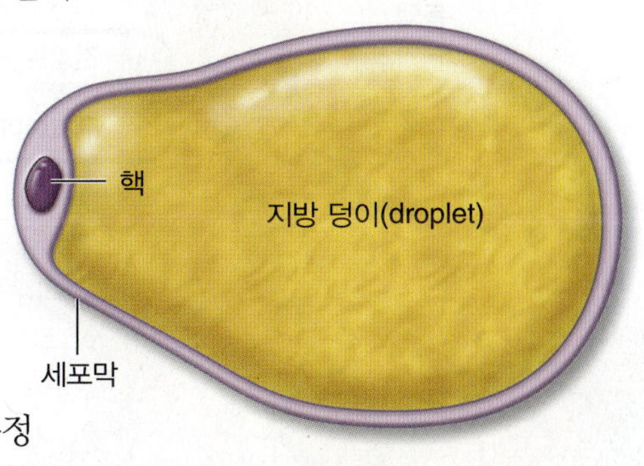

그림 6.12 지방세포.

■ 지방세포에 저장된 주요 지질은 무엇인가?

과다한 지방 섭취는 원치 않는 체중 증가를 가져오지만, 탄수화물 또는 단백질로부터 너무 많은 에너지를 섭취하는 것도 체지방을 증가시킨다. 왜? 과다하게 섭취된 포도당과 특정 아미노산은 체내에서 체지방을 만드는 지방산으로 전환될 수 있다. 또한 비영양성분인 알코올은 지방생성을 촉진하므로, 음주는 과도한 체지방을 초래할 수 있다. 알코올에 대한 자세한 내용은 Unit 9를 참조한다.

모듈 6.3

심혈관 질환: 미국인의 주요 사망원인

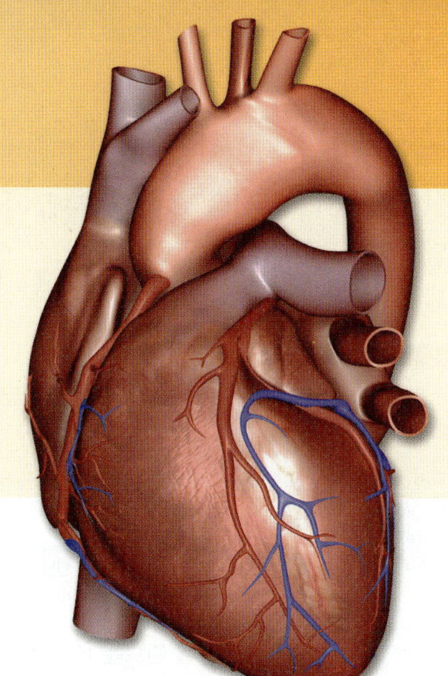

6.3 - 학습목표

1. 이 모듈의 주요 용어를 모두 정의한다.
2. 죽상동맥경화증의 과정을 설명하고, CVD 발생에 어떻게 영향을 미치는지 설명한다.
3. 죽상동맥경화증의 주요 위험요인을 열거하고, 수정가능 요인을 제시한다.
4. 죽상동맥경화증과 심혈관 질환의 위험을 줄일 수 있는 식사 및 생활양식을 논의한다.
5. 필수 지방산의 주요 급원 식품을 식별한다.

콜레스테롤 함량 때문에 계란 먹는 것을 피하는가? 심장질환 가족력이 있는지에 대하여 관심이 있는가? 만약 그렇다면 혼자만의 문제는 아니다—미국인 세 명 중 한 명은 CVD를 가지고 있다. 가장 흔한 CVD인 심장질환과 뇌졸중은 미국에서 사망원인 4위에 포함된다.[6] 미국에서 2011년 심장질환과 뇌졸중으로 인한 사망이 사망원인의 약 30%를 차지했다. 대부분 CVD는 청소년과 젊은 성인기에서 시작하지만 수십 년 이후까지 이 질병의 징후 또는 증상이 없다.

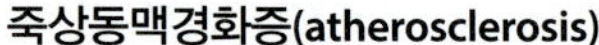

죽상동맥경화증(atherosclerosis) 동맥벽 내부에 플라크가 형성되어 동맥경화를 유발하는 만성질환의 진행과정

6.3a 심혈관 질환(CVD)으로 가는 길

대부분 CVD의 경우는 **죽상동맥경화증(atherosclerosis)**에서 생기며 혈관, 특히 동맥혈관에 부정적인 영향을 미치는 만성질환의 진행과정이다.

필수개념

6.4 죽상동맥경화증의 진행과정

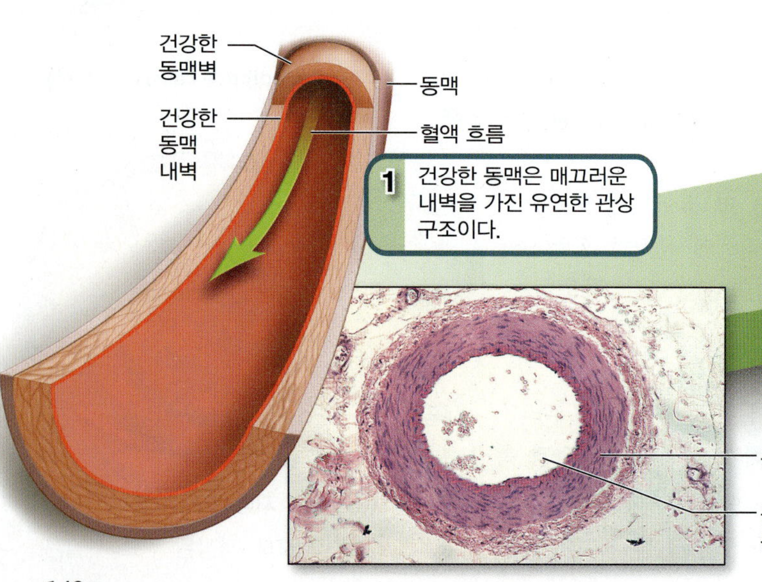

동맥 내벽에 자극

2 동맥경화증은 과잉 콜레스테롤이나 혈당, 흡연물질, 또는 특정 세균 등이 혈액 내에서 동맥 내벽을 자극하여 시작될 수 있다. 신체의 면역 체계는 동맥 내에서 염증을 일으켜 자극에 반응한다.

심장에 혈액을 공급하는 동맥에서 혈전조각이나 혈전덩어리가 형성되면, 부분적으로 동맥을 폐쇄시킬 수 있다. 그렇게 되면, 이 혈관과 연결된 심장 근육은 충분한 산소와 영양소를 받을 수 없어 적절한 기능을 할 수 없다. 그 결과, 동맥이 부분적으로 차단되어 전형적인 흉통 발작, 소위 **협심증(angina)**을 경험하게 된다. 플라크 또는 혈전이 심근으로 가는 혈액 흐름을 완전히 차단하면, 조직이 죽고 **심장마비(heart attack)**가 발생한다.

동맥 플라크(arterial plaque) 동맥벽 내에 축적된 지질이 많은 부위

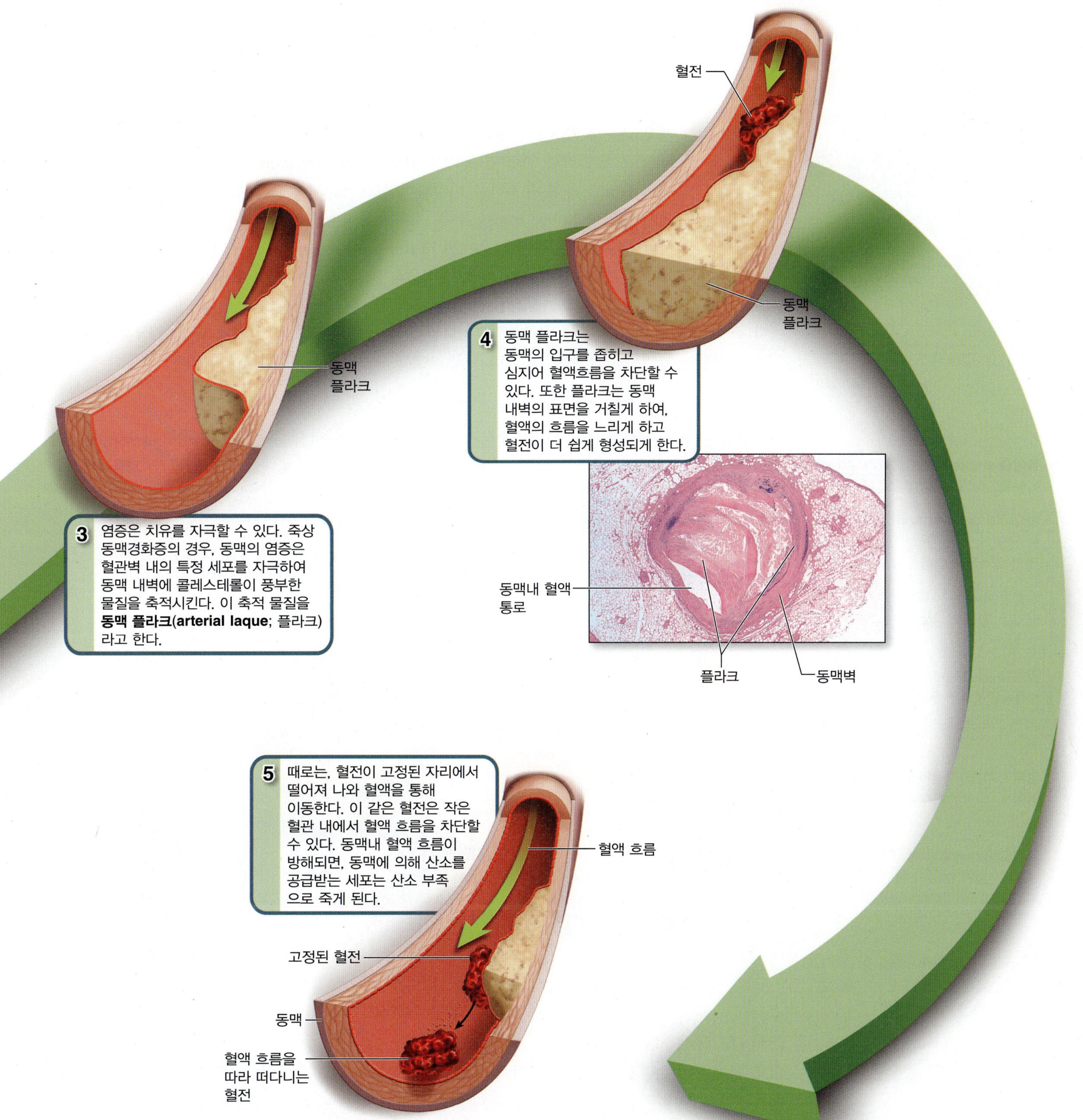

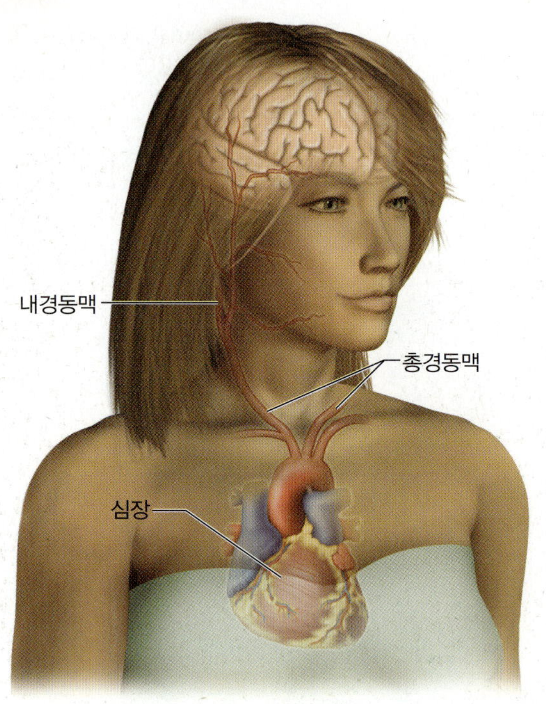

그림 6.13 **경동맥.**

■ 왜 경동맥에서 형성되는 혈전은 위험한가?

뇌졸중(stroke, "중풍")은 뇌의 동맥이 혈전으로 막히고, 영양을 공급받아야 하는 뇌세포가 죽게 되어 생긴다. 플라크는 목의 경동맥에서도 발생할 수 있다(**그림 6.13**). 경동맥에서 형성된 혈전은 뇌로 이동하여 뇌졸중의 원인이 될 수 있다.

죽상동맥경화증은 심장이나 뇌로 혈액운반이 되는 동맥에서 진행될 수 있다. 이 상태는 **말초혈관질환**(**peripheral vascular disease, PVD**)이라고 한다. PVD는 종종 신장, 다리, 팔에 혈액을 운반하는 동맥에 영향을 미친다. 혈전이 다리 아래쪽으로 혈액을 운반하는 동맥을 막으면, 다리조직은 죽게 되고, 괴저가 발생하게 된다. 괴저된 다리를 제거하는 수술은 치명적인 감염을 방지하기 위해 필요하다.

"동맥의 경화"는 무엇인가?

플라크는 동맥의 유연성을 감소시켜서 동맥이 단단해지는 **동맥경화증**(**arteriosclerosis**)을 유발한다. 경직된 동맥은 **고혈압**(**hypertension**)을 초래하며, 쉬고 있을 때에도 혈압을 높게 유지하는 비정상적인 고혈압 수준으로 특징된다. 대부분 사람들에게 혈압이 140/90 mmHg 이상으로 유지되는 고혈압은 위험하다. 나이 20~30세 사람들에게, 건강한 혈압은 120/75 mmHg이다.[7]

고혈압은 기관, 특히 심장, 신장, 뇌, 눈을 손상시킨다. 고혈압을 가진 사람의 심장은 비정상으로 경직된 동맥을 통해 혈액을 순환시키기 위해 더 힘들게 일해야 한다. 또한 고혈압은 경화된 동맥을 찢거나 파열시켜, 동맥의 크기와 위치에 따라서 심각한 출혈 문제나 심지어 돌연사를 초래할 수 있다. Unit 9에서 고혈압에 대한 정보를 더 많이 제공한다.

협심증(angina) 심장근육조직에 산소부족으로 오는 흉통

심장마비(heart attack) 심장근육의 한 영역에 흐르는 혈액흐름이 막혀 조직 괴사를 유발함

뇌졸중(stroke) 뇌의 어떤 영역으로 흐르는 혈액의 손실로 뇌세포가 죽게 됨

말초혈관질환(peripheral vascular disease, PVD) 동맥경화로 인해 혈관이 심장이나 뇌로 혈액을 보내지 못함

동맥경화증(arteriosclerosis, "동맥경화") 죽상동맥경화증에서 이어지는 상태

고혈압(hypertension) 비정상적으로 높은 혈압 수준이 지속되는 상태

지단백질과 죽상동맥경화

지단백질은 혈액에서 콜레스테롤과 중성지방을 수송하며, 이러한 구조는 동맥경화의 진행에 중요한 역할을 한다. 킬로미크론 외에도 세 가지 주요 지단백질이 체내에서 합성된다(**그림 6.14**). 각 지단백질은 단백질, 콜레스테롤, 중성지방 및 인지질의 비율이 다르다. 지단백질의 단백질 함량은 밀도에 기여한다. 예를 들어, 킬로미크론은 이들 지단백질 중 가장 크고 밀도는 가장 낮다. 다른 지단백질에 비해 킬로미크론은 훨씬 많은 지방과 매우 적은 단백질을 운반한다. HDL은 다른 지단백질보다 단백질은 더 많고 지질은 더 적으므로, 가장 작고 밀도가 가장 높다.

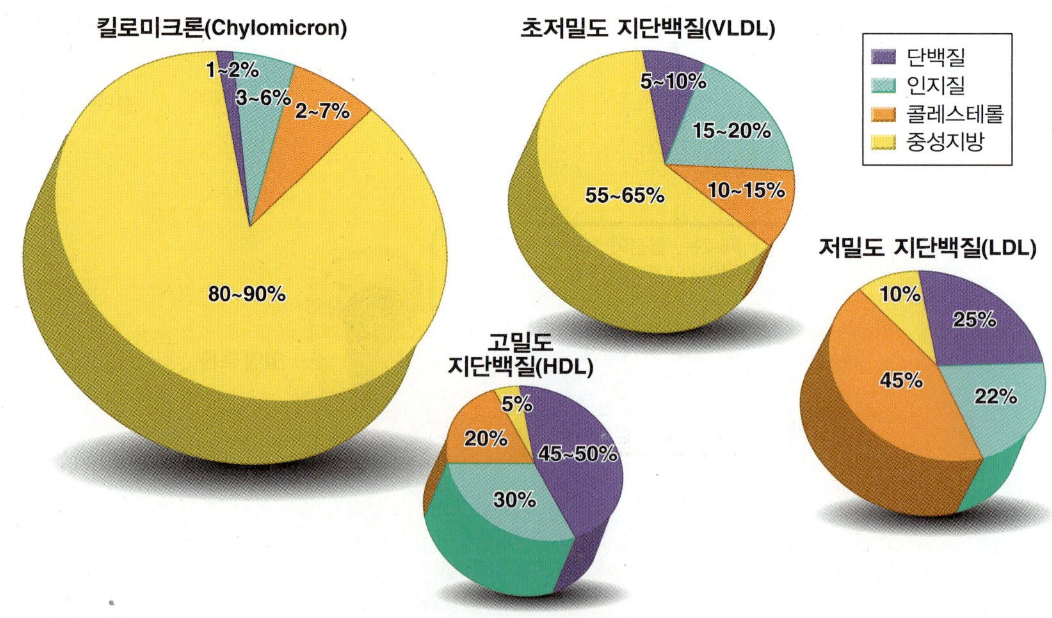

그림 6.14 **지단백: 조성 및 크기.** 지단백질의 조성에 따라 크기와 밀도가 달라진다.

산화 LDL 콜레스테롤

LDL 콜레스테롤은 플라크를 형성하는 동맥벽 세포로 지질을 운반하기 때문에 종종 "나쁜" 콜레스테롤로 지칭된다. 그러나 LDL에도 다양한 유형이 있으며, 모든 형태가 건강하지 않은 것은

필수개념

6.5 지단백질 대사

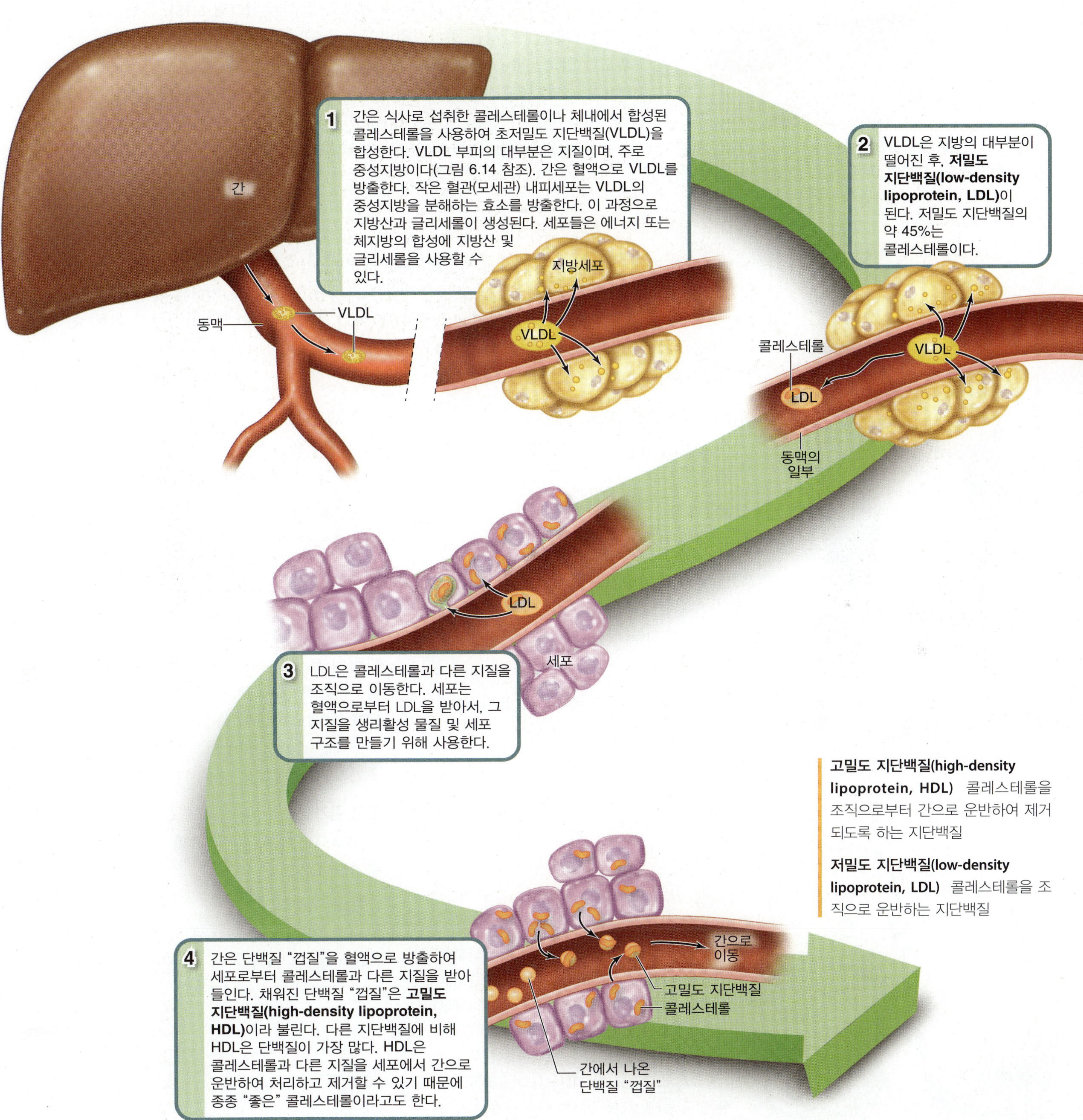

고밀도 지단백질(high-density lipoprotein, HDL) 콜레스테롤을 조직으로부터 간으로 운반하여 제거되도록 하는 지단백질

저밀도 지단백질(low-density lipoprotein, LDL) 콜레스테롤을 조직으로 운반하는 지단백질

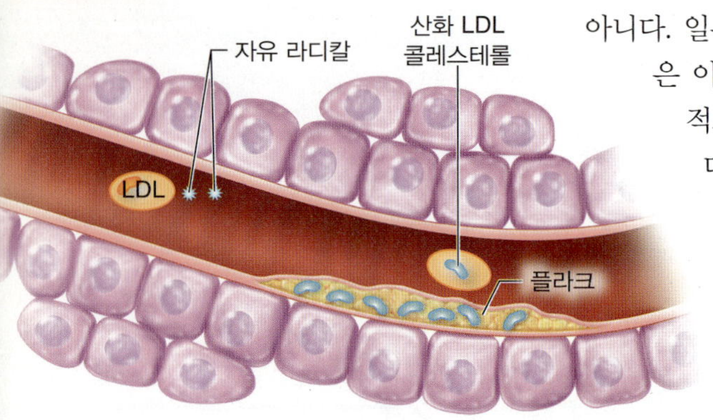

그림 6.15 산화 LDL 콜레스테롤. 동맥 내벽 세포는 혈액에서 LDL을 흡수한다. 이 과정은 산화 콜레스테롤을 세포로 운반한다.

■ 왜 산화 LDL 콜레스테롤은 해로운가?

아니다. 일부 LDL은 다른 것보다 작고 농축되어 있다. 작고 농축된 LDL 수준이 높은 사람들은 이 특정 LDL 수준이 낮은 사람보다 죽상동맥경화가 더 쉽게 일어난다.[8] 또한 화학적으로 불안정한 물질("활성 산소")은 LDL, 특히 작고 농축된 LDL을 손상시킬 수 있다. 이 손상은 LDL 콜레스테롤을 산화시키고, **산화 LDL 콜레스테롤(oxidized LDL cholesterol)**은 플라크를 형성하는 동맥 세포로 흡수된다**(그림 6.15)**. 흡연은 산화 LDL 콜레스테롤의 생성을 증가시킨다.[9]

과도한 알코올과 정제된 탄수화물 섭취는 간에서 VLDL의 생성을 촉진한다. VLDL은 콜레스테롤보다 중성지방을 더 많이 운반한다(그림 6.14 참조). 혈중 중성 지방 수준이 증가하면, HDL(HDL 콜레스테롤)에 의해 운반되는 콜레스테롤 농도는 감소하는 경향이 있다. 그 결과, 고중성지방 수준이 CVD의 발병에 기여할 수 있다.

6.3b 죽상동맥경화증에 대한 위험 요인

죽상동맥경화가 청소년과 젊은 성인기에 시작될 수는 있지만, 일반적으로 수십 년 후까지 CVD의 징후 또는 증상을 나타내지 않는다. 의료 전문가들은 죽상동맥경화증의 원인을 확인할 수 없었으나, 위험 요인 및 이 질병의 위험을 증가시키는 몇 가지 건강 상태를 제시하였다.[10] 위험 요인이 더 많을수록 CVD 발병 가능성이 더 커진다.

죽상동맥경화증에 대한 주요 위험 요인은:

- **위험한 혈중 콜레스테롤 수준**
  높은 LDL 콜레스테롤 및 낮은 HDL 콜레스테롤
- **고혈압**
- **흡연**
  담배 연기에 노출되면 혈관이 손상되고 경화되어 고혈압을 유발하고, 산화 LDL 콜레스테롤 수치를 상승시킬 수 있다.
- **인슐린 저항성**
  세포가 인슐린에 정상적으로 반응하지 않으면 혈당수치가 증가한다.
- **당뇨병**
  당뇨병은 종종 인슐린 저항성의 결과이다.
- **과잉 체지방**
  지나치게 많은 체지방은 인슐린 저항성, 제2형 당뇨병과 고혈압을 유발할 수 있다.
- **신체활동 부족**
  신체활동 부족은 체지방 과다, 고혈압, 높은 LDL 콜레스테롤치, 인슐린 저항성 및 제2형 당뇨병을 유발할 수 있다.
- **빈약한 식사**
  다량의 트랜스 지방, 포화 지방, 콜레스테롤, 설탕, 알코올 및 소금을 함유한 식사는 LDL 콜레스테롤 수준을 높이고 HDL 콜레스테롤 수준을 낮추며, 인슐린 저항성을 증가시키고, 혈압을 상승시킨다.[10]
- **연령 증가**
  남성 45세 이후, 여성 55세 이후 위험이 증가한다.
- **CVD의 가족력**
  아버지 또는 형제가 55세, 또는 어머니나 자매가 65세 되기 전에 이 질병이 발생했다면 위험이 증가한다.

연령은 CVD의 주요 위험 인자이다.

맛있는 팁

식물은 수용성 식이섬유 등, 콜레스테롤과 담즙산 흡수를 방해하는 물질을 함유한다(표 5.5 수용성 식이 섬유를 포함한 식품 참조). 식물은 또한 화학적으로 콜레스테롤과 관련된 지질인 스테롤과 스타놀을 소량 합성한다. 식물성 **스테롤/스타놀**은 식이 콜레스테롤의 흡수를 방해한다. 버터나 스틱 마가린 대신 식물성 스테롤 또는 스타놀을 함유한 마가린유사 스프레드 가공제품을 먹는 것은, 상승된 혈중 콜레스테롤 수치를 다소 낮출 수 있다.

혈중 콜레스테롤 수치를 감소시키기 위해 개발된 기능성 식품

다음의 조건들 또한 죽상동맥경화증의 위험 인자가 될 수 있다:

- **유전**
  죽상동맥경화증의 위험을 증가시키는 요인이 유전적으로 있을 수 있다. 흡연과 신체 활동 부족 등 알려진 위험요소를 통제하면, 유전적으로 심혈관 건강에 미치는 부정적인 영향을 감소시킬 수 있다.
- **C-반응 단백질**
  C-반응 단백질의 높은 혈중 농도는 체내 염증 발생을 의미한다. 동맥 내 염증이 죽상동맥경화증 진행의 초기 단계임을 기억하자.
- **중성지방**
  혈액 내 고 중성지방 수준은, 특히 여성의 경우에, 위험을 증가시킬 수 있다.[10]
- **수면 무호흡증**
  자는 동안 수면 무호흡증이 있는 사람은 간헐적으로 호흡이 멈추거나 깊이 숨 쉬지 않는다. 그 결과 수면 후에도 상쾌하지 않다. 수면 무호흡증을 방치하면 고혈압, 심장마비, 뇌졸중 위험이 증가할 수 있다.
- **감정적 스트레스**
  정서적 스트레스, 특히 분노는 동맥경화증의 발달에 중요한 역할을 할 수 있다.[10]
- **알코올**
  지나친 음주는 심장을 손상시키고 죽상동맥경화증의 다른 위험 인자를 악화시킬 수 있다. Unit 9에서 알코올에 대한 더 많은 정보를 얻을 수 있다.

이 Unit의 서두에서 언급했던 대학생 낸시는 어머니로부터 CVD 위험 유전인자를 받았기 때문에 CVD의 위험에 대하여 우려하고 있다. 이 장에서 배운 내용을 바탕으로, 생활양식을 어떻게 변화시키면 CVD의 위험을 줄일 수 있을까?"

스트레스는 CVD의 위험요인이다.

6.3c 죽상동맥경화증과 CVD의 위험 감소

심장마비 또는 뇌졸중을 완벽하게 예방할 수는 없지만, CVD를 미리 막고 죽상동맥경화증에 대한 수정 가능한 위험 요소를 제거 또는 감소시켜 더 만족스러운 삶을 누릴 수 있다고 알려진 과학적 증거가 많이 있다.

대체로, 생활양식의 변화로 죽상동맥경화증에 걸릴 확률을 낮출 수 있다:

- 신체 활동을 더 많이 한다. 규칙적 신체 활동은 HDL 콜레스테롤 수준을 높이고 LDL 콜레스테롤 수준을 낮추며, 과잉의 체지방을 제거하는 데 도움을 준다.
- 포화 지방과 트랜스 지방을 단일불포화 지방산과 다가불포화 지방산으로 대체한다.
- 담배를 끊고 담배 연기에 대한 노출을 피한다.
- 소금 섭취를 제한한다.
- 신장에 맞는 건강한 체중을 달성하고 유지한다.
- 식이섬유소가 풍부한 식품을 더 많이 먹는다.
- 항산화제가 함유된 식품을 섭취한다(표 1.4 참조).
- 설탕과 알코올 섭취를 줄인다.

신체 활동량을 증가시키면 CVD의 위험을 줄일 수 있다.

식이 지방

식물성 기름, 기름진 스프레드, 샐러드 드레싱은 확실한 식이지방의 급원 식품이지만, 우리가 섭취하는 지방의 대부분은 눈에 보이지 않는다. 포화 지방은 기름진 육류, 런천미트, 소시지, 핫도그, 그리고 단단한 치즈와 전유 등의 "전지" 유제품의 칼로리 대부분을 차지한다. 포화 지방산이 풍부한 식사를 섭취하는 사람들은 포화 지방을 덜 먹는 사람들보다 심장질환 발생 비율이 높다.[11]

포화 지방산이 많은 식품을 다가불포화 지방산이 더 많이 함유된 식품으로 대체하면 CVD의 위험을 낮출 수 있다.[4] 트랜스 지방을 포함한 식품을 적게 먹는 것도 CVD의 위험을 줄일 수 있다.

포화 지방산보다 단일불포화 지방산을 더 많이 섭취하는 식사도 CVD의 위험을 낮출 수 있다. 그러나 포화 지방산이 많은 식품을 단일불포화 지방산이 풍부한 식품으로 대체하도록 권장하는 것에 대해서는 더 많은 연구가 필요하다.[4]

맛있는 팁

요리사들은 쿠키와 파이 등을 만들기 위해 쇼트닝을 사용한다. 조리법에 있는 고체 지방을 식물성 기름으로 대체할 수 있지만, 쇼트닝의 3/4 정도의 기름을 사용한다.
그러나 쇼트닝을 식물성 기름으로 대체하는 것은 구운 빵 제품의 질감과 모양이 바뀔 수 있다는 것을 알아야 한다.

필수개념

6.6 LDL과 HDL에 대한 식이 지방의 효과

트랜스 지방산의 급원
트랜스 지방도 혈중 콜레스테롤 수치를 올린다. 그러나, 트랜스 지방은 LDL 콜레스테롤은 상승시키면서 유익한 HDL 콜레스테롤은 저하시킨다.[12]

LDL 증가

HDL 감소

혈중 콜레스테롤

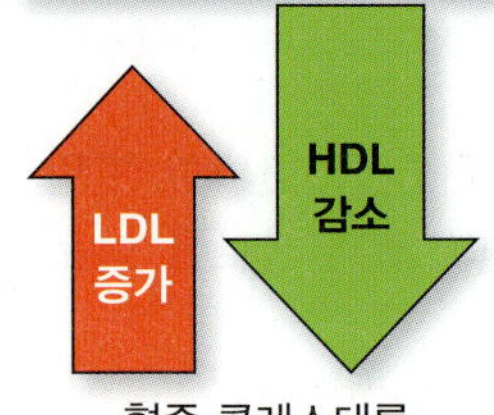

"심장을 건강하게 하는" 식사는 생선, 견과류, 식물성 기름 등 다가불포화 지방산과 단일불포화 지방산의 풍부한 급원 식품임을 강조한다.[13] 전통적인 지중해식 식사는 해산물, 올리브 기름, 전곡류, 콩류, 과일 및 채소류를 강조하는 식사이기 때문에 심장을 건강하게 한다(그림 3.6 참조).

6.3d 죽상동맥경화증의 위험 진단

죽상동맥경화의 위험여부를 확인하려면, 정기적으로 건강 검진을 하는 것이 좋다. 의사는 혈압을 측정하고 혈액 흐름을 확인하여, 경동맥 혈관이 막혀가고 있는지 여부를 진단한다. 의사는 HDL 콜레스테롤, LDL 콜레스테롤 및 중성지방 수준 및 혈중 총 콜레스테롤 수준을 확인하기 위해 혈액 검사를 요청할 수도 있다. 의사에게 그 검사 결과의 사본을 요청하여 개인 "의료 파일"에 보관하고, 필요할 때 참조할 수 있도록 한다.

표 6.3은 건강에 좋거나 해로운 혈중 지질 수준에 대한 분류이다. 총 콜레스테롤의 바람직한 범위는 200 mg/dl 미만이다. 당신 자신의 혈중 콜레스테롤 수준을 알고 있는가? 혈중 콜레스테롤 수준이 200 mg/dl 이하인 경우에도 여전히 동맥경화증의 위험이 높을 수 있다. 왜? 모든 지단백질에 의해 운반되는 콜레스테롤의 농도를 아는 것도 중요하지만, 혈액에서 특정 지단백질의 양, 특히 LDL과 HDL은 더 중요한 위험관련 인자이다. LDL 콜레스테롤 수준이 높은 것보다 HDL 콜레스테롤 수준이 높은 것이 더 건강한 것이다. 장래의 심장 마비 위험을 계산하려면 http://www.nhlbi.nih.gov/health/index.htm의 위험평가 도구를 써 보자.

맛있는 팁

마늘, 양파, 쪽파는 황 함유 화합물인 알리신 등의 급원으로, 항산화제 특성을 가지고 있다. 생마늘과 마늘 보충제는 심장 질환의 위험을 감소시키는 것으로 권장되어 왔다. 그러나 생마늘이나 마늘 보충제 섭취가 높아진 혈중 콜레스테롤 수준을 낮춘다는 강력한 과학적인 근거를 제공하는 연구는 미비하다.[14] 흔히 그렇듯이, 마늘 보충제가 CVD를 막는 데 도움을 주는지의 여부를 확인하기 위해서 더 많은 연구가 필요하다.

표 6.3 혈중 중성지방과 콜레스테롤 수준의 분류

총 콜레스테롤 양(mg/dl)	분류
200 미만	바람직함
200~239	경계 수준
240 이상	높음
LDL콜레스테롤(mg/dl)	**분류**
100 미만	적정
100~129	적정부근/적정이상
130~159	경계수준
160~189	높음
190 이상	매우 높음
HDL콜레스테롤(mg/dl)	**분류**
40 미만 남자, 50 미만 여자	낮음
60 이상	높음
중성지방(mg/dl)	**분류**
150 미만	정상
150~199	경계수준
200 이상	높음

출처: American Heart Association: *What your cholesterol levels mean.* Updated August 14, 2012. http://www.heart.org/HEARTORG/Conditions/Cholesterol/AboutCholesterol/What-Your-Cholesterol-Levels-Mean_UCM_305562_Article.jsp2009.

지중해식 식사와 연관된 식품들

지방과 콜레스테롤의 섭취 권장 사항

지방은 평균 미국인의 하루 섭취 에너지의 33% 정도를 차지한다.[15] 1세 이상 미국인을 위한 총 지방의 권장섭취량이나 충분섭취량은 설정되지 않았지만, 다량영양소의 에너지 적정비율(AMDR)은 총 칼로리의 20~35%이다.

미국심장학회(American Heart Association)에 의하면, 지방섭취는 총 에너지의 25~35% 미만으로 제한해야 한다.[13] 식이지침은 포화 지방산은 에너지 섭취의 10% 미만으로 제한하고, 트랜스 지방은 "가능한 한 최저"로 섭취할 것을 권장하고 있다. 2009~2010년, 평균 2세 이상의 미국인은 포화 지방을 하루 총 에너지 섭취량의 11%, 트랜스 지방을 3% 섭취하였다.[15] 식이지침은 또한 하루 콜레스테롤 섭취를 300 mg 미만으로 제한할 것을 권장하고 있다. 평균적으로, 콜레스테롤 섭취는 2009~2010년 조사에서 약 260 mg/일이었다.[15] 총 에너지의 지방비율과 하루 콜레스테롤 섭취량을 추정하려면, 155쪽의 "당신의 식사는 적절한가?!"를 채워 완성한다.

필수지방 섭취를 증가시키는 방법

오메가-6 지방산의 권장섭취량은 총 에너지섭취량의 5~10%이다. 오메가-3 지방은 총 에너지섭취량의 약 1%이다.[16] 옥수수기름, 씨앗류, 견과류는 오메가-6 지방인 리놀레산이 풍부한 급원 식품이다. 아마씨, 콩, 호두는 오메가-3 지방인 알파-리놀렌산의 좋은 급원이다. 매일 식물성 기름 약 2큰술(2000 kcal 식사 중)이면 필수 지방산의 권장량을 충족시킬 수 있다.[1]

DHA와 EPA는 체내에서 단지 소량만 합성될 수 있다. 따라서 식사에 지방이 많은 한류 생선 등, DHA와 EPA 급원 식품을 포함하는 것이 좋다. 오메가-3 지방의 급원 식품을 **표 6.4**에 제시하였다. 상어, 황새치, 왕고등어, 옥돔은 독성 물질인 메틸수은을 다량 함유한다. 따라서 임신부, 수유부, 어린아이는 이런 종류의 생선은 피해야 한다. Unit 3은 DHA와 EPA를 섭취하기 위해 매주 먹을 수 있는 생선과 조개류의 종류와 양과 관련된 식이지침 권장 사항을 제시하였다.

식사로 필수 지방산의 섭취를 늘리려면:

- 해산물, 특히 지방이 많은 한류 생선 등을 일주일에 두 번 섭취(표 6.4 참조)한다.
- 구운(bake) 것, 그릴(grill)구이, 또는 브로일(broil) 구이 생선 섭취한다. 요리하기 전에 소량의 마늘, 후추, 레몬주스로 양념된 올리브 기름이나 카놀라 기름에 신선한 생선을 담근다. 생선 위에 얇게 기름을 살짝 바르면 익는 동안 건조해지는 것을 막아준다.
- 물로 채운 통조림 참치나 연어를 샐러드에 추가하거나, 식물성 기름을 약간 넣은 생선을 토스트나 크래커 위의 스프레드를 만드는 데 혼합한다.
- 튀김이나 볶음 요리를 할 때, 식물성 기름, 액체 마가린, 또는 소프트 마가린을 사용한다.
- 샐러드, 요구르트, 또는 시리얼에 다진 호두를 뿌리거나, 단순히 간식으로 견과류를 먹는다. 그러나 견과류는 에너지 밀도가 높은 식품이기 때문에 섭취량을 조절한다.

생선 기름에 대하여

생선 먹기를 좋아하지 않는다면, 생선기름 보충제를 섭취해야 할 것인가? 2012년에, 68,000명 이상이 포함된 여러 연구를 검토한 결과, 생선기름 보충제 사용이 심장질환이나 뇌졸중을 예방한다는 과학적 근거는 발견하지 못하였다.[17] 결과는 생선 섭취가 오메가-3 지방을 얻는 최적의 방법임을 보여주었다. 중성지방 수준이 높은 사람들에게 다량의 생선기름 섭취는 혈중 지질 수준을 낮출 수 있다. 그러나 하루 3 g 이상 섭취는 혈액 응고를 방해하고 뇌졸중의 위험을 증가시킬 수 있다. 그러므로 생선기름 보충제를 섭취하여 식이 중 오메가-3 지방산의 함량을 높이려고 결정하기 전에 의사와 상의한다.

표 6.4 오메가-3 지방의 급원 식품

어패류(DHA와 EPA)	기름	견과류와 씨앗류	기타
청어, 연어, 은대구, 멸치, 참치, 전갱이, 정어리, 메기, 줄무늬 농어, 고등어, 송어, 상어, 황새치, 넙치, 명태, 가자미, 새우, 홍합, 게	아마씨, 호두, 카놀라, 콩	호두, 아마씨	해조류

맛있는 팁

스틱 마가린은 약 80%가 지방이며, 버터와 같은 비율이다. 스틱 마가린 한 조각(약 작은 술 하나)은 버터 한 조각과 같은 양의 에너지 35 kcal를 공급한다. 소프트 마가린과 비교하여 버터는 불포화 지방이 적고 포화 지방과 콜레스테롤이 더 포함되었다. 그러나 가끔씩 약간의 버터를 섭취하는 정도로는 동맥을 막히게 하지는 않는다.

심장을 건강하게 하는 식품 선택 및 조리 팁

식품 선택과 조리방법을 변경하여 식이 중의 포화 지방, 트랜스 지방, 소금, 칼로리의 양을 줄일 수 있다.

- 육류의 순 살코기 부위 선택:
  - 우둔살, 등심, 안심, 목살 등 기름기 없는 부위가 좋다.
  - 돼지고기의 살코기 부위인 등심, 안심, 목살을 선택한다.
  - 쇠고기 간 것을 구입할 때, "순 살코기" 제품을 선택한다. 순 살코기 간 것은 포장에 90% 이상이 살코기 상태라고 표시되어 있어야 한다. 쇠고기 간 것의 맛이 "퍽퍽하게" 되지 않게 하려면, 미트 로프 또는 햄버거 패티로 성형하기 전에 올리브나 카놀라 기름을 조금 넣는다.
- 육류의 살코기 부분을 촉촉하게 요리하는 방법을 사용:
  - "냄비" 로스팅, 즉 고기에 물을 약간 넣고 뚜껑을 덮거나, 구이판을 호일로 완전히 싸서 구우면, 지방을 첨가하지 않고도 고기를 연하게 하는 데 도움이 된다.
- 오븐 온도를 350°F에서 325°F 이하로 줄인다. 고기를 요리하는 데 시간은 더 걸리지만, 덜 질기고 촉촉하게 될 것이다.
- 요리 후, 보이는 지방의 대부분을 다듬어서 버린다.
- 소스 또는 그레이비를 만들 때, 용기냄비에 빠져나온 육즙은 사용하지 말 것.
- 고기와 채소를 찐다.
- 생채소, 고기, 생선, 조개류, 가금류를 소량의 뜨거운 식물성 기름으로 볶는다. 이 방법은 신속하게 식품을 익히고 미량 영양소를 보존한다.
- 볶은 간 고기는 다른 재료를 추가하기 전에 팬의 지방을 따른 다음 버린다. 지방이 더 필요한 경우는, 식물성 기름을 조금 추가한다.
- 식품을 튀김용 반죽에 담그거나, 빵가루를 입혀서 기름에 튀기는 것을 피한다. 튀김옷은 기름을 흡수한다.
  - 튀김 음식을 하려면, 요리 후 종이타월 위에 올려서 여분의 지방이 되도록 많이 흡수되도록 한다.
  - 튀긴 생선은 먹기 전에 기름진 빵가루 껍질을 벗긴다.
- 전유 또는 2% 지방 우유에서 1% 또는 무지방 우유로 바꾸어 마신다. 전유는 3.25%가 지방이다. 무지방 우유("탈지 우유")는 0.5% 미만의 지방이 함유되어 있다. 일반 크림치즈 대신 지방을 줄인 크림치즈를 사용한다.

샐러드 드레싱 "따로"

- 샐러드에 샐러드 드레싱을 적게 쓴다. 음식점에서는 샐러드 드레싱을 "따로" 주문하여 넣는 양을 스스로 조절할 수 있게 한다.
- 식물성 쇼트닝으로 만들어진 판매용 설탕장식은 경화유의 비율이 높을 가능성이 있다. 먹기 전에 케이크에서 설탕장식을 제거한다. (설탕장식은 주로 설탕과 지방이며, 빈 칼로리 식품이다.) 소프트 마가린이나 부드러운 땅콩버터에 우유, 가루 설탕, 바닐라 향을 조금씩 섞어서 자신만의 설탕장식을 만들 수도 있다.

판매용 설탕장식은 트랜스 지방 함량이 높을 수 있다.

- 마가린 유사 스프레드는 수분 함량이 다양하기 때문에, 조리시 버터 대신 소프트 마가린이나 다이어트 마가린을 사용하는 것은 권장하지 않는다. 특히 빵 제품에 마가린을 대신 사용하면 식품의 품질이나 질감이 변화된다.
- 가공식품, 특히 마가린을 구매할 때는 영양성분표시와 성분목록을 읽는다. 트랜스 지방 0 g 인 제품을 선택한다.
    - 스틱 마가린이나 버터 대신, 용기에 들어 있거나 또는 액체 모양의 마가린, 또는 마가린과 유사한 트랜스 지방 없는 스프레드를 쓴다. 첫 번째 성분으로 "액체" 형태의 식물성 기름이 표시된 마가린은 대체로 스틱 마가린보다 트랜스 지방이 적다.
    - "트랜스 지방 제로"인 스프레드라도 여전히 트랜스 지방을 0.5 g 미만 정도 함유할 수 있다. 향후, 제조업체는 식품표시에 더 정확한 트랜스 지방의 양을 표시하도록 요구될 것이다.
    - 식품학자들은 식품 중의 포화 지방산과 트랜스 지방을 대체할 **에스테르화**(*interesterified*) **지방**을 개발했다. "에스테르화" 지방을 함유한 제품도 건강에 해로울 수 있다. 이와 같은 인공 형태의 지방을 함유한 식품 섭취가 건강에 미치는 영향을 결정하기 위해서는 더 많은 연구가 필요하다.[18]
- 상업적으로 만든 빵 제품, 스낵 식품, 튀긴 패스트푸드 제품을 더 적게 먹는다.
- 지방을 거의 첨가하지 않거나 트랜스 지방이 없는 브랜드의 전자레인지용 팝콘을 구매한다. 일반 팝콘을 구입하여, 뚜껑 있는 냄비에 뜨거운 기름을 소량 넣고 만들거나 열풍기계를 이용한다.

무엇일까요?

콜레스테롤 섭취를 줄일 필요가 있는 경우, 조리시 시중에서 판매하는 계란 대용품을 사용할 수 있다. 이런 제품은 계란으로 만든 것이지만, 계란 흰자만 들어 있어 콜레스테롤과 지방이 없다. 계란 대용품 1/4컵은 계란 한 개를 대신한다. 계란 대용품이 없다면, 계란 흰자 두 개를 사용해도 된다.

- 기름진 식품을 저지방 또는 무지방으로 대체한다.
- 사우어 크림이 필요한 조리법에서 플레인 요구르트나 무지방 요구르트를 대신 사용한다. 구운 감자 위에 버터 또는 사우어 크림 대신 요구르트 한 숟가락을 얹는다.
- 빵 제품을 조리할 때, 필요한 고형지방이나 기름의 절반 또는 전부를 무가당 사과소스로 대체한다. 예를 들어, 버터 1 컵이 필요하면, 버터 반 컵을 사과소스 1/2컵으로 대체할 수 있다. 구운 제품의 조리법에서 고형지방 전부를 식물성 기름으로 대체하는 것은 그다지 권장하지 않는다. 대신 고형지방의 3/4까지는 식물성 기름으로 대체해 볼 수 있다.
- 제품의 지방 함량을 낮추기 위해 "가벼운" 스프레드를 만든 제조업체는 첫 번째 성분으로 물을 넣는다. 그러므로 조리시 마가린, 버터, 기름, 또는 쇼트닝을 저지방 스프레드로 대체하면 제품의 맛, 질감과 모양이 바뀔 수 있다. 조리법에 사용하기 적합한지 여부를 알려면 저지방 스프레드의 영양표시를 읽는 것이 좋다.
- 샌드위치에 치즈 또는 런천미트 대신에 땅콩이나 콩으로 만든 너트버터를 사용한다. 이런 제품에는 트랜스 지방과 첨가당이 함유된 경우가 있으므로, 제품을 선택하기 전에 영양성분표시 및 성분 목록을 읽는다.

생활양식의 변화가 효과가 없는 경우는?

어떤 사람들은 식사 변화, 규칙적 운동, 과잉 체지방 제거로 CVD의 위험을 낮출 수 없다. 이러한 생활양식의 변화에도 여전히 혈중 지질이 너무 높은 경우, 담당의사와 추가적인 치료방법에 대해 상의하는 것이 중요하다. 미국인 수백만 명이 높은 혈중 지질 농도를 줄이기 위해 스타틴이라는 처방약 종류를 복용하고 있다. 스타틴은 간의 콜레스테롤 대사를 방해하고, 그 결과 LDL 콜레스테롤 및 중성지방 수준을 효과적으로 저하시킨다. 그러나 연구 결과 스타틴이 CVD의 위험을 낮출 수 있다는 것은 분명치 않다. 스타틴은 지시대로 복용하면 비교적 안전하다.

Zetia®는 스타틴과는 다르게 작용하는 약물이다. Zetia®는 콜레스테롤의 장내 흡수를 억제하고, 그 결과 LDL 콜레스테롤을 낮춘다. 그러나 이 약물의 안전성 문제, 특히 다른 콜레스테롤 저하제와 함께 복용하였을 때의 안전성 문제가 제기되고 있다.[19]

영양, 사실인가 허구인가?

계란은 콜레스테롤이 많아서 먹지 말아야 한다.

혈액 중 콜레스테롤이 너무 많으면 심장 질환과 뇌졸중의 위험을 증가시킬 수 있다. 계란노른자는 콜레스테롤의 풍부한 급원이지만, 노른자는 "건강에 해로운" 포화 지방보다 "건강에 유익한" 불포화 지방을 더 많이 함유하고 있다. 또한 전란은 영양밀도가 높고 가격도 비교적 저렴하다. 건강한 경우라면, 하루에 계란 한 개는 걱정하지 않고 먹어도 된다.[20] 왜? 대부분 사람들의 경우, 식품 중의 포화 지방과 트랜스 지방 함량이 콜레스테롤 함량보다 혈중 콜레스테롤 수준에 더 영향을 미친다. 건강한 사람은 계란뿐 아니라 모든 음식을 "적정량"으로 섭취하는 것이 현명하다.

요점정리

모듈 6.1 지질은 무엇인가?

- 인체는 에너지, 세포막 유지, 담즙과 특정 호르몬의 생성, 저온에 대한 보온작용, 혈압 및 염증에 대한 조절, 충격에 대한 쿠션작용 등을 포함한 수많은 기능을 위해 지질이 필요하다. 주요 지질은 중성지방, 스테롤 및 인지질이다.
- 식품 중의 지방은 지용성 비타민과 피토케미칼의 흡수를 증진한다. 식이 지질은 식품의 매력적인 맛, 질감과 향기를 제공한다. 약간의 지질을 섭취하는 것은 건강에 필수적이지만, 특정 지질의 다량 섭취는 심각한 건강 상태, 특히 심장질환, 뇌졸중, 비만의 위험을 증가시킬 수 있다.
- 중성지방은 식품과 체내 지질 함량의 대부분을 차지한다. 중성지방 분자는 세 개의 지방산을 가지고 있으며, 지방산은 포화 또는 불포화 지방산으로 구분할 수 있다. 불포화 지방산은 단일불포화 또는 다가불포화 지방산으로 나뉜다.
- 오메가-6 지방산인 리놀레산과 오메가-3 지방산인 알파-리놀렌산은 체내에서 합성되지 않는다; 이들 필수지방산은 식사로서 섭취해야 한다. 필수지방이 가장 풍부한 급원 식품은 카놀라, 콩, 옥수수기름과 이들로 만든 샐러드 드레싱 등의 제품이다. 또한 견과류, 씨앗류, 전곡류, 특히 기름진 생선 등을 섭취하여 필수 지방산의 필요량을 충족시킬 수 있다.
- 중성지방은 보통 포화 및 불포화 지방산이 섞여 있지만, 주로 한 가지 형태의 지방산이 많이 함유되어 있다. 일반적으로 동물성 지방은 식물성 기름보다 포화 지방산이 더 많이 포함되어 있다. 예외적으로, 코코넛, 야자, 야자씨 기름에는 포화 지방이 많다.
- 불포화 지방의 부분적 수소화는 포화 지방과 트랜스 지방을 생성한다. 가공식품 중의 트랜스 지방은 심장 질환과 뇌졸중의 위험 증가와 관련되어 있으므로 “나쁜” 지방이다.
- 인지질은 세포막의 주요 구성 성분이며, 뇌를 포함한 신경세포의 적절한 기능을 위해 필요하다. 레시틴은 식품 중의 주요 인지질이다. 계란노른자, 간, 밀 배아, 땅콩버터, 대두는 레시틴의 풍부한 급원이다.
- 동물성 식품에서만 발견되는 스테롤인 콜레스테롤은 모든 세포막의 구성 성분이다. 세포는 콜레스테롤을 사용하여, 비타민 D, 담즙, 에스트로겐 및 테스토스테론과 같은 스테로이드 호르몬을 포함한 다양한 물질을 합성한다. 식물들은 스테롤과 스타놀을 합성하는데 이는 위장관에서 콜레스테롤의 흡수를 차단하기 때문에 건강에 유익할 수 있다.

모듈 6.2 지방과 콜레스테롤 대사

- 지방은 주로 소장의 상부에서 소화가 진행된다. 콜레스테롤은 분해되지 않고 소장 벽을 통해 흡수된다.
- 중성지방, 콜레스테롤 및 기타 지질 등은 소장 세포 내에서 킬로미크론으로 만들어진다. 킬로미크론은 소장의 림프계로 들어가서 혈액으로 이동한다. 간은 킬로미크론에서 지질을 흡수하여 다양한 지단백질—혈액 내 지질 운반 물질—을 합성한다.
- 소장 내 담즙 성분은 흡수되어 간에서 새로운 담즙을 합성하는 데 재활용된다.
- 중성지방은 세포 에너지의 주요 급원이다. 에너지가 필요하지 않은 경우, 지방세포는 중성지방 형태로 에너지를 저장한다. 세포가 에너지를 필요로 할 때, 지방세포는 저장된 중성지방을 일부 분해하여 글리세롤과 지방산을 혈액으로 방출한다.

모듈 6.3 심혈관 질환: 미국인의 주요 사망원인

- CVD는 심장과 혈관에 영향을 미친다. 미국에서 심장질환이 주요 사망원인이고; 뇌졸중은 네 번째 주요 사망원인이다. 죽상동맥경화증은 동맥경화와 CVD를 초래하는 장기적인 과정이다.
- 죽상동맥경화증과 관련된 수많은 위험 인자; 일부 위험 인자는 유전적이고 개선하기 어렵지만, 많은 요인들은 변화될 수 있는 생활습관과 관련되어 있다. 흡연, 특정 지방 섭취, 신체활동 부족은 죽상동맥경화증과 CVD의 위험을 증가시킬 수 있는 생활습관이다.
- 지단백질은 혈액의 지질 대부분을 운반한다. 혈중 HDL 콜레스테롤 수준이 높은 것은 LDL 콜레스테롤 수준이 높은 것보다 더 건강하다. LDL 콜레스테롤이 높아지면 죽상동맥경화증을 유발할 수 있지만, HDL 콜레스테롤 증가는 그 위험을 저하시킨다.
- 운동과 포화 및 트랜스 지방을 불포화 지방으로 바꾸면 LDL 콜레스테롤 수준을 감소시키고 HDL 콜레스테롤 수준을 증가시킬 수 있다. 반면, 신체활동 부족과 포화 지방과 트랜스 지방을 많이 섭취하면 혈중 LDL 콜레스테롤이 높아져 죽상동맥경화의 위험을 증가시킨다. 그러나 다수의 건강한 사람은 식품 중의 콜레스테롤을 섭취해도, 혈중 콜레스테롤 수치가 증가하지 않는다.
- 지방은 평균 미국인의 하루 섭취 에너지량의 33%를 차지한다. 건강한 사람들을 위한 식사에서는 지질을 보통 총 에너지섭취량의 25~35%(한국인 15~25%)로 제한할 것이 권장되고 있으며; 지방의 AMDR는 총 칼로리의 20~35%(한국인 15~25%)이다.
- 만약 권장식으로 수정하고, 체중을 감량하고, 규칙적으로 운동하는데도 여전히 혈중 지질 수준이 높다면, 담당의사와 추가적인 치료방법에 대해 상의해야 한다. 미국인 수백만 명이 높은 혈중 지질 농도를 줄이기 위해 스타틴이라는 처방약을 복용하고 있다.

당신의 식사는 적절한가?!

1. Unit 3의 "당신의 식사는 적절한가?!" 중의 3일간의 식품기록을 참조하자. 기록해 둔 매일의 총 kcal 섭취량을 열거하여 더한 후, 3으로 나누어 반올림하면 3일간의 평균 에너지 섭취량을 얻는다.

샘플 계산:

1일	2000 kcal
2일	1700 kcal
3일	2350 kcal
총 kcal	6050 ÷ 3일 = 2017 kcal/일 (평균 kcal 섭취, 정수로 반올림)

당신의 계산:

1일	______ kcal
2일	______ kcal
3일	______ kcal
총 kcal	______ ÷ 3일 = ______ kcal/일 (평균 kcal 섭취, 정수로 반올림)

2. 이 기간 동안 매일 섭취한 지방 g 수를 더한다. 그 합계를 3으로 나누고 반올림하여 하루에 섭취한 지방량의 평균 g을 계산한다.

샘플 계산:

1일	50 g

2일	57 g
3일	42 g
합계	149 g
총 g	149 ÷ 3일 = 50 g/일 (평균)

당신의 계산:

1일	______ g
2일	______ g
3일	______ g
합계	______ g
총 g	______ ÷ 3일 = ______ g 지방량/일 (평균, 가장 가까운 정수로 반올림)

3. 지방 1 g은 약 9 kcal를 제공한다; 따라서 매일 섭취하는 지방의 평균 g(2단계) 수에 9를 곱하면 지방으로부터의 kcal의 평균값을 얻을 수 있다.

샘플 계산:

50 g/일 × 9 kcal/g = 450 kcal 지방에너지

당신의 계산:

______ g/일 × 9 kcal/g = ______ kcal 지방에너지

4. 식이 중의 지방으로 얻은 칼로리의 평균 비율을 계산하기 위해 3단계의 지방 칼로리의 평균값을 1단계의 하루 총칼로리 평균값으로 나누어 반올림한다. 이 값에서 100을 곱하여 소수점을 삭제하고 백분율 기호를 붙인다.

샘플 계산:

450 kcal ÷ 2017 kcal = 0.22
0.22 × 100 = 22%

당신의 계산:

______ kcal ÷ ______ kcal = ______
______ × 100 = ______%

5. 당신의 평균 지방 섭취량은 미국 심장학회가 권장하는 총 에너지의 25~35%에 해당하는가? 예 ______ 아니오 ______

6. 만약 평균 지방 섭취량이 총에너지 섭취량의 35% 이상이라면, 어떤 식품 때문이라고 생각하는가?
식품: ______________________________

7. 3일간의 식품 섭취 기록을 검토한다. 3일 동안 섭취한 콜레스테롤 mg을 더하고 3으로 나누어 콜레스테롤의 하루 평균 섭취량을 계산한다.

당신의 계산:

1일	_____mg
2일	_____ mg
3일	_____ mg
합계	_____ mg
총 mg	_____ ÷ 3일 = _____ mg 하루 콜레스테롤 섭취량

a. 당신의 하루 평균 콜레스테롤 섭취량은? ______ mg

b. 당신의 하루 평균 콜레스테롤 섭취량은 '식이지침' 중의 건강한 성인의 권장량(300 mg)보다 낮은가?

c. 만약 콜레스테롤 평균 섭취량이 300 mg보다 많다면, 콜레스테롤 섭취에 기여한 식품 목록을 쓰시오.

영양 표시 사용: 지방과 콜레스테롤

1. 지방이 함유된 두 개의 서로 다른 포장 식품에서 상표를 떼어낸다. 각 제품의 영양표시정보를 사용하여 다음 질문에 답한다.

   a. 제품 이름 #1______________________________

   제품 이름 #2______________________________

   b. 각 식품의 1회 제공량은 몇 kcal입니까?

   제품 1 ______ kcal

   제품 2 ______ kcal

   c. 1회 제공량에는 지방, 포화 지방, 트랜스 지방, 콜레스테롤이 얼마나 들어 있는가?

   제품 1

   지방 ______ g

   포화 지방 ______ g

   트랜스 지방______ g

   콜레스테롤 ______ mg

   제품 2

   지방 ______ g

   포화 지방 ______ g

   트랜스 지방______ g

   콜레스테롤 ______ mg

   d. 제공량의 총 kcal 중 포화 지방으로 얻은 비율을 계산한다. 먼저, 포화 지방의 g 수에 9(지방 g당 kcal)를 곱한다. 그 후, 포화 지방으로 얻은 kcal를 제공량의 총 kcal로 나눈다. (영양표시에는 kcal를 "열량단위"로 표시한다.) 소수점을 오른쪽으로 두 자리 옮긴 후, 삭제하고, % 기호를 넣어 백분율을 구한다.

   제품 1

   포화 지방______ g × 9 kcal = _____ kcal/ 제공량

   제공량의 총 kcal 중 포화 지방에서 얻은 kcal ______ %

   제품 2

   포화 지방______ g × 9 kcal = _____ kcal/ 제공량

   제공량의 총 kcal 중 포화 지방에서 얻은 kcal ______ %

   e. 각 제품의 성분 목록을 읽는다. 그 식품 중에 포화 지방과 콜레스테롤이 함유된 경우, 포화 지방이나 콜레스테롤이 들어있는 성분을 확인한다.

   제품 1의 포화 지방 성분 ______________________________

   제품 1의 콜레스테롤 성분 ______________________________

   제품 2의 포화 지방 성분 ______________________________

   제품 2의 콜레스테롤 성분 ______________________________

생각해 봅시다...

1. 미국 심장학회(American Heart Association, www.heart.org)의 "심장마비 위험 계산기" 사이트를 방문해서 심장마비 위험을 계산해 본다. 계산해 본 결과, 당신은 심장마비의 위험에 대해 걱정하고 있나? 걱정하는 이유 또는 걱정하지 않는 이유를 설명하라. 만약 걱정한다면, 죽상동맥경화증의 위험을 줄이기 위해 할 수 있는 단계를 설명하라.
2. 튀긴 음식을 피하고, 식료품을 구매할 때 "가벼운" 그리고 "저지방" 식품을 찾는가? 그렇게 행동하는 이유 또는 그렇게 행동하지 않는 이유를 설명하라.
3. 에너지의 25~35%를 지방으로 제공하는 식사를 계획하라. 식사는 주요 식품군을 포함하고 700~900 kcal를 제공해야 한다.
4. 포화 및 트랜스 지방의 섭취를 줄이고 불포화 지방의 섭취를 증가시키는 방법을 네 가지 이상 제시하라.
5. 고등학생을 대상으로, 죽상동맥경화증을 설명하고, 개인의 선택(생활양식)이 그 질병의 발생에 미치는 역할에 대한 강의자료를 개발한다.

혼자 풀어보기

가장 올바른 대답을 선택하라.

1. 식품 내 지방은
   - a. 풍미를 준다.
   - b. 위장에서 소화되고 흡수된다.
   - c. 수용성 영양소를 운반한다.
   - d. 건강한 식사를 위해 먹지 않는다.
2. 고체지방은 일반적으로 ________ 지방산을 높은 비율로 포함한다.
   - a. 불포화
   - b. 포화
   - c. 다가불포화
   - d. 단일불포화
3. 포화 지방산은
   - a. 탄소 사슬 내에 이중결합이 한 개 있다.
   - b. 탄소 사슬 내에 이중결합이 두 개 있다.
   - c. 탄소 사슬 내에 이중결합이 없다.
   - d. 탄소 사슬 내에 이중결합이 세 개 있다.
4. 다음 내용 중 진실은?
   - a. 특정 생선은 오메가-3 지방산이 풍부한 급원이다.
   - b. 오메가-3 지방산은 심혈관 질환의 위험을 증가시킨다.
   - c. 트랜스 지방은 오메가-3 지방산이 풍부한 급원이다.
   - d. 인체는 식이섬유소를 오메가-3 지방산으로 전환한다.
5. 트랜스 지방산은
   - a. 자연적으로 많은 식품에 들어 있다.
   - b. 수소화 과정의 부산물이다.
   - c. 좋은 건강을 위해 필요하다.
   - d. 필수 지방산의 급원이다.
6. 콜레스테롤은
   - a. 에너지로 대사된다.
   - b. 동물성 식품에서만 발견된다.
   - c. 인체에서 합성되지 않는다.
   - d. 건강에 해롭다.

7. 지방의 소화와 흡수의 주요 부위는
   a. 위.
   b. 간.
   c. 소장.
   d. 담낭.

8. 지단백질은
   a. 신장에서 만들어진다.
   b. 혈액에서 지방과 콜레스테롤을 운반한다.
   c. 산화 포도당을 포함하고 있다.
   d. 세포에 독성물질이다.

9. 죽상동맥경화증의 주요 위험 요인에 포함되는 것은
   a. 가족력.
   b. 직업.
   c. 소득.
   d. 교육 배경.

10. 동맥의 플라크를 초래할 수 있는 것은
   a. 충치.
   b. 혈전.
   c. 담낭 질환.
   d. 제1형 당뇨.

참고문헌 ➡ 부록 F 참조

Unit 7

단백질: 생명의 건축 재료

학습내용

"나는 어렸을 때부터 운동 선수였다. . . 농구, 야구, 축구 등. 지금은 대학의 야구선수이며 투수다. 나의 운동능력은 내가 먹는 다양한 음식을 통해 이루어진다고 생각하여, 꽤 잘 먹는다. 나는 근육량을 늘리는 중이므로, 단백질, 육류와 특히 닭고기를 많이 먹는다. 내가 열심히 운동할 때, 매일 단백질 50 g이 든 단백질 쉐이크를 마신다. 단백질 바는 먹지 않지만 간식으로 그래놀라 바를 먹으려고 하며, 또한 채소를 하루에 한 번 먹는다."

Chris Brewer

크리스 브루어는 클라크대학에서 마케팅을 전공하는 4학년 학생이다. 대학 운동선수로서, 크리스는 자신의 최적 신체활동 능력을 유지하기 위해 단백질이 풍부한 식품 섭취에 관심을 기울이고 있다. 운동선수들이 운동선수가 아닌 사람보다 더 많은 단백질을 섭취할 필요가 있을까? 고단백 식이는 크리스에게 근육조직을 만드는 데 도움이 될 것인가?

대다수의 미국인은 쇠고기나, 돼지고기, 또는 가금류가 많이 포함되지 않은 식사는 식사가 아니라고 생각한다. 비록 이들이 단백질이 풍부한 급원이지만, 식물성을 포함한 다른 식품도 단백질의 급원인 것이 간과되고 있다.

단백질은 중요한 영양소이지만, 다른 영양소보다 건강에 더 가치가 있는 것은 아니다. 영양소는 경기장의 잘 훈련된 야구팀의 구성원처럼 체내에서 함께 작용한다. 다른 선수들의 기술 개발을 무시하면서 한 명의 선수를 스타로 만들기는 팀의 성공에 최악의 결과를 가져올 수 있다. 마찬가지로, 식사에서 단백질과 같은 한 가지 영양소만 강조하고 다른 영양소를 무시하는 것은 심각한 건강문제로 이어지는 영양불균형을 초래할 수 있다. Unit 7에서는 체내 단백질 역할과 주요 급원 식품에 대해 학습한다. 또한 단백질이 건강에 미치는 영향에 대하여 학습한다.

모듈 7.1

단백질이란?

7.1 - 학습목표

1. 이 모듈에서 나오는 주요 용어를 전부 정의한다.
2. 체내에서 단백질의 주요 기능을 나열한다.
3. 단백질의 기본 구성단위를 식별한다.
4. 필수 및 비필수 아미노산을 구분한다.

단백질(proteins)은 유기 영양소로서, 탄소, 수소, 산소 원자로 이루어져 있으므로 화학적으로 지질 및 탄수화물과 유사하다. 그러나 단백질은 질소를 함유하고 있는데, 이 성분은 세포가 중요한 생물학적 화합물을 다양하게 합성하기 위해 필요하다. 식물, 동물, 박테리아와 심지어 바이러스까지도 수백 종의 단백질을 함유하고 있다.

7.1a 단백질의 체내기능

체내 모든 세포는 단백질을 포함하고 있다. 체내 수천 가지 단백질은 매우 다양한 기능을 가지고 있다. 체내 단백질의 역할은 다음과 같다:

- **세포의 합성, 유지, 보수**
  세포는 세포막과 그 외 세포 구조에 단백질을 함유하고 있다. 세포는 성장기 등, 세포분열 시기에 새로운 세포의 세포막과 기타 단백질-함유 성분을 형성하기 위해 단백질을 필요로 한다.
- **구조 형성**
  콜라겐 등의 구조 단백질은 연골, 인대 및 뼈 조직을 형성한다. 케라틴은 또 다른 구조 단백질로 머리, 손톱, 피부를 형성한다. 케라틴은 강하고 방수작용이 있어 머리카락, 손톱, 피부는 방수효과가 있다. 근육의 수축 단백질은 움직일 수 있게 한다.

머리카락은 케라틴이라 불리는 단백질을 함유하고 있다.

- **효소, 윤활제 및 응고 화합물 생성**
  - 거의 모든 효소는 단백질이다. 효소는 생성물의 일부가

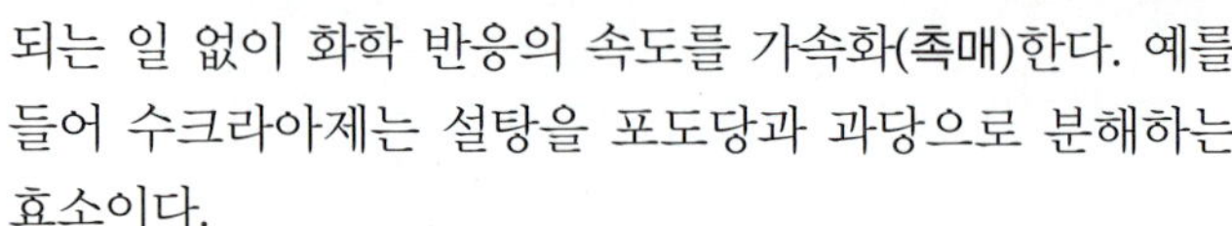

되는 일 없이 화학 반응의 속도를 가속화(촉매)한다. 예를 들어 수크라아제는 설탕을 포도당과 과당으로 분해하는 효소이다.
  - 윤활제는 뮤신을 포함하며, 이는 타액과 점액의 성분이다.
  - 피브린은 출혈을 멈추게 하는 혈액 응고가 필요할 때 형성되는 단백질이다.
- **운반 물질**
  - 운반 단백질은 적혈구 내에서 산소와 이산화탄소를 운반하는 헤모글로빈과 혈액에서 비타민 A를 운반하는 레티놀 결합단백질을 포함한다.
  - 세포막에 있는 단백질은 세포 내외의 물질의 이동을 조절한다.
- **항체 생성**
  - **항체(antibodies)**는 혈액 내에서 감염의 예방과 치료에 도움을 준다.
- **특정 호르몬 생성**
  인슐린과 글루카곤을 포함하여 많은 호르몬은 단백질이다.
- **적절한 체액 균형 및 산-염기 평형 유지**
  - 알부민 등의 혈액 단백질은 혈액과 체조직에서 체액의 적절한 분포 유지에 도움을 준다. 혈압을 형성하는 힘은 혈액 밖으로 혈장액을 나가게 하여 조직 내로 체액을 이동시킨다. 혈액 단백질은 체액이 혈류로 복귀하도록 유도하여 혈압을 조절하는 역할을 한다. 체내 단백질 공급이 부족한 경우, 혈중 단백질의 수준은 감소하고, 그 결과, 일부 물이 혈류 밖으로 누출되어 세포 사이의 공간에 머물게 된다. 조직 내 체액의 축적으로 오는 현상을 **부종(edema)**이라 한다(**그림 7.1**).

- 단백질은 또한 **산-염기 평형(acid-base balance)**, 즉 체액 내 적절한 수소이온(H^+) 농도를 유지하는 데 도움을 준다. 신체가 적절하게 기능하기 위해서는 혈액과 조직의 액체는 약 염기성이 되어야 한다. 만약 체액의 수소이온(H^+) 농도가 정상수준 이상으로 증가하면 조직이 산성화되지만, 수소이온 농도가 지나치게 낮아지면, 혈액 및 조직이 염기성(알칼리)으로 된다. 특정 부위의 체액이 지나치게 산성 또는 염기성이 되면, 세포는 기능이 손상되고 죽을 수 있다. **완충제**는 체액의 적절한 수소이온 농도를 유지하는 데 도움을 준다. 단백질은 산성과 염기성 성분을 가지고 있기 때문에 완충제 역할을 할 수 있다. 세포가 다량의 수소이온을 생성하면 단백질 분자의 염기성 부분은 과도한 수소이온과 결합하여 중화시키고 과다한 수소이온 농도를 낮춤으로써 정상으로 돌아온다.

- **에너지 제공**

세포가 단백질을 에너지로 이용할 수는 있지만, 정상적으로는 거의 에너지로 대사되지 않는다. 결과적으로, 세포는 탄수화물이나 지질이 수행할 수 없는 다른 중요한 기능을 위해 단백질을 저장한다.

그림 7.1 "함요성" 부종.

■ 단백질 결핍 식사는 어떻게 부종을 일으키는가?

7.1b 아미노산이란 무엇인가?

단백질의 기본 구성요소는 **아미노산(amino acids)**이다. 인체 단백질에는 20개의 다른 아미노산이 있다. 각 아미노산은 4개의 부분으로 이루어진다:

- 수소원자를 가진 탄소원자
- 각 아미노산에 따라 다른 형태의 알킬기
- 아미노기(질소 포함)
- 산성기

알라닌 아미노산의 화학구조는 이들 세 개 작용기를 보여준다**(그림 7.2)**.

질소를 함유한 아미노기가 제거되면, 알킬기, 산성기와 탄소원자가 아미노산의 "탄소골격"을 형성한다(그림 7.2 참조). 체내에서 특정 아미노산의 탄소골격은 포도당으로 전환되어 에너지 생성에 사용된다. Unit 1에서 단백질 1 g이 약 4 kcal를 제공한다는 것을 기억하자.

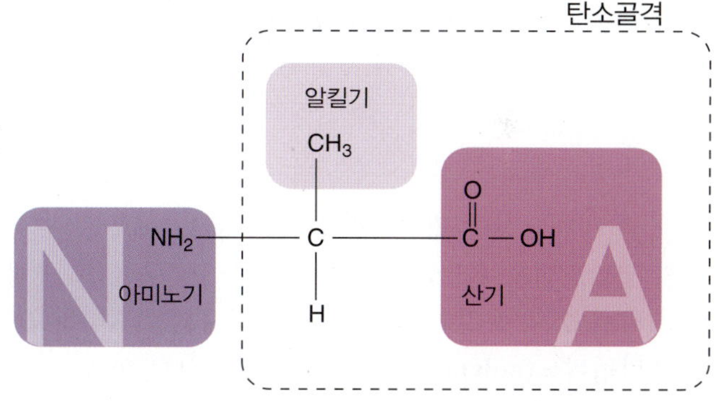

그림 7.2 아미노산(알라닌)의 구성.

아미노산의 분류

인체는 20가지의 다른 아미노산으로 만든 단백질을 가지고 있다. 영양학자들은 종종 신체의 단백질 형성 능력에 따라 비필수 또는 필수 아미노산으로 분류한다. 건강한 신체는 20가지의 아미노산 중에서 11가지를 만들 수 있다. 이들을 **비필수 아미노산(nonessential amino acids)**이라 한다. 나머지 9가지 아미노산은 신체가 합성할 수 없거나 체내 요구를 충족할 만큼 합성할 수 없기 때문에 식품을 통해 공급해야 하는 **필수 아미노산(essential amino acids)**이다. **표 7.1**은 필수 또는 비필수 아미노산을 분류하였다.

표 7.1 아미노산

필수 아미노산		비필수 아미노산	
히스티딘	페닐알라닌	알라닌	아르기닌*
이소루신	트레오닌	아스파르트산	시스테인*
루신	트립토판	아스파라긴	글루타민*
리신	발린	글루탐산	글리신*
메티오닌		세린	프롤린*
			티로신*

*특정 상태에서 필수로 될 수 있는 아미노산.

단백질(proteins) 아미노산으로 구성된, 크고 복잡한 유기영양소

항체(antibodies) 감염 예방과 치료에 도움을 주는 단백질

부종(edema) 조직 내 체액의 축적

산-염기 평형(acid-base balance) 체액의 적절한 수소이온 농도 유지

아미노산(amino acids) 단백질을 구성하는, 질소 함유 화학물질 단위

비필수 아미노산(nonessential amino acids) 체내에서 합성할 수 있는 아미노산

필수 아미노산(essential amino acids) 체내에서 합성할 수 없거나, 체내 요구를 충족할 만큼 합성할 수 없는 아미노산

모듈 7.2

단백질 대사

7.2 - 학습목표

1. 이 모듈의 주요 용어를 모두 정의할 수 있다.
2. 인체의 소화관에서 단백질의 소화와 흡수가 진행되는 과정을 설명할 수 있다.
3. 세포가 단백질을 합성하는 방법을 설명할 수 있다.
4. 과다한 아미노산의 대사에 대해 설명할 수 있다.
5. 체중을 기준으로 한, 단백질의 하루 권장섭취량(RDA)을 계산한다.

7.2a 단백질의 소화와 흡수

한 개의 아미노산은 **펩티드결합(peptide bond)**으로 다른 아미노산과 연결될 수 있다. 아미노산 간의 결합방법을 설명하기 위해, 아미노산 "구슬"로 구성된 단백질 "목걸이"의 개념으로 표현하였다(그림. 7.3). 목걸이에서, 두 개의 구슬을 연결하는 끈은 펩티드결합이다.

폴리펩티드(polypeptides)는 두 개 이상의 아미노산이 연결되어 사슬이 형성된 것이다(그림 7.3 참조). 디펩티드는 두 개의 아미노산이 서로 연결된 매우 간단한 폴리펩티드이다. 트리펩티드는 세 개의 아미노산이 서로 연결된 폴리펩티드이다. 단백질은 펩티드결합에 의해 서로 연결된 수 백 개의 아미노산으로 구성된 폴리펩티드이다.

점심 식사로 치즈와 구운 빵으로 만든 샌드위치를 먹었다면, 빵과 치즈 중의 커다란 단백질은 흡수되기 전에 소화되어야 한다. **필수개념 7.1**에서는 소화와 흡수과정에서의 단백질 변화에 대하여 설명한다.

펩티드결합(peptide bond) 두 개의 아미노산을 서로 연결하는 화학적 결합

폴리펩티드(polypeptides) 두 개 이상의 아미노산 사슬

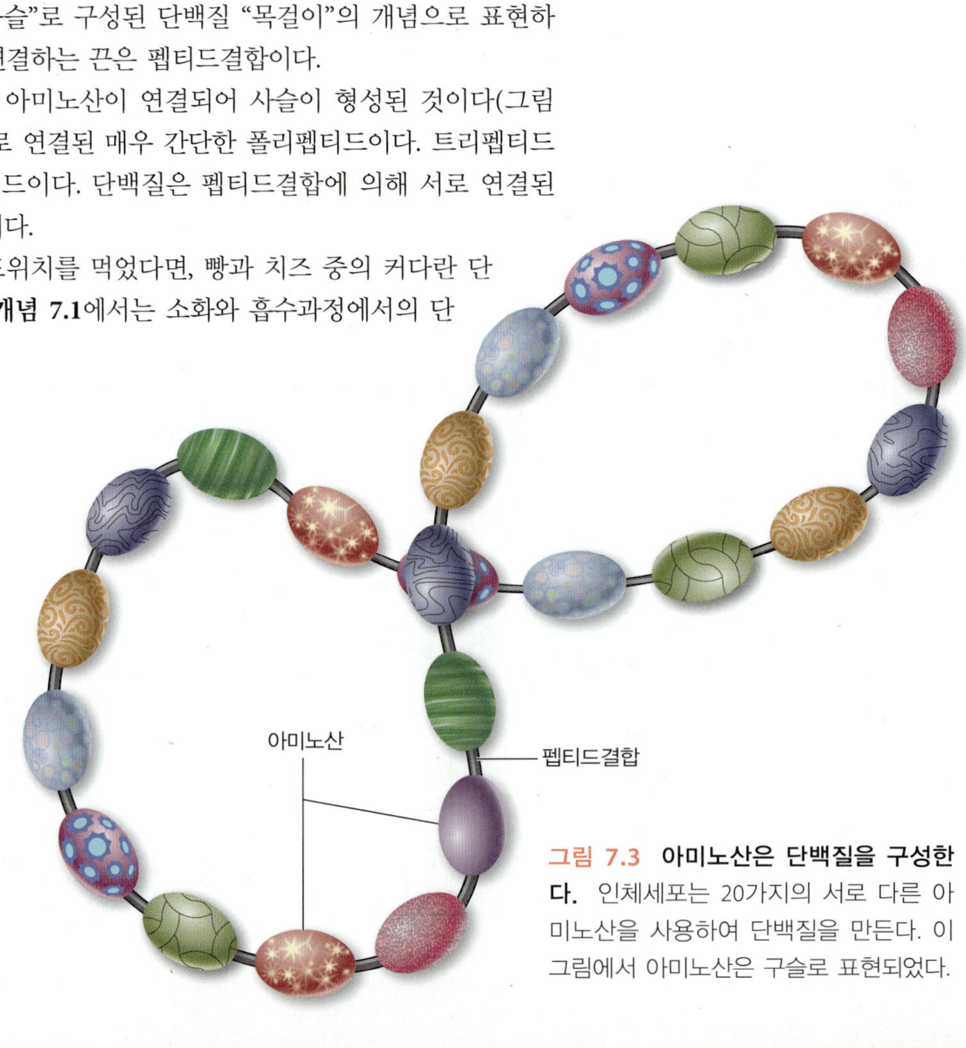

그림 7.3 **아미노산은 단백질을 구성한다.** 인체세포는 20가지의 서로 다른 아미노산을 사용하여 단백질을 만든다. 이 그림에서 아미노산은 구슬로 표현되었다.

필수개념

7.1 단백질의 소화와 흡수

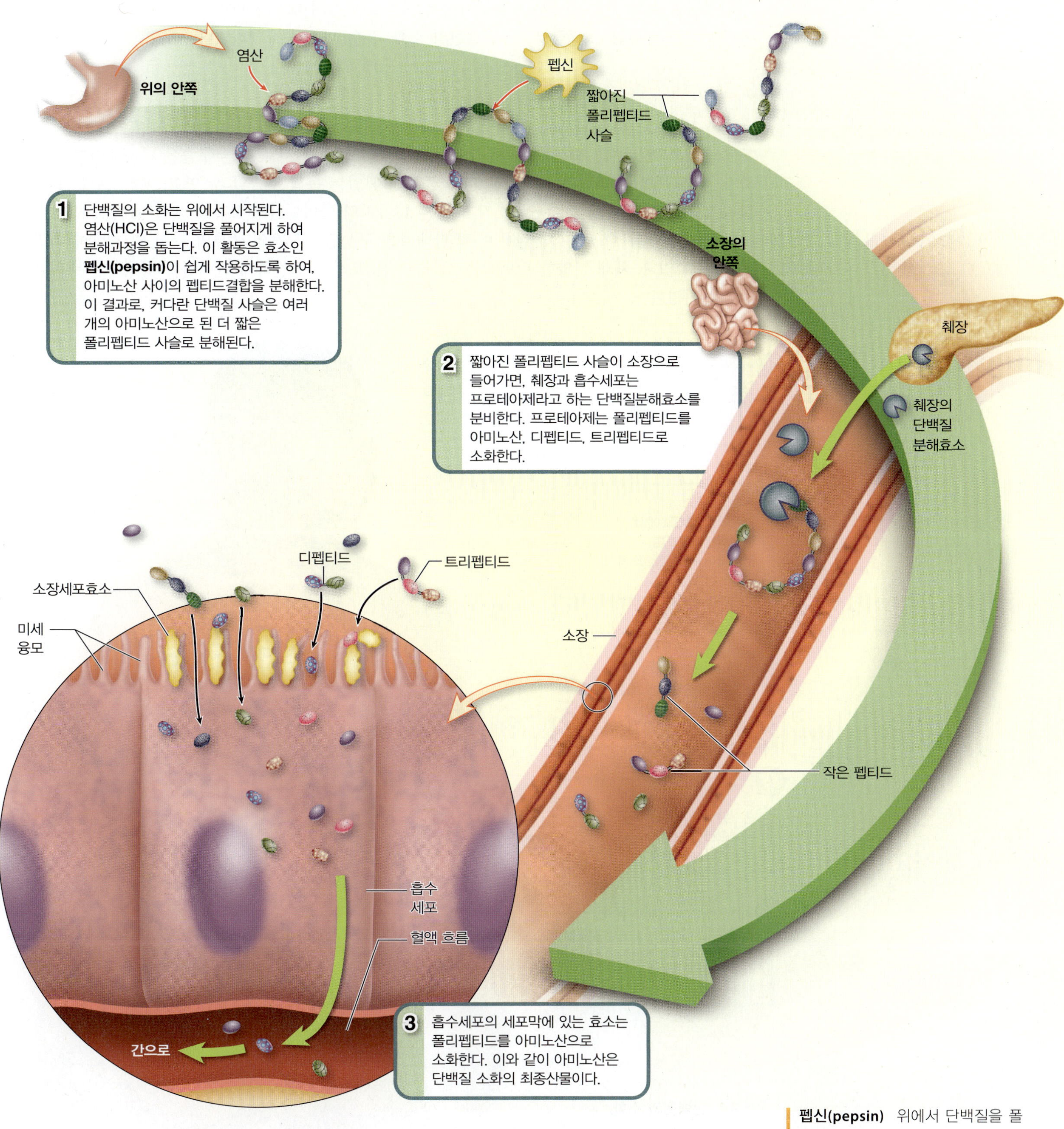

펩신(pepsin) 위에서 단백질을 폴리펩티드로 분해하는 효소

흡수된 후, 아미노산은 정맥(문맥)으로 들어가는데, 이 혈관은 흡수된 영양소를 간으로 운반한다. 간은 필요한 만큼의 아미노산을 보유하고, 나머지는 순환계로 내보낸다. 그렇게 하여 세포는 혈액으로부터 아미노산을 얻으며, 그 아미노산이 치즈에서 왔는지 빵에서 왔는지 구분하지 못한다. 이들 세포는 체내에서 단백질을 합성하는 데 필요한 모든 아미노산을 보유하게 된다.

단백질의 소화 흡수는 매우 효율적이어서 식이 단백질의 매우 소량만이 소화과정에서 제외되어 대변으로 배설된다. **그림 7.4**는 단백질의 소화, 흡수, 배설을 요약하였다.

7.2b 체 단백질 합성에 사용되는 아미노산

인체가 20가지 아미노산으로 수천 종의 단백질을 만드는 방법을 이해하려면, 그림 7.3의 단백질 "구슬을 꿴" 목걸이를 생각해 보자. 각각의 아미노산 형태가 서로 다른 구슬을 나타낸다고 가정하자. 예를 들어, 알라닌은 가느다란 흰색 줄무늬가 있는 녹색 구슬일 수 있고; 메티오닌은 흰색 점이 있는 빨간색 구슬일 수 있다. 각기 다른 18가지의 아미노산도 고유의 색깔 패턴을 가질 것이다. 인슐린이나 수크라아제 같은 특정 단백질은 구성된 "구슬"의 종류와 순서 및 개수에 따라 구별될 수 있다. 체내 다양한 단백질은 세포가 아미노산을 연결하여 단백질을 형성하는 수많은 방법을 반영한다.

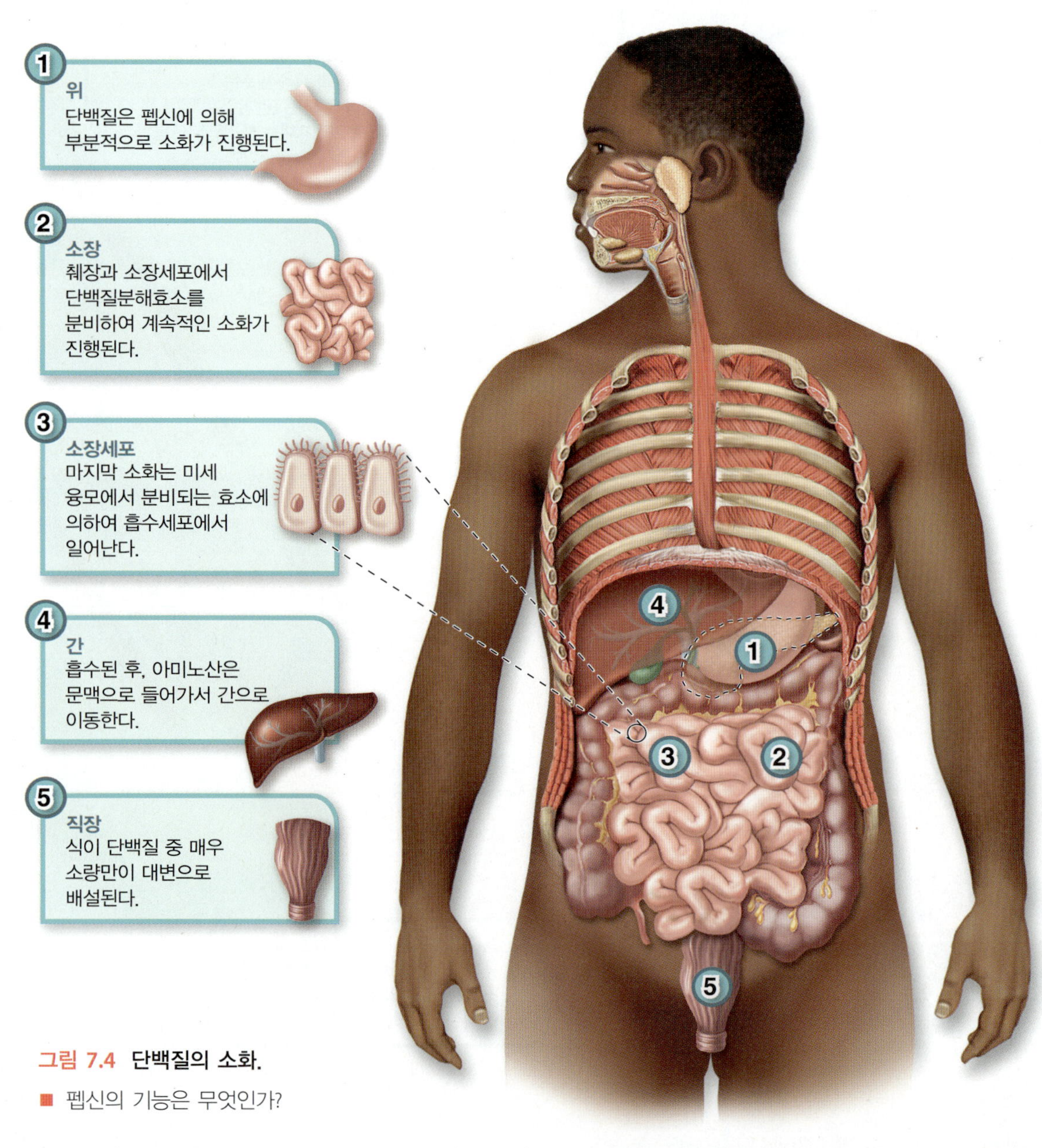

그림 7.4 **단백질의 소화.**

■ 펩신의 기능은 무엇인가?

만약 1000개의 아미노산 "구슬"이 들어 있는 박스를 가지고 있다면, 이 구슬들을 이용해서 어떻게 기능 단백질을 만들까? 각 단백질 "목걸이"를 만드는 방법은 DNA에 저장되어 있다. **DNA**는 단백질을 합성하기 위한 암호화된 명령들을 포함하고 있기 때문에 종종 세포의 지배 분자로 지칭된다. 세포가 실수를 하여 잘못된 아미노산을 연결하는 경우, 선천적 장애, 만성 질환, 심지어 사망을 초래할 수 있는 비정상적인 단백질을 생산하게 될 것이다.

DNA 단백질을 만드는 명령을 가진 지배(master) 분자

겸상 적혈구 질환은 주로 아프리카인 조상에서 내려오는 유전적 질환이다. 이 질병은 적혈구 내 산소를 운반하는 단백질인 헤모글로빈 합성을 명령하는 일부 DNA의 단일 돌연변이(변경) 때문에 발생한다. 돌연변이의 결과로, 헤모글로빈 생성 시에 잘못된 아미노산이 사용된다. 이 질환은 저산소 상태에서 생기는 비정상적인 초승달("낫") 모양의 적혈구 때문에 이런 이름을 가지게 되었다. 정상적인, 둥근 모양의 적혈구는 작은 미세 혈관을 쉽게 통과하지만, 낫 모양의 적혈구는 통과하지 못한다. 이런 비정상적인 적혈구는 서로 응집하고 혈관 내 혈액의 흐름을 차단하여 조직을 손상시킨다. 경우에 따라, 겸상 적혈구 질환은 치명적이다.

7.2c 잉여 단백질의 운명

인체는 근육이나 조직에 잉여 아미노산을 저장하지 않는다. 필요량보다 많은 단백질을 섭취하는 경우, 남는 잉여 아미노산은 어떻게 될까? **필수개념 7.2**는 필요량 이상의 잉여 아미노산을 어떻게 처리하는지 보여준다.

필수개념

7.2 잉여 아미노산은 어떻게 쓰나?

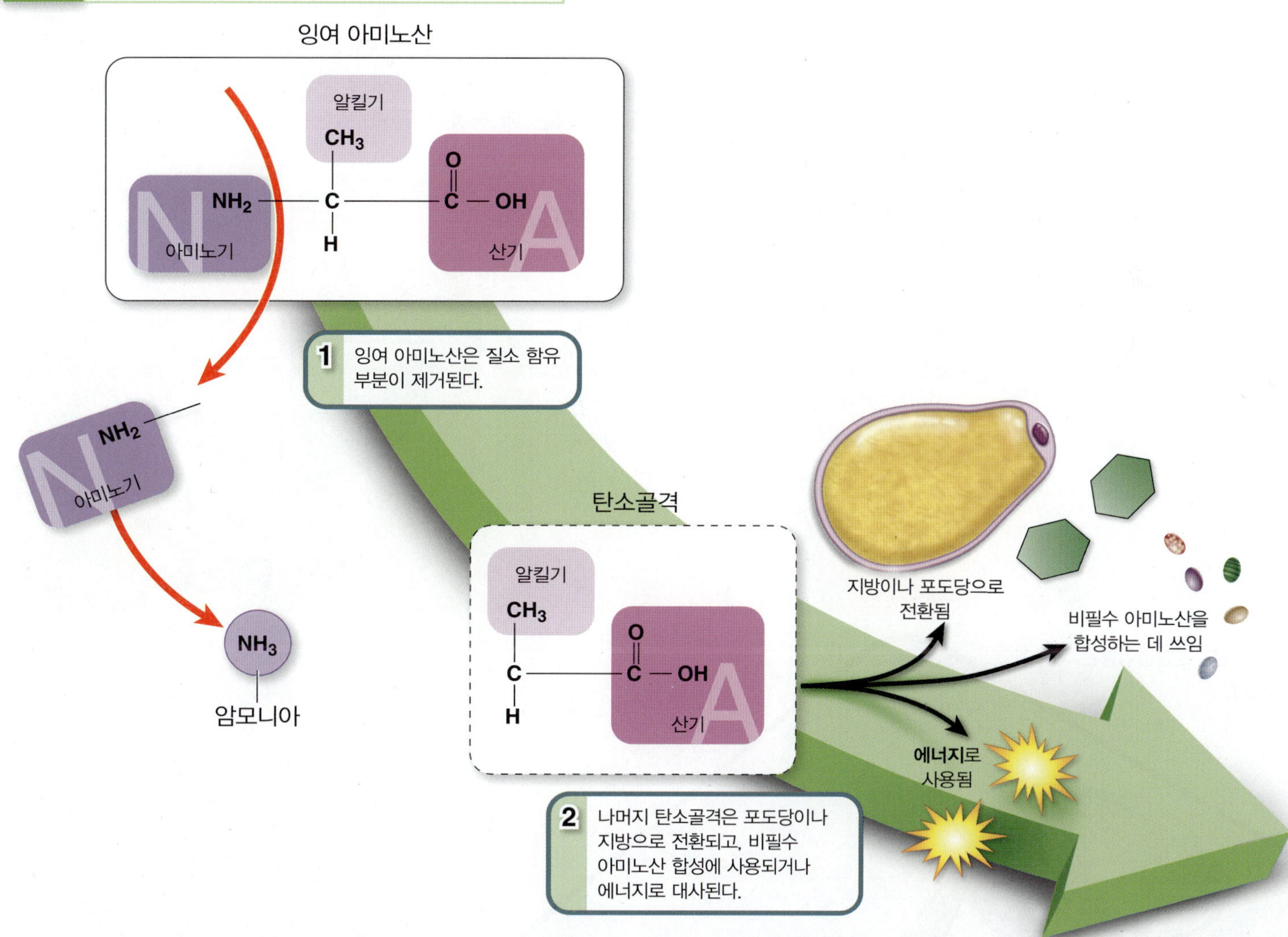

신체는 아미노산으로부터 질소를 재활용하여 비필수 아미노산을 만들 수 있다. 우리의 몸은 매일 약간의 단백질과 질소를 잃고 있다. 소변은 손실되는 질소의 대부분을 포함한다. 또한 손톱과 머리카락이 자라고, 피부와 소화관 세포의 상피층이 탈락되어 질소가 손실된다. 신체가 건강하려면, 손실된 질소를 보충하기 위하여 식품으로부터 아미노산을 섭취해야 한다.

7.2d 단백질 필요량

건강한 성인의 단백질 권장섭취량은 체중 kg에 0.8을 곱한 g값이다. 단백질 권장섭취량을 산정하기 위하여, 먼저 파운드체중을 2.2로 나누어 kg 체중으로 환산한다. 만약 예를 들어 체중이 145파운드이면 약 66 kg(145/2.2)이다. 그런 다음, 체중 66 kg에 0.8g을 곱한다. 이 계산에 의하면, 하루에 53 g(66 kg × 0.8 g/kg)의 단백질을 먹어야 권장섭취량을 충족시킬 수 있다. 체내 단백질 필요량은 임신기, 수유기, 성장기, 격렬한 신체 운동 시, 심각한 질병의 회복기, 혈액손실, 화상이 있을 때에 증가한다. Unit 10에서는 운동선수의 단백질 필요량에 대하여 논의한다.

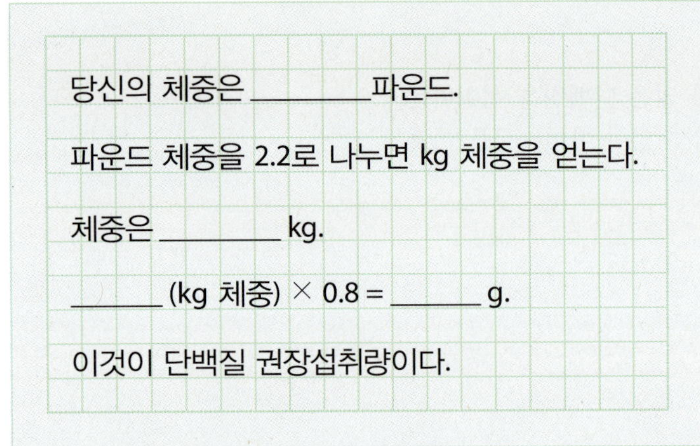

미국인의 단백질 섭취량

2009~2010년 동안, 2세 이상의 평균 미국인은 하루에 거의 80 g의 단백질을 소비하였다.[1] 이 양은 하루 동안의 총에너지 섭취량의 약 15%에 해당하며, 건강한 성인의 식사에서 권장되고 있는 단백질의 에너지적정비율(AMDR)인 10~35%(한국인 7~20%)의 범위 내에 있다. 식사 칼로리의 15%를 단백질에서 공급받아서 에너지적정비율(AMDR)의 에너지량 10~35% 내에 있으며 이는 단백질로부터 에너지는 10~35%가 적당함을 의미한다. 182쪽의 "당신의 식사는 적절한가" 작업을 수행함으로써 하루 단백질 섭취량을 추정하는 데 도움이 될 수 있다.

MyPlate: 단백질 권장섭취량

미국인의 식사에서는 계란과 유제품을 포함한 동물성 식품이 단백질 섭취량의 거의 2/3를 차지한다.[2] 동물성 급원의 단백질은 포화지방과 콜레스테롤의 풍부한 급원으로 알려져 있다. MyPlate 식단 계획 지침은, 살코기 또는 저지방 육류와 가금류를 선택하도록 권장하며,[3] 또한 식물성 단백질을 더 많이 포함하도록 권장한다.

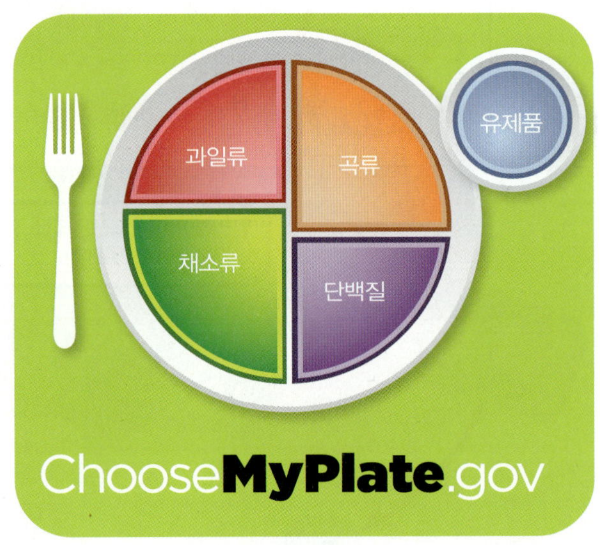

나의 단백질 권장섭취량은 체중에 근거한다.

모듈 7.3

식품 단백질

7.3 - 학습목표

1. 이 모듈의 주요 용어를 모두 정의한다.
2. 콩과식물을 식별한다.
3. 단백질의 질적 차이를 설명하고, 고급 단백질의 풍부한 급원 식품을 구분한다.
4. 동물성 단백질의 섭취를 줄인 영양적인 식사와 간식을 계획한다.
5. 단백질의 질적 저하없이 동물성 단백질 섭취를 줄이기 위한 전략을 만든다.

사람들은 동물성 식품을 단백질과 연관지어 생각하지만, 콩류, 견과류, 씨앗류, 곡류, 그리고 특정 채소도 단백질의 좋은 급원이다. 사실 거의 모든 식품은 단백질을 포함하지만, 100% 단백질로만 구성된 자연식품은 없다. **표 7.2**는 일반적인 상용 식품

표 7.2 상용 식품의 단백질 함량*

식품명	일회 제공량	단백질량 (g)	식품명	일회 제공량	단백질량(g)
닭고기, 가슴살, 오븐구이, 고기부분 만	4온스	34	우유, 무지방	1컵	8
햄, 살코기, 익힌 것	4온스	33	땅콩버터, 부드러운 것	2큰술	8
햄버거, 80% 살코기, 불에 회전하여 구운 것	4온스	29	구운 콩, 채식주의자용	½컵	6
페페로니 피자, 레귤러 크러스트, 14인치 파이	2쪽(200 g)	24	계란, 큰 것, 완숙	1개	6
참치, 통조림, 물 포장, 물 버림	4온스	22	미국 가공치즈	1온스	5
커티지 치즈, 2% 저지방	4온스	13	바닐라 아이스크림	1컵	4
미트소스 든 라자냐	6온스	12	흰쌀, 밥	1컵	4
두부, 레귤라	½컵	10	완두콩, 녹색, 익힌 것	½컵	4
베이글, 일반형	1개 (직경 3½인치)	10	바나나, 중간 크기	1개	1
아몬드, 전체	¼컵	8			

출처: *USDA National Nutrient Database for Standard Reference, Release 25.*

영양, 사실인가 허구인가?

붉은색 고기는 건강에 좋지 않다.

붉은색 고기는 포화지방과 콜레스테롤의 급원이다. 그러나 이는 또한 비타민 B 군과 아연, 철의 좋은 급원이다. 이들 무기질은 식물성 식품에서는 쉽게 흡수되지 못한다. 그러므로 가끔 붉은색 살코기를 소량씩 먹는 것은 괜찮다. 붉은색 살코기 조각은 이름에 "우둔살" 또는 "채끝살"이라는 말이 들어가는 쇠고기, 돼지고기, 양고기 등이다.

콩과식물(legumes) 씨앗이 한 줄로 들어 있는 꼬투리를 형성하는 식물

고급(완전) 단백질[high-quality (complete) protein] 모든 필수아미노산을 어린이의 성장과 조직단백질 형성에 필요한 양만큼 충분히 함유하고 있는 단백질

저급(불완전) 단백질[low-quality (incomplete) protein] 필수아미노산 중 한 가지 이상이 결핍 또는 부족한 단백질

의 1회 제공량에 대한 대략적인 단백질 함량을 나타내었다. 모든 식물성 식품이 좋은 단백질 급원은 아니다. 콩과식물, 씨앗류 및 견과류는 과일 또는 잎, 뿌리, 꽃 채소보다 1회 제공량당 더 많은 단백질을 제공한다. **콩과식물(legumes)**은 대두, 완두콩, 땅콩, 렌즈콩, 그 밖의 모든 콩 등, 한 줄기의 씨앗꼬투리를 이루는 식물이다. 견과류는 호두, 캐슈넛, 아몬드 등이 있다.

7.3a 단백질의 질

식품에 포함된 단백질은 양뿐만 아니라 질에서도 차이가 있다. **고급 단백질(high-quality protein)**, 또는 **완전 단백질(complete protein)**은 어린이의 성장뿐 아니라, 근육과 다른 조직의 건강을 유지하기 위해 충분한 양의 모든 필수 아미노산을 포함하고 있다. 고급 단백질은 체내에서 효율적으로 소화되고 흡수된다. 육류, 생선, 가금류, 계란, 우유 및 유제품은 고급 단백질을 포함하고 있다.

저급 단백질(low-quality protein) 또는 **불완전 단백질(incomplete protein)**은 필수아미노산이 한 가지 이상 결핍되거나 부족한 단백질이다. 소화관은 저급 단백질 급원 식품을 고급 단백질을 함유한 식품과 같이 효과적으로 소화시키지 못한다. 상대적으로 적은 양을 가진 필수 아미노산을 제한 아미노산이라 한다. 제한 아미노산이 있는 단백질은 세포가 조직의 성장, 보수, 유지를 위해 필요로 하는 아미노산을 공급할 수 없다.

맛있는 팁

아몬드, 볶은 땅콩, 또는 해바라기씨 3온스는 단백질 20 g을 공급한다. 각종 씨앗과 견과류는 "건강한" 지방(관련 내용 Unit 6)의 풍부한 급원 식품이다. 그 높은 지방함량 때문에, 씨앗류와 견과류는 많은 칼로리를 포함한다. 간식으로 아몬드, 볶은 땅콩, 또는 해바라기씨를 3온스 정도만 먹어도 거의 500 kcal를 추가하게 된다.

해바라기 씨

대부분의 식물성 식품은 고급 단백질 급원이 아니다. 퀴노아(안데스 산맥의 명아주과 식물)와 콩 단백질은 예외이다. 퀴노아는 사탕무우나 시금치와 유사하나 퀴노아 씨앗의 단백질은 양과 질에서 곡류 중 우수한 편이다.[4] 익힌 퀴노아는 가끔 시리얼로 사용된다**(그림 7.5)**. 가공 후 콩단백질의 질은 동물성 단백질의 것과 견줄 만하다. 가공된 콩류는 두유, 영아용 조제유, 그리고 육류 대체식품 등을 포함하여 다양한 영양 식품을 만드는 데 사용된다.

그림 7.5 **퀴노아(Quinoa).**

■ 퀴노아가 양질의 단백질 급원인 이유는?

단백질의 질적 개념을 이해하는 것은 중요하다. 어린이는 단백질 섭취량에 관계없이, 식이 중 필수아미노산이 부족하면 적절한 성장을 하지 못하게 된다.

단백질의 상호보완

신체 단백질을 합성하기 위하여 같은 끼니에 모든 필수아미노산을 섭취할 필요는 없다. 그러나 영양 전문가는 매일 필수아미노산을 적절한 양 섭취할 것을 권장한다. 만약 식물성 식품만 섭취한다면, 매일 충분한 필수아미노산을 공급받기 위해 매 끼니와 간식을 신중하게 계획할 필요가 있다. 식물성 식품을 기초로 한 식사로서 필수아미노산들이 함께 섭취되는 것이 확인되어 있다. **상호보완(complementary combinations)**은 동물성 단백질의 추가 없이도 필수아미노산 모두를 공급할 수 있도록 특정 식물성 식품을 혼합하는 것이다.

씨앗류와 견과류

제1제한 아미노산:
리신

참깨, 해바라기씨, 호박씨
캐슈넛, 피스타치오, 호두, 잣, 아몬드

곡물

제1제한 아미노산:
리신

밀과 밀가루로 만든 제품
쌀, 귀리, 수수, 보리, 불거(bulgur; 굵게 빻은 찐 밀)
옥수수와 옥수수로 만든 제품

콩과식물

제1제한 아미노산:
메티오닌
트립토판

완두
땅콩과 땅콩버터
대두, 대두제품, 기타 콩류

그림 7.6 **상호보완.** 다른 식물성 식품을 함께 섭취하는 것은 필수아미노산의 상호보완 효과가 있다.

■ 동물성 단백질의 섭취 없이 완두콩의 단백질의 질을 개선하려면 완두콩에 어떤 식품을 혼합할 수 있을까?

대부분 식물성 식품은 한 가지 이상의 필수아미노산, 특히 트립토판, 트레오닌, 리신, 메티오닌이 부족하다. 음식을 준비하기 전에 어떤 식물성 식품이 좋은 단백질 급원 식품인지, 그런 식물성 식품에 어떤 필수 아미노산이 제한되어 있거나, 부족하지 아는 것이 상호보완을 이루는 데 도움이 될 것이다.

그림 7.6은 세 가지 영역의 식물성 단백질을 보여준다(콩과식물, 곡류, 견과류와 씨앗류). 적어도 두 가지 다른 식품군에서 한 가지 또는 그 이상의 식품을 함께 먹으면 상호보완이 이루어진다. 식단을 계획할 때, 다양한 콩류, 곡류, 견과류 및 씨앗류를 조합하면 필수아미노산이 적절히 혼합된 음식을 준비할 수 있다. 땅콩버터를 바른 토스트나, 팥밥은 단백질이 상호보완된 간단한 음식의 예이다. 175쪽의 맛있는 팁에서 다른 예들을 제시하였다.

많은 과일류와 수십 가지 채소는 단백질의 빈약한 급원이다. 그러므로 식물성 식품의 모든 조합이 언제나 상호보완을 달성하는 것은 아니다. 예를 들어, 사과, 포도, 오렌지를 섞어 과일 샐러드를 만들면 필수아미노산의 상호보완은 이루어지지 않을 것이다. 더욱이 보스톤 종, 아이스버그 종, 그리고 로메인 종의 상추에 양파와 당근을 섞으면 맛있는 샐러드가 되지만, 단순히 푸른 잎채소를 다른 채소와 섞는 것은 상호보완이 되지 않는다. 왜? 잎채소에는 필수아미노산이 매우 적게 함유된 단백질이 소량 있을 뿐이다. 그러나 이 채소 샐러드에 해바라기 씨, 강낭콩이나 검정콩, 캐슈넛 및 빵조각을 넣으면 단백질 양이 높아지고 아미노산의 완전한 혼합물이 된다.

비록 과일과 많은 종류의 채소가 단백질의 빈약한 급원이지만, 이들 식품은 식물성 식사에 비타민과 무기질, 그리고 피토케미칼을 제공할 뿐 아니라, 색깔과 조직감을 더해준다. 모듈 7.4는 동물성 식품 섭취를 줄이면서 영양적으로 적합한 식사를 할 수 있는 방법을 설명한다.

상호보완(complementary combinations) 동물성 단백질의 추가 없이도 필수아미노산 모두를 공급할 수 있도록 특정 식물성 식품을 혼합하는 것

무엇일까요?

두부는 대두를 퓌레로 만들어 두꺼운 젤라틴처럼 굳힌 것이다. 두부는 거의 풍미가 없어서 채소 볶음이나 채소 샐러드 등 다양한 음식에 넣을 수 있다.

에다마메(풋콩, 살짝 익힌 콩)와 두부

7.3b 식품비를 여유 있게 쓰려면

육류는 식료품 목록 중 가장 비싼 품목 중 하나다. 다음의 팁은 좋은 영양을 보존하면서 식품비를 줄이는데 도움이 된다.

- 식사에서 동물성 급원 단백질을 한 가지만 포함하면서 1회 제공량을 줄인다.
- 육류를 질이 좋은 다른 단백질 급원으로 대체한다. 계란, 무지방이나 저지방 우유, 저지방 요구르트와 치즈는 비싼 육류, 생선, 가금류를 대체할 수 있는 질이 좋은 동물성 단백질 급원이다.
- 동물성 단백질이 적고 식물성 단백질이 더 많도록 식사를 준비한다. 대부분 동물성 식품은 필수아미노산이 충분히 함유되어 있어, 완두콩, 콩류, 곡류 및 다른 곡식 제품의 질이 낮은 단백질을 "쇠고기 상태로 높이는" 확대 효과가 있다.
- 그 예로는:
  - 시리얼을 우유와 함께 먹거나, 팬케이크, 와플,
  - 쌀을 주식으로 하고, 소량의 닭고기, 쇠고기 또는 생선류를 곁들이는 아시아 요리,
  - 파스타에 소량의 치즈와 미트소스를 곁들이는 이탈리아 요리,
  - 마카로니와 치즈,
  - 칠리 콘 카르네(고기, 토마토, 양파, 콩을 넣은 강한 향의 스튜 요리),
  - 참치-국수냄비요리,
  - 콩과 치즈로 채운 부리토 또는 타코.

맛있는 팁

시판하는 콩 통조림은 종종 다량의 소금이 첨가되어 있다. 이 소금을 제거하려면 콩을 물로 헹구는 방법을 생각할 수 있다. 또한 소금이 없거나 매우 적은 통조림이나 냉동 콩 구매를 고려할 수도 있다. 말린 콩은 소금이 첨가되어 있지는 않지만, 요리시간을 줄이기 위해 요리 전에 몇 시간 동안 물에 담가 불린 후, 물을 버린다. 물에 불린 콩은 소화가 더 잘 되고, 장내 가스 생성을 줄여준다.

모듈 7.4

채식주의

육류가 포함되지 않은 라자냐

7.4 - 학습목표

1. 이 모듈의 주요 용어를 모두 정의한다.
2. 채식주의의 다양한 형태를 구별한다.
3. 채식주의자 식사의 장단점을 토론한다.

7.4a 채식주의

미국 성인의 2.3% 정도는 육류, 생선, 또는 가금류를 먹지 않는다: 성인의 약 1.4%는 어떠한 동물성 급원 식품도 먹지 않는다.[5] **채식주의자(vegetarians)**는 주로 식물성 식품에 의존하며, 일부 동물성 식품을 섭취하거나 전혀 섭취하지 않는다. 채식주의자 식사는 여러 가지 형태가 있으며, 식물성 식품에 특정 동물성 식품을 포함하는 경우를 포함한다.

- **반채식주의자(semivegetarian,** 또는 **융통성 있는 채식주의자, flexitarian)**는 계란, 생선, 유제품은 먹지만, 일반적으로 육류는 피한다.
- **우유 채식주의자(lactovegetarian,** 락토 = 우유)는 동물성 단백질을 얻기 위해 요구르트, 치즈 및 아이스크림 등의 우유 및 유제품은 섭취한다.
- **계란 채식주의자(ovovegetarian,** 오보 = 계란)는 계란은 섭취한다.
- **우유계란 채식주의자(lactoovovegetarian)**는 유제품과 계란은 섭취한다.
- **완전채식주의자(vegan)**는 오직 식물성 식품만 섭취한다.

채식주의자(vegetarians) 식물성 식품을 기본으로 식사를 하는 사람

반 채식주의자 또는 융통성 있는 채식주의자(semivegetarian or flexitarian) 계란, 생선 및 유제품은 섭취하지만, 육류는 피한다

우유 채식주의자(lactovegetarian) 동물성 단백질로 우유와 유제품을 섭취하는 채식주의자

계란 채식주의자(ovovegetarian) 동물성 단백질로 계란을 섭취하는 채식주의자

우유계란 채식주의자(lactoovovegetarian) 동물성 단백질로 유제품과 계란을 섭취하는 채식주의자

완전 채식주의자(vegan) 오직 식물성 식품만을 섭취하는 채식주의자

"나의 부모님은 채식주의자이지만 계란 및 유제품은 먹는다. 조부모님은 완전한 채식주의자였고, 할아버지가 돌아가신 후, 아버지는 할아버지의 믿음을 존중하여 육류와 해산물을 먹지 않았다. 나는 닭고기를 먹지만 붉은 고기를 먹지 않는데, 이는 내 종교적 배경과 개인적인 취향 때문이다."

Abby Raghothaman

7.4b 채식주의는 건강한 생활양식인가?

채식주의 식사는 대개 동물성 식품, 특히 다량의 붉은색 육류가 포함된 "서구형 식사"보다 지방과 에너지 함량이 낮다. 육류를 섭취하는 사람과 비교하면 채식주의자는 비만, 제2형 당뇨, 고혈압, 그리고 특정 암의 위험이 낮은 경향이 있다.[6] 완전 채식주의자는 채식주의자가 아닌 사람들보다 날씬한 경향이 있다.[7] 그러나 채식주의자의 건강 요인이 단지 식사 때문이라고 확실하게 말하기는 어렵다. 왜? 채식주의자들은 대개 규칙적인 운동, 명상 같은 휴식활동 실천, 금연과 절주 등 여러 가지 건강한 생활습관을 실천하고 있다.

전형적인 미국인 식사와 비교하면, 채식주의 식사는 식이섬유, 피토케미칼, 엽산(비타민 B의 한 종류), 비타민 E와 C, 칼륨과 마그네슘을 더 많이 제공한다.[7] 또한 채식주의 식사에는 동물성 식품을 포함하는 식사보다 포화지방과 콜레스테롤이 더 적다.

일반적으로, 식물성 식품은 식사에 칼로리를 많이 추가하지 않으면서 부피를 늘려주기 때문에, 채식주의자들이 식물성 식품 위주의 식사를 한 후, 금방 "만복감"을 느끼게 되어 필요량 이상의 에너지와 영양소를 섭취하지 않을 수 있다. 그러나 잘못 계획된 식물성 식품 위주의 식사에는 다음과 같은 영양소들이 충분하지 않을 수 있다:

- 에너지
- 고급 단백질
- 오메가-3 지방산
- 비타민 B_{12}, D, 리보플라빈
- 무기질인 아연, 철, 칼슘.[6,7]

완전 채식주의자는, 심지어 운동선수라도, 가공된 콩 제품과 식물성 단백질이 상호보완된 식품을 통하여 필수아미노산의 적절한 양을 섭취할 수 있다. 생선을 섭취하지 않는 채식주의자는 생선기름 보충제를 복용하거나 특정 해조류를 먹어서 오메가-3 지방산을 얻을 필요가 있다. 완전 채식주의자는 대두와 쌀음료와 같이 강화된 식품을 섭취함으로써 비타민 B_{12}, 비타민 D, 철, 아연 및 기타 미량 영양소를 얻을 수 있다. 완전 채식주의자와 그 외 채식주의는 또한 미량 영양소의 추가적인 공급을 위해 종합영양제(복합 비타민/무기질)를 복용할 수 있다. **표 7.3**은 채식주의,

표 7.3 채식주의자 식사: 영양적 측면

이익 측면	불이익 가능성 측면
높은 것:	**낮은 것:**
비타민 C, E, 엽산	비타민 B_{12}, D, 리보플라빈
피토케미칼	아연, 철, 칼슘
식이섬유	오메가-3 지방산
마그네슘, 칼륨	일부 필수아미노산
	에너지
낮은 것:	
지방(포화)	
콜레스테롤(특히 완전 채식주의 식사에서)	

채식주의자용 피자

특히 완전 채식주의 식사의 영양학적 이익과 불이익의 가능성을 요약하였다.

어린이는 성인에 비해 체중 kg당 더 많은 단백질과 에너지를 필요로 한다. 식물성 식품은 부피가 크므로, 완전한 채식을 하는 어린이는 식사 동안 금방 배가 불러져 채식주의 성인보다 음식을 훨씬 더 적게 먹게 된다. 이와 같이 너무 어린 경우 채식주의 식사는 단백질과 에너지 요구량을 충족시킬 만큼 충분한 식물성 식품을 먹을 수 없다. 그러므로 부모나 양육자는 채식을 하는 어린이의 식사가 영양적으로 충분하도록 계획하고, 그 성장률을 관찰하는 것이 매우 중요하다.

모유수유를 하는 완전 채식주의자 어머니는 특히 비타민이 부족한 식사를 할 경우 비타민 B_{12}가 부족한 모유를 생산할 수 있다. 이런 어린이는 특히 비타민 B_{12}의 유일한 급원이 모유일 경우 신경손상과 관련된 심각한 성장 및 발달 지연이 일어날 위험이 높다.[8] 모유수유를 하는 완전 채식주의자 어머니는 비타민 B_{12}의 급원을 아기에게 제공해야 할 필요가 있을 것이다.

채식주의자는 신중하게 식사를 계획하여 식물성 식이의 영양적 한계를 극복할 수 있다.[5] 채식주의 요리법과 식단 계획에 대해 더 자세하게 알고 싶다면, 해당 지역 대학의 영양전문가나 영양사에게 문의한다. 또한 MyPlate 웹사이트(http://www.choosemyplate.gov)도 육류를 포함하지 않으면서 영양적으로 적절한 식사 계획에 대한 정보를 제공한다.

상업적으로 판매되는 채식주의자용 식품은 고기, 생선, 가금류 등을 다른 품목으로 대체한 것으로 슈퍼마켓 냉동식품 코너에서 구매할 수 있다. 이들 채식주의자용 제품은 일반식품과 비슷한 맛과 모양을 가지고 있지만, 콜레스테롤을 함유하지 않고 포화지방 함량이 낮다. 그러한 식품 종류에는 콩으로 만든 소시지 패티, 콩 핫도그, "육류없는" 버거, 소고기 간 것을 조리한 것과 비슷한 콩 "크럼블(가루)" 등이 있다.

맛있는 팁

단백질의 질이 떨어지지 않으면서 동물성 단백질 섭취를 줄이려면 다음과 같이 해 보자:

- 검은콩과 쌀;
- 파스타, 두부 약간, 얇게 썬 주키니 호박, 버섯, 피망을 켜켜로 쌓은 채소 라자냐;
- 두부와 치즈를 조금 넣고 볶은 채소;
- 검은콩밥 위에 얹은 구운(grilled) 채소 케밥;
- 검은콩 또는 팥 부리또;
- 콩과 옥수수 타코.

검은콩과 쌀밥

종종 슈퍼마켓의 냉동식품 코너에서는, 판매되는 채식주의 식품을 구할 수 있다.

모듈 7.5

단백질과 건강

7.5 - 학습목표

1. 이 모듈의 모든 주요 용어를 정의한다.
2. 고단백질 식사가 건강한 사람들에게 일반적으로 권장되지 않는 이유를 토론한다.
3. 식품알레르기의 원인을 설명하고, 가장 흔한 알레르기 원인식품을 구분하며, 식품알레르기의 일반적인 증상 또는 징후 세 가지를 열거한다.
4. 셀리악 병(소아지방변증)의 원인을 설명하고, 셀리악 병 환자가 피해야 할 식품을 구분하고, 셀리악 병의 일반적인 증상 또는 징후 세 가지를 열거한다.

요소(urea) 아미노산 대사 결과 생기는 노폐물

7.5a 단백질 과다 섭취

일부 단백질이 적절한 성장과 건강 유지에 필수적이라고 하여, 그 단백질을 과다하게 많이 섭취하면 그만큼 더 건강해질 수 있을까? 만약 식사에 적절한 양의 단백질이 포함되어 있다면, 더 많이 섭취할 필요는 없다. 앞에서 언급한 바와 같이, 2세 이상의 평균 미국인은 하루 약 80 g의 단백질을 섭취한다. 이 단백질 양은 체중 220파운드의 사람에게 적합한 영양권장량(RDA)이다!

일반적으로 고단백질 식사는 건강한 사람들에게는 권장되지 않는다. 지나치게 많은 양의 단백질 섭취는 소변 중의 칼슘 배설량을 정상적인 경우보다 증가시킨다. 이런 손실은 채소 단백질보다 동물성 단백질 함량이 많고 칼슘이 적은 식이를 섭취하는 사람들, 특히 여성에게 더 많이 나타난다.

필수개념 7.2에서 잉여 아미노산의 질소함유기가 제거되는 과정을 기억하자. 이 반응은 독성 화합물인 암모니아를 생성한다. 간은 이 암모니아를 독성이 적은 물질인 **요소(urea)**로 만든다. 신장은 혈액에서 요소를 제거하여 소변(**그림 7.7**)을 통해 배설한다. 다량의 아미노산이나 단백질 섭취는 탈수를 일으킬 수 있은데, 이는 신장이 여분의 요소를 소변으로 희석하고 배설하기 위해 더 많은 물을 필요로 하기 때문이다. 탈수로 체내 수분 함량이 너무 낮아지면, 잠재적으로 생명을 위협할 수도 있는 치명적 상황이 된다. 간이나 신장질환이 있으면, 다량의 아미노산 대사과정이 신체에 부담을 주기 때문에 단백질이 풍부한 식이나 아미노산 보충제는 피해야 한다. 아미노산 분해로 생성된 크레아틴과 단백질을 함유한 건강보조식품을 지속적으로 사용한 후 간과 신장의 손상이 일어난 경우도 있다.

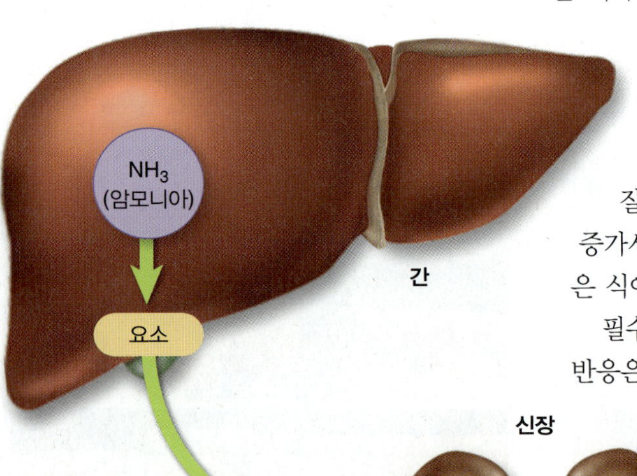

그림 7.7 **암모니아 제거.**

운동선수는 더 많은 단백질이 필요한가?

안전하게 근육량을 증가시킬 수 있는 효과가 있는 유일한 방법은 영양이 적절한 식사와 함께, 역도 등의 저항운동 형태의 근육강화 운동을 하는 것이다. 저항운동 동안에는 운동하는 근육에서 단백질이 분해되고, 회복기 동안에는 근육 단백질이 생산된다.[9] 이 결과, 근육은 더 크고 강하게 형성된다. 근육조직의 70% 가량은 물이고, 단지 22% 만이 단백질이다.[9] 그러므로 저항 훈련은 근육조직으로 상당량의 물을 더 추가한다.

운동선수의 식사는 신체활동이 증가한 만큼 필요한 에너지를 보충하기 위해 탄수화물과 지방에서 충분한 열량을 공급해야 한다. 지방과 탄수화물은 단백질의 사용을 절약하여 근육조직의 성장, 보수 및 유지에 사용될 수 있게 한다. 따라서 운동선수들은 단백질 섭취에 지나치게 초점을 맞추지 말아야 한다. 운동 직전 또는 직후의 간식으로 탄수화물과 단백질을 함께 섭취하는 것은 권장된다. 영양적인 선택의 예로 시리얼과 무지방 우유, 저지방 코티지치즈와 통밀 베이글, 또는 살코기나 가금류로 만든 샌드위치 등이 있다. Unit 10에서는 운동선수의 단백질 필요량을 포함하여 신체활동이 많은 사람들을 위한 많은 영양정보를 제공한다.

단백질 보충제는 무엇인가?

건강한 사람들은 다량영양소의 에너지 적정비율(AMDR)보다 단백질을 많이 섭취하더라도 그로 인한 건강 문제를 겪지 않고 적응할 수 있다. 그러나 단백질 보충제, 특히 개별 아미노산의 보충제 섭취는 건강한 사람에게 권장하지 않는다. 왜? 소화계는 식품 중에 함유된 단백질 혼합물에서 큰 단백질 분자를 소화할 수 있도록 설계되었다. 개별 아미노산을 다량으로 공급하는 보충제를 섭취하면 소장세포 내 다른 아미노산의 흡수를 저해할 수 있다. 특히 아르기닌과 메티오닌 등의 특정 아미노산의 경우 독성을 나타낼 수도 있다.[10,11]

수천 년 동안 사람들은 동식물을 직접 섭취하여 아미노산을 얻었다. 아미노산과 단백질 보충제를 영양소 급원으로 사용하는 것은 비교적 최근에 유행하는 것으로, 이런 제품의 사용에 대한 장기적 안전성에 대해서는 알려진 바가 거의 없다.

"이 Unit의 서두에 언급했던 대학운동선수인 크리스는 단백질을 근육과 연관 짓는다. 평균적으로 체내 단백질의 약 43%가 골격근량이다. 당연히 선수들을 비롯하여 모든 사람들이 근육량을 늘리고 싶어서 다량의 동물성 단백질을 먹고 단백질 섭취량을 증가시키기 위해 아미노산이나 단백질 보충제를 섭취한다. 그러나 이렇게 해서는 더 크고 강한 근육을 만들지 못한다. 운동이 근육의 크기와 강도를 증가시킬 수 있는 열쇠이다."

맛있는 팁

유청은 치즈와 요구르트 제조 시 우유의 응고 과정에서 형성되는 물이 많은 액체이다. 이 액체는 말려서 유청 단백질 분말을 만드는 데 사용된다.

고단백식사가 체중감량 식사?

앳킨스, 단백질 분말식, 당을 포함하지 않는 식사 등 인기 있는 특정 체중감량 식이는 단백질의 다량섭취를 권장한다. 체중감량을 위해 고단백식이를 하는 사람들은 공복감이 적고 식후 포만감이 증가했다고 한다.[12] 이런 반응은 아마도 단백질이 탄수화물이나 지방보다 더 큰 포만감을 일으킬 수 있기 때문에 생길 수 있다.[13] Unit 10에서는 각종 인기 있는 체중감량식이의 안전성과 효과에 대한 정보를 제공한다.

단백질-에너지 영양불량 (protein-energy malnutrition, PEM)
적절한 양의 단백질과 에너지가 식사에서 부족한 상태

7.5b 단백질 결핍

미국에서 단백질 결핍은 드물다. 그러나 특정 집단, 특히 만성 질환자와 노인은 종종 단백질함량이 낮은 식사를 한다. 왜? 많은 노인들은 소득이 제한되어 있으므로 식료품비 지출에 대하여 어려운 선택을 해야만 한다. 당신이 노인이라면; 혈압, 혈중 지질, 혈당 조절을 위한 여러 가지 처방약 복용하고; 고정수입이 낮다면, 영양이 풍부한 식품을 구매하는 것과 심각한 건강문제를 위한 값비싼 처방약 중 무엇이 더 중요하다고 생각할 것인가?

땅콩버터 샌드위치는 땅콩 알레르기가 없는 어린이에게 값싸게 단백질을 보완할 수 있는 급원이다.

식품 부족으로 인한 영양불량은 빈번한 흉작이나 내전을 견뎌야 하는 가난한 국가에서 많이 나타난다. 이러한 나라에서는, **단백질-에너지 영양불량(protein-energy malnutrition, PEM)**이 에너지뿐 아니라 단백질이 부족한 식사를 하는 사람들에게 나타난다. 또한 그런 식이는 비타민과 무기질 결핍도 초래한다.

가난한 국가의 어린이는 어른보다 영양적으로 적절한 식사를 얻기가 더 어렵다. 왜? 성인은 단백질 및 에너지 요구를 충족하기에 충분한 식물성 단백질을 섭취할 수 있지만, 어린이는 성인보다 위장은 더 작고 체중당 필요한 에너지와 단백질량은 더 높으므로, 상대적으로 높은 단백질과 기타 영양소량을 충족시키기에 충분한 식물성 식품을 섭취할 수 없다.

어린이의 경우, 저체중은 종종 PEM의 징후가 된다. 세계보건기구(WHO)에 따르면, 2010년에 개발도상국의 5세 이하 어린이의 18%가 저체중이었다.[14] 아시아와 아프리카의 가난한 어린이는 저체중이 될 가능성이 가장 높고, 영양부족은 특히 아주 어린아이들에게는 치명적이다. 단백질과 에너지가 부족한 식사를 하는 어린이는 성장하지 못하고, 허약하며, 예민하고, 홍역 등의 감염과 탈수에 취약하여, 사망할 수도 있다. 이런 어린이가 살아남는다 해도, 성장이 영구적으로 멈출 수 있다. 더욱이 영유아기의 영양부족은 영구적인 뇌 손상을 초래하므로, 그들의 지능은 정상아보다 더 낮을 수 있다. Unit 11에서는 영양 부족과 PEM에 대한 자세한 정보를 제공한다.

7.5c 식품 알레르기란?

특정 음식이나 음료를 섭취한 후 알레르기 반응을 경험한 적이 있는가? 식품 알레르기는 체내 면역계가 식품 중에 있는 한 가지 이상의 무해한 물질(알레르겐)에 반응하여 발생한다. 대부분의 경우, 항원은 단백질이다.

알레르기 반응은 문제되는 식품을 먹은 후, 몇 분에서 몇 시간 내에 발생한다. 식품 중의 일부 단백질은 소화과정을 거치지 않고, 흡수세포는 이 단백질 분자를 그대로 흡수한다. 이때, 소장 내의 면역계 세포는 식품 단백질을 외부물질로 인식하고, 신체방어 반응을 설정하여 몸을 보호하려고 한다. 이러한 면역반응의 결과로, 식품 알레르기가 있는 사람들은 다음과 같은 전형적인 징후와 증상을 한 가지 또는 그 이상 경험하게 된다.

- 두드러기—일반적으로 피부에 나타나는 붉게 부푼 혹 모양,
- 부풀거나 가려운 입술,

심한 알레르기 반응에 대한 응급 치료로 종종 반응을 예방하거나 둔화시키는 약물을 투여한다. 이 어린이는 특수 주사기를 사용하여 스스로 약물을 투여하고 있다.

- 피부홍조,
- 연하 곤란,
- 복통, 구토, 설사.
- 비늘성 피부 발진(습진),
- 천명과 호흡 곤란,

식품 알레르겐 노출에 민감한 사람들은, 심한 경우, 전신에 영향을 미치는 심각한 혈압 저하인 아나필락시스 쇼크로 발전할 수 있다. 이러한 종류의 충격은 응급 처방을 하지 않으면 치명적일 수 있다.

민감한 사람에게는 모든 식품 단백질이 알레르기 반응을 일으킬 수 있지만, 대부분의 알레르기 원인 단백질은 우유, 계란, 땅콩 및 견과류, 밀, 콩, 생선, 조개류 등이다.

미국에서는 5세 미만 어린이의 약 5%가 식품 알레르기로 고통을 받고 있다.[15] 어린이는 청소년이 되면서 식품 알레르기에서 벗어나는 경향이 있다. 그러나 땅콩과 견과류에 대한 알레르기는, 대체로 성인기에도 지속된다.

식품 알레르기의 정확한 진단은 알레르기 전문 의사가 해야 한다. 피부 테스트는 신뢰할 수 있는 알레르겐 확인 방법이다. 알레르기 진단의 대체의학 방법으로 머리카락 분석, 세포 독성 또는 피부 전기 테스트 및 운동 요법도 홍보되고 있지만, 아직 검증되지 않은 진단 방법이다.

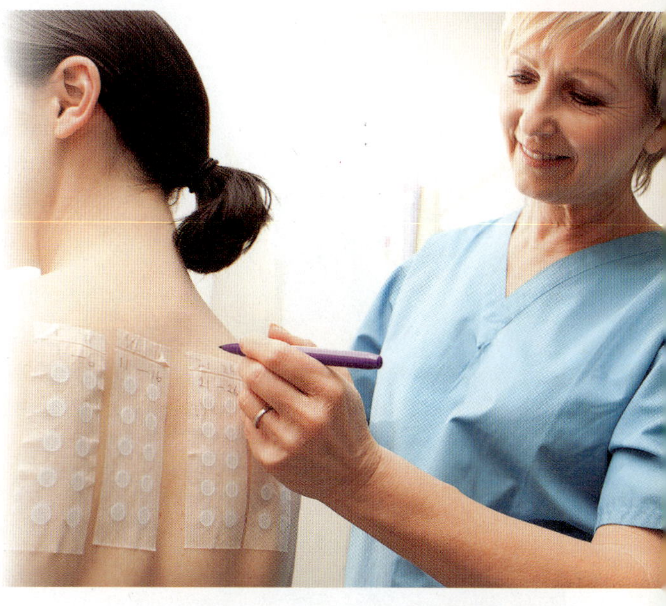
알레르기 진단을 위한 피부패치 테스트

식품 알레르기의 치료를 위해서는 문제되는 식품을 철저히 피해야 한다. 식품 제조업체는 제품 표시(**그림 7.8**)에 대두, 우유, 땅콩 등의 잠재적 알레르기 성분을 명시해야 한다. 식품 알레르기가 있는 어린이의 부모나 양육자는 성분 중의 알레르겐 목록을 체크하기 위해 식품표시를 주의 깊게 읽어야 한다.

어떤 사람들에게는 우유, 오래된 치즈, 또는 와인과 같은 특정 음식을 섭취한 후 부정적인 부작용을 경험하는 **식품과민증(food intolerance)**이 있다. 이 경우는 식품 알레르기와 달리 면역계 작용으로 나타나는 것이 아니다. 식품에 대한 알레르기가 아닌 반응에서도 식품 알레르기와 유사한 징후와 증상이 나타날 수 있다.

어떤 사람들은 식품 첨가물인 **아황산염(sulfites)**을 섭취할 때 부정적인 반응을 경험하는 경우가 있다. 아황산염은 자연식품에서도 발견될 수 있는 황함유 화합물이지만, 종종 와인, 감자, 새우 등에 보존제로 첨가되기도 한다. 천식이 있는 사람들은 아황산염이 첨가된 식품을 섭취한 후 호흡 곤란을 일으킬 수 있다. 또 아황산염에 민감한 사람들은 이런 제품을 섭취한 후에 피부 홍조(홍반과 발열), 두드러기, 연하 곤란, 구토, 설사, 현기증을 경험하였다고 보고하였다. 식품과민증이 있는 사람들은 어떤 식품을 먹지 않아야 하는지 알아야 한다.

식품과민증(food intolerance) 특정 식품 섭취로 인한 신체의 부정적 반응으로 신체 면역계와는 무관함

아황산염(sulfites) 와인, 감자, 새우에 보존제로 첨가되는 황함유 화합물

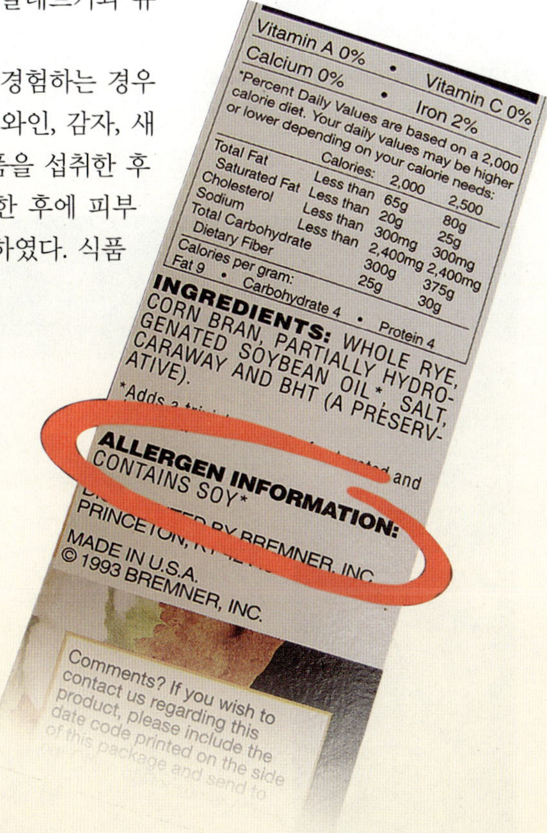

그림 7.8 알레르기 유발물질의 표시.

초등학교 교실의 문에 걸린 이 표시는 교실 안으로 땅콩과 견과류가 든 어떤 것도 가져오지 않도록 알려준다.

7.5d 글루텐

글루텐(gluten)은 밀, 보리, 호밀에 들어 있는 단백질의 종류다. 미국에서는 약 141명 중 1명이 **셀리악 병(celiac disease)**을 가지고 있다.[16] 이 질환을 가진 사람들은 글루텐을 함유한 음식을 먹지 못한다. 셀리악 병의 발병(경향)은 유전적일 수 있지만, 환경적 요인이 상태를 악화시킬 수 있다.

셀리악 병은 **자가면역질환(autoimmune disease)**으로서, 특정 면역계 세포가 정상 세포를 공격하여 파괴시키는 만성 질환이다. Unit 5에서 제1형 당뇨병 또한 자가면역 질환이었음을 기억하자. 셀리악 병 환자가 글루텐을 함유한 식품을 섭취하면, 글루텐 단백질이 소장에서 면역반응을 자극하여 융모에 염증이 생기거나 손상이 된다(그림 4.6 참조. 건강한 융모). 이런 염증은 소장 내 영양소의 흡수 불량을 초래하게 된다. 비록 셀리악 병 환자가 영양적으로 적절한 식사를 하였더라도 장내 건강한 융모가 없기 때문에, 영양불량 상태가 되기 쉽다.

셀리악 병의 징후와 증상은 사람에 따라 차이가 있지만, 일반적으로 복부 팽만감, 만성 설사, 체중 감소 등이 있다. 셀리악 병을 방치하면, 빈혈(혈액 질환), 골다공증, 불임, 간 질환 및 소장암과 같은 심각한 건강 문제를 초래할 수 있다.

어떤 사람들은 적절한 검사를 해보지 않고도 셀리악 병을 가지고 있다고 생각한다. 확실한 진단을 위해서는, 혈액 검사와 소장 생검이 필요하다. 생검은 소장조직의 작은 조각을 떼어내어 현미경 검사로 융모의 상태를 평가한다. 손상된 융모가 있으면 셀리악 병으로 진단한다. 셀리악 병의 특별한 치료방법은 없지만, 평생 글루텐 없는 특수 식사를 주의 깊게 실천하면 건강을 지키고 유지할 수 있다. 많은 슈퍼마켓은 다양한 종류의 글루텐 없는 식품을 판매하고 있다. **표 7.4**는 셀리악 병 환자가 반드시 피해야 할 식품과 먹어도 안전한 식품의 목록이다.

많은 미국인은 일반적인 식사보다 글루텐 없는 식사가 더 건강에 좋을 것이라 생각하여 글루텐 없는 식사를 선택하고 있다. 심지어 어떤 사람들은 글루텐 없는 식사가 체중 감량에 도움을 준다고 주장하지만, 글루텐 없는 식사가 체중감량이 필요한 사람에게 유용하다는 증거는 없다. 그러나 과학적인 조사 결과, 글루텐을 함유한 식품이 대장에서 "유익한" 박테리아의 성장을 돕는다는 증거는 알려져 있다.[17] 글루텐은 또한 혈압을 저하시키고 면역기능을 향상시키는 데 도움이 된다. 셀리악 병 환자가 아니라면, 글루텐을 피할 필요는 없으며, 실제로 이 단백질 섭취는 건강을 유지하도록 도움을 준다.

글루텐(gluten) 밀, 보리, 호밀에 들어 있는 단백질군

셀리악 병(celiac disease) 글루텐 단백질로 인해 소장 내 자가면역 반응을 일으키는 만성 질환

자가면역 질환(autoimmune disease) 체내에서 특정 면역세포가 정상세포를 공격하고 파괴하는 만성 질환

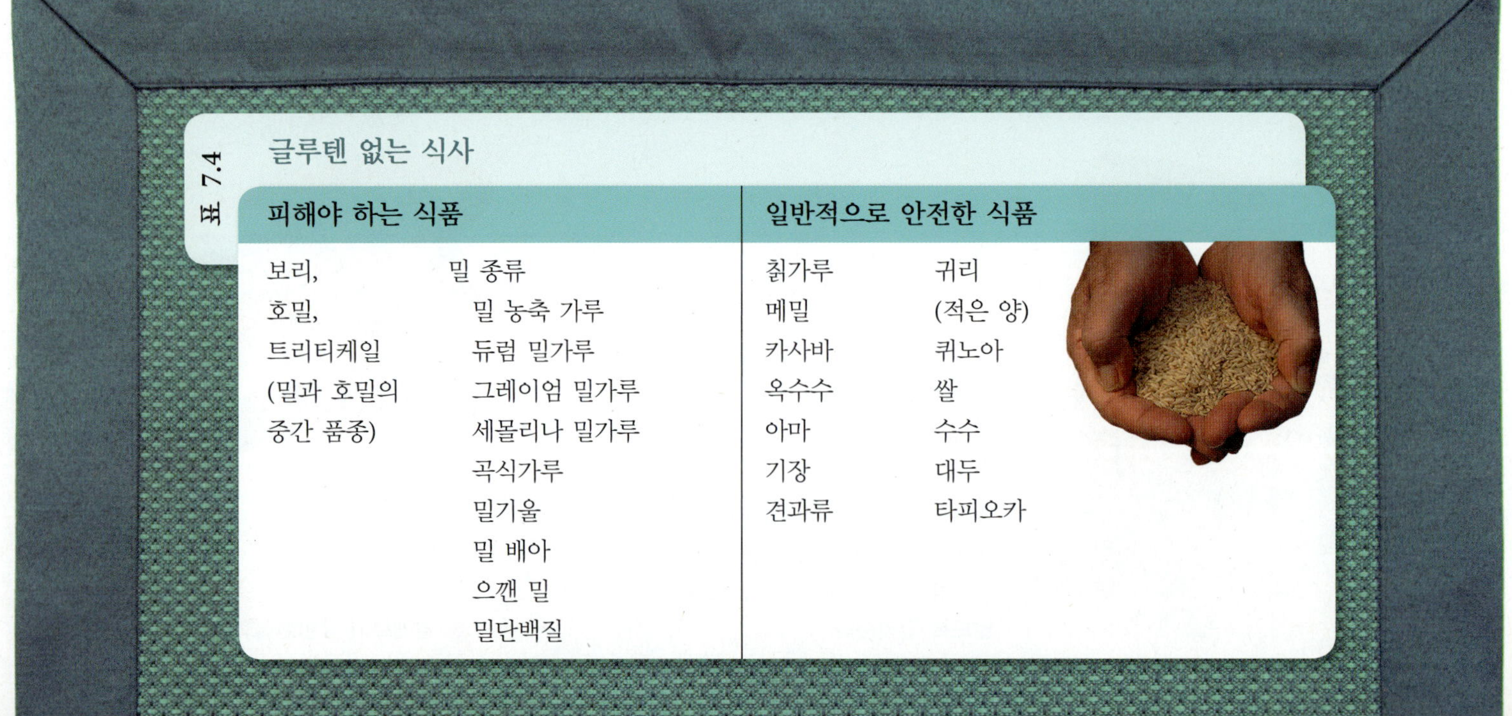

표 7.4 글루텐 없는 식사

피해야 하는 식품		일반적으로 안전한 식품	
보리,	밀 종류	칡가루	귀리
호밀,	밀 농축 가루	메밀	(적은 양)
트리티케일	듀럼 밀가루	카사바	퀴노아
(밀과 호밀의	그레이엄 밀가루	옥수수	쌀
중간 품종)	세몰리나 밀가루	아마	수수
	곡식가루	기장	대두
	밀기울	견과류	타피오카
	밀 배아		
	으깬 밀		
	밀단백질		

요점정리

모듈 7.1 단백질이란?

- 단백질은 질소를 함유한 유기 영양소이다. 단백질은 체내 여러 가지 기능을 가지고 있으며, 성장, 유지, 조직의 보수에 필요하다.
- 전형적인 아미노산은 질소함유기 또는 아미노기, 산기 및 알킬기를 갖는다.
- 인체 단백질은 20종 아미노산의 다양한 조합으로 구성된다.
- 그 중 9가지 아미노산은 체내에서 합성되지 않거나, 필요량을 충족할 만큼 충분히 합성되지 않으므로 식사로 섭취해야 한다. 정상적인 조건에서 재료가 갖춰져 있으면, 세포는 나머지 비필수 아미노산을 합성할 수 있다.

모듈 7.2 단백질 대사

- 단백질 소화는 위에서 시작한다. 위에서는 펩신이 단백질을 짧은 폴리펩티드로 분해한다. 소장에서는, 췌장과 흡수세포에서 분비된 효소가 폴리펩티드를 주로 두 개 또는 세 개의 아미노산을 가진 펩티드로 소화한다. 흡수세포의 쇄자연 막에 있는 효소는 폴리펩티드를 아미노산으로 소화시키고, 흡수세포는 소화관 내의 유리 아미노산을 흡수한다.
- 단백질 소화의 최종산물인 아미노산은 간으로 이동한다. 간은 아미노산을 사용하거나 순환계로 보낸다.
- 세포는 아미노산으로 단백질을 만든다. 각각 단백질마다 함유된 아미노산의 종류, 배치순서, 사용된 횟수가 다르다. 체내 수많은 종류의 단백질은 세포가 아미노산을 연결하여 단백질을 합성하는 다양한 방법을 반영한다.
- 아미노산은 체내에서 재활용되어 질소가 절약되지만, 주로 소변을 통해 매일 약간의 단백질과 질소가 손실된다. 손실된 질소는 음식으로 섭취한 아미노산으로 대체된다.
- 단백질 필요량은 임신, 수유, 성장기 및 심각한 질병에서의 회복, 혈액 손실, 화상시 증가한다.
- 단백질의 성인 권장섭취량(RDA)은 하루 체중의 약 0.8 g/kg이다.
- 성인을 위한 단백질의 에너지 적정비율(AMDR)은 10~35%이다. 초과 섭취된 아미노산은 에너지로 대사되거나 체지방으로 전환된다. 고단백질 식사는 아미노산 불균형과 탈수의 원인이 될 수 있다.

모듈 7.3 식품 단백질

- 콩과식물은 씨앗이 한 줄로 들어 있고 꼬투리를 형성하는 것으로, 대두, 완두콩, 땅콩, 렌즈콩 등 콩류이다.
- 동물성 식품은 일반적으로 같은 양의 식물성 식품보다 더 많은 단백질을 제공한다.
- 고급, 또는 완전 단백질은 소화가 잘되고 어린이의 성장과 단백질 축적을 지원하는 필수아미노산을 모두 포함하고 있다. 일반적으로 육류, 생선, 가금류, 계란, 우유 및 유제품에 고급 단백질을 함유한다.
- 저급 또는 불완전 단백질은 필수아미노산 중 하나 이상이 부족한 것이다. 동물성 식품과 비교했을 때, 대부분의 식물성 식품은 저급 단백질을 제공한다.
- 퀴노아와 대두가공 식품은 필수아미노산의 급원으로서 좋은 식물성 식품이다.

모듈 7.4 채식주의

- 채식주의 식사는 식물성 식품과 어느 정도 제한된 동물성 식품을 기초로 한다. 일반적으로 채식주의 식사를 하는 사람이 서양 식단을 먹는 사람보다 건강하지만, 채식주의자의 건강이 단지 식사 때문이라고 단정하기는 어렵다.
- 적절하게 계획하지 않으면, 식물성 위주의 식사는 충분한 에너지와 고급 단백질, 오메가-3 지방산, 비

타민 B_{12}, D, 아연, 철 및 칼슘 등을 충분히 포함하지 않을 수 있으며, 특히 어린이의 요구량을 충족시키기에는 부족할 수 있다.

모듈 7.5 단백질과 건강

- PEM은 식사에서 에너지뿐 아니라 단백질이 부족한 사람들에게 나타나며, 어린이는 어른보다 PEM에 노출될 가능성이 더 높다. 가난한 개발도상국에서 PEM은 어린이 사망의 주요 원인이다. 심한 영양 불량 상태의 아동은 성장이 어렵고, 매우 허약하며, 예민하고, 탈수 및 생명을 위협하는 감염에 취약하다. 영유아기의 영양부족은 영구적인 뇌 손상을 초래할 수 있다.
- 에너지적정섭취비율보다 더 많은 단백질을 먹는다고 하여 더 크고 강한 근육을 만들지는 않는다. 안전하게 근육량을 증가시키는 효과가 있는 유일한 방법은 근육 강화 운동 프로그램과 영양이 충분한 식사를 함께하는 것이다. 운동선수의 식사는 신체활동 증가를 위한 에너지 필요량을 충족시키기 위해 탄수화물과 지방에서 충분한 열량을 공급해야 한다. 이러한 식사는 단백질을 절약하여 성장, 보수 및 근육 조직의 유지를 위해 사용되도록 한다.
- 식품 알레르기는 체내 면역체계가 알레르기 유발물질에 반응하여 발생한다. 식품 알레르기 유발물질은 대부분 단백질 식품으로서 우유, 계란, 땅콩과 견과류, 밀, 대두, 생선류, 조개류에 들어 있다. 식품과민성은 식품알레르기와는 다르다. 셀리악 병이 있는 사람들은 글루텐이 포함된 식품을 피해야 한다.

당신의 식사는 적절한가?!

1. Unit 3의 "당신의 식사는 어떠한가"에서 3일간의 식품섭취 기록을 확인하자. 매일 섭취한 단백질의 g수를 더하고, 3으로 나누어 반올림하여 단백질 평균섭취량을 계산한다.

샘플 계산:

1일	76 g
2일	55 g
3일	103 g
총 g	234 g ÷ 3일 = 78 g/일

당신의 계산:

1일	______ g
3일	______ g
3일	______ g
총 g	______ ÷ 3일 = ______ g/일

나의 평균 하루 단백질 섭취량은 ______ g

2. 단백질의 영양섭취기준(RDA)은 체중에 근거한다. 단백질 RDA 0.8 g/kg 체중을 이용하여, 권장량을 충족시키기 위해 매일 섭취해야 할 단백질 양을 계산한다. 먼저, 파운드체중을 2.2로 나누어 kg 체중으로 환산한 후, 0.8을 곱하여 단백질 RDA을 구하고 반올림한다.

파운드체중 ÷ 2.2 = ______ kg

kg 체중 × 0.8 = ______ g　　　　나의 단백질 권장량 ______ g

a. 1단계에서 계산된 단백질의 평균섭취량이 권장섭취량 수준을 충족하거나 초과했는가?

예 ______ 아니오 ______

b. 2a의 답이 "예" 라면, 어떤 식품 때문이라고 생각하는가?

3. 3일간의 식품섭취 기록을 검토한다. 3일 동안 단백질에서 얻은 하루 평균 칼로리를 계산한다.

a. 단백질 1 g은 약 4 kcal를 제공한다; 따라서 하루 섭취하는 단백질의 평균 g 수(1단계)에 4를 곱하면 단백질로부터의 kcal의 평균값을 얻을 수 있다.

샘플 계산:

78 g/일 × 4 kcal/g = 312 kcal 단백질 에너지

당신의 계산:

______ g/일 × 4 kcal/g = ______ kcal 단백질 에너지

4. 3일간 총 kcal 섭취량을 열거하여 더한 후, 3으로 나누어 반올림하여 3일간의 평균 에너지 섭취량을 얻는다.

샘플 계산:

1일 2500 kcal
2일 3200 kcal
3일 2750 kcal
총 kal 8450 ÷ 3일 = 2817 kcal/일 (평균 kcal 섭취, 가장 가까운 정수로 반올림)

당신의 계산:

1일 ______ kcal
2일 ______ kcal
3일 ______ kcal
총 kal ______ ÷ 3일 = ______ kcal/일 (평균 kcal 섭취, 정수로 반올림)

5. 식이 중의 단백질로 얻은 에너지의 평균 비율을 계산하기 위해, 3단계의 단백질 칼로리의 평균값을 4단계의 하루 총칼로리의 평균값으로 나누어 반올림한다. 이 값에서 100을 곱하여 소수점을 삭제하고 백분율 기호를 붙인다.

샘플 계산:

단백질 312 kcal ÷ 총에너지 2817 kcal = 0.11(반올림)

0.11 × 100 = 11%

당신의 계산:

단백질 ______ kcal ÷ 총에너지______ kcal
= ______

______ × 100 = ______%

6. 당신의 평균 단백질 섭취량은 총 칼로리의 10~35%라는 권장수준을 충족했는가? 평균 단백질 섭취량이 10% 이하라면, 섭취를 늘릴 수 있는 식품을 적어도 다섯 가지 나열해 보자.

생각해 봅시다...

1. 사과와 오렌지에 땅콩을 넣은 조리법은 단백질이 상호보완된 것인가? 상호보완된 것인지 아닌지에 대해 그 이유를 설명하라.
2. 밀, 쌀, 옥수수로 된 곡물 혼합 조리법이 있다. 여기에 어떤 식물성 식품을 추가하여 고급 단백질 급원이 되는 조리법으로 만들 수 있을까?
3. 당신은 채식주의자인가? 만약 그렇다면, 식사 습관을 설명하고(예를 들어, 철저한 채식주의 또는 반 채식주의에 따라) 채식주의자가 되기로 결정한 이유를 설명하시오. 만약 채식주의자가 아니라면, 이런 생활양식을 고려해 볼 것인지 아닌지에 대하여 설명하시오.
4. 식물성 식품만을 사용하여, 체중이 154 파운드(70 kg)인 건강한 채식주의 성인남성을 위한 하루의 식사와 간식을 계획해보자. 메뉴는 적어도 2,200 kcal를 공급하고 MyPlate의 권장사항을 따르며, 주요 식품군의 식품이 포함되어야 한다 (칼슘이 강화된 두유를 사용하지 않으면 유제품군은 제외됨).
5. 콩 샐러드 조리법은 다음과 같은 주요 성분을 포함한다:

   1컵 완두콩

   1컵 녹색콩

   1컵 리마콩

   1컵 검은콩

   1½컵 와인식초

   1/3컵 카놀라유

   1/4컵 다진 양파

   이 조리법이 식물성 단백질의 상호보완이 되지 않는 이유를 설명하라. 상호보완이 되는 조합을 만들려면 어떤 식물성 식품을 추가할 것인가?

혼자 풀어보기

가장 올바른 대답을 선택하라.

1. 단백질은
   - **a.** 포도당 분자로 구성되어 있다.
   - **b.** 화학구조에 질소를 함유한다.
   - **c.** g당 7 kcal를 제공한다
   - **d.** 무기분자 복합체이다
2. 다음 설명 중 잘못된 것은?
   - **a.** 특정 호르몬은 단백질이다.
   - **b.** 거의 모든 효소는 단백질이다.
   - **c.** 단백질은 중성지방의 일부이다.
   - **d.** 인체는 아마노산을 사용하여 항체를 만든다.
3. 다음 중 1회 제공량당 가장 소량의 단백질을 제공하는 식품은?
   - **a.** 과일
   - **b.** 우유
   - **c.** 견과류
   - **d.** 씨앗류
4. 다음 중 완전 단백질의 급원 식품이 아닌 것은?
   - **a.** 땅콩버터
   - **b.** 치즈
   - **c.** 물고기
   - **d.** 달걀
5. 체중이 62 kg인 건강한 성인 여자의 단백질 권장섭취량은?
   - **a.** 49.6 g
   - **b.** 59.6 g
   - **c.** 69.6 g
   - **d.** 79.6 g
6. 다음 식품 중에서 보완 단백질 급원이 되지 않는 것은?
   - **a.** 팥밥
   - **b.** 후머스 바른 피타 빵
   - **c.** 콩 너트 버터를 바른 베이글
   - **d.** 과일 스프레드를 바른 통밀 빵

7. 완전한 채식주의자가 먹는 것은
   a. 계란.
   b. 치즈.
   c. 견과류.
   d. 물고기.

8. 필요한 것보다 더 많은 단백질을 섭취하면
   a. 근육에 더 많은 단백질을 저장한다.
   b. 체중이 감소한다.
   c. 더 많은 칼슘을 흡수한다.
   d. 탈수가 일어난다.

9. 셀리악 병을 가진 사람들은
   a. 아미노산 보충제를 섭취한다.
   b. 단백질 섭취를 하루에 20 g으로 제한한다.
   c. 글루텐이 함유된 식품을 피한다.
   d. 식물성 단백질을 피한다.

10. 다음 중 단백질 소화에 필요한 물질은?
   a. 담즙
   b. 펩신
   c. 수크라제
   d. 알라닌

11. 아미노산이 결합되어 형성하는 것은
   a. 폴리펩타이드.
   b. 중성지방.
   c. 케톤.
   d. 전분.

12. 애니는 밀 빵, 보리 시리얼, 호밀 크래커를 먹고 몇 시간 후 설사와 복부 불편함을 경험한다. 이 정보를 통해, 그녀가 의학적 진단 테스트를 받아야 하는 것은:
   a. 유당 불내증.
   b. 담석증.
   c. PEM.
   d. 셀리악 병.

참고문헌 ➡ 부록 F 참조

Unit 8

비타민: 다양한 일을 하는 영양소

학습내용

"주치의가 내 혈액을 검사한 결과, 내 몸에 비타민이 부족한 것으로 나타나 비타민 D 처방을 해주어 복용하고 있다. 주치의는 비타민 D를 만들기 위해서는 햇빛이 필요하다고 했으나, 나의 붉은 머리카락을 보고 내가 비타민 D가 부족하다는 사실에 놀라지도 않았다고 한다. 나는 햇볕을 쬐면 내가 "주름진"느낌을 느끼기 때문에 30분 이상 햇볕을 쬐지 않으려고 한다고 말했다. 내 피부는 매우 약해서, 10월 중순 캔사스에서 한두 시간 야외에 있다가 화상까지 생겼다. 어쨌든, 지금은 비타민 D 처방의 효과를 크게 느끼지는 않는다."

Amanda Croker

아만다 크로커는 캔사스 대학에서 동아시어 언어와 문화를 전공하는 3학년 학생으로, 피부가 타고 나중에 피부암으로 진행될 가능성을 피하기 위해 일상적으로 햇볕에 노출되는 시간을 줄이려고 노력해 왔다. 그녀는 피부를 보호하려는 노력이 또한 "햇볕 비타민"인 비타민 D의 합성능력을 줄인다는 것을 알지 못했다. 만약 주치의가 아만다의 비타민 D 결핍을 발견하지 못했다면 그녀의 뼈는 결국 연하고 약해질 것이다. 비타민 D의 발견과 정제 전에는 어린이에게 대구 간유를 주어 이 비타민의 결핍증인 **구루병**을 예방하였다.

이 Unit에서는 비타민 D와 12가지 다른 비타민, 비타민 유사 영양소인 콜린에 대한 정보를 제공한다. 또한 비타민 섭취가 너무 적거나 많을 때 무슨 일이 일어나는지를 배우게 될 것이다.

이 Unit의 마지막 부분에서는 암에 초점을 맞추어, 암의 진행과정에서의 식이의 역할과 비타민 보충제가 암을 예방할 수 있는지의 대한 내용을 다루고 있다.

해바라기는 캔사스를 대표하는 꽃이다.

모듈 8.1

비타민 소개

8.1 - 학습목표

1. 이 모듈의 주요 용어를 모두 정의한다.
2. 식품 중에 천연적으로 존재하는 성분과 비타민을 구별하는 기본적 특징을 기술한다.
3. 지용성과 수용성에 따라 비타민을 분류한다.
4. 소화관에서 비타민의 흡수에 영향을 미치는 조건 또는 요인에 대해 논의한다.
5. 항산화제가 자유 라디칼 손상으로부터 신체를 보호할 수 있는 방법에 대해 설명한다.
6. 식품 조리와 보관 시, 과일과 채소의 비타민 함량을 보존하기 위한 방법을 적어도 다섯 가지 이상 토의한다.

8.1a 비타민이란 무엇인가?

비타민(vitamin)은 다음 작용을 하는 유기 미량 영양소이다:

- 신체의 특정 반응 과정을 조절하고,
- 신체에서 합성되지 않거나, 건강에 필요한 양만큼 합성되지 않고,
- 일반적으로 식품 섭취로 얻어지며,
- 적절한 양을 섭취하면 특이적 결핍증을 예방한다.

식품은 일반적으로 다량영양소보다 매우 적은 양의 비타민을 함유하고 있다. 신체는 매우 소량(mg 또는 μg의 양)의 비타민이 필요하지만, 다량영양소는 g단위로 필요하다.

비타민 결핍증

식사에서 지속적으로 비타민이 부족하면 비타민 결핍 발생의 위험이 있다. 또한 소장의 흡수 능력을 저하시키는 질병은 비타민의 손실을 증가시키고 비타민의 결핍증을 초래한다.

평소의 식사는 영양적으로 적절하지만 가끔 비타민의 섭취량이 낮은 경우는 비타민 결핍증으로 진행되지 않는다. 왜 그럴까? 세포는 비타민을 저장할 수 있기 때문이다. 그러나 특정 비타민이 지속적으로 부족하면 결핍증에 걸릴 가능성이 증가한다. 그렇게 되면, 체조직 내 저장된 비타민

은 고갈되고, 결핍증의 징후와 증상이 나타나기 시작한다. 본 Unit의 끝부분의 "당신의 식사는 적절한가?"를 완성하여 특정 비타민의 섭취량을 추정할 수 있다.

비타민 독성

세포 내에 필요량을 충족할 만큼 충분한 비타민이 있을 때, 건강을 유지할 수 있다. 그러나 체내 필요량보다 훨씬 더 많은 비타민을 섭취한다고 해서 건강 상태가 훨씬 더 좋아지는 것은 아니다. 비타민 과다는 독성의 징후와 증상을 가져올 수 있다. 비타민의 다량섭취는 약물과 같거나 독성 효과를 초래할 수 있기 때문이다.

대부분의 상용식품은 비타민을 독성 수준까지 함유하지는 않는다. 비타민 독성은 비타민 보충제의 다량섭취나 규칙적으로 비타민 강화식품을 다량 섭취하는 사람들에서 발생할 가능성이 크다. Unit 3에서 비타민의 다량섭취는 권장량의 적어도 10배임을 기억하자.

표 8.1 비타민의 분류

지용성 비타민	수용성 비타민	유사비타민
A(레티놀)	티아민(티아민, B_1)	콜린
D	리보플라빈(B_2)	
E (알파-토코페롤)	니아신(B_3, 니코틴아미드, 니코틴산)	
K	B_6(피리독신)	
	B_{12}(코발아민)	
	비오틴(H)	
	판토텐산(B_5)	
	엽산(폴산, 폴라신)	
	C(아스코르브산)	

8.1b 비타민의 분류

비타민 A, D, E, K는 **지용성 비타민(fat-soluble vitamins)**이다. 이들 비타민은 지방, 기름 및 식품의 지방 부분에 있으며 보통 체내에서 지방과 결합되어 있다. 비타민 C와 "비타민 B군"(티아민, 비타민 B_6, 판토텐산, 엽산, 비오틴, 비타민 B_{12}, 니아신 및 리보플라빈)은 **수용성 비타민(water-soluble vitamins)**이다. 수용성 비타민은 식품과 체내의 물에 용해된다. 비타민 유사 영양소인 콜린도 수용성이다. **표 8.1**에는 비타민과 그들을 구분하기 위해 사용되는 또 다른 이름들을 제시하였다

지용성과 수용성 비타민의 차이를 아는 것이 왜 중요한가? 지용성 비타민은 소변 등 물성분에 녹지 않으므로, 여분의 지용성 비타민은 체내 저장된다. 시간이 지나면서 이들 비타민은 체지방 또는 간에 축적되어 독성을 유발한다. 수용성 비타민은 대체로 지용성 비타민만큼 유독하지 않다. 그 이유는 대부분의 수용성 비타민이 단지 제한된 양만 체내에 저장되기 때문이다. 또한 신장은 혈액으로부터 과다한 양의 수용성 비타민을 제거하여 소변으로 배설한다.

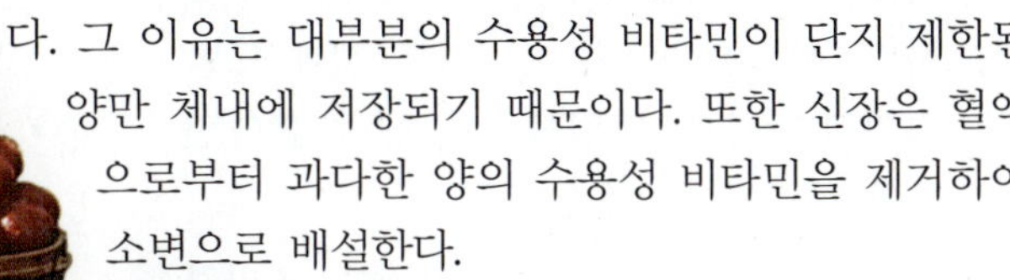

신선한 농산물로부터 비타민 섭취를 최대화하려면, 그 지역에서 재배되는 과일과 채소를 구매한다.

지용성 비타민(fat-soluble vitamins) 비타민 A, D, E, K

수용성 비타민(water-soluble vitamins) 티아민, 리보플라빈, 니아신, 비타민 B_6, 판토텐산, 엽산, 비오틴, 비타민 B_{12}, 비타민 C

8.1c 비타민: 소화와 흡수

비타민은 소화되면 기능이 상실될 수 있기 때문에 소화되지 않는다. 소장은 비타민을 흡수하지만, 식품 중에 있는 비타민을 100% 흡수하는 것은 아니다. 임신기처럼 미량 영양소에 대한 요구량이 증가하면 비타민 흡수율이 증가한다.

담즙은 지질뿐만 아니라 지용성 비타민의 흡수도 증가시킨다(Unit 6 참조). 따라서 생채소에 샐러드 드레싱을 약간 뿌리거나, 찐 당근에 소프트 마가린을 살짝 바르거나, 또는 푸른 콩을 땅콩기름에 볶는 것처럼, 지방이 적은 식품에 지방을 소량 첨가하면 소장내 지용성 비타민의 흡수를 더 증진시킬 수 있다. 지방 흡수에 장애가 있는 질병은 지용성 비타민의 결핍을 가져올 수 있다.

비타민을 흡수할 수 없는 사람들은 소량이라도 흡수될 수 있도록 다량의 비타민 보충제를 복용할 필요가 있다. 경우에 따라, 의사는 이런 환자에게 비타민이 소장을 통과하지 않고 흡수되도록 주사로 투여하기도 한다. 지질 소화를 다시 보려면 Unit 6을 참조한다.

비타민 필요량은 일반적으로 임신기과 같은, 성장 기간 동안 증가한다.

찐 채소는 비타민 함량을 보존할 수 있다.

8.1d 식품의 비타민 함량 유지

공기에 노출되거나, 과도한 열, 알칼리 상태 및 빛은 특정 비타민을 파괴할 수 있다. 식품에 함유된 비타민을 보존하려면:

- 신선한 제철식품 또는 지역농산물을 구입한다. 신선한 농산물이 슈퍼마켓에 도달하기까지 수백 마일을 이동해야 한다면 일부 비타민이 손실된다.
- 과일과 채소는 신선할 때 먹는다. 조리하면 비타민 함량이 감소될 수 있다.
- 신선한 채소나 냉동 채소는 전자레인지를 사용하거나 찜 또는 볶음으로 조리한다. 물을 이용한 조리는 수용성 비타민의 손실을 증가시킨다. 채소는 일반적으로 수분함량이 높다; 그러므로 전자레인지로 요리할 때는 물 없이 또는 단지 소량의 물로 조리한다.
- 채소는 너무 익히지 말고 재가열도 최소한으로 한다. 장시간의 가열은 비타민 함량을 감소시킬 수 있다.
- 요리하는 동안 채소에 지방을 첨가하지 않는다. 지용성 비타민과 피토케미칼은 지방에 흡수되어 식탁에 내기 전, 채소의 물기를 제거할 때 버려지게 된다. 올리브유나 액상 마가린 등의 지방은 채소를 요리한 후에 첨가한다.
- 통조림 식품은 서늘한 곳에 저장한다. 통조림 식품은 주로 저장 시간과 온도에 따라 함유된 영양소가 달라질 수 있다. 일년 이상 저장된 통조림 식품은 비타민 함량이 줄어들 수 있다. 채소 통조림에서 최대한의 영양가를 얻으려면, 통조림 중의 물을 따라내어 스프나 소스 또는 그레이비를 만드는 데 사용한다. 그 물이 너무 짜면 버린다.

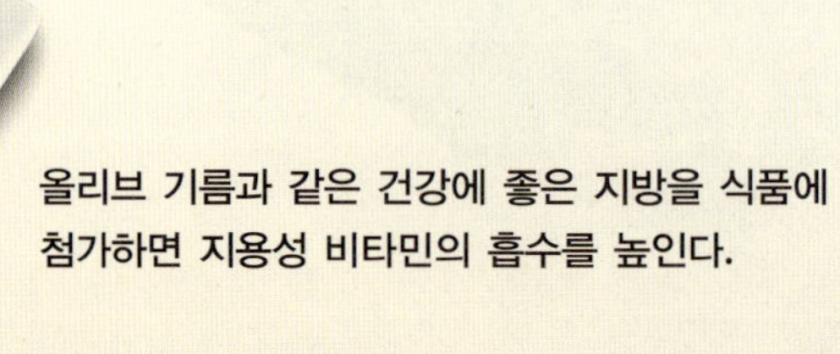

올리브 기름과 같은 건강에 좋은 지방을 식품에 첨가하면 지용성 비타민의 흡수를 높인다.

그림 8.1 비타민과 관련 화합물의 주요 기능.

8.1e 비타민의 일반적 기능

비타민은 체내에서 여러 가지 기능을 수행하고 이들 미량 영양소는 일반적으로 한 가지 이상의 기능을 가지고 있다(**그림 8.1**). 비타민 보충제의 광고는 비타민이 에너지를 "제공"할 수 있다고 홍보한다. 하지만 체내 세포는 비타민을 대사하여 에너지를 생산하지 않으므로 비타민은 에너지 급원이 아니다. 비록 체내에서 비타민이 직접적으로 에너지를 생산하지는 않지만, 특정 B 비타민은 포도당, 지방산, 아미노산에서 에너지를 생성하는 화학 반응에 참여한다.

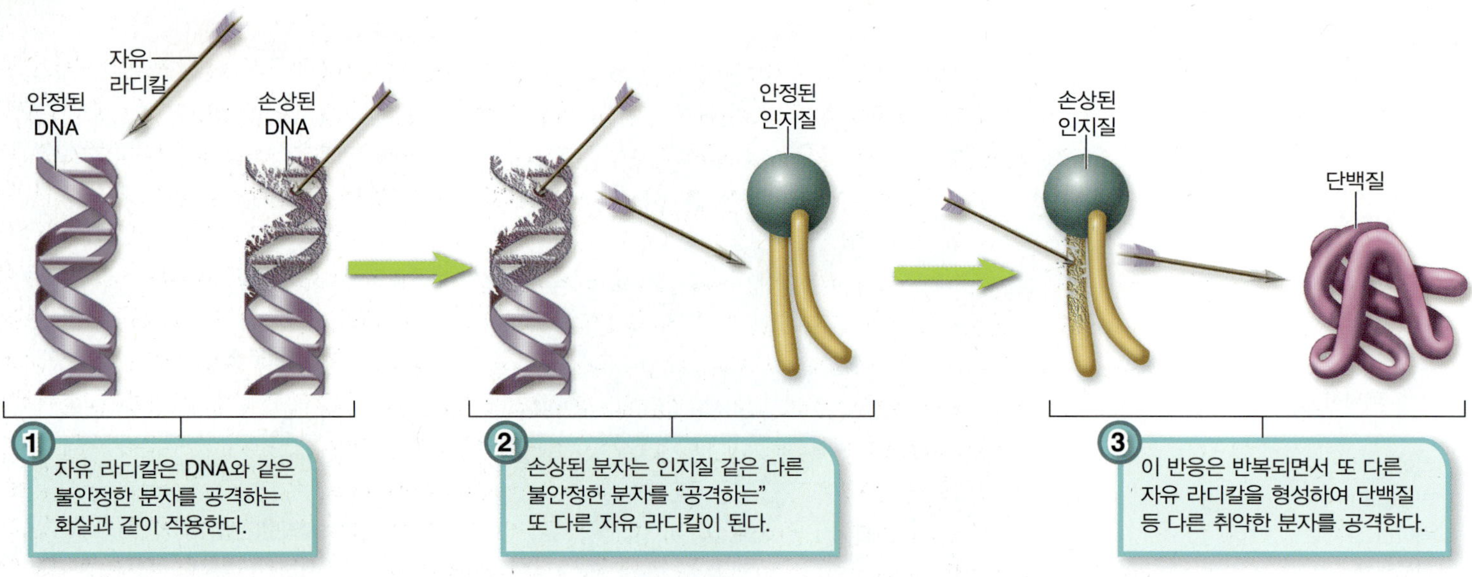

그림 8.2 **자유 라디칼 손상.**

■ 자유 라디칼에 의한 손상을 줄이는 것이 왜 중요한가?

자유 라디칼(free radical) 더 안정된 화합물에서 전자를 떼어낼 수 있는 화학적으로 불안정한 물질

항산화제는 무엇인가?

체내에서 일어나는 많은 화학반응의 결과, 원자 또는 분자로부터 미세한 입자(전자)가 떨어져 나간다. 이러한 화학적 변화로 매우 불안정한 물질인 **자유 라디칼(free radical)**이 생성된다. 자유 라디칼은 단백질, 지방산, DNA 등 더 안정적인 분자로부터 전자를 제거할 수 있다**(그림 8.2)**. 그 결과, 자유 라디칼은 이들 분자를 파괴하거나 손상시킬 수 있다. 자유 라디칼에 의한 손상은 세포 내의 화학적 변화를 촉진하여 궁극적으로 심장 마비, 뇌졸중, 암, 알츠하이머 질환, 그리고 심지어 노화까지 유발한다.

비타민 C, E 및 비타민 A로 전환되는 식물성 색소인 베타-카로틴은 항산화제로 작용한다. 항산화제는 자유 라디칼에 전자를 제공하여 세포를 보호한다. 화학적으로 불안정한 물질이 전자를 받아들이면, 다른 화학물질부터 전자를 떼어내지 않는 안정된 구조를 형성할 수 있다. 전자를 제공함으로써, 항산화제는 자유 라디칼에 의해 손상될 수 있는 DNA나 불포화 지방산과 같은 분자를 보호한다**(그림 8.3)**.

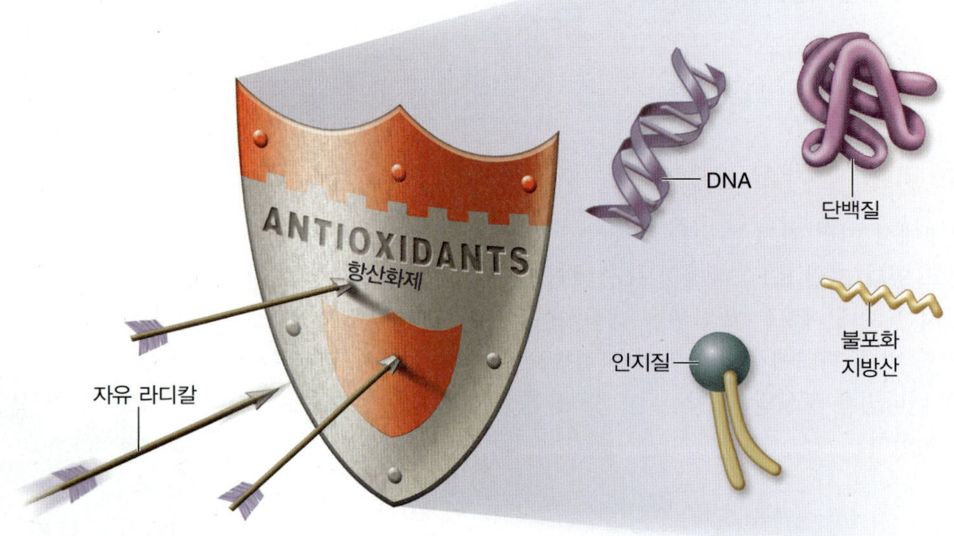

그림 8.3 **자유 라디칼 인지질 DNA 및 체내 성분을 자유 라디칼로부터 손상되지 않도록 보호한다.**

■ 어떻게 항산화제가 자유 라디칼에 의한 손상을 감소시키는가?

모듈 8.2

지용성 비타민

8.2 - 학습목표

1. 이 모듈의 모든 주요 용어를 정의한다.
2. 지용성 비타민과 그 급원 식품을 알아본다.
3. 각 지용성 비타민의 체내 주요 기능을 설명한다.
4. 각 지용성 비타민의 주요 결핍증 및 독성의 징후와 증상을 설명한다.

Unit 8의 이 모듈은 지용성 비타민에 초점을 맞추고 있다. 각 비타민을 설명하는 영역의 끝 부분에는 그 비타민에 대한 정보를 요약한 표를 제시하였다. **그림 8.4**는 지용성 비타민의 좋은 급원이 되는 MyPlate 식품군을 나타내고 있다.

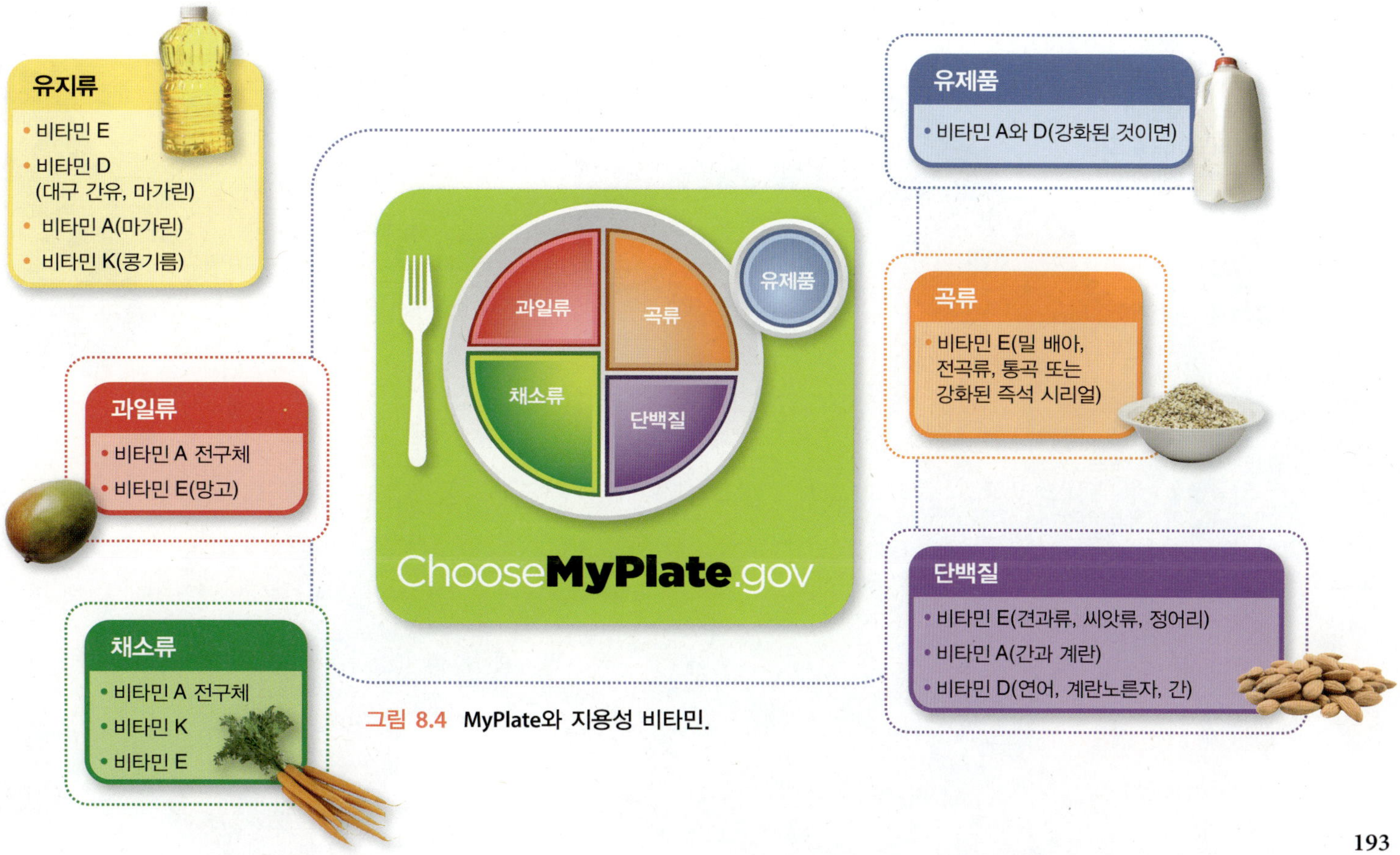

유지류
- 비타민 E
- 비타민 D (대구 간유, 마가린)
- 비타민 A(마가린)
- 비타민 K(콩기름)

과일류
- 비타민 A 전구체
- 비타민 E(망고)

채소류
- 비타민 A 전구체
- 비타민 K
- 비타민 E

과일류 곡류 유제품 채소류 단백질

ChooseMyPlate.gov

유제품
- 비타민 A와 D(강화된 것이면)

곡류
- 비타민 E(밀 배아, 전곡류, 통곡 또는 강화된 즉석 시리얼)

단백질
- 비타민 E(견과류, 씨앗류, 정어리)
- 비타민 A(간과 계란)
- 비타민 D(연어, 계란노른자, 간)

그림 8.4 **MyPlate와 지용성 비타민.**

8.2a 비타민 A

비타민 A는 실제로 **레티놀(retinol)**을 포함한 화합물 군이다. 레티놀은 동물성 식품에만 있지만, 식물은 **카로티노이드(carotenoids)**라고 불리는 황색 색소를 함유하고 있다. 인체는 몇 가지 종류의 카로티노이드를 레티놀로 전환할 수 있는데, 특히 **베타-카로틴(beta-carotene)**이 대표적이다. 우리는 때때로 이러한 카로티노이드를 **"비타민 A 전구체(provitamin A)"**라고 한다.

레티놀(retinol; preformed vitamin A) 동물성 급원 식품 중의 비타민 A 형태

카로티노이드(carotenoids) 과일과 채소의 주황색 색소

베타-카로틴(beta-carotene) 체내에서 비타민 A로 전환될 수 있는 카로티노이드

프로비타민 A(provitamin A) 체내에서 비타민 A로 전환되는 카로티노이드계

상피세포(epithelial cells) 신체의 보호내벽을 형성하는 세포

신체는 왜 비타민 A를 필요로 할까?

당근 섭취와 좋은 시력이 비타민 A와 관련 있다고 생각하는가? 비타민 A가 시력과 관련이 있고 당근이 베타-카로틴을 많이 함유한다는 것은 사실이다. 그러나 비타민 A는 체내에서 수많은 다양한 기능을 하고 있으며, 세포분열, 성장과 발달 과정에 관여하고 있다. 비타민 A는 또한 강한 뼈를 형성하고, 면역계 활성 조절과 상피세포를 유지하기 위해 필요하다. **상피세포(epithelial cells)**는 피부와 호흡기, 생식기 및 소장관 내벽의 보호조직을 형성한다.

일부 상피세포는 점액을 분비한다. 점액은 조직을 촉촉하게 유지하고 많은 환경오염 물질과 감염 인자에 대해 끈적한 장벽을 만든다.

맛있는 팁

과거에는 식품 중의 지용성 비타민의 양을 **국제단위**(*IU*)로 표시하였으나, 현재는 IU 대신 더 정확한 mg과 μg 측정 단위가 사용된다.

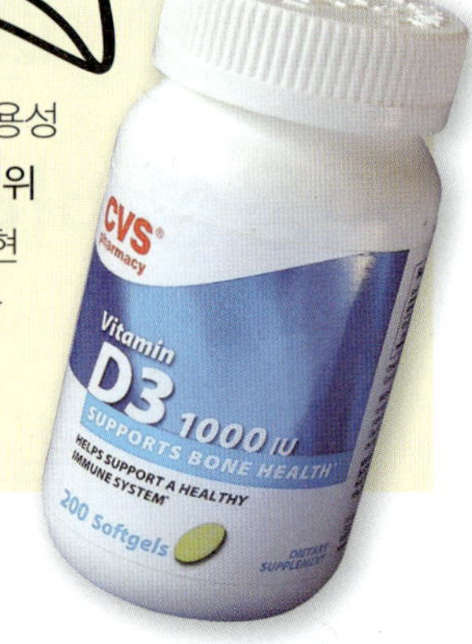

비타민 A의 급원 식품

동물성 식품인 간, 버터, 생선, 생선기름, 계란은 비타민 A를 제공하는 좋은 급원 식품이다. 그 외의 주요 급원 식품으로 비타민 A 강화우유, 요구르트, 마가린, 그리고 시리얼이 있다. 과일 또는 채소의 색상은 일반적으로 프로비타민 A를 포함하고 있다는 표시이다. 프로비타민 A 섭취를 최대화하려면, 짙은 녹색, 오렌지색, 또는 주황색을 선택한다.

카로티노이드에는 항산화 효과가 있는 베타-카로틴 및 루테인, 지아잔틴, 그리고 리코펜 등이 있다. 시금치와 케일 등 녹색 잎채소에는 루테인과 지아잔틴의 함량이 높다. 토마토주스와 피자 소스를 포함한 다른 토마토 제

과일과 채소는 베타-카로틴과 리코펜 등의 카로티노이드를 포함한, 항산화제의 좋은 급원이다.

무엇일까요?

케일은 양배추와 브로콜리와 같은 계열의 십자화과 녹색 잎 채소로 암을 예방할 수 있는 항산화제를 함유하고 있다. 케일은 베타-카로틴, 식이섬유 및 비타민 B_6와 C가 풍부한 급원 식품이다. 생채소는 강한 향이 있어서 잎을 작은 조각으로 잘라서 푸른 샐러드에 넣거나, 수프나 스튜에 넣어 영양소와 식이섬유를 추가로 섭취한다.

품에는, 상당량의 리코펜이 들어 있다. 루테인, 지아잔틴, 리코펜이 카로티노이드 계이기는 하지만, 체내에서 비타민 A로 전환되지는 않는다. 그렇지만 이들 식물성 색소는 체내에서 유익한 항산화제로 작용할 수 있다.

표 8.2는 비타민 A 또는 카로티노이드의 급원이 되는 식품이다. 식품 중의 비타민 A의 양은 종종 **레티놀 활성 평형**(*retinol activity equivalents, RAE*)을 나타내는 μg 단위로 나타낸다. 1 RAE는 레티놀의 약 1 μg이다.

맛있는 팁

일반적으로 진한 주황색 과일과 채소는 옅은 색보다 베타-카로틴을 비롯한 프로비타민 A인 카로티노이드를 많이 함유하고 있다. 짙은 녹색 과일과 채소 역시 프로비타민 A를 함유하고 있지만, 녹색 색소는 주황색 색소를 가리고 있다. 그러므로 조리할 때, 양배추, 상추, 또는 브로콜리의 짙은 녹색 잎을 버리지 말고, 샐러드나 수프 또는 샌드위치에 쓴다.

비타민 A 결핍

상피세포는 비타민 A 결핍에 의해 가장 먼저 영향을 받는 조직이다. 점액을 분비하는 상피세포는 비타민 A가 부족하면, 더 이상 점액을 생산하지 못하게 되어 감염 예방의 기능을 상실한다. 이같이 체내 비타민 A가 결핍된 사람은 감염에 매우 취약하다.

표 8.2 식품 중의 비타민 A 함량

식품	μg RAE
쇠간, 익힌 것, 3온스	6970
파파야, 1개(5온스)	1492
고구마, 구운 것, ½컵	961
버터너트 호박, 익힌 것, 네모 썰기, ½컵	572
당근, 생것, 다짐, ½컵	534
녹색 겨자잎, 냉동, 끓인 것, 건더기, ½컵	266
혼합채소, 냉동, 끓인 것, 건더기, ½컵	195
계란, 완숙, 큰 것, 2개	149
멜론, ½컵	135
상치, 로메인 종, 잎 찢은 것, ½컵	104
무지방 우유, 비타민 A첨가, ½컵	78
시금치, 생것, ½컵	70
완두콩, 익힌 것, 건더기, ½컵	32

성인 여자 권장섭취량 = 700 μg/일
성인 남자 권장섭취량 = 900 μg/일
출처: *USDA National nutrient database for standard reference, release 25.*

망막
황반
각막
홍채
시신경
간상세포
원추세포

그림 8.5 비타민 A와 시력. 간상세포와 원추세포가 적절한 기능을 수행하는 데 비타민 A가 필요하다.

각막(cornea) 안구의 전면을 덮는 투명한 막

카로테네미아(carotenemia) 체내 과다한 베타-카로틴에 의해 초래된 피부의 황변

기형발생물질(teratogen) 선천적 기형을 유발하는 물질

야맹증은 무엇인가?

조명으로 환한 극장 로비에서 어두운 영화관 안으로 들어갔을 때, 몇 초 동안 눈이 잘 안보인 적이 있었는가? 이것은 빛의 밝기가 갑자기 감소할 때 나타나는 정상적인 시각반응이다. 눈의 안쪽에 있는 망막은 빛에 민감한 부위이며, 시각기능에 필요한 특별한 신경세포인 간상세포와 원추세포로 구성되어 있다(**그림 8.5**). 간상세포와 원추세포가 적절하게 기능하려면, 비타민 A, 특히 레티놀이 필요하다. **야맹증**은 희미한 빛에서는 잘 볼 수 없는 현상으로 레티놀이 충분치 못하면 발생한다. 야맹증은 비타민 A 결핍의 초기 증상이다.

안구건조는 무엇인가?

각막(cornea)은 빛이 들어갈 수 있는 투명한 막이며, 시각기능에 필요하다(그림 8.5 참조). 눈꺼풀 안쪽의 상피세포는 점액을 분비하여 촉촉하고 깨끗한 각막을 유지할 수 있게 한다. 비타민 A가 결핍되면, 이 상피세포가 단단해지고 점액을 분비하지 않으므로, 각막이 건조해지고 먼지와 세균에 의해 쉽게 손상된다. 이런 상태에서 비타민 A를 섭취하지 않으면, 시력을 잃게 된다.

해마다 개발도상국의 어린이 수천 명이 심각한 비타민 A 결핍으로 시력을 잃고 있다.[1] 비타민 A 결핍은 또한 면역능력을 저하시키므로, 비타민 A가 결핍된 많은 어린이가 홍역 등의 감염성 질환으로 사망한다. 개발도상국에서는 국민의 건강을 개선하고 실명을 예방하기 위하여 다음과 같이 노력하고 있다:

- 베타-카로틴이 풍부한 식품 생산 촉진,
- 식품에 비타민 A 강화,
- 위험집단에 대한 비타민 A 주사.

맛있는 팁

토마토는 카로티노이드, 특히 베타-카로틴과 리코펜의 좋은 급원이다. 토마토를 가열하면 세포가 파괴되고, 그 결과, 카로티노이드가 방출된다. 따라서 토마토를 가열 요리하면 소화관 내에서 식품 카로티노이드의 흡수 능력을 향상시킬 수 있다.

비타민 A의 독성

다른 비타민에 비해 비타민 A는 독성이 있으며, 그 징후와 증상은 다음과 같다:

- 두통,
- 오심과 구토,
- 시각 장애,
- 탈모,
- 뼈 통증과 골절.

임신 중에 섭취한 다량의 비타민 A는 선천적 결함의 원인 물질인 **기형발생물질(teratogen)**이다. 심한 여드름 치료제로 처방되는 트레티노인(Retin-A)은 화학적으로 비타민 A와 유사하다. 이 약물이 천연 비타민 A보다 독성은 덜하지만, 임신 중 사용의 안전성 여부에 관한 정보는 부족하다. 임신 계획이 있다면, 이 같은 약물을 사용하기 전에 의사와 상의하도록 한다.

맛있는 팁

카로테네미아(carotenemia)는 베타-카로틴이 풍부한 식품을 너무 많이 먹어서 피부의 황변이 나타나는 것이다. 이러한 상태는 때때로 당근, 살구, 겨울 호박, 또는 녹색 콩을 함유한 유아식을 다량 섭취한 영아에게서 나타난다.[2] 카로테네미아는 대체로 무해하며, 카로티노이드가 풍부한 음식을 더 이상 먹지 않으면 피부색은 원래대로 회복된다.

STAGE 2
Tender Sweet Carrots

황반 변성은 무엇인가?

인구통계연구 결과, 과일과 채소가 풍부한 식사와 **노화관련 황반변성**(*age-related macular degeneration, AMD*)의 위험 감소와의 관련성이 제기되었다. 이러한 식사는 베타-카로틴 등 항산화 카로티노이드를 풍부하게 제공한다. 황반변성(AMD)을 예방하기 위해 카로티노이드를 포함하는 건강기능식품을 섭취

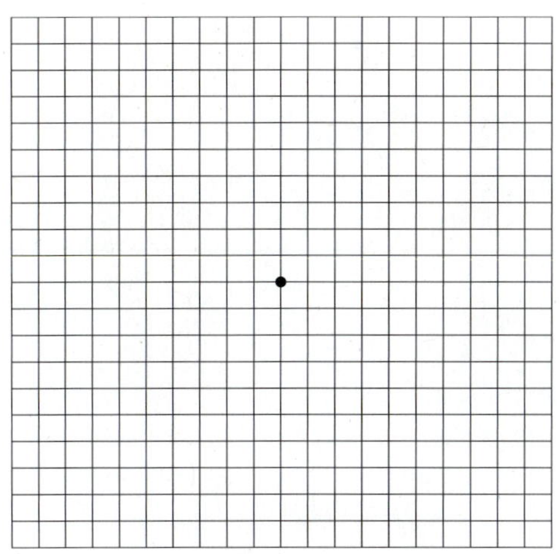
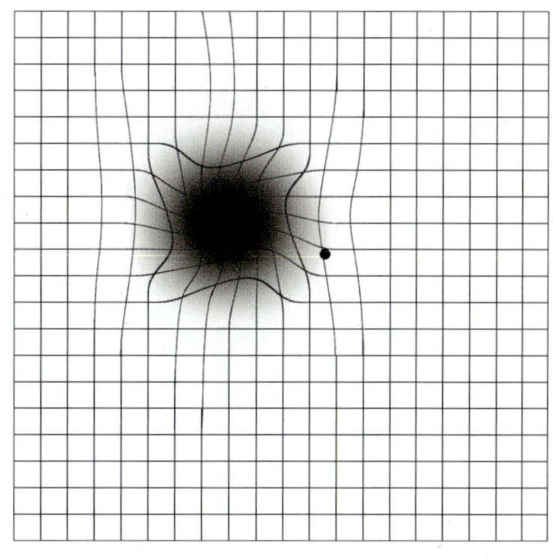

그림 8.6 황반변성에 대한 간단한 선별 검사. 황반변성이 없는 사람은 왼쪽의 격자 중심을 볼 때 직선의 격자선을 볼 수 있다. 그러나 황반변성이 있는 사람은 격자의 중심을 볼 때 오른쪽과 같이 왜곡된 모양으로 보게 된다.

망고는 베타-카로틴이 풍부한 급원 식품이다

해야 하는가?

황반변성은 미국에서 실명의 주요 원인이다. 황반변성을 가진 사람들은 황반이 손상되어 있다. 황반은 매우 세밀한 중심시야를 제공하는 안구 내의 한 영역이다(그림 8.5 참조). 황반이 손상되면, **그림 8.6**(오른쪽)에 보이는 격자처럼 물체가 왜곡되어 보인다. 이는 황반변성의 주요 위험 인자는 유전적 요인, 흡연, 고령이지만, 식사 또한 중요한 역할을 한다.

노화관련 안구질환 연구(AREDS)에서 이미 황반변성이 있는 환자에게 베타-카로틴, 비타민 C와 E, 그리고 아연 함량이 비교적 높은 보충제를 공급하였다.[3] 이들 물질의 조합은 황반의 퇴화와 관련된 시력 손실의 진행을 늦추었다. 그러나 항산화제의 보충 섭취가 건강한 사람의 황반변성 발생을 예방한다는 명백한 과학적 증거는 없다. 또한 의학 연구자들은 이러한 보충제의 장기적인 섭취가 해로울 수도 있다고 우려하고 있다.

비타민 A: 기본사항 검토

표 8.3은 비타민 A의 식이섭취기준(DRI) 및 결핍과 독성의 주요 징후와 증상을 포함한 기본 정보의 요약이다.

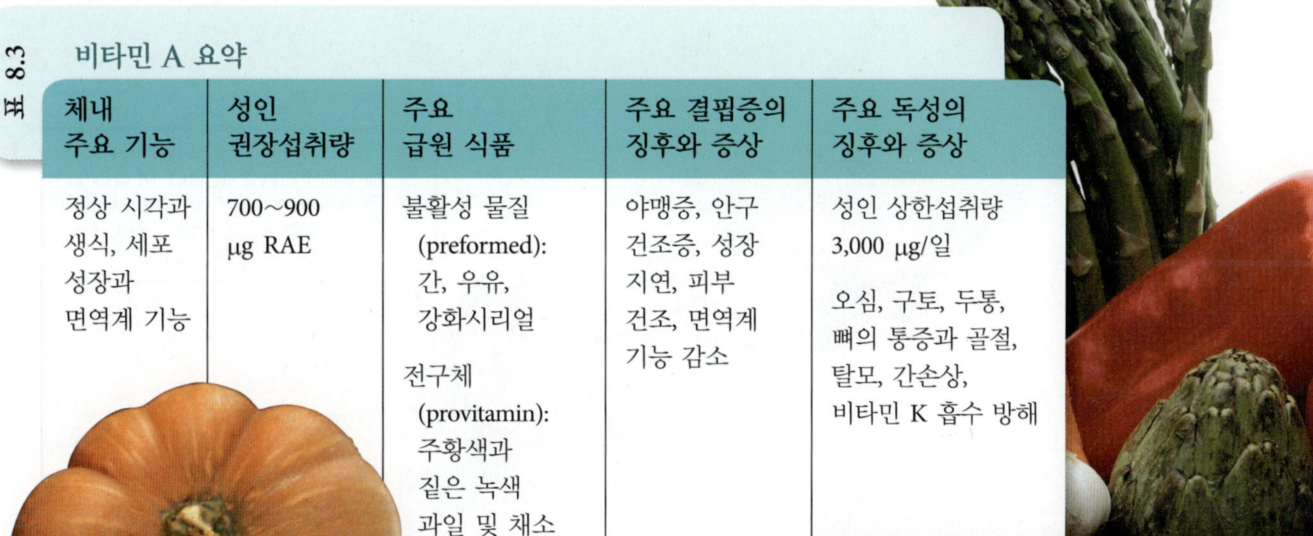

표 8.3 비타민 A 요약

체내 주요 기능	성인 권장섭취량	주요 급원 식품	주요 결핍증의 징후와 증상	주요 독성의 징후와 증상
정상 시각과 생식, 세포 성장과 면역계 기능	700~900 μg RAE	불활성 물질 (preformed): 간, 우유, 강화시리얼 전구체 (provitamin): 주황색과 짙은 녹색 과일 및 채소	야맹증, 안구 건조증, 성장 지연, 피부 건조, 면역계 기능 감소	성인 상한섭취량 3,000 μg/일 오심, 구토, 두통, 뼈의 통증과 골절, 탈모, 간손상, 비타민 K 흡수 방해

8.2b 비타민 D

1922년, 과학자들은 대구 간유에서 뼈 건강과 구루병 예방에 필요한 지용성 물질을 발견했다. **구루병(rickets)**이 있는 어린이는 뼈가 연하고 변형이 될 수 있다. 예를 들면, 다리 뼈가 신체의 상체 무게를 지탱하지 못하여 휘게 된다(**그림 8.7**). 구루병을 가진 어린이는 또한 다른 뼈도 기형이 될 수 있으며 근육 통증을 호소하기도 한다. 과학자들은 구루병을 치료하는 물질을 비타민 D라고 명명하였다.

오늘날, 구루병을 치료하는 이 지용성 물질은 여전히 비타민으로 불리는데, 구루병이 비타민 D가 풍부한 식품을 섭취하거나 비타민 D 보충제를 복용함으로써 예방되거나 치료될 수 있기 때문이다. 그러나 비타민 D는 영양소일 뿐 아니라 호르몬이기도 하다. **필수개념 8.1**은 햇빛에 노출될 때 신체는 비타민 D를 합성할 수 있음을 보여준다.

구루병(rickets) 어린이의 비타민 D 결핍증

previtamin D 비타민 D의 불활성 형태

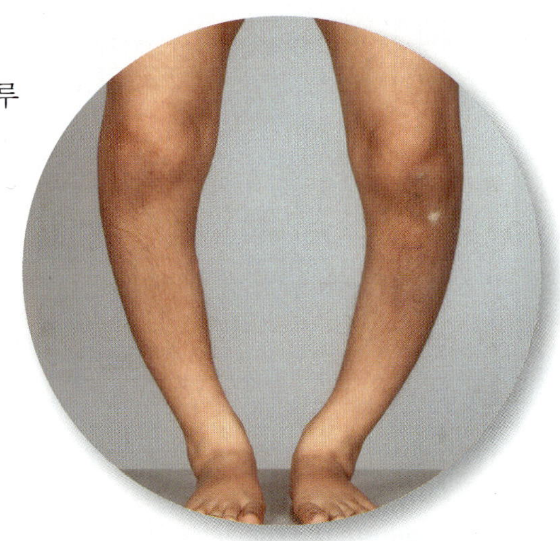

그림 8.7 **구루병.**

■ 구루병 어린이는 왜 다리 뼈가 약한가?

필수개념

8.1 체내 비타민 D의 생성

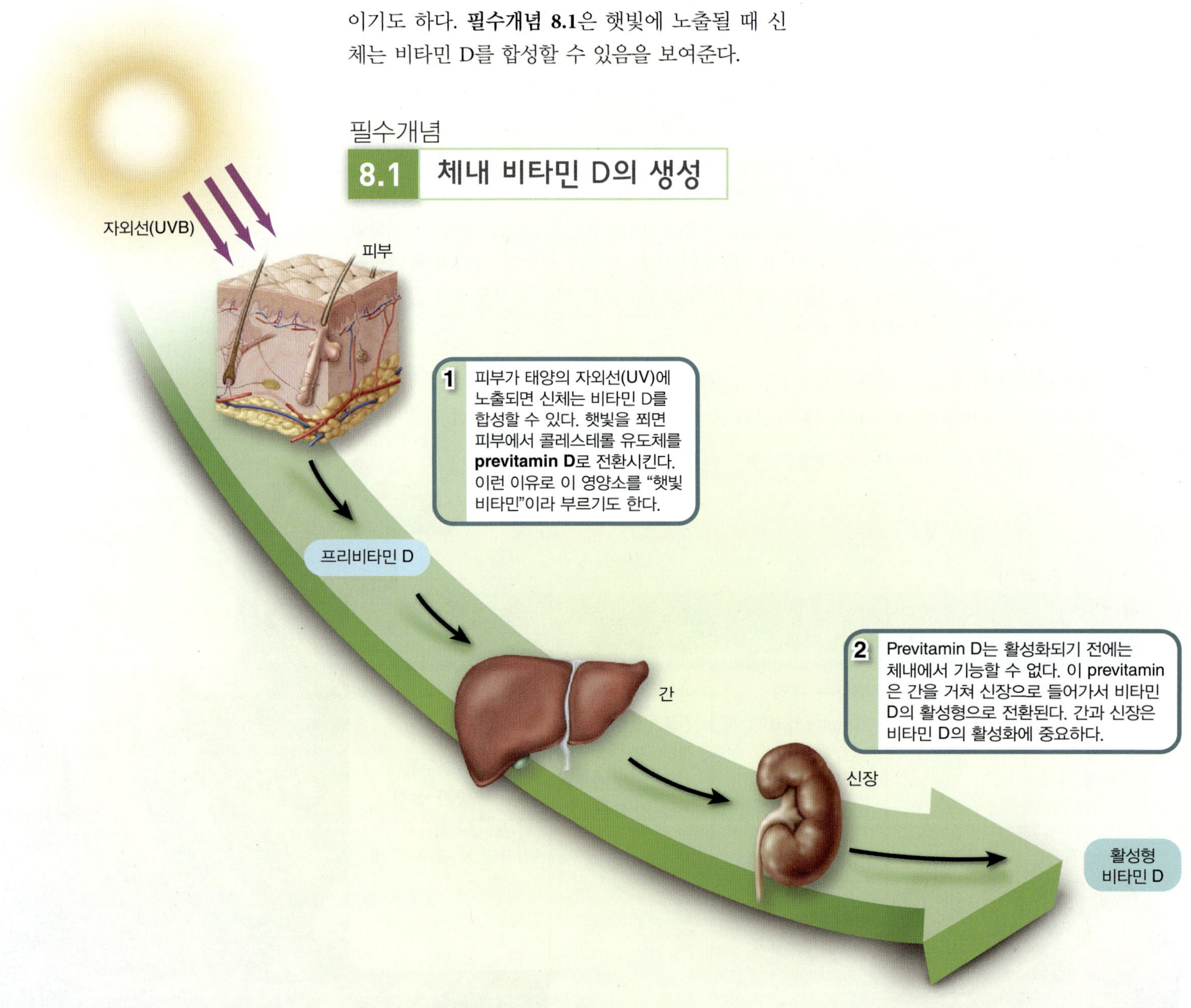

자외선(UVB)

피부

1 피부가 태양의 자외선(UV)에 노출되면 신체는 비타민 D를 합성할 수 있다. 햇빛을 쬐면 피부에서 콜레스테롤 유도체를 **previtamin D**로 전환시킨다. 이런 이유로 이 영양소를 "햇빛 비타민"이라 부르기도 한다.

프리비타민 D

간

2 Previtamin D는 활성화되기 전에는 체내에서 기능할 수 없다. 이 previtamin은 간을 거쳐 신장으로 들어가서 비타민 D의 활성형으로 전환된다. 간과 신장은 비타민 D의 활성화에 중요하다.

신장

활성형 비타민 D

체내 비타민 D의 역할

비타민 D의 가장 잘 알려진 역할은 건강한 뼈의 생성과 유지이다. 무기질 칼슘과 인은 강한 뼈에 필수적이다. 비타민 D는 골세포를 자극하여 **인산칼슘**을 형성하는데, 이것이 뼈 조직의 경질을 형성하는 주요 무기질이다. 적정량의 비타민 D가 없으면, 골세포는 강한 뼈를 만드는 데 충분한 인산칼슘을 축적할 수 없다(**그림 8.8**). 이 비타민은 또한 소장내 칼슘과 인의 흡수를 증진시키고 신장을 통한 칼슘 배설을 저하시킨다.

비타민 D는 체내 근육과 면역 기능 조절, 염증 반응의 감소 등 또 다른 역할도 한다.[4] 비타민 D는 세포성장의 조절에도 관여하여, 그 결과 특정 암의 위험을 줄일 수 있다. 그러나 면역 기능 및 질병 예방에 대한 이 비타민의 역할을 규명하기 위해서는 더 많은 연구가 필요하다.

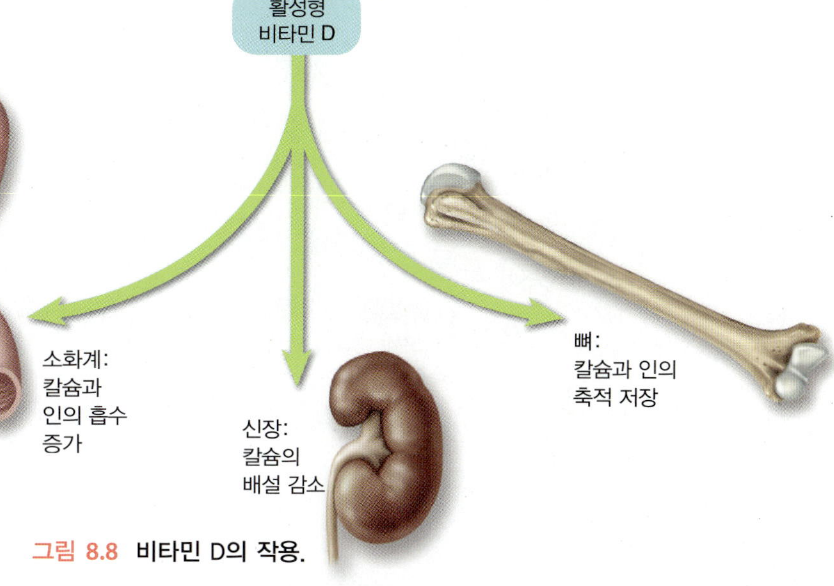

그림 8.8 비타민 D의 작용.

비타민 D의 급원 식품

생선 간유와 기름진 생선, 특히 연어, 정어리, 참치는 자연적으로 비타민 D를 포함하는 몇 안 되는 식품들이다. 우유는 일상적으로 비타민 D를 강화하고 있으며 몇몇 상표의 즉석 시리얼, 오렌지주스, 마가린 등에도 이 비타민이 첨가되어 있다. **표 8.4**는 비타민 D 급원 식품을 나열하였다. 식품성분표는 식품의 비타민 D 함량을 국제단위로 제시한다: 비타민 D 1 μg은 40 IU와 같다.

맛있는 팁

비타민 D는 D_2와 D_3의 두 가지 주요 형태가 있다. 버섯과 몇몇 식물성 식품은 비타민 D_2를 생성하고; 동물은 비타민 D_3를 합성한다. 신체는 D_2보다 D_3를 더 잘 흡수하고 사용하므로, 비타민 D 보충제를 섭취할 필요가 있다면, D_3 형태를 포함하는 제품을 선택한다.[5]

표 8.4 식품 중의 비타민 D 함량

식품	비타민 D (μg)
대구간유, 1큰술	34
연어, 핑크색 통조림, 3온스	12
정어리, 대서양산, 기름 통조림, 3온스	4
우유, 무지방, 비타민 D 강화, 1컵	3
참치, 물 통조림, 건더기, 3온스	2
계란, 전체, 완숙, 큰 것 1개	1

성인 권장섭취량 = 15~20 μg/일
출처: *USDA National nutrient database for standard reference*, release 25.

"이 Unit의 서두에 등장한 아만다는 의사의 처방을 받아 비타민 D 고용량을 섭취하였다. 치료 결과, 이 비타민의 혈중 농도는 몇 주 내에 정상으로 되었다. 비타민 D의 좋은 급원 식품이 드물기 때문에, 남은 평생 처방전 없이 사용할 수 있는 보충제를 매일 섭취할 필요가 있을 것이다. 보충제를 복용하면, 비타민 D의 적절한 혈액 수준을 유지할 수 있을 것이다."

맛있는 팁

햇빛에의 과다노출은 피부암을 초래할 수 있다. 그러므로 피부 질환을 치료하는 의사들은 외출하기 전에 자외선 차단제를 지속적으로 사용하도록 조언한다. 자외선 차단 지수(SPF) 8 이상의 자외선 차단제를 사용하면 비타민 D_3 형성에 필요한 햇빛을 차단한다.[4] 체내 비타민 D의 합성을 위해서는, 자외선 차단제를 바르기 전에 약 15분 동안 태양에 피부를 노출하는 것이 좋다.

비타민 D와 햇빛

골연화증(osteomalacia) 성인 구루병; 뼈의 무기질화가 잘 이루어지지 않은 상태

비타민 D는 식품에 많지 않아서, 비타민 D 급원 식품의 섭취만으로 필요량을 충족시키기는 쉽지 않다. 따라서 햇빛의 역할이 매우 중요하다. 만약 위도 37도 남쪽에 살고 하루 5~30분을 야외활동을 한다면, 연중 비타민 D를 합성하는 데 충분한 햇빛에 노출될 수 있다**(그림 8.9)**.[4] 적절한 비타민 D를 합성하는 데 필요한 햇빛 노출시간은 기본적으로 거주지역, 시간대와 계절, 연령과 피부색 등에 따라 다르다. 어두운 색 피부는 멜라닌 색소 함량이 많아서 피부에서 비타민 D_3를 합성하는 능력이 낮다. 구름이나 그늘, 창문, 그리고 공기오염 등 환경인자는 피부까지 도달하는 자외선의 양을 제한할 수 있다.

당신이 위도 37도 북쪽에 사는 경우, 겨울에는 태양 광선이 일 년 중 다른 어떤 때보다 대기를 더 많이 통과해야 하는 각도가 된다. 그 결과, 피부는 겨울 동안 비타민 D_3를 충분히 합성하지 못하고, 봄까지 지속될 충분한 비타민 D 저장량이 없을 수 있다. 특히 11월부터 2월까지는, 성인 하루섭취량의 비타민 D(400 IU 또는 10 μg) 100%를 함유한 보충제 섭취가 필요할 수도 있다.

그림 8.9 **비타민 D와 지리.**
■ 연중 비타민 D를 최대한 합성하려면, 미국 내 어디에 사는 것이 좋은가?

비타민 D 결핍증

많은 미국인은 권장섭취량을 충족시킬 만큼의 충분한 비타민 D를 섭취하지 않고 있다.[6] 구루병은 미국에서 흔한 건강 문제는 아니지만, 의학 전문가는 많은 미국인들이 적절한 건강유지에 필요한 비타민 D를 충분히 섭취하지 못하는 것을 우려하고 있다. 젊은 사람들은 일반적으로 노인보다 비타민 D의 혈중 농도가 높다.[4]

모유에는 구루병을 예방하기 위한 충분한 비타민 D가 부족하다. 모유수유를 하고, 검은 피부에 최소한의 태양빛 노출, 비타민 D 섭취가 거의 없는 영아는 구루병에 걸릴 가능성이 크다.[4] 그러므로 대부분 모유수유 영아는 출생 후 바로 비타민 D를 보충해줘야 한다.

성인 구루병은 **골연화증(osteomalacia)**이다. 골연화증이 있는 사람은 체내 칼슘함량이 정상보다 적어서 뼈가 연하고 쉽게 부러진다. 근육약화 또한 골연화증의 증상이다.

다음과 같이 골연화증의 위험에 있는 사람들은 비타민 D 보충제를 섭취할 필요가 있다:

- 노인: 나이가 들면, 피부에서 비타민(previtamin) D의 생성 감소.
- 신장, 간, 또는 소장 질환이 있는 사람: 비타민 D의 생성과 칼슘의 흡수가 저하될 수 있다.
- 실내에 머물거나 낮 동안 거의 완전히 몸을 감싸는 사람.[4]

표 8.5 비타민 D 요약

체내 주요기능	성인의 권장섭취량	주요 급원 식품	주요 결핍증의 징후와 증상	주요 독성의 징후와 증상
칼슘과 인의 흡수, 정상적인 혈중 칼슘 유지, 뼈의 무기질화, 근육과 면역계 기능 유지	15~20 μg (600~800 IU)	비타민 D 강화 우유, 강화 시리얼, 생선 기름, 지방이 많은 생선	어린이의 구루병, 성인의 골연화증: 무른 뼈, 근육 약화, 면역계 기능 감소	성인 UL = 100 μg/day (4000 IU) 식욕부진, 연조직에 칼슘 침착

골연화증을 가진 사람들은 또한 대개 노화로 인해 뼈 질량이 손실되는 **골다공증**도 가지고 있다. 골다공증은 일반적으로 낮은 칼슘 섭취와 관련이 있지만, 장기적인 비타민 D 결핍이 칼슘의 흡수를 저하시키므로 영향을 미친다. Unit 9의 칼슘 부분에서 골다공증에 대한 더 자세한 정보를 제공한다.

비타민 D의 독성

신체는 비타민 D를 저장한다. 하루에 10,000~50,000 IU를 공급하는 비타민 D 보충제를 장기간 복용하면 체내 축적되어 독성이 나타난다.[4] 과다한 비타민 D는 소장을 자극하여 식이 중 칼슘을 과다하게 흡수한다. 이런 경우 신장, 심장, 혈관 등 신체 연조직에 칼슘이 축적된다. 칼슘 축적은 세포의 기능을 방해하고 죽게 한다. 비타민 D의 다른 독성 증상으로 신장 결석이 생길 수 있다. 피부는 비타민(previtamin) D의 생산을 조절하기 때문에 햇빛에의 노출로 비타민 D의 독성 수준 이상이 생성될 우려는 없다.

비타민 D: 기본 사항 검토

표 8.5는 비타민 D의 영양섭취기준(DRI), 결핍증과 독성 장애의 주요 징후 및 증상을 비롯한 기본 정보를 요약한 것이다.

8.2c 비타민 E

비타민 E는 다양한 형태가 있으나, 체내에서는 **알파-토코페롤(alpha-tocopherol)** 형태만 사용한다.[7] 알파-토코페롤은 세포막의 불포화 지방산이 자유 라디칼에 의해 손상되지 않도록 보호하는 항산화제다**(그림 8.10)**. 자유 라디칼 손상을 막는 것은 동맥경화, 암, 미성숙 세포의 노화와 죽음 위험을 낮출 수 있다. 비타민의 또 다른 역할은 건강한 신경조직과 면역계 기

알파-토코페롤(alpha-tocopherol) 비타민 E

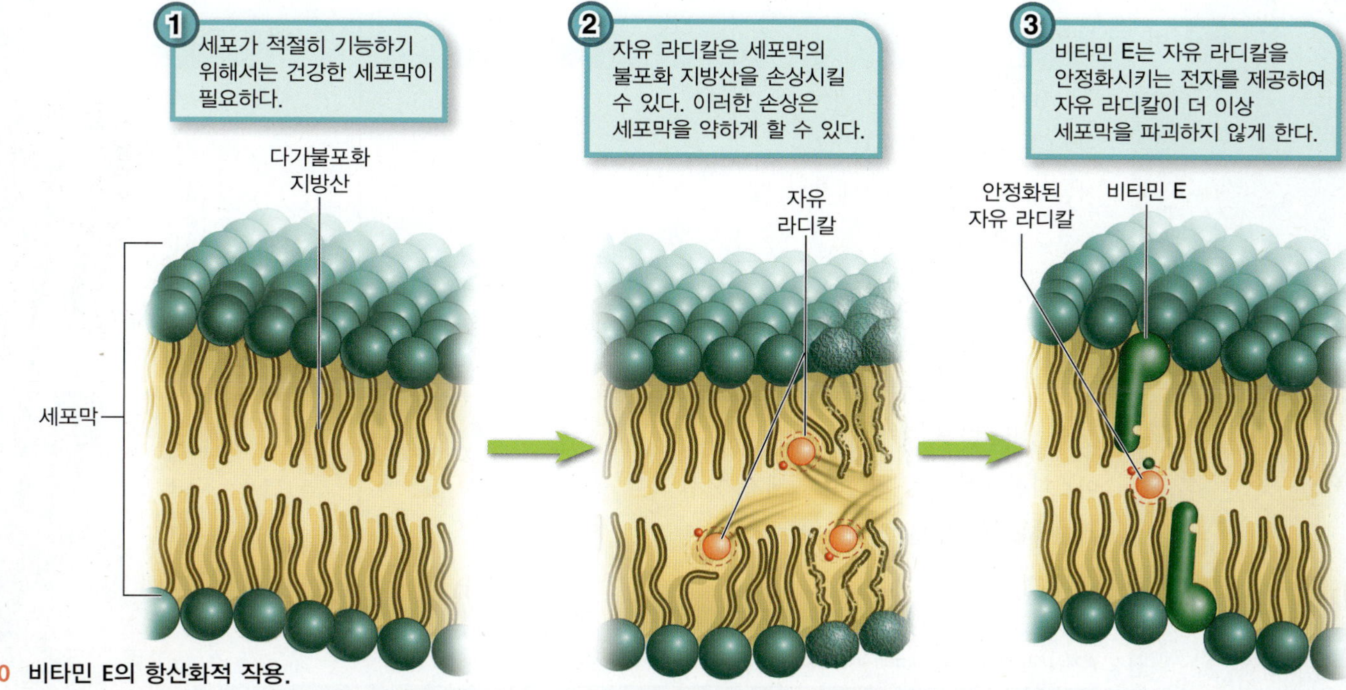

그림 8.10 비타민 E의 항산화적 작용.

능을 유지하는 것이다.

비타민 E의 급원 식품

비타민 E의 풍부한 급원 식품은 해바라기 씨, 아몬드, 특히 해바라기, 홍화, 올리브유 등의 식물성 기름이다. 비타민 E가 풍부한 식물성 기름으로 만든 제품—마가린, 샐러드 드레싱—도 비타민 E를 공급하지만, 고기, 가공된 곡류제품 및 유제품은 비타민 E를 많이 함유하지 않는다. **표 8.6**은 비타민 E 급원 식품의 목록이다.

수확, 가공, 저장 및 조리 방법은 식품 중의 비타민 E 함량을 감소시킬 수 있다. 전곡은 분말화하는 과정에서 대부분의 비타민 E 함량이 손실되며, 곡류의 강화에 의해서도 복원되지 않는다. 또한 식탁에 오르기까지의 산소, 금속, 빛이나 고온 조리 등도 식품 중의 비타민 E를 상당량 파괴할 수 있다.

용혈(hemolysis) 적혈구의 파괴

빈혈(anemia) 적혈구 내에 헤모글로빈 함량이 낮은 상태

헤모글로빈(hemoglobin) 산소를 운반하는 적혈구 내의 단백질

비타민 E 결핍

비타민 E가 결핍되면, 자유 라디칼은 적혈구(RBC) 막을 손상시킨다. 세포막이 손상된 적혈구는 용혈이 일어나고, 세포는 파괴된다. **용혈(hemolysis)**은 적혈구가 충분한 헤모글로빈을 갖지 못하는 상태인 **빈혈(anemia)**을 일으킨다. **헤모글로빈(hemoglobin)**은 산소를 운반하는 적혈구 내의 단백질이다. 미국 내 대부분의 건강한 사람은 지방조직, 골격근, 간에 비타민 E를 충분히 저장하고 있기 때문에 성인의 비타민 E 결핍증은 드물다.

비타민 E의 독성

비타민 A와 D와는 달리, 비타민 E는 독성이 낮다.[7] 그러나 과다한 비타민 E가 함유된 건강 보조식품의 섭취는 비타민 K의 혈액응고 기능을 방해하여 출혈이 멈추지 않을 수 있다. 따라서 혈액응고 기능을 방해하는 약물("혈액 희석제")을 복용하는 사람은 비타민 E 보충제 사용 전에 의사와 상의해야 한다.

비타민 E 보충제와 만성질환

여러 가지 대규모 집단의 연구 결과, 비타민 E 보충제의 복용으로 심장 질환을 포함한 심혈관 질환과 암의 위험이 줄어들 것 같지는 않다.[7]

표 8.6 식품 중의 비타민 E 함량

식품	알파-토코페롤(mg)
해바라기 씨 껍질 포함, 볶은 것, 1온스	7.4
식물성 기름(홍화씨), 1큰술	4.6
시금치, 얼린, 익힌, 물 제거, ½컵	3.4
망고, 생것, 1개	3.0
땅콩, 볶은 것, 1온스(약 28 g)	2.2
올리브 기름, 1큰술	2.0
정어리, 기름 통조림, 건더기, 3온스	1.7
붉은 고추, 단것, 생것, 다진 것, ½컵	1.2
아스파라거스, 냉동, 익힌, 물 제거, ½컵	1.1
브로콜리, 익힌, 다진 것, ½컵	1.1
전곡 빵, 1조각	0.2

성인 권장섭취량 = 15 mg/일

출처: *USDA National nutrient database for standard reference*, release 25.

표 8.7 비타민 E 요약

주요 체내 기능	성인 권장섭취량	주요 급원 식품	주요 결핍증의 징후와 증상	주요 독성의 징후와 증상
항산화제	15 mg (22.5 IU)	식물성 기름 및 그 제품, 특정 과일과 채소, 견과류와 씨앗류, 강화곡류	근육 협동 능력 상실, 용혈성 빈혈	성인의 상한 섭취량 1000 mg/일 비타민 K의 작용 방해로 인한 과다출혈

또한 이들 연구는 일반적으로 알츠하이머 질환으로 진행될 수 있는 **약한 인지손상** 징후가 있는 사람들에게 비타민 E가 도움이 된다는 근거를 제시하지 못하고 있다.[7] 이러한 연구결과들에도 불구하고, 비타민 E를 단독으로 또는 다른 항산화제와 함께 섭취하는 것이 심장질환, 암, 노화관련 황반변성의 위험을 줄일 수 있는지에 대한 연구가 계속 진행되고 있다.

비타민 E: 기본 정보 요약

표 8.7은 비타민 E의 영양섭취기준(DRI), 결핍증과 독성 장애의 주요 징후와 증상을 비롯한 기본 정보의 요약이다.

8.2d 비타민 K

비타민 K는 간에서 4가지 혈액 응고 인자를 생성하는 데 필요하다. 혈관에 상처가 나면, 상처 난 부위의 출혈을 멈추기 위해 혈전이 형성되어야 한다(**그림 8.11**). 체내 비타민 K가 부족하면, 모든 혈액 응고 인자가 작용할 수 없기 때문에, 과다 출혈이 일어날 수 있다. 어떤 사람들은 혈액이 너무 쉽게 응고되어 **와파린** 처방약을 복용한다. 와파린은 혈액을 응고시키는 비타민 K의 활성을 저하시킨다. 비타민 K는 와파린의 "혈액을 묽게 하는" 활동을 방해할 수 있어서 이런 약제를 복용하는 사람은 비타민 K 보충제를 사용하지 않아야 한다.

비타민 K는 또한 뼈 형성 세포가 뼈의 단백질을 합성하도록 돕는다. 비타민 K의 낮은 혈중 농도는 골 질환, 즉 골다공증의 위험과 관련되어 있지만, 뼈 건강에서 비타민 K의 역할을 규명하기 위해서는 더 많은 연구가 필요하다.

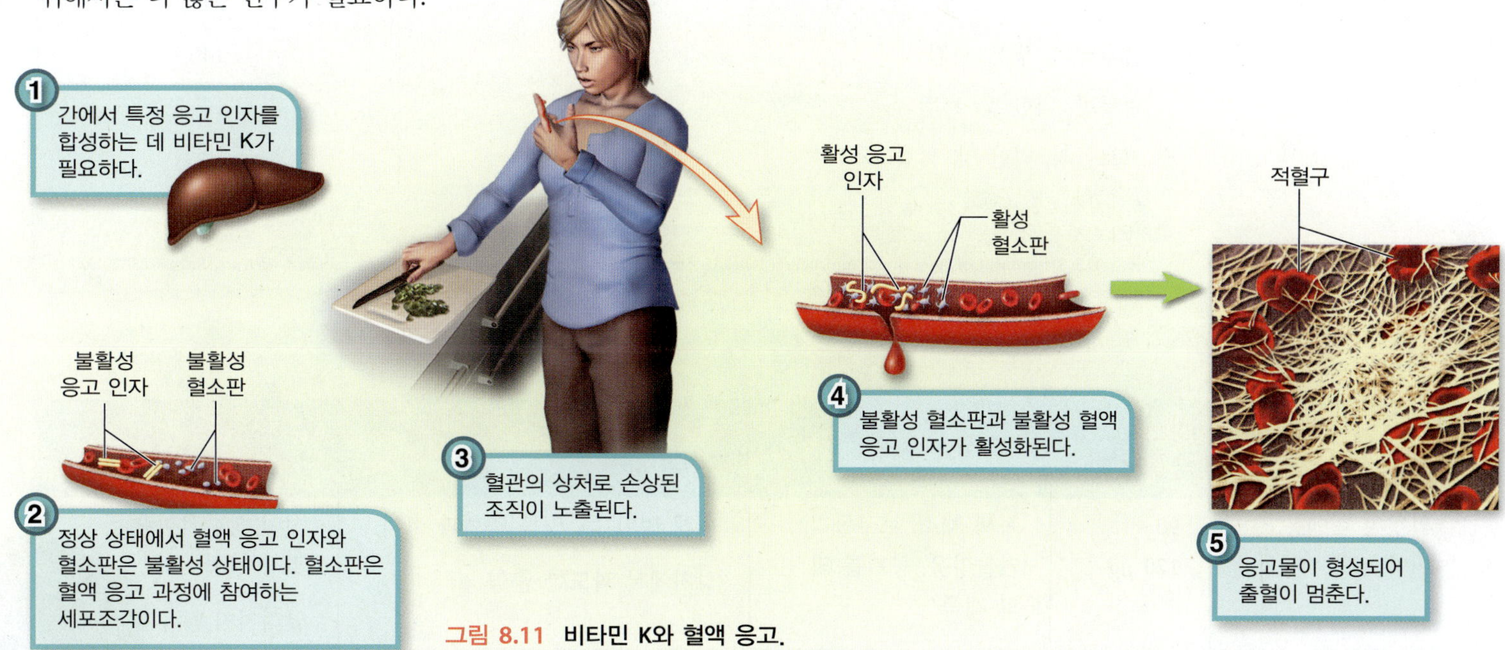

그림 8.11 비타민 K와 혈액 응고.

비타민 K 급원 식품

비타민 K의 주요 급원 식품은 케일, 순무, 샐러드 채소, 양배추, 시금치 같은 녹색 잎채소이다. 다른 종류로는 콩기름과 카놀라유 및 이 기름으로 만든 제품인 마가린, 샐러드 드레싱 등이 있다. **표 8.8**은 비타민 K의 급원 식품이다. 비타민 K는 매우 안정적이고 일반적인 조리 방법으로 파괴되지 않는다.

비타민 K 결핍증

체내에는 매우 소량의 비타민 K가 저장되어 있지만, 대장내 세균이 비타민 K를 합성하기 때문에 결핍상태가 되지는 않는다. 장은 일부 비타민 K를 흡수할 수 있다.[8] 그러나 간질환 또는 낭포성 섬유증 등으로 지방흡수가 부진한 환자에서는 비타민 K가 결핍될 수 있다. 또한 오랜 기간 항생제 치료를 받는 경우도 비타민 K를 합성하는 세균의 수를 감소시켜 결핍을 초래할 수 있다. 비타민 K 결핍의 가장 확실한 징후는 혈액이 응고되는 시간이 길어지는 것이다.

영아는 태어날 때 체내 저장된 비타민 K 양이 적다. 따라서 아기는 출산 후 바로 이 비타민 K의 결핍이 일어날 수 있다. 비타민 K가 부족한 영아는 심각한 출혈의 위험이 있다. 영아기에 비타민 K의 결핍을 막으려면, 신생아에게 비타민 K 주사를 한번 투여한다.

비타민 K: 기본 사항 검토

표 8.9는 비타민 K의 식이섭취기준(DRI) 및 비타민의 결핍증과 독성 장애의 주요 징후와 증상을 비롯한 기본 정보의 요약이다.

표 8.8 식품 중의 비타민 K 함량

식품	비타민 K(μg)
케일, 익힌 것, ½컵	531
시금치, 익힌 것, ½컵	514
녹색 사탕무, 익힌 것, ½컵	348
순무 녹색, 익힌 것, ½컵	265
브루셀 스프라우트, 익힌 것, ½컵	109
시금치, 생것, ½컵	72
아스파라거스, 냉동, 익힌 것, ½컵	46
양배추, 생것, 찢은 것, ½컵	27
콩기름, 1큰술	25
상치, 로메인 종, 찢은 것, ½컵	24
블루베리, 생것, ½컵	14
완두콩, 익힌 것, ½컵	10
브로콜리, 익힌 것, ½컵	8

성인 남자 충분섭취량 = 120 μg/일
성인 여자 충분섭취량 = 90 μg/일
출처: U.S. Department of Agriculture, Agricultural Research Service: *USDA National nutrient database for standard reference, Release 25*, 2012.

표 8.9 비타민 K 요약

체내 주요 기능	성인 충분섭취량	주요 급원 식품	주요 결핍증의 징후와 증상	주요 독성의 징후와 증상
활성형 혈액응고 인자 생성, 뼈 성장	90~120 μg	녹색 채소, 브로콜리, 카놀라유, 콩기름 및 그 제품	쉽게 멍이 듦, 잇몸 출혈과 코피; 상처에서 과도한 출혈	성인 상한섭취량 = 결정 안됨 알려지지 않음

모듈 8.3

수용성 비타민

8.3 - 학습목표

1. 이 모듈의 주요 용어를 모두 정의한다.
2. 대부분의 비타민 B가 조효소로 작용하는 기전에 대해 설명한다.
3. 각 수용성 비타민에 대한 주요 기능 및 급원 식품을 제시할 수 있다.
4. 각 수용성 비타민에 대한 주요 결핍증 및 독성의 징후와 증상을 설명한다.

수용성 비타민은 티아민, 리보플라빈, 니아신, 엽산, 비타민 B_6, B_{12}, 판토텐산, 비오틴, 비타민 C가 있다. 대부분 수용성 비타민은 **조효소(coenzyme)** 안에 있지 않으면 기능이 없다. **필수개념 8.2**는 조효소의 기능에 대해 설명한다.

조효소(coenzyme) 효소가 기능을 수행할 수 있도록 작용하는 이온이나 작은 분자

필수개념

8.2 조효소의 정의와 기능

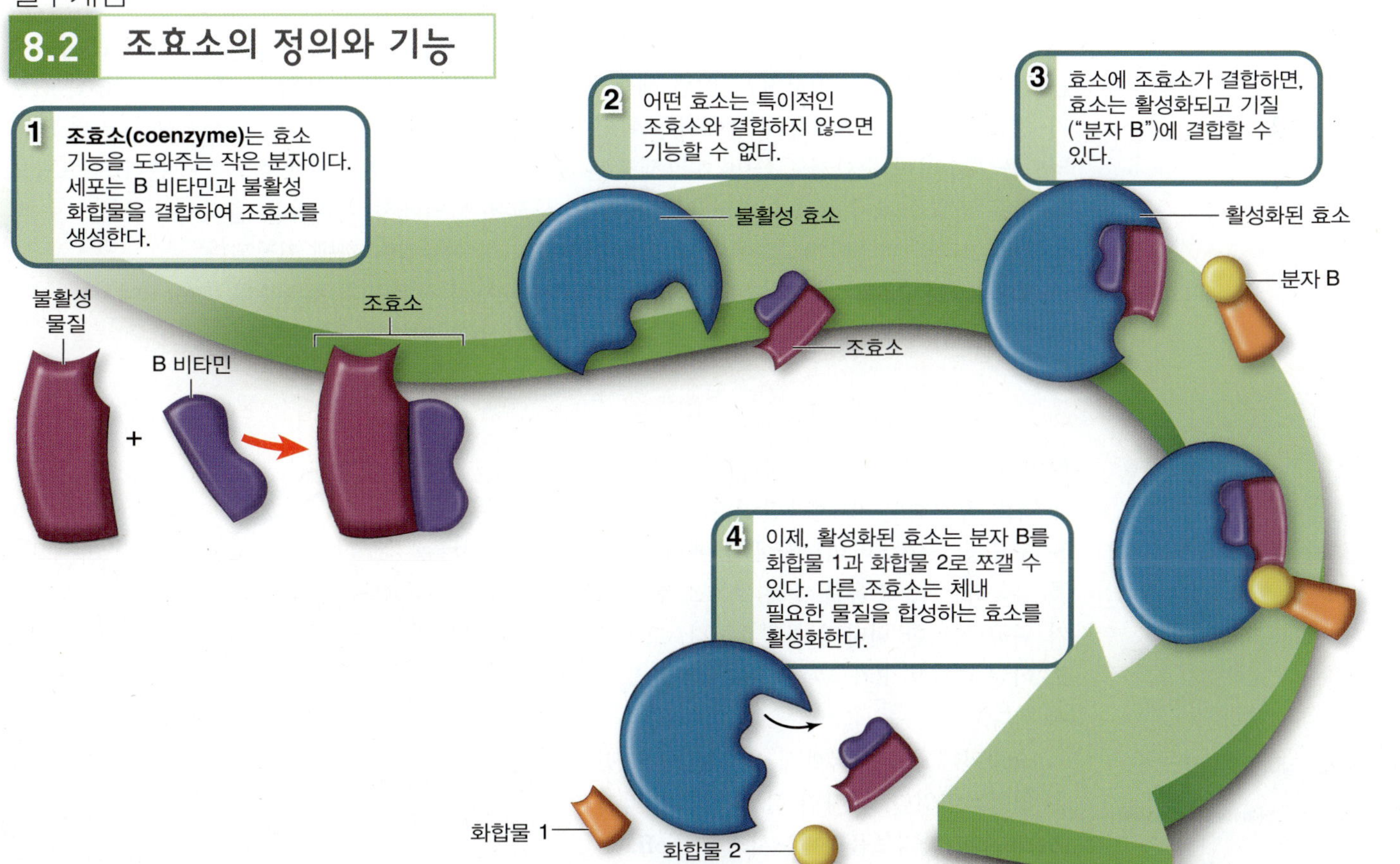

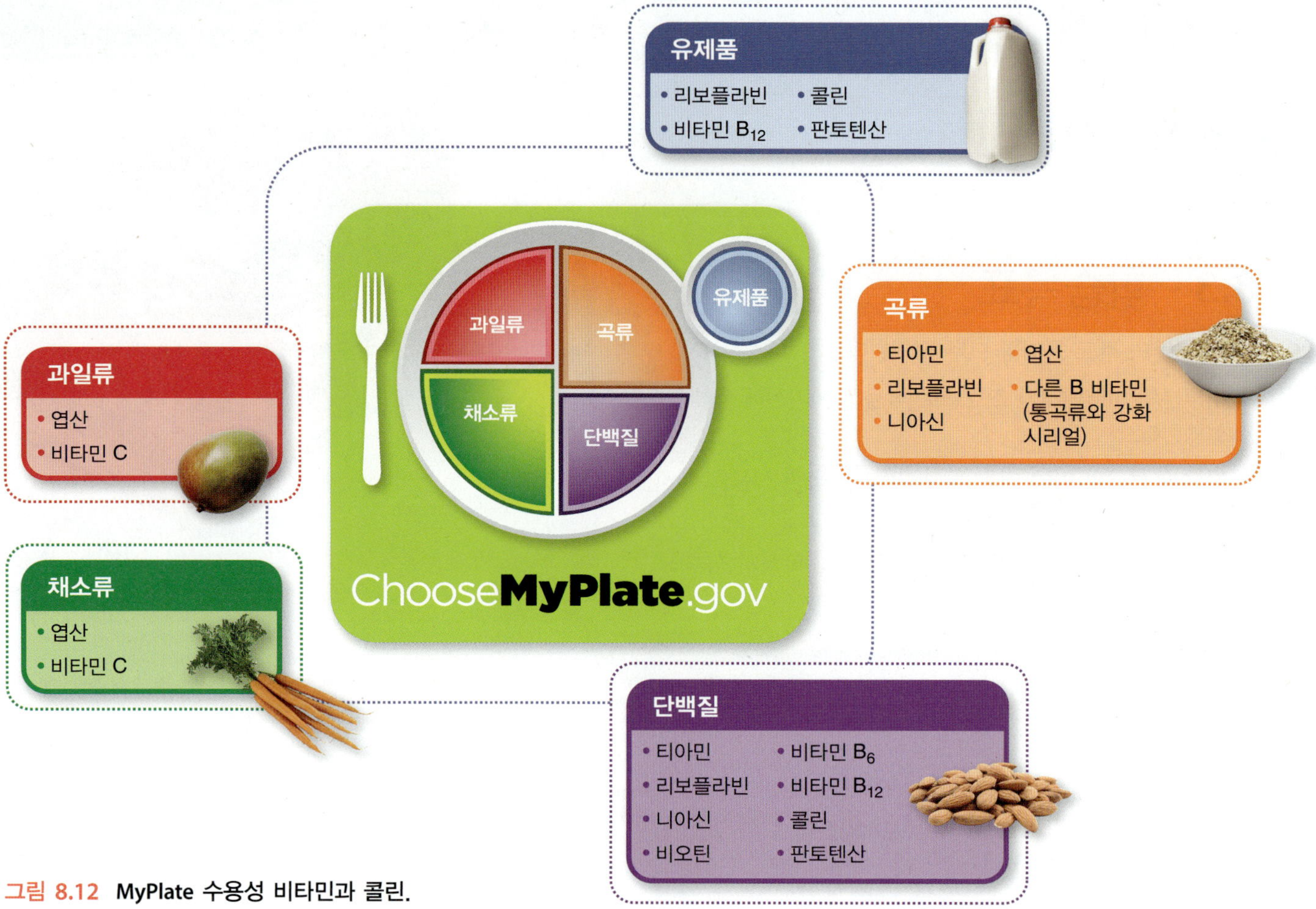

유제품
- 리보플라빈
- 비타민 B_{12}
- 콜린
- 판토텐산

과일류
- 엽산
- 비타민 C

채소류
- 엽산
- 비타민 C

곡류
- 티아민
- 리보플라빈
- 니아신
- 엽산
- 다른 B 비타민 (통곡류와 강화 시리얼)

단백질
- 티아민
- 리보플라빈
- 니아신
- 비오틴
- 비타민 B_6
- 비타민 B_{12}
- 콜린
- 판토텐산

과일류 곡류 유제품 채소류 단백질

ChooseMyPlate.gov

그림 8.12 MyPlate 수용성 비타민과 콜린.

식품에는 보통 조효소 형태의 B 비타민이 포함되어 있다. 건강식품 매장에서 조효소를 함유하는 건강기능식품을 판매하지만, 이런 제품을 구입하는 것은 돈을 낭비하는 것이다. 식품 및 건강기능식품에 있는 조효소는 소장에서 소화되어 비타민 B 성분을 유리시킨다. 소장은 유리된 B 비타민을 흡수하여 순환계로 들어간다. 세포는 혈액 중의 B 비타민으로 조효소를 만든다. 필요량보다 많은 조효소나 수용성 비타민을 섭취하면, 신장은 혈액에서 여분량을 걸러내어 소변으로 배설한다. 그러나 비타민 B_{12}는 예외적으로, 비타민 B_{12}의 여분량은 간에 저장된다.

그림 8.12는 수용성 비타민이 풍부한 급원의 MyPlate 식품군을 보여준다. Unit 8에서는 일곱 가지 수용성 비타민과 유사비타민, 콜린에 초점을 맞추고 있다.

8.3a 에너지 대사 촉진 비타민

티아민, 리보플라빈, 니아신은 에너지 대사를 촉진하는 B 비타민이다. 세포는 포도당, 지방, 아미노산에서 에너지를 방출하는 데 도움을 주는 조효소를 만들기 위해 이러한 비타민이 필요하다. 그러므로 이런 비타민 B가 부족하면 피로를 느끼게 된다.

1900년대 초, 미국에서 비타민 B 결핍은 일반적이었다. 티아민 결핍 질병은 **각기(beriberi)**; **아리보플라비노시스(ariboflavi-**

각기(beriberi) 티아민결핍증

아리보플라비노시스(ariboflavinosis) 리보플라빈 결핍증

맛있는 팁

의사는 고콜레스테롤 혈증을 치료하기 위해 니아신(니코틴산)을 고용량으로 처방할 수 있다. 그러나 이 치료를 받는 환자는 안면 홍조 및 간 손상과 같은 심각한 부작용을 겪을 수 있다. 그러나 니아신아미드의 형태는 일반적으로 심각한 문제가 발생하지 않는다.

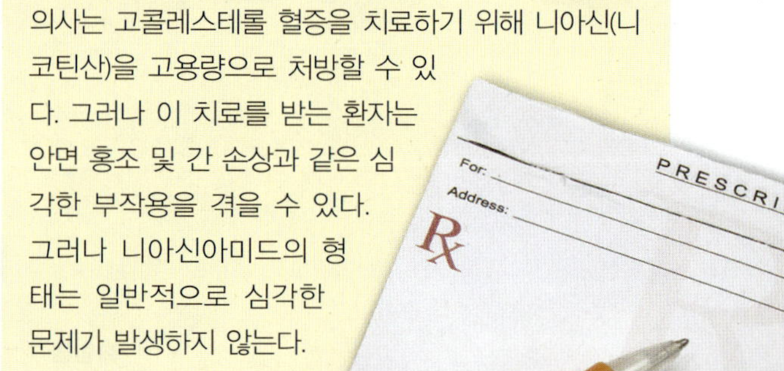

nosis)는 리보플라빈 결핍 장애; 니아신 결핍 질환은 **펠라그라(pellagra)**이다.

각기병을 앓고 있는 사람들은 매우 쇠약하고 근육 협동능력이 부족하다. 아리보플라비노시스는 근육 약화 및 눈과 입의 염증 등 증상을 보인다. 심한 펠라그라의 전형적인 증상은 **피부염**(비늘, 붉게 변한 피부), **설사**, **치매**(정상적인 사고 능력의 손실) 및 **죽음**으로써 "펠라그라의 4 Ds"로 말한다(**그림 8.13**). 1940년대 미국에서는 곡류에 이들 비타민을 보충하는 프로그램을 도입하여 각기병과 아리보플라비노시스 및 펠라그라 환자의 수를 크게 감소시켰다.

비타민 B의 식품급원

강화된 빵과 시리얼은 비타민 B의 가장 좋은 급원 중 하나이다. 우유와 요구르트, 그 밖의 유제품은 리보플라빈의 가장 좋은 급원이다. 리보플라빈은 빛에 노출되면 빠르게 분해하므로 리보플라빈이 풍부한 우유와 유제품은 투명한 유리 용기에 보관하면 안 된다. 니아신은 열에 안정하므로 조리과정이나 준비과정에서도 상당량이 보존된다. **표 8.10, 8.11, 8.12**는 티아민, 리보플라빈, 니아신이 풍부한 급원 식품을 제시하였다.

그림 8.13 펠라그라.

■ 펠라그라의 4Ds"는 무엇인가?

펠라그라(pellagra) 니아신 결핍증.

표 8.10 식품 중의 티아민 함량

식품	티아민(mg)
캐나다식 베이컨, 구운 것, 3온스	.58
살코기 햄 통조림, 3온스	.53
가루 토틸라, 12인치, 1매	.35
완두콩 익힌 것, 냉동, 끓인 것, 건더기, ½컵	.27
흰빵, 강화된 것, 1조각	.15
밀 배아, 1큰술	.14
구운 콩, 통조림, ½컵	.12
오렌지주스, 냉동, 무가당, 희석된, ½컵	.10
통밀 빵, 강화, 1조각	.07

성인 여자 권장섭취량 = 1.1 mg/일
성인 남자 권장섭취량 = 1.2 mg/일
출처: U.S. Department of Agriculture, Agricultural Research Service: *USDA National nutrient database for standard Reference, Release* 25, 2012.

표 8.11 식품 중의 리보플라빈 함량

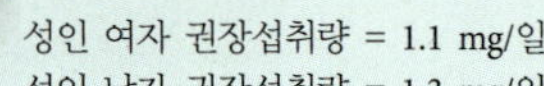

식품	리보플라빈(mg)
쇠간, 익힌 것, 3온스	3.1
닭간, 익힌 것, 3온스	2.0
전곡시리얼, ¾컵	1.7
위티스 시리얼, ¾컵	0.8
올-브랜 시리얼, ½컵	0.8
요구르트, 플레인, 무지방, 8온스	0.5
코티지 치즈, 2% 지방, 1컵	0.4
우유, 무지방 또는 1% 지방, 1컵	0.4
닭고기, 익힌 것, 3온스	0.2
버섯, 익힌 것, 건더기, 썬 것, ½컵	0.2
시금치, 냉동, 익힌 것, 건더기, ½컵	0.2

성인 여자 권장섭취량 = 1.1 mg/일
성인 남자 권장섭취량 = 1.3 mg/일
출처: U.S. Department of Agriculture, Agricultural Research Service: *USDA National Nutrient Database for Standard Reference, Release 25*, 2012.

표 8.12 식품 중의 니아신 함량

식품	니아신 함량(mg)
전곡, 즉석 시리얼, ¾컵	20.00
쇠간, 익힌 것, 3온스	15.77
닭, 가슴, 익힌 것, 3온스	12.34
참치, 물 통조림, 3온스	11.30
건포도, 즉석 시리얼, ¾컵	6.48
돼지고기, 채끝, 로스트한 것, 3온스	6.19
로스트한 칠면조, 살코기, 익힌 것, 3온스	4.90
흰쌀, 강화, 익힌 것, ½컵	3.88
땅콩, 볶은 것, 1온스	3.83
감자, 껍질 채 구운 것, 6온스	2.45
버섯, 통조림, 건더기, ½컵	1.24
마카로니, 강화, 엘보형, 익힌 것, ½컵	1.18
위티스, 즉석 시리얼, ¾컵	1.00

성인 여자 권장섭취량 = 14 mg/일, 성인 남자 권장섭취량 = 16 mg/일
출처: U.S. Department of Agriculture, Agricultural Research Service: *USDA National Nutrient Database for Standard Reference*, Release 25, 2012.

맛있는 팁

옥수수는 니아신을 함유하고는 있지만, 단백질과 강하게 결합되어 있어 소화되기가 어렵다, 따라서 주식으로 옥수수를 먹는 경우에는 펠라그라에 걸릴 가능성이 높다. 멕시코 인들은 옥수수로 토티야를 만들기 전에, 옥수수 알갱이를 라임 수에 담가서 니아신을 분리하여 흡수가 잘 되도록 한다. 미국에서는 껍질 벗긴 옥수수와 그 가루로 만든 제품들이 라임으로 처리된 후 조리되므로 니아신의 급원이 된다.

기본 사항 검토: 에너지 대사 촉진 비타민

표 8.13은 비타민 B에 대한 식이섭취기준(DRI), 주요 결핍과 독성의 징후와 증상을 비롯한 정보를 요약하였다.

헴(heme) 헤모글로빈의 철 함유 부분

호모시스테인(homocysteine) 독성을 가진 아미노산

8.3b 비타민 B_6: 아미노산 관리자

신체는 아미노산 대사에 관여하는 조효소를 만들기 위해 비타민 B_6를 필요로 한다. 이 조효소는 다음 과정에 필요하다:

- 비필수 아미노산 합성,
- 특정 아미노산으로부터 포도당 합성,
- 헤모글로빈의 철 함유 부분인 **헴(heme)** 생성. 헤모글로빈은 산소를 운반하는 적혈구 내 단백질이다.
- 신경전달물질인 단백질 합성,
- 독성을 가진 아미노산인 **호모시스테인(homocysteine)**을 비필수 아미노산으로 전환한다. 비타민 B_6가 부족하면, 호모시스테인은 혈액에 축적될 수 있다. 높은 호모시스테인 함량은 심혈관 질환과 관련이 있다.

표 8.13 에너지 대사 촉진 비타민: 티아민, 리보플라빈, 니아신

비타민	체내 주요기능	성인 권장 섭취량	주요 급원 식품	주요 결핍증의 징후와 증상	주요 독성의 징후와 증상
티아민	에너지 대사에 필요한 조효소 구성	1.1~1.2 mg	돼지고기, 밀 배아, 강화 빵과 시리얼	각기	없음(상한섭취량은 결정되지 않음)
리보플라빈	에너지 대사에 필요한 조효소 구성	1.1~1.3 mg	우유와 유제품: 강화 빵과 시리얼; 간	아리보플라비노시스	없음(상한섭취량 결정되지 않음)
니아신	에너지 대사에 필요한 조효소 구성	14~16 mg	강화 빵과 시리얼, 쇠고기, 간, 참치, 가금류, 돼지고기, 버섯	펠라그라	성인 상한섭취량 = 35mg/일 안면홍조, 간 손상

표 8.14 식품 중의 비타민 B_6 함량

식품	비타민 B_6 함량 (mg)
올-브랜, 즉석 시리얼, ½컵	3.72
쇠간, 익힌 것, 3온스	.92
돼지고기, 채끝, 익힌 것, 3온스	.61
닭고기, 익힌 것, 3온스	.54
감자, 흰 것, 구운 것(bake), 속살과 껍질, 6온스	.38
햄버거 패티, 구운 것(broil), 3온스	.37
고구마, 통조림, 으깬 것, ½컵	.30
참치, 라이트, 물 통조림, 3온스	.30
바나나, 생것, 자른 것, ½컵	.28
얼룩무늬 강낭콩, 익힌 것, 건더기, ½컵	.20
브로콜리, 익힌 것, ½컵	.16
연어, 홍색, 통조림, 3온스	.10

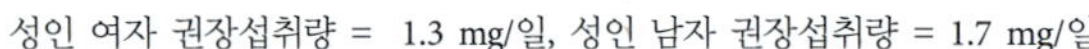

성인 여자 권장섭취량 = 1.3 mg/일, 성인 남자 권장섭취량 = 1.7 mg/일

출처: U.S. Department of Agriculture, Agricultural Research Service: *USDA National Nutrient Database for Standard Reference, Release 25*, 2012.

대부분의 비타민 B와는 달리, 비타민 B_6의 다량 섭취는 해로울 수 있다.[9] 비타민 B_6를 상한섭취량(100 mg/일) 이상으로 장기간 섭취하면, 심각한 신경계 손상을 일으킨다. 비타민 B_6 독성의 징후 및 증상은 보행실조와 손발의 마비 증상 등이다. 신경 손상은 일반적으로 비타민 B_6 보충제 복용을 중지하면 회복된다.

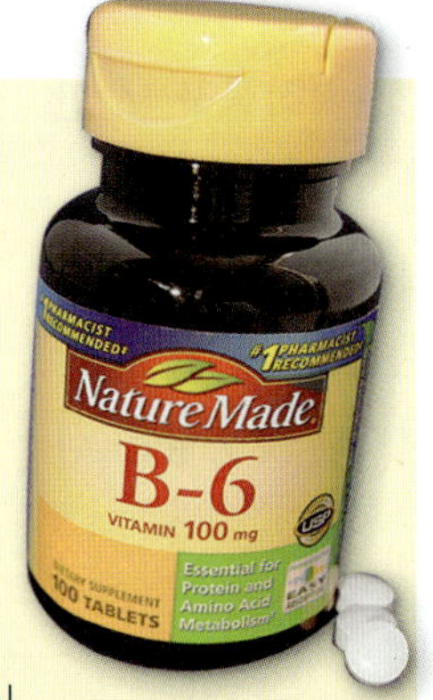

비타민 B_6의 급원 식품

간, 육류, 생선, 가금류는 비타민 B_6의 가장 좋은 급원이고, 감자, 바나나, 시금치, 브로콜리도 좋은 급원 식품이다. 곡류의 정제과정에서 비타민 B_6가 손실되며, 강화과정에서도 첨가되지는 않는다. 그러나 많은 즉석 시리얼이나 조리된 시리얼에는 이 비타민이 강화되어 있다. **표 8.14**에 비타민 B_6의 주요 급원 식품을 제시하였다. 요리과정에서 과다한 열처리는 이 비타민의 손실을 가져올 수 있다.

기본 사항 검토: 비타민 B_6

표 8.15는 비타민 B_6의 식이섭취기준(DRI), 주요 급원 식품, 비타민의 결핍과 독성 장애의 주요 징후와 증상에 대한 정보를 요약하였다.

표 8.15 비타민 B_6 요약

체내 주요 기능	성인 권장섭취량	주요 급원 식품	주요 결핍증의 징후와 증상	주요 독성의 징후와 증상
아미노산 대사, 헴 형성과 신경전달물질 생성에 필요한 조효소 성분	1.3~1.7 mg	육류, 생선, 가금류; 감자, 바나나, 시금치, 브로콜리	피부염, 빈혈, 우울증, 혼란, 혀 부풂음	성인 상한섭취량 = 100 mg/일 신경손상, 피부 염증, 오심, 속쓰림

8.3c 엽산과 비타민 B_{12}: DNA 관련 기능

엽산과 비타민 B_{12}의 어떤 역할은 상호 연관되어 있지만, 이들은 또한 체내 고유 기능을 가지고 있다. **엽산**은 자연적으로 존재하는 "**식품 엽산염(food folate)**"과 화학적으로 합성된 **엽산(folic acid)**을 포함한 관련 화합물 군을 의미한다. 건강기능식품에 사용하는 엽산은 식품을 강화하는 데도 사용된다.

세포는 DNA의 합성에 관여하는 조효소를 만들기 위해 엽산을 필요로 한다. 비타민 B_{12}는 엽산을 조효소 형태로 변환시키는 데 필요하다. 만약 체내에 비타민 B_{12}가 부족하면, 세포는 엽산을 이용할 수 없으며, 결국 비타민 B_{12} 결핍뿐만 아니라, 엽산 결핍증이 생기게 된다. 그러므로 식사로 충분한 엽산을 섭취하는 경우에도 엽산 결핍증이 일어날 수 있다.[10]

세포는 분열하기 전에, 새로운 세포 형성을 위한 충분한 DNA를 만들어야 한다. 따라서 출생 전, 임신기, 영아기, 아동기 등의 급성장기에는 엽산 및 비타민 B_{12}에 대한 필요량이 높다.

초기 엽산 결핍은 적혈구와 같은 빠른 속도로 분열하는 세포에 영향을 미친다. 성숙한 적혈구는 핵을 가지고 있지 않으며, 그 수명은 약 4개월 정도에 불과하다. 따라서 우리 몸은 지속적으로 오래되거나 낡은 적혈구를 교체해야 한다. 빠른 세포분열을 유지하기 위해 적혈구 전구세포는 성숙에 필요한 DNA를 합성해야 한다. 엽산이 없으면, 골수에 있는 적혈구 전구 세포는 커지게 되고, 새로운 DNA를 합성할 수 없기 때문에 정상적인 세포분열을 할 수 없다. 골수는 성숙하기 전의 비정상적인 적혈구를 혈액으로 보내게 된다(**그림 8.14**). 이러한 상태를 **거대 적아구성 빈혈(megaloblastic anemia)**이라 하며, 적혈구가 크고 미성숙하여, 핵이 아직 남아 있고 정상적인 산소량을 운반하지 못하는 것이 특징적이다(그림 8.14 참조).

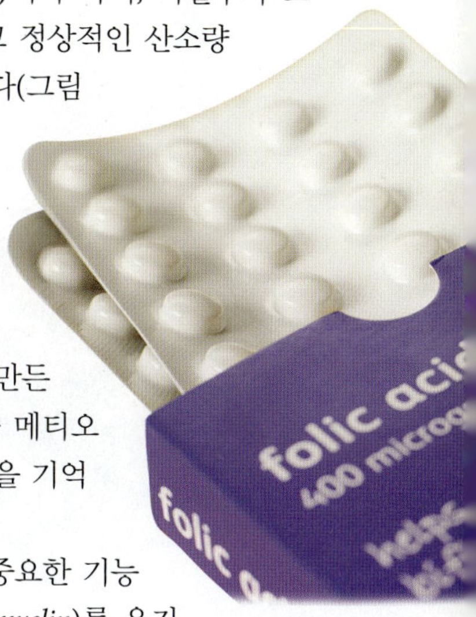

엽산 및 비타민 B_{12}의 또 다른 중요한 기능은 아미노산 대사와 관련되어 있다. 두 가지 B 비타민은 함께 작용하여 독성 아미노산인 호모시스테인으로부터 메티오닌을 만든다. 비타민 B_6 또한 호모시스테인을 메티오닌으로 변환하는 데 도움을 주는 것을 기억하자.

엽산과 관련 없는, 비타민 B_{12}의 중요한 기능 하나는 신경의 일부를 감싸는 수초(*myelin*)를 유지하는 기능이다. 수초는 신경돌기를 감싸고 있어 정보전달이 효과적으로 이루어지게 한다.

엽산과 **식품 엽산염(folic acid** and **food folate)** 엽산염(folate) 형태

거대 적아구성 빈혈(megaloblastic anemia) 적혈구의 수가 적고 비정상적인 상태

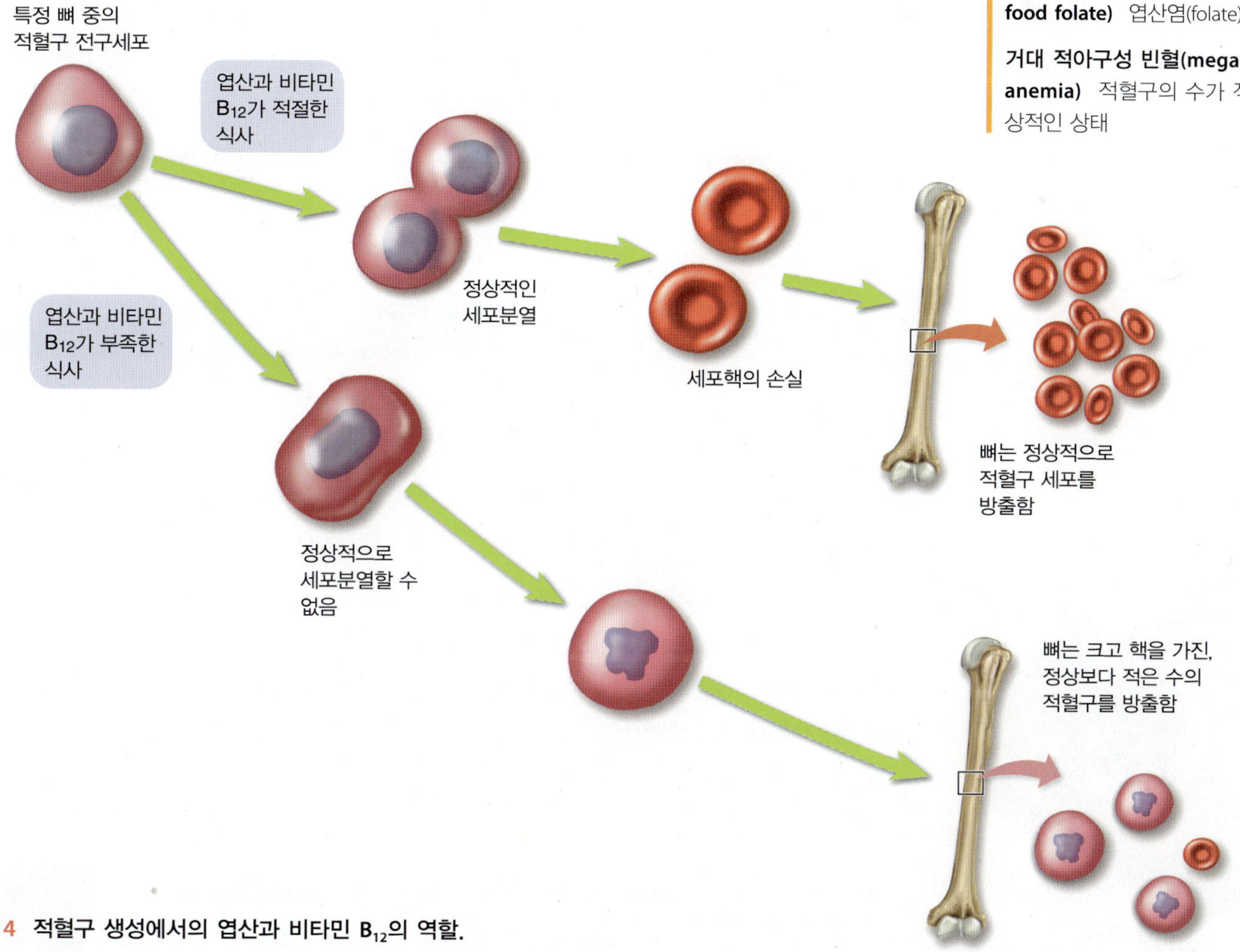

그림 8.14 적혈구 생성에서의 엽산과 비타민 B_{12}의 역할.

엽산과 비타민 B_{12}의 급원 식품

강화된 곡류제품과 강화 시리얼은 미국인의 식사에서 엽산의 가장 풍부한 급원이다. **표 8.16**은 식품 중의 엽산함량을 식이엽산당량 μg(μg DFE)으로 제시하였다.

식물은 비타민 B_{12}를 합성하지 않으므로, 거의 대부분의 급원 식품은 동물성 식품이다. 전형적인 미국인의 식사에서 비타민 B_{12}의 주요 급원은 고기, 우유 및 유제품, 가금류, 생선, 조개류, 계란이다. 간은 대중적인 식품은 아니지만, 비타민 B_{12}의 가장 풍부한 급원 식품 중 하나이다. 두유 등의 여러 가지 콩 제품과 즉석 시리얼에는 비타민 B_{12}가 강화되어 있다. **표 8.17**에 비타민 B_{12}가 풍부한 급원 식품을 제시하였다.

표 8.16 식품 중의 엽산 함량

식품	엽산량(μg DFE)
전곡, 즉석 시리얼, ¾컵	676
닭간, 익힌 것, 3온스	520
얼룩무늬 강낭콩, 익힌 것, ½컵	147
아스파라거스(냉동) 익힌 것, 건더기, ½컵	134
녹색 순무, 끓인 것, 건더기, ½컵	85
파파야, 생것, 으깬 것, 1컵	85
브로콜리, 다진 것, 끓인 것, 건더기, ½컵	84
흰밥, 긴 것, 익힌 것, 강화, ½컵	77
영국식 머핀, 플레인, 토스트한 것, 강화, 1조각	75
시금치, 생것, 1컵	58
오렌지주스, 냉동, 무가당, 희석, ½컵	55

성인 권장섭취량 = 400 μg(DFE)/일

출처: U.S. Department of Agriculture, Agricultural Research Service: *USDA National Nutrient Database for Standard Reference, Release 25*, 2012. Nutrient Data Laboratory Home Page.

표 8.17 식품 중의 비타민 B_{12} 함량

식품	비타민 B_{12}(μg)
쇠간, 익힌 것, 3온스	63.52
닭간, 익힌 것, 3온스	15.17
정어리, 기름통조림, 건더기, 3온스	7.60
켈로그 스페셜 K 즉석 시리얼, 1컵	6.01
연어, 홍색, 통조림, 3온스	4.68
위티스, 즉석 시리얼, 1컵	4.00
간 쇠고기 패티, 80% 살코기로 익힌 것, 3온스	2.55
참치, 라이트, 물 통조림, 건더기, 3온스	2.54
두유, 강화된 것, 1컵	2.07
우유, 무지방, 1컵	1.22
코티지 치즈, 2% 지방, 1컵	1.02

성인 권장섭취량 = 2.4 μg/일

출처: U.S. Department of Agriculture, Agricultural Research Service: *USDA National Nutrient Database for Standard Reference, Release 25*, 2012.

쇠간 요리

엽산과 비타민 B_{12}의 흡수

소장은 건강기능식품 및 강화식품에 함유된 엽산의 85~100%를 흡수한다. 그러나 소장은 식품 속의 엽산을 단지 약 60%만 흡수한다.[11] 나머지 엽산은 소변과 대변으로 배설한다. 자연적으로 식품 중에 있는 비타민 B_{12}의 흡수는 이 비타민 고유의 복잡한 단계를 거친다(**필수개념 8.3** 참조).

필수개념

8.3 식품 중의 비타민 B_{12} 흡수

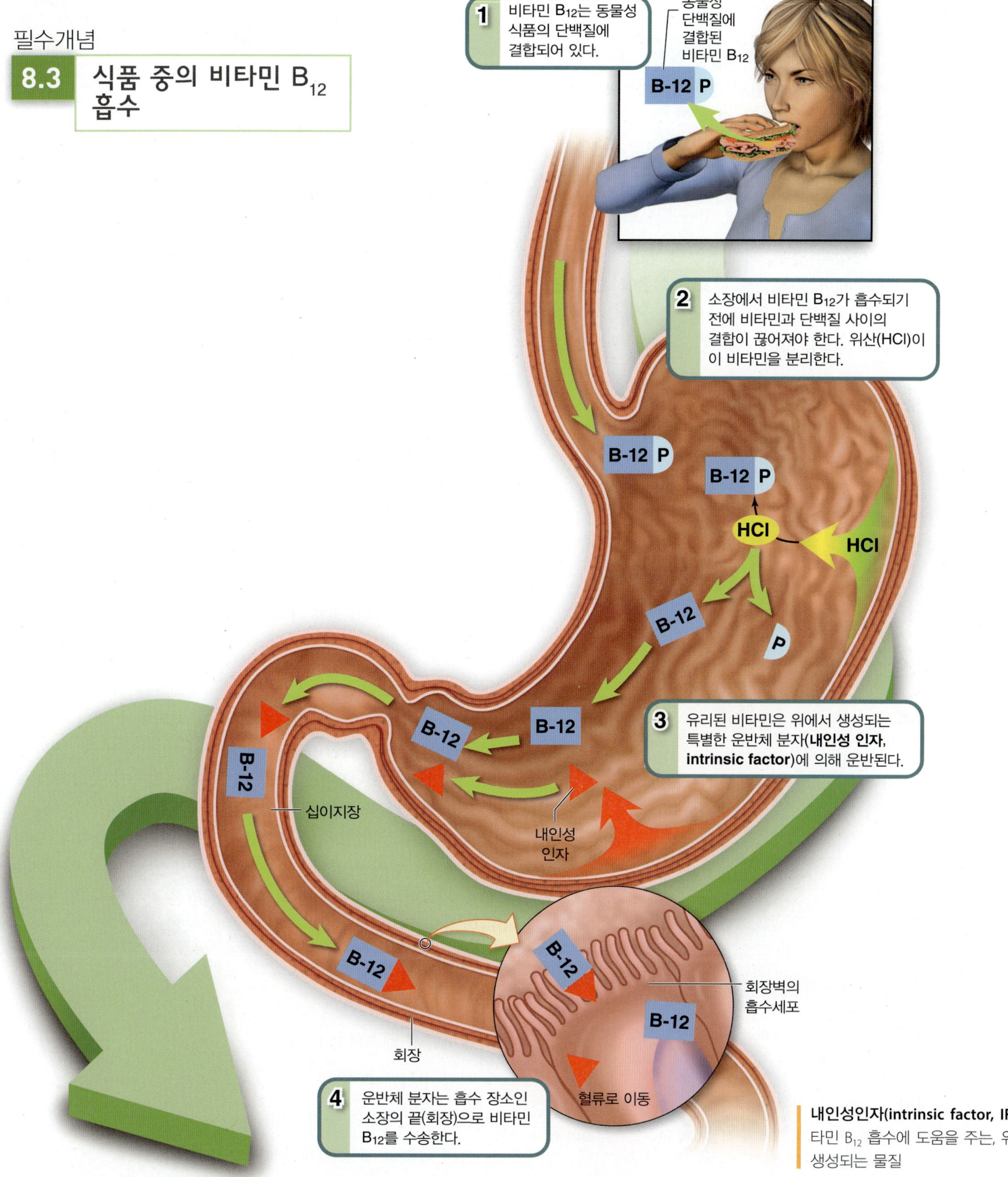

내인성인자(intrinsic factor, IF) 비타민 B_{12} 흡수에 도움을 주는, 위에서 생성되는 물질

다른 B 비타민과 달리, 비타민 B_{12}의 여유분은 간에 저장된다. 건강한 간은 5년에서 10년 정도 쓸 수 있을 만큼의 충분한 비타민 B_{12}를 저장하고 있다.[12] 그러므로 비타민 B_{12}가 완전히 결핍된 식사를 하더라도 적어도 10년간은 비타민 결핍증이 나타나지 않을 수 있다.

임신기 여성의 적절한 엽산 상태는 매우 중요하다.

엽산과 비타민 B_{12} 결핍증

거대적아구성 빈혈이 있다면, 엽산이나 B_{12}의 결핍 여부를 확인하는 것이 중요하다. 비타민 B_{12} 결핍인 경우에 엽산 보충제를 복용하면 거대적아구성 빈혈을 치료할 수는 있지만, 신경 손상의 치료에는 도움이 되지 않는다. 이렇듯, 엽산이 B_{12} 결핍을 가리게 되어 심각한 신경 손상으로 진행될 수 있다.

신경관 손상

임신할 가능성이 있는 여성의 경우, 체내 충분한 엽산을 보유하는 것은 매우 중요하다. 배아는 빠르게 세포 분열을 하므로 엽산 필요량이 매우 높다. 수정 후 첫 몇 주 동안, 배아에서 **신경관(neural tube)**이 형성된다(**그림 8.15**). 신경관은 뇌와 척수로 발달한다. 엽산 결핍 상태인 임신부는 **척추이분증(spina bifida)** 등의 신경관 결함을 가진 영아를 출산할 위험이 높다. 척추이분증은 배아의 척추가 적절히 형성되지 못하여, 뼈가 척수를 에워싸지 못하여 생긴 경우이다. 심한 척추이분증이 있는 영아는 등쪽의 열린 부분으로 척수가 부풀어 올라 있다(그림 8.15 참조). 심한 척추이분증을 가진 사람은 혼자서 걸을 수 없는 경우가 있다. 미국에서는 매년 약 1500명의 아기가 척추이분증 상태로 태어난다.[13] 좋은 뉴스: 척추이분증 환자는 1999년에 시작한 식품의 엽산 강화를 통해 급격히 감소했다.

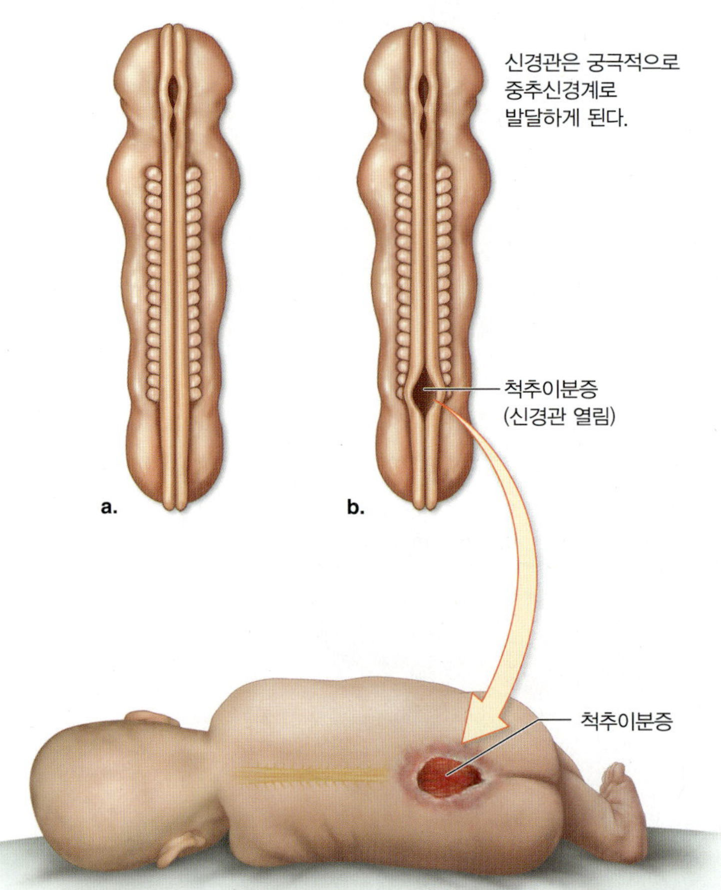

그림 8.15 신경관 형성. *(a)* 배아의 정상 신경관. *(b)* 신경관 열림. *(c)* 심각한 척추 이분증을 가진 신생아.

신경관(neural tube) 궁극적으로 뇌와 척수로 발달되는 배아의 구조

척추이분증(spina bifida) 출생 전에 척추가 적절하게 형성되지 못하여 척수를 에워싸지 못한 신경관 손상의 형태

가임기의 여성은 어느 시점에서 임신이 될 수 있기 때문에, 그들은 신경관 결함과 엽산 부족 간의 관련성을 알고 있어야 한다. 임신을 준비하는 젊은 여성은 엽산이 풍부한 식품을 섭취할 뿐 아니라, 합성 엽산 400 μg을 함유하는 종합 비타민 보충제를 매일 복용하는 것이 바람직하다.

거대 적아구성 빈혈

체내에서 오래된 적혈구는 지속적으로 교체되어야 한다. 따라서 적혈구를 생성하기 위한 세포분열에 엽산 및 비타민 B_{12} 요구량이 높다. 이들 B 비타민이 없으면, 산소를 적절하게 운반하지 못하는 거대한 미성숙 적혈구가 생성된다(그림 8.14 참조).

거대 적아구성 빈혈은 엽산과 비타민 B_{12}의 결핍증이다. 만약 비타민 B_{12}가 원인인 거대 적아구성 빈혈이 있는 경우 엽산으로 빈혈을 치료할 수 있지만, 비타민 B_{12} 결핍은 계속된다. 일반적인 비타민 B_{12} 결핍의 징후 및 증상은 다음과 같다:

- 근육 허약,
- 입안의 쓰림,
- 혓바닥이 매끈하고 반짝임,
- 기억 상실과 혼란,
- 걷기와 신체균형 유지 어려움,
- 특히 다리와 발의 마비와 따끔거림 감각.

비타민 B_{12}가 신경의 수초 유지에 필요하기 때문에, 비타민 B_{12}가 결핍되면 심각한 신경손상을 일으키게 된다. 심각한 경우에는, 근육을 움직일 수 없게 되고(마비) 사망할 수 있다.

노인은 젊은 사람보다 비타민 B_{12} 결핍 위험이 높다.

악성 빈혈

60세 이상의 약 2%는 특수한 비타민 B_{12} 운반체 분자인 내인성 인자를 생성하는 위장 내 세포의 염증과 파괴를 일으키는 **자가면역**질환을 가지고 있다.[10] (자가면역 질환은 체내 면역 시스템이 자기세포를 공격하여 발생한다.) 이러한 경우에는 적절한 비타민 B_{12}를 섭취한다고 하여도 소장에서 흡수를 도와주는 운반체 분자가 없다. 결국, 이러한 상태에서는 거대 적아구성 적혈구를 가진 빈혈과 신경 손상으로 나타나는 **악성**("치명적인") **빈혈(pernicious anemia)**로 진행된다. 명칭에서 알 수 있듯이, 악성 빈혈은 치명적일 수 있다. 치료를 위해서는 장내 흡수 경로를 거치지 않고, 정기적으로 비타민 B_{12}을 주사할 수 있다.

가족력은 악성 빈혈의 위험인자이다. 그러므로 나이가 들고, 특히 가까운 친척이 악성 빈혈을 가지고 있다면, 혈액 검사를 하여 비타민 B_{12} 결핍 여부를 알아보도록 하자.

노인의 비타민 B_{12} 결핍

비타민 B_{12} 결핍은 일반적으로 노인에게 발생하는데, 식품의 부적절한 함량보다는 장내 흡수가 감소되어 발생한다.[10] 나이가 들면, 위산 생성도 감소하여, 식품 중 단백질과 결합되어 있는 비타민 B_{12}를 분리하기 어렵다. 이 상태에서는 비타민 B_{12}를 함유한 식이를 섭취해도 결핍을 일으킨다. 또한 고령, 알코올 중독, 체중감량을 위한 위 수술 및 제산제 복용도 비타민 B_{12}의 결핍을 초래할 수 있다. 위산분비가 저하된 노인은 위산 작용이 필요 없는 합성 비타민 B_{12}를 함유한 건강보조식품을 섭취할 수 있다. 철저한 채식주의자의 경우, 식물성 식품이 비타민 B_{12}의 천연적 급원이 아니므로, 비타민 B_{12}의 필요량에 관심을 가져야 한다. 비타민 B_{12}와 채식주의에 대한 자세한 내용은 Unit 7의 "채식주의"를 참조한다.

악성 빈혈(pernicious anemia)
내인성 인자의 부족으로 발생

기본 사항 검토: DNA 관련 기능

표 8.18은 엽산과 비타민 B_{12}의 식이섭취기준, 주요 급원 식품, 그리고 주요 결핍과 독성의 징후와 증상에 대한 정보 요약이다.

표 8.18 엽산과 비타민 B_{12} 요약

체내 주요 기능	성인 권장섭취량	주요 급원 식품	주요 결핍증과 징후	주요 독성증과 징후
엽산 DNA 대사에 필요한 조효소의 일부, 호모시스테인 축적 예방	400 μg DFE	짙은 녹색채소, 간, 두류, 아스파라거스, 브로콜리, 오렌지 주스, 강화 빵과 시리얼	거대 적아구성 빈혈, 배아의 신경관 손상	성인 상한섭취량 = 1000 μg/일 암세포 성장을 촉진할 수 있음
비타민 B_{12} 엽산대사와 수초의 유지 등 여러 가지 세포반응에 필요한 조효소의 일부	2.4 μg	동물성 식품, 강화 시리얼, 강화 두유	악성 빈혈: 거대 적아구성 빈혈과 신경마비 및 사망을 초래하는 신경손상	없음 (상한섭취량 설정되지 않았음)

표 8.19 판토텐산, 비오틴, 콜린

비타민	체내 주요 기능	성인의 권장섭취량/충분섭취량	주요 급원 식품	주요 결핍의 징후와 증상	주요 독성의 징후와 증상
판토텐산	다량영양소로부터 에너지를 유리하고 지방을 합성하는 데 필요한 조효소의 일부	5 mg	쇠고기와 닭 간, 해바라기 씨, 버섯, 요구르트, 두유, 강화 시리얼	거의 드묾	알려지지 않음 (상한섭취량 설정되지 않았음)
비오틴	포도당과 지방산 생성에 관여하는 효소에 필요함	30 μg	간, 계란, 땅콩, 연어, 돼지고기; 대장 내 세균에 의한 합성	거의 드묾: 피부 발진, 탈모, 경련, 영아의 발달 지연	알려지지 않음 (상한섭취량 설정되지 않았음)
콜린	신경 및 인지질 간에 메시지를 전송하는 화학 물질 생산	425~550 mg	식품 중 널리 분포; 세포 내 합성	간 손상	생선 비린내 같은 체취와 혈압 감소

8.3d 판토텐산, 비오틴, 콜린

판토텐산, 비오틴 및 유사 비타민 콜린은 다양한 식품에 함유되어 있다. 따라서 이러한 미량 영양소의 결핍은 특히 규칙적으로 모든 식품군을 먹는 건강한 성인에서는 드물다. 더욱이 정상적으로 대장에 살고 있는 세균은 비오틴을 합성하고, 소장은 이를 일부 흡수할 수 있다. **표 8.19**는 판토텐산, 비오틴, 콜린에 대한 기본 정보를 요약한 것이다.

맛있는 팁

아비딘은 생계란 흰자에 있는 단백질로서, 비오틴과 결합하여 소화를 방해한다. 정기적으로 날계란을 먹는다면, 피부 발진 및 기타 비오틴 결핍의 징후가 나타날 수 있다. 계란을 익히면 아비딘이 파괴되어 비오틴을 흡수할 수 있다.

영양, 사실인가 허구인가?

비타민 C는 감기 바이러스 감염으로부터 당신을 보호한다.

연구 결과, 매일 200 mg 이상의 비타민 C 보충이 일반적인 사람들의 감기를 예방하지 못하였으나, 감기 앓는 기간이 하루 정도는 줄어들었다.[14] 또한 비타민 C를 매우 다량으로 복용하면 항히스타민처럼 작용하여 심각한 감기 증상을 완화시킬 수 있다.[15]

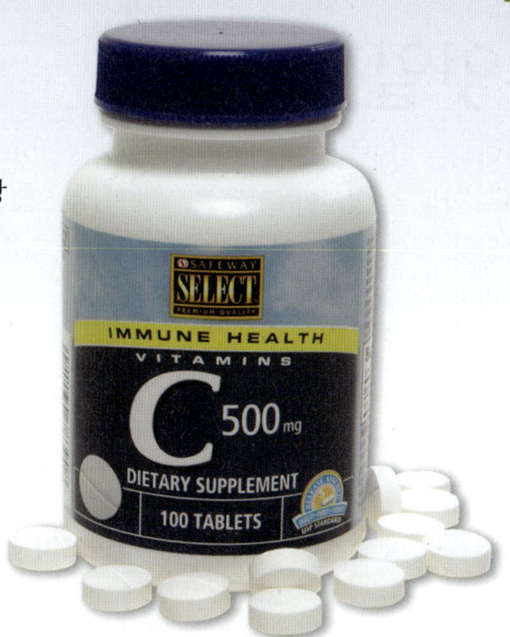

8.3e 비타민 C: 콜라겐 커넥터

비타민 C(**아스코르브산, ascorbic acid**)는 각종 효소의 작용에 관여하지만, 대부분의 B 비타민이 하는 것처럼 조효소의 일부로 작용하지는 않는다. 신체는 결합조직 단백질인 **콜라겐(collagen)**을 형성하고 유지하기 위해 비타민 C를 사용한다. 뼈, 연골 인대 등 결합조직은 체내에서 구조를 형성하고 연결하고 지지한다. 비타민 C를 사용할 수 없는 경우, 약한 결합조직이 형성되고 기존의 콜라겐을 유지할 수 없다. 약한 콜라겐은 치아를 약하게 하고 빠지게도 하며 흉터를 남긴다.

콜라겐의 형성과 유지 외에도, 신체는 비타민 C를 필요로 한다:

- 면역 체계 유지,
- 담즙 생산,
- 신경전달물질 합성,
- "스트레스 호르몬" 코르티솔 등 다양한 호르몬 생산.

비타민 C는 자유 라디칼을 안정시키는 전자공여체로 작용하여 항산화제 역할을 한다. 비타민 C는 비타민 E와 같은 다른 항산화제에게 전자를 제공할 수 있다. 이같이 비타민 C는 비타민 E가 항산화제의 기능을 복원할 수 있도록 재활용한다. 아스코르브산 칼슘과 아스코르브산 나트륨은 식품의 자유 라디칼로 인한 손상을 막기 위해 포장식품에 첨가되기도 한다. 이러한 항산화제는 식품의 "저장기간"을 증가시킨다.

맛있는 팁

대부분의 동물은 비타민 C를 합성할 수 있기 때문에 식품급원의 비타민 C가 필요하지 않다. 사람과 기니피그는 비타민 C를 합성할 수 없는 동물로서, 이 비타민 C가 필수적이다.

아스코르브산(ascorbic acid) 비타민 C

콜라겐(collagen) 결합조직에 강도를 주는 섬유 단백질

무엇일까요?

구아바는 다양한 이용이 가능한 열대 과일이다. 신선한 상태로 먹을 수 있지만 종종 소스, 젤리, 주스를 만드는 데 사용된다. 구아바는 식이섬유와 비타민 C의 훌륭한 급원이다. 구아바 3온스에는 약 125 mg 비타민 C가 함유되어 있으며, 이는 같은 양의 신선한 오렌지의 약 4배이다.

비타민 C의 급원 식품

표 8.20은 상용식품 중의 비타민 C 함량을 제시한 것이다. 식물성 식품은 비타민 C의 가장 좋은 급원 식품임을 주목하자. 대부분의 동물성 식품은 비타민 C의 급원이 아니다. 비타민 C가 풍부한 과일과 채소를 매일 식사에 포함시키면, 비타민 C 적정량을 섭취할 수 있다.

비타민 C는 열, 산소, 빛, 알칼리, 철과 구리가 있는 상태에서 매우 불안정하다. 비타민 C가 풍부한 식품을 냉장보관하면 비타민 C를 효과적으로 보존할 수 있다. 비타민 C는 수용성이며 열에 의해 파괴하기 때문에 다량의 물과 고열로 조리할 때 손실이 크다. 그러므로 너무 익히지 말고, 소량의 물을 사용하거나, 가능하면 과일과 채소는 생으로 먹는다.

표 8.20 식품 중의 비타민 C 함량

식품	비타민 C (mg)
키위, 생것, 푸른색, ½컵	83
파파야, 생것, 으깬 것, ½컵	70
고추, 단것, 생것, 다진 것, 1컵	60
붉은 고추, 단것, 생것, 자른 것, ½컵	59
브로콜리, 익힌 것, 건더기, 다진 것, ½컵	51
딸기, 생것, 자른 것, ½컵	49
오렌지주스, 농축액, 희석, ½컵	48
브루셀 스프라우트, 익힌 것, 건더기, ½컵	48
캔털루프, 생것, 네모 썬 것, ½컵	29
양배추, 익힌 것, 찢은 것, 건더기, ½컵	28
감자, 흰색, 구운 것, 껍질째, 약 6온스	21
완두, 꼭지째, 익힌 것, 건더기, ½컵	18
감자 튀김, 냉동, 오븐 익힌 것, 10조각	18

성인 여자 권장섭취량(비흡연자) = 75 mg/일; 성인 남자 권장섭취량(비흡연자) = 90 mg/일
출처: *USDA National nutrient database for standard reference, release 25, 2012.*

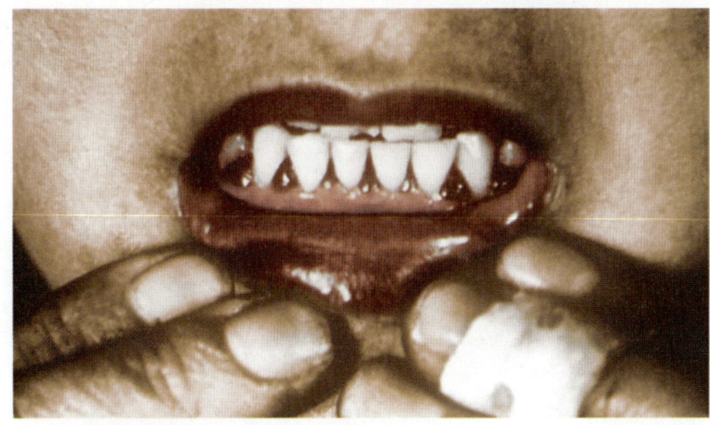

그림 8.16 괴혈병 증상.

맛있는 팁

담배연기는 폐에서 자유 라디칼 형성을 증가시키기 때문에, 흡연자는 비타민 C 권장섭취량에 35 mg/일을 추가해야 한다.[15]

괴혈병

괴혈병(scurvy)은 비타민 C 결핍증이다. 괴혈병의 증상은 잇몸이 부어올라 쉽게 출혈이 되고, 치아가 흔들려 빠지며, 피부는 쉽게 멍이 들고 상처회복이 어렵다. 이 증상은 콜라겐 생성 및 유지가 저해되어 생기게 된다**(그림 8.16)**.

규칙적으로 비타민 C를 함유한 식품을 먹거나 보충제를 먹지 않아도, 괴혈병이 쉽게 발생하지 않는다. 왜? 대부분의 경우 괴혈병을 방지하기 위한 비타민 C의 양은 10 mg보다 적다. 신선한 오렌지주스 6온스를 마시면 필요량보다 훨씬 많은 약 60 mg을 섭취할 수 있다. 더욱이 미국에서는 과일이나 스포츠 음료, 즉석 시리얼, 영양 바 등 각종 가공 식품에 비타민 C가 첨가되어 있기 때문에 괴혈병이 거의 생기지 않는다.

괴혈병(scurvy) 비타민 C 결핍증

비타민 C의 독성

성인이 비타민 C의 상한섭취량(2000 mg/일)을 초과 섭취하면, 설사를 포함하여 소화불량이 자주 일어난다.[15] 비타민 C 보충제로 200 mg/일 이상 다량섭취하면, 소장 내 흡수가 감소되어 낭비가 될 뿐이다.[15] 더욱이 체내 세포는 최대로 보유할 수 있는 비타민 C를 초과하면, 여분의 비타민 C와 비타민 C의 분해산물인 옥살산을 혈액으로 방출하고, 신장으로 이동하여 여과되고 소변으로 배설된다. 신장 내 많은 양의 옥살산염은 신장결석의 위험을 증가시킨다.[16] 그러므로 특히 신장 결석의 가족력이 있을 때는, 비타민 C 보충제를 피하는 것이 바람직하다.

기본 사항 검토: 비타민 C

표 8.21은 비타민 C의 식품섭취기준(DRI) 및 비타민의 결핍과 독성의 주요 징후와 증상에 대한 정보를 요약한 것이다.

표 8.21 비타민 C

체내 주요 기능	성인 권장섭취량	주요 급원 식품	주요 결핍의 징후와 증상	주요 독성의 징후와 증상
항산화제; 결합조직의 생성과 유지; 신경전달물질 생성; 특정 호르몬 합성; 면역계 기능	75~90 mg (비흡연자) 110~125 mg (흡연자)	고추, 감귤류, 파파야, 브로콜리, 양배추, 베리류	괴혈병: 상처회복 지연, 점상 출혈, 잇몸 출혈 타박상, 우울	성인 상한섭취량 = 2000 mg/일 설사, 소화관 장애

모듈 8.4

비타민과 암

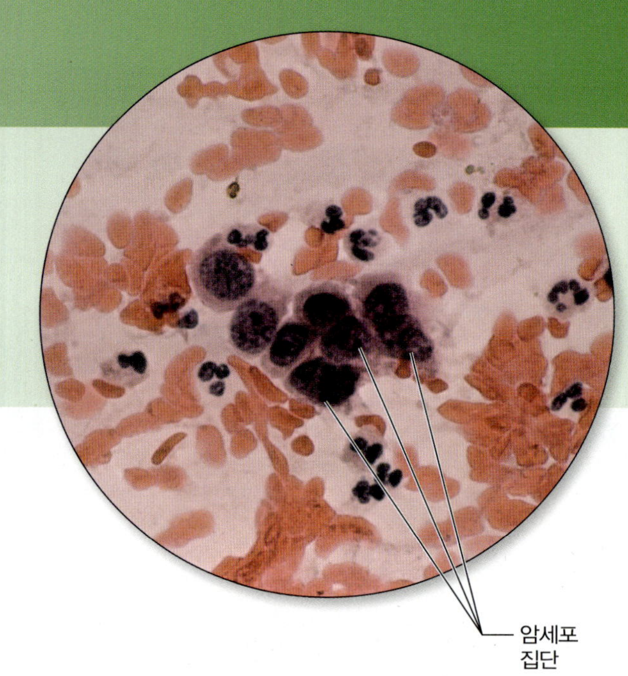

8.4 - 학습목표

1. 이 모듈의 주요 용어를 모두 정의한다.
2. 특정 암의 위험 증가와 관련된 생활양식을 확인한다.
3. 암의 위험을 높이는 식품을 식별한다.
4. 암 예방을 위해 건강기능식품 섭취가 유용하지 않을 수 있는 이유를 설명한다.

발암 물질(carcinogen) 암을 유발하는 인자

암(cancer) 비정상적 세포 행동을 나타내는 질병군

당신은 비타민 보충제를 섭취하는 수백만 명의 미국인 중 한 명인가? 그 답이 "예"라면 비타민 보충제를 섭취하는 이유는 무엇인가? 비타민 보충제는 특정 비타민 결핍증, 비타민 필요량이 증가하는 질병과 몇 가지 건강상태의 치료에 효과적이다. 그러나 다량의 비타민이 암을 비롯한 심각한 만성질환을 예방하거나 치료한다는 주장에 대한 과학적인 증거는 없다. Unit 8의 이 모듈은 암에 대해 자세히 살펴보고 암의 예방 및 치료에 작용하는 식사의 역할을 알아본다.

8.4a 암

Unit 7에서 언급한 바와 같이, DNA는 단백질 합성에 대한 정보가 있는 세포내 물질이다. 때때로, 세포의 성장, 재생, 죽음을 조절하는 DNA (유전자)의 일부가 손상된다. 많은 경우, 바이러스 또는 독성 화학 물질과 같은 특정 **발암 물질(carcinogen)**이 DNA를 손상시킨다. 이런 손상에 의해 세포가 빠르게 성장하고 세포분열이 통제되지 않으면, 암으로 진행될 수 있다. **암(cancer)**은 "통제불능"인 비정상 세포로 특징지어지는 만성 질환군을 의미한다.

암세포는 반복적으로 자주 분열되기 때문에 악성이라고 불리며, 죽지 않는다**(그림 8.17)**. 세포가 악성이 되면, 세포 특유의 기능을 수행하지 않는다. 예를 들어, 악성 간세포는 혈액에서 독소를 제거하지 않거나 영양소를 적절히 저장하지 않는다.

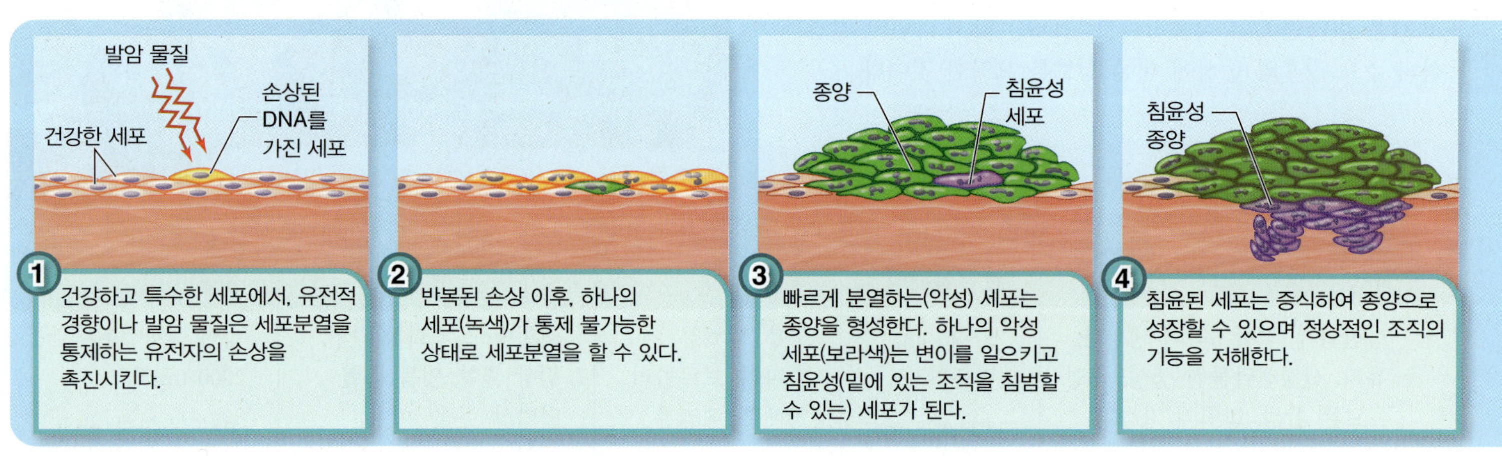

그림 8.17 **암의 진행.**

급속한 성장 속도 때문에, 여러 형태의 암세포는 악성 종양이라고 불리는 덩어리를 형성한다. 악성 세포는 종종 종양에서 멀리까지 가기도 한다. 이러한 세포는 이동하여 체내 다른 부위로 침입할 수 있다. 암이 다른 조직으로 확산되면, 이 질병은 **전이**된 것이다.

빠른 성장과 잦은 세포분열로 인해, 악성세포는 정상세포보다 더 많은 영양소를 필요로 하며, 필요한 영양소 공급을 충족시키기 위해서 건강한 세포에서 종양세포 쪽으로 혈액이 흐르도록 혈관 형성을 자극한다(그림 8.17 참조). 결국, 건강한 조직은 영양소를 충분히 공급받을 수 없어 죽게 된다.

암의 위험 요인

의학 연구자들은 다양한 암의 여러 가지 위험인자를 발견하였다. 이러한 위험인자는 다음과 같다:

- 연령(대부분의 암은 65세 이상에서 발생),
- 암의 가족력,
- 흡연,
- 방사선 노출,
- 특정 환경 물질에의 노출,
- 특정 바이러스나 세균 감염,
- 특정 호르몬의 높은 수준,
- 다이어트,
- 음주,
- 신체 활동 부족과 과도한 체지방.[17]

암의 발생은 복잡한 과정이다. 따라서 암의 단일 원인을 파악하는 것은 불가능할 수 있다. 개인마다 유전자 구성, 생활양식, 환경 노출 및 영양상태가 매우 다르다. 어떤 형태의 암은 유전적으로 보이지만, 대부분의 암은 식이를 포함한 생활양식으로 인해 발생한다.[18]

8.4b 암의 발생에 대한 비만과 식사의 역할

비만은 특정 암, 특히 유방암(폐경 후) 및 식도, 자궁내막, 대장, 직장, 신장, 췌장, 갑상선, 그리고 담낭 등의 암 위험인자이다.[19] 의학 연구자들은 비만이 이러한 암의 위험을 증가시키는 이유에 대해서 완전히 이해하지 못하고 있다. 한 가지 가능한 설명은 지방 조직에서의 여성호르몬 에스트로겐의 생성과 관련이 있다. 에스트로겐의 높은 수준은 유방암, 자궁암 및 기타 암의 위험과 관련이 있다. 비만은 또한 혈중 인슐린 농도를 증가시킬 수 있으며, 이로 인해 암 발생이 촉진될 수 있다.

노화와 신체 활동량 부족은 암의 위험인자이다.

일부 식품과 음료는 발암 물질을 함유하고 있다. 예를 들면, 알코올은 발암 물질이다. 하루 두 번 이상 알코올을 섭취하는 사람은 입, 목, 식도, 후두, 간, 대장, 직장과 유방의 암 발생 위험이 높다.[20] 알코올 섭취량이 많을수록, 이들 암의 발생 위험이 커진다. 또한 흡연과 음주를 함께 하면, 입, 목, 또는 후두의 암 발생 기회가 급격히 증가한다. 암의 위험을 줄이려면, 알코올 섭취를 제한하거나 완전히 끊어야 한다. 음주를 할 때는 적당하게 하고 여성은 1잔, 남성은 2잔 이상 마시지 않는다. (1잔 기준 알코올은 증류주 1.5온스, 일반 맥주 12온스, 와인 5온스이다.)

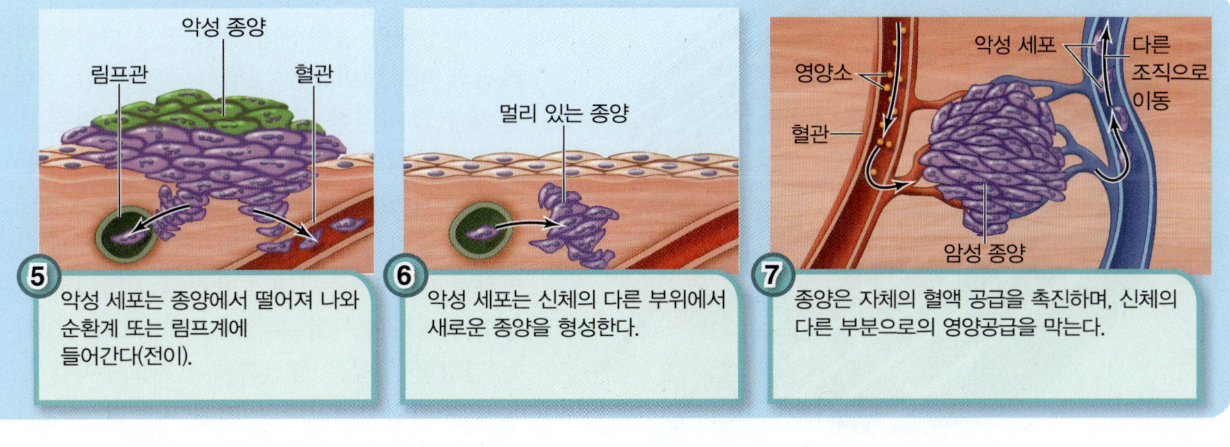

표 8.22 식이와 관련된 발암 물질

발암 가능성 있는 요인	상용 식품	가능하거나 알려진 활동
아플라톡신	곰팡이가 핀 견과류와 곡류	간 손상
비소	식수의 자연적인 오염	방광암의 위험을 증가시킬 수 있다.
알코올	알코올 음료	확실치는 않지만, 특정 호르몬 수준이 증가하거나 알코올의 분해산물이 발암 물질이 될 수 있다.
비스페놀 A	BPA로 만든 플라스틱 용기에 저장된 식품 또는 음료	발암 물질인지 불명확하지만, 에스트로겐 호르몬을 방해할 수 있다.
과다 칼로리 섭취	모든 다량영양소	칼로리 과다 섭취는 비만과 관련 있다.
(불에)탄 고기 섭취	고온에 노출된 식품, 특히 불에 구운 고기의 탄 부분	대장세포의 DNA를 변경시키는 화학물질의 형성
혈당을 높이는 식품	Unit 5에 제시된 고탄수화물 식품	확실치는 않지만, 유방암의 위험을 증가시킬 수 있다.
질산나트륨 및 아질산나트륨	델리 고기, 핫도그, 베이컨 등 "가공된" 육류	니트로사민의 형성

표 8.22는 각종 암 위험의 증가와 관련 있는 식이인자를 제시한 것이다. 현재 아스파탐 등의 인공감미료, 커피, 또는 방사선 조사 식품 등이 암을 유발한다는 과학적인 증거는 없다.[21]

식이와 암 위험 감소

암의 위험을 줄일 수 있는 방법:

- 담배 연기에 대한 노출 피하기,
- 건강 체중 달성 및 유지,
- 신체활동이 많은 생활양식 채택,
- 붉은색 고기와 가공육의 섭취를 제한하고 과일, 채소 및 전곡 등 식물성 식품 많이 섭취하기.

연구는 지속적으로 진행되고 있지만, 과학적 연구의 결과는 항산화제를 함유하는 건강기능식품 섭취가 암의 위험을 줄인다는 증거는 제시하지 못하였다.[21]

자연상태와 농축상태 식품 중의 다양한 비타민과 피토케미칼을 섭취하는 것은 암 위험을 낮추고 다양한 심각한 만성질환을 막는 데 가장 효과적인 방법이 될 수 있다. 그 이유는 식품 속에 있는 이들 비타민은 서로 작용하여 건강을 증진시킬 수 있지만, 천연급원에서 분리하여 만든 보충제는 효율성이 저하되고 독성의 위험이 증가할 수 있다. 그러므로 영양사는 건강한 성인은 항산화제나 피토케미칼 보충제를 섭취하기보다는 매일 다양한 과일과 채소를 섭취하도록 권장한다.

맛있는 팁

고온에 고기를 조리하면 고기가 타고 헤테로 사이클릭 아민이라는 발암 물질군이 생성된다. 따라서 구운 고기의 섭취를 제한하고 숯불구이 고기의 탄 부분을 피함으로써 특정 암의 위험을 줄일 수 있다. 또한 불판을 알루미늄 포일로 덮고, 포크로 몇 군데 구멍을 낸 후, 그 위에 고기를 올려 구우면 고기가 타는 것을 줄일 수 있다.

요점정리

모듈 8.1 비타민 소개

- 비타민은 체내에서 합성되지 않거나 건강 유지를 위한 충분한 양이 합성되지 않는 유기 미량영양소이다; 상용식품에 천연적으로 존재하고; 식이 중 부족하면 결핍증을 일으키며; 다시 식이에 첨가하면 건강을 회복한다. 식품은 일반적으로 다량영양소에 비해 비타민을 훨씬 적은 양을 함유하고 있다.
- 비타민은 체내에서 수많은 역할을 하며, 각각의 비타민은 대체로 한 가지 이상의 기능을 수행한다. 일반적으로 비타민은 세포분열 및 성장과 발달, 그리고 조직의 유지 등 체내 다양한 기능을 조절한다. 그러나 비타민은 에너지로 대사되지 않으므로 에너지 급원은 아니다.
- 특정 화학반응은 자유 라디칼을 생성할 수 있다. 자유 라디칼은 결합에 참여하지 못한 전자를 가지고 있기 때문에 화학적으로 불안정하다. 자유 라디칼은 분자로부터 전자를 제거하여 분자를 파괴하거나 손상시킬 수 있다. 의학 연구자들은 과다한 자유 라디칼 생성은 신체에 손상을 입혀 궁극적으로 심장마비, 뇌졸중, 암, 알츠하이머병, 그리고 심지어 노화 과정까지 야기시키는 것으로 의심하고 있다. 세포는 비타민 E와 같은 항산화제를 이용하여 자유 라디칼 형성을 정상적으로 조절한다.
- 비타민 A, D, E, K는 지용성 비타민이고; 티아민, 리보플라빈, 니아신, 비타민 B_6, 판토텐산, 엽산, 비오틴, 비타민 B_{12}, 비타민 C는 수용성 비타민이다. (비타민 유사물질인 콜린은 수용성이다.) 일반적으로 체내 과다한 지용성 비타민을 제거하는 것은 수용성 비타민을 제거하는 것보다 더 어렵다. 그 결과, 남는 지용성 비타민은 체내에 저장된다. 시간이 지나면서 지용성 비타민이 과잉 축적되어 독성을 나타낼 수 있다. 수용성 비타민은 일반적으로 지용성 비타민만큼 유독하지 않다.
- 강화 프로그램에는 제조업체가 정제 밀가루나 다른 곡류제품에 첨가해야 할 티아민, 리보플라빈, 니아신, 엽산 및 철의 양이 정해져 있다. 그러나 강화는 자연적으로 비정제 곡류에 함유되어 있었던 비타민 B_6, 비타민 E 및 그 외의 영양소를 대체하지는 않는다.
- 비타민 결핍증은 일반적으로 식사에서 불충분하거나 체내 요구량이 증가하거나 또는 소화관의 흡수능력이 저하된 경우에 발생한다. 식이 중 비타민 함량이 지속적으로 부족하여 체내 비타민 수준이 낮아지면 비타민 결핍증이 발생하기 쉽다.
- 대부분의 상용식품은 비타민을 독성 수준까지 함유하지 않는다. 비타민 독성은 비타민 보충제를 다량 섭취하거나 비타민 강화식품을 규칙적으로 대량 섭취하는 경우, 발생할 가능성이 높다.

모듈 8.2 지용성 비타민

- 비타민 A는 시각, 면역 기능, 세포 발달에 관여하고 있다. 비타민 A의 전구체인, 베타-카로틴은 항산화제로 작용한다. 비타민 A의 급원 식품은 간, 생선, 생선기름이며; 비타민 A의 전구체인 카로티노이드는 짙은 녹색과 오렌지색 과일과 채소에 특히 많다. 다량의 비타민 A는 매우 유독할 수 있으며, 임신 중인 경우는 기형아 출산의 원인이 될 수 있다.
- 비타민 D는 호르몬이면서 비타민이다. 햇빛을 쬐면 피부는 특정 콜레스테롤로부터 비타민 D 전구체를 합성할 수 있다. 이 물질은 체내에서 활성형 비타민으로 전환될 수 있다. 지방이 많은 생선과 강화우유 등 몇 가지 식품만이 이 비타민의 급원이다. 비타민 D는 소장 내 칼슘의 흡수를 증가시켜 혈중 칼슘 수준을 조절한다. 또한 비타민 D는 뼈세포를 자극하여 주요 무기질 화합물인 인산칼슘을 생성한다. 비타민 D가 부족한 영아와 어린이는 구루병이 생길 수 있다. 체내 비타민 D 함량이 부적절한 성인은 골연화증이 생길 수 있다. 노인과 모유수유영아도 이 비타민 보충이 필요한 경우가 있다. 비타민 D의 과잉 섭취로 인해 체내 연조직에 칼슘이 축적될 수 있다.
- 비타민 E는 주로 항산화제로 작용한다. 비타민 E는 자유 라디칼에 전자를 제공하여 안정화시킨다. 이런 효과는 세포막을 보호하고 적혈구의 파괴를 방지한다. 일반적으로 식물성 기름과 그 제품은 비타민 E의 풍부한 급원이다.

모듈 8.3 수용성 비타민

- 티아민, 리보플라빈, 니아신은 에너지 생성 반응에서 조효소의 일부로서 중요한 역할을 한다. 이들 수용성 비타민은 세포의 탄수화물, 지방 및 단백질 대사를 돕는다. 강화 곡류 제품은 이 세 가지 비타민의 공통 급원이다. 각기증상은 심각한 티아민 결핍증이며; 아리보플라비노시스는 리보플라빈의 결핍증이며; 펠라그라는 니아신의 심각한 부족으로 발생한다. 니아신의 과다 섭취는 독성을 유발할 수 있다.
- 비타민 B_6는 비필수 아미노산의 합성에 관여한다. 이 비타민은 또한 신경전달물질의 생성과 호모시스테인 대사에 관여한다. 비타민 B_6의 다량섭취는 신경 손상을 일으킬 수 있기 때문에 피해야 한다.
- 엽산은 DNA 생산과 호모시스테인의 대사에 중요한 역할을 한다. 엽산이 풍부한 급원 식품은 잎채소, 내장육, 오렌지주스이다. 엽산 결핍의 징후는 거대 적아구성 빈혈이다. 임신기는 엽산 요구량이 높다; 임신 첫 달 동안에 엽산이 결핍되면 신생아의 신경관 손상이 발생할 수 있다. 가임기의 여성은 엽산을 함유한 식이 보충제를 복용하여 엽산의 권장섭취량을 충족할 수 있다. 식이 중 엽산의 과다섭취는 비타민 B_{12} 결핍을 가릴 수 있다.
- 비타민 B_{12}는 체내 엽산과 호모시스테인 대사 및 신경을 둘러싸고 있는 수초를 유지하기 위해 필요하다. 비타민 B_{12}는 식물성 식품에서 생성되지 않지만, 동물성 식품과 B_{12}를 강화한 제품을 통해 섭취할 수 있다. 비타민 B_{12} 결핍은 노인에게 더 흔하게 발생한다. 노인이 되면, 위에서 염산분비가 감소하므로, 식품에서 충분한 비타민 B_{12}를 섭취해도 비타민 B_{12} 결핍이 발생할 수 있다. 또한 비타민 B_{12} 운반 단백질을 생성할 수 없는 경우 비타민 B_{12} 결핍과 악성 빈혈이 발생한다.
- 비타민 C는 체내에서 결합조직의 주요 단백질인 콜라겐을 합성하고 유지하기 위해 사용된다. 또한 비타민 C는 항산화제로 작용한다. 신선한 과일과 채소, 특히 감귤류는 이 영양소의 좋은 급원이다. 비타민 C는 조리과정에서 쉽게 손실되므로, 생것 또는 가볍게 익힌 과일과 채소로 섭취하는 것이 효과적이다. 흡연은 체내 비타민 C 요구량을 증가시킨다. 괴혈병은 비타민 C 결핍증이다. 다량의 비타민 C는 설사를 일으키고 경우에 따라 신장 결석의 위험을 증가시킬 수 있다.

모듈 8.4 비타민과 암

- 암은 세포의 성장, 번식, 죽음에 작용하는 DNA의 변화로 발생한다. 이러한 변화는 비정상적인 세포의 발달과 급격한 성장 및 통제되지 않는 세포분열을 초래한다.
- 건강한 체중 유지, 규칙적 운동, 과일과 채소가 많이 포함된 식이 섭취, 붉은색 또는 가공육류의 섭취 제한, 흡연과 과다한 알코올 섭취를 피하는 것이 암의 위험을 줄일 수 있다.

당신의 식사는 적절한가?!

영양섭취기준(DRIs)을 이용

1. Unit 3의 "당신의 식사는 적절한가?"에서 1일 또는 3일간의 식사기록을 참조한다.

   a. 영양섭취기준(DRI) 표(이 책의 뒤표지 안쪽을 참조)에서 비타민의 생애주기별/성별 권장섭취량 값을 찾아 페이지의 맨 아래에 있는 표의 "나의 권장섭취량" 열의 아래 칸에 적어 넣는다.

   b. 자신의 식사 평가를 검토하여, 3일간의 비타민 A, E, C, D, 엽산, B_{12}, 티아민, 리보플라빈, 니아신의 평균섭취량을 확인한다. 그 값을 "나의 평균 섭취량" 열의 아래 칸에 적어 넣는다.

   c. 각 비타민의 섭취량을 권장섭취량으로 나누고, 100을 곱하여 권장량에 대한 백분율을 계산한다. 예를 들어, 비타민 C의 평균 섭취량이 100 mg/일이고, 이 비타민의 권장섭취량이 75 mg/일이면 100 mg을 75 mg으로 나누어 1.25를 얻는다. 여기에 100을 곱하려면, 간단하게 오른쪽으로 소수점을 두 자리 이동하고, 소수점을 백분율 기호로 바꾼다[125%]. 따라서 비타민 C의 평균 섭취량은 권장섭취량의 125%가 된다. 각 비타민의 백분율을 "나의 권장섭취량 %" 열의 아래 칸에 적어 넣는다.

   d. ">, <, =" 열의 아래에는, 평균 하루섭취량이 권장섭취량보다 많거나(>), 적거나(<), 또는 같은지(=) 표시한다.

2. 앞에서 계산된 정보를 사용하여 다음 질문에 답을 해보자:

   a. 평균 비타민 섭취량이 권장섭취량과 같거나 많은 비타민은 어느 것인가?

   b. 권장섭취량보다 적게 섭취한 비타민은 어느 것인가?

   c. 권장섭취량보다 적은 비타민의 섭취를 증가시키려면 어떤 음식을 섭취할 것인가? (Unit 8의 특정 비타민의 급원을 참조할 것)

   d. 완성된 표와 답을 제출한다.

당신의 식사는 적절한가?

비타민	나의 권장섭취량	나의 평균섭취량	권장섭취량 비율	>, <, =
A				
E				
C				
D				
엽산				
B_{12}				
티아민				
리보플라빈				

생각해 봅시다...

1. 비타민을 선택하여 인터넷 브라우저의 검색 창에 그 비타민의 이름을 입력한다. 그 비타민이 포함된 제품을 판매하는 사이트 3개를 찾는다. 각 사이트의 페이지를 검토하여 그 사이트의 주장, 가격, 제공된 링크의 종류에 대해 메모를 한 후, 이 사이트에 있는 정보를 비교, 설명하는 보고서를 3~5페이지 정도로 작성한다. 보고서에는 이들 제품에 관한, 허위 또는 오해의 소지가 있는 주장에 대해 논의한다. 이들 사이트의 URL도 보고서에 포함시킨다.
2. 닉은 항상 힘이 없고, 피곤하다고 불평한다. 그는 에너지 수준을 높이기 위하여 티아민, 리보플라빈, 니아신을 함유한 고용량의 건강기능식품의 섭취를 고려하고 있다. 이들 비타민 보충제 사용에 대한 그의 결정에 영향을 미칠 수도 있는 내용을 닉에게 어떻게 말할 것인가?
3. TV의 정보 광고를 보면서, 소위 영양전문가라는 사람이 비타민이라고 주장하는 물질에 대하여 듣게 된다. 그 물질이 진실로 비타민인지 아닌지 확인하려면 어떤 질문을 할 것인가?
4. 당신의 친구가 건강을 유지하는 데 도움이 된다고 생각하여 비타민 A, C, B_6, E를 다량 섭취한다면, 이들 비타민의 다량 섭취에 대하여 무슨 말을 해 줄 것인가?
5. 현재의 생활방식과 이 장에서 제시한 암 위험 감소를 위한 권고사항을 생각해 보자. 따르기 어려운 권고사항은 어떤 것이 있는가? 그 권고를 따르기 어려운 이유를 설명한다.

혼자 풀어보기

가장 올바른 대답을 선택하라.

1. 비타민의 다량섭취는
   - a. 수용성 비타민인 경우는 안전하다.
   - b. 만성질환 예방에 유용하다.
   - c. 다양한 식품에서 자연적으로 섭취할 수 있다.
   - d. 독성 문제를 일으키기 쉽다.
2. 비타민은
   - a. 대사되어 에너지를 생성한다.
   - b. 식품에 그람 단위의 양으로 존재한다.
   - c. 유기분자이다.
   - d. 다량영양소이다.
3. 지방을 흡수할 수 없는 사람들은 ______ 결핍증이 발생할 가능성이 높다.
   - a. 비타민 A
   - b. 엽산
   - c. 비타민 B_{12}
   - d. 리보플라빈
4. 강화 곡류제품은 가공과정에서 ______ 특정량을 첨가한 것이다.
   - a. 비타민 C
   - b. 비타민 A
   - c. 비타민 B_{12}
   - d. 티아민
5. 다음 식품 중 프로비타민 A의 풍부한 급원이 아닌 것은?
   - a. 쇠고기
   - b. 당근
   - c. 호박
   - d. 고구마
6. 임신 중 다량의 ______ 섭취는 기형유발물질로 알려져 있다.
   - a. 비타민 A
   - b. 비오틴
   - c. 비타민 K
   - d. 엽산

7. 비타민 K가 합성될 수 있는 경우는
   a. 피부의 자외선 노출에 의해.
   b. 해수의 가수분해에 의해.
   c. 장내 세균에 의해.
   d. 젖산의 젖산염 전환에 의해.

8. 신경관 손상을 가진 영아 출산의 가능성을 줄이기 위해 가임 여성이 적절하게 섭취해야 하는 것은
   a. 엽산.
   b. 비오틴.
   c. 셀룰로오스.
   d. 니아신.

9. 비타민 B_{12}의 주요 급원 식품은
   a. 강화 곡류 제품.
   b. 고기와 유제품.
   c. 과일과 채소.
   d. 견과류와 씨앗류.

10. 다음 설명 중 사실인 것은?
    a. 위는 쉽게 비타민 B_{12}를 흡수할 수 있다.
    b. 비타민 B_{12} 결핍은 노인들에서 흔하게 나타난다.
    c. 악성 빈혈 환자는 고용량의 엽산으로 치료한다.
    d. 비타민 B_{12}는 대장의 하부에서 흡수된다.

11. 다음 중 비타민 C가 풍부한 급원 식품은?
    a. 전유
    b. 달걀 흰자
    c. 햄버거 패티
    d. 풋고추

12. 다음 중 암의 위험을 감소시킬 수 있는 것은?
    a. 과일과 채소 먹기
    b. 정기적으로 구운 고기 먹기
    c. 매일 담배 10개피 이상 피우지 않기
    d. 매일 2~3잔 기준량의 알코올 음료 섭취

참고문헌 ➡ 부록 F 참조

Unit 9

주요 무기질, 물 그리고 알코올

학습내용

모듈 9.1
생명을 위한 무기질

모듈 9.2
주요 무기질과 건강

모듈 9.3
수분: 생명의 액체

모듈 9.4
음주와 건강

"나는 아시아에서 자랐다. 타이완에서 살 때 매 식사 때마다 집에서 기른 유기농 채소를 많이 먹었지만, 우유와 다른 유제품은 거의 먹지 않았다. 지금은 호놀룰루에 살고 있지만, 우유를 많이 마시지는 않는데, 우유를 마시면 속이 불편해지고 또한 우유가 1갤론당 $4 이상으로 비싸기 때문이다. 나는 매우 건강하지만, 칼슘 섭취에 대한 걱정을 하고 있다. 내 키는 5피트 7인치이다; 내가 어렸을 때 식사로 칼슘을 더 많이 섭취했다면 아마도 지금보다 키가 더 컸을 것이다. 약 3년 전 나는 다리가 부러졌었다. 가끔 나는 그 당시 칼슘정제를 섭취했었다면 뼈가 더 튼튼해지지 않았을까 생각한다."

Yu-wei Chang

유웨이 창은 하와이 대학 2학년으로서 물리학을 전공하고 있다. 그는 자신의 식사에 칼슘이 부족한 것을 걱정하지만, 무기질이 풍부한 급원 식품을 찾는 데 어려움을 겪고 있다. 유웨이는 칼슘 섭취가 낮은 것을 걱정해야 하는가? 그렇다, 남녀 모두 칼슘섭취가 부족하면 뼈가 약해질 수 있기 때문이다.

칼슘을 비롯한 **무기질(minerals)**은 지구의 암석, 토양 그리고 천연수자원, 특히 바다에 있는 성분이다. 식물, 동물 그리고 다른 생물들은 무기질을 만들 수 없다. 식물은 필요한 무기질을 토양이나 비료에서 섭취한다. 인체는 이런 성분들이 함유된 물질이나 동물과 식물을 섭취하여 무기질을 얻는다.

체내 여러 가지 무기질의 기능은 물과 관련되어 있다. 비록 알코올은 영양소가 아니지만, 체내 수분, 무기질 그리고 다른 영양소 함량에 영향을 미친다. 본 Unit에서는 주요 무기질 영양소, 물 그리고 비영양소인 알코올에 초점을 맞추어 설명하고자 한다.

무기질(minerals) 지구의 암석, 토양 그리고 천연 수자원 중의 성분

모듈 9.1

생명을 위한 무기질

9.1 - 학습목표

1. 이 모듈의 주요 용어를 모두 정의한다.
2. 무기질을 다량 혹은 미량무기질로 분류한다.
3. 무기질의 일반 기능에 대해 설명한다.
4. 식품의 무기질 함량을 유지하기 위한 실제적 방안에 대해 논의한다.
5. 무기질을 흡수하고 이용하는 신체의 능력에 영향을 주는 요소에 대해 논의한다.

무기질은 우리의 환경에 자연적으로 존재한다.

자연 상태에서 대부분의 식품은 소량의 무기질을 함유한다. **그림 9.1**에 다양한 무기질이 풍부한 급원인 MyPlate 식품군을 제시하였다.

그림 9.1 MyPlate 무기질의 주요 급원 식품.

9.1a 무기질 공급원으로서의 물

식품뿐 아니라, 지역 내의 수돗물은 무기질의 섭취량을 증가시킬 수 있는 공급원이 될 수 있다. "경수"는 천연적으로 칼슘, 마그네슘, 유황, 철 그리고 아연을 포함한 다양한 무기질을 함유한다. 불소는 종종 공공 수돗물에 첨가된다. 비록 불소가 필수 영양소는 아니지만, 이 무기질은 뼈와 치아를 강하게 한다(9.2a 참조).

9.1b 주요 무기질 혹은 미량 무기질?

약 15종의 무기질의 체내기능이 알려져 있으며, 건강유지에 필수적이다(**표 9.1**). 인체는 밀리그램 혹은 마이크로그램의 무기질을 필요로 한다. 필수적인 무기질은 **다량 무기질(major minerals)**과 **미량 무기질(trace minerals)**로 분류된다: 만약 체내 하루 100 mg 혹은 그 이상이 필요하면 다량 무기질로 분류하며, 소량으로 필요한 무기질은 미량 무기질이라 한다.

또한 인체는 그 밖에 니켈과 비소 등의 무기질도 아주 소량 포함하고 있다. 이러한 특별한 무기질들은 체내에서 아직 확인되지 않은 역할을 할 수도 있다(표 9.1 참조). 납과 수은을 포함한 약간의 무기질이 종종 인체에서 발견되지만, 알려진 기능은 없고 유해한 환경오염 물질들이다.

비타민과 달리 무기질은 파괴될 수 없다. 따라서 식품에 열을 가하거나, 다른 환경상태에 노출시키더라도 식품의 무기질 함량에 영향을 미치지는 않는다. 그러나 무기질은 수용성이며, 식품에서 조리용액 중으로 빠져나올 수 있다. 그 조리용액을 수프와 소스를 만드는 데 사용하면, 버려질 수도 있는 무기질을 섭취할 수 있을 것이다.

맛있는 팁

무기질 함량이 많은 물은 종종 맛과 냄새가 좋지 않다. 물의 "연수화"는 가정에 공급하는 물에서 "경수" 요소인 무기질을 제거하는 것이다. 그러나 많은 연수화 시스템은 무기물을 염화나트륨("소금")으로 대체한다. 나트륨을 과다하게 섭취하는 것은 건강에 나쁘므로 소금으로 연수화된 물을 마시는 것을 피하여야 한다.

표 9.1 무기질의 신체에서 알려지거나 가능한 역할

주요 무기질	미량 무기질	필수 가능 무기질
칼슘(Ca)	크롬(Cr)	비소(As)
염소(Cl^-)	구리(Cu)	붕소(B)
마그네슘(Mg)	불소(F^-)	리튬(Li)
인(P)	요오드(I)	니켈(Ni)
칼륨(K)	철(Fe)	실리콘(Si)
나트륨(Na)	망간(Mn)	바나듐(V)
황(S)	몰리브덴(Mo)	
	셀레늄(Se)	
	아연(Zn)	

다량 무기질(major minerals) 하루 100 mg 이상 요구되는 필수 무기질 원소

미량 무기질(trace minerals) 하루 100 mg 미만 요구되는 필수 무기질 원소

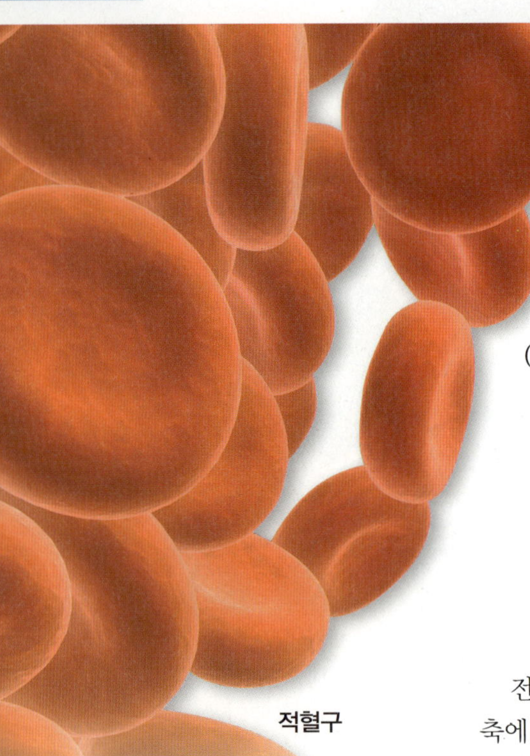

적혈구

전해질(electrolytes) 물에 용해되어 전하를 띠는 무기질; 이온

보조인자(cofactor) 화학반응의 촉매로 작용하는 이온 혹은 분자

9.1c 왜 무기질이 필요한가?

각각의 무기질은 신체에서 한 가지 이상의 기능을 지닌다**(그림 9.2)**. 무기질은 뼈와 치아의 칼슘과 인처럼, 조직의 구조를 형성하거나, 효소, 호르몬 그리고 다른 유기분자들을 구성하기도 한다. 예를 들면, 비타민 B_{12}에는 코발트, 적혈구에는 철, 메티오닌과 시스테인에는 황이 함유되어 있다. 비록 세포가 무기질에서 에너지를 생성할 수는 없지만, 몇몇 무기질은 다량영양소로부터 에너지를 방출하는 화학반응에 관련한다.

또한 많은 무기질은 전해질(이온)로 작용한다. **전해질(electrolytes)**은 물에 용해되어 양극(+) 혹은 음극(-)의 전하를 띠는 무기질이다. 전해질은 다음과 같다.

- 나트륨(Na^+)
- 칼슘(Ca^{2+})
- 칼륨(K^+)
- 마그네슘(Mg^{2+})
- 염소(Cl^-)

전해질은 체내에서 다양한 기능을 수행한다. 예를 들면, 칼슘이온은 혈액의 응고와 근육의 수축에 필요하다. 나트륨, 칼륨 그리고 염소이온은 체액과 산 염기 평형에 관여한다. 신경세포도 나트륨과 염소이온을 이용하여 다른 세포에 메시지를 전한다. 마그네슘과 구리 등의 특정 이온은 보조인자들이다. **보조인자(cofactor)**는 화학 반응을 촉진시키는 이온 또는 작은 분자이다.

뼈 건강
칼슘
인
철
아연
구리
망간
불소
마그네슘

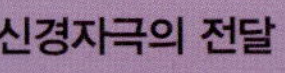

신경자극의 전달
나트륨
칼륨
염소
칼슘

체액 균형
철
나트륨
칼륨
염소
마그네슘

적혈구 형성
철
구리

혈액응고
칼슘

근육 수축 및 이완
염화나트륨
칼륨
칼슘
마그네슘

세포 대사
철
칼슘
인
마그네슘
아연
크롬
요오드
구리
망간

항산화 방어
셀레늄
아연
구리
망간

성장과 발달
칼슘
인
아연

그림 9.2 신체의 무기질 주요 기능.

9.1d 무기질의 흡수와 이용에 영향을 미치는 요소들

bioavailability 신체가 영양소를 흡수하고 이용하는 능력

인체의 소화관은 식품이나 건강보조식품에 포함된 무기질을 100% 흡수하지 못한다. 장내 무기질의 흡수 및 이용능력(**bioavailability**)에 영향을 미치는 요인은 다음과 같이 여러 가지가 있다;

- **무기질의 필요**: 대체로 무기질의 필요량은 영아기, 사춘기 그리고 임신기와 같은 성장기와 모유수유를 하는 경우에 증가한다; 체내 무기질이 부족한 상태에서는 흡수율이 더 높아질 수 있다.
- **무기질의 급원**: 식물성 식품과 비교하면 동물성 식품은 철과 칼슘의 더 좋은 급원이다. 동물성 식품에는 이러한 무기질의 함량이 높기 때문이다. 더욱이 식물성 식품은 칼슘, 아연 그리고 철과 같은 특정 무기질의 흡수를 방해하는 물질이 포함되어 있다. 반면에 식물성 식품은 동물성 식품보다 많은 양의 마그네슘과 망간을 공급한다. 다양한 식물성과 동물성 식품을 포함한 균형 잡힌 식이를 섭취하면 체내 무기질 흡수 능력을 증가시킬 수 있다.
- **식품가공**: 대체로 식물성 식품은 가공을 많이 할수록 무기질 함량이 감소한다. 예를 들어, 시리얼용 곡류는 천연적으로 셀레늄, 아연, 구리 및 기타 무기질을 포함하지만, 이러한 미량영양소는 가공과정에서 손실된다. 철은 강화과정에서 곡물에 첨가되는 유일한 무기질이다.

만약 소화기관에서 신체가 필요로 하는 이상으로 무기질이 흡수되면 여분의 무기질은 주로 소변과 대변으로 배출된다. 그러나 어떤 경우에는 간, 뼈 및 다른 세포조직에 축적된다. 축적된 무기질은 체내 필요성이 증가될 때, 저장장소에서 배출되어 사용된다. 무기질이 체내 세포의 기능을 방해할 정도로 축적되면 독성징후와 증상이 나타난다. 본 Unit에서 보여준 각 무기질에 대한 요약표와 표 9.18은 무기질 독성의 징후와 증상을 보여준다.

무기질 보충제를 복용하여야 하는가?

매일 복용하는 종합비타민과 무기질 보충제는 많은 양의 무기질을 공급하는 것이 아니기 때문에 대체로 건강한 사람에게 안전하다. 그러나 철과 셀레늄과 같은 개별 무기질을 포함한 보충제를 복용할 때는 주의할 필요가 있다. 대부분의 무기질은 안전한 섭취 범위가 좁으므로 한 가지의 특별한 무기질을 포함한 보충제를 섭취할 때(독성 수준으로) 과다 섭취하기가 쉽다. 또한 한 가지 무기질의 과다 섭취는 신체의 다른 무기질의 섭취와 이용을 방해한다. 예를 들면, 소화관내 다량의 아연은 구리의 흡수를 감소시킨다. 한 가지 무기질의 보충제는 철의 결핍과 같은 특별한 상태를 위하여 처방되는 경우가 아니면 일반적으로 불필요하다.

모듈 9.2

주요 무기질과 건강

9.2 - 학습목표

1. 이 모듈의 주요 용어를 모두 정의한다.
2. 좋은 건강을 이루고 유지하도록 하는 주요 무기질의 역할을 설명한다.
3. 주요 무기질의 급원 식품을 확인한다.
4. 무기질의 결핍과 과잉에 따른 징후와 증상을 확인한다.
5. 골다공증과 고혈압의 주요 위험요인을 확인한다.

새우와 문어를 포함한 해산물은 각종 무기질의 풍부한 급원이다.

이 모듈에서는 주로 칼슘, 불소, 마그네슘, 나트륨, 칼륨, 철, 구리, 요오드, 셀레늄, 아연 그리고 크롬에 초점을 맞추고 있다. 다른 무기질 영양소에 대한 정보는 본 Unit의 끝 부분에 있는 표 9.18을 참조하라.

9.2a 경조직 구성물: 칼슘과 불소

주요 무기질 칼슘(Ca)은 체내 가장 많이 함유되어 있는 무기질이다. 신체는 튼튼한 뼈와 치아를 만들고 유지하는 데 칼슘을 필요로 한다. 또한 칼슘은 그외 혈액 응고와 근육수축을 포함한 다른 중요한 기능을 위해서도 필요하다.

맛있는 팁

뼈의 리모델링은 일생을 통하여 일어나며, 그 결과로 대부분의 골격은 약 10년마다 교체된다.[1]

혈액의 칼슘 농도 조절

신체는 혈액의 칼슘 농도를 신중하게 유지한다. 비타민 D를 포함한 몇 가지 호르몬이 혈액의 칼슘 농도를 조절한다. Unit 8에서 비타민 D가 소장에서 칼슘의 흡수를 촉진시키는 것을 기억하자. 혈액의 칼슘농도가 떨어지면 부갑상선에서 **부갑상선 호르몬(parathyroid hormone, PTH)**이 분비되어 뼈조직에서 특정 뼈세포를 해체하도록 신호를 보낸다(**그림 9.3**). 이 과정으로 칼슘이 뼈에서 방출되어 혈액으로 들어가게 된다. PTH는 또한 비타민 D와 함께 작용하여 장의 칼슘 흡수를 증진시키고 소변 중으로의 칼슘 배출을 감소시킨다.

혈액의 칼슘 수준이 너무 높을 때는 갑상선에서 **칼시토닌(calcitonin)**을 분비한다. 갑상선은 그림 9.3에 나타나 있다. 칼시토닌은 다른 뼈세포에 신호를 보내 혈액에서 과잉의 칼슘을 제거하고 뼈세포 조직을 재구성한다. 그 결과, 체내 혈액의 칼슘 수준이 정상 범위로 유지될 수 있다.

부갑상선 호르몬(parathyroid hormone, PTH) 혈액 칼슘 수준이 너무 낮을 때 부갑상선에서 분비되는 호르몬

칼시토닌(calcitonin) 혈액 칼슘 수준이 너무 높을 때 갑상선에서 분비되는 호르몬

칼슘의 급원

평균적으로 2세 이상의 미국 사람들은 매일 약 1030 mg의 칼슘을 섭취한다.[2] 이 양은 특정 그룹 사람들의 경우, 영양권장량보다 적은 양이다(부록 C 참조).

건강한 성인은 식품 중 칼슘의 약 30%를 흡수하지만, 이 비율은 식품의 종류에 따라 다르다.[3] 추가로 칼슘이 필요한 영아기 혹은 임신기에는 흡수율이 60%까지 높아진다. 특

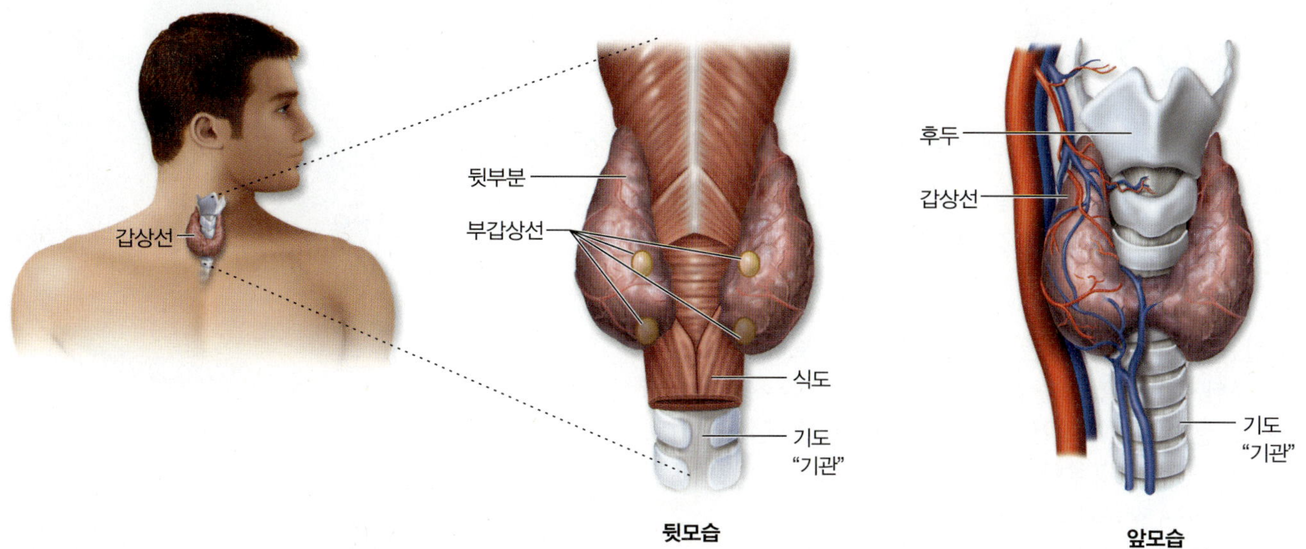

그림 9.3 **부갑상선과 갑상선.**

■ 부갑상선 호르몬은 뼈세포에 어떤 영향을 주는가?

히 노인 여성의 경우는 젊은 사람만큼 잘 흡수하지 못한다. 칼슘의 흡수를 감소시키는 또 다른 요인들은 비타민 D의 부족과 설사이다.

유제품은 칼슘의 우수한 급원 식품이다. **그림 9.4**에 제시된 식품은 대체로 무지방 우유 한 컵에 있는 칼슘과 동일한 양을 함유하고 있다(약 300 mg).

- 저지방 코티지치즈(2% 우유) 1.5컵, 290 kcal
- 아메리칸 치즈 1온스, 100 kcal
- 플레인 무지방 요구르트 2/3컵, 90 kcal
- 천연 치즈 1.5온스, 170 kcal
- 칼슘 강화 두유 1컵, 100 kcal

맛있는 팁

정어리와 연어과 같이 뼈째 먹을 수 있는 생선 통조림은 좋은 칼슘 급원이다. 통조림 생선으로 연어 패티를 만들 때, 연어 살과 뼈를 함께 으깨어 섞어도 뼈가 아주 연해서 조리된 음식에서 거의 찾아볼 수 없다.

그림 9.4 **같은 양의 칼슘을 함유한 유제품군.**

무엇일까요?

청경채는 양배추, 브로콜리와 같은 과에 속한 채소이다. 잎과 줄기는 찜이나 볶음요리를 하고, 잘게 썰어서 샐러드에 첨가할 수 있다. 청경채는 철, 칼슘, 칼륨의 좋은 급원이고 비타민 C와 피토케미칼을 다량 함유하고 있다.

모든 유제품이 칼슘의 풍부한 급원은 아니다. 그 예로, 코티지치즈는 재료로 사용된 우유의 칼슘을 온전히 함유하지는 않는다. 코티지치즈를 만드는 가공과정에서 반 이상의 칼슘이 손실되기 때문이다. **표 9.2**는 칼슘이 풍부한 식품을 제시하고 있다.

청경채, 케일, 브로콜리는 칼슘의 좋은 식물성 급원 식품이다. 그러나 다른 식물성 식품 중의 칼슘은 일반적으로 유제품의 칼슘만큼 생체이용률이 좋지 않다. 시금치, 콜라드(collard greens), 고구마 등의 식물성 식품은 칼슘을 함유하지만, 옥살산도 함유하고 있으며, 옥살산은 칼슘과 결합하여 칼슘의 흡수를 방해한다.

칼슘은 시리얼, 칼슘 강화된 오렌지주스, 두유, 아침식사 대용 바 등 다양한 식품에 첨가된다. 칼슘의 또 다른 급원 식품은 황산칼슘으로 응고시킨 두부이다. **그림 9.5**는 MyPlate에서 제시한 칼슘의 우수한 급원 식품이다.

표 9.2 식품 중의 칼슘 함량

식품명	칼슘(mg)
전곡류 시리얼, ¾컵	1000
요구르트, 플레인, 저지방, 1컵	448
정어리 통조림, 뼈째, 3온스	325
콩 요구르트, 플레인, 1컵	300
우유, 무지방, 액체, 1컵	299
아메리칸 치즈, 저온살균가공, 1온스	296
스위스 치즈, 1온스	224
코티지치즈, 2% 지방, 1컵	206
케일, 냉동, 삶은 건더기, 다진 것, 1컵	179
두부, 단단한, 황산칼슘응고, 3온스	100
아이스크림, 바닐라, 라이트, ½컵	122
구운 콩, 통조림, 플레인, 1컵	86
청경채, 날것, 길게 썬 것, 1컵	74

성인 권장섭취량 = 1000~1200 mg/일
출처: Data from *USDA National nutrient database for standard reference, release 25.*

맛있는 팁

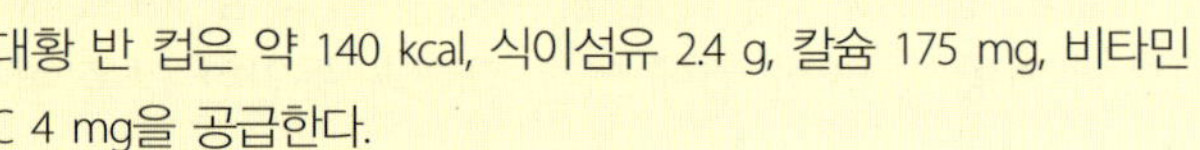

대황 잎은 옥살산을 다량 함유하고 있으므로 독성이 있다. 대황 줄기는 잎보다 옥살산의 양이 적어 유독하지는 않다. 설탕을 넣어 조리한 대황 반 컵은 약 140 kcal, 식이섬유 2.4 g, 칼슘 175 mg, 비타민 C 4 mg을 공급한다.

다음과 같은 방법으로 칼슘이 좀 더 풍부한 식사를 할 수 있을 것이다.

- 샐러드, 콩 혹은 파스타, 그리고 익힌 채소 위에 저지방 치즈를 갈아서 뿌린다.
- 잘게 썰은 청경채를 샐러드나 수프에 첨가한다.
- 무지방 플레인 우유를 좋아하지 않는다면, 바나나 반 개 혹은 딸기 몇 알을 함께 갈아 마시거나, 우유 대신 바닐라맛 두유 혹은 아몬드(우)유를 마신다.
- 간식으로 저지방 치즈 한 조각을 녹여 통밀 베이글 반 조각이나 통밀 크래커 혹은 호밀식빵 한 조각에 얹는다.
- 가능하면 레시피 중의 물은 무지방 우유로 대체한다. 예를 들어, 오트밀 요리나 팬 케이크 반죽을 만들 때 무지방 우유나 플레인 두유를 사용한다.
- 햄버거, 미트볼, 미트로프를 만들 때 생고기 같은 것 1파운드에 무지방 분유 1/4컵을 첨가한다.
- 스무디를 만들 때 플레인 저지방 요구르트를 생과일이나 냉동 과일, 저지방 아이스크림 혹은 샤베트에 섞는다.

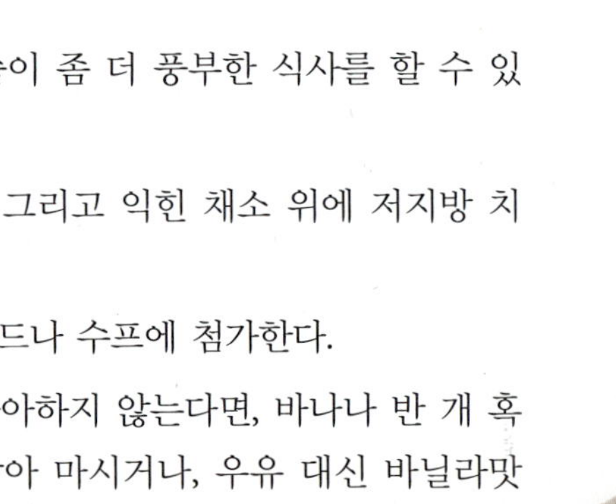

그림 9.5 MyPlate: 칼슘의 우수한 급원 식품.

칼슘 보충제를 섭취해야 하는가?

일반적으로 칼슘을 함유한 건강보조식품은 탄산칼슘 혹은 구연산칼슘의 형태이다.[3] 탄산칼슘은 중량의 40%가 칼슘이고, 구연산 칼슘은 21%가 칼슘이다(제품의 영양표시에서 1정 중의 칼슘 함량과 추가정보를 확인할 것). 탄산칼슘 형태의 칼슘 흡수는 위산에 의존하기 때문에 식품과 함께 섭취할 때 가장 효율적으로 흡수되지만, 구연산 칼슘은 식품의 섭취와 상관없이 섭취할 수 있다.

소화기관은 칼슘 보충제의 섭취량이 500 mg 이하일 경우 흡수율이 더 높다. 만약 한 알에 1,000 mg을 함유한 칼슘보충제로부터 칼슘을 최대로 흡수하려면 알약을 반으로 잘라서 하루에 두 번 500 mg씩 섭취하는 것이 좋다.

칼슘과 비타민 D를 포함한 칼슘보충제의 섭취는 특히 성인에게 흔하게 있는 일이지만, 경우에 따라 심장마비의 위험을 증가시킬 수 있다.[4] 그러나 칼슘을 함유한 건강기능식품이 심장건강에 부정적인 효과를 미치는지에 대해서는 추가적인 연구가 필요하다.[3] 따라서 칼슘 섭취를 위해 건강보조식품을 이용하기 전에 칼슘이 풍부한 천연식품 섭취를 고려하는 것이 바람직하다.

골다공증은 무엇인가?

골다공증(osteoporosis)은 정상보다 골질량이 감소된 만성질환이다(**그림 9.6**). 골다공증 환자들은 골절되기 쉬운 약한 뼈를 가지고 있다. 4천만 이상의 미국인들이 골다공증을 가지고 있거나, 골질량의 감소로 인한 골다공증의 위험성이 높다.[3] 전체 여성의 절반, 50세 이상 남성의 네 명 중 한 명이 골다공증 때문에 골절이 발생하고 있다.[5] 엉덩이뼈, 손목 혹은 등골뼈(척추뼈)의 골절은 이와 같은 연령 집단에서는 흔한 일이다. 엉덩이뼈가 골절된 노인의 20%가 골절 및 외과적 손상과 관련된 심각한 건강상의 문제가 발생하여 일 년 안에 사망한다. 회복된 사람들의 상당수가 독립적인 생활이 불가능하고 고비용의 장기 요양을 필요로 한다.

골다공증(osteoporosis) 골질량이 낮고 골조직이 감소된 만성질환

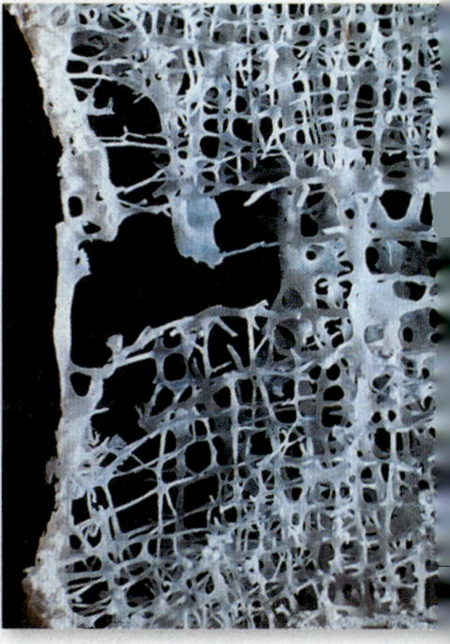

그림 9.6 뼈조직. 건강한 뼈조직(왼편 사진)과 골다공증 환자의 뼈조직(오른편 사진)을 비교해 본다.

■ 골다공증은 무엇인가?

유웨이는 아시아인이며 신체가 작고 대체로 칼슘과 비타민 D가 풍부한 유제품을 먹지 않는다. 이런 특징은 노년에 높은 골다공증의 위험에 처하게 한다. 젊을 때에 칼슘 급원 식품이나 무기질과 비타민 D를 강화한 식품을 추가로 섭취하는 것이 바람직하다. 유웨이의 비타민 D 상태를 알아보기 위하여 혈액 검사를 하는 것도 좋은 생각이다.

많은 사람들이 골절을 경험한 후에야 자신의 뼈가 약해지고 있으며 골다공증이 있음을 알게 된다. 골다공증과 관련된 골절은 척추 윗부분 뼈에서 흔히 발생한다. 심한 경우, 척추 윗부분의 골절이 발생한 다음 비정상적으로 등이 굽은 상태에서 치료가 되면 "미망인 곱사등"의 모습을 보이게 된다(**그림 9.7**). 골다공증은 노인들에게 통증과 장애를 일으키는 주요 원인이다.

골다공증의 원인은 무엇인가?

뼈 형성 기간에 최대의 골질량에 이르지 못하면 골다공증을 일으킬 수 있다. 어릴 때나 사춘기에는 낡은 뼈조직을 제거하는 것보다 새로운 뼈조직을 생성시키는 속도가 더 빠르므로, 뼈의 크기와 밀도가 커진다. 25살경이 되면 성인의 골질량에 다다르게 된다.[5] 뼈 손실은 약 30세쯤부터 천천히 점진적으로 진행된다. 그러나 여성의 경우 **폐경기**, 즉 월경 주기가 정지된 이후 뼈 손실이 현격하게 증가한다. 이 시기의 여성은 골다공증의 위험성이 가장 크다. 정상적인 뼈의 발달과 유지를 위해서는 에스트로겐 호르몬이 필요한데 폐경기 이후 여성의 난소는 가임기 때보다 에스트로겐 생성량이 감소하기 때문이다. 결국, 여성의 난소는 호르몬 생성을 중단하게 되어, 뼈의 손실 속도가 재생 속도보다 빨라진다.

그림 9.7 골다공증을 가진 여성 노인.

■ 골다공증의 주요 위험요인은 어떤 것인가?

여러 요인이 뼈손실과 골다공증을 야기시킨다.[6] 주요 위험요인들은:

- 노인 및 **폐경기** 이후의 성인 여성,
- 백인 혹은 아시아인,
- 골다공증 가족력이 있는 사람,
- 체격이 작은 사람,
- 에스트로겐 수준이 낮은 여성, 테스토스테론 수준이 낮은 남성,
- 칼슘 및 비타민 D가 부족한 식이 섭취,
- 신체적으로 비활동적인 사람,
- 흡연,
- 과도한 음주,
- 거식증(섭식장애)이 있는 경우.

골다공증의 위험을 줄이기 위한 노력은 어릴 때부터 이루어져야 한다. 신체는 유아기부터 청소년 후기까지 활발하게 뼈를 생성하기 때문에 이 시기의 적절한 식사와 규칙적인 운동은 매우 중요하다. MyPlate의 권장사항을 따르면 식품으로부터 적정량의 칼슘을 섭취할 수 있다. 햇빛에 피부를 노출하여 비타민 D의 생성을 촉진할 수 있지만, 비타민 D 보충제가 필요할 수도 있다.

특히 체중부하운동은 근육의 수축이 뼈를 계속 긴장시켜 뼈를 더욱 강화시키므로 골질량을 증가시킬 수 있다.[6] 체중부하운동은 다음과 같다:

- 충격이 적은 에어로빅,
- 농구,
- 걷기, 조깅 및 하이킹,
- 줄넘기,
- 계단 오르기,
- 역기를 사용한 근력 트레이닝.

표 9.3은 칼슘에 대한 기본 정보를 요약하고 있다. 권장섭취량은 성인을 위한 것이며 임신부 혹은 모유수유 여성은 제외한다.

맛있는 팁

특정 제산제는 탄산칼슘을 포함하고 있다. 750 mg의 탄산칼슘을 포함한 제산제 한 알은 300 mg의 칼슘을 함유한다. 그러나 탄산칼슘을 포함한 제산제를 칼슘의 공급원으로 사용하는 것은 칼슘의 독성 가능성을 증가시킬 수 있다. 칼슘 독성은 권장량보다 많은 제산제를 복용할 경우 발생할 수 있다.[7] 신장 결석은 식품이 아닌 급원으로부터 칼슘을 과도하게 섭취할 때 나타날 수 있다. 그러므로 칼슘을 함유한 과량의 건강기능식품을 피해야 하는 것과 마찬가지로 과량의 제산제 복용도 피해야 한다.

불소와 건강

불소(F^-)는 필수 영양소는 아니지만, 소량으로 섭취하면 때 뼈와 치아를 건강하게 한다. 미국의 일부 지역에는 지하수에 상당량의 불소가 포함되어 있지만, 다른 지역에서는 건강에 필요한 양의 불소를 공급하기 위해 수돗물(불소화), 치약 및 구강 린스액에 첨가하기도 한다. 차는 천연적으로 불소를 함유한다.

장기간 과량의 불소섭취는 **불소증**을 유발시킬 수 있다. 골격 불소증의 경우, 불소가 뼈에 쌓여서 관절의 경직과 뼈의 통증을 일으킨다. 골격 불소증은 미국에서 매우 드물게 발생한다. 치아 불소증은 상당량의 불소를 포함한 지하수를 마시는 어린이들에게서 발생하지만, 또한 일상적으로 치약이나 구강 린스액을 삼키는 어린에게도 영향을 미친다. 심한 불소증 어린이들은 영구적으로 얼룩진 치아("얼룩치아")를 가지게 되며, 이런 치아는 건강한 치아보다 더 쉽게 충치가 된다(**그림 9.8**). 부모들은 아이들에게 "콩알크기"의 치약을 칫솔에 얹어 사용하고, 물로 치아를 헹구게 하고, 지나치게 많은 양은 뱉어 내도록 지도해야 한다. 표 9.3은 칼슘과 불소에 대한 정보를 요약한 것이다.

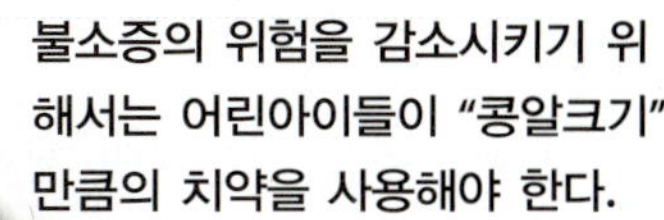

불소증의 위험을 감소시키기 위해서는 어린아이들이 "콩알크기" 만큼의 치약을 사용해야 한다.

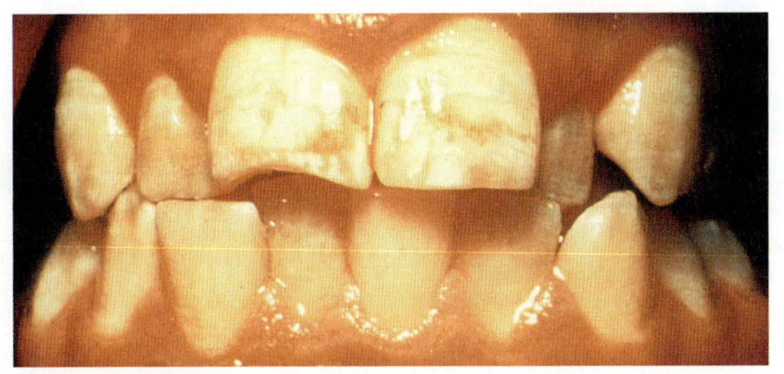

그림 9.8 **치아 불소증으로 얼룩진 치아.**

맛있는 팁

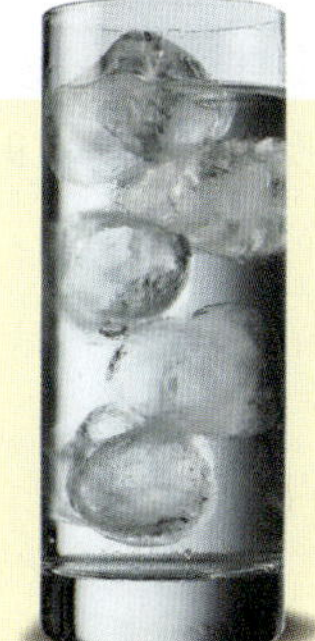

2010년에는 수돗물을 사용하는 미국 인구 중 약 74%가 적정 불소 수준의 음용수를 공급받을 수 있었다.[8] 어떤 미국인들은 불소화는 비자발적 치료요법이라는 이유 및 여러 가지 이유로 불소화를 반대한다. 또 다른 사람들은 불소화된 수돗물의 장기적 위험에 대한 우려 때문에 반대한다. 질병통제예방센터(www.cdc.gov/Fluoridation/)를 방문하면 불소화에 대해 더 많은 정보를 얻을 수 있을 것이다.

표 9.3 칼슘과 불소: 기본 영양정보 요약

무기질	신체 주요 기능	성인 권장섭취량/충분섭취량	주요 급원 식품	주요 결핍 징후와 증상	주요 독성 징후와 증상
칼슘(Ca)	뼈와 치아구조의 구성성분 혈액응고 신경 자극 전달 근육수축 대사조절	1000~1200 mg	유제품, 생선통조림, 황산칼슘으로 응고시킨 두부, 잎채소, 오렌지주스와 같은 칼슘강화 음식	골다공증 위험의 증가 고혈압 위험의 증가 가능	상한섭취량 = 2.0~2.5 g/일 섭취량 > 2.5 g/일 뼈의 통증, 두통, 변비, 복부통증, 신장결석(과도한 보충제)
불소(F^-)	충치 예방 뼈 형성 촉진	성인남자: 4 mg 성인여자: 3 mg	불소화된 물, 차, 해조류	실질적인 위험성은 없지만 충치의 위험 증가	상한섭취량 = 10 mg/일 위통, 불소증, 뼈 악화

9.2b 체액의 균형 유지: 칼륨과 나트륨

칼륨과 나트륨은 정상적인 체액 균형이 유지되는 데 중요한 역할을 한다. 전형적인 미국 식사는 칼륨보다 나트륨을 더 많이 공급한다. 이 같은 무기질의 불균형 섭취는 심각한 장기적 건강 문제인 고혈압을 일으킬 수도 있다. 그러나 칼륨을 함유한 식품을 보다 많이 섭취함으로써 과도한 나트륨이 건강에 미치는 위험을 감소시킬 수 있다.[9]

칼륨

칼륨(K)은 세포내액에 있는 주요 양이온이다. 신선한 과일, 과일주스, 채소는 칼륨의 좋은 급원 식품이다. 우유, 전곡, 마른 콩, 육류 또한 미국인의 식사에서 칼륨의 중요한 급원 식품이다.

2세 이상의 미국인들은 2009년~2010년에 하루 2600 mg의 칼륨을 섭취하였다.[2] 이 양은 적정 섭취량(4700mg)보다 훨씬 적다. 과일, 채소, 통곡물빵과 시리얼, 저지방 및 무지방 유제품을 보다 많이 섭취함으로써 칼륨 섭취를 증가시킬 수 있다. **표 9.4**는 몇 가지 대표적인 칼륨 급원 식품과 칼륨 함량에 대한 정보를 제시한 것이다. **그림 9.9**는 칼륨이 풍부한 식품군이다.

표 9.4 칼륨 급원 식품의 종류와 함량

식품	칼륨(mg)
근대, 삶은 것, 건더기, 1컵	1309
구운 감자, 껍질째, 6온스	963
시금치, 조리된, 건더기, 1컵	839
코코넛 액체, 1컵	600
키위, 슬라이스 조각, 1컵	562
바나나, 슬라이스 조각, 1컵	537
고구마, 으깬 것, 통조림, 1컵	536
냉동 오렌지주스, 해동, 1컵	473
캔털루프, 큐브조각, 1컵	427
파파야, 생것, 으깬, 1컵	419
우유, 액체, 1% 지방, 1컵	366
붉은 연어, 조리된, 3온스	347
복숭아, 생것, 슬라이스 조각, 1컵	293
붉은 포도, 생것, 1컵	288
저지방 플레인 요구르트, 8온스	264
노란 옥수수 통조림, 1컵	226
참치통조림, 건더기, 3온스	202

성인 권장섭취량 = 4700 mg/일
출처: *USDA National nutrient database for standard reference, release 25.*

그림 9.9 **MyPlate: 칼륨이 풍부한 급원 식품.**

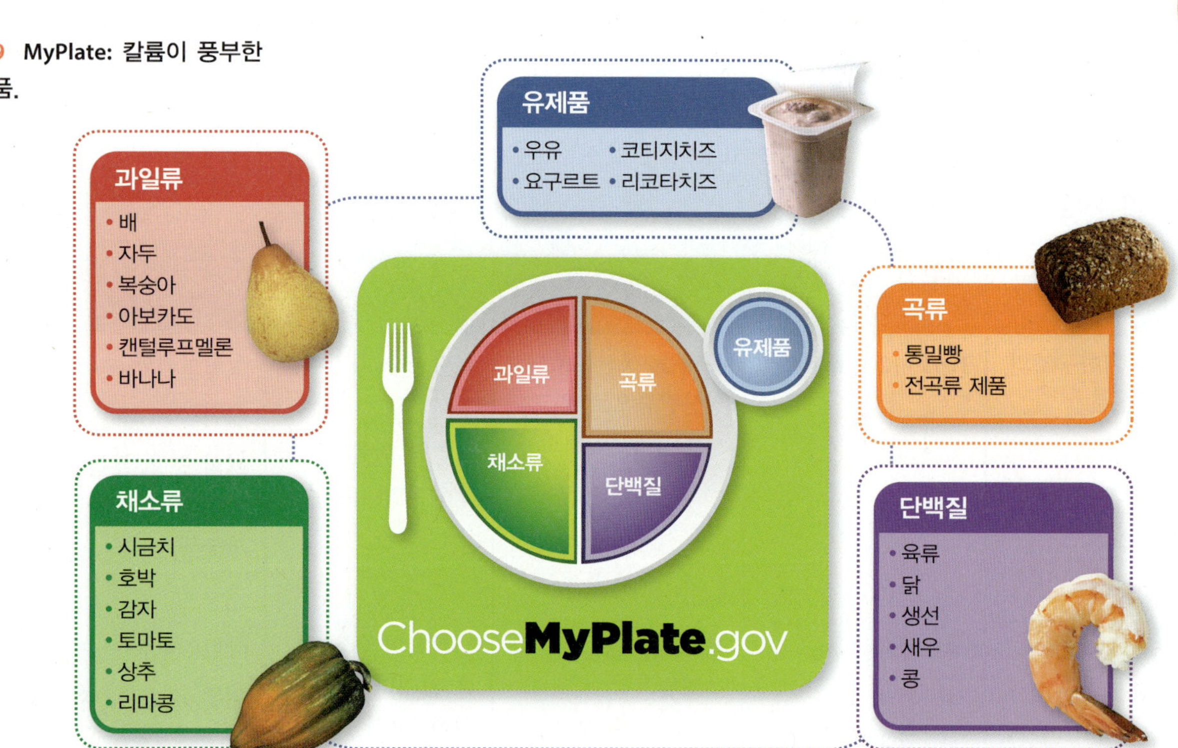

나트륨

나트륨(Na)은 세포외액의 주요 양이온이다. 대부분의 생채소, 날고기, 곡물들은 나트륨이 적다. 식탁소금은 염화나트륨으로서 나트륨과 염소가 합쳐진 것이다.

식품 제조사는 가공과정에서 소금을 식품에 첨가하고, 사람들은 식품을 준비하거나 먹을 때 또 소금을 첨가하기도 한다. 그러나 미국인의 식사에서 나트륨의 주요 공급원은 가공식품이다. 가염 스낵, 프렌치프라이, 통조림 혹은 건조한 수프, 소스와 그레이비, 핫도그 및 "델리" 육류, 치즈, 절인 식품들은 많은 양의 나트륨을 포함하고 있다. **표 9.5**는 나트륨의 급원 식품과 함량을 나타낸 것이 다.

표 9.5 나트륨의 급원 식품과 식품 첨가제의 나트륨 함량

식품	나트륨(mg)
패스트푸드, 달걀, 치즈, 소시지 얹은 비스킷	1440
토마토소스, 통조림, 1컵	1284
사우어크라프트(독일김치), 통조림, 건더기와 액체, 1컵	939
치킨누들수프, 통조림, 조리된, 1컵	866
런천미트, 오븐구이 칠면조 가슴살, 3온스	811
햄, 소금절임, 조리된, 3온스	810
코티지치즈, 2% 우유, 1컵	746
미소(된장), 1큰술	634
베이킹 소다, ½작은술	629
핫도그, 1.5온스	504
간장, 1큰술	341
딜피클, 1줄기, 약 1온스	306
토띠아 칩스, 나초맛, 1온스	284
체더치즈, 1온스	174
케첩, 1작은술	167

성인충분섭취량 = 1500 mg/일
출처: *USDA National nutrient database for standard reference, release 25.*

맛있는 팁

소금 대용품은 염화칼륨이라고 불리는 염이다. 심각한 신장질환을 가진 사람들은 혈액 내에 유독한 수준의 칼륨이 축적되어 있을 수 있다. 그러므로 신장환자는 염화칼륨으로 만들어진 소금대용품을 사용하기 전에 반드시 의사와 상의를 하여야 한다.[10] 염화칼륨을 포함한 제품 대신 과일과 채소를 섭취할 것을 권장한다.[11]

고혈압은 무엇인가?

고혈압(hypertension)은 만성적으로 혈압이 높은 상태이다. 정상혈압을 가진 사람들보다 고혈압인 사람은 신부전과 다른 기관의 손상뿐 아니라, 심혈관 질환(CVD) 특히 심장 질환과 뇌졸중의 위험이 크다. 미국에서 고혈압은 광범위하게 퍼져 있는 질환이다. 미국 성인의 30% 정도가 고혈압을 가지고 있다.[12]

고혈압은 일반적으로 환자의 기관이나 혈관이 손상을 입고 나서야 비로소 증상이 나타나기 때문에 종종 "조용한 살인자"라고 일컬어진다. 고혈압을 발견하는 최상의 방법은 정기적으로 혈압을 측정하는 것이다. 혈압을 측정할 때 2가지 측정치가 실제로 사용된다. 첫 번째 측정치는 **수축기 혈압(systolic pressure)**이며 동맥의 최대 혈압이다. 이 수치는 심실이 수축할 때 나타내는 압력이다. 두 번째 측정치는 **이완기 혈압(diastolic pressure)**이며 심장의 수축 사이에서 이완될 때 동맥에서 나타난다. 수축기 혈압은 항상 이완기 혈압보다 높다.

표 9.6은 성인의 혈압 3가지 종류를 보여주고 있다. 성인의 건강한 혈압 수치는 120/80 mm Hg이다. **초기 고혈압(prehypertension)**인 사람은 정상 혈압인 사람보다 고혈압으로 발전될 가능성이 크다.

현재 혈압이 정상이라고 하더라도 나이가 들수록 고혈압의 위험이 증가하기 때문에 정기적인 혈압 측정이 매우 중요하다. 미국에서 65세 이상의 성인 약 70%가 고혈압이다.[12] 최근 마지막으로 혈압을 측정한 때가 언제인가? 수축과 이완기 혈압은 어떤가? 혈압을 측정할 때마다 의사에게 수축과 이완기 혈압 수치를 물어서 기록하여 보관하도록 한다.

고혈압(hypertension) 혈압이 지속적으로 증가하는 상태

수축기 혈압(systolic pressure) 심장이 수축할 때 동맥 안에서 발생하는 최대 혈압

이완기 혈압(diastolic pressure) 심장의 수축 사이에서 심장이 이완할 때 동맥 안에서 발생하는 압력

초기 고혈압(prehypertension) 지속적인 수축기 혈압이 120~139 mm Hg이고 이완기혈압 수치가 80~89 mm Hg를 보임

고혈압을 일으키는 원인은 무엇인가?

고혈압의 발생 이유는 복합적이지만, 주요 위험요인들은:

- 가족력,
- 고령,
- 아프리칸 아메리칸 혈통,
- 비만과 신체 활동 부족,
- 나트륨 과다 섭취,
- 흡연, 과음,
- 제2형 당뇨병.

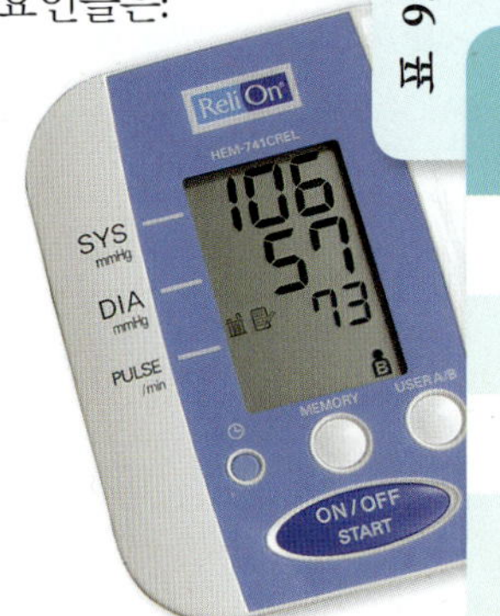

표 9.6 성인의 혈압 기준

	수축기 혈압 mm Hg	이완기 혈압 mm Hg
정상	< 120	< 80
초기 고혈압	120~139 또는	80~89
고혈압	≥ 140 또는	≥ 90

Key: < "미만", ≥ "이상"
출처: National Heart, Lung, and Blood Institute: *Your guide to lowering high blood pressure: Categories for blood pressure levels in adults.* ND. http://www.nhlbi.nih.gov/hbp/detect/categ.htm. Accessed: October 11, 2012.

나트륨 섭취와 고혈압의 위험

미국심장협회에 의하면 다량의 나트륨 섭취는 고혈압과 밀접한 관계를 가지고 있기 때문에[13] 건강 전문가들은 나트륨 소비를 제한하도록 충고한다. 다음 페이지의 "**나트륨 섭취 평가**"를 실시하여 나트륨 섭취 습관을 평가하여 보자.

2세 이상의 미국인들은 2009~2010년 동안 하루 3400 mg 이상의 나트륨을 섭취하였다.[2] 2010 미국인 식사 지침에 의하면, 50세 이하의 사람들은 하루 2300 mg 이하를 섭취하도록 권고하고 있다.[14] 이것은 대략 식탁용 소금 1티스푼(작은술)에 해당하는 양이다. 아프리칸 아메리칸, 노인, 고혈압, 당뇨병 혹은 만성신부전 환자들은 하루 1500 mg 이상을 섭취하지 않아야 한다.

"조용한 살인자"에 대한 처방

고혈압 치료의 내용은 특정 약물 섭취, 식사 조절, 생활양식의 변화 등이다. 다량의 나트륨 섭취는 천연적으로 칼륨이 풍부하고 나트륨이 적은 과일과 채소를(추가로 소금을 더하지 않고) 섭취함으로써 상쇄시킬 수 있다. 연구에 따르면 과도한 체지방을 줄이고, 신체활동을 증가시키며, 나트륨이 적고 과일과 채소 및 저지방 유제품이 많은 식사를 함으로써 혈압과 심혈관 질환(CVD)의 위험을 낮출 수 있다.

나트륨 섭취를 줄이기 위해 다음 사항을 고려한다:

- 소금을 함유한 가공식품의 섭취를 제한한다.
- 가능한 한 집에서 식사, 수프, 간식을 직접 준비하면 소금의 섭취를 조절할 수 있다.
- "소금첨가"의 지시 내용이 있더라도 음식을 조리할 때 소금을 넣지 않는다.
- 소금을 치기 전에 음식의 맛을 보고 소금 통을 식탁에 두지 말라.
- 포장된 식품을 구입하기 전에 영양표시를 확인하여 나트륨 함량을 알아본다.
- 식당에서 음식을 주문할 때 소금을 넣지 않도록 요청한다.

표 9.7은 칼륨과 나트륨의 급원 식품과 기본정보를 요약한 것이다.

식품의 1회 제공량의 나트륨 함량을 알려면 영양표시를 확인한다.

맛있는 팁

음식의 맛을 좋게 하기 위하여 소금 대신에 마늘, 감귤류 주스, 약초와 향신료를 사용한다. "마늘소금", "양파소금"과 같은 소금이 첨가된 조미료를 피하라. 성분목록을 확인하여 소금이 첨가되지 않은 조미료(마늘가루나 양파가루)를 구입한다.

사철쑥

나트륨 섭취 평가

각 질문에 대하여 나트륨 소비 습관을 가장 잘 설명한 칸에 표시하시오.

얼마나 자주?	매우 드묾	가끔	매일
1. 소금에 절이거나 가공된 육류("델리"고기), 예를 들면 베이컨, 소시지, 핫도그, 햄 그리고 기타 런천미트를 먹는가?			
2. 통조림 채소를 섭취하는가?			
3. 제품으로 판매하는 식사 혹은 수프를 먹는가?			
4. 가공치즈 예를 들면 치즈스프레드를 섭취하는가?			
5. 소금이 첨가된 땅콩, 팝콘, 프리첼, 콘칩 혹은 감자칩을 먹는가?			
6. 채소, 쌀 혹은 파스타 조리용 물에 소금을 첨가하는가?			
7. 소금, 혼합조미료, 혹은 감미료 예를 들면 간장, 스테이크 소스, 피클, 케첩 등을 음식 조리 중에 첨가하는가?			
8. 음식 맛을 보기 전에 소금을 첨가하는가?			
9. 음식 구입 시 나트륨 함량에 대한 함량표시를 무시하는가?			
10. 외식 시 짠 음식 메뉴를 선택하는가?			

채점: '가끔'과 '매일' 칸에 체크한 것이 많을수록 나트륨 섭취가 많음.
발췌: USDA: *Home and Garden Bulletin*, No. 232–6, April 1986.

표 9.7 칼륨과 나트륨: 기본 영양정보 요약

무기질	신체 주요 기능	성인 충분섭취량	주요 급원 식품	주요 결핍 징후와 증상	주요 독성 징후와 증상
칼륨(K)	체액의 균형 유지 신경자극의 전달 산 염기 균형 유지	4700 mg	과일, 채소, 우유, 육류, 콩류, 전곡류	부정맥 근육경련 근육약화	상한섭취량 미정 심장박동수의 감소로 사망에 이르게 됨
나트륨 (Na)	체액의 균형 유지 신경자극의 전달 근육 수축 물질의 세포이동	1500 mg (19~50세)	가공식품, 런천미트, 프리첼, 칩스, 기타 다른 스낵; 감미료; 소스	근육경련	상한섭취량 = 2300 mg/일 민감한 사람에게는 고혈압을 초래 소변을 통한 칼슘 손실 증가

영양, 사실인가 허구인가?

시금치는 철의 우수한 급원이기 때문에 어린아이들은 꼭 먹어야 한다.

만화주인공 "뽀빠이"는 특히 순식간에 강하게 되고 싶은 어린이들에게 시금치를 먹도록 고무시켰다. 그러나 시금치에 천연적으로 존재하는 다른 물질이 철과 결합하여 철의 흡수를 저하시킨다. 시금치가 철의 좋은 급원은 아니지만, 푸른잎 채소는 엽산, 베타카로틴, 마그네슘, 칼륨 및 식이섬유의 좋은 급원이다.[15]

9.2c 철과 마그네슘: 활력의 무기질

무기질은 칼로리(에너지)를 생성하지는 않지만, 마그네슘과 철은 다량영양소로부터 에너지를 생산하는 화학적 작용에 관여한다. 마그네슘은 에너지 대사의 촉매이다. 철은 다량영양소로부터 에너지를 생산하는 것을 도우며 적혈구에서 산소를 운반한다. 산소는 에너지 대사에서 아주 중요한데 산소의 공급이 없으면 세포는 충분한 에너지를 얻지 못하고 사망하게 된다.

철

철(Fe)은 헤모글로빈과 미오글로빈의 구성성분이다. **헤모글로빈(hemoglobin)**은 산소를 조직에 운반하는 적혈구 안의 철을 함유한 단백질이다. **미오글로빈(myoglobin)**은 적혈구로부터 산소가 분리되도록 하는 근육세포 내의 철 함유 단백질이다. 또한 세포들은 다량영양소로부터 에너지를 생산하는 데 필요한 철 함유 단백질을 가지고 있다. 만약에 체내 헤모글로빈, 미오글로빈과 에너지 방출 단백질 생성에 필요한 철이 부족하면 근육과 다른 세포들의 기능에 필요한 에너지를 얻을 수가 없다. 따라서 피로를 느끼는 것은 철이 부족한 주요 증상이다. 철은 또한 면역시스템의 기능과 뇌 발달에 중요한 역할을 한다.

헤모글로빈(hemoglobin) 조직으로 산소를 운반하는 적혈구 안의 철을 포함한 단백질

미오글로빈(myoglobin) 적혈구로부터 산소를 분리되도록 하는 근육세포 안의 철 함유 단백질

헴철(heme iron) 흡수가 잘 되는 철 형태

비헴철(nonheme iron) 헴철만큼 흡수되지 않는 철 형태

급원 식품

2살 이상의 미국인들은 2009~2010년 적절한 양의 철을 섭취하고 있다.[2] 육류는 미국인의 식사에서 철의 주요 급원이다. 철의 다른 주요 급원은 강화 시리얼과 강화 밀가루로 만들어진 빵제품들이다.

식품에서 철의 2가지 주요한 형태는 **헴철(heme iron)**과 **비헴철(nonheme iron)**이다. 쇠고기, 생선, 가금류("육류")는 헴철과 비헴철을 함유하고 있으나, 식물성 식품과 달걀은 비헴철만 함유하고 있다. 시금치와 같은 식물성 식품은 비헴철의 중요한 급원이지만 식물성 식품 속의 다른 물질이 철과 결합하여 철의 흡수를 저하시킨다. 전곡류에 있는 피틴산과 차에 있는 탄닌은 비헴철의 흡수를 감소시키는 물질이다.

비타민 C(아스코르브산) 함유식품과 함께 섭취하면 비헴철의 흡수를 촉진시킬 수 있다.[16] 시금치 샐러드에 오렌지 조각이나 레몬주스를 첨가하는 것은 잎채소에 있는 철의 흡수를 증가시킬 수 있다. 철이 강화된 아침식사용 시리얼과 함께 오렌지주스를 마시면 시리얼에 있는 철의 흡수를 증가시킬 수 있다. 비헴철 흡수를 증가시키는 또 다른 방법은 헴철의 급원 식품을 메뉴에 포함시키는 것이다. 예를 들면, 조리된 닭고기를 시금치와 건포도를 포함한 샐러드에 추가하거나, 햄버거를 구운 콩과 완두콩과 함께 먹으면 식물성 음식에 있는 비헴철의 흡수를 증가시킬 수 있다.

표 9.8은 철 급원 식품을, **그림 9.10**은 MyPlate의 철 급원 식품군을 보여주고 있다.

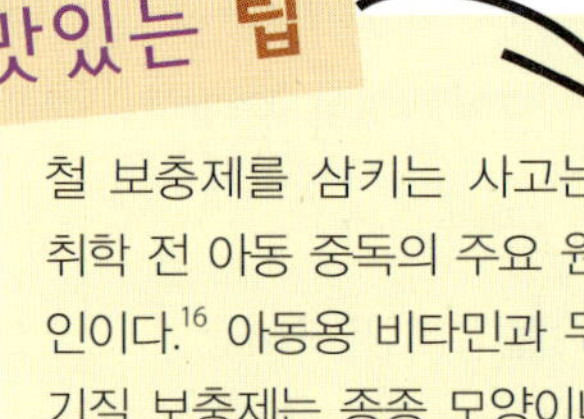

철 보충제를 삼키는 사고는 취학 전 아동 중독의 주요 원인이다.[16] 아동용 비타민과 무기질 보충제는 종종 모양이나 맛이 사탕과 같아서 취학 전 아동들에게 아주 매력적으로 보인다. 부모와 보호자들은 철이 포함된 것이나 혹은 다른 식사 보충제를 어린이들 손이 닿지 않는 곳에 보관하여야 한다.

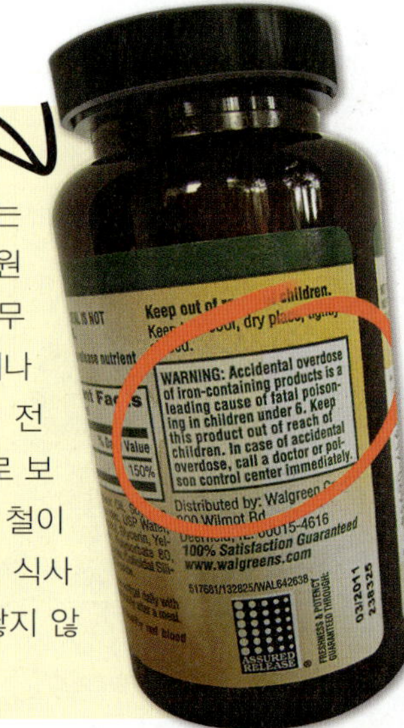

표 9.8 식품의 철 함량

식품	철(mg)
전곡류 전체, 즉석 시리얼, ¾컵	18.00
제품 19(product 19), 즉석 시리얼, ¾컵	13.57
굴, 빵가루 입힘, 튀긴, 3온스	5.91
쇠간, 조리된, 3온스	5.89
쇠고기 우둔살, 조리된, 3온스	2.30
호박씨, 볶은, 1온스	2.29
조개, 통조림, 건더기, 3온스	2.28
강낭콩, 통조림, 건더기, ½컵	2.00
칠면조, 구운, 3온스	1.60
완두콩, 꼬투리, 냉동, 삶은, 건더기, ½컵	1.58
구운콩, 통조림, 플레인, ½컵	1.51
강화미 흰밥, ½컵	0.95
건포도, 씨 제거, ¼컵	0.78
버섯, 통조림, 건더기, ½컵	0.62

성인여자 권장섭취량 19~50세 = 18 mg/일; >50세 = 8 mg/일
성인남자 권장섭취량 = 8 mg/일
출처: Data from *USDA National nutrient database for standard reference, release 25.*

그림 9.10 MyPlate: 철 급원 식품.

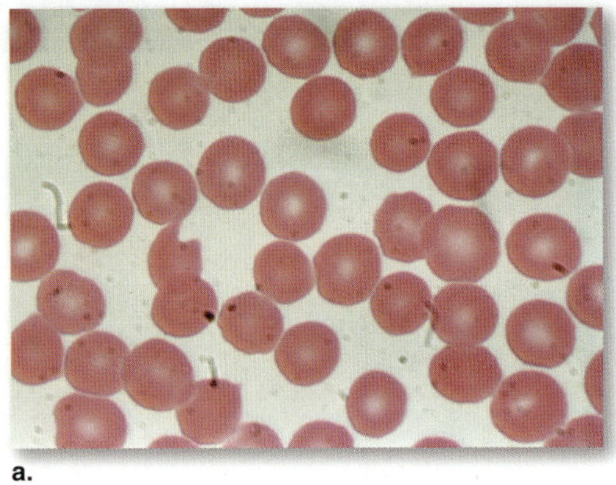
a.

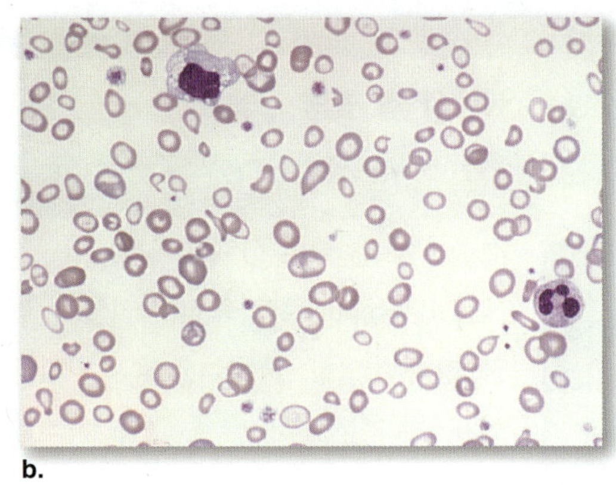
b.

그림 9.11 **적혈구.** (a) 정상 적혈구, (b) 철 결핍 빈혈 적혈구.

■ 헤모글로빈과 철은 어떤 관련성이 있는가?

철 결핍-관련 이상증세

철 결핍의 경우 체내 철의 저장이 낮지만 심각한 건강문제를 일으킬 정도로 낮지는 않다. 그러나 철이 결핍되면 피곤하며 육체적, 정신적 업무를 수행하는 능력이 떨어진다.[17] 철 결핍은 철 결핍성 빈혈을 일으킨다. 빈혈은 적혈구가 건강하지 못하거나 헤모글로빈 수치가 낮은 상태이다.

철 결핍성 빈혈(iron deficiency anemia) 체내에 철의 저장이 적은 상태

철 결핍성 빈혈(iron deficiency anemia)의 경우 적혈구는 헤모글로빈을 충분히 함유하지 않고 있다(**그림 9.11**). 이러한 빈혈은 혈액의 산소운반에 손상을 일으킨다. 세포의 산소가 부족하면 다량영양소로부터 많은 에너지를 생산할 수 없다. 미국에서 철 결핍은 가장 일반적인 영양부족 현상이고 빈혈의 주된 이유이다.[17]

철 결핍성 빈혈의 일반적인 징후와 증상:

- 창백한 피부색과 점막,
- 피로와 허약,
- 숨가쁨,
- 부숴진 손톱,
- 식욕감소(특히 어린이),
- 두통.[18]

월경 시 심한 하혈을 하는 여성들은 철 결핍성 빈혈이 발생한다. 임신부들은 월경에 의한 철의 손실은 없지만 철의 섭취에 주의를 기울여야 한다. 여성은 임신기간 중 철의 권장섭취량이 급격히 증가한다. 임신부는 자신과 태아의 필요를 충족하기 위하여 철의 추가적인 섭취가 필요하다. 임신기 동안의 철 결핍은 저체중아 출산이나 조산을 초래할 수 있다. 빈혈인 어린이들은 신체발육이 저조하고 비정상적 정신기능(mental function)을 경험한다. 철 결핍성 빈혈의 치료는 일반적으로 철 보충제 공급과 철이 풍부한 식사를 하는 것이다.

맛있는 팁

철제 조리 기구는 철의 공급원이 될 수도 있다. 토마토 소스와 같은 산성음식을 무쇠냄비에서 조리할 경우 약간의 철이 조리 기구에서 나와 음식에 섞여 철의 섭취를 증가시킨다. 철제 조리 기구를 보다 가벼운 스테인레스 스틸이나 알루미늄 냄비와 팬으로 바꾸면 철의 섭취량을 줄일 수 있다.

철의 섭취를 증가시키려면

식이 중 철을 증가시키거나 신체의 철 흡수 능력을 증대시키기 위해서는 다음 사항을 고려한다:

- 육류, 가금류, 어류를 식물성 철 급원 식품과 함께 섭취한다.
- 콩을 토마토 혹은 토마토 소스와 혼합한다.
- 오렌지 조각이나 잘게 썬 토마토를 시금치 샐러드나 조리된 시금치에 첨가한다.
- 고구마를 신선한 오렌지 조각이나 말린 살구와 함께 먹는다.
- 콩에 다진 양파나 풋고추를 첨가한다.
- 산딸기, 딸기, 건포도 혹은 말린 살구를 시리얼에 첨가한다.
- 땅콩버터나 대두 호두버터 샌드위치를 먹을 때 오렌지주스를 함께 마신다.
- 간식으로 수박, 말린 자두, 말린 살구, 혹은 건포도를 먹는다.

표 9.10은 철에 대한 기본 정보 요약이다. 임신부와 모유수유 여성을 제외한 성인 권장섭취량이다.

맛있는 팁

1파인트의 헌혈을 하면 200~250 mg의 철이 손실된다. 헌혈된 혈액의 철이 재생되기까지는 수주가 걸린다. 미국 적십자사에 따르면 건강한 사람은 56일마다 헌혈할 수 있다. 그러나 젊은 여성은 헌혈 횟수를 이보다 줄여야 하고, 특히 다량의 생리를 할 경우 헌혈에 신중해야 한다.

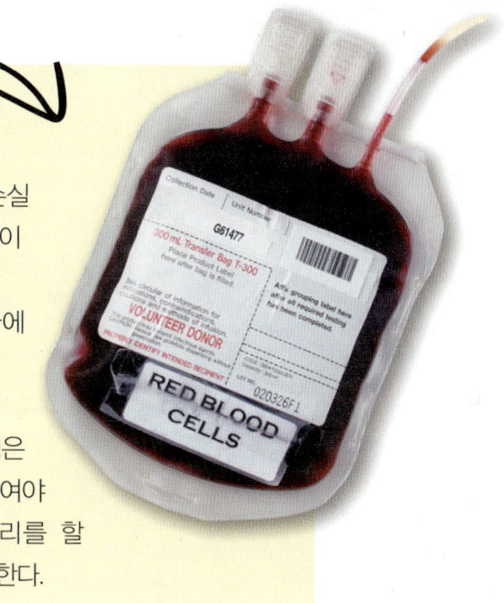

마그네슘

마그네슘(Mg)은 에너지 대사, 효소활동, 뼈 건강, 정상 혈당과 혈압 수준을 유지하기 위하여 필요하다. 좀 더 연구가 필요하지만, 고혈압, 심혈관 질환 및 당뇨병을 예방하거나 통제하는데도 유용하다.[19]

마그네슘은 식물의 녹색색소인 엽록소에 함유되어 있어 시금치, 푸른잎 채소, 전곡류, 콩, 땅콩, 씨앗류 그리고 초콜릿과 같은 식물성 식품이 마그네슘의 풍부한 급원이다. 우유, 육류 등 동물성 식품은 약간의 마그네슘을 함유하고 있다. 가공된 곡물은 일반적으로 마그네슘이 적은데 가공과정에서 마그네슘이 풍부한 겨(기울)와 씨눈이 손실되기 때문이다. **표 9.9**는 마그네슘의 상용 급원 식품을 보여주고 있다. **그림 9.12**는 마그네슘의 주요한 급원이 되는 MyPlate 식품군을 보여주고 있다.

2009~2010년 미국인은 마그네슘 섭취가 권장섭취량보다 낮았다.[2] 세계적으로도 성인의 마그네슘 섭취는 낮았으나 마그네슘 결핍 사례는 건강한 인구집단에서는 거의 발생하지 않았다.[19] 알코올중독자, 당뇨병을 잘 통제하지 못한 사람들 혹은 소변을 통하여 이 무기질을 배설시키는 약물을 복용하는 사람들은 마그네슘 결핍의 위험이 높다. 노인들 또한 섭취가 적어지고 연령이 증가할수록 소변을 통한 배설이 늘어나므로 마그네슘 결핍의 위험성을 가지고 있다. **표 9.10**은 마그네슘 결핍과 중독의 징후와 증상과 함께 마그네슘의 기본 정보를 요약한 것이다.

표 9.10 식품 중의 마그네슘 함량

식품	마그네슘(mg)
올브랜, 즉석 시리얼, ½컵	112
아몬드, 1온스	76
호박씨, 구운 것, 1온스	74
검정콩, 조리, ½컵	60
초콜릿칩, 약간 단것, ¼컵	52
치리오스, 즉석 시리얼, 1컵	40
강낭콩, 통조림, 건더기, ½컵	40
운콩, 통조림, 플레인, 1컵	34
으깬 고구마, 통조림, ½컵	31
구운 감자, 껍질과 함께 신선한, 약 3온스	27
생선, 큰넙치, 조리된, 3온스	24
시금치, 날것, 1컵	24
길쭉한 현미, 조리된, ½컵	24
꼬투리 먹는 완두콩, 냉동, 조리된, 1컵	22

여자 권장섭취량, 19~30세 = 310 mg/일; >30세 = 320 mg/일
남자 권장섭취량, 19~30세 = 400 mg/일; >30세 = 420 mg/일
출처: Data from *USDA National nutrient database for standard reference, release 25.*

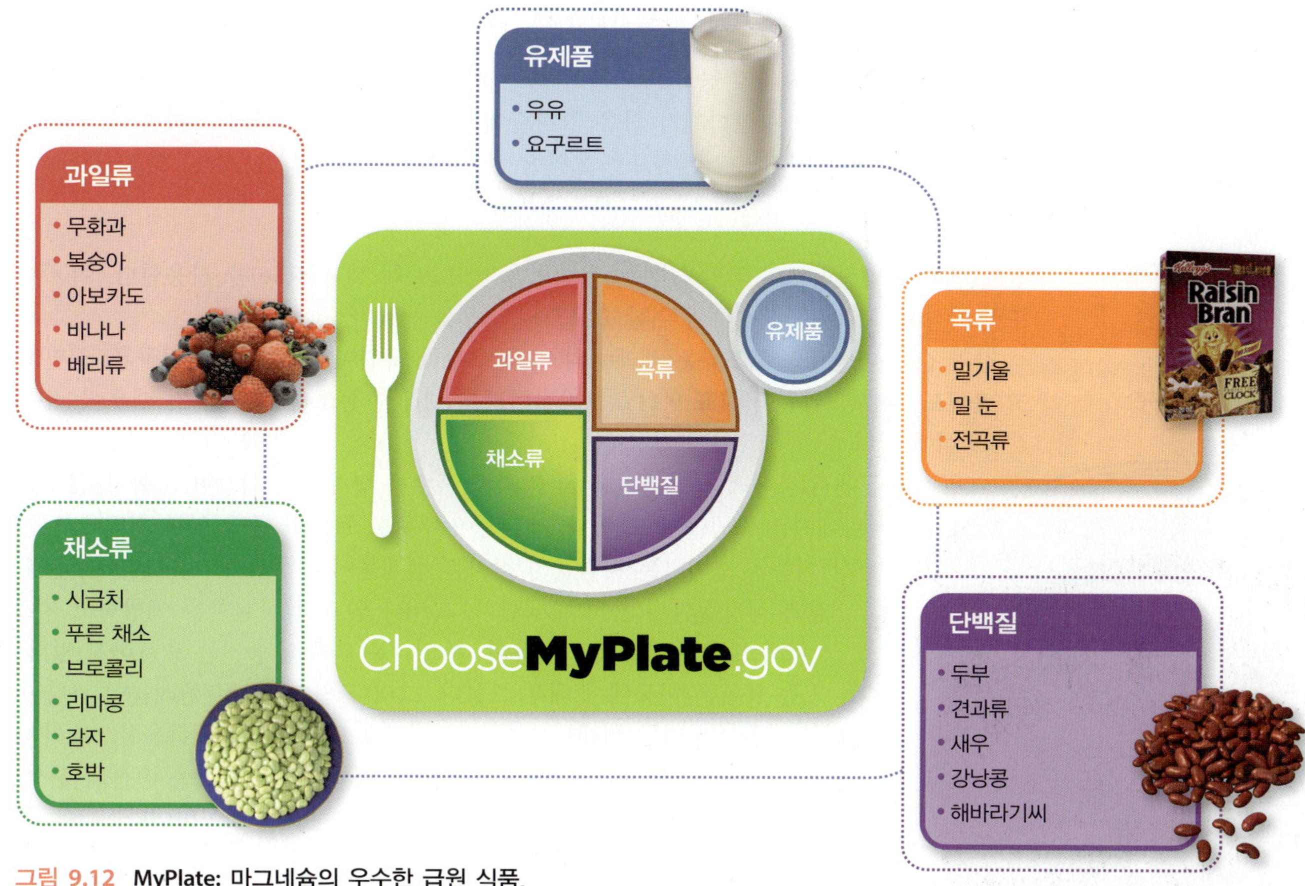

그림 9.12 **MyPlate: 마그네슘의 우수한 급원 식품.**

표 9.10 철과 마그네슘: 기본 영양정보 요약

무기질	주요 신체 기능	성인 권장섭취량	주요 급원 식품	주요 결핍 징후 및 증상	주요 중독 징후 및 증상
철(Fe)*	산소를 운반하는 헤모글로빈과 미오글로빈의 구성성분 에너지 발생 면역계 기능	여성(가임기): 18 mg 남성: 8 mg	육류와 다른 동물성 식품, 우유제외; 전곡류와 강화된 빵과 시리얼; 강화된 시리얼	활동 후 피곤 작고 색이 옅은 적혈구 헤모글로빈 수준 저하 면역계 기능약화 유아기 성장과 발달 부진	상한섭취량 = 45 mg/일 장기능 장애 기관손상 사망
마그네슘 (Mg)	뼈강화 효소의 보조인자 심장과 신경 기능	남성: 400~420 mg 여성: 310~320 mg	밀기울, 녹색채소, 견과류, 초콜릿, 콩류	근육약화와 통증 빈약한 심장기능	상한섭취량 = 350 mg/일 (약제로 섭취 시) 설사

*미량 무기질

9.2d 셀레늄과 구리: 자유 라디칼 방어자

셀레늄과 구리는 여러 가지 중요한 역할을 하는 미량 무기질이다. 이들은 각종 항산화제의 구성 성분이다. Unit 8에서 항산화제가 자유 라디칼에 의해 손상된 세포를 보호하는 것을 기억하자. **표 9.13**은 셀레늄과 구리의 기본정보를 요약한 것이다.

셀레늄

신체는 주요 항산화제의 역할을 하는 단백질을 만드는 데 셀레늄(Se)을 사용한다. 이 무기질은 또한 갑상선 호르몬을 생성하기 위한 요오드의 작용을 돕는다.

간과 같은 내장육과 해조류는 셀레늄의 가장 우수한 급원이다.[20] 견과류, 전곡류, 칠면조 그리고 육류도 우수한 급원이다(**표 9.11**). 브라질너트는 셀레늄 농도가 매우 높기 때문에 적당히 섭취하여야 한다.

브라질너트는 셀레늄이 풍부한 급원 식품이다.

미국에서는 셀레늄 결핍이 흔치 않지만 흡수를 방해하는 심각한 소화기 장애를 가진 사람에게는 발생할 수도 있다. 셀레늄이 부족한 토양의 중국 일부 지역에서 현지 생산 식품을 소비하는 사람들의 식사는 셀레늄이 부족하다. 이 지역에서는 특정한 암과 심장질환이 흔히 발생한다. 그러나 암과 심장질환을 예방하고 치료하기 위해 셀레늄 보충제를 사용할 수 있다는 과학적 증거는 충분하지 않다. 셀레늄 중독은 미국에서 매우 드물다. 그러나 천연적으로 셀레늄이 과다한 우물물을 마시거나 셀레늄을 함유한 건강보조식품을 다량 복용함으로써 발생할 수 있다. 인간의 장기적인 셀레늄 중독의 징후와 증상은 손톱의 부서짐, 머리털과 손톱의 상실, 마늘냄새, 메스꺼움, 구토와 피곤함이다.

구리

구리는 항산화제 역할을 하는 효소의 구성성분이며 철 대사, 면역기능 및 콜라겐 생성에도 관여한다(Unit 8 참조).

매우 다양한 식품에 구리가 함유되어 있으며, **표 9.12**에 구리의 우수한 급원 식품

표 8.13 식품의 셀레늄 함량

식품	셀레늄(mg)
브라질너트, 1온스(6~8개)	544
생선, 오렌지 라피, 구운, 3온스	75
생선, 참치, 기름 통조림, 건더기, 3온스	65
굴, 빵가루 입힌, 튀긴, 3온스	57
계란국수, 조리된, 1컵	38
해바라기 씨, 구운, ¼컵	25
두유, 1컵	12

성인 권장섭취량 = 55 μg/일

출처: Data from U.S. Department of Agriculture, Agricultural Research Service: Selenium, Se (μg) Content of Selected Foods per Common Measure. *National nutrient database for standard reference, Release 25*, 2012.

을 제시하였다. 건강한 사람들은 구리 결핍증이나 구리중독 현상이 거의 없으나, 다량의 철과 아연 섭취는 구리 흡수를 방해하여 구리 결핍증을 일으킬 수 있으므로 보충제 섭취에 주의해야 한다. 또한 만성적인 소화기 질환으로 무기질 흡수 능력이 감소되어 구리 결핍증을 일으킬 수 있다.

9.2e 요오드, 아연 및 크롬: 대사 조절 기능

요오드, 아연, 크롬을 비롯한 각종 무기질은 에너지 대사의 조절을 한다. 본 Unit에서는 이들 미량 무기질의 우수한 급원 식품을 비롯한 기본 정보를 제공한다. **표 9.17**은 이들 미량 무기질의 정보를 요약한 것이다.

표 9.12 식품의 구리 함량

식품	구리(mg)
쇠간, 조리된, 3온스	12.40
게 살, 통조림, ½컵	1.10
캐슈너트, 구운, 1온스	0.63
버섯, 흰색, 조리된, 건더기, ½컵	0.40
대두, 완숙, 삶은, 건더기, ½컵	0.35
초콜릿, 약간 달은, ¼컵	0.30
구운 콩, 통조림, 돼지고기와 토마토 소스 함께, ½컵	0.27
해바라기 씨, 구운, 1온스	0.26

성인 권장섭취량 = 0.9 mg/일

출처: Data from U.S. Department of Agriculture, Agricultural Research Service: Copper, Cu (mg) Content of Selected Foods per Common Measure. *National nutrient database for standard reference, Release 25*, 2012.

표 9.13 셀레늄과 구리: 영양정보 요약

무기질	신체의 주요 기능	성인의 권장섭취량	주요 급원 식품	주요 결핍 징후와 증상	주요 중독 징후와 증상
셀레늄 (Se)*	산화방지계의 구성 성분	55 μg	육류, 달걀, 생선, 어류, 전곡류	근육통과 쇠약 심장병 발생	상한섭취량 = 400 μg/일 메스꺼움 구토 모발손실 기력상실 간손상
구리 (Cu)*	철 대사 증진 항산화 효소의 구성 성분 결합조직형성 관련 효소 구성성분	0.9 mg	간, 코코아, 두류, 전곡류, 조개류	빈혈 면역계 기능 저하 성장 발달 저하	상한섭취량 = 10,000 μg/일 구토 비정상적인 신경계 기능 간손상

*미량 무기질

요오드는 왜 필요한가?

갑상선은 혈액의 요오드 화합물(요오드 형태)로 **갑상선 호르몬(thyroid hormone**; 그림 9.3 참조)을 생성한다. 갑상선 호르몬은 세포가 에너지를 생성하는 대사율을 조절한다. 갑상선 호르몬이 부족하면 갑상선이 비대해지고 대사율이 저하된다. 비대해진 갑상선은 과다한 갑상선 호르몬을 만드는 갑상선의 "지나친 활동"의 징후가 될 수 있으며, 또한 요오드 섭취와 관계가 없는 다른 원인일 수도 있다.

제1차 세계대전 중 의사들은 5대호 지역에서 미군에 징집된 남자들이 다른 지역의 사람들보다 **갑상선종(goiter)**이 많은 것을 알게 되었다. 갑상선종은 암의 결과가 아닌 갑상선의 확대이다 **(그림 9.13)**. 갑상선종은 요오드가 결핍된 지역에 사는 사람들에서 발생한다. 대체로 이러한 지역은 바다와 멀리 떨어진 내륙이다. 이러한 지역에 사는 사람들이 그 지역의 생산물만 이용한다면 갑상선종을 방지할 수 있는 충분한 요오드를 섭취할 수 없다.

1924년, 요오드는 미국인의 식탁소금에 첨가되었고, 그 결과 요오드 부족으로 인한 갑상선종은 거의 발생하지 않았다. 오늘날 요오드 강화 소금은 선진국에서 요오드 결핍을 예방하는 주요 수단이지만, 중앙아시아와 중부 아프리카에서는 여전히 요오드 섭취 부족이 흔하다.

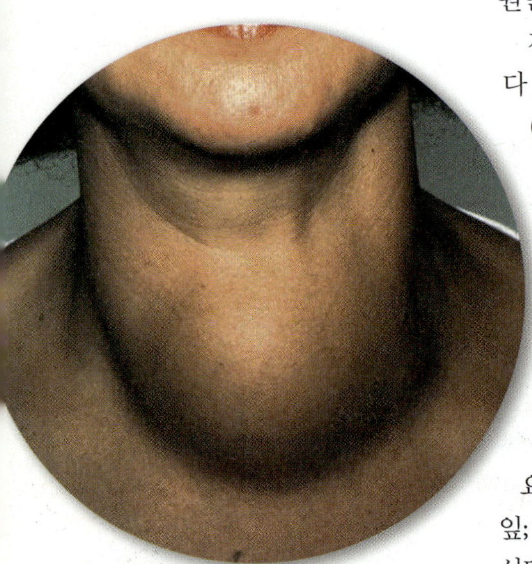

그림 9.13 요오드 결핍은 남녀 모두에게 갑상선종을 발생시킬 수 있다.

요오드의 급원 식품

요오드의 주요 급원 식품은 소금에 절인 생선이다; 해조류; 특히 바다 가까이에서 재배한 채소잎; 그리고 요오드 강화 소금은 요오드의 주요 급원 식품이다. 소금의 요오드 강화는 미국에서는 선택이므로 모든 소금에 요오드가 첨가된 것은 아니다. 다른 요오드 급원 식품으로는 반죽 개량제와 식품 색소와 같은 식품첨가물이 있다. **표 9.14**는 요오드의 우수한 급원 식품을 제시하고 있다.

적절한 섭취

대부분의 미국인들은 적절한 요오드를 섭취한다.[21] 많은 미국인들이 고혈압의 위험을 줄이기 위하여 소금을 적게 사용함으로써 요오드 섭취가 부족될 수 있다.

요오드가 부족한 사람들은 일반적으로 대사율이 낮고 혈중 콜레스테롤이 증가한다. 요오드 결핍의 다른 징후와 증상은 피로, 정신노동의 집중 저하, 체중증가, 내한성 감소(추위를 못 참음), 변비, 건조한 피부 등이다.

전 세계적으로 수백만이 요오드 결핍 위험에 처해 있다. 임신부들이 적절한 요오드를 섭취해야 하는 것은 매우 중요하다. 요오드 결핍 임신부들은 사산과 저출생체중 영아, **크레틴병(cretinism)**

갑상선 호르몬(thyroid hormone) 신체의 대사율을 조절하는 호르몬

갑상선종(goiter) 갑상선이 비대해짐

크레틴병(cretinism) 요오드가 결핍된 임산부가 출산한 아기에게서 발생

표 9.14 식품의 요오드 함량

식품	요오드(μg)
해조류, 건조, ¼온스	다양함, 그러나 4500 μg보다 많음
대구, 3온스	99
요오드 강화 소금, ½온스	77
감자, 껍질 벗겨 구운, 1 작은 술	60
우유(소), 8 액상 온스	56
새우, 3온스	35
달걀, 완숙, 1 대형크기	12

성인 권장섭취량 = 150 μg/일

출처: Data from Higdon J: *Iodine.* Micronutrient Information Center, Linus Pauling Institute, Oregon State University, Updated 2010. http://lpi.oregonstate.edu/infocenter/minerals/iodine/. Accessed: April 10, 2013.

맛있는 팁

미국에서는 소금 제조사들이 "요오드 강화 소금"을 만들기 위하여 식탁 소금에 종종 요오드를 첨가한다. 슈퍼마켓에서 판매하는 바다소금은 무기질이 강화되지 않았기 때문에 요오드의 좋은 급원이 아니다.[22] 바다소금을 포함하여 모든 급원 식품으로부터의 나트륨 과다섭취는 피해야 한다.

아기의 출산 위험이 높다. 크레틴병 아기는 영구적인 뇌 손상, 인지능력 감소 및 발달 장애를 가진다.

요오드 결핍은 모든 나라에서 예방이 가능한 가장 일반적인 지적 장애의 원인이다.[21] 임신부들은 임신기간 동안 적절히 요오드를 섭취함으로써 크레틴병 아기를 출산하는 위험을 줄일 수 있다.

오랜 기간 다량의 요오드를 섭취하면 갑상선 확대와 갑상선 호르몬의 생성저하를 일으킬 수 있다. 이러한 부작용은 요오드가 부족할 때와 같다. 과다한 요오드 섭취도 갑상선암 발생 위험과 관련이 있다.

아연

아연(Zn)은 신체의 다양한 기능에 필요하다. 이 미량무기질은 수백 개 효소의 구성성분인데 단백질, 탄수화물, 지방대사와 연관이 있다.[23] 아연은 임신기, 유아기, 청소년기의 발육과 성장에 필수적인 것이다. 또한 상처치료, 맛과 냄새, DNA 생산, 적절한 면역계 기능에 반드시 필요하다.

아연이 감기의 증세를 완화시키고 기간을 감소시킨다는 연구결과는 없다. 아연을 함유된 감기약이 도움이 되는지에 대해서는 추가 연구가 필요하다.

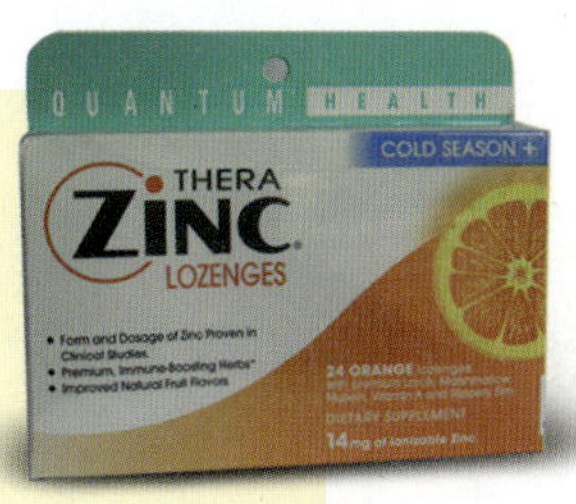

아연의 급원 식품

아연은 식품에 널리 존재한다(**표 9.15**). 굴은 아연의 가장 우수한 급원 식품이지만, 미국인들의 식사에서 대부분의 아연을 공급하는 것은 붉은 고기, 가금류, 강화된 시리얼이다. **그림 9.14**는 MyPlate의 아연의 우수한 급원 식품군을 보여준다.

미국 성인은 적절한 양의 아연을 섭취한다.[2] 따라서 아연 결핍은 미국에서 일반적인 영양 문제는 아니다. 그러나 알코올중독자들은 아연 결핍의 위험이 높은데 알코올이 아연의 흡수를 감소시키고 배설을 증가시키기 때문이다. 또한 만성적인 설사나 소화기 질환이 있는 사람들도 아연 결핍증이 발생한다. 채식주의자들은 식물성 식품에 함유된 아연을 동물성 식품에 있는 것만큼 흡수하지 못하기 때문에 육류 소비자들보다 아연의 필요량이 높다.[23] 유아기와 청소년기의 아연 결핍은 성장장애와 성적 성숙의 지연을 일으킬 수 있다. 또 다른 징후는 식욕 저하, 설사, 모발손실, 피부염, 상처치료 지연, 미각 손상 및 정신 지체 등이다.[23]

하루 100 mg 이상의 아연 섭취는 HDL 콜레스테롤 수준을 낮추어 설사, 경련, 메스꺼움, 면역기능 저하를 가져올 수 있다. 아연의 과량 투여는 구리의 흡수와 대사를 방해할 수

생굴

표 9.15 식품의 아연 함량

식품	아연(mg)
굴, 빵가루 입혀, 튀긴, 3온스	74.0
전곡류 전체, 즉석 시리얼, ¾컵	15.0
밀, 즉석 시리얼, 1컵	8.34
소고기, 등심 로스트, 조리됨, 3온스	7.0
구운 콩, 돼지고기, 토마토 소스와 함께 통조림, ½컵	6.9
간 쇠고기, 80% 살코기, 불에 구운 패티, 3온스	5.3
요구르트, 플레인, 저지방, 8온스	2.2
해바라기 씨 낟알, 구운, ¼컵	1.7

권장섭취량 = 여자 8 mg/일; 남자 11 mg/일

출처: Data from U.S. Department of Agriculture, Agricultural Research Service: Zinc, Zn (mg sorted by nutrient content) Content of Selected Foods per Common Measure. *National nutrient database for standard reference, Release 25*, 2012.

그림 9.14 **MyPlate: 아연의 좋은 급원 식품.**

있으므로 의사의 지시 없이는 다량의 아연 섭취를 피하여야 한다.

크롬

미량 무기질인 크롬(Cr)은 탄수화물과 지질 대사에 중요한 역할을 한다. 크롬은 인슐린 호르몬과 함께 작용하여 포도당이 세포 내로 들어가게 하는 에너지 대사를 증진한다. 크롬은 세포막에서 인슐린의 활동을 증진시켜 포도당이 세포 안으로 들어가도록 "문을 열어두는 역할이다". 어떤 사람들은 혈당 수준을 높이기 위하여 크롬 보충제를 섭취하지만 이런 보충제가 당뇨병 환자에게 도움이 되는지에 대한 일관성 있는 연구의 증거는 없다. 과학자들은 대사에 미치는 크롬의 효과를 계속 연구하고 있다.

크롬의 급원 식품

크롬은 식품에 광범위하게 퍼져 있지만 대부분 매끼 식사당 2 μg 정도를 포함한다.[24] 고기, 전곡류, 이스트, 과일, 채소가 크롬의 우수한 급원이다(**표 9.16**). 미국 성인은 적절한 양의 크롬이 함유된 식사를 한다.[24] 크롬 결핍은 크롬이 포함되지 않은 식사를 하는 사람들과 영양 결핍된 아동에게서 보고되고 있다. 크롬 결핍의 징후는 혈당, 콜레스테롤, 중성지방 증가 등이다.

천연 상태로 식품에 있는 크롬의 형태는 독성을 나타내지 않지만 다양한 크롬 보충제 복용에 대한 안정성은 알려져 있지 않다. 쥐의 세포를 이용한 연구 결과는 **크롬 피콜리네이트**가 인체의 DNA를 손상시킬 수 있다는 것을 보여주고 있다.[25] 손상된 DNA가 암을 유발할 수 있기 때문에 크롬 보충제를 복용하기 전에 이런 위험성을 고려하여야 한다.

표 9.16 식품의 크롬 농도

식품	크롬(μg)
브로콜리, ½컵	11
잉글리쉬 머핀, 통밀, 1	4
으깬 감자, 1컵	3
마늘가루, 1작은술	3
쇠고기, 3온스	2
오렌지주스, 1컵	2
칠면조 가슴살, 3온스	2
통밀 빵, 1조각	1

충분섭취량 = 남자 30~35 μg/일; 여자 20~25 μg/일

출처: Data from Office of Dietary Supplements, National Institutes of Health: *Dietary supplement fact sheet: Chromium*. Last reviewed 2005. http://ods.od.nih.gov/factsheets/Chromium-HealthProfessional/.

기타 주요 무기질

표 9.18은 본 Unit에서 다루지 않은 몇 가지 무기질에 대한 기본 정보를 제공한다. 대부분의 무기질은 다량 복용 시 독성이 있음을 주의하는 것이 중요하다.

표 9.17 요오드, 아연 및 크롬: 기본 영양정보 요약

무기질	신체 주요 기능	성인 권장섭취량/충분섭취량	주요 급원 식품	주요 결핍 징후 및 증상	주요 중독 징후 및 증상
요오드 (I^-)*	갑상선 호르몬 성분	150 μg	요오드 강화 소금, 소금에 절인 생선, 낙농제품	갑상선 비대(갑상선종) 크레틴병	상한섭취량 = 1100 μg/일 갑상선 기능 저하
크롬 (Cr)*	인슐린 작용 증진	남성: 30~35 μg 여성: 20~25 μg	달걀노른자, 전곡류, 돼지고기, 견과류, 버섯류	식후 혈당 증가	알려져 있지 않으나 현재 과학적 조사 중 몇 가지 치료약물과 상호작용
아연 (Zn)*	다양한 효소의 구성성분	남성: 11 mg 여성: 8 mg	해산물, 고기, 전곡류	피부발진 설사 미각과 후각장애 모발손실 성장과 신체발달 저하	상한섭취량 = 40 mg/일 장기능 장애 면역체계 기능장애 보충제 복용은 구리 흡수를 감소시킬 수 있음

*미량 무기질

표 9.18 요오드, 아연 및 크롬: 기본 영영정보 요약

무기질	신체 주요 기능	성인 권장섭취량/충분섭취량	주요 급원 식품	주요 결핍 징후 및 증상	주요 중독 징후 및 증상
인(P)	뼈와 치아 구조의 구성성분 산염기 평형유지 DNA, 인지질 및 기타 유기화합물의 구성성분	700 mg	유제품, 가공식품, 소프트음료, 생선, 구운 음식, 육류	보고된 바 없음	상한섭취량 = 4 g/일 뼈 무기화 부진
염소(Cl^-)	체액 균형 유지 위산 생산 신경자극 전달 산염기균형 유지	2300 mg(19~50세)	가공식품, 짠 스낵 및 식탁 소금 포함	발작 (유아들에서 발견됨)	상한섭취량 = 3600 mg/일 고혈압은 염화나트륨(식탁 소금)의 나트륨과 관련
황(S)	함황아미노산의 성분	설정된 바 없음	말린 과일, 수돗물, 맥주, 포도주	건강한 사람에게서 발생 없음	상한섭취량(없음) 설사
망간Mn)*	여러 가지 효소의 성분	충분섭취량 = 1.8 mg; 여성 = 2.3 mg; 남성	차, 커피, 전곡류 시리얼, 견과류, 두류, 블루베리	알려진 바 없음	상한섭취량 = 11 mg/일 흥분 및 신체통합 능력 저하

*미량 무기질

모듈 9.3

수분: 생명의 액체

9.3 - 학습목표

1. 이 모듈의 주요 용어를 모두 정의한다.
2. 신체 수분의 주요 기능을 설명한다.
3. 수분 섭취와 손실의 일반적인 근원을 확인한다.
4. 신체가 어떻게 수분 균형을 유지하는지 설명한다.
5. 휴대용 생수를 마시는 것에 대해 찬반 토론한다.

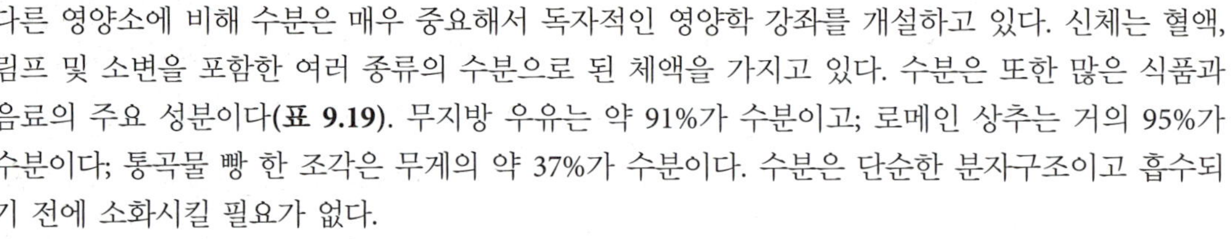

다른 영양소에 비해 수분은 매우 중요해서 독자적인 영양학 강좌를 개설하고 있다. 신체는 혈액, 림프 및 소변을 포함한 여러 종류의 수분으로 된 체액을 가지고 있다. 수분은 또한 많은 식품과 음료의 주요 성분이다(**표 9.19**). 무지방 우유는 약 91%가 수분이고; 로메인 상추는 거의 95%가 수분이다; 통곡물 빵 한 조각은 무게의 약 37%가 수분이다. 수분은 단순한 분자구조이고 흡수되기 전에 소화시킬 필요가 없다.

사람들은 수분을 당연한 듯이 섭취하지만 수분은 절대적인 필수 영양소이다. 우리의 식사에서 탄수화물, 지질, 단백질 및 비타민이 부족하더라도 수주일 혹은 몇 개월을 살 수 있지만 식품과 음료를 통하여 수분을 흡수하지 못하면 사람들은 일주일 내지 2주일 안에 사망한다. 본 모듈

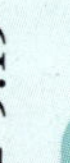

표 9.19 식품과 음료수의 수분의 함량

식품	수분 무게 %
상추	95
토마토	95
수박	91
우유, 1% 지방	90
사과, 껍질 포함	86
아보카도	79
감자, 흰색, 껍질째 구운	75
닭, 흰 살코기, 구운	65
빵, 통밀	37
버터	16
크래커, 소금 간	5
식물성 기름	0

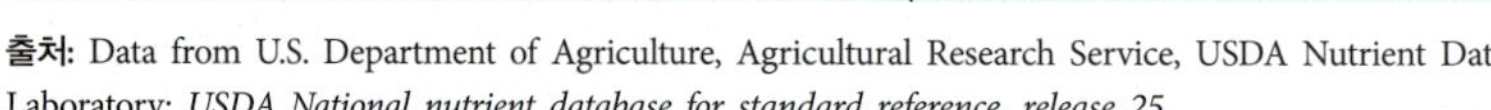

출처: Data from U.S. Department of Agriculture, Agricultural Research Service, USDA Nutrient Data Laboratory: *USDA National nutrient database for standard reference, release 25.*

은 신체에서 수분의 중요성에 초점을 맞춘다.

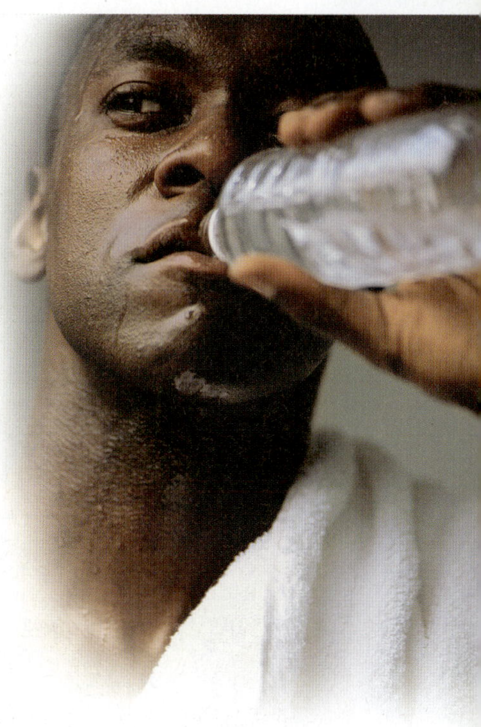

9.3a 우리의 신체에서 수분은 어떤 일을 하는가?

체액의 주요 성분으로 많은 기능을 가지고 있다:

- **용매(solvent**; 수용성 물질은 물에 녹는다)이다;
- 혈액, 침, 땀, 눈물, 점액 및 관절액의 주요 성분이다;
- 노폐물을 배출한다;
- 조직의 윤활유이다;
- 식품의 소화를 돕는다;
- 혈액 성분을 적절히 유지하도록 돕는다.
- 물질의 이동을 돕는다;
- 체온을 조절한다;
- 많은 화학적 반응에 관여한다;

수분은 신체에서 많은 기능을 가지고 있으나 에너지를 제공하지 않는 독특한 영양소이다.

9.3b 신체의 체액구획

나이, 성별 및 신체 구성에 따라 신체의 50~75%가 수분이다(그림 1.3 참조). 근육조직은 지방조직(약 20%)보다 더 많은 수분(약 73%)을 함유한다. 젊은 성인 남성은 젊은 여성보다 많은 근육을 가지고 있다. 젊은 남성의 체중 중 약 55~60%가 수분이다. 젊은 여성에 지방이 더 많으므로 수분은 조금 적다. 체중에서 수분이 차지하는 비율은 나이가 들어감에 따라 감소한다. 노인은 체중의 45% 정도의 수분을 함유하고 있다.[26]

수분이 필수 영양소인 이유는 세포가 주변으로부터 물질을 흡수하고 배설물을 배출하는 것을 돕기 때문이다. 세포는 세포의 영역을 표시하는 세포막을 가지며 물질이 세포 안팎으로 들어오고 나가는 것을 통제한다.

세포는 생존하기 위해 적절한 수분 상태인 **수화(hydration)**상태를 유지하여야만 한다. 적절한 수화상태는 두개의 주요 체액 구획 사이의 균형을 필요로 한다: **세포 내액(intracellular water)**과 **세포 외액(extracellular water; 그림 9.15)**. 세포 내액은 세포 내부의 체액이다. 세포 외액은 세포를 둘러싸고 있거나(조직액) 혹은 혈액의 액체 부분이다(혈장).

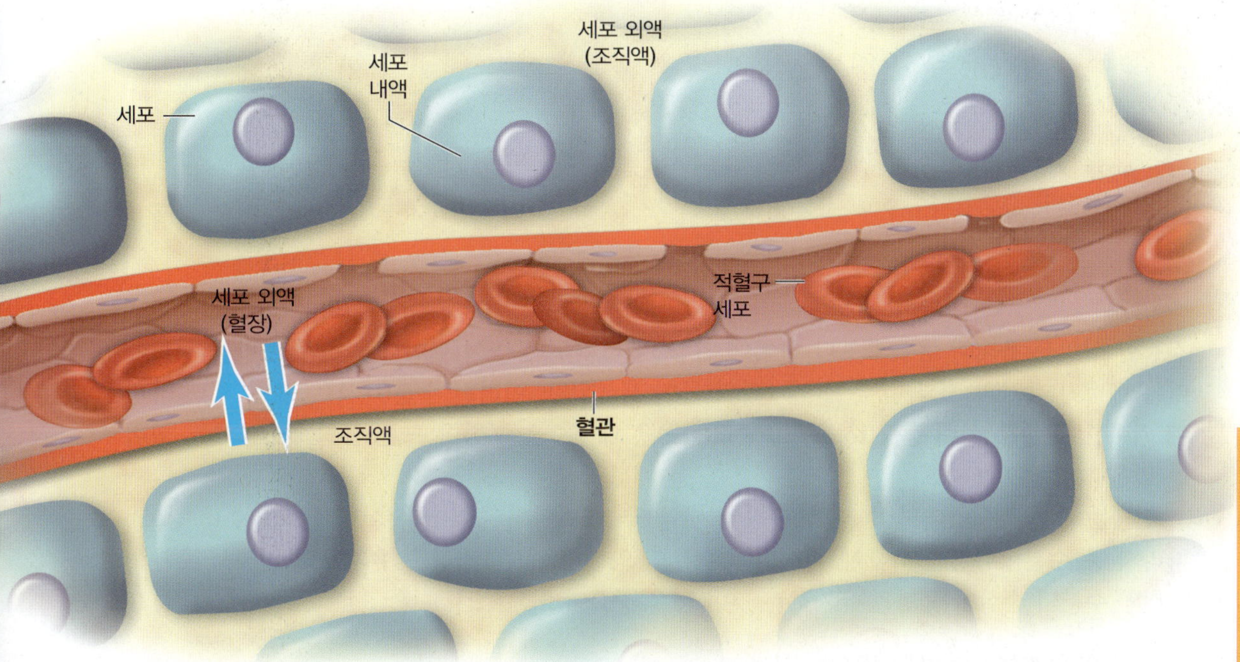

그림 9.15 체액 구획. 신체는 세포 외액과 세포 내액의 균형을 유지하여야만 한다. 만약 지나치게 많은 혈장이 혈관에서 조직액으로 들어가면 조직은 부풀어 오른다(부종).

용매(solvent) 다른 물질을 녹이는 물질

수화(hydration) 수분 상태

세포 내액(intracellular water) 세포 내부의 체액

세포 외액(extracellular water) 세포의 외부를 둘러싸거나 혈액 안에 있는 체액

전해질은 어떻게 수화상태에 영향을 끼치는가?

세포는 적절한 수화상태로 각 구획의 전해질 양을 조정함으로써 유지한다. 전해질은 수분을 끌어당긴다. 대체로 이러한 전해질 이온이 움직이는 곳에 수분이 이동한다. 결과적으로 정상적인 전해질 농도의 변화가 한 구획에 수분을 이동시켜 다른 구획으로 움직이게 한다. Unit 7에서 다량의 수분이 세포를 둘러싼 공간으로 이동할 때 부종이 발생하는 것을 상기하라(세포 외액). **필수개념 9.1**은 세포 내액 혹은 세포 외액에서 이온 농도의 불균형이 발생하면 세포에 무슨 일이 일어나는가를 설명하는 것이다.

필수개념

9.1 우리의 몸이 체액 균형을 반드시 유지하여야 하는 이유

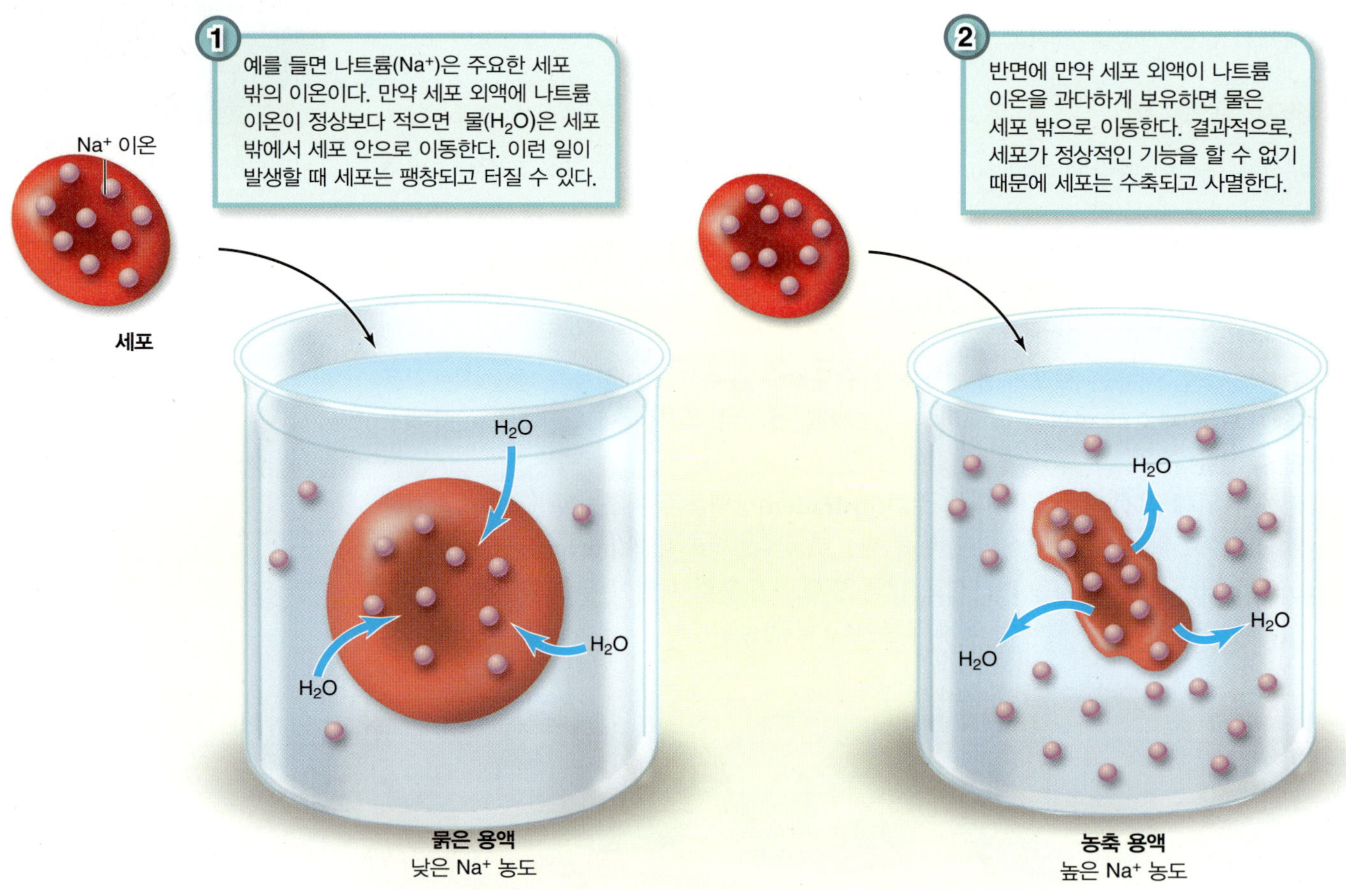

9.3c 필수적인 균형작용

건강한 성인은 음식과 음료로부터 하루에 약 2.3쿼터의 수분을 섭취한다.[26] 신체의 활동 정도에 따른 에너지 대사의 결과, 하루에 약 1컵의 물이 생성된다. 이러한 수분(대사수) 또한 체액 균형에 기여한다. **수분 섭취 총량(total water intake)**은 대사수를 포함한 모든 급원에서의 수분 섭취를 말한다**(그림 9.16)**.[26]

신체는 소변, 날숨, 대변 및 땀을 통하여 매일 약 2.5쿼터의 수분을 손실한다(그림 9.16 참조). 따라서 총 수분섭취량은 하루에 손실되는 수분의 양이다. 좋은 건강을 유지하기 위해서 수분의 섭취와 수분의 손실이 균형을 유지하는 것이 매우 중요하다.

수분 섭취 총량(total water intake) 대사와 외부 급원으로부터 섭취하는 수분

얼마나 많은 양의 수분이 필요한가?

좋은 건강을 위하여 얼마나 많은 수분을 마셔야 하는가? 일반적으로 믿고 있는 것과는 달리 매

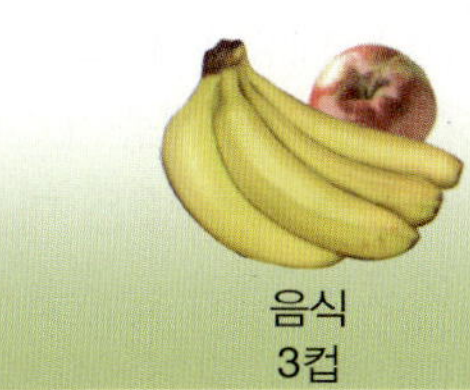

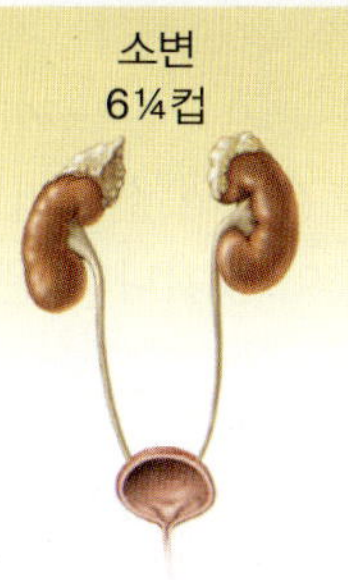

그림 9.16 하루 수분 균형. 적절한 수화상태를 위하여 수분 섭취와 배출은 같아야만 한다.

■ 과잉의 물을 마시면 어떻게 되는가?

일 얼마만큼의 수분을 마셔야 한다고 권장한 "경험상 법칙"은 없다.[27] 수분의 충분섭취량(AI)은 젊은 여성의 경우 하루 약 11컵, 남성의 경우 하루 약 15.5컵이다.[28] 온도와 같은 환경요인과 건강, 육체활동, 식품 선택이 신체의 수분 필요량에 영향을 미친다. 따라서 수분 섭취는 개인에 따라 크게 차이가 난다.

수분 손실

신장은 수분량과 이온농도를 조정하는 주요 기관이다. 신장은 혈액의 과다 이온을 배출한다. 신장이 나트륨과 같은 이온을 배출할 때 수분이 함께 배출되며 소변의 주요 성분이 된다.

신체에서 생성되는 소변의 양은 섭취하는 수분의 총량에 의하여 결정된다. 건강한 사람은 하루 약 1.5쿼터의 소변을 생성한다.[26] 몸이 필요로 하는 것보다 더 많은 액체를 섭취하면 신장은 초과된 수분을 소변으로 배출한다. 건강한 신장은 더 많은 소변을 생성할 수 있지만 물 섭취가 하루 2컵 이하일 때는 그보다 적게 생성한다.

구토, 설사, 발열, 콧물 등으로 수분과 나트륨, 칼륨, 염소 등의 전해질이 손실된다. 따라서 몸이 아플 때 맑은 수프, 스포츠 음료와 같은 것을 많이 마시도록 권장하는 것이다. 기온, 습도, 고도와 같은 환경 요인들이 신체의 수분 손실에 영향을 미친다. 예를 들어 더운 환경에 있을 때 땀을 많이 흘린다. 땀은 피부 표면으로 나오는 체액이며 공기 중에 증발한다. 이런 절차는 수분의 손실을 발생시키지만 체온을 낮추는데 도움이 된다. 또한 따뜻하고 습한 공기가 폐를 떠날 때 수분의 손실이 일어난다. 특히 더운 환경에서의 강도 높은 육체활동은 더 많은 땀을 흘리게 한다. 운동선수나 더운 야외에서 일을 하거나 운동하는 사람들은 적절한 수화상태를 유지하도록 휴식하여야 한다.

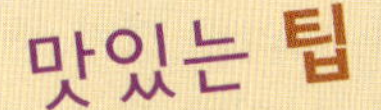

짠 음식을 먹고 음료수를 마신 후에 체중이 약간 늘어난 것을 느꼈는가? 체중의 증가는 체내 수분이 일시적으로 증가한 것이기 때문이다. 나트륨을 공급하는 식품을 평상시 수준으로 다시 먹으면 신장은 초과 나트륨과 수분을 하루 안에 배출한다. 우리의 몸이 정상적인 체액 균형을 회복하게 되어 체중 정상 체중으로 돌아온다.

탈수

덥고 땀을 심하게 흘리면 가벼운 탈수 상태가 되어 신장은 수분을 보유하려고 한다. 입이 마르고 불편할 때 어떻게 할 것인가? 마실 것을 찾으라! 건강한 사람은 갈증을 신호로 수분의 충분 섭취량을 충족시킨다.[28] 갈증을 느끼는 것은 심한 탈수상태를 피하기 위하여 물 같은 액체를 마시라고 하는 뇌의 신호이다.

탈수(dehydration)는 수분량이 너무 낮을 때 발생한다. 탈수는 생명을 위

맛있는 팁

가끔 소변에 무기질이 남아서 결정체를 만든다. 이 결정체가 커지게 되면 "신장결석"이라고 불리는 딱딱한 돌을 형성할 수 있다. 이러한 돌은 신장 안에서 움직일 때 매우 고통스럽고 소변을 통하여 배설된다. 탈수는 이와 같은 돌이 형성될 수 있는 사람들의 결석발생 가능성을 높여 준다.

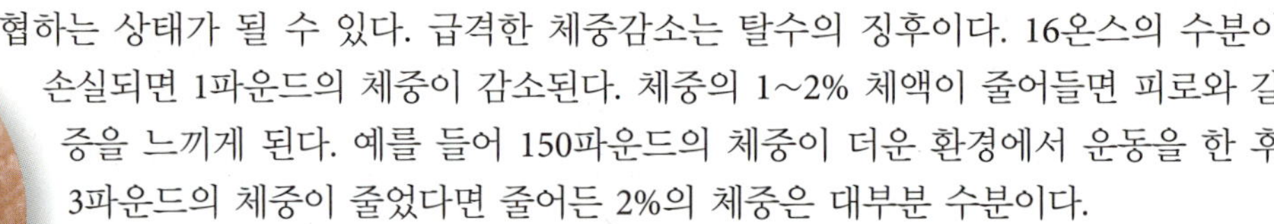

협하는 상태가 될 수 있다. 급격한 체중감소는 탈수의 징후이다. 16온스의 수분이 손실되면 1파운드의 체중이 감소된다. 체중의 1~2% 체액이 줄어들면 피로와 갈증을 느끼게 된다. 예를 들어 150파운드의 체중이 더운 환경에서 운동을 한 후 3파운드의 체중이 줄었다면 줄어든 2%의 체중은 대부분 수분이다.

수분의 손실이 체중의 4%에 이르게 되면 근육은 상당한 힘을 잃게 된다. 체액의 손실로 인하여 체중이 7~10% 줄게 되면 심각한 허약상태가 된다. 20%의 체중이 감소하면 의식을 잃고 사망한다. 60세 이상은 젊은 성인들보다 갈증을 잘 느끼지 못한다.[29] 노인들은 젊은 사람들보다 탈수현상에 더 민감한데 나이가 들수록 수분의 섭취가 적을 때 신장이 수분을 보유하는 능력이 낮아지기 때문이다. 따라서 육체적 활동이 많거나 더운 환경에서는 노인에게 물과 같은 액체를 마시게 하는 것이 필요하다.

탈수(dehydration) 몸속의 수분이 부적절한 상태

이뇨제(diuretic) 소변 생성을 증가시키는 물질

수분중독(water intoxication) 단시간 내에 과도한 물을 섭취하거나 신장이 물을 여과하기 어려울 때 발생하는 상태

이뇨제란 무엇인가?

이뇨제(diuretic)는 신장의 소변 형성을 촉진하는 물질이다. 카페인은 가벼운 이뇨제이다. 커피, 차, 에너지 음료 및 청량음료는 카페인이나 카페인 관련 물질을 함유한다. 그러나 카페인 함유 음료수로 섭취하는 수분은 소변으로 완전하게 배출되지 않아서 이러한 음료는 수분의 필요량을 공급하는데 도움이 된다.[28]

알코올 또한 이뇨제이다. 알코올은 신장의 수분 보유 능력을 방해하므로 신장에서 정상보다 많은 소변을 배출한다. 알코올 섭취는 실제로 음료수에서 섭취하는 수분보다 많은 수분을 소변으로 배출한다. 이것이 왜 음주가 소변의 횟수를 늘이고 탈수를 일으키게 되는지를 설명한다.

"숙취"는 알코올을 많이 마신 후 수 시간 뒤에 일어나는 두통과 대체로 불편한 느낌이다. 탈수는 신체의 면역계 반응이며 혈당이 낮아지는데 착향료가 원인이 되는 것 같다.[30] 착향료는 맛과 색에 영향을 주는 알코올음료에 함유된 물질이다. 착향료 농도가 높은 알코올 음료(예를 들면 적포도주와 위스키)는 맥주와 보드카와 같이 착향료의 양이 적은 음료보다 더 심한 숙취를 일으킨다.

과다한 수분은 독이 될 수 있는가?

수분의 상한섭취량은 없다. 그러나 과도한 양의 수분을 단시간 내에 섭취할 때나 신장이 혈액의 수분을 여과하기 어려울 때 **수분중독(water intoxication)**이 발생할 수 있다. 과도한 수분은 혈중의 나트륨 농도를 희석시켜서 혈액의 수분 평형을 깨뜨리게 된다. 이러한 수분 불균형의 결과로 과잉의 수분이 뇌세포를 포함한 다른 세포로 이동한다. 수분중독의 징후와 증상은 어지러움, 두통, 혼돈, 근육운동의 조절장애, 이상행동과 발작이 있다.[31] 만약 이 같은 상태가 일찍 발견되지 못하면 의식을 잃고 사망에 이르게 된다.

건강한 사람들은 독성을 일으킬 만큼의 물을 마시지는 않는다. 그러나 수분중독은 신장에서 수분을 정상적으로 배설하는 능력에 장애가 있는 사람들에게서 발생할 수 있다. 마라톤 경기 중 수분 섭취를 위하여 일반수를 다량 섭취하는 선수들은 수분중독의 위험에 처할 수 있다. Unit 10에서 탈수에 대하여 더 많은 정보를 제공할 것이다.

얼마만큼의 수분이 충분한 양인가?

충분한 수분을 섭취하고 있는가를 판정하는 가장 단순한 방법은 소변량을 살펴보는 것이다. 필요보다 더 많은 액체를 섭취하였다면 신장은 초과된 수분을 배출할 것이고 소변을 많이 생성할 것이다. 반면에 수분의 섭취가 제한되고 땀을 흘리는 것과 같은 많은 체액의 손실이 있다면 적은 양의 소변을 생산할 것이다.

소변량과 더불어 소변의 색깔이 수화 상태의 유용한 징후가 될 수 있다. 연한 노란색의 소변은 적당한 수화상태를 나타내며, 반면에 어두운 색의 소변은 탈수의 징후를 나타낸다. 그러나 소변의 색은 항상 수화상태를 판단하는 지표가 되는 것은 아니다.[27] 배뇨기의 감염이나 약물 복용,

식품 섭취, 그리고 특히 비타민 B인 리보플라빈을 포함한 건강 보조식품의 복용이 소변의 색깔을 바꿀 수 있다.

9.3d 수돗물로부터 혹은 생수로부터?

많은 사람들이 생수가 맛이 좋고 안전하다고 생각하기 때문에 수돗물의 대용으로 생수를 마신다. 사실, 어떤 생수는 실제로 상수돗물로 생산된 제품이다. 대부분의 미국인들이 생수를 마시는 것은 불필요하고 매우 비싸다. 그러나 상수도의 공급이 주 수도관의 파열, 허리케인, 폭풍 및 지진으로 중단되면 생수를 마시는 것이 유일하게 안전한 선택이 될 수 있다.

환경보호국(EPA)은 미국 상수도의 안전성을 규정한다. 생수의 안전기준은 EPA가 수돗물에 대하여 정한 기준과 유사하다. 대부분의 미국인들은 수돗물의 안전성을 신뢰하는데 미국의 방대한 수돗물 공급 시스템은 안전한 식수 관련법(Safe Drinking Water Act)에 의하여 규제받고 있기 때문이다. 이 법의 결과로 대부분의 수돗물은 정화과정을 거치고 안전을 위하여 끊임없이 점검을 받고 있다. 만약 이러한 점검에서 지역 수돗물의 공급이 위험하다고 나타나면 "끓인 물 명령"—해로운 미생물을 죽이기 위하여 10분간 물을 끓임—을 공표하여 일반 사람들이 지키도록 한다.

미국식품의약국(FDA)은 각 주에서의 생수 제품에 대해 규제를 한다. FDA 규정에 의하면 생수 제조업자들은 안전한 물 제품의 생산에 책임을 져야 한다. 생수는 용기에 밀봉되어야 하며 박테리아와 같은 미생물의 성장을 억제하는 물질 이외에 다른 물질이 추가되어서는 안 된다. 생수는 치아와 뼈를 강화시키는 무기질 불소를 첨가할 수 있지만 FDA의 지침을 반드시 따라야 한다. 만약 생수 제조업자가 맛 첨가제나 다른 물질을 제품에 첨가하면 반드시 첨가된 원료를 표시하여야 한다—예를 들면 "첼리향이 나는 물". 이러한 음료수는 "가향 음료수"라고 일컬어진다. 가향된 물의 종류가 점점 증가하고 있고 비타민, 나트륨, 칼륨, 아미노산과 같은 영양소를 첨가하고 있다. 음료수 상표에 반드시 첨가제를 원료 목록에 명시해야 한다.

비록 생수가 마시기에 안전하다 해도 용기로 사용하는 플라스틱은 해로운 물질일 수가 있다. 비스페놀 A(BPA)는 폴리카보네이트 플라스틱과 에폭시 수지를 만드는 데 사용되는 화학물질이다. 폴리카보네이트 플라스틱은 물병을 포함하여 음식 및 음료수와 접촉하는 많은 제품에 사용된다. BPA를 포함한 에폭시 수지는 음식 통조림 깡통의 안쪽을 덧칠하는 데 사용된다. 이러한 덧칠은 깡통의 철이 나와서 음식과 닿아 손상을 입히는 것을 방지한다(**그림 9.17**). 그러나 BPA는 폴리카보네이트 플라스틱 용기나 에폭시 수지가 덧칠된 깡통에서 배어 나와서 그 안에 저장된 음식이나 음료수로 들어갈 수 있다.

2012년 FDA는 어린 아기용 플라스틱 병과 컵에 비스페놀 A의 사용을 금지하였다. 비스페놀 A의 안전성에 대한 우려 때문에 많은 플라스틱 병 제조업자들이 제품생산에 이 화학물질의 사용을 중지하였다.[32]

비스페놀 A에의 노출을 감소시키기 위하여 다음과 같은 조치를 고려하라:

- 폴리카보네이트 플라스틱 용기에 담긴 식품을 가열하지 마라.
- 상표를 보고 비스페놀 A로 만들어지지 않은 물병과 플라스틱 용기를 사용하라.
- 폴리카보네이트 용기를 식기 세척기로 닦지 말고 강한 세척제를 사용하지 말라.
- 에폭시 수지로 덧칠된 용기의 통조림 음식 섭취를 줄여라.
- 유리, 도기, 혹은 스테인리스 스틸 용기에 음식과 음료수를 담아 요리하라.
- 음식을 준비할 때에 폴리카보네이트 접시, 컵, 식사기구 사용을 피하라(특히 뜨거운 음식과 액체).

맛있는 팁

특히 열이 나고 토하고, 설사하며 땀을 흘리는 어린이와 같이 몸이 아픈 사람들은 탈수를 방지하기 위하여 특별한 용액이나 전해질을 공급받을 필요가 있다. 최선의 치료를 위하여 의사와 상담하라.

그림 9.17 **BPA와 에폭시 수지.**

■ 통조림 깡통 안에 에폭시 수지가 덧칠 된 이유는 무엇인가?

모듈 9.4

음주와 건강

9.4 - 학습목표

1. 이 모듈의 주요 용어를 모두 정의한다.
2. 맥주, 와인쿨러, 독주, 포도주와 같은 일반 술의 표준 음주량을 설명한다.
3. 신체에 미치는 알코올의 영향을 논의한다.
4. 혈중 알코올 농도에 영향을 미치는 요인을 확인한다.
5. 음주가 다른 사람에게 미치는 영향을 논의한다.

알코올(에탄올)은 종종 식품으로 분류되는 향정신성 억제제이다. 적당히 섭취하면 알코올 음료는 사회생활을 보다 즐겁게 할 수 있다. 그러나 많은 사람들이 자신들의 음주 습관으로 인해 심각한 사회적 신체적 문제를 경험한다. 본 Unit에서는 알코올이 신체에 미치는 영향을 포함한 음주에 초점을 맞추고자 한다.

9.4a 알코올은 무엇인가?

알코올(에탄올)은 에너지만 공급하는 비영양 물질이지만 세포에 유독하다. 알코올은 물에 녹으며(용해성이 있다) 일반적으로 많은 물을 포함한다.

- 맥주는 전형적으로 3~6%의 알코올을 함유한다.
- 포도주는 8~14%의 알코올을 함유한다.
- 와인쿨러는 양에 따라 약 10%의 알코올을 함유한다.
- 독한 술(예를 들면, 위스키, 버번, 보드카)은 일반적으로 40~50%의 알코올을 함유한다.

맛있는 팁

알코올 도수인 "프루프(proof)"를 상표에 표시하여 두 가지로 독한 술 속의 알코올 퍼센트를 표시할 수 있다. 예를 들면 진은 "80 Proof" 혹은 "40% 알코올"로 나타낸다.

그림 9.18 **표준 음주량(standard drink)은 무엇인가?**

알코올은 비영양물질이지만 1그램당 7킬로칼로리를 제공한다. 맥주와 포도주는 단당류, 소량의 무기질과 비타민 B를 함유하고 있다. 증류주는 물과 칵테일을 제조하는 데 사용하는 희석 음료에 있는 소량의 영양소 이외에 다른 영양소는 없다. 표준이 되는 음주량은 약 12온스의 맥주나 와인쿨러, 와인 5온스, 혹은 1½온스의 독한 술이다. 각각의 표준 음주량은 13~14 g의 알코올을 포함한다**(그림 9.18)**.

9.4b 음주자의 분류

술을 마시는 사람들은 음주 패턴에 따라 분류할 수 있다. **표 9.20**은 폭음가를 포함한 분류 방법을 보여준다. 폭음은 심각한 사회 문제이다. 2010년 18~34세의 미국인들은 다른 연령대에 있는 사람들보다 더 폭음을 하는 경향이 있었다.[33]

폭음은 음주운전과 연관된다. 더구나 이런 습관은 후에 알코올 중독의 위험을 증가시키고 결국 사망으로 귀결된다. 음주를

표 9.20 음주자의 분류

수준	표준 알코올 음주량의 섭취 횟수
금주	전혀 안마심 혹은 음주 12회/년
가벼운 음주	1~13회 음주/월
보통의 음주	4~14회/주
과음	3회 이상/일
폭음	5회 이상/가끔(남성)
폭음	4회 이상/가끔(여성)

출처: Modified from: Dufour MC: What is moderate drinking? Defining "drinks" and drinking levels. Alcohol Research & Health, 23(1): 5, 1999.

알코올(에탄올) 종종 식품으로 분류되는 향정신성 억제약품

혈중 알코올 농도(blood alcohol concentration, BAC) 혈액의 알코올 추정 농도

한다면 각자는 어떤 음주타입인가?

9.4c 신체는 알코올을 어떻게 처리하는가?

알코올은 소화의 필요가 없고 구강, 식도, 위, 소장을 통하여 혈액으로 들어간다. 알코올을 식사(meal)와 함께 섭취하면 음식이 위에서 알코올의 흡수를 지연시켜 혈액으로의 이동을 늦춘다. 해독은 알코올을 덜 해로운 물질로 바꾸는 것이다. 해독은 위에서 시작하며 특정한 효소가 알코올의 20% 정도 대사한다. 소장에서는 흡수 세포가 남아 있는 알코올의 대부분을 흡수한다. 혈액으로 유입된 알코올은 간으로 순환한다. 간은 알코올 대사 작용을 하는 주요 장소이다. 간에서 알코올은 이산화탄소(CO_2), 물(H_2O)로 대사되거나 지방산을 만들기 위하여 사용된다.

혈중 알코올 농도는 무엇인가?

섭취한 알코올을 간이 해독을 하기까지 알코올은 혈류를 따라 순환하며 세포 안이나 주변에 있는 체액으로 들어간다. 폐는 약간의 알코올을 배출한다; 음주를 한 사람의 호흡에서 알코올 냄새를 맡을 수 있는 이유이다. 법 집행 경찰관은 혈중, 소변 혹은 날숨 속의 알코올을 분석하기 위하여 특별한 기구를 사용하여 개인의 **혈중 알코올 농도(blood alcohol concentration, BAC)**를 추정한다. BAC는 혈중의 알코올 추정 농도이다.

표 9.21은 BAC가 여러 가지 수준에 도달할 때 대표적인 신경계에 미치는 영향을 보여준다. 현재 0.08%의 운전자의 BAC가 법적 한도이다. 일부 경찰관들은 이 한도를 0.05%로 낮출 것을 바라고 있다. 한두 잔의 표준 알코올 음주 후에 자신의 BAC를 예측하기 위해서는 위스콘신 교통국의 웹사이트 http://www.dot.witsconsin.gov에서 "혈중/호흡 알코올 농도(BAC) 계산기"를 이용하여 보라.

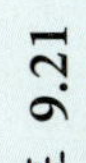

표 9.21 다양한 혈중 알코올 농도(성인)에서 대표적인 신경계의 영향

BAC	전형적 영향*
0.05~0.10	행동 억압 완화, 편안한 기분 좋은 상태
0.10~0.20	불명확한 말씨, 운전능력의 감소, 판단이상, 일부 사람의 공격적인 행동
0.20~0.30	운전능력 상실, 인지능력의 감소
0.30~0.40	혼란과 감각의 상실
0.40~0.50	의식의 상실
0.50~0.60	호흡 마비 및 사망

* 성인들에게서는 영향이 다양할 수 있다. 보통 음주자부터 과량의 음주자들에게서는 높은 혈중 알코올 농도에 도달할 때까지 이러한 영향이 나타나지 않을 수도 있다.

발췌: National Institutes of Health, U.S. National Library of Medicine: Alcohol use and safe drinking. *MedlinePlus*, 2011. http://www.nlm.nih.gov/medlineplus/ency/article/001944.htm. Accessed: October 12, 2012.

영양, 사실인가 허구인가?

강한 커피를 마시고, 주변 동네를 뛰어보거나 찬물 샤워가 술이 빨리 깨는 데 도움을 줄 수 있을까?

술에서 깨어나기 위하여 카페인 음료수를 마시고, 운동을 하고, 찬물 샤워를 하거나 알려진 권장 사항들을 실행하는 것은 유용하지 않다. 이유는 무엇인가? 이러한 행위는 알코올 해독 대사를 증가시키지 않는다. 술에서 깨어나기 위해서는 알코올 섭취를 중지하고 간에서 화학물질이 대사되도록 시간을 주는 것이다.

혈중 알코올 농도에 영향을 미치는 요인들

음주자 중에서는 다른 사람들보다 "술 감당"을 더 잘하는 것을 볼 수 있다. 이유는 무엇일까? 술을 마실 때 눈에 띄게 취하게 하는 사람에게 영향을 미치는 많은 요인들이 있다. 다음과 같은 요인들이다:

- **알코올 섭취의 양과 시간**:
  한 시간에 한 잔의 맥주를 마시는 것과 여러 잔의 독한 술을 마심의 차이
- **체격와 체조성**:
  남성은 여성보다 체격이 크다. 체격이 큰 사람들은 간이 더 커서 같은 시간 안에 해독을 하는 알코올의 양이 많다.
- **성별**:
  여성이 남성보다 체지방이 많다. 알코올은 지방조직으로 쉽게 이동하지 않는다.
  여성의 경우 알코올의 혈류 순환 시간이 남자보다 길고(**그림 9.19**), 알코올 대사에 필요한 효소의 생성이 적다.
- **음식과 함께 알코올 섭취**
- **과거 음주 경력**:
  알코올을 정기적으로 섭취하는 사람은 술에 대한 내성을 가진다.

그림 9.19 **알코올 섭취와 혈중 알코올 농도.**

■ 남녀(성별)에 따른 알코올 대사는 어떤가?

술의 **내성(tolerance)**은 간이 섭취한 알코올 양을 조절하여 대사를 보다 빨리 진행할 때 발생한다. 내성이 생기면 습관적인 음주자들은 결국 과거와 같은 향정신성 효과를 얻기 위하여 보다 많은 알코올 섭취를 필요로 한다. 내성은 알코올에 의존하게 할 수 있다(알코올 중독).

알코올 중독은 무엇인가?

2004년 3월 15일, 제이슨 라인하르트(Reinhardt)는 무어헤드의 미시간 주립대학 동호회 주택에서 살고 있었다. 술집에서 친구들과 21살의 생일 파티를 즐기는 동안 제이슨은 술 16잔을 급하게 마셨다. 비록 그가 동호회 집으로 간신히 돌아와 침대에 들 수 있었지만 몇 시간 뒤 그는 죽은 채 발견되었다. 이 젊은 학생의 혈중 알코올 농도는 0.361이었고 치사범위에 가까웠다. 폭음이 왜 이와 같이 위험한가?

폭음은 혈중 알코올 농도를 갑자기 증가시켜 알코올 독성이 나타나게 된다. 알코올 독성으로 고통을 겪는 사람은:

- 혼란스럽다,
- "의식을 잃고" 깨어나지 못한다,
- 호흡이 늦고 불규칙적이다,
- 피부가 창백하거나 푸른색이다.

알코올 독성이 나타나는 사람은 심장의 박동률이 느리고 비규칙적이다. 만약 "의식을 잃으면" 토하고 위의 내용물이 폐로 들어갈 수 있어서 질식하여 사망할 수 있다. 폐는 기능이 정지될 수 있고 사망에 이르게 된다. 제이슨은 알코올 독성으로 수면 중에 사망하였다. 알코올 독성은 생명을 위협하는 것임을 아는 것이 중요하다. 만약 어떤 사람이 치사량의 알코올을 섭취한다고 의심이 들면 911(우리나라는 119)로 즉시 전화를 해야 한다.

제이슨 라인하르트(Reinhardt)

알코올 남용과 알코올 중독은 무엇인가?

알코올 남용자(alcohol abuser)는 자신의 음주 습관과 관련이 있는 가정, 직장 학교에서 많은 문제를 일으킨다. **표 9.22**는 알코올 남용의 징후를 나타낸다.

알코올 중독자(alcoholic)는 알코올에 의존하고(중독) 술을 마시지 않을 때 손 떨림과 같은 금단 현상과 증세를 경험한다. 알코올 남용자와 알코올 중독자는 모두 음주 운전과 같은 자신과 타인들을 위험하게 하는 행동을 하게 된다. 다음 쪽의 평가표는 알코올 중독을 나타내는 징후를 보여준다. 당신의 음주행동이 이 평가표에 나타난 것과 일치하면 알코올을 남용하거나 알코올 중독일 수 있다.

내성(tolerance) 통상적으로 섭취하는 알코올의 양에 간이 적응되어 보다 빨리 대사하는 상태

알코올 남용자(alcohol abuser) 자신의 음주 습관과 관련이 있는 가정, 직장, 학교에서 많은 문제를 일으키는 사람

알코올 중독자(alcoholic) 알코올에 의존하고 섭취하지 않을 때에 금단 현상이나 증상을 겪는 사람

표 9.22 알코올 남용의 징후

술을 정기적으로 술을 마시는 사람 모두가 남용하는 것은 아니지만 만약 다음과 같은 경우라면 남용하는 것일 수 있다:

- 안정을 취하고 걱정을 없애며 기분을 좋게 하기 위하여 마신다,
- 음주 습관의 결과로 음식에 관심이 없다,
- 몇 잔을 벌컥벌컥 마시거나 폭음을 한다,
- 음주습관을 속이거나 숨기고자 한다,
- 과거보다 훨씬 더 자주 혼자 음주를 한다,
- 음주 시 자신과 타인들에게 상해 행위를 한다,
- 지난 해 3~4회 이상 취했다,
- 통상적으로 "취하기 위하여 마시는 것"보다 많은 술이 필요하다,
- 술을 마시지 않을 때 화를 잘 내고 분한 감정을 느낀다,
- 음주 습관으로 인해 의료, 사회적, 금전적 문제를 일으킨다,
- 술을 마시고 운전(DUI)한 것으로 법정 소환된 적이 있다.

출처: National Institute of Alcohol Abuse and Alcoholism. www.niaaa.nih.gov/publications/agepage.htm.

알코올 중독의 징후는 무엇인가?

이 검사는 알코올 중독에 대하여 더 알 필요가 있는 사람들에게 도움을 주기 위한 것이다. 이 검사는 알코올 중독 진단을 위하여 만들어진 것이 아니다.

네	아니오		네	아니오	
☐	☐	1. 실망하거나 압박감을 느낄 때 술을 마시거나 다른 사람과 다툰 적이 있는가?	☐	☐	14. 술 마시는 것을 조절하거나 줄이겠다는 자기 자신에게 한 약속을 가끔 지키지 않는가?
☐	☐	2. 처음 술을 마셨을 때보다 현재 더 많은 술을 마실 수 있는가?	☐	☐	15. 술에 취하여 운전(DWI)하거나 술 마시고 운전(DUI)하거나 자신의 음주와 관련하여 법적 문제를 경험한 적이 있는가?
☐	☐	3. 친구들이 술에 곯아 떨어지지 않았다고 하는데도 불구하고 지난 저녁의 일을 기억할 수 없었던 적이 있는가?	☐	☐	16. 술을 마시는 동안 가족이나 친한 친구를 피하려고 하는가?
☐	☐	4. 다른 사람들과 술을 마실 때 다른 사람이 알지 못하게 추가로 더 마시려고 한 적이 있는가?	☐	☐	17. 음주로 인하여 재정, 직장, 학교 및 가정의 더 많은 문제를 가지고 있는가?
☐	☐	5. 술을 마실 수 없을 때 가끔 불편을 느끼는가?	☐	☐	18. 의사가 절주해야 한다고 충고한 적이 있는가?
☐	☐	6. 자신의 음주에 대하여 가끔 약간의 잘못을 느끼는가?	☐	☐	19. 술을 마실 때 식사를 거의 안하거나 불규칙하게 하는가?
☐	☐	7. 술 먹는 날은 보통 때보다 더 급하게 첫 잔을 마시는가?	☐	☐	20. 아침에 “몸이 떨리고” “약간의” 술, 진정제 혹은 일종의 약물이 필요하다는 것을 인식하는가?
☐	☐	8. 자신의 음주에 대하여 가족이나 가까운 친구가 우려를 한 적이 있는가?	☐	☐	21. 최근에, 전에 만큼 많이 술을 마시지 못하는 것을 느끼는가?
☐	☐	9. 최근 더 자주 기억상실을 경험하였는가?	☐	☐	22. 하루에도 여러 번 취한 상태로 있는가?
☐	☐	10. 친구들이 충분하다고 말한 뒤에도 종종 계속하여 더 마시기를 원하는가?	☐	☐	23. 술을 마신 후에 가끔 헛것을 보거나 헛소리를 듣는가?
☐	☐	11. 과음할 때 이유가 있는가?	☐	☐	24. 자신의 음주에 대하여 다른 사람에게 도움을 구한 적이 있는가?
☐	☐	12. 술에 취하지 않았을 때 음주 시 말하거나 행동한 것에 대하여 후회하는가?	☐	☐	25. 과음하기 전 또는 도중에 우울하거나 근심, 걱정에 빠진 적이 있는가?
☐	☐	13. 음주를 조절하기 위하여 술의 종류나 상표를 바꾸거나 다른 계획을 실행해 본 적이 있는가?	☐	☐	26. 혈연 친척 중 누군가가 알코올 문제를 가진 적이 있는가?

어떠한 '네' 대답도 알코올 중독 위험이 큰 것을 나타낸다. 한 개 이상의 '네' 대답은 현재 알코올 관련 문제나 알코올 중독이 있으며 알코올 중독 관련 전문가와 상담이 필요한 것을 나타낸다.

좀 더 자세히 알기 위해서는 사는 지역의 알코올과 약물 의존 관련 국가기관을 접촉하라.

출처: National Council on Alcoholism and Drug Dependence, Inc.

9.4d 알코올과 건강

알코올은 중추신경계 억압 물질이다. 따라서 술이 취하면 종종 즐거운 감정이 생기고 긴장이 풀린다. 그러나 많은 양을 섭취하는 것은 사고 예방과 안전한 운전을 위하여 필요한 근육 동작 능력을 억압한다. 과도한 알코올의 섭취는 미국에서 세 번째의 삶의 양식 관련 사망 원인이다.[34] 알코올은 종종 자동차 사고, 추락, 익사 및 폭력과 학대와 연관되어 있다. 매년 약 8만 명의 미국인이 과도한 알코올 음주로 사망한다.[34] 수천 명의 사람들이 과도한 알코올 섭취로 인해 신체적 상해로 고통을 겪으며 인간관계를 손상시킨다.

알코올은 신체의 모든 세포에 영향을 끼치며 과도하게 섭취하면 모든 신체의 기관을 손상시키는데 주로 소화기관, 신경계 및 심혈관계 기관이다. **그림 9.20**은 알코올이 신체에 끼치는 주요 손상을 요약한 것이다.

알코올이 영양 상태에 미치는 영향

적당한 알코올 섭취는 식욕을 자극한다. 그러나 알코올은 혈당을 낮추고 혈액 중성지방을 높인다. 또한 알코올은 다양한 비타민과 무기질의 흡수, 대사 및 저장을 방해하고 특히 마그네슘과 같은 영양소의 배출을 증가시킨다.

많은 알코올 중독자들은 상당한 에너지 섭취를 알코올에서 충당한다. 결과적으로 알코올음료가 영양소가 높은 음식을 대신한다. 만성적인 과음은 영양부족에 영향을 미친다. 알코올 중독자들에게는 마그네슘, 비타민 A, 비타민 C 및 B 비타민 티아민과 엽산의 결핍이 일반적이다.

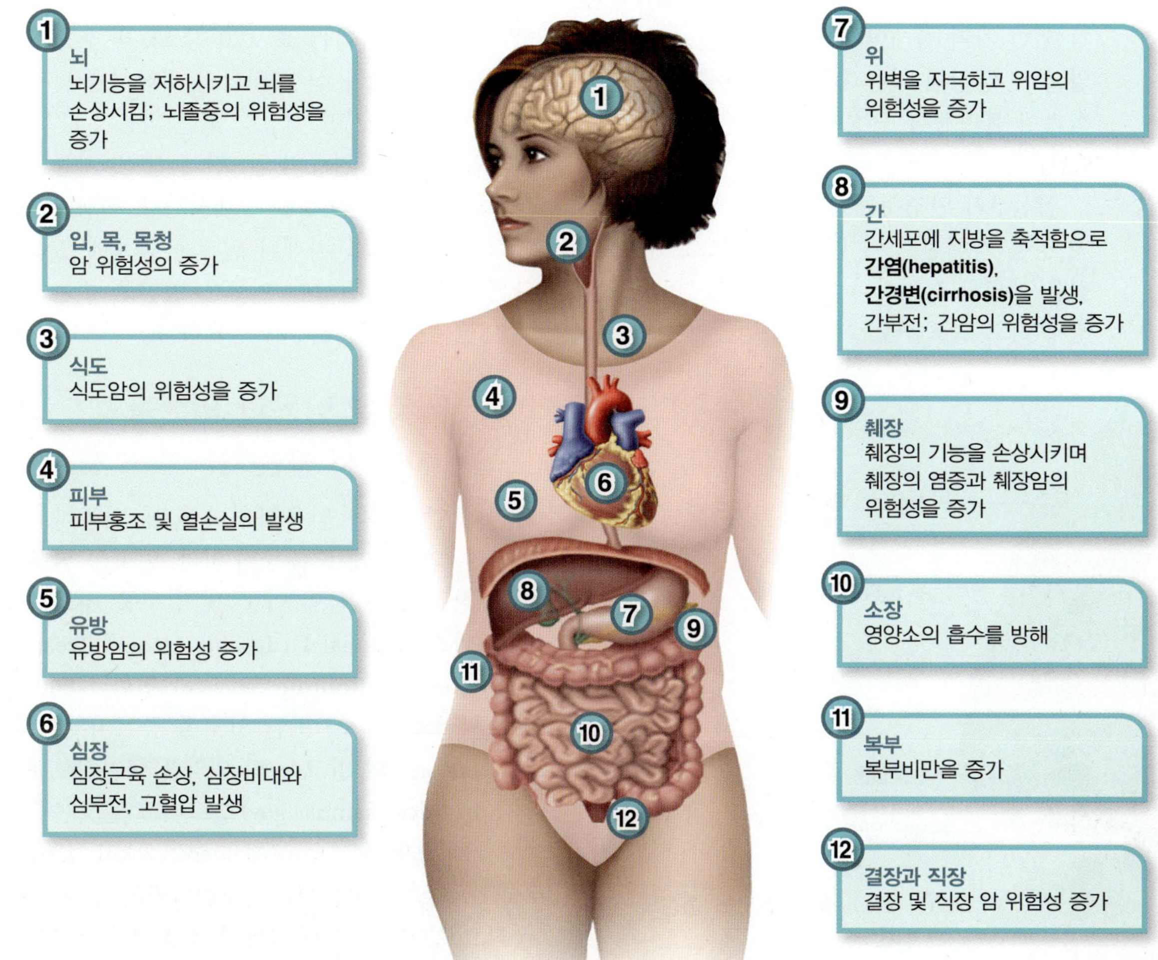

그림 9.20 **알코올이 신체에 미치는 영향.**

간염(hepatitis) 간의 염증

간경변(cirrhosis) 간조직의 경화

맛있는 팁

알코올 남용하는 사람들은 간염을 일으키기 쉽다. 간염은 간질환의 원인이 되고 간암의 위험성을 높인다. 만성적인 알코올의 남용은 미국인 간부전의 주원인이다.

정상간(*a*); 간경변에 의해 손상된 간(*b*)

태아 알코올 스펙트럼 이상(fetal alcohol spectrum disorder, FASD) 임신 중 술을 마신 여성이 출산한 신생아에게 나타나는 비정상적인 신체적, 지적 발달

태아 알코올 스펙트럼 장애

임신부가 술을 마시면 알코올이 산모의 혈류를 통하여 순환하는 동안 배아/태아는 알코올에 노출된다. 임신 중 알코올 섭취는 **태아 알코올 스펙트럼 이상(fetal alcohol spectrum disorder, FASD)**을 일으킬 수 있다. FASD 아기들은 신체적, 지적 발달의 지연이나 비정상적 발달을 하게 된다. 태아 알코올 증상(FAS)은 FASD의 심각한 한 가지 형태이다. FAS를 지닌 어린이는 얼굴 및 심장의 기형과 지적 장애를 일으키는 회복이 불가능한 신경계 손상을 지닌다(**그림 9.21**).

임신부가 안전하게 섭취할 수 있는 알코올의 양은 정해진 것이 없다. 그러므로 만약 임신을 계획하고 있거나 임신 중이면 "안전책을 강구"하고 알코올을 절대적으로 금해야 한다.

정상보다 적은 머리둘레
두 눈의 간격이 짧음
낮은 콧등
짧은 코
인중없음
얇은 입술

그림 9.21 태아 알코올 증상의 신체적 징후.

■ 임신부가 안전하게 마실 수 있는 술의 양은 얼마인가?

알코올의 건강상 이점

적당한 알코올의 섭취는 HDL 콜레스테롤 수준을 증가시키고 혈액 응고 인자를 감소시키고 혈소판의 점착성을 낮게 한다. 혈소판은 혈액의 응고 과정과 관련이 있다. 혈액 응고 물질의 생성을 낮추는 것은 심장마비의 위험을 낮춘다.

연구 결과에 의하면 모든 알코올 음료는 적당히 섭취하면 심장건강에 이롭다.[35] ("적당한" 음주에 대하여는 표 9.20 참조). 비록 소량의 알코올 섭취가 심장 질환의 위험성을 낮추는 것처럼 보이지만 적당량 혹은 과음은 중독, 고혈압, 심부전, 일종의 암, 간 손상 및 자동차 사고와 관련된 위험성을 증대시킨다. 적당량을 섭취할 때 알코올 자체나 알코올 음료에 있는 다른 화합물이 건강에 이로운 영향을 주는지에 대한 추가적인 연구가 필요하다.

9.4e 알코올 남용과 의존증의 도움은 어디서 받는가?

자신이 알코올을 남용하거나 술에 의존하고 있다면, 의사에게 도움을 구하라. 알코올 남용에 대한 정보는 국립 약물 및 알코올 치료조회 서비스(National Drug and Alcohol Treatment Referral Routing Service) 전화 1-800-662를 접촉하시오. 또한 알코올 중독자 협회(www.aa.org/)와 알코올 및 의약품 국가정보센터(http://ncad.samhsa.gov/), 그리고 알코올중독자가족모임(Al-Anon/Alateen(www.al-anon.alateen.org/)을 방문하라. (우리나라의 경우 전국적으로 알코올상담센터나 정신보건센터가 있으며 시, 군 , 구마다 중독관리통합지원센터가 있다.—역자주)

요점정리

모듈 9.1 생명을 위한 무기질

- 무기질은 지구의 바위, 토양 및 천연수에 있는 원소군이다. 약 15종의 무기질의 체내기능이 알려져 있으며, 건강유지에 필수적이다. 식이에 함유된 두 군의 주요한 무기질은 다량무기질과 미량무기질이다.

- 무기질은 체내에서 한 가지 이상의 기능을 한다. 몇 가지 무기질은 무기 이온 혹은 조직의 구성성분으로서 기능을 한다; 다른 무기질은 다양한 효소, 호르몬 및 다른 유기분자의 구성성분이다. 세포는 무기질을 에너지로 대사할 수 없으나 다량영양소로부터 에너지를 방출하는 화학 반응을 촉진하는 데 필요한 보조인자로 무기질을 필요로 한다. 에너지 부족이 특정한 무기질 결핍 장애증상으로 나타날 수 있다. 신체의 과다한 무기질 양은 중독을 일으켜 세포기능의 이상을 일으킬 수 있다.

모듈 9.2 주요 무기질과 건강

- 칼슘은 뼈와 치아 조직의 주요한 구성성분이고 혈액 응고, 근육수축, 신경기능에 필수적인 무기질이다. 비타민 D는 칼슘의 흡수를 촉진한다. 대부분의 유제품은 우수한 칼슘 급원이다. 특히 여성들이 나이가 들어가면서 골다공증 발생의 위험이 있지만 생활양식의 변화로 이 위험을 낮출 수 있다. 불소는 칼슘과 함께 뼈와 치아를 강화하는 역할을 한다.

- 세포 안에서 발견되는 양이온을 가진 칼륨은 정상적인 체액 균형과 신경 기능을 유지하는 데 필수적이다. 미국인 식사는 칼륨을 충분하지 않다. 식물성 식품, 육류, 우유는 칼륨의 좋은 공급원이다.

- 세포 밖에서 발견되는 나트륨은 칼륨과 몇 가지 유사한 기능을 한다. 미국인은 특히 가공식품과 식탁 소금으로부터 나트륨을 많이 섭취한다. 나트륨이 많이 함유된 식사는 고혈압의 위험성 증가와 관련이 있다.

- 고혈압 성향이 있는 사람들은 정상 혈압을 가진 사람들보다 심순환계 질환, 신부전 및 다른 기관의 손상 위험이 크다. 노화, 아프리카계 미국인 혈통, 비만, 신체운동 부족, 흡연, 음주와 나트륨 과다섭취 등이 고혈압 위험의 주요 원인이다. 고혈압 치료의 내용은 식사습관 변경과 생활습관의 변화이다.

- 철은 헤모글로빈, 미오글로빈과 다량영양소로부터 에너지를 방출하는 것을 돕는 단백질의 원소이다. 적혈구 안의 헤모글로빈은 폐에서 조직으로 산소를 운반한다.

- 철 결핍은 헤모글로빈 수준이 낮은 철 결핍성 빈혈을 일으킨다. 빈혈로 고통을 겪는 사람들은 쉽게 피곤을 느끼며 활력이 없다. 임신 중 철 결핍은 미숙아나 저체중아를 출산할 수 있다. 아동의 빈혈은 정상적인 성장과 발달을 저해한다.

- 철 흡수는 신체의 무기질 필요와 식품의 철 형태에 달려 있다. 헴 철은 비헴 철보다 흡수율이 높다. 육류와 간은 가장 우수한 철 급원 식품이다. 가임기 여성은 월경으로 인한 혈액 손실로 남성보다 더 많은 철이 필요하다. 미국에서 철 부족은 가장 일반적인 영양소 결핍이며 빈혈의 주요 원인이다.

- 마그네슘은 여러 가지 화학반응의 보조인자이며 에너지 대사, 신경 및 심장 기능에 필요하다. 마그네슘 결핍은 건강한 사람들에게는 거의 발생하지 않는다. 식물성 식품은 마그네슘의 좋은 급원이다.

- 셀레늄과 구리는 자유 라디칼로 인한 손상을 감소시키는 데 도움을 준다. 요오드, 아연, 크롬은 에너지 대사를 조절한다. 요오드 결핍은 갑상선종과 크레틴병의 원인이 될 수 있다.

모듈 9.3 수분: 생명의 액체

- 수분은 체액의 주요 성분이다. 수분은 화학반응에 직접 관여하는 용매이다. 또한 수분은 물질이동, 노폐물 배설, 조직의 윤활유 역할, 체온과 산 염기 균형 조절을 한다. 수분은 에너지원은 아니나 나이, 성별 및 신체 구성에 따라 우리 몸의 약 45~75%가 수분이다.

- 신체는 체액 구획에 있는 전해질(이온)을 조절함으로써 세포 안팎의 체액의 균형을 유지한다. 만약 정상적인 이온의 농도가 너무 많이 변하면 수분이 이동하여 세포는 줄어들거나 팽창하는 결과를 가져온다.

- 총수분 섭취량은 음료수와 음식의 물을 포함한다. 약 80%의 수분을 음료수로부터 섭취한다. 대사수도 신체의 수분 급원이다.

- 건강한 신체는 소변, 땀, 날숨, 대변을 통하여 수분을 배출한다. 건강한 사람의 하루 평균 수분 섭취 총량은 평균 배출량과 동일하다. 환경적인 요소, 신체상태, 생활습관이 체액의 균형을 바꿀 수 있다.

- 신장은 신체의 수분과 이온 농도의 주요한 조절 기관이다. 건강한 사람의 신장은 혈액에서 과다한 이온을 여과하여 적절한 수화상태를 유지한다. 신장이 나트륨과 같은 이온을 배출하면 수분이 함께 배출되어 소변의 주된 성분이 된다.

- 체온이 상승하는 것을 피하기 위해 신체는 땀을 흘려 과도한 열을 대기로 배출한다. 열이 날 때 수분이 몸의 피부에서 증발하여 몸의 체온을 낮춘다.

- 갈증은 수분섭취의 신호이다. 건강한 사람들은 수분의 충분섭취량(AI)을 갈증을 지표로 충족시킨다. 그러나 특정 상황에서 노인, 병자, 특히 야외에서 일하거나 운동을 하는 사람들은 탈수의 위험이 있다.

- 미국에서 생수는 가끔 공공 수돗물로 생산한다. 허리케인, 폭풍 및 지진으로 이상이 발생하면 생수를 마시는 것이 유일한 선택이 될 수 있다. EPA는 미국에서 공공수도 공급의 위생 상태를 규정한다. EPA는 각 주에서 판매되는 생수 제품을 규제한다. 생수는 불소가 첨가될 수 있지만 그 양은 반드시 FDA 지침을 따라야 한다. 만약 생수 제조업자가 맛 첨가제나 다른 원료를 첨가하면 반드시 첨가된 성분을 나타내어야만 하고 음료 상표의 구성 원료 표시에 첨가물을 밝혀야 한다.

모듈 9.4 알코올: 음주와 건강

- 알코올은 에너지를 공급하는 단순한 비영양 물질이지만 세포에 독성을 끼친다. 맥주는 보통 3~6%의 알코올, 포도주는 8~14%의 알코올을 함유한다. 그리고 와인쿨러는 약 10%가 알코올이다. 1 g당 알코올은 7 kcal를 공급하지만 알코올은 영양소가 아니고 향정신성 약물이다.

- 표준알코올 음료(대체로 맥주와 와인쿨러 12온스, 포도주 5온스, 혹은 독한 술 11/2온스)는 13~14 g의 알코올을 함유한다.

- 알코올은 소화가 필요 없으며 쉽게 구강, 식도, 위, 소장의 조직을 통과한다. 신체는 알코올을 덜 해로운 물질로 전환시켜 해독시킨다. 섭취한 모든 알코올이 간에서 대사되기 전까지 남아 있는 알코올은 혈류 안에서 순환한다.

- 폭음은 미국에서 주요한 공공 건강상의 문제이다.

- 가볍게 혹은 적당량의 알코올을 섭취하면 HDL 콜레스테롤을 높이지만 과도한 양은 신체에 손상을 주며, 특히 위장, 신경계와 심혈관계에 해를 끼친다. 알코올은 특히 임신초기(배아)에 심각한 영향을 준다. 태아 알코올 증상(FAS)을 지니고 태어난 어린 아기는 안면과 심장의 이상, 지적 장애를 유발하는 광범위하고 회복 불가능한 신경계 손상을 가지고 있다. 그러므로 임신부는 술을 마시지 말아야 한다.

당신의 식사는 적절한가?!

영양섭취기준(DRI) 이용

1. Unit 3의 "당신의 식사는 적절한가?"의 3일간의 식품섭취 기록을 확인하자.
   a. DRI 표에 있는 자신의 생애단계별 활동상태/성별에 맞는 무기질의 권장섭취량/충분섭취량 혹은 다른 DRI을 찾아보시오. (이 책의 뒤표지 안쪽을 참조. 관련 값을 "아래에 있는 표의 "나의 DRIs" 칸에 적어 넣는다.
   b. 자신의 개별 식이 평가를 살펴본다. 칼륨, 나트륨, 칼슘, 마그네슘, 철, 아연의 3일 평균 섭취량을 알아본다. 관련 값을 표의 "나의 평균 섭취량"에 적어 넣는다.
   c. 자신의 섭취량을 영양섭취기준(DRI) 값으로 나누고 구해진 숫자에 100을 곱하여 각각의 무기질에 대하여 섭취한 영양섭취기준(DRI) 퍼센트를 계산한다. 예를 들면, 만약 철의 평균 섭취량이 하루 9 mg이고 철 권장섭취량이 하루 18 mg이면 9 mg을 18 mg으로 나누면 0.50을 얻는다. 이 숫자에 100을 곱하려면 단순히 소수점을 오른쪽으로 2자리 옮기고 소수점을 퍼센트 표시로 바꾼다(50%). 따라서 하루 평균 철 섭취는 권장섭취량의 50%가 된다. 각각의 무기질 퍼센트를 "나의 영양섭취기준 퍼센트(DRI %)" 칸에 적어 넣는다.
   d. ">, <, =" 칸에 하루 평균 섭취량이 DRI 대비, 보다 많음(>), 보다 적음(<), 같음(=)을 표시한다.

2. 다음과 같은 질문에 대답하기 위하여 앞에서 계산된 정보를 사용한다.
   a. 자신의 평균 무기질 섭취가 영양섭취기준(DRI) 값보다 같거나 초과한 것은 어떤 것인가?
   b. 평균 무기질 섭취가 영양섭취기준(DRI) 값에 미치지 못한 것은 어떤 것인가?
   c. 영양섭취기준(DRI) 수준보다 적은 무기질 섭취의 증가를 위하여 무슨 식품을 섭취하였는가? (표에 제시된 식품을 포함하여 Unit 9과 무기질 급원 식품을 참조)
   d. 완성된 표와 답을 선생님에게 제출한다.

개인 식사 분석: 무기질

무기질	나의 영양섭취기준	나의 평균 섭취량	나의 영양섭취기준 %	>, <, 또는 =
철				
칼슘				
아연				
나트륨				
칼륨				

생각해 봅시다...

1. 친구 중 한 명이 불소가 독성이 있다고 들었기 때문에 불소화된 자신의 지역 수돗물을 마시지 않고 생수만 마신다. 그 친구에게 당신은 불소와 생수에 대하여 할 수 있는 충고는 무엇인가?
2. 폴(Paul)은 완전채식주의자이고 콩으로 만든 음식을 좋아하지 않는다. 이와 같은 정보를 가지고 그의 식사에서 부족한 최소한 3가지의 무기질을 말해보시오.
3. 당신의 가족력과 생활양식을 살펴보고 골다공증의 위험에 있는지 판단해 보시오. 만약 위험이 있으면 이 시점에서 이 질병의 발병기회를 줄이기 위하여 취할 수 있는 조치는 무엇인가?
4. 자신의 가족력과 생활양식을 살펴보고 고혈압의 위험성을 결정하여 보시오. 만약 위험성이 있다면 이 시점에서 이 같은 질병의 발병 기회를 줄이기 위하여 취할 수 있는 조치는 무엇인가?
5. 텔레비전 인터뷰에서 의사라고 밝힌 어떤 사람이 근육의 힘과 지구력을 증진시키기 위하여 크롬, 셀레늄 보충제의 다량 투여를 권장한다. 이 사람의 충고를 따를 것인지 안 따를 것인지 그 이유에 대하여 논의하시오.
6. 음주를 한다면 266쪽에 있는 평가표의 자신의 음주 습관 평가를 측정해 보라. 측정 결과에 따른 알코올 중독의 위험성이 있는가? 만약 어떤 답이 하나라도 "네"라면 도움을 얻기 위하여 무엇을 할 수 있는가?

혼자 풀어보기

가장 올바른 대답을 선택하라.

1. 다음 설명 중 틀린 것은?
   a. 제지방 조직은 지방조직보다 많은 수분을 함유하고 있다.
   b. 수분은 주요 용매이다.
   c. 일반적으로 젊은 여성은 젊은 남성보다 몸에 수분이 많다.
   d. 수분은 에너지를 공급하지 않는다.
2. 만약 세포 외액이 과다한 나트륨이온을 함유하였다면
   a. 나트륨이온은 세포 안으로 이동한다.
   b. 세포 내액은 세포 밖으로 이동한다.
   c. 인과 칼슘이온은 대변으로 배설된다.
   d. 혈액의 비소와 옥살산 농도는 증가한다.
3. 다음 식품 중 가장 수분의 비율이 낮은 것은?
   a. 토마토
   b. 오렌지
   c. 통곡물 빵
   d. 식물성 기름
4. 미국에서 종종 식탁소금에 강화하는 것은
   a. 철.
   b. 나트륨.
   c. 칼륨.
   d. 요오드.
5. 다음 식품 중 칼슘의 급원이 아닌 것은?
   a. 버터
   b. 체더치즈
   c. 정어리 통조림
   d. 케일
6. 헨리는 골다공증의 위험을 걱정하고 있다. 이러한 만성적인 증상의 위험요인으로 알려져 있는 것은 다음 특징 중 어떤 것인가?
   a. 직업
   b. 종족/인종의 배경
   c. 비타민 B_{12} 섭취
   d. 철에의 노출

7. 전형적인 미국인들 식사에서 나트륨의 주요 급원은
   a. 생수.
   b. 가공식품.
   c. 과일.
   d. 우유.

8. 다음 인구집단 중 고혈압 위험성이 가장 높은 사람들은?
   a. 아프리카계 미국인 혈통을 가진 사람들
   b. 젊고, 육체적으로 활동적인 아시아 남자
   c. 알코올을 마시지 않는 히스패닉 여성
   d. 많은 양의 과일을 섭취하는 젊은 성인

9. 헴 철의 급원 식품은
   a. 강화된 곡류 제품.
   b. 쇠고기.
   c. 시금치.
   d. 주물 요리기구.

10. 미국에서 가장 일반적인 영양소 결핍 장애는 _____ 결핍이다.
   a. 요오드
   b. 코발트
   c. 철
   d. 칼슘

11. 크레틴병은 임신기간 중 _____의 결핍 때문이다.
   a. 철
   b. 나트륨
   c. 구리
   d. 요오드

12. 다음 설명 중 맞는 것은?
   a. 생수의 표준은 수돗물 표준과 같다.
   b. 미국의 생수 제품의 대부분은 안전하지 않은 양의 비소와 납을 포함한다.
   c. EPA는 적어도 1년에 3회 물병작업 시설을 검사하고 확인한다.
   d. 대부분의 미국인들은 지역사회 수돗물이 안전하지 않기 때문에 생수를 마신다.

참고문헌

➡ 부록 F 참조

Unit 10

건강한 체중과 날씬한 몸매를 위한 영양

학습내용

"나는 대학생활을 하기 직전에 체중이 늘어나기 시작했고, 1학년 말에 고등학교 때보다 30파운드 이상 증가했다. 기분이 좋지 않았다. 청바지 두 벌이 너무 조여서 단추 몇 개가 부러졌을 때 나는 이제 변해야 할 때가 왔다고 생각했다. 내가 처음 한 것은 '팝'(청량음료)을 안 마시는 것이었다. 정말로 실천하기 어려웠지만 6주에 15파운드를 줄였다. 다른 변화도 시도하였다. 식사량을 줄이기 시작하였고 카페테리아에 가는 것을 중단하였다. 햄버거, 프렌치프라이를 피하고 물을 더 마시며 과일, 채소, 샐러드를 더 많이 먹었고 매일 아침식사를 하였다. 이제 캠퍼스 밖에서 사는데 식사를 만들어 먹고 기분이 최고다."

McKenzie Frey

맥케지 프레이는 로라스 대학에서 영어를 전공하는 2학년 학생이다. 체중이 너무 많이 늘어났다고 인식했을 때 맥켄지는 체중을 불어나게 하는 식품과 음료수를 알아냈다. 그리고 자신의 식습관을 변화하고 개선시키는 노력을 하였다. 새로운 식생활을 계속할 수 있다면 그녀는 대학을 졸업한 이후에도 체중 감량을 유지할 수 있을 것이다.

이 Unit는 합리적인 식생활은 물론 신체활동 증가시켜 건강한 체중을 달성하고 유지하는 데 도움이 되는 실용적인 정보를 제공한다. Unit 10에서 과다한 체지방이 축적되는 주요 요인들과 과다한 체지방 및 너무 부족한 체지방이 일으키는 건강문제에 대해 배우게 될 것이다. 신체의 크기에 대한 과민한 걱정과 잘못된 자기 형상화는 이상 식이 행동을 일으킬 수 있다. Unit 10에서는 또한 섭식장애에 대한 정보와 함께 주로 거식증과 신경성 폭식증에 초점을 맞추고자 한다.

모듈 10.1

과체중 혹은 비만?

10.1 - 학습목표

1. 이 모듈의 주요 용어를 모두 정의한다.
2. 과다한 체지방과 관련된 주요 건강 위험성을 설명한다.
3. 체지방의 분포가 체지방의 비율보다 더 중요한 이유를 설명한다.
4. BMI를 계산하고 이를 사용하여 건강한 체중 여부를 판단한다.
5. 신체 조성을 측정하는 방법에 대하여 설명한다.

"과체중"과 "비만"의 차이는 무엇인가? 국립 심장과 폐 및 혈액 연구소(National Heart Lung and Blood Institute)에 따르면 **과체중(overweight)**인 사람은 뼈, 근육, 체지방 그리고/혹은 체내 수분에 의해 초과 체중을 가진다.[1] 예를 들면 프로 축구선수는 근육질 몸매 때문에 이와 같은 정의에 의하면 "과체중"일 수 있지만 이런 운동선수는 건강하다. 운동선수들은 보통 사람들보다 체지방이 적고 신체적으로 더 활동적이기 때문이다. 그러나 많은 사람들이 **과다한 체지방("overfat")**을 가지고 있다. **비만(obesity)**의 특징은 과도하고 건강하지 못한 양의 체지방이 축적된 상태이다. 일반적으로 과지방이지만 비만이 아닌 사람을 일컬을 때 "과체중"이라는 용어를 사용한다. 과체중 및 비만인 사람들은 그렇지 않은 사람들보다 제2형 당뇨병, 고혈압, 심혈관 질환(CVD)과 같은 심각한 만성질환을 일으킬 위험성이 더 크다.[1]

비만은 미국에 널리 퍼져 있는 영양장애이다.[2] 2009~2010년에 20세 이상 미국인의 36%가 비만이었다(**표 10.1**).[3] 비 히스패닉계 미국인과 비교할 때 비 히스패닉계 흑인과 멕시칸 미국인 성인들, 특히 비 히스패닉계 흑인 여성의 비만율이 더 높았다. 2009~2010년에 비 히스패닉계 흑인 여성들의 58.5%가 비만이었다.[3] 질병통제예방센터(Centers for Disease Control and Prevention, CDC)에 의하면 문화적, 행동 및 환경적 요인들이 종족/인종에 따른 비만율의 차이와 관련성이 있다고 한다.

미국에서 비만은 전염병적인 수준에 이르렀다. 전염병은 광범위하게 퍼진 건강문제이다. 1988~1994와 2009~2010 사이에 성인 미국인들의 비만 비율은 약 56%로 증가하였다(표 10.1 참

과체중(overweight) 뼈, 근육, 체지방 그리고/혹은 신체의 수분 때문에 과체중을 지님

과다한 체지방(overfat) 과다한 체지방을 지님

비만(obesity) 과잉의 체지방과 건강에 해로운 양의 체지방 상태

표 10.1 20세 이상 미국인의 나이에 따른 과체중과 비만의 일반적 경향

체중상태	1988~1994	2009~2010
과체중(과지방)	33.1%	33.0%
비만	22.9%	35.7%

자료 출처: Fryar CD and others: National Center for Health Statistics: Prevalence of overweight, obesity, and extreme obesity among adults: United States, trends 1960–62 through 2009–2010. Last updated September 13, 2012. http://www.cdc.gov/nchs/data/hestat/obesity_adult_09_10/obesity_adult_09_10.htm.

조).[3] 공중보건 전문가들은 어린이 비만이 광범위하게 증가하는 데에 우려를 표명하고 있다. 비만 어린이들은 그렇지 않은 어린이들보다 비만 성인으로 자랄 위험성이 더 크다.

과체중과 비만의 비율은 세계적으로도 급격히 증가하고 있다("globesity" 지구적 비만). 세계보건기구(WHO)는 2008년에 세계적으로 성인 14억 명 이상이 과체중이고 5억 명이 비만이라고 추정하였다.[4] 대부분의 나라에서 과체중과 비만이 저체중에 의하여 사망하는 숫자보다 더 많다.

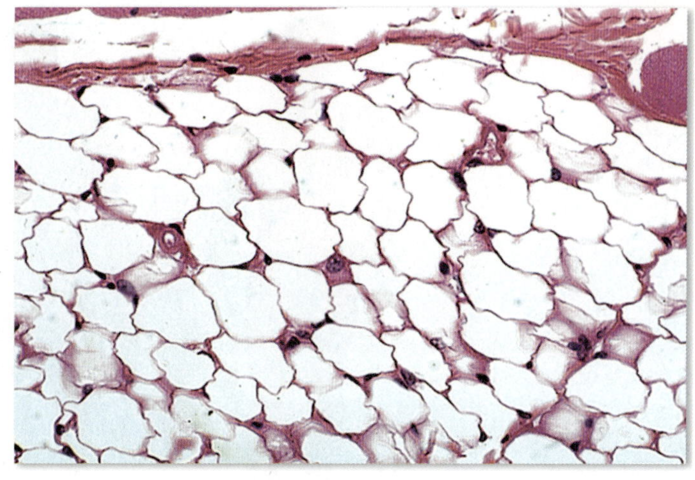

그림 10.1 **지방세포.**

10.1a 체조성과 지방조직

신체는 두 가지 주요한 구획인 **제지방 조직(fat-free mass)**과 **총 체지방조직(total body fat)**으로 구성된다. 제지방 조직은 뼈와 치아와 같은 물과 무기질이 풍부한 조직과 근육과 기관을 포함한 단백질이 풍부한 조직을 말한다.

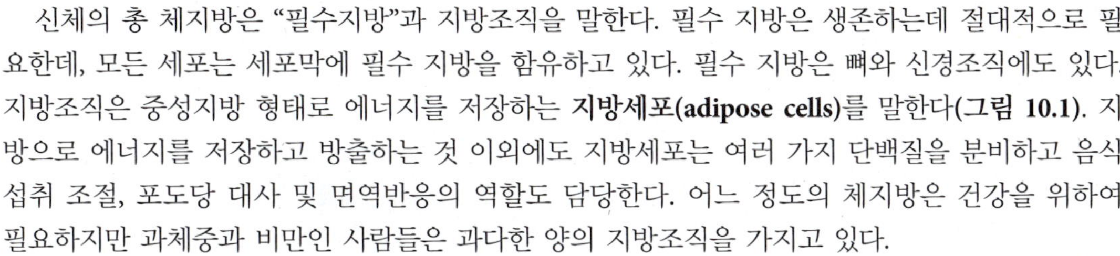

신체의 총 체지방은 "필수지방"과 지방조직을 말한다. 필수 지방은 생존하는데 절대적으로 필요한데, 모든 세포는 세포막에 필수 지방을 함유하고 있다. 필수 지방은 뼈와 신경조직에도 있다. 지방조직은 중성지방 형태로 에너지를 저장하는 **지방세포(adipose cells)**를 말한다(**그림 10.1**). 지방으로 에너지를 저장하고 방출하는 것 이외에도 지방세포는 여러 가지 단백질을 분비하고 음식 섭취 조절, 포도당 대사 및 면역반응의 역할도 담당한다. 어느 정도의 체지방은 건강을 위하여 필요하지만 과체중과 비만인 사람들은 과다한 양의 지방조직을 가지고 있다.

제지방 조직(fat-free mass) 제지방 조직

총 체지방조직(total body fat) 필수지방과 저장지방 조직

지방세포(adipose cells) 지방을 저장하는 특수 세포

지방세포

과식을 하면 지방세포는 혈액의 과다한 중성지방을 축적한다. 지방세포에 축적되는 지방량이 증가할수록 세포 크기가 커지고 체중이 늘어난다. 한때 과학자들은 아동기와 같은 급격한 성장기에만 지방세포를 생성할 수 있는 것으로 생각하였다. 그러나 고도비만인 성인의 경우 과식을 하면 더 많은 지방세포를 생성할 수 있다.[5] 과학자들은 일단 지방세포가 생성되면 세포가 사멸되거나 외과수술로 제거되지 않는 한 남아 있는 것으로 생각하고 있다.

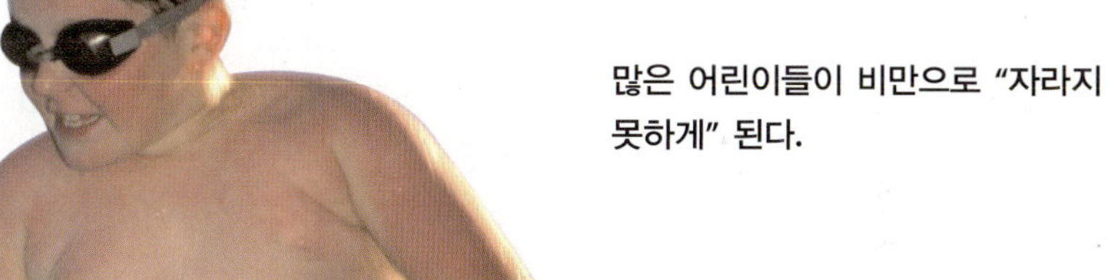

많은 어린이들이 비만으로 "자라지 못하게" 된다.

에너지가 필요할 때 지방세포는 다른 세포가 연료로 사용하도록 혈액으로 지방을 방출한다. 지방세포는 일정량의 지방을 방출하면 수축하게 된다. 이로써 체중이 감소된다.

피하지방과 내장지방

피하지방 조직은 근육과 같은 기초 조직 위에서 피부를 받치고 있다. 피하조직은 또한 지방세포를 함유하고 있다. 피하조직에 지방세포가 다른 종류의 세포보

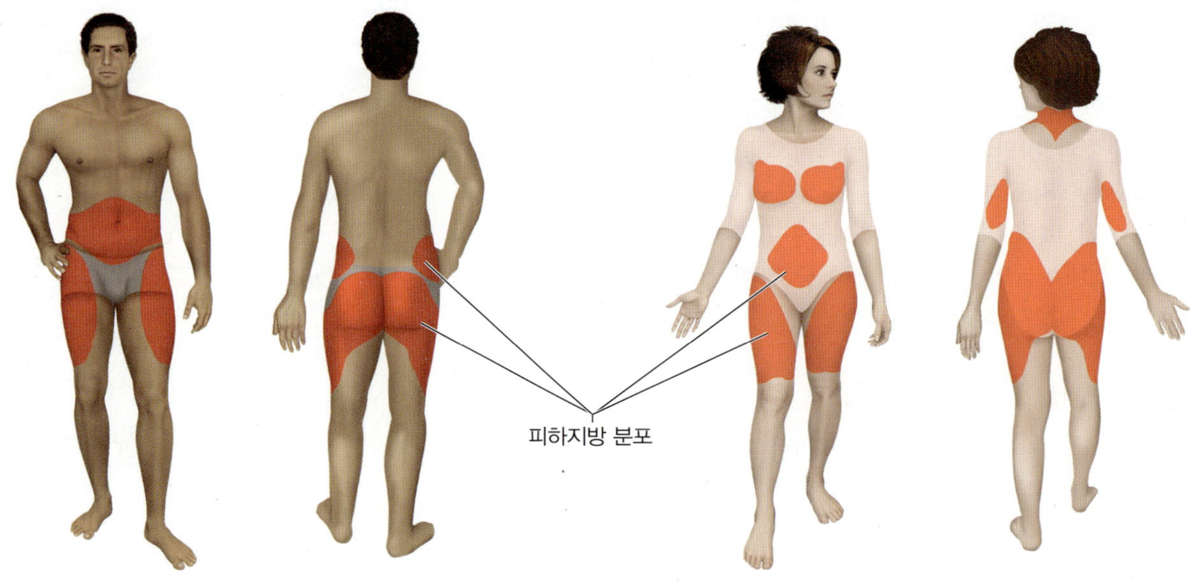

그림 10.2 **남녀의 고르지 못한 피하지방 분포.**

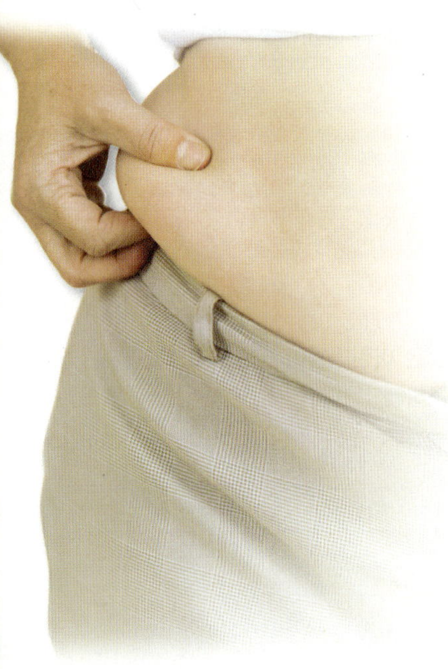

피하지방 두께 측정

다 많으면 **피하지방(subcutaneous fat)**이라고 부른다.[7] 피하지방은 신체를 추위로부터 단절시켜 체온을 유지하고 충격과 상처로부터 근육과 뼈를 보호한다. 다른 부위보다 특히 복부, 허벅지, 엉덩이 부분은 이러한 지방층이 더 두껍다(**그림 10.2**).

또한 신체의 **내장지방(visceral fat)**은 복부근육 아래와 위와 장 위에 있는 앞치마 모양의 방어기능이 있는 지방질 조직이다(**그림 10.3**). 여성은 일반적으로 남성보다 피하지방이 많고 남성은 여성보다 내장지방이 많다.[8] 과다한 내장지방 그리고/혹은 피하 복부 지방은 일반적으로 얘기하는 "맥주 배" 혹은 "중년 군살"을 나타낸다. 이 모듈의 다음 장은 과다한 내장 지방이 왜 건강하지 못한지 그 이유를 설명할 것이다.

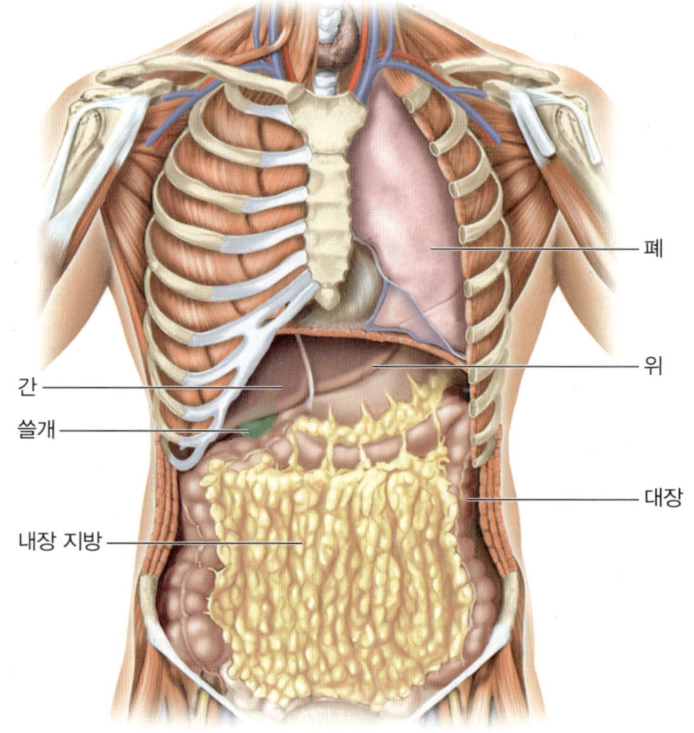

그림 10.3 **내장지방.**

■ 과다한 내장 지방은 왜 건강하지 못한가?

피하지방(subcutaneous fat) 다른 세포보다 지방세포가 많은 피하조직층

내장지방(visceral fat) 위와 장 위에 보호막을 형성하는 복부근육 아래의 지방조직

10.1b 과다한 지방이 건강에 미치는 영향

미국인들에게 영향을 끼치는 만성적인 건강 문제들은 과다한 체지방과 관련이 있다. 과체중 혹은 비만인 사람들은 다음과 같은 위험이 증가한다;

- 심장질환,
- 제2형 당뇨병,

영양, 사실인가 허구인가?

셀룰라이트는 피부 아래 쌓인 독성 폐기물이다.

이런 설명은 틀렸는데 우리 몸은 독성 폐기물을 피부 아래 저장하지 않기 때문이다. 신체는 가능한 한 독성 물질을 해독시키거나 제거한다. 과학자들은 셀룰라이트가 왜 발생하는지 잘 이해하지 못하고 있지만 이것은 단순히 불규칙한 결합조직의 밴드로 고정된 피하지방일 수 있다. 셀룰라이트를 제거시킨다는 화장품제조업자의 주장에도 불구하고 피부의 보조개같이 파인 모습을 매끈하게 하는 효과적인 방법은 없다.

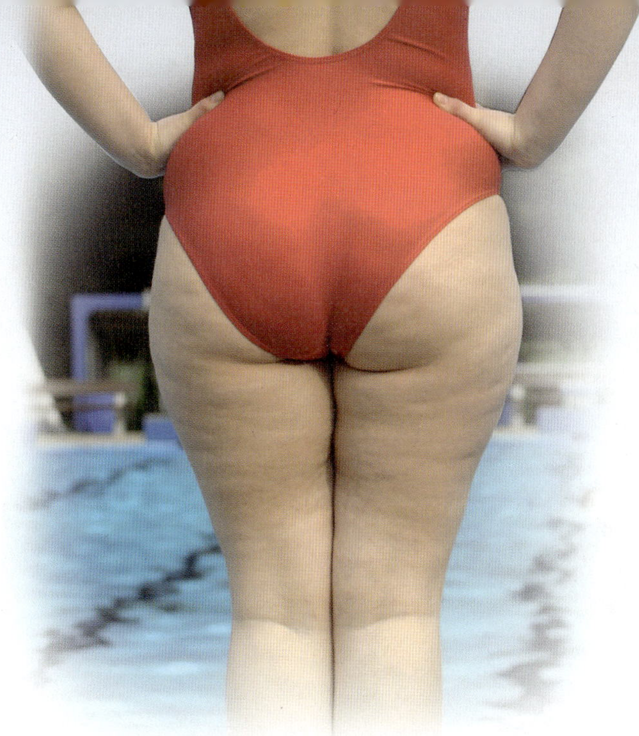

- 암(자궁, 유방, 결장),
- 고혈압,
- 높은 총콜레스테롤 혹은 높은 중성지방 농도,
- 뇌졸중,
- 간과 담낭 질환,
- 무호흡 수면과 기타 호흡 장애,
- 골관절염(관절조직의 파괴),
- 비정상적인 월경주기, 불임.[9]

정신 건강과 자존감은 자신의 "체중 문제"에 의하여 부정적인 영향을 받을 수 있다. 많은 미국인들은 날씬한 근육질의 몸매를 가진 사람들을 선망한다. 과체중이거나 비만인 사람들은 종종 자신의 몸매가 매력적이지 못하다고 생각하기 때문에 부정적인 자기 이미지로 고통을 겪는다. 사람들은 비만을 자기 의지의 결핍과 "스스로 식탁에서 멀리하는" 능력이 없는 결과라고 생각하는 경향이 있다. 과지방이거나 비만이 아닌 사람들은 비만한 사람들을 게으르고 어리석고 무른 사람으로 생각한다.[10] 따라서 비만한 사람들은 날씬한 사람들이 가진 부정적인 태도에 잘 대처해야 한다.

신체의 지방 분포: 건강에 미치는 영향

과다한 체지방 분포는 비만과 관련된 질병의 위험과 밀접한 연관성이 있다. 복부비만은 상당량의 내장지방("스페어 타이어")이 특징인데 이 지방은 허리선을 엉덩이를 지나 허벅지까지 늘어지게 한다. **복부 비만(central-body obesity)**인 사람은 가끔 "사과" 모양의 체형을 가진 것으로 묘사된다(**그림 10.4a** 참조). 복부 비만인 사람들은 엉덩이를 지나 늘어진 허리선을 갖지 않은 사람들보다 심혈관 질환(CVD)과 제2형 당뇨병의 위험성이 높다.[11] 특히 내장지방의 지방세포는 염증 유발 물질을 만든다. 이러한 염증 요인들은 제2형 당뇨병과 CVD 위험을 증가시킨다.

특히 여성들은 허리 아래 주로 엉덩이와 허벅지에 피하지방을 축적하는 경향이 있다(**그림 10.4b** 참조). "배 모양"의 지방 분포는 엉덩이와 무릎 관절에 압박을 가하여 골관절염(관절조직의 파괴)을 일으킬 수 있다. 그러나 이러한 체지방 분포 형태는 제2형 당뇨병과 같은 심각한 만성질환의 위험을 증가시키는 것은 아니다.

복부 비만(central-body obesity)
상당량의 내장지방을 가지고 "사과" 모양의 특징을 가짐

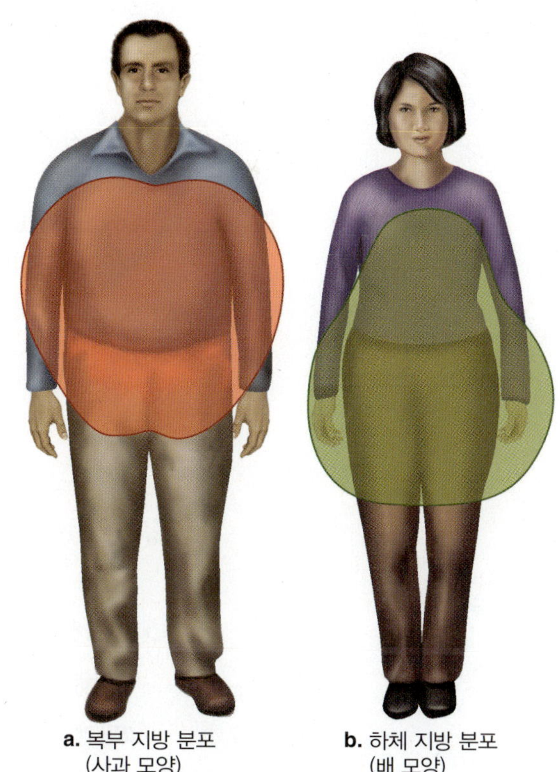

그림 10.4 **체지방 분포: 전형적인 성별 차이.**

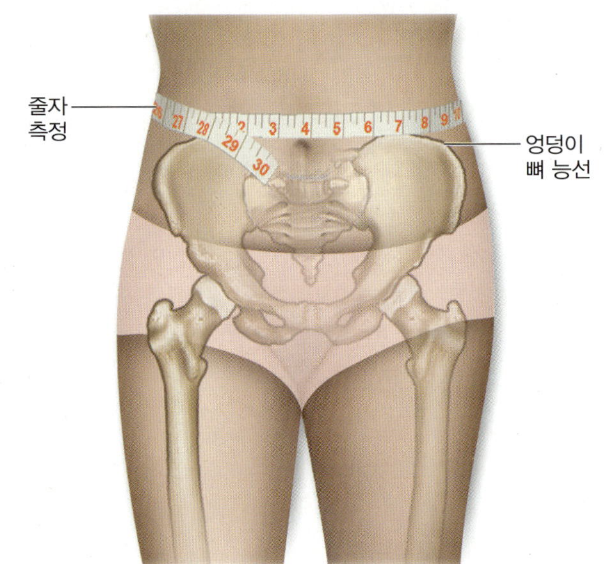

그림 10.5 **허리둘레의 측정.**

■ 복부 비만인 남성의 허리 둘레는 얼마일까? 복부 비만 여성의 허리둘레는 얼마일까?

우리가 건강하지 못한 내장지방을 지녔는지 아닌지를 빠르고 쉽게 판정하는 방법은 자신의 허리 둘레를 측정하는 것이다. **그림 10.5**는 줄자로 측정할 때의 적절한 위치를 보여준다. 줄자로 재는 위치는 반드시 가장 좁은 부분이 아니라 엉덩이 뼈 위인 것을 주의하라.[12] 허리둘레 40인치 이상(남성), 35인치 이상(여성)을 복부비만으로 규정한다.[12,13]

신장 대비 체중이 건강한 범위 안에 있는지를 어떻게 판단할 수 있는가? 얼마만큼의 체지방이 건강하지 못한 것인가? 이와 같은 질문의 답은 이 모듈의 뒷부분에 있다.

10.1c 체질량 지수는 무엇인가?

한때는 자신의 체중이 "이상적" 혹은 "바람직함"인지 아닌지 판단하기 위하여 신장/체중 표를 참고하였다. 오늘날, 의학전문가들은 성인의 체중이 건강한 것인가를 판단하기 위해 **체질량 지수(body mass index, BMI)**를 이용한다. BMI는 체중과 과다한 체지방과 연계된 만성적인 건강 문제와의 관련성에 근거한 수치이다.[14]

체질량 지수(body mass index, BMI) 과다한 체지방과 연계된 만성적인 건강 문제와의 관련성에 근거한 수치

BMI 계산법

자신의 BMI를 계산하기 위하여 다음 공식을 이용할 수 있다:

$$\text{체중(파운드)} \div [\text{height(인치)}]^2 \times 703$$

예를 들면, 체중 140파운드이고 신장이 5피트 3인치(63인치)인 사람의 BMI를 계산하여 보자. 공식에 숫자를 넣으면:

$$[140 \div (63)^2] \times 703$$

계산을 하면:

1단계: 63^2은 $63 \times 63 = 3969$

2단계: $140 \div 3969 = 0.03527$

3단계: $0.03527 \times 703 = 24.8$

이 사람의 BMI는 24.8이다. 자신의 BMI를 판단하기 위하여 자신의 신장과 체중 값을 공식에 넣어보라. 또한 http://nhlbisupport.com/bmi/에서 BMI 계산기를 이용할 수 있다. 자신의 BMI는 얼마인가?

BMI 범위

표 10.2는 BMI 범위에 근거한 성인 체중 분류를 보여준다. 건강한 BMI 범위는 18.5~24.9인 것을 주의하라. "과체중" BMI 범위에는 과지방인 사람은 물론 초과 근육 그리고/혹은 뼈를 가진 사람이 포함된다.

BMI가 증가할수록 심장질환, 고혈압, 제2형 당뇨병, 담석, 암, 호흡 장애가 증가한다. 따라서 비만 혹은 고도 비만인 사람들은 BMI 범위 18.5~30.0 사이의 사람들보다 과다한 체지방과 연계된 심각한 만성질환이 발생할 위험과 조기에 사망할 가능성 훨씬 높다. 고도비만 성인들은 BMI가 40.0 이상이다. 2009~2010년에 미국인 성인 6.3%가 고도 비만이었고,[3] 이 비율은 1988~1994년 사이에 고도 비만이었던 성인의 비율보다 125% 높다.

BMI의 한계점

근육은 지방보다 밀도가 크다. 따라서 BMI가 과체중의 범위에 있는 근육질의 사람은 실제로는 건강한 비율의 체지방을 지니고 있을 수 있다. 예를 들면, BMI가 25.5 이상인 대학 운동선수는 BMI가 25.5인 비운동선수보다 더 건강할 수 있다. BMI는 질병이나 노화로 인하여 근육조직을 손실하는 사람들의 체지방을 저평가할 수 있다.[14] 그러므로 BMI는 근육이 아주 많은 사람, 연로한 사람, 그리고 오랜 기간 병을 앓고 있는 사람들의 건강상태를 평가할 때는 신중하게 사용하여야 한다. 그러나 BMI가 30 이상인 사람은 일반적으로 과다한 체지방을 가진다.

BMI가 과다한 체지방과 관련된 질병발생 가능성을 나타내는 완벽한 지표는 아니다. 고혈압, 굵은 허리, 비활동적인 생활습관과 같은 주요 심장질환의 위험성을 가지고 있는지도 고려하여야 한다.[15]

표 10.2 성인 체중 상태 범위(BMI)

BMI	체중상태
18.5 이하	체중미달
18.5~24.9	건강
25.0~29.9	과체중
30.0~39.9	비만
40 이상	고도 비만

출처: National Institutes of Health, National Heart Lung and Blood Institute: Classification of overweight and obesity by BMI, waist circumference, and associated disease risks. ND. http://www.nhlbi.nih.gov/health/public/heart/obesity/lose_wt/bmi_dis.htm Accessed: October 17, 2012.

10.1d 체지방 측정

체지방은 어떻게 측정되는가? 체지방을 측정하는 여러 가지 과학적 방법이 있지만, 대부분 크고 비싼 장비가 필요하다. 신체의 체지방을 측정하기 위한 보다 경제적이고 현실적인 방법에 대하여 좀 더 자세히 알아보자

생체전기저항측정법(bioelectrical impedance) 생체전기저항측정법은 체성분을 측정하는 기술로 관련 기구가 몸속의 약한 전류 흐름의 저항값을 측정한다.

생체전기저항측정법

생체전기저항측정법(bioelectrical impedance)은 체지방의 양을 측정하는 빠른 방법이다. 이 방법은 물과 나트륨이온과 같은 전해질이 전기를 전도한다는 것에 근거를 둔다. 지방조직은 제지방 조직보다 수분과 전해질이 적다. 그러므로 체지방은 제지방 조직보다 더 세게 전기의 흐름에 저항한다.

생체전기저항 장치가 저에너지 전류를 피부에 장착한 전극을 통하여 보낸다(**그림 10.6**). 이 장치는 신체의 전류에 대한 저항 정보를 수분량의 측정값으로 변환시킨다. 이 정보는 지방 조직 비율을 예측하는 데 사용된다. 이 방법은 조사대상자의 수화상태가 정상적이라면 상당히 정확하다. 집에서 사용하기 위해서는 목욕탕의 체중계와 비슷한 생체전기저항측정 기구를 구입할 수 있지만 기구의 정확도에 대한 과학적 데이터는 부족하다.

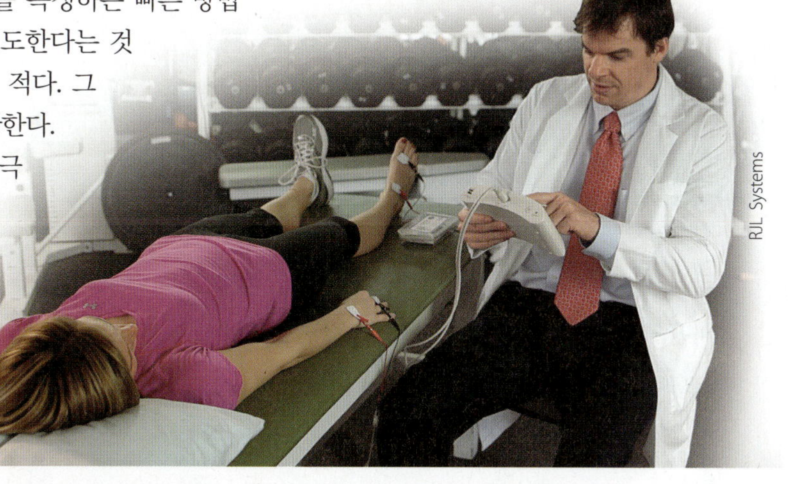
RJL Systems

그림 10.6 **생체전기저항측정.**

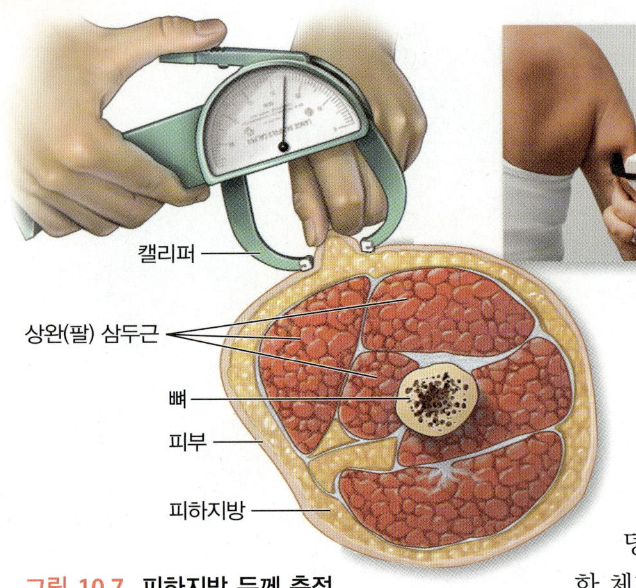

그림 10.7 **피하지방 두께 측정.**

피하지방 두께

피하지방 두께 측정(skinfold thickness measurements)은 팔의 삼두근을 포함한 신체의 여러 부위에서 총 체지방을 추정하기 위하여 일반적으로 이용되는 방법을 말한다(**그림 10.7**). 피하지방의 두께는 피하지방의 깊이를 나타낸다. 측정을 위해 훈련된 사람이 조사대상자의 피부 한 부분을 집어 가볍게 아래 근육조직으로부터 당겨 올려 특수한 캘리퍼를 사용하여 지방의 두께를 측정한다. 측정 후에 그 값들은 수학공식을 활용하여 매우 정확하게 조사대상자의 체지방을 추정하게 된다.

피하지방 두께 측정은 상대적으로 쉽고 경제적이지만 측정의 정확도는 측정하고자 하는 부위의 수와 측정자의 기술에 달려 있다. 또한 이 방법은 비만한 조사대상자의 체지방을 과소평가할 수 있다. 그러나 피하지방, 허리, 엉덩이 둘레 및 체형 측정에서 얻은 정보를 종합하면 조사자들은 보다 믿을 만한 체지방 추정치를 얻을 수 있다.

10.1e 어느 정도의 체지방이 건강한 것인가?

약간의 체지방은 좋은 건강을 위하여 필요하지만 과다한 지방조직은 신체의 정상적 기능을 방해할 수 있다. 어느 정도의 체지방 비율이 과다한 것인가? **표 10.3**은 체지방의 비율에 따라 사람들의 체중 범위를 분류한다. 남성은 체지방이 22~25%일 때 과체중이며; 여성은 32~37%일 때 과체중이다.[17] 남성은 체지방이 26% 이상이면 비만이고; 여성은 38% 이상일 때 비만이다. 건강한 젊은 여성은 젊은 남성보다 체지방이 많은데 여성은 출산을 위한 추가 지방이 필요하기 때문이다.

성인들은 나이가 들수록 지방조직이 늘어나는 경향이 있지만 나이가 많은 성인은 약간의 지방증가가 반드시 심각한 건강 이상을 일으키는 것은 아니다. 지방은 사실 건강에 약간의 이로움을 줄 수 있는데, 예를 들면 식사를 못하는 아픈 사람에게 에너지 저장량을 제공하는 것이다. 더욱이, 충전제로서의 지방은 넘어져서 부상을 입는 것을 방지할 수 있다.

피하지방 두께 측정(skinfold thickness measurements) 신체의 여러 부분에서 피하지방의 두께를 측정하는 캘리퍼를 사용하여 체조성 추정 기법

표 10.3 체지방의 비율에 따른 성인 체중 분류

분류	체지방(%) 남성	체지방(%) 여성
건강함	13~21%	23~31%
과체중	22~25%	32~37%
비만	26~31%	38~42%
고도비만	32% 이상	43% 이상

출처: Adapted from: Food and Nutrition Board: *Dietary Reference Intakes for energy, carbohydrate, fiber, fat, fatty acids, cholesterol, protein, and amino acids (macronutrients).* Table 5.5, page 126, 2005. www.nap.edu/openbook/0309085373/html/126.html.

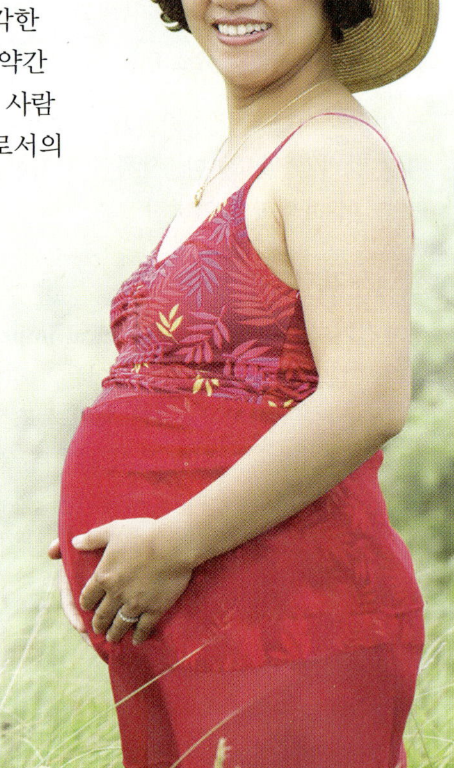

여성들은 출산을 위해 남성들보다 더 많은 체지방이 필요하다.

모듈 10.2

체중에 영향을 미치는 요인들

10.2 - 학습목표

1. 이 모듈의 주요 용어를 모두 정의한다.
2. 신체의 에너지 이용과 에너지 균형의 개념을 설명한다.
3. 과체중을 유발하는 요인들을 확인한다.

10.2a 섭취 칼로리와 소비 칼로리

자동차가 제대로 운행하기 위하여 가솔린, 에탄올, 산소의 혼합물을 사용하는 것처럼 신체도 활동을 하기 위해 생물학적 연료와 산소의 혼합물을 사용한다. 생물학적 연료는 다량영양소(**섭취 에너지, energy intake**)를 함유한 식품과 음료이다. 정상상태에서 세포들은 주로 포도당과 지방산 대사를 하지만 적은 양의 아미노산 또한 에너지로 이용된다.

소비 에너지(energy output)는 세포들이 활동을 영위하기 위하여 사용하는 에너지(칼로리)를 말한다. 예를 들면, 우리 근육의 세포들은 수축을 위해, 간세포는 독성 화합물질을 보다 안전한 물질로 바꾸는데, 소장 세포들은 영양소를 흡수하기 위하여 에너지를 필요로 한다. 다음 Unit에서 우리 몸이 식품 에너지를 이용하는 방법에 대하여 설명할 것이다.

섭취 에너지(energy intake) 다량영양소와 알코올을 함유한 식품과 음료에서 나오는 칼로리의 섭취

소비 에너지(energy output) 세포들이 활동을 수행하기 위하여 사용하는 칼로리

동화작용(anabolic reactions) 에너지를 필요로 하는 세포 내 화학적 변화

이화작용(catabolic reactions) 에너지 방출을 위한 세포 내 화학적 변화

기초 대사(basal metabolism) 단식과 12시간의 휴식 후 필수 활동을 위하여 신체가 사용하는 최저 칼로리

대사율(metabolic rate) 휴식과 식사 후 몇 시간 동안 신체가 사용하는 에너지 비율

대사 에너지의 필요량

대사는 살아 있는 세포에서 끊임없이 일어나는 화학적 변화 혹은 반응을 말한다. **동화작용(anabolic reactions)**에는 에너지가 필요하고 **이화작용(catabolic reactions)**은 에너지를 방출한다. **기초 대사(basal metabolism)**는 단식과 12시간의 휴식 후 필수 대사에 사용되는 최소 칼로리이다. 필수 대사 작용은 호흡, 혈액순환, 지속적인 간, 뇌, 콩팥의 기능 유지 등이다. 활동적인 사람은 기초 대사가 신체가 사용하는 전체 에너지의 60~75%를 차지한다.[18]

갑상선에서 분비되는 갑상선 호르몬은 세포가 대사를 하기 위하여 에너지를 사용하는 **대사율(metabolic rate)**을 조절한다(그림 9.3 참조). 갑상선이 과다한 활동을 하는 사람은 과잉의 갑상선 호르몬을 생산한다. 이런 경우 정상보다 높은 대사율을 가지게 되고 이런 질병이 있을 때 체중이 감소하게 된다. 많은 과체중 및 비만인 사람들은 정상 범위의 갑상선 호르몬 농도를 가지고 있다. 그러나 다른 사람보다 약간 적은 양의 호르몬을 분비하는 사람은 칼로리 필요량이 감소할 수 있고 이 결과 비만으로 될 수 있는 경향이 더 크다.

대사율은 어떤 영향을 끼치는가?

갑상선 호르몬 이외에도 아래와 같은 여러 가지 요인들이 기초대사율을 상승시키거나 저하시킨다.

- **체조성**: 근육조직은 대사율에 영향을 끼치는 주요한 요인이다.[17] 제지방 조직인 근육조직은 지방조직보다 대사가 더 활발하다. 일반적으로, 근육조직을 많은 사람이 적은 사람보다 대사율이 높다.
- **성별**: 남성들이 일반적으로 여성들보다 대사율이 높은데, 남성이 제지방

조직이 더 많기 때문이다.

나이가 들어 갈수록 대사율이 감소한다.

- **나이**: 나이가 들면 근육과 같은 제지방 조직의 손실로 기초대사는 낮아진다. 많은 성인들이 나이가 들어감에 따라 자신의 근육이 지방으로 "변화" 한다고 생각한다. 그러나 근육세포는 스스로 지방세포로 변할 수 없다. 노화과정에서 근육, 뼈, 그리고 장기의 세포가 죽고 대체되지 않기 때문에 근육조직은 줄어든다. 그러나 지방세포는 일생 동안 특히 과식을 할 때 지속적으로 증가한다. 지방조직의 크기가 늘어나면 전에 근육과 기관 조직이 점유하고 있던 공간을 채운다. 정기적인 운동이 근육조직을 만들고 유지하는 데 도움을 줄 수 있고 나이가 들어도 활동적으로 움직여 어느 정도까지는 대사율의 하락을 감소시킬 수 있다.
- **칼로리 섭취**: 칼로리 섭취 또한 대사율에 영향을 미친다. 우리 몸은 칼로리 섭취가 아주 낮거나 전혀 없을 때 에너지를 보존한다. 초 저칼로리 식사(800 kcal/일)를 하는 것은 대사율을 낮추기 때문에 체중 감소를 위해 이러한 식사는 권장되지 않는다.

대사 에너지 필요량의 계산

우리 몸의 기초 대사율은 매일 상당히 일정하다.[20] 따라서 자신의 하루 기초대사율을 다음과 같은 "추정" 공식으로 계산할 수 있다:

남성 = 1.0 kcal/kg/시간

여성 = 0.9 kcal/kg/시간

기초대사에 필요한 추정 칼로리를 계산하기 위하여 우선 파운드로 된 체중을 2.2로 나누어 킬로그램으로 바꾸어야 한다(1킬로그램은 약 2.2파운드).

______ 파운드 ÷ 2.2파운드 = _______ kg

다음으로, 성별에 따라 다음 중 해당하는 공식을 선택한다:

_____ kg × 0.9(여성) = __________kcal/시간

_____ kg × 1.0(남성) = __________kcal/시간

마지막으로, 시간당 기초 대사율에 시간 값 24를 곱하여 하루의 기초대사율을 추정할 수 있다.

______kcal/시간 × 24시간 = _______ kcal/일

이 계산은 하루 대사율의 추정치만을 제공할 뿐이다. 24시간 동안의 에너지필요추정량(EER)을 알아보기 위해서는 BMR 값에 신체 및 기타 다른 활동에 쓰인 칼로리(kcal)를 더하여야 한다.

신체활동을 위한 에너지

신체활동은 기초대사의 필요량 이상으로 에너지 방출을 증가시킨다. 신체활동을 위하여 소비하는 칼로리는 활동의 종류, 활동 수행 시간(지속성), 활동의 강도 및 체중에 달려 있다. 체중이 무거운 사람은 동일한 활동을 같은 기간에 동일한 강도로 수행해도 체중이 가벼운 사람보다 많은 칼로리를 소비한다. 이유는 무엇인가? 체중이 무거운 사람들의 근육은 보다 큰 몸체를 움직이기 위하여 더 강하게 움직여야 하기 때문이다.

표 10.4는 다양한 신체 동의 종류와 150파운드인 사람이 각각의 활동을 1분 동안 수행할 때 소비하는 칼로리(kcal)를 보여준다. 예를 들면, 150파운드의 사람은 30분 동안 걷는(3.5 mph) 동안 (30 × 5.1) 약 53 kcal를 소비한다. 신체활동을 하는 데 필요한 칼로리는 크게 달라질 수 있는데 우리가 신체활동의 종류, 강도, 기간을 조절할 수 있기 때문에 체중의 증가, 감소, 유지를 위하여 에너지 소비를 조절할 수 있다. 자신이 주

로 앉아서 일을 하는 경우는 적당한 혹은 심한 활동을 할 때처럼 많은 칼로리를 사용하지 않는다.

식품의 열발생 효과

신체는 식품과 음료를 소화하고, 다량영양소를 흡수하고 처리하기 위해서는 비교적 적은 양의 에너지를 필요로 한다. 이러한 일들을 위하여 사용되는 에너지는 일반적으로 전체 칼로리 섭취의 약 5~10%인데 **식품의 열발생 효과(thermic effect of food, TEF)**라고 불린다. 예를 들면, 우리의 에너지 섭취가 하루 3000 kcal라면 TEF는 150~300 kcal를 차지한다.

적응 대사량

적응 대사량(nonexercise activity thermogenesis, NEAT)은 사람들이 의식적으로 조절할 수 없는 신체활동을 말한다. NEAT는 다음과 같은 활동을 말한다:

- 떨림,
- 근육 긴장 유지,
- 안절부절,
- 눕지 않은 자세 유지.

과식을 해도 체중이 증가되지 않는 사람이 있는데, 이런 사람은 적응 대사량이 보통사람보다 높기 때문이다. 그러나 대부분의 사람들은 적응 대사량이 에너지 필요량을 증가 시키지는 않는다.

식품의 열발생 효과(thermic effect of food, TEF) 식품, 음료의 소화와 다량영양소의 흡수와 추가 과정에 사용되는 에너지

적응 대사량(nonexercise activity thermogenesis, NEAT) 안절부절과 같은 비자발적인 뼈 근육 활동

표 10.4 소비 에너지 추정치/신체활동 시간 (체중 150파운드인 사람 기준)

신체활동	에너지 추정치 kcal/분
앉아서 카드게임하기	1.9
볼링	4.1
걷기(3.5 mph)	5.1
자전거 타기(10 mph)	6.4
카누 타기(4 mph)	6.7
댄스(활동적으로)	6.8
하이킹(백을 메고, 3 mph)	6.8
걷기(4.5 mph)	7.1
테니스(단식, 레크리에이션)	7.5
웨이트 트레이닝	7.8
터치 풋볼(심한 정도)	8.3
에어로빅댄스	9.0
수영(심한 정도, 평형)	9.6
달리기/조깅, 일정한 페이스 (5.5 mph)	10.0
자전거 타기(15 mph)	10.9
카라테	12.8

출처: Williams M: *Nutrition for health, fitness, and sport*. 9th edition. New York: McGraw-Hill, 2010.

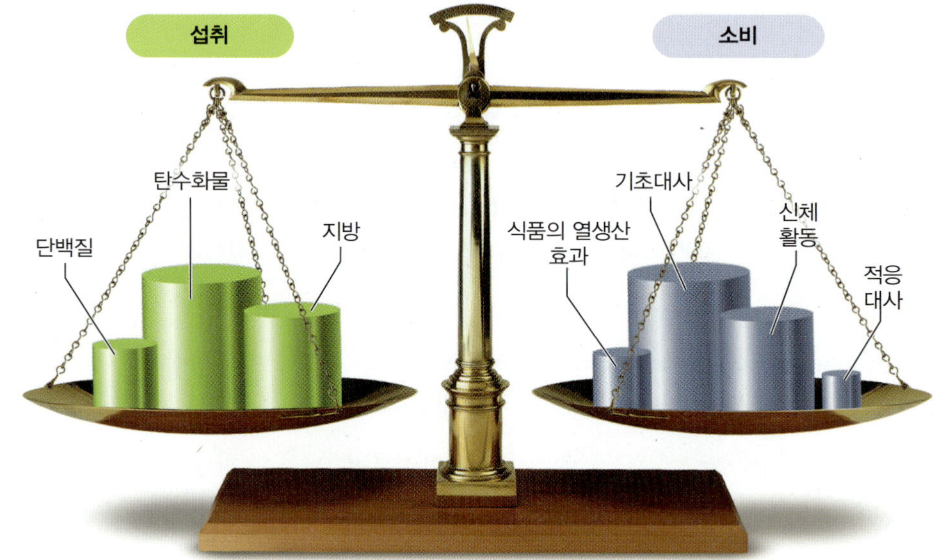

그림 10.8 에너지 균형. 에너지 섭취는 다량영양소 이외에 알코올 섭취를 포함한다.

■ 소비 에너지보다 섭취 에너지가 지속적으로 크다면 체중은 어떻게 변화할까?

종합하면

하루 에너지 소비량을 추정하기 위해서는 하루 동안의 기초대사, 신체활동, 식품의 열생산, 적응대사를 통하여 소비하는 칼로리 양을 합하여 해보라. "섭취 칼로리와 소비 칼로리"를 추정하는 쉬운 방법은 웹사이트(http://www.choosemyplate.gov)를 방문하여 "슈퍼추적자(바코드 리더기 추적관리 시스템)"를 접촉하여 보라. 이 사이트에서 개발된 도구를 사용하면 자신의 하루 식품 섭취와 신체활동 수준을 추적하여 분석할 수 있다.

10.2b 에너지 균형

에너지 균형의 개념을 이해하는 것이 왜 체중이 늘고, 줄고 유지하는가를 이해하는 데 매우 중요하다. 우리의 신체는 식음료로부터 섭취하는 칼로리와 기초대사, 신체활동, 식품의 열생산, 적응대사를 통하여 소비하는 에너지가 같을 때에 **에너지 균형(energy balance)** 상태를 이룬다(**그림 10.8**). 균형 있는 에너지 상태를 유지함으로써 체중이 비교적 장기간 안정되게 유지된다.

만약 에너지 섭취가 에너지 소비보다 적으면 **음의 에너지 상태(negative energy state)**에 있는 것이다. 이런 경우 신체활동을 수행하기 위하여 식사로 공급되는 칼로리보다 더 많은 칼로리를 필요로 한다. 따라서 에너지를 사용하기 위하여 저장된 지방의 대사를 많이 일으킨다. 체중 감량은 음의 에너지 상태에서 초래된 것이다. 시간이 지나면서 신체의 지방조직이 줄어들면서 입는 옷이 헐렁하게 되는 것을 알게 된다.

만약 섭취 칼로리가 소비 칼로리보다 크면 **양의 에너지 상태(positive energy state)**에 있는 것이다. 신체는 과잉의 식이지방을 지방세포에 저장한다. 과잉 섭취한 탄수화물과 단백질도 지방으로 변하여 지방세포에 저장한다. 체중증가는 양의 에너지 상태에서 초래되고 결국 입는 옷이 작아진 것처럼 느끼게 된다.

체지방 1파운드는 약 3500 kcal를 나타낸다. 그러므로 필요한 칼로리보다 3500 kcal를 더 섭취하면 1파운드의 지방이 증가할 수 있다. 다음 사항을 고려하여 보라: 추가로 500 kcal를 섭취하고 매일 동일한 수준의 신체활동을 유지한다면, 일 년에 추가로 182,500 kcal를 섭취하게 된다. 연

에너지 균형(energy balance) 칼로리 섭취와 소비가 같은 것

음의 에너지 상태(negative energy state) 칼로리 섭취가 칼로리 소비보다 적은 것

양의 에너지 상태(positive energy state) 칼로리 섭취가 칼로리 소비보다 많은 것

배고픔(hunger) 음식물을 섭취하도록 요구하는 불편한 느낌

포만감(satiety) 충분한 식품과 음료를 섭취하여 배고픔을 만족케 하는 감각

그렐린(ghrelin) 먹기를 자극하는 단백질

그림 10.9 **신체의 가능한 에너지 상태.**

말에는 약 50파운드가 늘게 된다(182,500 kcal ÷ 3,500 kcal).

에너지 균형의 유지는 장기간에 걸쳐 에너지의 섭취와 소비를 맞추는 것인데 체중 조절에 매우 중요하다(**그림 10.9**). 체중 감량을 위해서는 현저하게 낮은 칼로리 식사를 하고, 섭취하는 칼로리보다 많은 칼로리를 소비하거나, 두 가지 방법을 모두 실행하여 음의 에너지 상태를 만들 필요가 있다. 그러나 보통 사람들과 같이 활동한다면 칼로리의 섭취와 소비 및 새로운 생활양식을 변화시키는 것은 쉽지 않다.

10.2c 체중 증가에 영향을 미치는 요인들

자신의 기분에 따라 식행동이 달라지는가? 많은 사람들이 배가 고파서 먹는 것이 아니라 심심하고, 불안하고, 화가 나거나 기분이 저조하기 때문에 먹는다. 생물학적, 환경적인 요인들도 칼로리 섭취와 소비에 영향을 미친다.

생물학적 요인

배고픔과 포만감은 규칙적인 식행동에 영향을 미치는 중요한 감각이다. **배고픔(hunger)**은 사람들로 하여금 음식을 섭취하도록 하는 불편한 감정이다. **포만감(satiety)**은 충분한 식품과 음료를 섭취하여 배고픔을 만족케 하는 감각이다. 뇌의 작은 부분에서 배고픔과 포만감을 조절한다.

우리의 위 크기도 포만감에 영향을 미친다. 식사 동안에는 위가 채워지면서 길게 늘어난다. 위가 충분한 용량에 도달했다는 감각은 식사를 중단하게 만들 수 있다. 그럼에도 불구하고, 지방과다인 사람들은 위가 가득하다는 감각을 인지하지 못하고 배가 고프지 않을 때에도 식사를 한다.[21]

위, 소장, 지방조직은 배고픔과 포만감을 조절하는 신경세포를 자극하는 단백질을 생성한다. **그렐린(ghrelin)**은 위에서 주로 분비되는 호르몬인데 먹기를 자극한다. 어떤 과학자들은 그렐린

맛있는 팁

텔레비전을 보는 것이 아동과 성인의 비만과 연관이 있다는 것을 제시한 연구결과들이 있다.[23] 텔레비전 프로그램은 음식물 광고를 포함해 몸을 많이 움직이지 않는 내용으로 되어 있고, 사람들은 텔레비전을 보면서 고지방 식품을 먹는다. 건강전문가들은 업무와 상관없는 컴퓨터와 비디오 게임을 포함한 화면 대면 시간을 2시간이 넘지 않도록 제한하라고 충고한다.[24]

렙틴(leptin) 배고픈 느낌을 감소시켜 지방의 저장을 방해하는 호르몬

설정값 이론(set-point theory) 체지방의 용량이 유전적으로 사전에 결정되어 있다는 과학적 개념

식욕(appetite) 음식에 매력을 느끼는 욕망

생성과 활성을 감소시키는 것이 체중을 줄이거나 유지하는 것을 돕는 중요한 열쇠라고 생각한다. 지방세포는 배고픔을 줄이고 지방 축적을 저해하는 호르몬인 **렙틴(leptin)**을 분비한다. 인체 관련 논문에 의하면 일반적으로 비만인 사람들은 배고픔을 줄이고 지방 축적을 저해하는 호르몬인 렙틴을 많이 생성하지만 렙틴의 배고픔 억제 기능에 대한 저항성이 큰 것으로 나타났다.[22]

유전적 요인

여러 가지 유전자들이 비만에 영향을 준다. 학자들은 이러한 유전자를 조절하는 약물을 개발하는 데 관심을 가지고 있다. 만약 이러한 약물이 안전하고 효과적이라면 장기적으로 자신의 체중을 관리할 수 있도록 도움을 줄 수 있을 것이다.

만약 쉽게 체중이 늘어난다면 **절약형 대사 유전자**를 받았을 수 있다. 절약형 대사인 사람은 그렇지 않은 사람보다 초과된 에너지를 지방으로 저장하는 데 더 효율적이다. 에너지를 "절약"하는 사람은 굶주림의 기간을 다른 사람보다 더 오래 견딜 수 있다. 그러나 미국에서는 "편의점" 식품을 24시간 이용할 수 있으므로 굶주린다는 것은 비현실적이다. 그러므로 절약형 대사 유전자를 지니는 것은 과다한 체지방을 축적하여 심각한 건강 문제를 일으키기 때문에 대부분의 미국인들에게 도움이 되지 않는다.

고칼로리 식품을 24시간 이용 가능한 환경요인은 과식의 원인을 제공할 수 있다.

설정값 이론(set-point theory)에 따르면, 체지방 용량은 유전적으로 사전에 결정된다. 설정값은 가정에서 쓰는 온도계와 같다. 예를 들면, 소장 바이러스에 감염된 사람은 며칠간 식욕이 없기 때문에 1~2파운드의 체중 감소가 생긴다. 투병기간이나 회복 후에는 대체로 줄어든 체중을 회복한다. 이것이 의도적으로 체중을 감량시킨 사람들이 시간이 지나면서 감량된 체중을 회복하는 이유를 설명할 수 있을 것이다.

환경적 영향

식욕(appetite)은 식품에 매력을 느끼는 욕구이다. 만약 종종 배가 고프지 않을 때에도 무엇을 먹는다면 주변 환경이 식욕에 영향을 미치는 것을 알 것이다. 예를 들면, 사탕봉지가 열려 있는 것을 볼 때나 혹은 시계바늘이 "점심시간"을 나타낼 때 먹고 싶은 충동을 느끼는가?

식품 선전은 식품 선택에 막강한 영향을 끼치는 환경적 요인이다. 제품을 구매하도록 유혹하기 위하여 식품 제조업자들은 일반적으로 식품의 모양과 맛을 강조하면서 감각을 자극한다. 텔레비전에서 식품 광고를 볼 때 어떻게 반응하는가? 이러한 광고들이 배고픔을 느끼게 하는가? 아니면 이런 새로운 식품을 사고 싶어지는가?

식품 광고업자들은 감성 자극도 시도한다. 같은 돈으로 보다 많은 것을 갖게 된다는 생각을 하게 되어 "초대형 크기"를 선택하여 구매할 수도 있다. 그러나 많은 경우 "좀 더 많이"라는 것은 보다 많은 지방과 칼로리를 의미한다. 영양 전문가들은 인기 있는 식당에서 초대형 크기의 식품의 소비가 증가하는 것이 미국에서 광범위한 비만 문제의 원인을 제공한다고 한다.[25]

환경은 또한 신체적으로 비활동적인가(주로 앉아서 활동함) 혹은 활동적인가를 선택하는 데 영향을 미친다. 집에서 자동 진공청소기, 텔레비전 리모트 컨트롤, 차고 문 개폐기와 같은 "힘을 절약"하는 다양한 기구에 의존하며 산다. 집 밖에서는 이동을 위해 두발 대신에 자동차, 엘리베이터, 에스컬레이터, 모터 구동장치를 사용한다. 이러한 기계들의 도움으로 우리의 생활은 상당히 편리하지만 충분한 칼로리를 소비하지 못할 수도 있다.

모듈 10.3

안전한 체중관리

10.3 - 학습목표

1. 이 모듈의 주요 용어를 모두 정의한다.
2. 체중 감량 식사의 안전성과 장기적 효과를 평가한다.
3. 과체중과 비만에 대한 의학적 치료 방법을 확인한다.
4. 성공적인 체중 감량과 유지를 위한 주요 요인들을 확인한다.
5. 안전하고 효과적인 장기적 체중감량 식사요법을 계획한다.
6. 안전하고 현명한 체중 증가 방법에 대하여 토의한다.

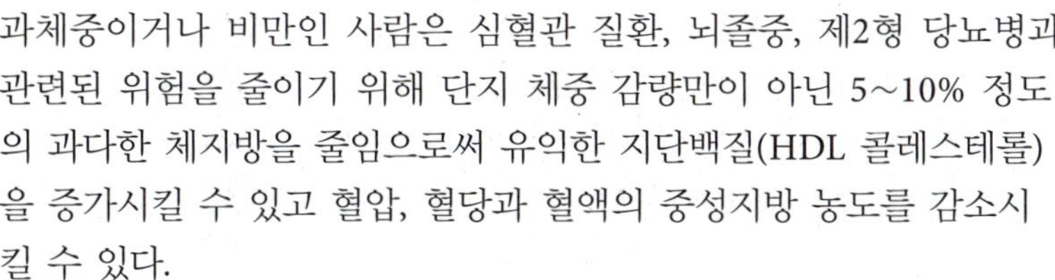

과체중이거나 비만인 사람은 심혈관 질환, 뇌졸중, 제2형 당뇨병과 관련된 위험을 줄이기 위해 단지 체중 감량만이 아닌 5~10% 정도의 과다한 체지방을 줄임으로써 유익한 지단백질(HDL 콜레스테롤)을 증가시킬 수 있고 혈압, 혈당과 혈액의 중성지방 농도를 감소시킬 수 있다.

Unit의 시작 부분에서 대학생 맥켄지는 설탕과 지방 섭취를 줄임으로써 총 섭취 칼로리를 낮추었다. 그녀는 또한 과일과 채소의 섭취를 늘렸다. 이와 같이 수분이 많고, 섬유소가 많은 식품은 에너지가 농축되어 있지 않아 포만감을 더 빨리 느끼게 한다. 따라서 과일과 채소를 보다 더 많이 먹는 것이 칼로리 섭취를 줄이는 데 도움이 된다.[26]

10.3a 의학적으로 건강한 체중 감량 계획

인터넷 광고와 텔레비전의 상업적 광고에도 불구하고 과체중과 비만을 위한 속성 치료법은 없다. 신체에서 칼로리의 소비를 더 빠르게 촉진시키는 "대사의 이점"이 있는 특별한 식사나 식품은 없다. 체중 감량을 원하는 사람의 목표는 모든 필수 영양소를 섭취하면서 총 칼로리를 감소시키는 것이다. 건강한 체중을 위한 감량 계획은:

- 안전하고 효과적이다,
- 영양적, 신체적, 사회적 필요를 충족시킨다,
- 모든 식품군으로부터 다양한 상용 식품을 사용한다,
- 합리적인 체중 감량 비율을 정한다,
- 비싼 기구나 다이어트 책자를 필요로 하지 않는다,
- 가정 및 식당 음식, 파티나 특별 행사 음식, 전통음식과 기호식품 모두를 수용한다,
- 상실감을 느끼게 하지 않는다,
- 쉽게 이용 가능한 영양식을 강조한다,
- 과식을 하게 하는 식습관의 변화를 강화한다,
- 규칙적인 신체운동을 하게 한다,

- 사회적 지원을 얻는 제안을 한다,
- 일생에 걸쳐 실행할 수 있다.

10.3b 체중감량: 주요 성공 요인

과다한 지방을 가진 사람들이 체중을 줄이고 유지하기 위해서는 자신의 행동 변화가 필요하다는 인식이 있어야 하고 이러한 인식의 변화가 계속 지속되도록 결심해야 한다. 몇몇 사람들은 과다한 체지방과 연계된 심각한 건강 이상의 진단을 받았을 때 이러한 인식이 생긴다. 체중 감량과 감소된 체중의 유지 및 보다 나은 건강을 유지하고자 서약하는 마음가짐이 과식 욕망보다 훨씬 커야 한다.

성공적인 체중 감량과 장기적인 체중 유지는 목표를 정하고 생활습관을 바꾸며 행동을 변화시키는 것을 의미한다.[27] 뒷부분은 건강한 체중을 달성하고 유지하는 기본정보와 실용적인 사실들을 알려줄 것이다.

목표설정

과다한 체지방을 줄이는 첫 걸음은 합리적인 체중 감량 목표를 정하는 것이다.[27] 성인은 6개월 동안 현재 체중의 5~10%를 감소시키도록 노력하여야 한다. 예를 들어, 자신의 체중이 250파운드라면 6개월 안에 12~25파운드를 줄이는 행동을 실행하도록 해야 한다. 체중이 서서히 주는 것은 일반적으로 자신의 식습관에 건강한 변화를 만들고 있다는 것을 나타낸다. 이러한 변화는 아주 낮은 칼로리 식사를 하는 것과 같이 빠르게 체중을 감소시키기 위한 단기적인 방법보다 더 안전하고, 감량된 체중을 쉽게 유지할 수 있다.

생활습관의 변화

생활습관은 식사와 신체활동을 의미한다. 보다 건강하기 위해서는 자신의 생활습관에서 어떠한 변화가 필요한지 명확하게 알 필요가 있다. 무엇을 얼마나 많이 먹는가? 자신의 식품 선택이 과다한 체지방에 어떠한 영향을 미치는가? 평상시에 신체적으로 얼마나 활동적인가? 예를 들면 식사량이 너무 많은지, 패스트푸드를 너무 자주 먹는지 혹은 너무 오래 앉아 있는지 같은 것들이다.

칼로리 감소

과체중이거나 비만인 사람의 합리적인 체중 감량 비율은 일주일에 1~2파운드이다.[27] 과다한 체지방을 지닌 사람들은 통상적인 섭취 칼로리를 줄이고 신체활동을 늘려서(하루 500~1000 kcal 에너지 소비) 이 비율의 감소를 달성한다. 비록 과체중 및 비만인 사람들이 일주일에 2파운드 이상을 줄이고자 하지만 영양사들은 천천히 지속적이고 실행 가능한 비율을 권장한다.

많은 체중 감량이 필요할수록 칼로리 제한 식사를 준수할 때 더 빠른 속도로 체중을 감량시킬 수 있다. 그러나 비만인 사람의 체중 감량 비율은 체중이 건강한 수준에 도달하면 더디게 감소하는 경향이 있다.

때로는 철저하게 음식 섭취를 제한하여 하루 800 kcal를 제공한다. 이 같은 초저 칼로리 식사는 대부분의 과체중 사람들에게 권장할 만한 것은 아니다.[28] 초저 칼로리 식사를 준수하는 사람들은 빠르게 많은 체중을 감소시킬 수 있지만 체중감소 노력을 "중단"한 후에는 체중이 다시 불어나고 옛날 식습관으로 돌아간다.

신체활동

규칙적인 신체활동은 체중 감량과 유지에 매우 중요하다. 신체적인 활동을 증가할수록 더 많은 칼로리를 소비하게 된다. 모듈 10.5는 신체적으로 활동적인 생활습관의 건강상 이점을 포함한 신체적 활동에 초점을 맞추고자 한다.

식품과 운동 관련 실천의 변화

다음과 같은 실천이 체중 감량은 물론 건강한 체중을 유지하는 데 도움을 줄 수 있다. 고려하여 보라:

- **식단 계획**
  1. 3일 이상의 식사와 간식을 계획하고, 필요한 식료품 목록을 준비하라.
  2. 식단을 계획할 때는 단백질, 불포화지방, 복합 탄수화물을 식사와 간식에 포함하라.
  3. "접근금지" 식품을 정하는 것을 피하라. 이것은 "금지식품"의 폭식을 가져올 수 있다. 이러한 식품의 섭취를 통제하기 어려운 이유를 분석하여 보라. 그리고 이와 같은 식품의 섭취를 줄일 수 있는 방법을 알아낼 수 있는 전략을 수립하라.

- **신중한 장보기**
  1. 충동적으로 식품을 선택하는 경향을 줄이기 위하여 식사 후 식품을 구입하라.
  2. 구매식품 리스트를 이용하여 구입하라. 만약 어떤 식품이 목록에 없으면 자신이 이 식품을 정말로 구입할 필요가 있는지, 이것이 체중 감량 노력에 도움이 되는지 방해가 되는지를 자문하여 보라.
  3. 분량당 칼로리와 지방 함량을 비교하기 위해 식품표시를 확인하라.

- **식품 조리와 제공**
  1. 조리 시 고체지방 사용을 줄이라; 튀김 대신 구이로 대신하라.
  2. 조리된 채소와 같은 음식을 제공하거나 먹기 전에 고체지방을 적게 첨가하라.
  3. 만약 음식 조리 중에 맛을 보게 되면 먹은 양을 고려하여 식사 때는 맛을 보면서 먹은 양만큼 줄이도록 하라.
  4. 한 끼 식사 분량만큼만 조리하라. 계량 컵 사용과 작은 저울이 도움이 될 수 있다.
  5. 일상적인 분량을 받아 3분의 1이나 반 가량은 접시나 그릇에 남겨두라.
  6. 식탁 위에서 서빙 접시를 치워라. 음식물과 담은 그릇이 시야에 있으면 과식을 자극할 수 있다.

- **똑똑하게 먹기**
  1. 신선한 과일과 채소와 같이 영양소가 많고 칼로리가 적은 간식을 가까이 두라.

맛있는 팁

의도적으로 체중을 감량시킨 과체중 혹은 비만인 사람들의 20% 이하가 적어도 1년 동안 체중을 유지할 수 있다.[29]

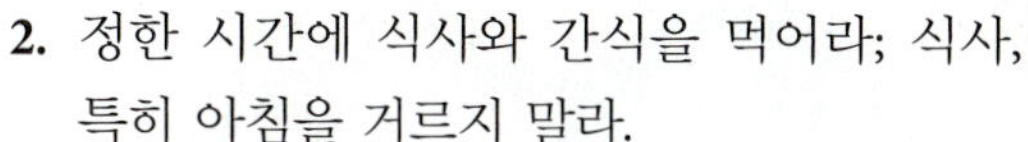

  2. 정한 시간에 식사와 간식을 먹어라; 식사, 특히 아침을 거르지 말라.
  3. 모든 식품은 "식사" 장소에서 먹어라; 책을 읽거나 텔레비전을 보는 것과 같이 다른 행동을 하면서 먹는 것을 피하라.
  4. 음식을 한입 먹는 사이에 수저를 내려놓고 천천히 식사를 하고 먹는 속도를 늦추어라.
  5. 접시에 음식을 약간 남기도록 하라.
  6. "방어적으로 먹는 사람"이 되도록 하라. 음식을 정중하게 거절하거나 적은 양을 요청하는 방법을 실행하라. 특히 친지나 친구들 중 체중 감소 노력을 방해하는 사람들을 잘 알아두어라. 여기에는 칼로리가 농축된 식품을 거절하였고 본인이 체중 감량의 노력을 하고 있다는 것을 알고 있음에도 불구하고 계속 권하는 사람도 포함한다.

- **휴일과 파티의 준비**
  1. 식사와 행사에 참여하기 전에 무엇을 먹고 마실 것인지를 생각하여 보라.
  2. 행사에서 과다한 칼로리 섭취를 피하기 위하여 행사 당일 미리 음식 섭취를 줄이도록 하라.
  3. 행사 한 시간 전에 저칼로리 간식을 먹어라
  4. 알코올과 가당 음료수를 적게 섭취하라. 이러한 음료수를 얼음물 혹은 다이어트용 소프트드링크로 대체하라.

- **식당에서 주의하기**
  1. 정기적으로 패스트푸드 매장에서 먹는 것을 피하라.
  2. 흰색보다 붉은색 소스 파스타를 선택하라.
  3. 샐러드 소스는 "한쪽에 따로 담아주기"를 요청하여 양을 조절할 수 있도록 하라.
  4. "적게 먹기"를 생각하라. 주요리를 하나 시켜서 다른 사람과 나누어 먹어라.
  5. "깨끗한 접시 클럽"의 멤버가 되지 말라. 식탁에 주문 음식을 가져올 때 "싸갈 수 있는 봉지"를 달라고 요청하라. 그리고 음식을 반으로 나누어 한 부분을 그 용기에 넣어라. 식사 후 2시간 안에 남은 음식을 냉장고에 넣고 다음 날 식사로 먹어라.
  6. 식후 간식을 선택하였다면 다른 사람들과 나누어라.
  7. 튀김메뉴나 버터, 그레이비 혹은 크림소스로 조리된 음식

을 피하라.

8. 패스트푸드 매장에서는 다음과 같이 대체하라:
   - 튀김 생선 샌드위치 대신 샐러드,
   - 특별 버거 대신 보통 햄버거,
   - 빵가루 튀김 닭고기 샌드위치 대신 구운 닭 샌드위치,
   - 보통 소프트드링크 대신 다이어트용 소프트드링크 혹은 물,
   - 가능하면 튀김 감자 대신에 구운 감자.

- **자기 점검**

1. 예를 들면 한 달에 4파운드 감소와 같은 합리적인 체중감량 목표를 정하라. 이 목표를 달성하면 또 하나의 합리적 목표를 정하고 이루어질 때까지 이 과정을 계속하라.
2. 식품을 기록할 특별 공책과 일기를 부엌 식탁이나 냉장고와 옆에 눈에 띄는 곳에 보관하라.
3. 일기에는 식사 시간과 장소는 물론 먹은 식품 종류와 양을 기록하라. 또한 음식과 간식을 먹었을 때의 기분 상태를 기록하라. 지루하거나 기분이 저조할 때 먹는 경우 식품 관련 문제점을 일기에 자세히 밝혀두라.
4. 일기의 실행 부분에는 수행한 중강도의 운동 종류를 기록하고 매일 운동을 한 시간의 숫자를 기록하라.
5. 매 주일 허리둘레를 재어보고 수치를 기록하라.
6. 일주일에 여러 번 같은 시간에 옷을 입지 말고 체중을 재어보라. 그러나 체중을 눈금의 표시에만 의존하지 말라. 규칙적인 운동은 종종 근육조직을 증가시키는데 체중증가 혹은 체중감량의 실패로 나타날 수 있다. 그러나 근육조직의 증가는 과다한 체지방을 유지하는 것보다 건강한 것이다.

- **사회적 지원 받기**

1. 단체 체중 감량 프로그램에 가입하는 것을 고려하여 보라. 새로운 친구를 만들 수 있고 다른 사람들의 경험을 이용하고 결과적으로 도움을 받을 수 있다.
2. 가족과 친구들에게 자신의 체중관리를 칭찬하고 격려해 줄 것을 요구하라. 가족, 친구, 친지들에게 자신이 체중을 줄이려고 노력하고 있으며 그들의 도움과 지원에 감사하고 있음을 알려라.

- **부정적인 생각 유형 바꾸기**

1. 가끔 차질이 발생하는 것에 의하여 자신을 잃지 마라—행동을 바꿀 때에 재발이 나타나는 것을 예상할 수 있다. 예를 들면, "나는 체중을 줄일 수 없어, 나는 실패자야"라고 생각하는 대신에 "그래, 나는 조절능력을 잃었고 결혼식에서 너무 많이 먹었어. 나는 단지 제자리로 돌아갈 필요가 있어. 내일부터 먹는 것에 고삐를 조이고 운동을 더 많이 하겠어"라고 스스로에게 말해보도록 하라.
2. 진행과정에 대하여 긍정적으로 생각하라. "이번 주에는 전혀 체중을 줄이지 못했지만 또한 늘어난 것도 없다. 나는 살이 빠지고 점점 날씬해지고 있음에 틀림없다—저 진바지들은 2달 전보다 나에게 더 잘 맞는다."
3. 긍정적인 말로 부정적인 생각을 이겨내라. "오늘 오후 나는 추가로 섭취한 칼로리를 없애기 위해 보다 더 오래, 열심히 걸을 것이다."

성공적인 식사 조절자(Dierters)—어떻게 체중을 관리하는가?

국립 체중 조절 레지스트리(The National Weight Control Registry)는 평균 66파운드의 체중을 줄이고 적어도 5.5년 동안 체중감량을 경험한 대부분이 여성인 10,000명 이상의 미국성인을 추적 조사하였다.[30] 등록된 멤버들은 다음과 같은 경향을 나타냈다:

- 저칼로리, 저지방 음식을 먹음,
- 하루 약 한 시간 운동을 함,
- 아침을 먹음,
- 일주일에 10시간 이하 텔레비전을 시청함,
- 적어도 일주일에 한 번 체중을 재어 봄.

지방이 과다한 사람들은 아침 식사를 포함한 규칙적인 식사를 하는 것이 보다 쉽게 체중을 줄이는 것임을 안다.

10.3c 비만의 의학적 치료

비만 환자들은 일시적인 유행방법은 물론 통상적인 체중 감량 방법을 통하여 체중이 감소하는 양에 만족하지 못한다. 반복되는 체중조절 노력에 실망한 일부 비만자들은 약물 치료와 심지어 체중 감량을 위한 외과적 수술을 위하여 의사에게 방향을 돌린다.

체중 감량 약물 치료

현재 체중 감량을 위한 장기 복용약물은 FDA의 인가를 받은 "알리", 벨빅, 퀴시미아라고 하는 비만방지약이다. 알리는 소장에서 지방의 흡수를 감소시키고 벨빅과 퀴시미아는 배고픔을 억제한다. 이러한 약물은 체중조절 노력을 도와줄 수 있지만 여전히 칼로리 섭취를 줄이고 신체활동을 증가시켜야 할 필요가 있다.

외과적 처방

바리아트릭 비만 치료(bariatric medicine)는 비만을 집중적으로 다루는 특수의료 행위이다. 이러한 외과적 수술기법은 사람의 위 크기를 과감하게 줄여서 음식 섭취를 제한한다. 이 수술은 위가 빨리 채워지기 때문에 수술 전보다 빨리 포만감을 느끼게 되어 체중 감량을 가져오지만 과식은 불편한 느낌과 구토를 일으킨다. 따라서 이러한 수술을 받은 사람들은 자주 소량의 식사 계획을 세우는 등 생활습관에 변화를 주어야 한다.

환자들은 수술 후 가끔 정상적인 혈압, 혈당, 중성지방 수준을 유지한다. 또한 이 수술을 한 후에 체중이 감소한 고도비만인 사람들의 사망률이 낮아질 수 있다.[31] 이 수술은 비교적 안전하지만; 환자의 1% 미만이 바리아트릭 수술로 사망한다.[32]

미국에서 바리아트릭 수술은 고도비만의 치료에 일반적으로 사용된다. 그림 10.10은 **루엔** Y 수술 후의 위와 소장의 모양을 설명한다. 이 수술은 환자의 위 용량을 대략 달걀 한 개 정도 크기인 약 1.5온스로 줄이기 위하여 수술용 스테이플을 사용하는 것을 말한다. 이외에 의사는 소장을 잘라서 하단부를 새롭게 만든 위 주머니에 붙인다(**그림 10.10a**). 수술 결과, 소장의 "절단된" 부분은 음식을 받아들이지 못하여 소화 및 흡수가 줄어들게 된다.

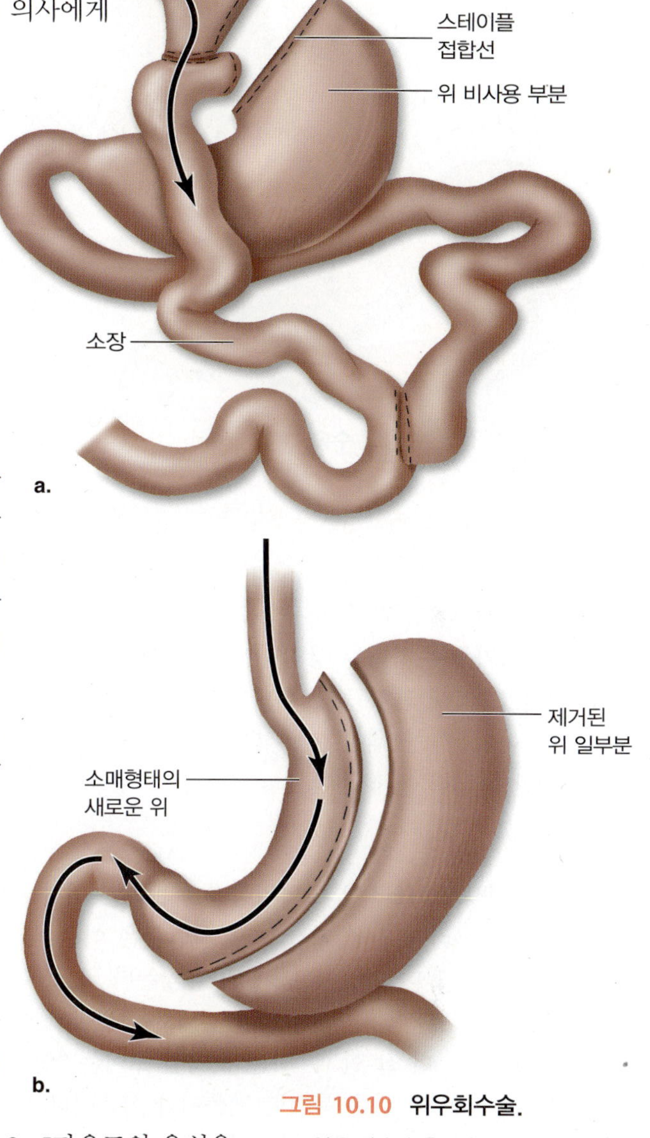

그림 10.10 위우회수술.

■ 위우회수술은 어떻게 체중 감량을 도와주는가?

위소매절제술 또한 위 크기를 줄인다. 이 수술에서 의사는 스테이플로 약 2~5파운드의 음식을 지닐 수 있는 바나나 형태의 위 주머니를 만든다. 이 수술은 소장을 우회하여 접합하지 않으므로 영양소 흡수는 줄어들지 않는다. 이러한 환자들은 수술하기 이전만큼 배고픔을 느끼지 않기 때문에 체중이 감소한다. 이유는? 그렐린을 분비하는 위의 한 부분이 제거되고 결과적으로 배고픔이 줄어든다(**그림 10.10b** 참조). 위소매절제술은 사용하지 않는 위의 부분이 제거되기 때문에 회복 불능하다.

위우회수술과 연계된 합병증에는 소장 막힘 및 출혈, 스테이플 봉합부분의 누출, 혈전 형성과 상처부위 감염이 포함한다. 수술 후 위우회수술 환자는 미량영양소 부족과 뼈 손실 증상을 일으킬 수 있다. 그러나 환자들은 비타민과 무기질 보충제를 복용함으로써 영양소 부족을 감소시킬 수 있다.

조절형 위밴드 수술은 고정된 외과적 스테이플 대신에 조절 가능한 밴드로 작은 크기의 위주머니를 만든다(**그림 10.11**). 의사는 밴드의 조이는 힘을 조절하여 위의 크기를 결정한다. 다른 외과적 수술 방법에 비하여 위밴드 수술은 시술이 보다 쉽고 원상회복이 가능하다. 그러나 이 수술은 다른 합병증 때문에 60%는 위밴드를 제거해야 한다.[32] 또한 체중 감량 속도가 느리고 위우회수술이나 위소매 절제 수술을 받은 사람들보다 체중 감량이 적다.

바리아트릭 비만 치료(bariatric medicine) 비만치료에 초점을 맞춘 특수 의료 행위

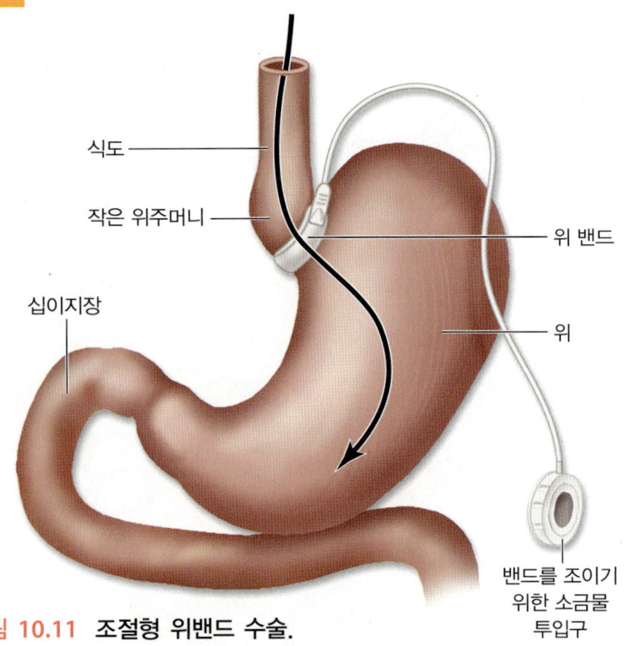

그림 10.11 **조절형 위밴드 수술.**

10.3d 신뢰할 수 없는 체중 감량 방법

매년 미국인들은 체중 감량을 도와주는 상품과 서비스를 위하여 많은 돈을 지출한다. 과다한 지방을 가진 사람들은 안전한 체중 감량과 유지가 가능하다는 상업적인 체중 감량 프로그램에 가입하고 있다. 그러나 과체중 및 비만인 많은 사람들은 지방을 "태우거나" "녹이는" 등 최신유행 식사요법과 식사요법 보조제 같은 "신속한 해결책"을 찾는다.

최신 유행 식사요법

최신 유행 식사요법(fad)은 광범위하게 어필하는 최신 유행 경향의 기법이다. 그러나 일정 기간 이후 사람들은 이런 식사요법에 흥미를 잃게 되고 더 이상 유행이 되지 않는다. 최신 유행 식사요법은 새로운 판매 전술에 의존한다. 새로운 판매 전술은 다른 식사요법보다 좀 더 잘 할 수 있는 것처럼 보이는 "랩스베리 케톤"과 "푸른 커피"와 같은 특이한 제품이나 식품이다. 어떤 유행 식사요법은 다른 모든 형태의 식품을 제외하고 한 가지 식품 혹은 한 가지 식품군을 강조하는 판매전술을 사용한다. 예를 들면 자몽 식사요법은 단지 이 한 가지 식품만 먹도록 한다.

체중 감량을 위해 식사요법을 하는 사람들은 음식의 다양성을 제한하는 식사 계획을 따를 때 약간의 체중을 감량할 수 있지만 이런 체중 감량이 일어나는 것은 식사의 칼로리가 낮기 때문이지 자몽, 아사이베리, 혹은 다른 "체중감소 식품"이 급격한 체중 감량을 일으키는 화합물을 지녔기 때문이 아니다. 그들은 결국, 한 조각의 빵을 갈망하게 되고 이러한 제한적인 식단 계획을 포기하게 된다. 만약 전과 같은 식습관과 기타 생활습관으로 돌아가면 최신 유행 식사요법을 실행하는 동안 감량한 체중의 대부분이 다시 증가한다.

어떤 식사요법 계획을 자세히 살펴본다면 그것이 최신 유행 요법인지 아닌지를 알 수 있다. 전형적인 최신 유행 식사요법은:

- 칼로리 제한과 신체활동의 증가 없이 급격한 체중 감량을 홍보한다.
- 몇 가지 식품군에서 선택을 제한하고 아침 식사로 과일만 섭취한다든가 특정한 식품들을 먹는 것처럼 특별한 행위를 요구한다.
- 책을 구입하거나 비싼 건강보조식품, 체중감소 패치, "비밀 체중감소 재료"를 함유한 음료수와 같은 여러 가지 전략적인 구매를 요구한다.
- 유명인의 증언에 의존하거나 식사요법을 캘리포니아 할리우드, 플로리다 사우스 비치와 같은 장소와 연계한다.

최신 유행 식사요법(fad) 한동안 널리 인기를 끌다가 더 이상 관심을 끌지 못하는 유행 방법

맛있는 팁

2012년 아사이베리를 비롯한 체중 감량 제품을 판매하는 회사들이 가짜 "뉴스" 웹사이트를 사용하여 제품을 홍보하고 판매한 것에 대하여 연방통상위원회(FTC)는 2백만 달러 이상을 지불하도록 하였다.[33] 연방통상위원회(FTC)에 따르면 이 사이트는 체중 감량제로 아사이베리의 효과에 대해 왜곡되고 과학적 증거가 없는 내용을 제공하였다.

저탄수화물 식사요법

탄수화물 섭취를 제한하고 단백질과 포화지방이 높은 최신유행 체중 감량 식사요법으로 앳킨스(Atkins) 박사의 새로운 식사요법 혁명, 스카스데일 식사요법 및 초기 사우스 비치 식사요법 등이 있다. 빵, 시리얼, 과일, 채소 및 사탕과 같은 높은 탄수화물 식품을 제외시키거나 섭취를 제한한다면 체중 감량 식사요법은 낮은 탄수화물 식사가 된다. 저탄수화물 식사는 몸에서 물이 감소하기 때문에 처음에는 급격한 체중 감소가 일어난다. 신체는 탄수화물의 섭취가 낮아질 때 글리코겐을 적게 생성하고 에너지를 만들기 위한 포도당을 공급하기 위하여 저장된 글리코겐을 사용한다. 신체조직은 글리코겐 1 g과 약 3 g의 물을 보유하기 때문에 체내에서 글리코겐 양이 감소하면 물 저장의 필요성도 감소하는 결과를 가져온다. 신장은 과다한 물을 소변으로 배출한다.

저탄수화물 식사요법은 1년까지는 체중과 심혈관 질환의 위험의 감소 효과가 저지방 식사요법과 같거나 더 좋을 수 있다.[34] 탄수화물 제한 식사는 고밀도 지단백("좋은 콜레스테롤")과 혈청 중성지방 상태를 개선시킨다. 그러나 저탄수화물 식사요법이 안전하고 심혈관 질환의 위험을 장기간 감소시키는가에 대한 추가적인 연구가 필요하다.

초저지방 식사요법

프리티킨 식사요법과 "많이 먹고 살빼기"와 같은 초 저지방 식사요법은 식이지방에서 5~10%의 칼로리를 공급한다. 이러한 식사요법은 일반적으로 급격히 체중이 감소한다. 초 저지방 식사가 건강한 성인에게 해롭지는 않지만 장기간 실행하기는 어렵다. 지방은 음식의 맛과 질감을 제공하므로, 초 저지방 식사는 맛이 없고 아이스크림, 육류 같이 선호도가 높은 음식들을 금지한다.

체중 감량을 위한 건강보조식품에 대하여

많은 과체중과 비만인 사람들은 체중 감량을 위하여 건강보조식품에 매력을 느끼는데 체중을 신속하고도 쉽게 줄일 수 있는 "특효약"이라고 홍보하는 사람들의 주장을 믿기 때문이다. 일반적으로, 그들의 효과에 대한 주장과 장기간 안전성을 보장하는 과학적 증거는 빈약하다. 그렇기 때문에 의학전문가들은 아시이베리, 치아씨앗, 키토산 또는 **표 10.5**에 제시된 제품들을 비롯하여 체중 감량을 위한 어떠한 건강보조식품도 권장하지 않는다.

표 10.5 체중 감량 보조식품: 효과가 있는가, 없는가?

보조제	유용성	부작용/안전우려(통상적 양)
아사이베리	비효과적	잠재적으로 위험; FDA 비승인 약물에 오염 가능성 있음
베타하이드록시베타메틸 부티르산	체내 지방세포를 줄일 수 있고 제지방 조직을 증가시킬 수 있지만 추가적인 연구가 필요	보고된 바 없음
치아씨앗	과학적 증거가 없음	보고된 바 없음
중국산 체중감소 알약	결정된 바 없음	일본에서 질병유발, 사망과 관련 활성형 펜플루라민을 포함할 수 있음
키토산	일부 논문에서 약간의 유용성을 보이지만 추가 연구가 필요함	메스꺼움, 변비 및 소장 내 가스와 같은 위장기관의 불편함을 초래할 수 있음
크롬 피코린산	적은 양의 체중 감소를 진행할 수 있음	보고된 바 없지만 DNA 손상 가능
리놀레산 화합물	체중 감소효과가 낮음	안전한 것처럼 보이지만 위장기관 이상을 초래할 수 있음
녹차 혹은 추출물	적은 양의 체중 감량을 달성할 수 있음	추출 농축물질은 간의 손상과 관련
에페드린(마황, 마황과 식물, 마황과의 시니카, 시다 코르디폴리아, 피네릴아 및 카페인 포함 마황)	에페드린 함유 제품은 단기 체중 감소를 촉진하지만 또한 심각한 부작용 위험을 증가시킬 수 있음. 에페드린 함유 보조제는 미국에서 금지되어 있음	급격한 심장 박동증가를 초래하며 혈압상승과 어지러움, 땀흘림, 두통과 수면장애를 일으킬 수 있음 심장마비, 뇌졸중, 사망과 관련
가르시니아 캄보지아 (하이드록시시트르산, HCA)	증거자료의 대부분이 사용을 권장하지 않음	두통 및 위장기관 불편을 초래할 수 있음
글루코만난	효과적일 수 있지만 추가 연구가 필요	보고된 바 없음
구아 검	비효과적	설사와 장내 가스를 유발 가능
후디아	비효과적	구토, 혈압상승 및 심장박동 상승, 간손상 증상
융모성 생식선자극호르몬	비효과적	알려진 바 없음
피루브산	효과적일 수 있음: 추가 연구가 필요함	보고된 바 없지만 장기 안전성은 알려진 바 없음
스피루리나(남조류)	비효과적	알려진 바 없음

출처: Food and Drug Administration: Public notification: "Acai Berry Soft Gel ABC" contains undeclared drug ingredient. October 18, 2011; Egras AM and others: An evidence-based review of fat modifying supplemental weight loss products. *Journal of Obesity 2011*, Article ID 297315, doi: 10.1155/2011/297315; Nieman DC and others: Chia seed supplementation and disease risk factors in overweight women: a metabolomics investigation. *Journal of Alternative and Complementary Medicine 18*(7): 700, 2012. Pittler MH, Ernst E: Dietary supplements for body-weight reduction: A systematic review. *American Journal of Clinical Nutrition 79*: 529, 2004; Saper RB and others: Common dietary supplements for weight loss. *American Family Physician* 70:1731, 2004; Hursel R and others: The effects of green tea on weight loss and weight management: a meta-analysis. *International Journal of Obesity* advance online publication, 14 July 2009; doi:10.1038/ijo.2009.135; Sarma DN and others: Safety of green tea extracts: a systematic review by the US Pharmacopeia. *Drug Safety 31*(6): 469, 2008.

무엇일까요?

아사이주스와 같이 아사이가 함유된 제품의 홍보자들은 이 열대과일이 체중 감량을 촉진하는 여러 가지 건강에 좋은 점을 가지고 있다고 주장한다. 비록 아사이가 염증을 감소시키는 항산화제 급원 식품이라 해도 체중 감량을 시킨다는 주장에 대한 과학적 증거는 거의 없다.[37]

과잉 광고의 내용분석

연방통상위원회(FTC)에 따르면,[38] 관련 제품과 서비스의 다음과 같은 주장에 주의하여야 한다:

- **빠르고 엄청난 체중감소.** 광고는 소비자를 유혹하기 위하여 통상 "일주일에 18파운드까지 감소" 같은 획기적인 주장을 한다. 여기서 사용한 "까지"라는 수식어는 이 제품을 이용하는 사람은 일주일에 18파운드 미만의 체중을 감소할 수 있다는 것을 의미한다.
- **식사패턴과 신체활동의 변화가 필요 없다.** "식사조절과 과격한 운동 없이 체중감소", "마음껏 드세요—먹을수록 체중이 감소"와 같은 주장은 에너지 균형에 대한 기본 원칙에 맞지 않는다.
- **체중 감량이 영구적으로 유지된다.** "영원한 체중 감량의 비밀 발견" 그리고 "체중감량과 유지"와 같은 주장들이 종종 광고에 나타난다. 이러한 주장들은 체중이 줄었지만 다시 늘어서 체중 감량 제품에 의심을 하는 사람들을 목표로 한다. 장기적인 체중 감량은 칼로리 감소와 규칙적인 운동 없이는 어렵고 영원한 체중 감량이 단순히 하나의 제품을 이용하는 것으로 가능하다는 주장은 의심스러운 것이다.
- **과학적으로 증명되고 의사가 보증.** 어떤 광고는 제품이나 서비스가 "임상적으로 실험됨", "과학적으로 증명됨", 혹은 "의사가 권장함"이라고 주장한다. 제품과 서비스의 과학적 실험은 아마도 "선도적인" 의료센터 혹은 대학에서 이루어진 것으로 추정된다. 그러나 대부분의 광고는 실험장소나 결과가 발표된 간행물에 대한 정보를 제공하지 못한다. 의학 전문가들이 보증한다는 내용은 오해를 일으킬 수 있다.
- **실행 전후의 사진게재.** 만약 자세히 읽어보면 작은 글씨로 "결과는 일반적인 것이 아님"과 같은 문귀가 "실행 후" 사진 하단에 면책조항 항목으로 적혀 있는 것을 발견할 수 있다.
- **환불보장 포함.** 소비자들은 제품이 보장되었다고 하여 반드시 그 제품이 효과있는 것은 아니라는 것을 알아야 한다. FTC는 환불보장 광고를 하고, 만족하지 못한 소비자들에게 환불을 해주지 않은 회사들을 자주 고소하고 있다.
- **천연산이고 안전함.** 어떤 광고는 "100% 안전 입증" 혹은 "안전하고 신속한 체중 감량"과 같은 안전 관련 주장을 한다. 이러한 장담에도 불구하고 체중 감량 보조식품 제조업자들은 통상적으로, 특히 장기적인 제품 사용의 안전을 보장할 수 있다는 주장의 과학적 증거가 거의 없다. 더욱이, "천연산"이라는 것은 안전을 보장하는 것이 아니다. 버섯은 천연산이지만 많은 종류의 버섯들이 매우 독성이 강하고 치명적이다.
- **만족한 소비자들이 보장함.** 제품 추천서에는 일반적으로 어떤 소비자들이 본 제품을 사용을 원하는지에 대한 믿을 만한 정보가 거의 없다.

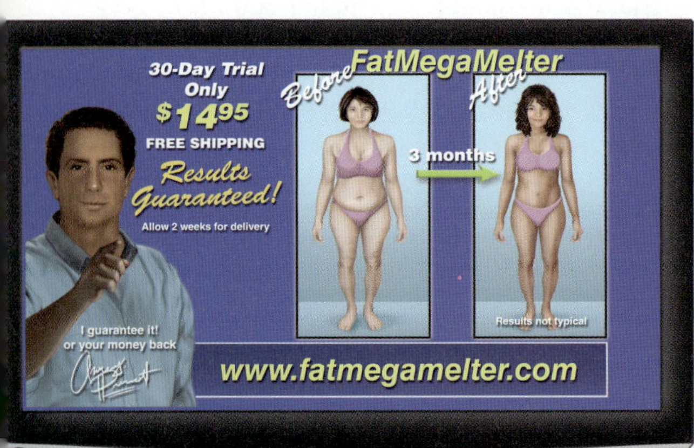

10.3e 체중증가

2007년에서 2010년 사이 20세에서 39세에 이르는 미국인 1.9%가 체중 미달이었다.[3] 체중 미달자의 BMI는 18.5 미만이다. 많은 체중 미달자들이 특히 근육조직을 늘려 체중을 증가시키기를 원한다. 체중 미달자들이 체중을 증가시키는 것은 비만인 사람들이 체중을 줄이고자 하는 것만큼 어려운 일이다. 체중이 미달된 성인은 칼로리가 높은 건강한 지방 음식을 섭취해 체중을 점차적으로 늘려야 한다. 연어와 같은 지방이 풍부한 생선, 올리브, 아보카도, 씨앗류, 저지방치즈, 견과류와 땅콩버터, 바나나, 마른 과일과 씨앗류 및 견과류로 만들어진 그래놀라 등이 선택할 수 있는 포화지방이 낮은 고칼로리 영양식품이다. 또한 체중 미달자들은 청량음료를 영양과 칼로리가 높은 100% 과일주스, 스무디, 땅콩 버터와 저지방 아이스크림으로 만든 밀크쉐이크로 대체할 수 있다. 규칙적인 식사와 간식계획이 체중 증가와 유지에 도움이 될 것이다.

모듈 10.4

이상 식이 행동과 섭식장애

10.4 - 학습목표

1. 이 모듈의 주요 용어를 모두 정의한다.
2. 이상 식이 행동과 섭식장애가 왜 미국의 젊은이 사이에 일반적으로 나타나는지 설명한다.
3. 주요 섭식장애의 종류를 분류하고 이런 상태에 대한 징후와 증상, 위험요인 및 치료법에 대하여 논의한다.

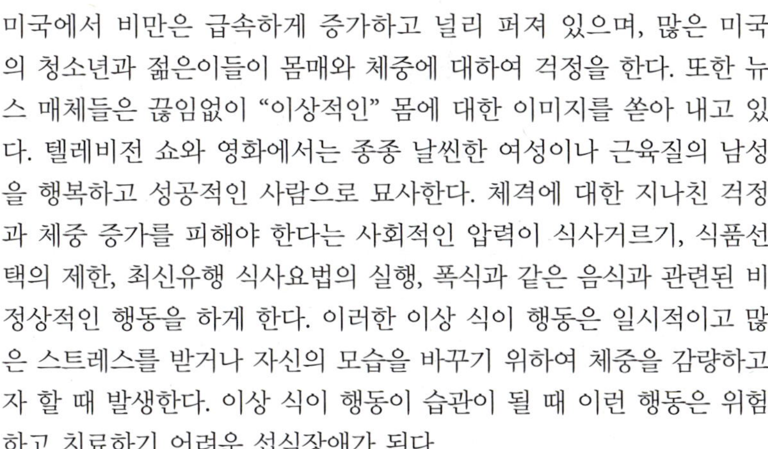

미국에서 비만은 급속하게 증가하고 널리 퍼져 있으며, 많은 미국의 청소년과 젊은이들이 몸매와 체중에 대하여 걱정을 한다. 또한 뉴스 매체들은 끊임없이 "이상적인" 몸에 대한 이미지를 쏟아 내고 있다. 텔레비전 쇼와 영화에서는 종종 날씬한 여성이나 근육질의 남성을 행복하고 성공적인 사람으로 묘사한다. 체격에 대한 지나친 걱정과 체중 증가를 피해야 한다는 사회적인 압력이 식사거르기, 식품선택의 제한, 최신유행 식사요법의 실행, 폭식과 같은 음식과 관련된 비정상적인 행동을 하게 한다. 이러한 이상 식이 행동은 일시적이고 많은 스트레스를 받거나 자신의 모습을 바꾸기 위하여 체중을 감량하고자 할 때 발생한다. 이상 식이 행동이 습관이 될 때 이런 행동은 위험하고 치료하기 어려운 섭식장애가 된다.

섭식장애(eating disorders)는 심각한 건강 문제를 일으키는 심리적 장애이다. 미국에서 거식증, 신경성 폭식증 및 폭식(과다섭취)은 일반적인 형태의 섭식장애이다. 섭식장애의 원인은 알려져 있지 않지만 유전적, 사회적 및 심리적 요인들이 이런 증상을 일으키게 한다.

거식증과 신경성 폭식증은 청소년기에 더 자주 발생한다. 폭식장애는 성인 시기에 발생하는 경향이 있으나,[39] 모든 연령에서 발생할 수 있다.

알려진 섭식장애의 위험요인들은 다음과 같다:

- 성(여성들에게서 섭식장애가 더 많이 발생한다),
- 어린 시절 식사나 소화 문제의 과거 전력,
- 체형과 체중에 대한 높은 관심도,
- 낮은 자존감,
- 과거 성희롱 피해자 전력,
- 일반적인 심리 문제.[39]

할리우드에서는 날씬한 여성과 근육질의 남성을 행복하고 성공적인 사람으로 묘사한다. 이것은 특히 젊은이들에게 신체 이미지에 대한 비현실적 태도를 갖게 한다.

섭식장애(eating disorders) 특정한 신체적 변화와 심각한 건강 합병증을 야기하는 심리적 장애

10.4a 폭식 장애

폭식 장애(binge-eating disorder, BED)가 있는 사람은 한꺼번에 지나치게 많은 음식을 먹는다. 또한 다음과 같이 먹는다:

- 폭식증상 기간에 평소보다 더 빨리 먹는다,
- 아주 불편할 정도로 배부르게 먹는다,
- 배고프지 않을 때에도 과다한 양의 음식을 먹는다,
- 자신의 과식 행동으로 사람들이 당황하기 때문에 혼자 먹는다.

폭식 장애자는 과식 후에 혐오감, 우울함 및 죄의식을 느낀다. 이런 장애를 가진 사람들은 자신들의 식행동을 조절할 수 없다고 느낀다. 거식증을 가진 사람들과는 달리, 폭식 장애자는 폭식을 한 후 극단적인 칼로리 제한은 하지 않는다.

미국에서 폭식 장애는 가장 일반적인 섭식장애이다.[40] 미국 여성의 약 3.5%와 남성의 약 2%가 폭식 장애를 가지고 있는 것으로 추정된다. 누구나 폭식 장애를 가질 수 있지만 일반적으로 고도 비만인 사람들에게 많다.

신경성 폭식증(bulimia nervosa, BN) 일련의 폭식과 칼로리 제한 식사가 특징인 이상 식행동

거식증(anorexia nervosa, AN) 식사를 거부하는 심각한 심리적 장애

10.4b 신경성 폭식증

신경성 폭식증(bulimia nervosa, BN)은 반복적으로 과식(폭식)을 하는 것이 특징이다. 폭식하는 식품은 높은 칼로리의 음식이고 이어서 폭식으로 섭취한 칼로리를 제거하기 위하여 스스로 구토하는 것은 물론 설사제, 이뇨제 혹은 관장약을 남용하는 행동을 한다. 반복된 구토는 다음과 같은 증상의 원인이 될 수 있다:

- 비정상적인 혈액 성상: 혈액 칼륨이 급격하게 낮아질 수 있으며 심장박동을 변화시켜 급사할 위험이 높다,
- 목이 붓는다,
- 식도가 찢어지고 출혈이 생긴다,
- 손관절에 상처와 통증이 생긴다(의도적인 구토행위로 인함),
- 충치(의도적인 구토행위로 인함).

신경성 폭식증(BN)을 지닌 사람은 초과 섭취한 에너지를 제거하는 행동을 자제하지 못한다. 미국에서는 일생 동안 약 1.5%의 여성과 0.5%의 남성이 BN 증상을 가진다.[39]

신경성 폭식증을 지닌 사람들은 종종 폭식-에너지 제거 행동에 혐오감을 가진다. 결과적으로, 이런 사람들은 자신들의 행동을 다른 사람에게 숨기려고 한다. "폭식증"을 가진 사람들은 건강한 범위의 체질량지수(BMI)를 가지고 있기 때문에 겉으로 알아보기가 어렵다.[41] 그러나 이런 사람들은 스스로를 과체중이라고 생각하고 체형과 체중에 지나치게 집착한다.

2010년 프랑스 모델 이사벨 카로느 심한 거식증의 합병증으로 사망. 28세였음.

10.4c 거식증

거식증(anorexia nervosa, AN)은 영양부족과 과도한 체중 미달 상태를 초래된, 식사를 거부하는 심각한 심리적 장애로 AN을 지닌 사람은 신장 대비 정상보다 15% 이상 미달된 체중을 유지한다.[42] 미국에서 약 1%의 여성과 0.3%의 남성이 평생 동안 AN 증상을 가진다.[39]

거식증을 가진 사람은:

- 에너지 섭취를 제한하여 저체중 상태가 된다,
- 자신의 체중과 체형에 대한 감정적인 장애를 가진다,
- 저체중임에도 불구하고 체중이 증가하거나 뚱뚱해지는 데 대한 심한 두려움을 가진다,

- 3개월 이상 월경이 없다(여성의 경우).

지나치게 마른 증상과 함께 발생하는 AN의 일반적인 징후와 증상의 내용은:

- 사고의 혼란과 지체,
- 가슴과 엉덩이의 위축,
- 혈액 칼륨 수준의 저하,
- 광범위하게 나타나는 미세하고 촘촘한 흰털,
- 우울한 감정,
- 충치(의도적인 구토행위로 인함).

체중을 감량하고 체중증가를 방지하기 위하여, 거식증을 지닌 사람들은 사람들 앞에서 먹기를 거부하며 다음과 같은 행동을 한 가지 이상한다:

- 자기 스스로 구토하기,
- 과도한 운동 프로그램을 통한 체중조절,
- 설사제와 이뇨제 남용,
- 식욕 억제제 사용.

치료를 통하여 환자가 회복되고 건강한 체중을 되찾을 수 있지만 건강하지 못한 식생활과 신체활동 습관으로 되돌아가는 경우가 많다. 거식증을 지닌 사람들의 10%에 이르는 사람들이 이러한 장애로 인하여 사망한다.[42]

여성 운동선수의 세 가지 문제점

외모와 낮은 몸무게가 요구되는 체조, 수영, 피겨 스케이팅 같은 스포츠 경기에 참가하는 여성은 **여성 운동선수의 세 가지 문제점(female athlete triad**; 트리아드)이 발생할 위험이 있다.[43] 트리아드는 낮은 에너지 섭취, 비정상적 월경주기, 그리고 뼈 무기질 이상과 같은 특징을 가진다. 심한 음식 제한은 혈중 에스트로겐 수준을 낮추어 월경주기의 상실을 일으킨다. 에스트로겐 수준이 낮은 젊은 여성들은 골밀도가 떨어지고 정상보다 약한 뼈를 갖는다. 결과적으로 이러한 여성들은 "스트레스" 골절과 같은 뼈 골절의 위험이 높아진다.

10.4d 섭식장애의 치료

등록된 영양사(registered dietitian), 의사, 간호사 및 정신건강 상담가로 구성된 건강 전문가팀이 보통 섭식장애의 치료에 참가한다. 치료의 중요한 목적은 환자가 불건전한 방법을 사용하지 않고 건강한 BMI를 달성하고 유지하는 것이다.

섭식장애의 치료는 일반적으로 **인지행동치료**를 포함하는데 자신의 식이 행동을 모니터하는 방법을 가르치고 자신의 건강치 못한 식습관을 변화시키는 것이다. 이러한 치료법은 환자가 자신의 체형과 체중에 대하여 긍정적인 느낌을 갖도록 도와준다. 특히 항우울증 약물이 치료의 한 부분으로 포함된다.

여성 운동선수 세 가지 문제점 (female athlete triad) 낮은 에너지 섭취, 비정상적인 월경주기 및 뼈 무기질 이상이 있는 상태

만약 자신이나 주변의 지인이 섭식장애를 가졌다면 위험하기 전에 가능한 한 빨리 이런 증상에 도움을 주는 방법을 찾는 것이 중요하다. 대학 캠퍼스에 있는 학생건강 센터와 학생 안내/상담 기관의 전문가들로부터 도움을 받을 수 있다.

섭식장애를 가진 사람들은 심리상담을 통하여 자신에 대한 건강하지 못한 신념을 바꾸는 방법을 알 수 있다.

모듈 10.5

움직여라, 건강하라!

10.5 - 학습목표

1. 이 모듈의 주요 용어를 모두 정의한다.
2. 신체적으로 활동적인 생활습관 5가지의 건강상 이점을 작성한다.
3. 적당한 강도의 활동과 격렬한 강도의 활동을 구분한다.
4. 영양적으로 적절한, 고탄수화물 식단을 계획한다.
5. 운동선수의 에너지와 단백질 필요량을 추정한다.
6. 운동선수들이 종종 사용하는 운동능력 향상 보조제를 5가지 이상 작성하고 건강과 운동성과에 미치는 영향을 설명한다.

자질구레한 가사 일은 종종 낮은 강도의 신체 활동이 포함되어 있다.

신체는 근골격의 수축 결과 생기는 움직임인 **신체활동(physical activity)**을 하도록 설계되었다. 매일 우리가 수행하는 대부분의 신체활동은 비조직적인 시장보기, 혹은 집안일 하기 등이다. **운동(exercise)**은 즐기고, 체중을 감소시키고, 근육조직을 증대시킨다는 특별한 목적을 위하여 계획되고 조직된 신체활동을 일컫는다. 두 가지 형태의 신체활동 모두 건강에 이로움을 줄 수 있다.

10.5a 규칙적인 운동의 건강상 이점

많은 미국인들이 좀 더 자주 운동을 한다면 예방하거나 개선시킬 수 있는 만성질환으로 고통을 받고 있다. 규칙적인 운동은 다음과 같은 도움을 줄 수 있다:

- 체중을 조절한다,
- 심혈관 질환의 위험을 줄인다,
- 제2형 당뇨병의 위험을 줄인다,
- 대장암과 유방암의 위험을 줄인다,
- 뼈와 근육을 강화한다,
- 심리적 안정을 증진시킨다,
- 건강한 생활을 더 오래 즐길 수 있는 기회를 높인다.[44]

10.5b 신체적 적합성은 무엇인가?

신체적 적합성(physical fitness)은 적당한 활동에서 격렬한 활동에 이르기까지 아주 심하게 피곤을 느끼지 않고 수행하는 능력이다. 신체적으로 적합하다면 하루의 생활, 운동, 스포츠를 위한 힘, 지구력, 유연성 및 균형을 가질 수 있다. 적절한 영양은 최적의 신체적 적합성과 경기 실적을 위하여 절대적으로 필요하다.

신체활동의 강도 측정

강도(intensity)는 활동을 하는 행동의 수준(육체적 노력)을 말한다. 신체활동의 지속시간과 종류는 물론 체중이 근골격 움직임의 강도에 영향을 미친다. 따라서 걷기와 수영은 신체활동의 수준뿐 아니라 수행하는 사람의 무게에 따라 적당한 강도이거나 아니면 고강도의 신체적 활동으로 분류될 수 있다.

낮은 강도의 비조직적 신체활동은 일상적인 가사에 필요한 일과 같은 통상적인 하루 생활의 활동을 말한다. 적당한 강도의 활동은 근육을 평소보다 강하게 움직이게 하고 호흡과 심장박동 비율을 보통 이상으로 높인다. 적당한 강도의 활동을 할 때 우리는 말을 할 수 있어도 노래는 부를 수 없다.[45] 고강도의 활동을 할 때 호흡이 보통보다 훨씬 빠르게 되고 호흡을 고르지 않고는 몇 단어 이상을 말할 수 없다. 일반적으로 적당하거나 혹은 고강도의 활동으로 분류되는 활동의 예를 알려면 http://www.ded.gov/physicalactivity/everyone/measuring/index.html을 방문하라.

신체활동 피라미드

조지아 주립대학 운동요법 및 건강학과의 교육자들이 매일의 일상생활에서 신체활동을 더 하도록 도움을 주는 시각모델을 개발하였다 **(그림 10.12)**. 이 피라미드는 규칙적으로 수행할 필요가 있는 여러 가지 활동들을 보여주고 신체가 비활동적으로 되지 않도록 한다.

유산소 운동을 적어도 일주일에 3번 하는 것은 심장박동 속도를 높이고 좀 더 효과적인 운동을 하게 한다. **유산소 운동(aerobic exercise)**은 다리와 팔의 큰 근육군의 지속적이고 리드믹한 수축을 말한다. 달리기, 조깅, 빨리 걷기 및 수영은 에어로빅 활동이다. 역도와 같은 저항성 운동은 근육조직과 힘을 증가시키고 또한 뼈 조직을 강화한다. 스트레칭은 유연성을 향상시킨다. 일상적인 운동의 지속시간, 빈도, 강도를 증가시켜 운동의 이점을 크게 누릴 수 있다. 예를 들면, "강아지 산보시키기"를 하는 대신에 "조깅"을 한다면 신체적 노력과 에너지를 소비할 것이다.

신체활동 권장사항

미국 대학 스포츠 메디신의 발표에 의하면 65세 이하의 건강한 성인은 적어도 다음과 같은 신체활동을 하여야 한다:

- 일주일에 150분간 적당한 강도의 신체활동

혹은

- 일주일에 75분간 고강도의 신체활동

그리고

- 일주일에 2회 8~10분 근력강화 운동(각 운동을 8~12회 반복)[46] 근력강화 운동은 주요근육 운동을 하게 한다.

1분간 고강도의 육체활동을 하는 것은 2분간 중강도의 육체활동을 하는 것과 같다. 적당한 강도 혹은 고강도의 활동은 적어도 10분간 지속하여야 한다. 또한 각각의 활동을 일주일에 걸쳐 하는 것도 좋은 생각이다.

신체활동(physical activity) 근골격의 수축으로 나타나는 움직임

운동(exercise) 하나의 목적을 위하여 계획되고 조직된 신체활동

신체적 적합성(physical fitness) 과도한 피로를 느끼지 않고 적당한 강도부터 격렬한 강도에 이르기까지 활동을 수행하는 능력

강도(intensity) 신체활동을 수행하는 정도

유산소 운동(aerobic exercise) 큰 근육군의 지속적이고 리드미컬한 수축을 포함하는 신체활동

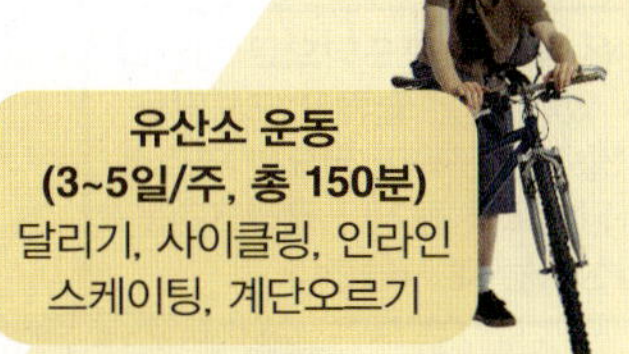

그림 10.12 신체활동 피라미드. 이 피라미드는 조지아 주립대학 운동요법 및 건강학과에서 개발한 것이다.

10.5c 운동의 연료소모

Unit 4에서 언급한 바와 같이 세포는 다량영양소에 저장된 에너지를 분해하는 일련의 화학반응("대사경로")을 수행하여 에너지를 얻는다. 세포는 아데노신 3인산(ATP)과 같은 특수 화합물에서 에너지를 얻는다. ATP는 세포가 직접 사용하는 에너지 주공급원이다.

호기적 상태와 혐기적 상태

호기적 상태(aerobic conditions)에서 근육세포에는 산소가 풍부하다. 결과적으로 세포는 포도당을 이산화탄소와 물로 완전하게 대사한다. 세포는 혐기적 상태보다 호기적 상태에서 많은 ATP 에너지를 생성한다. 이런 에너지를 얻는 능력이 지구력 운동선수에게는 근육세포가 수 시간 동안 반복하여 수축을 하기 때문에 아주 유용하다.

g당 지방은 탄수화물보다 더 많은 ATP를 공급한다. 그러나 지방산은 100 m 달리기와 같은 강도 높은 짧은 운동에는 유용한 연료가 아니다. 이유는? 지방산 분자는 탄소원자와 결합된 산소 원자가 포도당 분자 안에 있는 것보다 적다. 따라서 세포는 포도당 분자를 태우는 것보다 지방산 분자를 대사시키기 위하여 더 많은 산소를 필요로 한다. 한 번의 강도 높은 짧은 운동을 하는 동안 심장과 폐는 근육에 충분한 산소를 전달할 시간이 없다. 세포가 충분한 산소를 지니지 못할 때(**혐기적 상태, anaerobic conditions**), 포도당이 주요 에너지 급원이다. 그러나 근육세포는 포도당을 완전하게 대사시키기 위한 산소가 부족하다. **필수개념 10.1**은 혐기적 상태에서 어떤 일이 일어나는지 그리고 인체는 어떻게 다른 물질에서 포도당을 생성하는지 설명한다.

필수개념

10.1 포도당 재순환

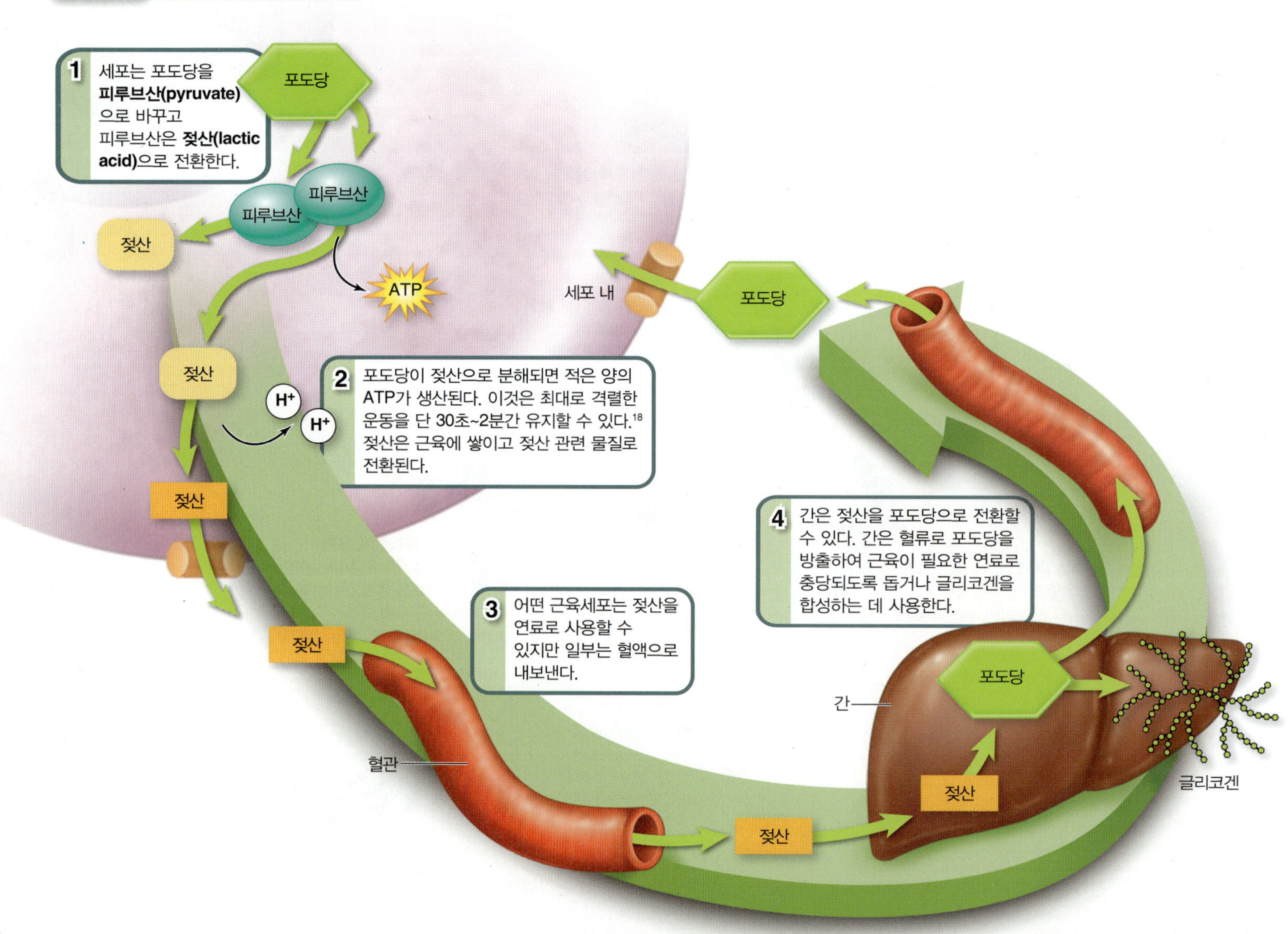

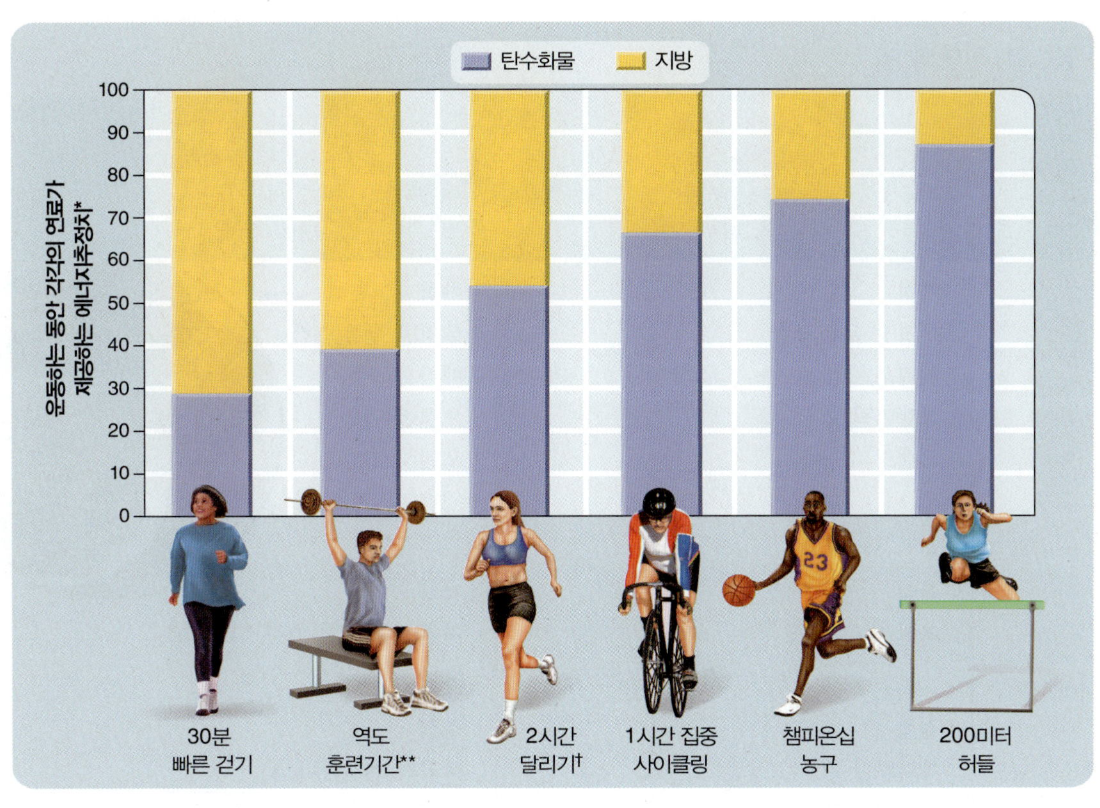

*단백질은 에너지의 작은 부분을 공급.
**지방 사용이 일반적으로 높은데 역도는 운동시간의 상당부분이 쉬는 부분이기 때문에 지방사용이 더 높다.
†달리기 선수가 달리는 동안 소모하는 탄수화물을 나타낸다; 만약 탄수화물이 소모되지 않으면 더 많은 지방과 적은 탄수화물이 이용된다.

그림 10.13 **탄수화물 아니면 지방?**

호기적 상태(aerobic conditions) 산소를 함유한 상태

혐기적 상태(anaerobic conditions) 산소가 부족한 상태

피루브산(pyruvate) 혐기적 상태에서 포도당의 분해 생성물

젖산(lactic acid) 혐기적 대사 시 피루브산에서 생성되는 물질

연료로 지방 아니면 탄수화물?

신체활동의 강도는 근육이 에너지를 얻기 위해 대사하는 지방산과 포도당의 상대적 양에 크게 영향을 미친다. 지방은 휴식을 취하는 동안, 혹은 낮은 강도에서부터 적절한 강도에 이르는 신체활동을 하는 동안 근육이 주로 사용하는 연료이다.[47] 높은 강도의 운동을 하는 동안 근육은 에너지로 지방보다 글리코겐을 더 많이 사용한다. **그림 10.13**은 6가지 형태의 운동을 하는 동안의 탄수화물과 지방 대사의 추정치를 보여준다.

10.5d 운동선수를 위한 식사 조언

비운동선수와 비교할 때 운동선수들은 일반적으로 신체적으로 활동적인 생활습관을 유지하기 위하여 보다 많은 에너지를 필요로 한다. 식품으로 충분한 에너지를 섭취하지 못하는 운동선수들은 근육조직과 골 밀도의 손실, 피로와 월경 장애(여성의 경우)를 경험하거나, 부상을 당할 위험이 있다.[48]

호기적 상태에서 90분 이상 운동 연습을 하거나 경기를 하는 남성 운동선수들은 적어도 하루 50 kcal/kg이 필요하다; 상대적으로 여성의 경우 하루 45~50 kcal/kg를 필요로 한다.[49] 따라서 운동선수들은 에너지 필요를 충족하고 체중을 유지하기 위하여 하루 3000 kcal 이상이 필요하다. **표 10.6**은 영양적으로 적절하고 하루 대략 3000, 4000, 5000 kcal를 공급하는 하루 식단의 예를 제시한다. Unit 3은 Myplate를 이용하여 영양이 풍부한 식단을 계획하는 데 도움이 되는 정보를 제공하고 있다.

맛있는 팁

만보계는 한 사람이 신체활동 중 걷는 숫자를 기록하는 작은 기구이다. 합리적인 목표는 하루 적어도 10,000보를 걷는 것이다. 온라인이나 스포츠 상품 가게에서 비싸지 않은 만보계를 구입할 수 있다.

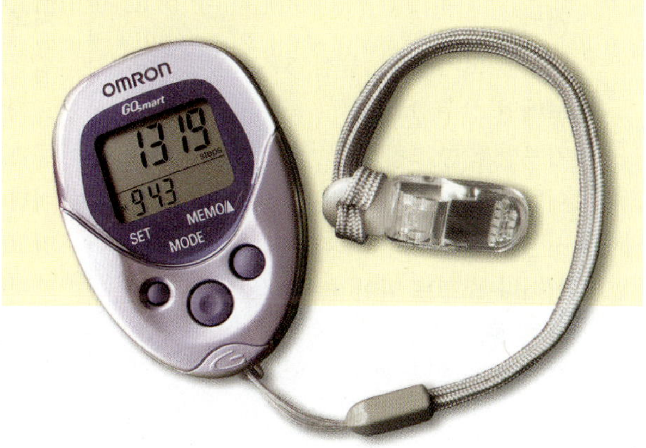

표 10.6 하루 3000, 4000 및 5000 KCAL 식단의 예

3000 kcal 65% 탄수화물 21% 지방 17% 단백질	4000 kcal 66% 탄수화물 23% 지방 14% 단백질	5000 kcal 66% 탄수화물 22% 지방 15% 단백질
아침 무지방 우유, 1컵 체리오, 2컵 베이글, 1 체리 절임, 1작은술 귀리 머핀, 1 저지방 크림 치즈, 1큰술	**아침** 무지방 우유, 1컵 체리오, 2컵 브랜머핀, 2 오렌지, 1	**아침** 무지방 우유, 1컵 체리오, 2컵 브랜머핀, 2 오렌지, 1
간식 오트밀-건포도 쿠키, 2	**간식** 다진 대추, ¾컵	**간식** 저지방 플레인 요구르트, 1컵 다진 대추, 1컵
점심 닭 가슴살, 껍질제거해서 구운, 2온스 통밀 식빵, 2조각 프로볼론 치즈, 1온스 마요네즈, 1작은술 건포도, ⅓컵 크랜베리주스, 1½컵 저지방 바나나 요구르트, 1컵	**점심** 마카로니 치즈, 2½컵 로메인 상추, 1컵 가르반조 콩, 1컵 홍당무, 갈아서, ½컵 프렌치드레싱, 2작은술 사과주스, 1컵	**점심** 닭고기 엔칠라다, 1 로메인 상추, 1컵 가르반조 콩, 1컵 길게 썬 홍당무, ¾컵 다진 셀러리, ½컵 조미된 크루톤, 1온스 프렌치드레싱, 2작은술 통밀 식빵, 2조각 버터 혹은 소프트 마아가린, 1작은술
간식 바나나, 1 오트밀 건포도 쿠키, 1	**간식** 통밀 식빵, 2조각 버터, 1작은술 포도젤리, 2작은술	**간식** 바나나, 1 베이글, 1 크림치즈, 1작은술
저녁 순살 쇠고기 구이, 등심, 3온스 로메인 상추, 1컵 가르반조 콩, 1컵 이탈리안 드레싱, 2작은술 시금치 달걀 국수, 조리된, 1컵 버터나 소프트 마아가린, 1작은술 푸른 콩, 1컵 무지방 우유, ½컵	**저녁** 껍질 없이, 구운 칠면조 가슴살, 2온스 으깬 감자, 2컵 콩과 양파, 1컵 버터 혹은 소프트 마아가린, 2작은술 망고, 1 무지방 우유, 1컵	**저녁** 순살 쇠고기 구이, 등심, 5온스 으깬 감자, 2컵 버터 혹은 소프트 마아가린, 2작은술 시금치 달걀 국수, 조리된, 1½컵 파미산 치즈, 갈아서, 2작은술 푸른 콩, 1컵 오트밀 건포도 쿠키, 1
	간식 파스타, 조리된, 1컵, 파마상 치즈, 2작은술 크랜베리주스, 1컵	**간식** 팝콘, 2컵 건포도, ⅓컵 크랜베리주스, 2컵

탄수화물 섭취에 초점을 맞추기

운동선수를 위해 권장되는 식사는 탄수화물로 적절한 양의 에너지를 공급하는 것이다. 적절한 근육 글리코겐을 유지하기 위하여 운동선수들은 체중 1 kg에 대하여 하루 6~10 g의 탄수화물을 섭취하여야 한다.[48] **표 10.7**은 탄수화물이 풍부한 식품의 에너지와 다량영양소에 대한 정보를 보여준다. 운동선수는 매일 다양한 곡물, 전분 많은 채소, 과일을 섭취함으로써 간과 근육에 적절한 글리코겐 저장을 유지하기 위한 충분한 탄수화물을 얻을 수 있다.

탄수화물(글리코겐) 부하(Loading)란 무엇인가?

경기가 시작될 때 근육에 보다 많은 글리코겐을 지닌 내구력 운동선수는 그렇지 않은 선수보다 더 오래 운동을 할 수 있다. 탄수화물 혹은 글리코겐을 저장하는 것은 근육 글리코겐 저장을 정상 범위보다 훨씬 많이 증가시키기 위하여 경기 수일 전에 식사 및 신체활동을 변경하는 것을 말한다. 이런 조치는 90분 이상 계속되는 경기에 참여하는 선수들에게 피로를 지연시키는 도움을 준다.[50] 그러나 탄수화물을 저장하는 대신 많은 선수들이 늘어난 운동 시간 동안에 쉽게 소화되는 탄수화물을 간단하게 섭취하고 탄수화물이 많은 식사를 함으로써 피로를 지연시킬 수 있다.

표 10.7 탄수화물이 풍부한 식품

식품 및 양	kcal	탄수화물(g)	단백질(g)	지방(g)
마카로니, 플레인, 조리된, 1컵	221	43.20	8.12	1.30
스파게티, 조리된, 1컵	220	42.83	8.12	1.30
쌀, 인스턴트, 흰색, 조리된, 1컵	194	41.16	4.60	0.58
달걀국수, 조리된, 1컵	221	40.26	7.26	3.31
구운 감자, ½대형	139	31.62	3.74	0.19
옥수수, 통조림, 건더기, 1컵	133	30.49	4.30	1.64
베이글, ½, 직경 4인치	144	28.04	5.51	0.84
포도, 1컵	104	27.33	1.09	0.24
바나나, 1 중간크기(약 직경 7인치)	105	26.95	1.29	0.39
구운 콩, ½컵	119	26.85	6.03	0.47
크래커, 6 직사각형 짭짤한	154	25.53	3.32	4.09
오렌지주스, 무가당, 1컵	110	25.05	1.99	0.69
콘플레이크, 1컵	101	24.28	1.88	0.03
프리첼, 1온스	108	22.61	2.93	0.75
조리된 오트밀, 플레인, 1컵	129	22.44	5.43	2.13
사과, 1 중간크기(약 직경 3인치)	72	19.06	0.36	0.23
요구르트, 저지방, 플레인, 1컵	154	17.25	12.86	3.80
잉글리시 머핀, ½	67	13.11	2.53	0.51
식빵, 흰색, 1조각	66	12.65	2.19	0.82
무지방 우유, 1컵	83	12.15	8.26	0.20
또띠야, 옥수수, 즉석조리, 직경 6인치 (1)	58	12.12	1.48	0.65
두유, 1컵	127	12.08	10.98	4.70

경기 중 탄수화물 섭취

늘어난 신체활동을 수행하는 동안 운동선수들은 운동시간당 탄수화물 30~60 g을 섭취하여 피로를 지연시킬 수 있다.[48] 제품으로 구입 가능한 스포츠 음료는 일반적으로 설탕, 포도당, 과당 혹은 말토덱스트린 같은 영양을 제공하는 가당 물질이 첨가된다. 이러한 12온스의 음료를 마실 때 15~27온스의 탄수화물을 섭취하게 된다. 또한 스포츠 음료는 물과 나트륨과 같은 전해질을 보충한다. 스포츠 젤도 단순 탄수화물의 좋은 공급원이지만 일반적으로 소량의 액체를 공급한다. 그러므로 이러한 제품을 섭취하는 운동선수들은 지구력이 필요한 경기를 할 때 적당한 수화상태를 유지하기 위해 충분한 물을 마시는 것이 중요하다.

운동 후 회복을 위한 탄수화물 섭취

매일 강도 높은 훈련을 하는 운동선수들은 근육 글리코겐을 다시 저장하기 위하여 체중 1 kg당 8~10 g의 탄수화물을 섭취할 필요가 있다.[18] 훈련된 운동선수들은 완전히 지치도록 소모한 육체활동을 마친 후에 휴식을 취하면서 탄수화물이 많은 식사를 한다면 수일 안에 거의 모든 글리코겐을 다시 저장할 수 있다. 경기 이후에 근육 글리코겐 공급을 빨리 회복하려면 스포츠 음료, 과일 혹은 과일주스를 섭취할 수 있다. 경기 이후 식사 때 통곡물 빵, 으깬 감자, 쌀, 혹은 파스타와 같은 전분이 풍부한 식품이 탄수화물 섭취를 위하여 제공될 수 있다.

에너지 바는 어떤가?

에너지 바 혹은 스포츠 바라고 하는 것은 비타민, 무기질, 섬유질로 강화된 콩과 우유의 단백질로 만들어진 과자이다. 설탕시럽이 이러한 재료들을 결합하고 있다. 단백질은 에너지로 이용되기 이전에 간에서 아미노산을 처리해야 하기 때문에 "신속한 에너지"가 아니다. 그래놀라 바, 오트밀 과자, 그리고 생과일이나 마른 과일은 일반 에너지 바 혹은 스포츠 바에 비하여 싸고 더 많은 에너지와 영양소의 천연적 급원이다.

단백질 섭취

정상 상태에서 탄수화물과 지방은 세포 활동의 주연료이다. 단백질은 에너지 필요량의 15% 이상을 제공한다. 늘어난 신체활동 기간에 근육은 관련 아미노산을 에너지로 바꾸는 대사활동을 하기 때문에 어느 정도의 단백질을 손실하게 된다. 그러므로 훈련이나 경기에 참가하는 운동선수들에게는 단백질 권장섭취량을 적용하지 않는다. 역도선수들은 체중 1 kg당 하루에 단백질 1.2~1.4 g, 그리고 육상선수들은 1.2~1.7 g을 섭취하여야 한다.[48] 높은 에너지 필요량을 충족시키기 위하여 식품을 충분히 섭취함으로써 대부분의 운동선수들은 아미노산이나 단백질 보충제를 복용하지 않고 적당한 양의 단백질을 얻을 수 있다.

체액보충

운동선수들은 운동하는 기간에 자신의 체중의 2% 이상이 감소되지 않도록 하여야 한다.[51] 운동선수들은 운동시작 전에 체중을 재고 2% 상당의 체중을 계산하여야 한다. 운동이 끝난 후 운동선수들은 다시 체중을 재어야 한다. 만약 운동 전과 운동 후의 체중 차이가 2% 이상이면 체액을 보충하여야 한다. 운동기간에 잃은 수분 1파운드는 수분 3컵을 마심으로 보충할 수 있다.[18]

스포츠 음료는 일반 물 이상으로 영양상의 이로운 도움을 준다. 이러한 음료는 통상적으로 지구력이 필요한 경기를 하는 동안 경기력을 향상시킬 수 있는 단순 탄수화물을 포함한다. 추천하는 제품 12온스당 약 21 g 혹은 무게로 약 6%의 탄수화물을 포함한다. 청량음료나 과일주스와 같이 설탕이 10% 이상 포함된 음료는 장을 불편하게 할 수 있으므로 권장하지 않는다. 스포츠 음료의 나트륨과 전해질은 혈액량을 유지하고 수분과 탄수화물의 흡수를 촉진시키고 갈증을 자극한다.

맛있는 팁

가게에서 살 수 있는 스포츠 음료와 비교할 때 설탕과 소금이 첨가된 희석된 과일주스는 비싸지 않고, 물과 단순 설탕의 공급원이다. 오렌지주스 1/4컵과 설탕 1/4컵 그리고 1/8작은술의 소금을 30온스의 물이나 탄산수에 섞어서 자신만의 "스포츠" 음료를 만들 수 있다. 이 음료수를 쿼트 병에 담아 뚜껑을 닫아 필요 시까지 냉장 보관한다.

열사병(heatstroke) 가장 위험한 열 관련 질병

운동경기 동안 물을 마셔야 하는가? 혹은 스포츠 음료를 마셔야 하는가? 미국 대학 스포츠 의학에 따르면 스포츠 음료는 고강도의 운동이 한 시간 이상 계속될 때 신체기능을 향상시킨다.[52] 비록 전해질이 땀으로 손실되더라도 운동 후에 물과 과일주스와 같은 음식과 음료를 섭취함으로써 짧은 시간 안에 손실량을 대체할 수 있다.

수분 중독

수분 중독은 너무 많은 수분을 마셨을 때 발생하며 이때 혈중 나트륨의 수준이 낮다. 비록 스포츠 음료가 일반적으로 나트륨을 포함하고 있지만 이러한 음료는 대부분이 수분이다; 그러므로 과도한 양의 스포츠 음료를 마시는 것은 적정량을 초과할 수 있다. 수분 중독을 피하기 위해서 운동선수들은 갈증 정도에 따라 마셔야 한다. 만약 운동하는 중에 체중이 늘어난다면 너무 많은 체액을 보존하고 있는 것이다.

열 관련 질병

아주 작은 탈수현상도 운동선수들의 지구력, 근력 및 전체적인 기능 저하를 가져올 수 있다. 더군다나, 탈수 현상은 체온이 오르고 초기 열사병(소모성 열사병)과 열사병과 같은 열 관련 질병의 위험성을 높인다. **표 10.8**은 열사병을 포함하여 열 관련 질병을 경고하는 징후와 증상을 보여준다.

열사병(heatstroke)은 훈련된 의료진으로부터 치료를 받아야 하는 긴급 의료 상황이다. 만약 열사병으로 의심되면 즉시 응급치료 구조대(전화 911)를 불러서 환자를 시원한 환경으로 옮겨야 한다. 가능한 모든 방법으로 환자를 시원하게 하여야 한다. 차가운 물을 뿌리거나 스펀지로 적셔줄 수 있다.[53] 열 관련 질병의 위험을 줄이기 위하여 지나치게 덥고 습한 상황에서 운동하는 것을 피하여야 한다. 또한 늘어난 운동기간 중에는 손실된 체액을 보충해주어야만 한다.

초기 열사병은 특히 체액과 소금의 섭취가 적절치 않을 때 더운 상태에서 심한 운동을 한 후에 발생할 수 있다.

표 10.8 열 관련 질병: 경고 징후와 증상

열 경련	초기 열사병(소모성 열사병)	열사병
통증을 수반한 근육 경련	근육("열")	두통, 어지러움, 메스꺼움
	창백한 피부	심한 허약
	미열	고열(103°F 이상)
	심한 땀 흘림	붉고 마른 뜨거운 피부
	피로, 허약	땀흘림 부족
	메스꺼움, 어지러움, 구토, 두통	빠른 심장박동
		불안감과 혼란
		혼수상태

출처: Centers for Disease Control and Prevention: *Frequently Asked Questions (FAQ) About Extreme Heat.* Last Reviewed June 2012. http://www.bt.cdc.gov/disasters/extremeheat/faq.asp Accessed: October 22, 2012.

운동능력향상 보조제(ergogenic aids) 신체 기능을 향상시키기 위한 음식, 기구, 식사보조제 혹은 약물 카페인 천연적인 자극약물

카페인(caffeine) 천연적인 자극약물

10.5e 운동능력 향상 보조제: 사실과 허구의 구분

운동선수들은 종종 음식, 기구, 건강보조식품 및 약물("도핑")과 같은 **운동능력향상 보조제(ergogenic aids)**를 사용한다. 건강보조식품 중에서 벌 꽃가루, 동물의 말린 부신, 해초류, 냉동 건조한 간, 인삼들이 운동선수가 경쟁상대 선수들보다 경쟁의 우위를 선점하기 위하여 먹는 것들이다. 그러나 운동능력 향상의 효과를 목적으로 한 대부분 건강보조식품에 대해 믿을만한 과학적 증거는 없다. 그럼에도 불구하고 운동선수들은 운동능력향상 보조제의 가치를 굳게 믿는다. **표 10.9**는 운동선수들 사이에 인기 있는 건강보조식품과 운동능력향상 보조제에 대한 과학적 결과들을 요약하고 있다.

몇 가지의 식사 실천으로 신체활동을 향상시킬 수 있다. 운동능력향상을 돕는 식사 실천 내용은 충분한 수분, 전해질, 탄수화물 그리고 마이플레이트가 권장하는 균형 있고 다양한 식품을 섭취하는 것을 말한다. 운동선수들의 운동능력 향상을 돕는 가장 중요한 내용은 전반적인 모든 영양소와 탄수화물과 수분의 필요를 충족시키기는 것이다.

"에너지" 음료

가당 에너지 음료는 칼로리를 제공하지만 신속한 "에너지" 증진은 제품에 함유된 **카페인(caffeine)**이나 다른 자극제의 결과이다. 카페인은 천연적으로 커피와 차 잎에 있다. 적당히 섭취할 때 카페인은 주의력을 증진시키고 피로를 감소시킨다. 몇몇 에너지 음료는 타우린과 인삼과 같은 약초의 추출물질을 포함한다. 신체는 타우린을 사용하지만 이런 화합물을 반드시 필요로 하지는 않는다. 인삼은 카페인의 자극효과를 높일 수 있다.

카페인 중독

과도한 카페인은 독이다. 중독 징후와 증상은 불규칙적인 심장박동, 혈압상승, 탈수 및 수면장애를 일으킨다. 에너지 음료의 인기는 미국에서 급속하게 높아졌다.[54] 지난 5년 동안 카페인이 함유된 에너지 음료를 마시고 응급실 치료를 받은 사람의 숫자가 많이 증가하였고,[55] 2011년, 심장질환을 가진 14세 소녀가 24온스 에너지 음료 2개를 마신 후 사망하였다.

알코올과 에너지 음료를 섞어 마시는 행위는 매우 위험하다. 에너지 음료에 있는 카페인은 알코올의 중추신경 억제효과를 방해한다. 그 결과 음주자는 취한 정도를 알지 못하고 과다한 알코올을 섭취하게 된다.

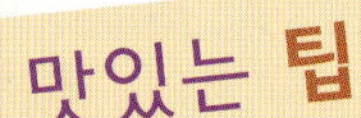

브라질 관목식물 **과라나**(폴리니아 쿠파나)는 농축된 카페인의 급원이다. 현재 FDA는 구아라나 혹은 다른 약초 성분이 제공하는 카페인 양에 대하여 식품이나 음료의 상표에 정보를 표시하도록 요구하고 있지 않다.

표 10.9 인기 있는 운동능력향상 보조제의 평가

화합물	주장	현재 주장에 대한 과학적 결과	부작용
카페인	지방대사 증진 각성 증진	각성을 증진시키고 피로를 감소시킴.	다량투여는 심장박동 증가, 몸 떨림, 수면장애를 유발시킬 수 있음. 허약한 사람의 경우 사망을 초래할 수 있음. 금지 시 두통을 유발함. 내셔널 대학운동협회(NCAA)에서 사용 금지함.[56]
크레아틴	근육 지구력과 힘을 증진 제지방 조직을 증가	단거리 육상선수와 역도선수의 운동기능을 증진할 수 있음.	다량 투여는 특히 신장병을 지닌 사람에게 신장 손상을 유발할 수 있음.
중탄산나트륨 (베이킹소다)	젖산의 축적을 감소	운동기능을 증진할 수 있음.	메스꺼움과 구토를 유발할 수 있음.
베타히드록시-베타메틸부티르산(HMB)	단백질 대사를 감소시켜 근육조직 증대	근육조직을 증가시킬 수 있으나 근거가 약함.	보고된 바 없으나 장기 복용의 결과는 알 수 없음.
측쇄아미노산	근육에 에너지를 공급	과격한 육체활동 후에 근육 회복을 증진할 수 있음.	보고된 바 없음.
글루코사민	손상된 관절 치료 보조	복합적인 결과이나 일반적으로 이로운 결과는 없음.	보고된 바 없음.
크롬	제지방 조직 증대	이로운 점 없음.	독성수준: 하루 400 μg 이상 섭취시
조효소 Q_{10}	심장기능 증진, 피로 지연	이로운 점 없음.	장기적 안전성 알려진 바 없음.
꿀벌 꽃가루	근육회복 시간 단축 근력과 지구력 증대	이로운 점 없음.	민감한 사람에게 알레르기 반응 유발할 수 있음.
인삼	피로를 막고 스태미너를 증진	가벼운 자극 효과 가능	대부분의 임상 논문(200~1600 mg/일)은 인삼이 신체기능을 향상시키지 않는다고 하지만 추가 연구가 필요
아나볼릭 스테로이드	근육조직과 근력 증대	단백질합성 증진 미국에서 법적으로 의사의 처방 후 사용	부작용: 간 난종출혈; 심혈관 질환 위험증가, 고혈압, 출산장애, 감정기복 및 공격적 행동("격한분노"); 수면장애, 많은 스포츠 기관에서 금지
감마히드록시부티르산(GHB)	아나볼릭스테로이드와 같이 근육조직 증가	불법—FDA가 미국에서의 제조나 판매불허	구토, 어지러움, 몸떨림 및 발작 사망을 초래
인체성장호르몬	근육조직과 지방대사 증진	대부분의 논문이 이로운 점 없음을 나타냄.	심장과 다른 장기의 크기를 증대시킬 수 있음. 매우 위험하며 사망을 초래할 수 있음. 국제올림픽위원회에서 성장호르몬 사용을 금지
DHEA와 안드로스테네디온("안드로")	신체 내 스테로이드 합성을 증대	이로운 점 없음.	위험할 수 있음. 국제올림픽위원회에서 금지

표 10.10 음료의 카페인 함량

음료(8 액량 온스)	Kcal	카페인(mg)
커피, 간 커피로 추출된, 무가당***	2	95
AMP 에너지활성 레모네이드**	60	80
카페라테, 스타벅스*	100	75
레드 불***	111	74
커피, 인스턴트 플레인, 가공된***	5	62
차, 끓인, 무가당***	2	47
마운틴 듀**	110	36
콜라, 카페인과 가당***	91	20
차, 아리조나, 즉석 시음 가능한***	95	12
초콜릿 음료, 8온스	120	2

*영양정보. http://www.starbucks.com/.
**영양정보: http://www.pepsicobeveragefacts.com/.
***U.S. Department of Agriculture, Agricultural Research Service, *USDA National nutrient database for standard reference, release 24.* Nutrient Data Laboratory Home Page. Accessed October 24, 2012.

표 10.10은 에너지 음료를 포함하여 인기 있는 음료의 카페인 및 칼로리 용량을 비교하고 있다.

10.5f 평생 동안의 활발한 육체활동

적합한 신체 만들기(physical fitness) 계획을 할 때 우선 목표를 신중하게 생각하여야 한다. 체중 감량을 원하면 얼마나 많은 양을 몇 주간에 걸쳐 감소할 것인가? 하는 것이다. 근육 강화에 초점을 맞추고 있는가 아니면 유산소 능력을 향상시키는 것인가? 다음으로 운동할 시간과 체육관과 같은 시설에 가입할 것인가 아니면 역기와 같은 특수 기구를 구입할 것인가를 결정하라. 종합적인 신체 개선 프로그램을 위한 주별 운동 계획에 유산소 운동, 지구력 강화 운동 및 스트레칭 운동이 포함되는지 확인하라. 아래와 같은 팁을 고려하여 보라:

1. 스스로 즐기고 비싼 기구 필요 없이 할 수 있는 육체운동을 **선택하라**.
2. 매일 걷는 시간을 **늘려라**. 걷기용 신발을 보이는데 두어라.
3. 앉아 있는 시간을 **줄여라**. 예를 들면, 스스로 가사 일을 하라.
4. 엘리베이터나 에스컬레이터 대신 가능하면 계단을 **이용하라**.
5. 안전하다고 느끼면 차를 목적지에서 떨어져 **주차하고** 걸어라.
6. 텔레비전을 시청하면서 손역기를 **들어 올려라**.
7. 여가시간에 적당한 강도의 운동을 **선택하여** 하라. 예를 들면 남녀혼합 배구클럽에 가입하거나 볼룸 댄스 강습을 받도록 하라.

요점정리

모듈 10.1 과체중 혹은 비만?

- 과체중인 사람은 뼈, 근육, 그리고/또는 체액으로 인한 추가 체중을 가진다. 비만은 건강에 해로운 과도한 양의 지방이 있는 상태를 말한다. 비만인 사람은 제2형 당뇨병, 고혈압, 그리고 심혈관 질환의 위험을 가질 위험이 더 크다.
- 비만은 미국에서 가장 널리 퍼져 있는 영양장애이다. 2009~2010년, 20세 이상의 미국 성인 중 36%가 비만이었다. 비만이 미국 어린이 사이에 널리 퍼져 증가하고 있고, 비만인 어린이는 비만 성인이 될 위험이 더 높다. 과체중과 비만 비율이 전 세계적으로 급속하게 증가하고 있다(지구적 비만: globesity").
- 신체는 제지방 조직과 체지방으로 이루어져 있다. 체지방은 "필수지방"과 지방(체내지방질)조직을 말한다. 지방세포는 에너지를 축적하고 방출하는 것 외에 다양한 단백질을 분비하여 음식섭취, 포도당 대사 그리고 면역반응을 조절하는 역할을 한다.
- 피하지방은 추위로부터 신체를 보호하는 데 도움을 주며 근육과 뼈의 부상 위험으로부터 보호한다. 내장지방은 복부 장 기관을 보호한다.
- 과도한 체지방 분포는 비만 관련 질환의 위험과 관련성이 있다. "사과" 모양의 체지방 분포를 가진 사람들은 심혈관 질환과 제2형 당뇨병의 위험이 "배" 모양의 체형을 가진 사람들보다 높다. 특히 내장 지방세포는 체내의 염증을 일으키는 물질을 만든다.
- BMI는 체중과 과다한 체지방과 관련된 만성적인 건강 문제의 위험 관련성에 근거한 값이다. 건강한 BMI 범위는 18.5~24.9이다. BMI가 증가할수록 심각한 만성적인 건강 문제의 위험이 증가한다. BMI는 과다 근육질인 사람, 노인 그리고 만성질병을 가진 사람에게는 적용하지 않아야 한다.
- 생체전기저항법과 피하지방 두께 측정이 신체의 체지방을 측정하는 실질적인 방법이다. 남성은 신체의 22~25%, 여성은 32~37%가 지방일 때 과체중이다. 남성은 지방이 신체의 26% 이상일 때, 여성은 지방이 38% 이상일 때 비만이다. 성인들은 나이가 들어가면서 지방조직이 늘어나는 경향이 있지만 노인들은 약간의 추가적인 지방이 반드시 심각한 건강이상을 일으키는 것은 아니다.

모듈 10.2 체중에 영향을 미치는 요인들

- 세포들은 주로 포도당과 지방산 대사 작용을 하지만 소량의 아미노산 또한 에너지로 사용한다. 대사는 살아 있는 세포 안에서 끊임없이 일어나는 모든 화학 변화를 말한다. 동화작용은 에너지를 필요로 하고; 이화작용은 에너지를 방출한다. 기초대사는 통상적으로 신체의 전체 사용에너지의 상당부분을 차지한다. 갑상선 호르몬, 체조성, 성별, 칼로리 섭취 등 많은 요인들이 대사율에 영향을 줄 수 있다.
- 특별한 신체활동에 쓰이는 에너지의 양은 대체로 체중, 활동종류, 지속시간, 강도에 따라 다르다.
- 하루 총 에너지 사용량은 기초대사, 신체활동, 식품의 열발생 효과와 적응 대사량에 쓰이는 칼로리의 합과 동일하다. 에너지 균형은 식품과 음료수로부터 섭취하는 칼로리가 기초대사, 신체활동, 열발생 효과와 적응 대사량을 위해 소비되는 칼로리와 동일할 때 일어난다. 음의 에너지 상태는 칼로리 섭취가 칼로리 소비보다 적을 때 일어난다. 양의 에너지 상태는 칼로리 섭취가 칼로리 소비보다 클 때 일어난다.
- 체지방 1파운드는 약 3500 kcal를 나타낸다. 체중 감량은 음의 에너지 상태를 필요로 한다.
- 배고픔과 포만감이 식이 행동을 조절한다. 그렐린은 먹기를 자극한다; 렙틴은 배고픔을 줄이고 체지방 축적을 방해한다. 대사가 적으면 신체에 보다 많은 초과 에너지를 지방으로 저장하게 만든다. 설정값 이론에 따르면 신체의 지방 용량은 일반적으로 사전에 이미 정해져 있다. 미국에서 많은 식당의 대형 크기의 식품은 광범위한 비만 장애를 일으키는 원인이 될 수 있다.

모듈 10.3 안전한 체중관리

- 초과 체지방의 5~10%를 감소시킴으로써 과다지방인 사람은 이로운 지단백 농도를 증가시킬 수 있고

상승한 혈압을 낮출 수 있으며 혈당과 중성지방을 저하시킬 수 있다. 과체중과 비만에 대한 신속한 치료법은 없다.

- 믿을만한 체중 감량 계획은 몇 가지 특성이 있는데 안전하고 효과적이어야 하며, 체중조절자의 영양학적, 심리적 그리고 사회적 필요를 충족시키며; 모든 식품군으로부터 영양소가 풍부한 식품을 섭취하고; 정기적인 신체활동을 장려하는 것을 말한다. 성공적인 체중 감량과 장기적인 체중 유지는 동기유발, 칼로리 감소, 정기적인 신체운동 및 행동변화와 관계가 있다.
- 체중 감량과 건강한 체중을 유지하도록 돕는 행동지침은 식단을 계획하고, 식품섭취를 모니터하며 장보기를 신중하게 하고 식품을 직접 조리하여 준비하고 영양가는 높고 칼로리는 적은 간식을 가까이 두는 것을 포함한다.
- 현재 FDA는 장기적 체중 감량 약물로 오를리스타트("알리"), 벨빅, 퀴시미아를 인가하였다. 약물사용은 칼로리 섭취 감소와 신체활동 증가의 필요성을 없애지는 못한다. 체중 감량을 위한 외과적 방법은 비만인 사람의 위를 대폭 줄여 현저하게 식품 섭취를 제한한다.
- 과다한 지방이 축적된 사람들은 체중 감량을 위해 유행 식사요법을 사용한다. 전형적인 유행 식사요법은 칼로리 섭취 감축과 신체운동 증가 없이 빠르며 극적인 체중감소를 홍보한다. 저탄수화물 식사요법은 통상 처음에는 빠른 체중 감량을 하는데 주된 이유는 신체에서 물이 감소하기 때문이다. 이러한 점 때문에 의학 전문가들은 체중감소를 위한 식이보충제 사용을 권장하지 않는다.
- 체중이 부족한 사람들은 18.5 미만의 BMI를 갖는다. 체중이 많이 부족한 사람들은 체중, 특히 근육조직 늘리기를 원한다. 체중을 늘리기 위하여, 체중이 부족한 성인은 건강한 지방이 많은 칼로리가 농축된 음식의 섭취를 점차적으로 늘릴 수 있다.

모듈 10.4 이상 식이 행동과 섭식장애

- 이상 식이 행동은 일시적으로 무절제하며 비정상적인 식품관련 행동과 관련이 있다. 이 행동은 해롭고 섭식장애의 치료를 어렵게 할 수 있다.
- 섭식장애는 종종 심각한 합병증을 유발하는 심리적 장애 상태이다. 거식증, 신경성 폭식증 그리고 폭식장애는 섭식장애의 주요 형태이다. 섭식장애의 원인은 알려져 있지 않지만 유전적, 사회적 그리고 심리적 요인들이 증상의 진행과 관련이 있다.
- 섭식장애의 치료는 복잡하고, 식생활에 대한 조언 그 이상을 필요로 한다. 섭식장애는 관련 행동이 뿌리 깊게 심해지거나 생명에 위험을 끼치기 전에 가능한 한 빨리 전문가의 도움을 찾는 것이 중요하다.

모듈 10.5 움직여라, 건강하라!

- 신체적으로 활동적인 상태가 됨으로써 체중을 좀 더 효과적으로 관리하고 사망과 장애를 일으키는 위험을 줄일 수가 있다. 65세 미만의 건강한 성인들은 중강도의 유산소 운동을 일주일에 150분 이상하거나 고강도의 운동을 일주일에 75분 이상하여야 한다. 유산소 운동과 더불어 근력 강화 훈련과 유연성 운동을 하여야 한다. 대부분의 사람들은 신체운동할 때 기간, 빈도 및 강도를 증가시켜 건강에 큰 유익을 가져올 수 있다.
- 규칙적인 운동은 심장질환, 당뇨병 및 여러 종류의 암을 줄이고; 체중조절 노력을 도와주고; 신체적 안정을 도모하는 많은 이점을 준다.
- ATP는 세포가 직접 사용되는 에너지의 주요 형태이다. ATP를 생성하기 위해 근육세포는 탄수화물, 지방 및 단백질을 대사시킬 수 있다. 근육세포에서 포도당 분자가 분해되어 젖산(혐기적 상태), CO_2와 H_2O(호기적 상태) 등을 생산한다.
- 지방은 특히 휴식을 취할 때나 저강도 운동을 할 때 세포의 중요한 유산소 연료이다. 적은 양의 단백질이 일반적으로 근육에 연료를 공급하기 위하여 사용된다. 혐기적 상태에서, 근육세포는 지방보다 포도당을 대사시키지만 고강도의 운동을 위하여 에너지를 지속적으로 공급하는 능력은 제한적이다. 근육세포는 호기적 상태에서 훨씬 더 많은 에너지를 생산하고 사용할 수 있다.
- 고탄수화물 식품은 운동선수들에게 도움이 되며 탄수화물이 풍부한 식품을 기본으로 경기 전 식사를 한다. 많은 운동선수들이 권장섭취량보다 더 많은 단백질을 필요로 한다. 높은 에너지의 필요를 충족시키기 위하여 충분한 식품을 섭취하여 운동선수들은 단백질을 필요량도 함께 충족시킬 수 있다.
- 신체적으로 활동적인 사람은 수분 섭취에 대하여 관심을 가져야 한다. 수분 섭취는 운동하는 동안에 손실되는 체중과 갈증에 따른다. 스포츠 음료와 같은 전해질의 섭취가 도움이 되고 특히 고강도 운동 시간이 60분 이상 초과할 때 필요하다. 수분 중독의 위험 때문에 수분을 과도하게 섭취하는 것은 피하는 것이 중요하다.
- 운동선수들은 종종 약초를 포함한 관련 화합물을 섭취하는데 이런 화합물이 운동능력향상 효과를 가지고 있다고 믿기 때문이다. 그러나 과학적으로는 대부분 이러한 효과가 있다는 근거는 없다. 또한 많은 운동능력향상 보조제의 장기적 안전성은 확인되지 않고 있으며 일부 보조제의 사용이 여러 체육 기관에서 금지 혹은 제한되고 있다.

생각해 봅시다...

1. 왜 일반적으로 비만의 이유를 정확하게 찾아내는 것이 어려울까?
2. 왜 체중이 감량된 대부분의 사람들은 시간이 지나면서 감량된 체중을 유지할 수 없을까?
3. 자신의 BMI가 과체중이나 비만의 범위 안에 있다면 체중 감량에 관심이 있는지 없는지 그 이유에 대하여 논의하여 보라. 만약 체중 감량을 원한다면 체중 감량의 목표를 달성하기 위하여 바꿀 수 있는 생활습관은 무엇인가?
4. 자신의 BMI가 체중 미달 범위에 있다면 체중 증가에 관심이 있는지 없는지 그 이유에 대하여 논의하여 보라. 만약 체중 증가를 원하면 어떤 생활습관을 바꿀 것인가?
5. 자신의 BMI가 건강한 범위에 있다면 나이가 들면서도 건강한 체중을 유지하기 위하여 택할 수 있는 방법에 대하여 논의하여 보라.
6. 자신의 일주일 간 신체운동 습관을 분석하여 보라. 자신이 하고 있는 다양한 운동이 최소한 권장치를 충족시키는가? 만약 그렇지 않다면 자신에게 적합한 건강 수준을 향상시키기 위하여 어떤 운동을 주중에 규칙적으로 할 것인가?

혼자 풀어보기

가장 올바른 대답을 선택하라.

1. ________ 지방은 복부근육 밑에 있다.
   - a. 피하
   - b. 내장
   - c. 셀룰라이트
   - d. 대사
2. 기초대사는 다음 중 어떤 것을 위하여 필요한 에너지다.
   - a. 호흡 및 혈액순환.
   - b. 신체활동의 수행.
   - c. 음식물의 소화.
   - d. 영양소 흡수.
3. 다음 중 어떤 설명이 사실인가?
   - a. 여성은 일반적으로 남성보다 높은 대사율을 지닌다.
   - b. 갑상선 호르몬 수준은 대사율에 영향을 미친다.
   - c. 근육조직을 많이 가진 사람은 보다 적게 가진 사람보다 대사율이 낮을 것이다.
   - d. 갑상선 샘에서 너무 많은 갑상선 호르몬이 생산되면 대사율은 정상 이하로 떨어진다.
4. 음의 에너지 상태는 언제 일어나는가?
   - a. 신체가 음식으로 공급되는 칼로리보다 더 많은 칼로리를 필요로 할 때
   - b. 몸속의 지방 축적이 증가할 때
   - c. 에너지 섭취가 에너지 방출보다 많을 때
   - d. 음식의 열생산 효과가 NEAT와 같을 때
5. ____ 은 배고픔을 줄이고 몸속에 지방 축적을 방해한다.
   - a. 글루코사민
   - b. 렙틴
   - c. 그렐린
   - d. 크레아틴
6. 국가 체중 감량 레지스트리의 회원들은 다음과 같은 일을 하고자 한다.
   - a. 한 달에 한 번 체중 재기.
   - b. 저탄수화물/고단백질 식사 준수.
   - c. 일주일에 2~3회 운동하기.
   - d. 아침 식사하기.

7. 조셉의 BMI는 23이다. 심한 스트레스 상태일 때 그는 상당한 양의 빈 칼로리 식품을 먹는다. 이러한 식품을 먹고 난 후 곧 그는 화장실로 가서 스스로 토해낸다. 이와 같은 내용을 기초로 할 때 조셉은 아마도 다음의 어떤 증상을 가진 것 같다.
   - **a.** 글리코겐 저장 질병.
   - **b.** 거식증.
   - **c.** 낭포성 섬유증.
   - **d.** 신경성 폭식증.

8. 미란다는 신체적으로 완벽하다. 이 내용을 기초로 할 때 그녀가 가진 것은?
   - **a.** 골다공증의 위험
   - **b.** 하루 생활에 요구되는 근력, 지구력 및 유연성의 충족
   - **c.** 다른 여성보다 많은 비타민과 무기질의 필요성
   - **d.** 또래의 다른 여성보다 많은 근육조직과 적은 뼈 조직

9. 유산소 운동은
   - **a.** 근육이 정상보다 산소를 적게 사용하도록 한다.
   - **b.** 자발적인 근육 수축을 필요로 하지 않는다.
   - **c.** 근육세포가 에너지를 위하여 더 많은 비타민과 무기질을 사용하도록 한다.
   - **d.** 특정한 큰 골격 근육의 지속적이며 리드미컬한 수축과 관계가 있다.

10. 다음 설명 중 맞는 것은?
   - **a.** 저항성 운동은 뼈 조직의 발달에 도움을 주지 않는다.
   - **b.** 앉아서 하는 활동은 많은 에너지를 필요로 하지 않는다.
   - **c.** 건강한 성년의 사람들은 매일 적어도 1시간의 고강도의 운동을 해야 한다.
   - **d.** 나이가 많은 성년의 사람들은 운동을 정기적으로 하여 대사율을 낮추어야 한다.

11. 에이미는 조용히 공부하는 중이다. 이때 그녀의 근육은 주로 ______를(을) 에너지로 사용한다.
   - **a.** 지방
   - **b.** 포도당
   - **c.** 아미노산
   - **d.** 케톤체

12. 다음 중 일반적인 카페인 급원 음료는?
   - **a.** 미네랄 워터
   - **b.** 아이스 티
   - **c.** 라이트 맥주
   - **d.** 오렌지 음료수

13. 유산소 상태에서 세포들은 포도당을 분해하여 어떤 형태를 만드는가?
   - **a.** 이산화탄소와 물
   - **b.** 질소와 DNA
   - **c.** 베타 케로틴과 비타민 B_6
   - **d.** 나트륨과 ATP

14. _____은(는) 세포의 즉각적이고 직접적인 에너지 급원이다.
   - **a.** DNA
   - **b.** 글리코겐
   - **c.** ATP
   - **d.** 인지질

참고문헌 ➡ 부록 F 참조

Unit 11

삶, 환경, 세계를 위한 영양

학습내용

모듈 11.1
생애주기 영양

모듈 11.2
나의 식품은 얼마나 안전한가?

모듈 11.3
식이의 적정성: 세계적인 관심사

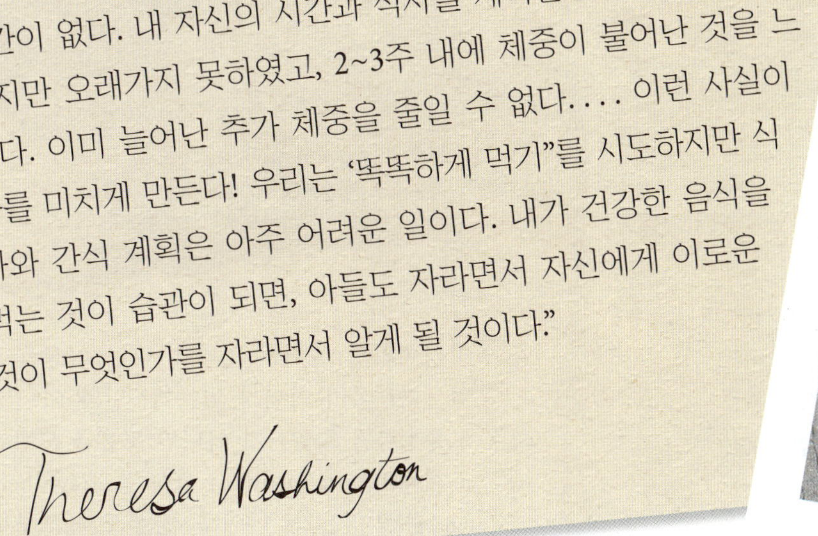

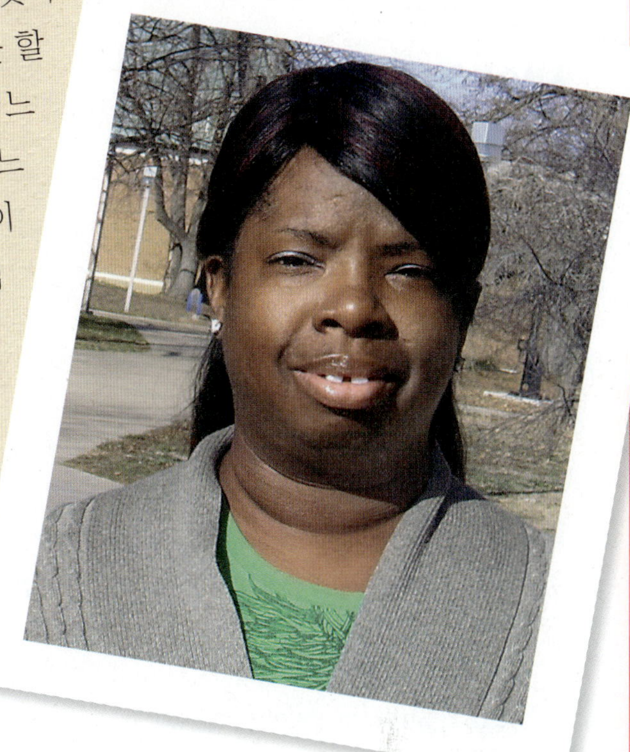

테레사 워싱턴은 세인트루이스 커뮤니티 칼리지에서 경영학을 전공하는 42살의 성인 대학생이다. 바쁜 생활 때문에 그녀는 "바르게 먹기"를 하기 어렵지만 체중을 줄이고 3살 된 아들에게 좋은 표본이 되고 싶어 노력을 하기로 작정하였다. "간식 먹기"는 과연 나쁜 행동인가? 아이들의 식습관을 향상시키기 위하여 무엇을 할 수 있는가?

이 Unit에서는 우리의 현재와 미래에 중요한 3가지 주제를 다루고자 한다. 이 Unit의 처음 부분은 유아기와 노년기를 포함한 생애주기의 특별한 기간의 영양에 초점을 맞춘다. 다음으로 음식 관련 질병, 연령과 상관없이 미국인 모두가 관심을 가지는 식품 공급의 안정성에 대하여 설명할 것이다. 마지막으로, 지구의 귀중한 천연 자원을 파괴함이 없이 전 세계 모든 사람들에게 영양가 있는 충분한 식품을 생산할 수 있는 방법들을 포함한 전 세계 영양의 기본 내용을 소개하고자 한다.

모듈 11.1

생애주기 영양

11.1 - 학습목표

1. 이 모듈의 주요 용어를 모두 정의한다.
2. 건강한 임신과 태아를 위하여 적절한 영양이 왜 중요한가를 논의한다.
3. 여성의 임신 전 체중을 기초로 권고한 내용에 따라 임신 기간 중 체중 증가를 분류한다.
4. 임신 중 공급이 필요한 영양소를 작성한다.
5. 젖 분비와 모유수유에 관련된 주요 신체 과정을 설명한다.
6. 영아용 조제유의 구성 영양소와 모유를 비교하고 모유수유의 이로운 점을 3가지 이상 확인한다.
7. 아기들이 4~6개월이 될 때까지 고체 음식을 주는 것을 늦추어야 하는 합리적 이유를 설명한다.
8. 어린이들에게 건강한 식습관을 장려하는 실질적인 제안들을 요약한다.
9. 미국 어린이들과 청소년들이 직면한 몇 가지 주요 영양소와 관련된 건강상의 관심사를 확인한다.
10. 정상적인 노화 과정에서 일어나는 신체적 변화에 대하여 3가지 이상 설명한다.
11. 노화가 영양소 필요량에 미치는 영향을 설명한다.

여성이라면 임신 중인가 아니면 임신을 계획하고 있는가? 이미 아이가 있는가? 만약 아이가 있다면 모유수유를 하였는가 아니면 모유를 모방한 **영아용 조제유(infant formula)** 합성 음료(synthetic beverage)를 먹였는가? 나이 드신 부모나 조부모와 함께 살고 있거나 부양하고 있는가? 이러한 것들은 매우 사적인 질문처럼 보이지만 많은 대학 학부 학생들은 18~22년 전의 전형적인 생활과 달리 아이를 가지지 않으며 집에서 떨어져 나와 살고 있다. 이 책에서 권장하는 대부분의 영양소는 19~70세에 있는 "성인"인 사람들에게 적용된다.[1] 그러나 한 개인의 영양소 필요량은 생의 주기에 따라 바뀐다. 본 Unit에서는 특별한 생애주기에 있는 사람들의 서로 다른 영양소 필요와 건강 관심사에 주안점을 두고자 한다—**태아기(prenatal period**; 수정으로부터 출산까지), 임신기, **수유기(lactation**; 모유수유를 위한 젖 생산), 영아기, 아동기 및 노인기.

생애주기에 따라 영양 관련 관심사에 대한 기본 내용을 학습하는 것이 왜 중요한가? 만약 아이가 없다면 곧 부모가 될 것이다. 만약 부모나 조부모가 비교적 젊고 지금 활동적이라면 그 분들이 늙어 가면서 신체적 기능이 저하되는 것을 경험하게 될 것이다. 마지막으로, 대부분의 이러한 변화는 정상적인 것이며 자기 자신에게도 역시 일어날 것임을 알아야 할 필요가 있다.

영아용 조제유(infant formula) 모유를 모방한 복합음료

태아기(prenatal period) 수정에서 출산 사이의 기간

수유기(lactation) 젖 생산 기간

배아(embryo) 수정 후 첫 8주 동안 형성된 인간 유기체

태아(fetus) 수정된 지 8주 이후부터 출산까지 기간의 인간 유기체

11.1a 태아기

태아기는 수정에서 시작하고 출산에서 끝난다. 이 시기는 약 40주 지속되며 13주씩 3분기로 구분된다. 처음 8주 동안은 수정란은 급속하게 분열되어 세포조직을 만들고 크게 자라서 기관을 형성하기 시작한다. 이 시점에서 인간은 **배아(embryo)**이다. 수정 후 8주 이후부터 출산까지 이때 형성된 인간은 **태아(fetus)**라고 부른다. 제2분기, 제3분기 동안에 태아는 계속 자라 신체적으로 태어나기에 충분히 성숙한 시점에 이르게 된다. 출산으로 태아기는 종료된다.

임신 1분기(임신기 첫 번째 3개월)는 아주 중요한 시기인데 영양부족이나 과다, 알코올과 같은 독성화합물에 노출되는 것이 배아/태아에게 치명적인 영향을 끼칠 수 있기 때문이다. 그러나 임신 1분기에 있는 많은 여성들이 자신이 임신한 것을 알지 못한다.

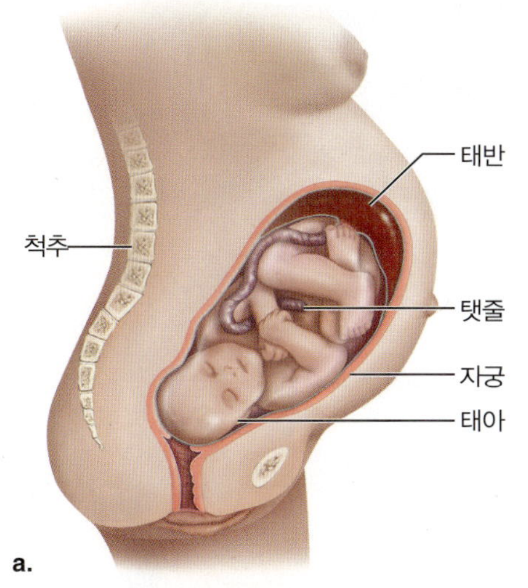

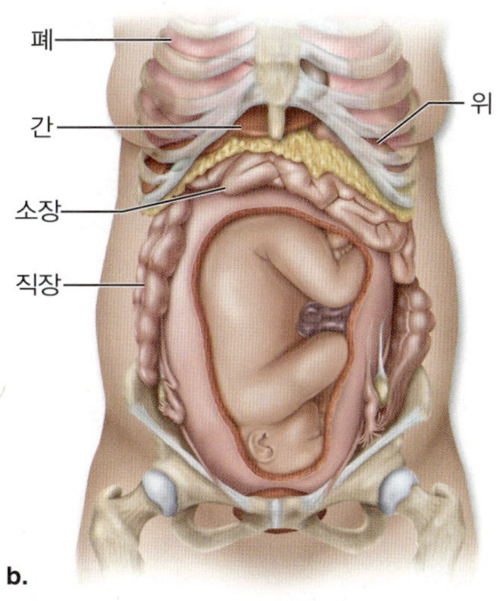

그림 11.1 출산 준비가 됨. (**a**) 태반이 모체의 혈류에서 영양분과 산소를 태아에게 공급한다. 태반은 또한 태아로부터 노폐물을 모체의 혈류로 전달하여 제거한다. (**b**) 이 그림은 임신기간이 완성된 태아의 위치와 모체의 복부기관을 설명한다.

■ 건강한 아기를 위하여 건강한 태반이 왜 중요한가?

태아기 동안 배아/태아는 자궁에서 자라며 생존을 전적으로 엄마에게 의존한다. 대부분의 임신 기간 중에 예비 엄마들은 태반을 통하여 배아/태아에게 영양을 공급하며 이 **태반(placenta)**은 임신 관련 기관으로 모체의 자궁을 탯줄로 배아/태아에게 연결한다**(그림 11.1)**. '태반의 역할은 모체의 혈류에서 배아/태아에게 영양소와 산소를 전달하는 것이다. 또한 태반은 배아/태아로부터 배설물을 모체의 혈류로 전달해서 모체가 노폐물을 제거할 수 있다. 그러나 태반은 모체의 피가 태아의 피와 섞이지 않게 한다.

불행하게도, 태반은 알코올과 니코틴을 포함한 많은 감염 매개물질(agents)을 모체의 피에서 거르지 못한다. 따라서 배아/태아는 모체의 혈류 속에 있는 전염병과 독극물에 의해서 해를 입거나 혹은 사망하게 된다.

태반(placenta) 자궁을 배아/태아에게 탯줄을 통하여 연결하는 기관

미숙아(premature) 임신 37주 이전에 태어나는 아기

저출생체중 신생아(low-birth-weight, LBW) 보통 5파운드 미만의 적은 체중을 가지는 아기

미숙아는 무엇인가?

태아는 출산 후 특별한 보살핌 필요 없이 지내기 위해서는 일반적으로 적어도 37주간을 자궁 안에서 살 필요가 있다. 37주간의 태아기 이전에 태어난 태아는 **미숙아(premature)**이다. 2010년에 미국 아기의 12%가 미숙아로 태어났다.[2] "달이 찬" 아기(39~41주 임신기간에 태어난 아기)와 비교할 때 미숙아는 첫돌이 오기 전에 사망할 가능성이 더 크다.

출산 시 체중의 중요성

출산 시 체중은 아기가 건강한지 혹은 첫돌까지 생존할 수 있을지를 결정하는 중요한 요인이다. 출산 시 건강하고 완전히 성숙한 태아는 보통 6~8파운드의 체중과 19~21인치의 신장을 가진다. **저출생체중 신생아(low-birth-weight, LBW)**는 일반적으로 체중이 5파운드 미만이다. 2010년에 미국에서 태어난 아기의 약 8.2%가 출산 시 저체중아였다.[2] 태아의 체중은 태반으로부터 공급되는 영양소의 공급에 달려 있다. 만약 태반이 제대로 성장하지 못하면, 발달 중인 태아는 미숙아가 될 수 있으며 출산 시 평균 체중보다 가볍게 된다. 저 출생체 중 미숙아가 28일 미만의 아기들 사망 원인 중 제일 많다.[3]

11.1b 임신기의 영양

임신 기간 동안에 여성의 몸은 혈액의 증가와 유방의 증대, 많은 영양소의 흡수 증가 및 여러 가지 호르몬의 높은 농도와 같은 주요한 신체변화를 겪는다. 이러한 변화에 적응함으로 모체는 발달 중인 배아/태아를 유지하고 영양을 공급하게 함은 물론 산후에 젖을 생산하도록 한다. 그러나 몇 가지 변화는 문제를 일으키고 임신부를 위험하게 한다.

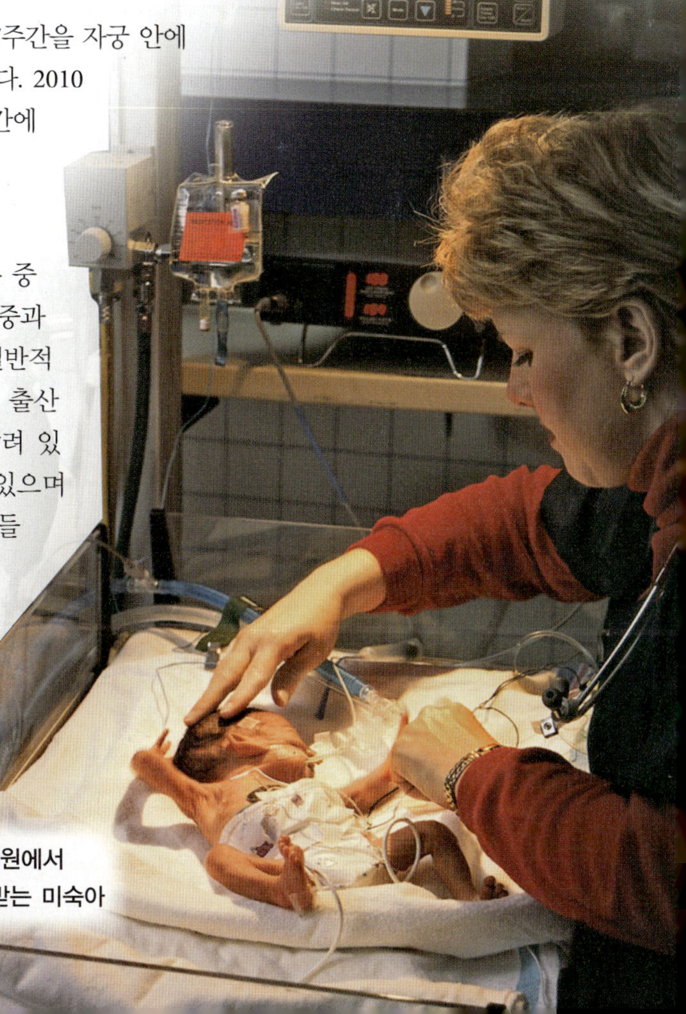

특수병원에서 보살핌을 받는 미숙아

표 11.1 DRIs(식이섭취기준:DIETARY REFERENCES INTAKE) 비교: 25세 비임신부와 임신부

에너지/영영소*	비임신부	임신부
kcal	에너지필요추정량(EER)	1분기 = EER + 0 2분기 = EER + 340 3분기 = EER + 452
단백질	46 g/일	71 g/일
비타민 C	75 mg/일	85 g/일
티아민	1.1 mg/일	1.4 mg/일
니아신	14 mg/일	18 mg/일
엽산	400 μg/일	600 μg/일
비타민 D	15 μg/일	15 μg/일
칼슘	1000 mg/일	1000 mg/일
철	18 mg/일	27 mg/일
요오드	150 μg/일	220 μg/일

*권장섭취량

자료 출처: Institute of data: Institute of Medicine: *Dietary Reference Intakes.* Available from *Nutrient recommendations: Dietary Reference Intakes (DRIs).* http://ods.od.nih.gov/Health_Information/Dietary_Reference_Intakes.aspx.

두 사람을 위한 식사?

예비엄마는 자신과 자라고 있는 아기를 위해 영양을 충족하는 식사를 하여야 한다. 그렇지 않으면 모체의 혈류에서 태아에게 필요한, 특히 철과 칼슘을 가져가기 때문에 이러한 영양소가 부족하게 될 수가 있다. 3분기 중의 시점에 따라 임신부의 에너지(칼로리), 단백질, 다른 영양소의 필요량이 임신 전보다 더 크다. 그러나 임신부는 단지 자신이 "두 사람을 위한 식사"를 하여야 한다는 이유로 통상적인 식품 섭취를 두 배로 할 필요는 없다. **표 11.1**은 임신부 및 비임신부로써 25살의 건강한 여성에게 적용하는 에너지와 선택된 영양소의 권장섭취량(RDA)을 비교하고 있다.

엽산과 철의 필요량

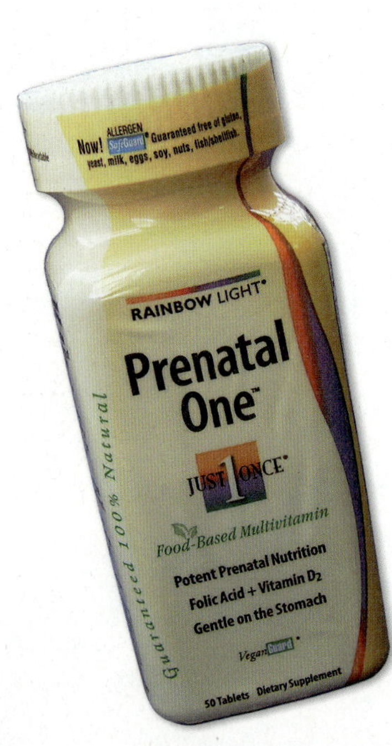

표 11.1이 나타내는 바와 같이 임신부의 엽산과 철의 필요량은 비임신부보다 50% 이상 더 높다. 배아들의 급격한 세포분열을 위한 비타민이 필요하기 때문에 적절한 엽산상태에서 임신을 해야 하는 것은 매우 중요하다. 엽산이 부족한 임신부들은 이분 척추증(Unit 8 참조)과 같은 신경관 손상을 가진 아기를 출산할 위험이 높다.

임신기간 동안에 임신부의 혈액량은 증가한다. 따라서 추가된 적혈구 세포에 더 많은 헤모글로빈을 만들기 위하여 철을 사용하기 때문에 철 필요량이 증가한다. 또한 모체는 태아에게 철을 저장하기 위하여 철을 태아에게 이동시킨다. 만약 임신부가 임신 기간 동안에 철의 필요량을 충족하지 못하면 철 부족 빈혈증을 일으킬 수 있다. 철이 부족한 임신부는 미숙아와 출산 시 저체중 아기를 낳을 위험성이 크다.[4]

적당한 엽산과 철을 섭취하기 위하여, 임신부는 식사에 미량영양소의 급원을 포함시켜야 한다. Unit 8과 Unit 9는 이러한 미량 영양소를 공급하는 음식의 정보를 제공한다. 대부분의 의사들 역시 임신부들에게 엽산과 철을 함유한 종합영양제를 추천한다.

입덧은 무엇인가?

임신 1 분기 동안에 대부분의 임신부들은 "입덧"징후를 경험한 다. 메스꺼움과 구토는 하루 중 어느 때나 일어날 수 있으므로 'morning sickness'이라는 이름은 오해의 소지가 있다. 특히 아침에 침대에서 일어나기 전에 크래커를 먹거나 물을 마시는 것이 메스꺼움 증상을 감소시키는 데 도움을 준다고 알려져 있다. 또한 식사를 적은 양으로 자주하고 간식을 먹는 것이 도움을 줄 수 있다. 만약 구토증이 심하면 임신부는 의사와 상의하여야 한다. 대부분의 경우 입덧은 임신 2분기(임신기 두 번째 3개월)가 시작하면서 종료된다.

음식 탐닉이란?

임신부가 피클이나 아이스크림을 몹시 먹고 싶어 하는 것은 단순히 근거 없는 얘기가 아니다. 음식 탐닉은 이 시기에 아주 일반적인 일이며 어떤 특정한 음식에 한정되지 않는다. 임신부에게 탐닉하는 음식을 밝혀 달라고 요청하면 여러 가지 반응을 나타낸다. 음식 탐닉의 원인은 알려져 있지 않지만, 임신과 관련된 호르몬 변화의 반응이거나 예비엄마로서의 심리적 반응일 수 있다. 음식 갈망이 칼로리 없는 음식의 지나친 공급이 아니거나 과체중을 야기하지 않으면 해롭지 않다.

어떤 여성들은 세탁용 풀, 백묵, 담뱃재 그리고 흙과 같은 식품이 아닌 물질을 몹시 먹고 싶어한다. **이식증(pica)**은 철이나 아연의 결핍과 관계가 있을 수 있지만 이식증이 이러한 결핍 때문인지는 분명하지 않다. 임신부들은 특히 진흙이나 흙을 먹는 것과 같은 행위를 피하여야 한다. 흙은 장기관에서 무기질을 흡수하는 것을 방해하는 물질을 함유하고 있을 수 있다. 게다가, 흙을 먹는 것은 납과 기생충 및 질병을 일으키는 미생물과 독성물질에 오염되었을 수 있기 때문에 위험할 수 있다.

입덧(morning sickness) 임신과 관련 있는 메스꺼움과 구토

이식증(pica) 식품이 아닌 물질을 몹시 먹고 싶어함

11.1c 임신기 체중증가

거의 모든 임신부가 체중증가를 경험한다. 사실, 임신기에 적절한 체중의 증가는 매우 중요하다. 임신기간 동안 충분한 체중이 증가하지 않는 임신부는 저 출생체중(LBW) 아기를 출산할 위험이 높다. **표 11.2**는 임신기 동안에 증가하여야 할 체중의 범위를 보여주고 있다.

체중이 얼마나 증가하는가는 임신 중 체중 및 태아의 수에 달려 있다. **표 11.3**은 임신부의 권장 체중 범위(태아 한 명일 때)를 보여준다. 초비만의 여성(BMI 40 이상)은 임신 중 체중을 감소할 필요가 있다.[5] 태아 2명 이상을 임신한 임신부는 권장 체중이 더 높을 수 있다. 예를 들면, 쌍둥이를 임신한 건강한 임신부는 임신기간 중 54파운드에 이르는 체중이 증가할 수 있다.[6]

표 11.2 임신 중 체중 증가 분포

조직	파운드
엄마측	
혈액	3
유방	2
자궁	2
지방, 단백질 및 보유체액	11
태아측	6~8
태반	1.5
양수*	2.0

*태아를 둘러싼 액체
Adapted from http://www.marchofdimes.com/pregnancy/yourbody_weightgain.html.

표 11.3 임신기의 권장 체중 범위

임신 중 BMI 범위	권장 체중 증가 범위(파운드)
체중미달	28~40
건강체중	25~35
과체중	15~25
비만	11~20

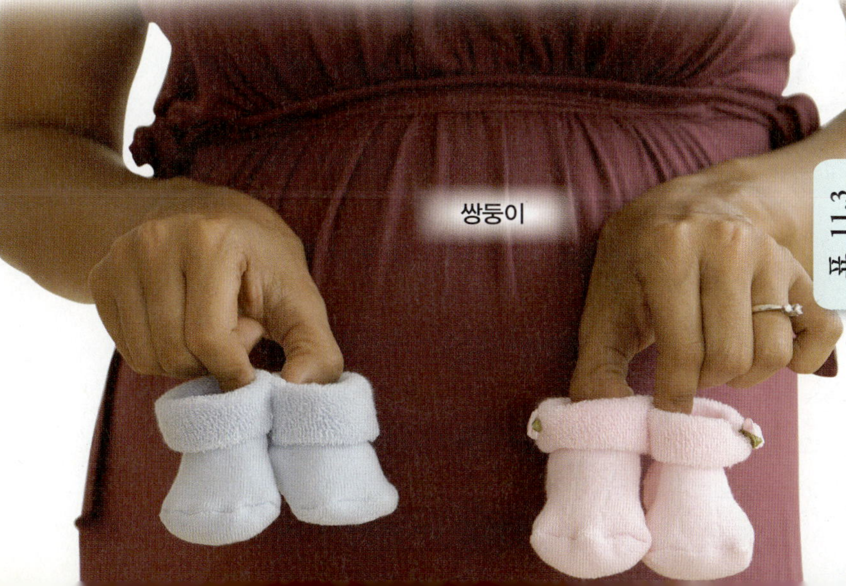

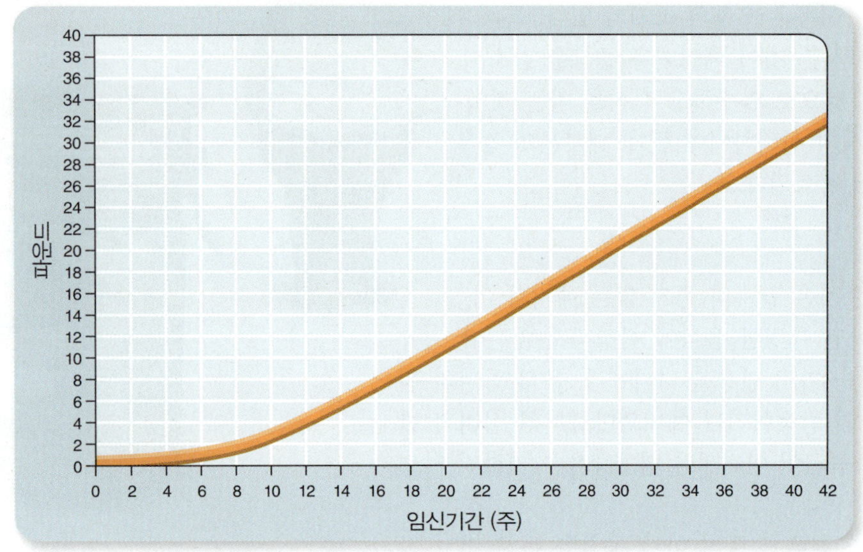

그림 11.2 **건강한 임신의 체중증가 곡선.**

■ 임신기간 중 임신부의 체중 모니터는 왜 중요한가?

임신 당시 비만인 여성이나 초비만 예비엄마들은 **고출생체중(high-birth-weight, HBW) 신생아**를 출산할 가능성이 더 크다.[7] HRW 신생아는 체중이 일반적으로 8.8파운드 이상이다. 임신성 당뇨병을 잘못 치료한 임신부는 당뇨병이 없는 여성보다 HBW 아기를 낳을 위험이 더 크다. 임신성 당뇨병에 대하여는 Unit 5를 참조하라.

정상 체중을 가진 신생아와 비교할 때 HBW 신생아는 출산과정에서 상처를 입고 선천적 기형의 위험성이 더 크다.[7] 또한 HBW 신생아는 유아비만을 일으킬 수 있다.[8] 2011년 미국의 7%에 달하는 아기가 HBW였다.[9]

체중 증가율

예비 엄마는 체중 증가율뿐 아니라 증가된 체중도 중요하다. 임신부는 임신 1분기(임신 첫 3개월) 사이에 4파운드까지 체중이 증가한다. 나머지 임신기간 동안 임신부는 더 빠른 비율로, 일주일에 1파운드씩 체중이 증가한다. **그림 11.2**는 건강한 임신의 체중 증가 곡선을 보여주고 있다.

임신성 고혈압은 무엇인가?

몇몇 호르몬의 높은 수치는 임신기간 중 여러 조직이 체액을 보유하도록 작용한다. 비록 늘어난 체액이 가벼운 부종을 유발하지만 상태는 정상이다. 임신 5개월 이후 급속한 체중 증가는 임신성 고혈압이라고 불리는 심각한 고혈압의 징후가 될 수 있다. **임신성 고혈압(gestational hypertension)**은 보통 **자간전증(preeclampsia)**이라고 불린다. 자간전증은 특히 손, 종아리, 얼굴의 부종으로 인한 급속한 체중증가; 고혈압; 단백뇨가 특징이다**(그림 11.3)**.[10] 치료법은 장기요양 및 고혈압을 조절하는 약물을 사용한다. 만약 자간전증을 앓는 임신부가 경련을 일으키면 **자간증**

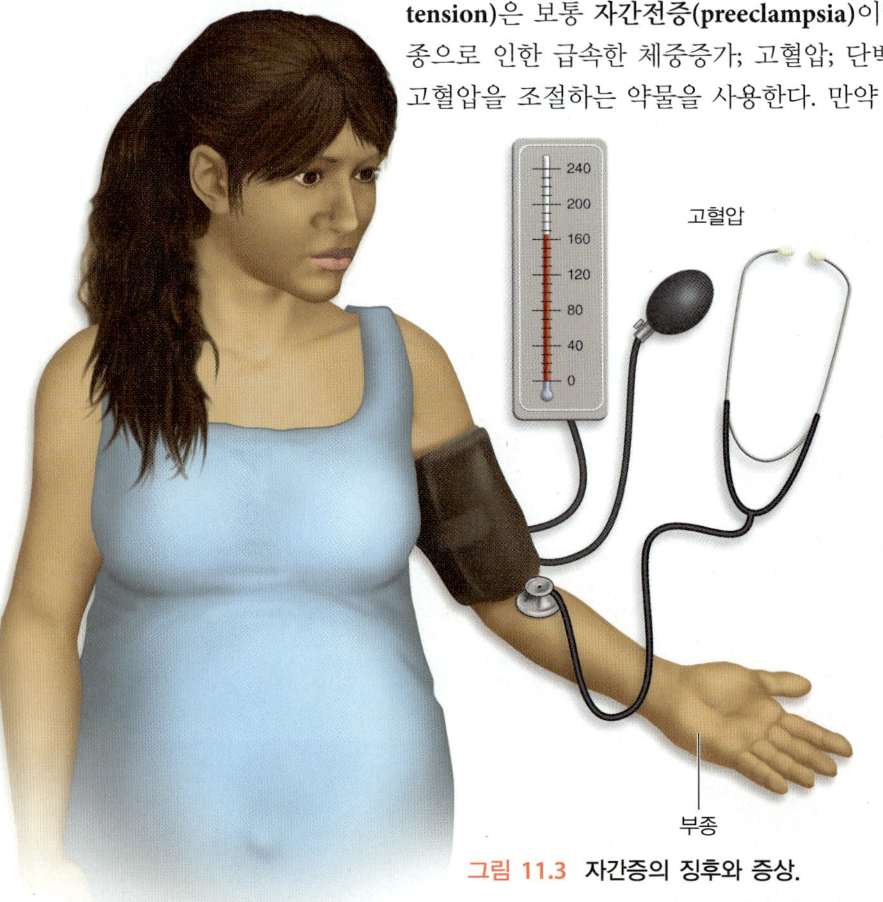

그림 11.3 **자간증의 징후와 증상.**

■ 자간증의 유일하게 효과적인 치료법은 무엇인가?

a.

b.

그림 11.4 아기의 급속한 성장률.
(**a**) 건강한 신생아, (**b**) 첫돌 아기

■ 출생 시 아기의 체중이 6파운드 8온스일 때 첫돌 아기의 체중은 얼마나 될 것이라고 예상하는가?

고출생체중(high-birth-weight, HBW) 신생아 일반적으로 8.8파운드 이상의 신생아

임신성 고혈압(gestational hypertension) 임신기간 중 발생할 수 있는 고혈압의 한 종류

자간전증(preeclampsia) 임신성 고혈압의 일반적인 명칭

자간증(eclampsia) 자간전증을 앓는 임신부가 발작을 일으키는 상태

초유(colostrum) 항체와 면역세포를 포함한 첫 모유

(eclampsia)이라고 한다. 미국에서 자간증은 임신부들에게 두 번째로 높은 사망원인이다.[11]

자간증에 유일한 효과적인 치료법은 태아를 출산시키는 것이지만 임신 24주 이전에 태어난 신생아는 생존하기 어렵다. 만약 태아가 24주 이상이면 엄마가 병원에 입원하여 치료를 받을 수 있다. 이 조치는 의사가 모체의 상태를 모니터하는 데 도움이 되고 산후에도 생존할 확률을 높아질 때까지 태아의 성숙을 도와줄 수 있다.

11.1d 영아 영양

출생 시부터 대략 첫돌까지의 영아기에는 전형적으로 급속한 신체 성장이 일어난다. 처음 4개월에서 6개월까지 건강한 아기의 체중은 2배가 되고 첫돌 무렵에는 체중이 3배로 증가한다. 아기의 신장은 첫돌에 50%가 더 늘어난다. 만약 출생 시 아기의 체중이 7파운드이고 키가 20인치라면 첫돌까지 체중 21파운드와 30인치의 키를 예상할 수 있다**(그림 11.4)**.

어린이들과 비교할 때 영아는 급속한 성장을 위해 체중당 보다 많은 에너지와 영양소를 필요로 한다.[1] 만약 영아가 적당한 에너지와 영양소가 결핍되면 아기의 성장이 늦고 심지어 정지될 수 있다. 더군다나, 아기의 뇌 발달에 부정적인 영향을 미칠 수 있다. 다음 절에서 모유수유와 또 다른 영아 급식방안 등 영아 영양에 대하여 좀 더 자세하게 살펴볼 것이다.

수유에 대한 이해

수유는 임신부가 출산을 한 이후에 진행되는 과정이다. 아기가 태어난 이후 처음 며칠 동안 엄마의 젖에서는 노란색 액체인 **초유(colostrum)**가 생산된다.

초유는 아기의 미성숙한 장기관이 흡수할 수 있는 항체와 면역세포를 포함한 액체이기 때문에 아기에게 아주 중요한 첫 음식이다. 또한 초유는 아기의 위장기관에서 일종의 박테리아인 비피더스균의 성장을 촉진하는 물질을 함유한다. 이러한 생물학적 활성 물질은 아기의 몸이 감염과 싸우고 또한 면역시스템 성장을 촉진하는 데 도움을 준다. 따라서 전적으로 모유수유된 아기는 영아용 조제유로 키운 아기들보다 알레르기, 위장 및 호흡기 감염과 귀의 감염 위험이 훨씬 적다.[12]

수유 첫 주 끝 무렵에 초유는 성숙한 모유로 바뀐다. 모유는 우유보다 좀 더 묽고 약간 푸른색을 띤다. 모유는 콜레스테롤, 리놀렌산, 아라키돈산(AA), 도코사헥사에노익산(DHA)과 같은 지방산을 포함한 지질의 풍부한 급원이다. 아기의 신경 시스템 중 특히 뇌와 눈의 적절한 발달은 AA와 DHA에 달려 있다. 또한 모유에 포함된 지방은 아기의 전반적인 성장을 유지하는 데 필요한 에너지를 공급한다.

모유수유는 아기와 엄마의 감정적 유대를 증진한다.

수유 과정

아기가 젖을 빨 때 엄마의 젖꼭지 신경은 뇌에 **프로락틴(prolactin)**과 **옥시토신(oxytocin)**을 엄마의 혈류 속으로 방출하도록 신호를 보낸다. 프로락틴은 유방의 특정세포를 자극하여 모유를 만들게 한다. 이 세포들은 모체 혈액으로부터 몇몇 영양소는 만들고, 어떤 물질들은 제거한 후 모유에 이동시켜 수유 과정을 진행한다. 옥시토신은 성공적인 수유 과정에서 또 다른 역할을 한다. 이 호르몬은 유방조직에 모유를 "방출"하도록 지시하는 신호를 보낸다. 이 **방출반사반응(let-down reflex)**은 모유가 유관이라고 불리는 여러 개의 튜브를 통하여 젖꼭지 부근으로 이동하도록 한다. 반사반응은 자동적이며 의식적 통제 하에 이루어지는 것이 아니다. 방출이 일어나면 아기는 계속적인 흡입으로 모유를 섭취한다. **필수개념 11.1**은 수유 과정의 주요한 단계들을 보여준다. 모유가 흘러나오기 바로 전에 수유부는 자신의 젖꼭지에서 모유방출이 일어나는 신호인 따끔거리는 느낌을 가진다.

필수개념

11.1 수유 과정

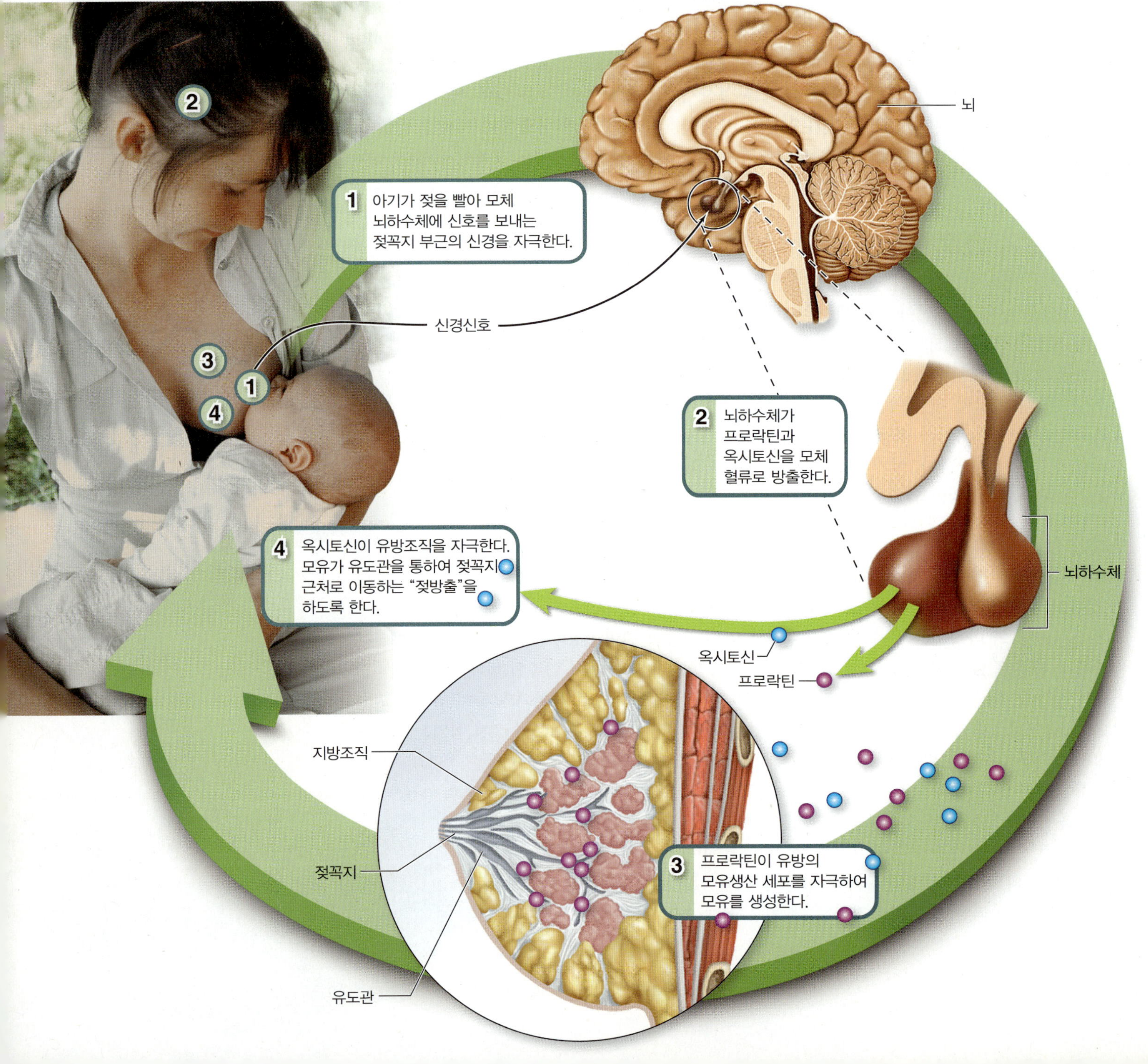

근심, 감정적 스트레스와 긴장, 고통 및 피로감이 방출반사반응을 쉽게 방해할 수 있다. 수유하는 엄마가 긴장되고 당황스러운 상태일 때 방출반응이 일어나지 않으며 아기가 젖을 빨아도 모유를 먹지 못한다. 이러한 경우 배고픈 아기는 놀라고 고통스러워하게 되며 엄마는 긴장하고 당황스럽게 되는 악순환을 이루게 된다. 이때 엄마가 된 여성들은 종종 모유수유를 포기하고 아기에게 젖을 빨도록 시도하였으나 모유를 "생산"할 수 없었다고 말한다.

엄마가 된 여성들을 편안하고 안정된 환경에 있게 한다면 모유수유에 도움을 줄 수 있다. 엄마들이 성공적으로 모유수유를 하는 팀의 일원이라는 확실한 느낌을 갖기까지는 수주가 걸릴 수 있다. 모유생산은 "수요와 공급"의 법칙에 따른다. 아기가 젖을 빨면 빨수록(수요) 엄마의 젖은 더 많은 모유를 생산한다(공급). 그러나 모유는 유방이 완전하게 비워지지 않으면 생산이 곧 중지된다. 이런 경우는 아기들에게 유아음식과 영아용 조제유를 모유의 보충제로 공급하기 때문에 아기들이 배가 고프지 않게 되어 일어나는 경향이 있다.

프로락틴(prolactin) 출산 이후 모유의 생산을 촉진시키는 호르몬

옥시토신(oxytocin) 젖의 "방출"과 자궁 수축을 일으키는 호르몬

방출반사반응(let-down reflex) 모유수유 아기에게 일어나는 자동적인 신체반응으로 젖이 젖꼭지에 도달할 수 있도록 한다.

수유부의 식사

모유 생산을 위하여 특별한 음식이 필요한 것은 아니다. 그러나 수유여성은 자신의 몸에 수분이 적절하도록 음료를 마셔야 한다. 모유로 수유를 하는 동안 수유 엄마는 알코올 함유 음료 섭취를 제한하여야 하는데 독성성분이 모유에 분비되기 때문이다. 모유수유를 하는 여성은 여러 가지 약 처방과 심지어 상점에서 구매 가능한 약품이나 약초 제품을 사용하기 전에 의사와 상의를 하여야 하는데 이러한 물질들이 결국 모유에 함유되기 때문이다.

모유가 최상의 젖이다

모유수유는 엄마와 아기에게 여러 가지로 유익하다.

영아에게 모유는:

- 유방에서 나올 때 박테리아가 없다,
- 항체와 면역세포를 공급한다,
- 쉽게 소화된다,
- 특히 영아용 조제유와 우유에 포함된 단백질은 알레르기를 잘 일으키는 데 비해 모유는 식품 알레르기의 위험이 적다,
- 성장하는 아기의 변화하는 필요량에 따라 성분이 변한다,
- 흡수율이 높은 형태의 아연, 철 및 기타 무기질을 함유한다,
- 귀, 장 및 호흡기의 감염 위험성을 줄인다,
- 어린이 천식, 비만 및 제1형 당뇨병의 위험성을 줄일 수 있다.

모체에게 모유수유는:

- 출산 이후 자궁출혈을 감소시킨다,
- 임신 전 크기로 자궁의 수축을 촉진한다,
- 유방암(폐경 이전)과 난소암 위험을 감소시킨다,
- 모체의 체중 감량을 촉진한다,
- 아기와 감정적 유대를 증진시킨다,
- 영아용 조제유를 먹이는 것보다 싸고 훨씬 수월하다.

모유수유를 위한 추가 정보는 http://www.ded.gov/breastfeeding/을 방문하라.

젖병에 담긴 모유를 아기에게 줌으로써 아버지도 아기의 영양 필요량을 충족시키는 데 도움을 줄 수 있다.

모유는 완전 식품인가?

일반적으로 영양사들과 소아과의사들은 엄마가 된 여성들에게 아기가 태어나서 처음 6개월간은 전적으로 모유수유를 하도록 권장한다.[12] 어린 유아 음식에 물, 유아분유, 주스 같은 음료와 혹은 베이비푸드와 같은 고체음식을 보충할 필요가 없다. 그러나 아기가 설사, 구토 그리고 발열증상이 있다면 탈수상태를 방지하기 위하여 전문의의 도움을 받는 것이 매우 중요하다.

비록 모유에 영양이 많다고 하더라도 모든 유아들에게 완전한 식품은 아니다. 모유는 비타민 D, 철 및 불소가 적절하게 포함되어 있지 않을 수 있다. 미국 소아과 학회(American Academy of Pediatrics, AAP)는 모유수유 아기들이 약 2컵의 비타민 D 강화 우유나 유아분유를 섭취할 수 있을 때까지 하루 200 IU 비타민 D를 공급할 수 있는 보충제를 주도록 권장하고 있다.[13] 건강한 모유수유 신생아는 일반적으로 4개월이 될 때까지 철 보충제를 필요로 하지 않는다.[14] 만약 엄마가 마시는 물이 불소화되어 있지 않다면 불소 보충제가 반드시 필요할 것이다. 아기에게 보충식을 공급하기 전에 부모들이나 아기 돌봄이들은 소아과 의사들과 영양 필요량에 대하여 협의를 하여야 한다.

6개월 이후에도 모유수유는 계속되어야 하지만 아기들은 특히 철의 급원이 되는 고체 음식을 섭취하여야 한다. 모유수유는 아기가 첫돌이 될 때까지 다른 보충식과 더불어 계속되어야 한다. 이 기간 이후에도 계속 모유수유를 못할 이유는 없다. 전 세계에서 많은 엄마들이 아기의 첫돌 이후에도 아기들에게 젖을 먹이고 있지만 미국에서 이런 경우는 흔치 않다.

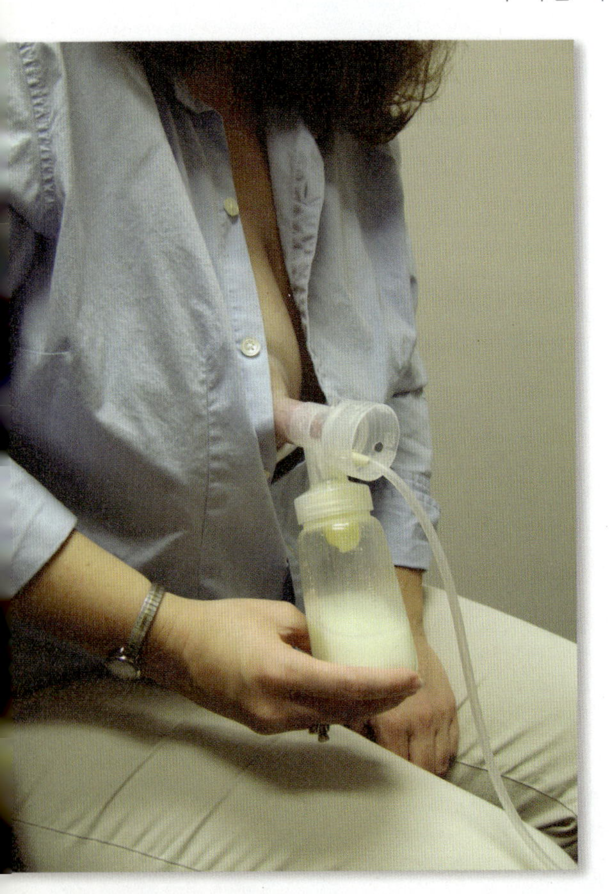

그림 11.5 모유 짜기. 엄마가 된 여성이 자신의 직장에서 모유수유를 위한 특별 방에서 젖을 짜고 있다. 이 엄마는 모유를 냉장고에 저장하고 나중에 젖병으로 수유하기 위하여 집에 가지고 간다.

너무 이른 포기

모든 건강한 여성들은 자신의 아기들에게 모유수유를 할 능력이 있다. 2009년 미국 여성의 약 77%가 아기 출산 이후 바로 모유수유를 시작하였다.[15] 그러나 첫돌이 되면 25.5%만이 모유로 수유되고 있었다.

신생아에게 모유수유를 하는 여성들은 6개월 안에 이를 중단한다. 여성들이 모유수유를 지속하지 않는 많은 이유가 있다. 엄마가 된 여성들은 모유수유에 대한 정보와 지원이 부족하다는 이유로 이를 중단한다. 병원에서는 엄마가 된 여성들에게 모유수유에 대하여 정보를 제공하고 상담을 할 수 있는 훈련된 수유 전문가를 고용하여야 한다. 추가적인 정보 제공처로 모유수유 여성들에게 교육을 실시하고 지원을 제공할 수 있는 국제적인 조직인 라 레체 리그(La Leche League)가 있다(www.llli.org/).

어떤 엄마들은 자신의 아기가 어느 정도 모유를 섭취하는지에 대하여 확신을 할 수 없기 때문에 모유수유를 중단한다. 아기 우유병은 온스 단위로 표시되어 있어서 우유병으로 수유를 하는 엄마들은 쉽게 아기가 먹은 양을 측정할 수 있다. 그러나 수유하는 엄마들은 아기의 위가 가득 찼다는 신호를 잘 살펴야 한다. 아기가 더 이상 모유를 먹지 않고 중지하면 엄마는 아기가 모유를 충분히 섭취한 것으로 생각하여야 한다.

영양이 잘 공급된 모유수유 아기는 정상적으로 체중이 증가하고 보통 하루 6번 이상의 소변, 1~2회의 부드러운 대변을 본다. 아기들의 영양 섭취와 영양 상태가 걱정되면 의사와 즉시 상의를 하여야 한다.

많은 여성들은 직장으로 돌아가야 하기 때문에 모유수유를 너무 일찍 중단한다. 수유 여성들은 자신의 유방에서 모유를 짜서 나중 수유를 위하여 냉장시키는 법을 배울 수 있다(**그림 11.5**). 그러나 여성들이 젖을 짜서 안전하게 보관할 수 있는 편안한 시설을 가진 직장들이 많지 않다.

11.1e 영아영양: 영아용 조제유 먹이기

모든 여성들이 모유수유를 할 수는 없다, 모유를 먹일 수 없을 때 영아용 조제유는 모유를 대신하여 영양학적으로 적절하고 안전한 대용물이다. 그러나 이러한 조제유의 영양 성분 구성은 모유의 것과 같지 않다(**표 11.4**). 더군다나 영아용 조제유는 모유와 같이 인간 항체와 독특한 면역계 인자를 지니지 않는다.

모유의 성분은 매번 약 20분 지속되는 수유 시 그 성분이 바뀐다. 처음에는 모유에 지방이 적지만 아기가 계속 빠는 동안 모유의 지방은 점차적으로 증가한다.[16] "나중에 나오는 모유는 지방 성분이 많아져 아기에게 만족감과 포만감을 느끼게 한다. 그러나 영아용 조제유는 일정한 성분을 가지고 있다; 즉, 수유 시간 동안 지방 성분이 변화하지 않아 과다한 섭취를 하게 된다.

모유수유를 하지 않는 아기들에게는 철이 강화된 영아용 조제유를 제공하여야 한다. 모든 영아용 조제유가 철을 포함하고 있는 것이 아니므로 제품을 사기 전에 상표의 내용을 잘 읽어 보은 것이 중요하다. 영아용 조제유를 먹는 아기들은 불소의 공급을 필요로 하지만 농축 영아용 조제유는 제조과정에서 수돗물을 사용하므로 적정한 불소의 섭취를 보장할 수 있다.

맛있는 팁

일반적으로 영아용 조제유나 모유를 담은 젖병을 데울 때 전자레인지를 사용하지 않도록 권장한다. 열이 모유의 면역 인자를 파괴하거나 뜨거운 젖 방울이 혀를 데게 할 수 있다. 대신에 모유 및 분유를 담은 젖병 위로 더운 수돗물을 흘리거나 몇 분 동안 냄비의 더운물에 담가두어서 부드럽게 데워야 한다.[17] 데운 후에는 젖병을 돌려 흔들어야 한다. 너무 뜨겁지 않은지 확인하기 위하여 자신의 손목이나 손바닥에 한 두 방울 흔들어 떨어뜨려 시험해 보아야 한다.

카제인(casein) 우유 속의 주요 단백질

소젖을 영아용 조제유로 사용하지 않는 이유는?

전유는 영아들이 1살이 될 때까지 먹여서는 안 된다.[14] 우유는 무기질과 단백질이 지나치게 많고 영아들이 필요로 하는 탄수화물과 필수 지방산을 충족시키지 못한다. 필수 지방산은 뇌를 포함한 신경시스템을 발달시키는 데 아주 중요하다.

영아들은 모유 속의 단백질보다 우유의 주요 단백질인 **카제인(casein)**을 소화시키기가 더 어렵다. 우유는 또한 장출혈과 철 결핍의 원인이 될 수 있다.[18] 저지방 및 무지방 우유는 2살 이전의 어린이들에게 에너지가 너무 낮다. 이 시기의 어린이들은 우유 이외에 건강한 지방과 탄수화물을 포함한 다양한 식품을 섭취하여야 한다.

영아용 조제유 알레르기는 어떠한 것인가?

모유수유 아기들과 비교할 때 영아용 조제유를 먹는 아기들은 영아용 조제유에 대한 알레르기를 나타낼 위험성이 더 크다.[19] 알레르기의 징후와 증상으로서 다음과 같은 것들이 있다:

표 11.3 모유와 철이 강화된 영아용 조제유(1온스당)의 성분 비교

모유 혹은 철 강화 영아용 조제유	에너지 (kcal/온스)	단백질 (g/온스)	탄수화물 (g/온스)	지방 (g/온스)	콜레스테롤 (mg/온스)	철 (mg/온스)	칼슘 (mg/온스)
모유	22.5	0.32	2.12	1.35	4.00	0.01	10.0
우유조제유							
시밀락	20.0	0.41	2.10	1.08	1.00	0.36	16.0
엔파밀	20.0	0.42	2.19	1.07	0.00	0.36	16.0
두유조제유							
프로소비	20.0	0.50	2.13	1.07	0.00	0.36	21.0
이소밀	20.0	0.49	2.04	1.09	0.00	0.36	21.0

맛있는 팁

양념하지 않고 조리된 간소한 식품을 가지고 자신만의 이유식을 만들 수 있다. 많은 양의 식품이 만들어졌다면 퓌레로 만든 식품은 조각 얼음 큐브에 부어서 플라스틱 백으로 덮어서 얼릴 수 있다. 이유식을 먹일 때 얼음 한 조각 분량의 아기 음식을 큐브에서 빼내어 데울 수 있다.

- 구토, 장의 통증, 설사 혹은 변비;
- 가려움증, 부종 혹은 피부 붉은 반점;
- 천식과 같은 콧물 흘림 및 호흡곤란.

우유의 단백질로 제조된 영아용 조제유에 알레르기가 있는 아기들을 위하여 콩이나 다른 단백질로 제조된 제품을 구입할 수 있다.

11.1f 영아 영양: 고체 식품

부모들은 영아에게 고체 식품을 먹이기 시작하기를 원한다. 고체 식품은 영아가 4~6개월이 될 때까지 주지 않는다.[19] 이유는 무엇인가? 영아는 3개월이 전에는 녹말을 쉽게 소화시킬 수 없다. 알레르기를 일으킬 위험이 큰 아기들은 알레르기를 가진 부모와 관련이 있다. 이러한 아기들은 4~6개월 전에 고체 식품을 먹이면 알레르기를 일으킬 가능성이 더 크다. 식품 알레르기에 대하여 보다 많은 정보는 Unit 7을 참조하라.

영아들은 입에 고체나 반고체 식품이 들어오면 때 자기도 모르게 뱉어내는 **밀어내기 반사(extrusion reflex)**를 가지고 태어난다. 이 반사행동의 결과로 영아는 혀를 앞으로 내밀어 식품을 밖으로 밀어낸다. 따라서 영아에게 고체 식품을 먹이는 것은 매우 지저분하게 만들고 당혹스러운 일인데 아기들의 혀는 식품을 입에서 자동적으로 밀어내기 때문이다. 모유나 영아 조제유와 같은 액체식품은 영아들에게 뱉어내기 반사를 일으키지 않아서 아기들이 액체를 삼키게 된다.

영아가 4~6개월이 되면서 밀어내기 반사는 사라진다. 6개월 된 영아는 일반적으로 등받이 의자에 앉아 있을 수 있고 입과 목의 움직임과 관련된 근육을 조절할 수 있다. 이러한 징후는 아기가 신체적으로 고체 식품을 먹을 수 있고 고체 식품 때문에 목이 막힐 경우가 적으며 배가 부르면 식품에서 머리를 돌릴 수 있음을 나타낸다.

밀어내기 반사(extrusion reflex) 영아의 입에 고체나 반고체 식품이 들어오면 자신도 모르게 뱉어내는 본능적 반응

이유(weaning) 모유나 젖병수유로부터 컵으로 마시고 고체식품을 먹는 것으로 서서히 전환하는 과정

이유(weaning)는 아기가 모유수유나 젖병 수유로부터 컵으로 마시고 고체 식품 먹기로 서서히 전환하는 과정이다. 소아과 의사들은 종종 쌀이나 보리로 만든 철 강화 유아 시리얼을 최초의 고체 식품으로 권장한다. 아기가 쌀 시리얼을 잘 받아들이면 아기의 식사에 또 다른 종류의 아기 시리얼이나 조리된 거른 채소와 같은 새로운 식품을 첨가할 수 있다. 새로운 식품을 주고 3~5일을 기다린 후에 또 다른 식품을 주어야 한다. 이 기간 동안에 설사, 구토 혹은 발진을 일으키면 새로운 식품에 대한 알레르기가 있을 수 있다. 6~8개월이 되면 아기들의 첫 이빨 세트인 "유치"가 나타나기 시작한다. 이러한 이빨은 아기들이 음식을 씹고 삼키는 것을 돕기 때문에 적당한 영양 섭취를 위하여 매우 중요하다. 8~12개월이 되면 대부분의 아기들은 크래커, 토스트 및 조리된 깍지콩과 같은 "핑거푸드"를 집어서 삼키기 위해 손가락을 사용할 수 있다. 아기들은 또한 병을 쥘 수 있고 뚜껑에 주둥이를 가진 특별한 컵("시피컵")으로 마시기 연습을 할 수 있다(**그림 11.6**). 약 10개월이 되면 아기들이 스스로 먹을 수 있고 아기 음식에서 다른 가족들이 즐기는 음식으로 바꿀 수 있다. 아기들은 비록 음식을 가지고 장난을 치고 지저분하게 만든다 하더라도 스스로 먹기 기술을 연습할 필요가 있다.

그림 11.6 "시피컵"으로 마시기.

영양, 사실인가 허구인가?

영아의 식사에 고체 식품을 첨가하는 것이 아기들이 밤새 잠을 잘 자도록 돕는다.

이러한 일반적인 믿음은 사실이 아니다. "밤새 줄곧 잠자기"의 발달 단계는 아기가 먹는 음식에 상관없이 생후 3~4개월 즈음에 일어난다.

영아에게 먹이지 말아야 하는 것

다음과 같은 식품과 음료는 영아들에게 적당하지 않다. 다음과 같은 것을 먹이는 것을 피하라:

- **꿀**. 클로스트리디움 보툴리늄 포자를 가지고 있고 1살 미만의 영아에게 치명적인 독성을 나타낼 수 있다(Unit 5 참조).
- **꼭지 구멍이 넓은 병에 담긴 반고체 아기 시리얼**. 이러한 시도는 과식을 초래하고 아기들에게 스스로 먹기 기술을 배우도록 돕는 것이 아니다.
- **캔디, 향신료 첨가 젤라틴 물 혹은 청량음료**. 이러한 음료는 미량영양소를 거의 제공하지 않으며 아기의 식사에서 보다 영양가 많은 음료와 식품을 대신한다.
- **단단하거나 거친 식품의 작은 조각**. "동전" 모양으로 썰은 핫도그, 통 견과류, 포도, 조리된 육류 덩어리, 날 홍당무, 그리고 땅콩버터는 목 메임 현상을 일으킬 수 있다. 어린이들이 입에 너무 많은 음식을 넣는가를 주의 깊게 살펴보아야 한다.
- **과량의 사과 혹은 배 주스**. 이 같은 주스에 포함된 과당과 소르비톨, 당알코올은 설사를 일으킬 수 있다. 또한 만약 영아가 모유나 유아 조제유 대신 과일주스나 과일 음료를 마시게 되면 적정량의 칼슘이나 다른 필수 무기질을 섭취할 수 없을 것이다.
- **저온살균하지 않은(생) 우유 혹은 주스**. 저온살균하지 않은 우유와 주스는 박테리아나 바이러스에 오염되어 있을 수 있다.
- **산양유**. 산양유는 철, 엽산 및 비타민 C와 D가 적다.

저온살균(pasteurization) 식품과 음료의 병원균과 부패와 관련된 미생물을 죽이는 가공 절차

아주 어린 아기들은 포도에 질식할 수 있다.

11.1g 건강한 어린이를 위한 영양

아동기는 미취학 기간(2~5살), 취학 연령 기간(6~11살), 청소년기(12~19살)로 나눈다. 생후 12개월 동안 특징적으로 나타나는 급속한 성장률은 취학 전 기간부터 취학 연령 기간 동안 빠르게 줄어들어 느리지만 점진적인 비율로 진행된다.

어린이의 성장률이 줄어들면 많은 양의 식품을 필요로 하지 않기 때문에 식욕이 감소한다. 어린이들은 성인 분량만큼 먹을 수 없다는 것을 반드시 인식하여야 한다. 어린이들을 위하여 식사를 준비할 때 살코기 육류, 저지방 낙농제품, 전곡류 시리얼,

맛있는 팁

저온살균(pasteurization)은 많은 식품 제조업자들이 질병 유발 미생물을 죽이는 데 사용하는 특별한 가열가공 과정이다. 예를 들면 미국에서 대부분의 생우유는 시장에 팔기 전에 저온 살균된다. 열처리는 생우유에 포함된 대부분의 비타민을 감소시키지 않는다.

과일, 견과류 및 채소와 같은 영양이 농축된 음식을 강조하여야 한다. 많은 즉석 시리얼이 설탕으로 감미 되었다 하더라도 이러한 음식을 제외할 필요는 없다. 그러나 제품의 표시를 잘 읽고 설탕이 적게 가미된 다양한 종류의 제품을 선택하여야 한다. 가당 식품은 어린이들의 식사에 방해가 될 수 있기 때문에 어린이들의 당류 섭취를 주의 깊게 살펴보는 것이 중요하다.

청소년기에는 신체적으로 성숙하게 되어 생식활동이 가능한 **사춘기(puberty)**를 경험한다. 청소년기에는 **청소년 급성장기(adolescent growth spurt)**라고 언급되는 신장과 체중의 급격한 증가가 나타난다. 이러한 급속한 성장률을 위한 필요한 영양소과 에너지를 제공하기 위하여 식품 섭취도 증가한다. 성숙해 가고 있는 소년 소녀가 영양가 많은 식품을 선택하고 높은 수준의 신체활동을 유지한다면 그들은 배고픔을 잘 이용하여 체지방이 많지 않은 날씬한 신체를 가질 수 있을 것이다. MyPlate food의 식품 지침은 젊고 건강한 청소년들의 영양학적으로 적절한 식사와 간식을 계획하는 기초를 제공한다.

맛있는 팁

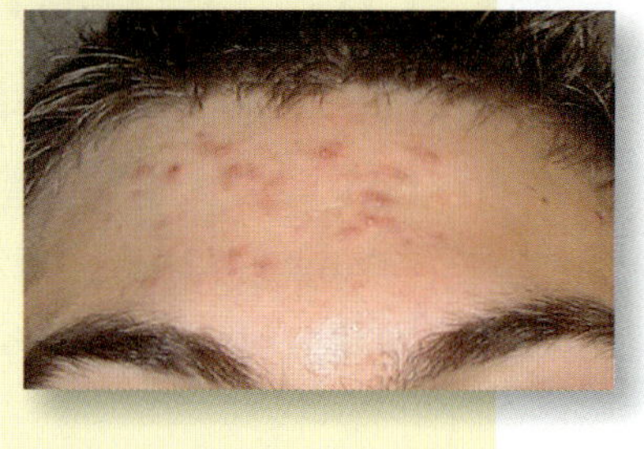

십대 청소년들은 뾰루지, 흑여드름, 피부 홍조와 같은 여드름을 가지고 있는데 이것들은 종종 얼굴, 등 윗부분 및 가슴에 나타난다. 많은 사람들이 여드름은 기름진 음식과 초콜릿 같은 식품을 먹어서 나타난다고 생각한다. 그러나 과학적으로 특정식품과 여드름이 분명하게 연관이 있다는 증거는 없다. 피부과 전문의에 따르면 호르몬 변화가 사춘기 여드름과 관련되어 있다.

본 Unit의 첫 부분에서 테레사는 자신이 자기 아이의 스낵 습관에 끼칠 영향에 대하여 걱정을 하고 있다. 자신이 자기 아이의 식품 선택과 신체활동의 롤모델이다. 만약 그녀가 다양한 영양소가 많은 식품을 먹고 더 많은 신체활동을 한다면 아이도 전보다는 이와 같은 식품을 더 많이 먹고 더 활동적이 될 것이다.

간식은 무엇인가?

영양이 농축되어 있고 어린이의 전반적인 식사와 필요 에너지에 부합한다면 간식을 먹는 것이 꼭 나쁜 습관은 아니다. 어린이들은 비교적 작은 위를 가지고 있어서 식사와 다음 식사 사이에 배가 고파질 때 영양가 있는 간식이 오전 중간이나 오후 중간에 제공될 수 있다. 어린이들이 좋아하는 간식은 다음과 같은 것이 있다:

- 땅콩 버터를 바른 통밀 크래커,
- 설탕이 첨가되지 않은 과일 스무디,
- 과일 샐러드, 마른 과일 혹은 자른 과일,
- 미니피자(잉글리스 머핀 반 개에 토마토 소스와 모짜렐라 치즈를 얹어 토스트 오븐이나 전자레인지에서 구운 것),
- 그래놀라 혹은 신선한 과일을 얹은 저지방 생 요구르트,
- 파스타 샐러드,
- 땅콩, 캐슈, 해바라기 씨앗,
- 과일주스 "탄산수",
- 바나나 빵과 같은 즉석 구이 빵,
- 치즈를 녹여 얹은 통밀 크래커,
- 견과류 트레일 믹스,
- 즉석 시리얼,
- 후무스(hummus, 콩소스) 바른 채소.

사춘기(puberty) 신체적으로 성숙하게 되고 생식활동이 가능한 시기

청소년 급성장기(adolescent growth spurt) 신장과 체중이 급격하게 증가하는 사춘기와 연계된 기간

긍정적인 식행동 계발

부모들은 어린이들이 자신들이 주는 음식을 전부 먹지 않는다는 이유로 "까다로운 식성"이라고 한다. 취학 전 아이들이 "음식투정" 기간을 가지는 것은 자연스러운 현상이다. 이때 어린이들은 전에 좋아하였던 식품을 거부하고 땅콩버터, 젤리 샌드위치, 우유, 시리얼 등과 같은 특정 식품만을 먹기를 원한다. 입이 까다롭고 음식 투정을 하는 것은 어린아이들의 독립심이 자라고 있는 표현일 수 있다. 모든 사람들이 특정한 식품을 기피할 수 있다는 것을 인정하는 것이 중요하다. 먹게 하기 위하여 어린이들을 야단치고, 강요하고 달래고 하는 것을 피하여야 한다. 대신에 매일 다양하고 건강한 식품을 제공하고 어린이들이 어떤 식품을 얼마만큼 먹어야 하는지 선택하도록 허용하여야 한다.

MyPlate 웹사이트는 5살 이상의 어린이들을 위한 특별한 웹페이지 시리즈를 가지고 있다. 어린이들은 이 웹사이트를 방문하여 상호 대화 가능한 "폭발놀이게임"을 즐길 수 있다. 게임을 하기 위해서는 http://www.choosemyplate.gov/children-over-five.html.을 방문하라.

출처: 미국농무부, ChooseMyPlate.gov 웹사이트, 워싱턴, DC. 5살 이상 어린이들을 위한 건강 영양정보. http://www.choosemyplate.gov/children-over-five.html. 접촉 2012년 12월 12일.

건강한 어린이들은 한 끼 식사를 걸렀다고 하여 굶어 죽을 위험은 없다. 식사 시간에 배가 고프지 않은 어린이는 친구의 집에서 식사 전에 간식을 먹었을 것이다. 만약 어린이들의 식욕 부진이 지속된다면 의사와 상의하여야 한다.

다음은 아이들의 식사에 도움을 줄 수 있는 내용이다:

- 가족의 식품 선택과 정해준 식품을 먹는 것(dictating what they eat)을 피하기 위하여 MyPlate (Unit 3 참조) 식품 지침을 이용하라.
- 가능한 한 가족 모두가 함께 식사하라.
- 가족 식사에서 포화 지방 및 트랜스 지방의 양을 줄여라.
- 의사의 권유가 없는 한 어린아이들이 제한적인 식사를 하도록 하지 말라.
- 음식을 상벌로 이용하지 말라.
- 가당 음료보다 물을 마시도록 권장하라.
- 건강한 간식을 가까이 두라(앞 페이지에 게재된 리스트 참조).
- 매일 과일과 채소를 5회 이상 제공하라.
- TV를 보면서 식사나 간식을 먹지 않도록 하라.
- 매일 영양이 풍부한 아침식사를 하도록 격려하라.

일반적인 영양관련 관심사항

어린아이들에 영향을 끼치는 영양 관련 문제는 철 결핍, 칼슘 섭취 부족 및 비만이다.

철 결핍

철 결핍은 신체 스테미너, 학습능력 및 감염에 대한 저항력의 저하를 일으킬 수 있다. 어린이들의 철 결핍을 예방할 수 있는 가장 좋은 방법은 살코기 육류와 철이 강화된 빵 또는 시리얼 등 철이 풍부한 식품을 제공하는 것이다. Unit 9에서 철 부족에 대한 많은 정보를 제공한다.

청소년들은 하루 3컵의 무지방 우유나 저지방 우유를 마시거나 이에 해당하는 유제품을 매일 섭취하여 한다.

칼슘 섭취 부족

지난 20년간 많은 청소년들이 우유 대신 에너지 음료를 포함한 청량음료를 마시는 것으로 나타났다. 영양사들과 영양 전문가들은 이러한 행동으로 인해 많은 청소년들이 부적절한 칼슘 섭취를 하는 것에 대하여 우려를 하고 있다. 청소년기에 칼슘 섭취 부족은 성인이 된 후 뼈 조직의 감소와 골절 가능성의 증가와 관련이 있다. 청소년들은 하루 3컵의 무지방 혹은 저지방 우유를 마시거나 이와 동등한 유제품을 매일 섭취하여 한다. 십대 청소년들은 신체활동이 뼈를 튼튼하게 하고 반면에 흡연은 골다공증의 위험 요소임을 알아야 한다(Unit 9 참조).

비만

수십 년에 걸쳐 미국 어린이들의 비만은 광범위하게 퍼져 증가하였다. 비만 어린이들은 정상보다 높은 혈압, 콜레스테롤 및 혈당 수준을 가지고 있고,[22] 낮은 자존감, 무호흡 수면, 속쓰림 및 근골격 이상 증상을 일으킬 가능성이 더 크다. 이러한 어린이들은 나이가 들어서 고혈압, 심장질환 및 제2형 당뇨병을 일으킬 위험이 크다. 또한 건강한 체중을 가진 어린이들보다 성인이 되어서 비만일 확률이 더 크다.[22]

어린이들의 과다한 체지방에 대한 단순한 원인은 없지만 가족력, 출산 시 과체중 및 비만한 식구 등이 지목되고 있다. 또한 앉아서 하는 활동에 많은 시간을 보내거나 에너지가 농축된 빈 칼로리 음료를 섭취하는 어린이도 어린 시절에 과다한 체지방을 지닐 위험이 있다.[23]

중요한 처방은 정상적인 성장과 발달에 부정적 영향을 끼치지 않고 비만을 방지하는 것이다. 어린이들의 빈칼로리 식품섭취를 제한할 필요가 있다. 이러한 식품은 영양이 풍부하고 칼로리가 낮은 식사를 대신하게 된다.

잘못된 식품 선택 외에도 신체활동의 부족이 어린 시절 과체중의 원인이 된다. 많은 어린이들이 텔레비전 프로그램의 시청과 컴퓨터 게임이 많은 에너지를 소비할 수 있는 신체운동을 대신하고 있다. 8~18살 사이의 미국 어린이들은 텔레비전을 시청하는 것을 포함하여 오락 미디어의 사용에 하루 약 7.5 시간을 보낸다.[23] 텔레비전을 시청하면서 어린이들은 스낵을 먹거나 식사를 하기 때문에 이것이 에너지 섭취 증가의 원인이 될 수 있다.

2010년 미셸 오바마 영부인은 미국에서 어린이 비만의 확산을 감소시키는 방법에 초점을 맞춘 전국 프로그램인 레츠 무브!를 시작하였다. 본 프로그램의 주요 내용은 어린이들이 활동적으로 되게 하는 기회를 증가시키는 것이다. 어린이들은 매일 적어도 60분의 유산소 운동이 필요하다.[23] 만약 어린이들이 학교에서 적당한 체육 활동을 하지 못하면 방과 후 학교 스포츠 프로그램이나 동네 운동 프로그램에 등록시켜 참가하도록 할 수 있다. 신체가 활동적이 되는 것이 건강한 체중을 가지게 할 뿐 아니라 나이가 들어서도 건강한 체중을 유지하게 하는 데 도움을 줄 것이다.

LET'S MOVE!

어린이들의 체중 감량을 도와줄 때 야단치거나, 비난하거나 하는 것을 피하여야 한다. 이런 행위가 어른들에게 반항하게 하거나, 사랑을 받지 못한다고 느끼게 하거나 우울하게 만들고 또한 자신의 신체 모습을 혐오하게 만들 수 있기 때문이다. 이와 같이 부정적인 감정을 지니게 되면 비만 어린이들은 잘못된 식생활 실천 및 식행동 이상에 취약하게 될 것이다.

11.1h 노인기 영양

2010 미국 인구 센서스 조사에 의하면 조사 당시 미국 인구의 13%가 65세 이상이었다.[24] 2050년까지 정부의 전문가들은 미국인의 20%가 이 연령군에 속할 것이라고 한다. 85~94세의 미국인들은 미국 인구 가운데 가장 빠르게 증가하는 연령군에 속한다. 2010년에는 인구의 1.7%가 85세 이상이었다. 2050년에는 미국인의 4% 이상이 85세 이상이 될 것이다.

많은 미국인들이 조상들보다 오래 살지만 반드시 건강하게 사는 것은 아니다. 만성질환이 미국에서 사망원인의 선두에 있다(그림 1.3 참조). 이러한 질병들은 흡연, 잘못된 식사, 신체적 비활동과 같은 생활습관과 관련이 있다. 다음 절에서 정상적인 노화과정에서 일어나는 신체적 변화와 노화가 영양 상태에 미치는 영향을 자세하게 살펴볼 것이다.

노화

노화 과정은 수정에서부터 시작되고 여러 가지 신체변화가 특징이다. 어떠한 식사를 하든지, 어떠한 건강 관련 운동을 한다고 하더라도 우리의 신체는 나이가 든다. 70세가 되면 노년 성인 세대라고 하는 생애의 마지막 단계에 이르게 된다. 늙는다는 것은 정상적이고 자연스러운 과정이다. **표 11.5**는 우리의 신체가 노화에 따라 일어날 수 있는 몇 가지 신체의 변화를 보여주고 있다.

신체는 노화에 따라 에너지의 필요가 줄어든다; 근육조직은 근육세포가 감소한다. 근육조직의 상실은 근력과 기초대사를 감속시킨다. 노화되는 신체는 제지방 조직을 감소시키고 지방조직이 증가한다. 체지방 증가는 과식과 신체활동이 부족한 결과이지만 일반적으로 50세 이후에는 남성 운동선수나 날씬한 여성들도 복부 지방이 증가한다. 과체중이나 비만이 노년 성인의 골밀도를 증대시키고 보다 단단한 뼈를 가지게 할 수 있지만 지나치게 많은 지방은 제2형 당뇨병, 고혈압, 심혈관 질환 및 골관절염의 위험을 증가시킨다.

신체활동

노화와 관련된 바람직하지 않은 신체 변화는 일생동안

표 11.5 노화: 정상적인 신체변화

신체계	변화
소화기	침과 위산 분비의 감소; 속쓰림과 변비의 증가
피부, 모발 및 손발톱 (외피조직)	흰 머리칼; 피부와 모발의 건조; 피부탄성 감소와 주름 형성; 상처나기 쉬운 피부
근골격	뼈형성 세포의 활성 저하와 골손실로 인한 치아손실과 뼈골절 발생; 골절 치료 부진; 관절경직과 통증; 근육조직의 감소와 근력 및 스테미너 감소
신경	뇌중량의 감소, 신경 간 정보 교환 화학물질 생성 감소, 반사신경 전달의 지연, 단기 기억력 상실, 감각 능력의 저하 (예, 보기, 듣기, 냄새맡기 및 맛보기)
림프계(면역)	기능저하와 이로 인한 암과 감염 가능성 증가
순환기	동맥 경화, 심장박출 감소, 혈전위험의 증가
내분비	생식호르몬, 성장호르몬, 갑상선 호르몬 생성 감소
호흡기	폐용량감소, 호흡기관 감염 위험 증가
비뇨기	기능성 콩팥세포의 감소와 이로 인한 혈액 여과 비율 감소; 방광 조절능력 감소

의 부족한 신체활동의 결과이다. 신체적으로 활동적인 생활습관은 근력과 유동성을 증대시키고, 평형감각을 향상시키며, 뼈 손실을 지연시키고, 정서적 만족감을 증대시킨다. 그러나 체력 증진 프로그램을 시작하기 전에 주로 앉아서 활동하는 노년 성인들은 적절한 활동에 관하여 의사와 협의하여야 한다.

노인기: 일반적인 영양 관련 관심사항

젊은 사람들과 비교하여 노인들은 대사율과 신체활동 비율이 감소함에 따라 식품섭취가 감소하는 경향이 있으므로 영양 부족의 위험이 커진다. 그러나 에너지 필요량은 적지만 비타민과 무기질 필요량은 같거나 많다. 젊은 사람보다 적은 식품을 섭취하면서 필수 미량 영양소를 충족시키는 것은 나이든 사람들에게는 어려운 일이다. 특히 여성 노인들의 식사는 비타민 D, A, C 및 B_{12}와 무기질, 특히 칼슘, 철 및 아연이 부족하다.[26]

MyPlate에서는 건강한 노인들을 위하여 영양학적으로 적절한 식사와 간식 계획의 기초를 제공하고 있다. 그러나 본 식사 계획에서 권장하는 식품의 양으로는 노인들에게 필요한 비타민 D

맛있는 팁

처방약의 작용을 방해하는 몇 가지 식품이 있다. 예를 들면 자몽은 혈압이나 콜레스테롤을 낮추는 처방약의 효력을 변화시킬 수 있다. 그러므로 그러한 처방을 받은 사람들은 자몽과 자몽주스 섭취를 피해야만 한다.

와 비타민 B_{12}를 충분하게 공급하지 못한다. 많은 경우, 노인들은 매일 종합영양제를 복용하는 것이 이로울 수 있다. 집에서 거주하는 노인들은 영양적으로 적절한 식사 계획을 위하여 전문가의 도움을 필요로 한다.

의약품, 사회적 지원의 부족, 저소득과 같은 요인들이 노인들의 영양 상태에 영향을 끼칠 수가 있다. 많은 노인들이 매일 한 가지 이상의 조제 의약품, 그리고/혹은 건강보조식품을 섭취하고 있다. 이러한 의약품과 제품은 신체의 흡수능력 그리고/혹은 여러 가지 영양소의 이용을 저해한다. 홀로 생활하거나 수입이 제한된 노인들은 영양부족에 처한다. 사회적 고립과 저소득은 정서적 우울증이나 영양가 있는 적절한 식품 섭취를 어렵게 한다.

노화 과정과 관련된 신체적 요인들이 식품 섭취에 영향을 준다. 노인들은 음식의 맛보기, 냄새 맡기 그리고/혹은 씹기 능력을 상실하였기 때문에 덜 먹을 수 있다. 정상적인 인지 기능(사고 과정)을 잃어버린 노인들은 영양가 있는 식사 계획 결정은 물론 식품 구매활동을 할 수 없을 수도 있다. 관절염과 골다공증과 같은 만성적인 건강장애는 유연성과 이동을 방해하고 또한 식품 구매와 조리 활동을 저해한다.

많은 경우에 나이가 든 노인들은 먹는 것을 거부해서 많은 양의 체중을 잃고 죽음을 재촉하는 상황에 이른다. 노인들의 체중을 관찰하는 것으로 장기적인 식품 섭취가 적절한가를 알아볼 수 있다. 만약 체중 감소가 크다면, 원인을 알기 위하여 의사와 상의하여야 한다.

노인들을 위한 영양 서비스

자기가 사는 지역의 진료소, 개인의원, 병원 및 건강유지단체로부터 노인들을 위하여 지역적으로 가능한 영양 서비스에 대한 정보를 얻을 수 있다. 노인들을 위한 영양 관련 프로그램에 대하여 더 많은 정보를 알기 위하여는 다음 웹사이트를 방문하여 보라: 국립노화연구소, www.nia.nih.gov/; 미국노인학회, ww.americangeriatrics.org/; 및 노화관련청, www.aoa.gov/

모듈 11.2

나의 식품은 얼마나 안전한가?

11.2 - 학습목표

1. 이 모듈의 주요 용어를 모두 정의한다.
2. 식품 공급을 보호하기 위한 정부의 역할에 대하여 논의한다.
3. 식품 매개 질병을 일으키는 병원균의 일반적인 종류와 근원을 제시한다.
4. 일반적인 식품 매개 질병의 징후와 증상에 대하여 설명한다.
5. 식품의 오염 원인을 밝힌다.
6. 식품 매개 질병의 위험을 감소시킬 수 있는 방안을 설명한다.

식품 매개 질병(food-borne illness)은 미세 중간자(미생물 혹은 바이러스)나 독소 부산물이 있는 식품을 섭취할 때 발생한다. 매년 미국인 6명에 1명이 여러 가지 식품 매개 질병을 앓는다.[27] 이러한 질병에 걸린 사람들 중 128,000명은 입원을 요하였고 3000명 이상이 사망하였다. 미국에서는 수돗물 공급이 정부의 위생 수칙을 준수하므로 수인성 발병 병원균이 주요 건강 위협 요인은 아니다.

어떤 식품이 식품 매개 질병과 가장 관련이 큰 것일까? 이러한 질병에 걸릴 위험을 줄이는 방법은 무엇인가? 미국에서 어떤 정부기관이 식품 공급의 안전성을 주의 깊게 감시하고 있는가? 모듈 11.2를 학습하고 난 이후 이와 같은 질문들에 대한 답을 알게 될 것이다.

11.2a 식품 안전에 대한 정부 기관의 역할

미국은 세계에서 가장 안전한 식품 공급망을 지닌 국가 중 하나이며 이것은 주로 식품의 생산과 분배를 규제하고 감시하는 정부기관들의 협조와 노력으로 이루어진 결과이다. 미국식품의약국(FDA), 미국농무부(USDA)는 국가의 식품 산업을 규제하여 소비자를 보호하는 주요 연방기관이다. 지역 건강 부처는 식료품점, 낙농목장, 식품가공회사, 식당들을 검사하는 업무 책임을 지고 있다. 많은 지역 사회에서 식당들은 고객들이 쉽게 볼 수 있게 위생 등급을 고지하도록 되어 있다.

식품을 집에 가져간 후에는 식품을 적정하게 다루어 식품 매개 질병의 위험을 감소시키는 것은 본인의 책임이다. 그러

맛있는 팁

식품의 건전성을 언제나 감각으로 결정할 수 없다. 식품은 맛보고, 냄새 맡을 수 있으며 먹기에 안전하게 보일 수 있으나 병원체 그리고/혹은 독소 부산물을 포함할 수 있다.

식품 매개 질병(food-borne illness) 식품 안의 미생물 질병 유발 중간자 병원균에 의한 감염

많은 지역사회의 지역 건강 부처는 식품 매개 질병에 대하여 식당들을 조사한다. 식당들은 고객들이 보도록 자신들의 위생 등급을 반드시 게시하여야 한다.

무엇일까요?

유전자 변형은 동물이나 식물의 유전적 물질(유전자 혹은 DNA)을 변경하는 과학적 방법을 말한다. 예를 들면, 바람직한 특성을 나타내는 유전자가 한 개체에서 다른 개체의 DNA 안으로 전이되어 유전자를 변경하는 것이다. **유전자변형생물체(genetically modified organisms, GMOs)**는 종종 가축 사료와 사람들이 먹는 식품에도 사용된다. 이러한 식품을 먹는 것이 인체 건강에 문제를 일으킨다는 문서 상의 증거는 없다.[28] 그럼에도 불구하고, 학자들은 유전자변형생물체(GMOs)의 장기적인 안전성에 대하여 조사를 계속하고 있다.

나 만약 자신이 구매한 식품 때문에 자신과 가족들이 병이 났다는 의심이 들면 의사의 진료를 받아야 한다. 의사는 지역 공공 위생 기관에 식품 매개 질병의 케이스를 보고하고 정부 관리들이 이를 조사하여 감염의 원인을 조사할 수 있다.

11.2b 식품 속에 잠재된 위험들

수천 년 동안 사람들은 딱딱한 치즈, 부푼 빵, 절인 식품 및 알코올 음료를 포함하여 다양한 식품을 생산하는데 여러 가지 미생물을 사용하여 왔다. 다양한 미생물들이 식품 안에서 자라고 증식하지만 이들의 대사 부산물은 식품을 상하게 하고 사람들이 먹기에 부적합하게 한다. 어떤 경우, 질병 유발 중간자(**병원균, pathogens**)는 식품을 오염시킨다. 병원균이 식품에 침투하면 구토, 설사, 장 경련 및 식품 매개 질병의 다른 징후와 증상을 일으킬 수 있다.

그림 11.7 지아르디아(편모충).

식품 관련 병원균은 다음과 같다:

- **박테리아(bacteria)**—클로스트리디윰, 에세리키아, 살모넬라와 같은 단세포 미생물
- **바이러스(virus)**—노로바이러스 및 A형 간염을 일으키는 바이러스와 같은 감염을 유발시키는 미세 중간자
- **곰팡이(fungi; 균류)**—사체나 부패 중인 유기물에서 사는 단순한 미생물. 양송이와 블루치즈 위의 곰팡이와 같이 몇 가지 균류는 몸에 이로우며 먹을 수가 있다. 다른 균류는 기관 장애와 간암을 일으킬 수 있는 독소를 지닌다.
- **원생생물(protists)**—보통 단세포 유기체로서 동물, 식물, 혹은 균류와 같은 성질을 갖는다. 지아르디아는 단세포 원생동물로서 연못이나 호수의 자연수 근원을 오염시킨다(**그림 11.7**).
- **벌레**—다세포 유기체로서 건강에 해롭다. 트리키넬라와 아니사키스(**그림 11.8**)와 같은 식품 매개 병원체가 되는 벌레

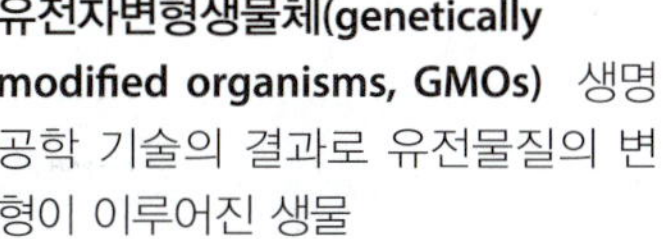

유전자변형생물체(genetically modified organisms, GMOs) 생명공학 기술의 결과로 유전물질의 변형이 이루어진 생물

병원균(pathogens) 질병유발 미생물

박테리아(bacteria) 단순 단세포 미생물

바이러스(virus) 질병 유발 미세 중간자

균류(fungi) 사체나 부패중인 유기물에 사는 단순 유기체

원생생물(protists) 동물, 식물, 균류의 특성을 갖는 작은 유기체

식중독(food intoxication) 일종의 미생물이 배출한 독소가 식품을 오염시키고 장을 자극할 때 나타나는 질병

여러 종류의 식품 관련 병원균은 식품을 섭취하고 수 시간 안에 장기를 오염시키고, 조직 상태를 악화시키며, "복통"을 일으킨다. 식품 매개 병원균은 장기에서 번식하고 혈액으로 들어가 다른 조직을 침범하여 질병을 유발한다. 다른 병원균은 직접 질병을 일으키지 않지만 이러한 미생물은 식품을 오염시켜서 독소를 분비한다. 이렇게 오염된 식품을 먹으면 독소가 장기를 자극하고 일종의 식품 매개 질병인 **식중독(food intoxication**; '식품 중독')을 일으킨다. 고기, 달걀, 우유 및 낙농제품과 같이 우리가 먹는 많은 식품들이 식품 매개 병원균을 자라게 돕고 있기 때문에 위험성이 높은 식품이다.

그림 11.8 아니사키스 고래회충.

잠복기(incubation period) 질병을 일으키기 전에 병원균이 식품이나 장기에서 증식하는 데 필요한 시간

11.2c 일반적인 식품 매개 질병의 징후와 증상

대부분의 경우 일반적인 식품 매개 질병을 앓고도 건강한 사람들은 전문 의료진의 치료가 없이 수일 내에 회복된다. 그러나 구토, 설사 그리고 다른 질병의 징후가 악화될 수 있어 입원을 필요하게 된다. 다음과 같은 징후와 더불어 장기의 이상이 있을 때는 의사와 상의하여야 한다:

오염된 식품을 먹은 뒤 1~12시간 안에 식품 매개 질병이 발생한다.

- 열(구강 온도 화씨 101.5도 이상),
- 혈변,
- 수분 섭취를 감소시키는 지속적인 구토,
- 3일 이상 계속되는 설사,
- 탈수[29].

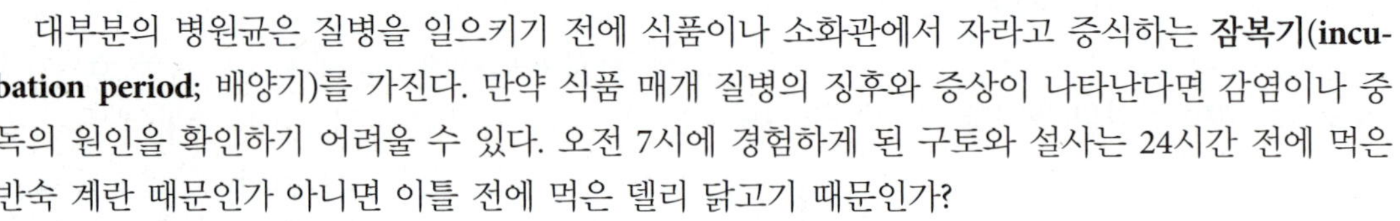

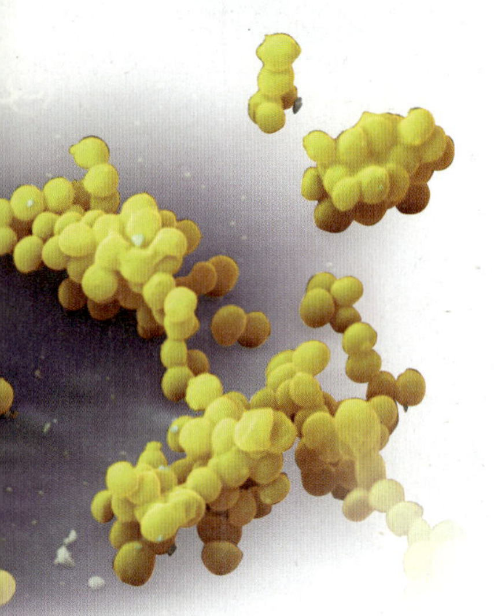

황색 포도상 구균

대부분의 병원균은 질병을 일으키기 전에 식품이나 소화관에서 자라고 증식하는 **잠복기(incubation period**; 배양기)를 가진다. 만약 식품 매개 질병의 징후와 증상이 나타난다면 감염이나 중독의 원인을 확인하기 어려울 수 있다. 오전 7시에 경험하게 된 구토와 설사는 24시간 전에 먹은 반숙 계란 때문인가 아니면 이틀 전에 먹은 델리 닭고기 때문인가?

많은 사람들이 실제로는 식품 혹은 물 식품 매개 질병을 앓고 있을 때에도 "위 인플루엔자"라고 잘못 말한다. "독감" 혹은 인플루엔자는 호흡기관을 침입한 특정 바이러스에 의해 발생하는 감염성 질병이다. 인플루엔자는 기침, 발열, 신체허약 및 몸살이 특징이다. 반면에 식품 매개 질병은 호흡기계가 아니라 주로 소화기계에 영향을 미친다. 장경련, 설사 , 구토는 인플루엔자의 일반적인 징후나 증상이 아니고 기침은 식품 매개 질병의 일반적인 증상이 아니다. 따라서 설사와 장경련을 "위 인플루엔자"라고 부르는 것은 정확한 것이 아니다.

표 11.6은 여러 종류의 병원균과 이들이 일으키는 식품 매개 질병의 징후와 증상을 요약한 것이다.

표 11.6 식품 매개 질병의 일반적 정보

병원균	고위험식품	발병시작 예상시간	전형적인 징후와 증상
박테리아			
캄피로박터 제주니	날 것 혹은 설익은 가금류 고기; 생우유; 오염된 물	2~5일	설사(가끔 혈변), 복부경련, 구토, 발열
클로스트리디움 보틀리늄(독소)	진공포장식품, 부적합한 통조림 식품, 혼합 기름에 절인 마늘 벌꿀에 섞인 포자	18~36시간	구토, 설사, 눈흐림 혹은 복시현상, 연하곤란, 근육약화 치명적일 수 있음
클로스트리디움 퍼프린젠스(독소)	조리된 육류, 가금류, 캐서롤, 그래비	8~22시간	묽은 설사, 심한 복부경련
에세리키아 콜리 O157:H7(독소)	갈은생고기, 생 씨앗싹, 생푸른잎 채소, 신선과일, 생우유, 저온살균되지 않은 주스, 대변에 오염된 식품	2시간~6일	장경련, 설사, 혈변설사, 신장장애, 치명적일 수 있음
리스테리아 모노사이토제네스	생고기 및 가금류, 생우유, 생우유로 만든 신선한 소프트 치즈, 간 파테, 훈제 생선식품, 델리 육류 및 샐러드, 핫도그, 농산물	알려져 있지 않으나 위장관 징후와 증상은 약 12시간 이상 걸림; 수 일 혹은 약 3주 후 악성질병으로 발병	발열, 근육통, 구토, 설사 임신부의 경우 감염으로 사산에 이를 수 있음(사산아로 출산) 혹은 조산

표 11.6 식품 매개 질병의 일반적 정보 (계속)

병원균	고위험식품	발병시작 예상시간	전형적인 징후와 증상
박테리아 (계속)			
살모넬라균류	날것 혹은 설익은 육류, 가금류, 생선, 및 달걀; 생 씨앗 싹; 날채소; 저온살균 안된 주스	6시간~2일	메스꺼움, 구토, 발열, 오한, 두통, 복부경련, 설사. 유아, 노인 및 만성 질환자에게 감염은 치명적일 수 있음.
황색포도상구균 (독소)	육류, 가금류 및 달걀; 감자, 달걀, 마카로니 및 달걀샐러드와 같은 달걀로 만든 식품; 집에서만든 아이스크림, 커스타드 및 크림으로 채운 패스트리	1~6시간	설사, 메스꺼움, 구토, 복부경련, 신체허약
바이러스			
A형 간염 바이러스 (HAV)	대변의 HAV로 오염된 식품이나 물	2~6주	발열, 식욕상실, 메스꺼움, 구토, 설사, 근육통, 신체허약; 눈과 피부 황달, 간비대, 진한 색 소변
노로바이러스	감염된 대변에 오염된 식품이나 물, 대인접촉으로 전파	1~2일	구토; 묽은 무혈설사; 복부경련; 메스꺼움; 미열(간헐적)
원생생물			
크립토스포리디움	오염된 물 혹은 감염된 대변에 오염된 손으로 조리된 식품	2~10일	다량의 묽은 설사; 복부통증; 발열; 메스꺼움; 구토; 체중감소
지아르디아(편모충)	호수, 냇물 혹은 수영장의 오염된 물 섭취 고위험군은 외국여행자, 하이커 및 호수나 냇물에서 수영하는 사람들임.	1~2주	설사, 복부통증, 식욕상실
독소플라즈마	날것 혹은 부분 감염된 육류; 특히 돼지, 양 혹은 사슴고기 돌발적으로 먹게 된 고양이 대변	노출시간의 불확실으로 인하여 확정할 수 없음	발열, 두통, 근육통, 발진 임신부는 고양이 대변을 피하여야 함. 왜냐하면 병원체가 출생 전 태아를 감염시켜 눈이나 뇌에 손상을 가져올 수 있기 때문임.
벌레충			
아니사키스	날것 혹은 설익은 감염 생선	1시간 ~2주	날것/설익은 생선이나 오징어를 먹는 동안이나 후 목이 간지러움을 느낌; 구토 혹은 기침으로 벌레충을 토해냄으로써 감염을 방지할 수 있음. 심한 경우, 극심한 복부통증이 맹장염으로 오해될 수 있음.
트리키넬라(선모충)	날것 혹은 설익은 감염 육류, 특히 돼지, 곰, 물개, 바다코끼리 고기	1~2일	초기: 메스꺼움, 구토, 설사, 피로, 발열, 복부 불편함 후기: 두통, 오한, 기침, 눈 부음, 근육 및 관절통증 심한 경우 사망에 이를 수 있음.

그림 11.9 **위험한 식품 준비.**

■ 안전한 식품의 기준에서 볼 때 이 사진에서 잘못된 점은 무엇인가?

11.2d 병원균의 식품오염

우리 주변 모든 곳에서 병원균이 발견된다. 그러므로 병원균들이 어떻게 우리 식품에 침투하는가를 알아서 병을 예방하여야 한다.

- 하수구나 쓰레기장에 사는 파리, 바퀴벌레, 쥐나 설치류 동물(해충) 들은 자신들의 몸, 소변 및 대변에 병원균을 가지고 다닌다. 이러한 해충들이 식품과 접촉할 때 사람들에게 병원균을 전파할 수 있다.
- 특히 자주 손을 씻지 않는 잘못된 개인위생습관이 자신과 타인들에게 병원균을 옮길 수 있다.
- 식품을 부적절하게 다룸으로써 자주 식품 매개 질병이 발생한다. 일반적으로 잘못된 행동의 하나가 날 육류나 조류 고기와 접촉한 도마나 조리 기구를 씻지 않는 것이다. 오염된 도마와 조리 기구는 다른 조리를 하는 데 사용된다. 이러한 결과로 **교차오염(cross-contamination)**이 일어날 수 있는데, 왜냐하면 하나의 식품에 있던 병원균이 다른 식품을 오염시키면서 전파된다. 만약 샐러드에 있는 홍당무와 같은 식품을 날것으로 먹으면 식품 매개 질병의 발병위험이 매우 높게 된다(**그림 11.9**).
- 요리와 저장을 적절하게 하지 못하면 식품 매개 질병 또한 발병 가능성이 증가할 수 있다.

11.2e 식품 매개 질병의 예방

병원균은 보통 위험 식품의 온도가 화씨 40~140도—"위험범위"(**그림 11.10**)에 있을 때 잘 자란다.[30] 적정한 온도로 식품을 조리하면 식품 매개 박테리아와 바이러스를 파괴할 수 있다. 보다 안전하게 하기 위해서 식품은 해로운 병원균과 관련 박테리아 독소가 파괴될 수 있는 높은 내부 온도로 조리되어야 한다. 육류용 온도계를 사용하는 것은 육류, 가금류 및 두꺼운 식품을 조리할 때 너무 오래 익히지 않고 적정 내부 온도에 이르게 하는 방법이다. **표 11.7**은 조리할 식품의 최소 내부 권장 온도를 보여준다.

냉동식품은 미생물의 성장을 늦추지만 어떤 박테리아는 적정 냉장고 온도에서도 자란다. 냉동은 식품의 박테리아를 죽이지 못하고 바이러스의 활동을 정지시키지도 못 한다; 냉동은 단지 미생물의 배가 능력을 억제할 뿐이다. 냉동식품이 녹을 때 박테리아와 바이러스가 활동을 재개하고 병을 일으킬 수 있다.

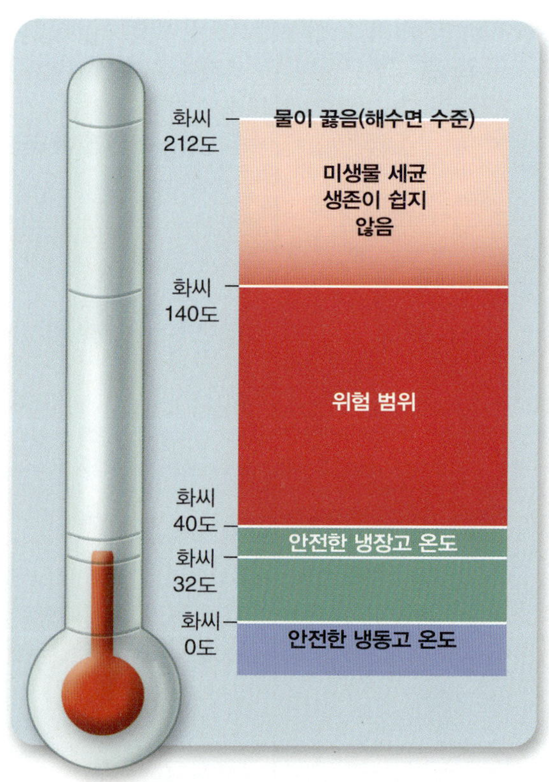

그림 11.10 **식품 안전을 위한 온도 지침.**

교차오염(cross-contamination) 한 식품에서 다른 식품으로 의도치 않게 미세 병원균을 전파함

표 11.7 USDA가 권장하는 안전한 식품의 최소 내부 온도

식품	안전한 최소 내부 온도(화씨)
소고기 스테이크와 로스트 비프	145
생선	145
돼지고기	145
갈은 쇠고기, 돼지고기, 양고기 및 송아지고기	160
달걀 음식	160
가금류	165

식품 구매 시 식품 매개 질병 위험 줄이기:

- 육류, 가금류, 생선과 같은 식품이나 상하기 쉬운 식품은 오래 가도록 냉동식품을 선택한다.
- 상하기 쉬운 포장 식품의 "유효기간"을 확인하라. 가장 최근일의 육류나 동물 제품을 선택한다.
- 손상된 용기의 식품을 구매하지 않는다; 예를 들면 새고, 불거져 나오고 혹은 심하게 찌그러진 용기나 금이 간 병 및 불거진 마개를 가진 용기.
- 달걀의 종이 상자를 열고 확인한다; 금이 간 달걀이 있는 상자의 달걀은 구매하지 않는다.
- 저온 살균된 우유, 치즈와 과일 채소 주스만을 구매한다(상표확인).
- 일주일 식단에 해당하는 분량만 구매한다. 과일과 채소는 길게 보관하면 할수록 상할 가능성이 크다.
- 육류, 생선 및 가금류는 별도 플라스틱 백에 포장하여 여기에서 떨어지는 액체가 다른 식료품을 오염시키지 않도록 한다.
- 구매한 식료품은 즉시 집으로 가져온다. 육류, 생선, 달걀 및 유제품은 곧 바로 냉장이나 냉동시킨다.
- 냉장고에 달걀을 따로 보관하는 자리가 있더라도 달걀 전부를 상자에 넣어 보관한다. 달걀 상자는 냉장고의 달걀 보관함에서 더 오래 신선하게 보관할 수 있도록 설계된 것이다.

오염된 손과 식품 표면이 병원균을 퍼뜨린다.

다음과 같은 정보가 식품 매개 질병 위험을 감소시키는 데 도움을 준다.

- 조리 전, 특히 화장실을 다녀온 후, 아기 기저귀를 바꾼 후, 반려 동물과 함께한 후에는 반드시 손을 씻어야 한다.
  - 식품을 만지기 전이나 후에 적어도 20초 동안 따뜻한 물에 비누로 손을 씻어야 한다. 손을 씻기 위한 깨끗한 물이 없으면 위생 손 씻기 젤이나 물휴지를 사용한다.
  - 손을 말리기 위하여 깨끗한 종이 타월이나 손 타월을 사용한다. 설거지를 하지 않고 세척기를 사용하여 말리는 그릇, 팬, 조리 용기를 위한 식기용 타월을 준비한다.

맛있는 팁

육류온도계를 사용할 때 뼈, 지방 및 연골에서 떨어진 근육조직의 가장 두터운 부분에 넣어야 한다. 만약 온도계를 잘못 꽂거나 틀린 부위에 넣었다면 내부 온도를 정확하게 알 수 없다.

- 조리를 하기 전에 손질한 식품 재료의 표면을 깨끗이 하고 부엌카운터, 도마, 접시, 칼 그리고 조리 용기들을 더운 비눗물로 깨끗이 닦아야 한다.
  - FDA는 닦기 쉽고, 구멍이 없는 물질로 된 표면이 훼손되지 않은 플라스틱, 대리석이나 유리 같은 도마 사용을 권장한다. 만약 목재 도마를 사용한다면 참나무나 단풍나무와 같은 비흡수 강목을 사용하고 이음매나 틈이 없는 것을 확인하여야 한다.
  - 표백제 1테이블스푼을 1갤론의 물에 섞어 식품 재료의 표면과 조리 용기를 청결하게 닦으면 대부분의 병원균을 제거할 수 있다. 부엌용 스펀지를 표백제 희석용액이나 세탁기(뜨거운 물 사이클)를 사용하여 살균할 수 있다.
  - 도마는 칼질로 줄이 많이 생겼을 때 바꾸어야 하는데, 왜냐하면 이러한 홈들은 완전하게 깨끗이 닦기가 어렵고 박테리아의 온상이 될 수 있기 때문이다.
- 1테이블스푼의 표백제를 1갤론의 물로 희석한 용액을 사용하여 생고기, 생선, 가금류, 달걀과 접촉한 식품재료 표면을 살균시킨다. 부엌용 스펀지는 마이크로웨이브 오븐에 1분 동안 가열하여 살균시킬 수 있으며, 열 드라이 사이클을 가진 식기세척기를 사용할 수도 있다.[31] 또한 부엌 타월을 자주 세탁하여야 한다.
- 신선한 농산물을 손질할 때에는 수돗물로 흙과 표면에 붙어 있는 박테리아를 주의 깊게 씻어 제거해야 한다. 박테리아는 착 달라붙어서 채소 솔로 문질러 씻어야 한다. 껍질이나 표피막을 제거하더라도 자르기 이전에 농산물을 세척하여야 한다.

식품을 준비하고 제공할 때 식품 매개 질병 위험 줄이기:

- 용기와 밀봉이 손상되었거나 "유효기간"이 지난 식품을 사용하지 않는다.
- 통조림을 열었을 때 액체가 솟구쳐 나오거나 악취가 나는 식품을 맛보거나 사용하지 않는다.
- 포장을 개봉한 후 식품을 냉장고에 보관할 필요가 있는지 제품표시를 잘 읽어 보아야 한다.
- 냉장고에 있는 고위험군 식품을 녹일 때 항상 차가운 흐르는 수돗물이나 전자레인지를 사용한다.
- 녹인 이후 즉시 요리한다. 다시 얼리지 않는다.
- 냉장고에 있던 양념에 식품, 절인 육류, 생선, 가금류를 절였던 양념장은 버린다.
- 냉동식품은 반드시 뚜껑을 씌워두어야 하고 얼음이 채워진 얕은 용기에 담아 제공되어야 한다. 더운 음식은 뚜껑을 씌워 보관하고
얕고 뜨거운 팬에서 제공되어야 한다. 가장 단순한 조언은: "더운 음식은 뜨겁게 찬 음식은 차갑게 보관하라."
- 곰팡이 핀 식품은 피한다.
- 더운 음식을 카운터 위에서 식히지 않는다—즉시 냉장고에 넣는다.
- 의심이 들면 음식을 버린다.

맛있는 팁

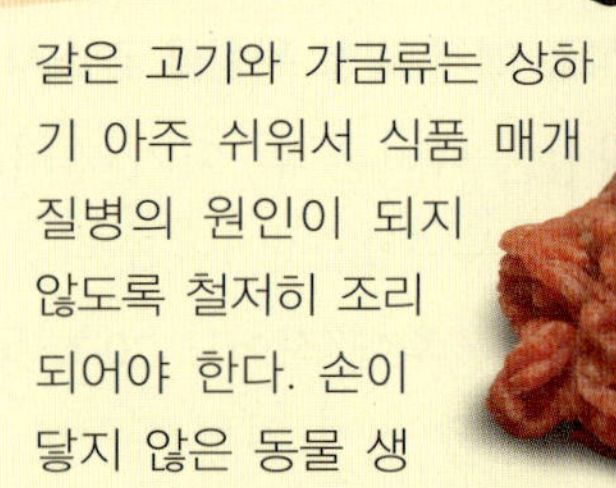

갈은 고기와 가금류는 상하기 아주 쉬워서 식품 매개 질병의 원인이 되지 않도록 철저히 조리되어야 한다. 손이 닿지 않은 동물 생살의 안쪽 부분은 조직이 공기에 노출되지 않았기 때문에 박테리아가 없다. 그러나 갈은 고기나 가금류 제품은 종종 공기 중의 미생물이나 가는 기계로부터 미생물에 감염된다.

영양, 사실인가 허구인가?

바닥에 떨어진 식품은 5초 안에 집어 올리면 미생물이 달라붙지 않는다.

연구에 의하면 이는 근거 없는 얘기이다. 오염된 바닥에 닿자마자 미생물이 달라붙는다.[32]

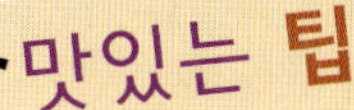

맛있는 팁

전자레인지 요리는 종종 식품을 골고루 덥히지 못하므로 차가운 부분에 미생물이 남아 있을 수 있다. 전자레인지 요리를 하는 동안 가끔 중단시켜서 식품을 젓고 골고루 익지 않은 부분을 줄여야 한다. 전자레인지 요리는 채움 속 식품 요리에 권장되지 않는데, 왜냐하면 요리하는 동안에 채움 속의 온도가 병원균을 제거할 만큼 충분히 높지 않을 수 있기 때문이다.[33]

조리할 때 식품 매개 질병 위험 줄이기:

- 소고기, 가금류, 돼지고기, 생선의 두꺼운 부분과 달걀이 포함된 식품을 완전하게 익히기 위해 육류온도계를 사용한다.
- 가금류 요리 시 채움 속(stuffing)은 별도로 굽고 가금류의 벌려진 부분은 철저하게 세척한다. 그리고 속 채움은 요리 바로 전에 한다. 채움 속의 온도가 화씨 165도에 도달하는 것을 확인하여야 한다. 요리 후, 채움 속을 깨끗한 그릇에 담아 제공하거나 보관한다.
- 육류, 가금류 및 생선은 깨끗한 접시에 제공한다. 날것으로 된 식품을 담았던 같은 접시를 사용하여서는 안 된다. 햄버거를 구울 때 그릴에 올릴 날고기를 담는 데 사용하였던 접시에 요리된 음식을 올려두지 않아야 한다.
- 야외에서의 온도가 박테리아의 급성장에 아주 좋으므로 야유회 음식에 특별한 주의를 하여야 한다. 차가운 샐러드와 디저트는 얼음 위에 놓는다. 고기는 야유회 장소에서 완전하게 익혀 조리한다. 식품을 미리 일부만 조리한 후 야유회 장소에서 완전하게 조리하고자 하는 계획은 세우지 말아야 한다.

식품을 저장하고 재가열 시 식품 매개 질병 위험 줄이기:

- 식품을 먹고 남은 것은 먹고 난 즉시 혹은 2시간 이내에 냉장고에 넣거나 냉동하여야 한다. 만약 외부 온도가 화씨 90도 이상이면 먹고 남은 음식물을 1시간 이내에 냉장고에 넣어야 한다.[34] 냉장을 하거나 냉동시키기 전에 더운 음식을 식히는 것은 위험하다.
- 먹고 남은 식품을 포함하여 모든 식품은 냉장고에 커버를 씌워서 보관한다. 날고기, 생선, 가금류 및 조개류는 냉장고의 아래 선반에 두어서 날로 먹는 다른 음식과 분리하여야 한다.
- 냉장고의 온도를 정기적으로 살펴보고 화씨 41도 이하인지 확인하여야 한다. 냉장고는 우유나 상추가 얼지 않는 한 차갑게 유지하여야 한다.
- 갈은 육류와 가금류는 구매하자마자 곧 조리를 하여야 한다. 만약 불가능하면 갈은 고기는 냉동시켜야 한다.
- 생선, 조개류 및 가금류는 상하기 쉽다는 것에 주의하여야 한다. 이러한 식품들은 구매 당일에 조리하거나 냉동시켜야 한다.
- 냉장고에 있는 갈은 고기와 패티는 1~2일 안에 요리를 하여야 하고 냉동 고기와 패티는 구입 후 3~4개월 안에 사용하여야 한다. **표 11.8**은 냉장 및 냉동 저장 식품의 보관허용 시간을 보여준다. 권장 기간보다 오래 저장된 식품들은 종종 좋지 않은 냄새가 난다.
- 냉장고에 넣어둔 먹고 남은 음식은 4일 안에 사용하여야 한다.
- 먹고 남은 음식은 화씨 165도로 재가열한다; 그레이비는 남아

표 11.8 상하기 쉬운 식품의 냉장·냉동 보관 기간

식품	냉장 보관 기간(화씨 40도)	냉동 보관 기간(화씨 0도)
신선한 육류		
갈은 고기	1~2일	3~4개월
스테이크와 로스트	3~5일	6~12개월
신선한 돼지고기		
다진 것	3~5일	4~6개월
갈은 것	1~2일	3~4개월
로스트	3~5일	4~6개월
절인 육류		
런천미트(얇게 썰거나 개봉된 포장)	3~5일	1~2개월
런천미트(미개봉된 포장)	3~5일	1~2개월
소시지	2주	1~2개월
그레이비	1~2일	2-3개월
신선한 생선		
살코기(대구, 가자미, 해덕; haddock)	1~2일	6개월까지
기름진 생선(농어, 연어)	1~2일	2~3개월
신선한 닭이나 칠면조		
전체	1~2일	12개월
일부	1~2일	9개월
내장	1~2일	3~4개월
유제품		
치즈(스위스, 브릭, 가공치즈)	1~2일	(권장하지 않음)
우유	3~4주	1개월
아이스크림, 아이스 밀크	5일	2~4개월
달걀		
껍질에 싸인 신선한	3주	—
완숙	1주	—

출처: FDA: The unwelcome dinner guest: Preventing food-borne illness. *FDA Consumer Magazine 25, 2003.* www.fda.gov/fdac/reprints/dinguest.html; *USDA, FSIS: Kitchen companion, 2008,* http://www.fsis.usda.gov/PDF/Kitchen_Companion.pdf.

있을지 모르는 박테리아 병원균을 제거하기 위하여 펄펄 끓여야 한다.

식품 안전 기준에서 볼 때 이 식당의 육류 음식은 위험한가?

파이트 BAC!(박테리아와 싸워라!)

USDA는 파이트 BAC! 프로그램의 일환으로 식품 안전 법칙을 4가지 단순 행동으로 요약하였다(www.fightbac.org 참조). 일반적인 식품 안전에 대한 질문은 FDA 식품안전 핫라인 1-888-723-3366으로 전화할 수 있다. (우리나라의 경우는 식품의약품안전처 종합상담신고센터 1577-1255로 문의할 수 있다.—역자주)

FIGHT BAC!
SEPARATE Don't cross-contaminate.
CLEAN Wash hands and surfaces often.
CHILL Refrigerate promptly.
COOK Cook to proper temperature.
Keep Food Safe From Bacteria

식당음식은 어떠한가?

많은 경우 식당에서 준비되거나 집 밖에서 요리되는 식품의 안전을 통제할 수 없다. 그러나 몇 가지 중요한 법칙을 준수하면 식품 매개 질병의 위험을 크게 줄일 수 있는데 대부분이 위험 식품의 선택, 준비 및 저장 행동을 바꾸

는 것이다. 다음과 같은 정보를 기숙사 음식에 적용할 수 있다:

- 식탁 위, 접시 및 식기가 깨끗한가 확인하라.
- 직접 음식을 제공하는 봉사자들이 장갑을 끼었는지 확인하라.
- 커스터드, 푸딩, 파이 및 샐러드 바 식품이 얼음 위에서 냉장되었는지 확인하라.
- 뜨거운 식품이 온도가 높은 식품 바에서 뜨겁게 제공되는지 확인하라.
- 제공된 육류, 가금류 혹은 생선 식품이 완전하게 익혀지지 않은 채 제공되었다면 재가열되도록 부엌으로 반환하라.
- 자동판매기의 상하기 쉬운 식품에 주의하고 특히 샌드위치에 주의하라.

맛있는 팁

식품의 방사선 처리는 병원균을 제거하기 위하여 많은 양의 에너지를 사용하여 식품을 보존하는 것이다. 전자레인지 요리는 에너지가 식품을 관통하지만 방사선 물질은 남지 않는다. 중요한 것은 특히 육류와 같은 식품이 방사선 처리가 되었다고 해도 일단 포장이 개봉되면 여전히 감염될 수 있다는 것을 인식하는 것이다.

라두라 마크

만약 자신이나 주변 사람이 혹시 식당이나 혹은 자동판매기의 식품을 먹고 식품 매개 질병 징후나 증상을 보이면 의사에게 전화하거나 응급 치료를 위해 911로 전화를 하여야 한다. 응급을 요하지 않는 식품 매개 질병의 경우에는 지역 위생담당 부처의 직원이나 FDA 담당부서(http://www.fda.gov/Safety/ReportaProblem/ucm059044)에 증상을 알려야 한다.

11.2f 비상 식품 공급

허리케인, 토네이도, 지진, “슈퍼태풍”과 같이 지속적인 자연 재해는 안전한 식품의 확보를 어렵게 한다. 그러므로 비상시를 대비하여 적어도 3일분의 식품을 저장해 두어야 한다. 통조림 고기, 과일 및 채소와 같은 요리하지 않고 먹을 수 있으며 냉장고에 보관하지 않고도 오래 저장할 수 있는 식품을 선정하여야 한다. 어린아이가 있다면 어린이 식품을 공급할 수 있도록 하여야 한다. **표 11.9**는 비상시를 위한 식품 목록을 보여준다. 또한 수동 통조림따개, 종이접시 및 식기도 준비하여 저장하여야 한다. 비상준비식품에 대하여 더 많은 정보를 원하면 질병 통제 및 예방 센터 웹사이트: www.bt.dcd.gov/disasters/fmf 방문하여 보라.

슈퍼태풍 샌디(2012)의 후유증

표 11.9 비상사태를 위한 식품 보관

생수
통조림 고기, 생선, 과일 및 채소
통조림 과일 주스
개봉하지 않은 시리얼 박스, 저염 크래커 및 건조 견과류
미리 포장된 과일-그래놀라 바
땅콩 혹은 기타 견과류 버터
건포도와 기타 마른 과일
분유

이 농부는 살충제를 다루면서 방재장비를 착용하고 있다.

11.2g 식품의 농약은 어떠한가?

농약은 특히 농산물 식품을 오염시킬 수 있다. **농약(pesticide)**은 바람직하지 않은 해충, 잡초, 설치류, 균류 및 기타 유기물을 제거하거나 통제하기 위하여 사용하는 물질이다. 현대 농업에서 농약의 사용은 식량생산을 증대하고, 식품 가격을 낮추며 많은 농업 생산물의 질을 보존하는 데 도움을 준다. 그러나 여러 가지 농약은 제대로 사용되었다고 하더라도 과일, 채소 및 곡물을 포함한 농약 처리된 농산물에 적은 양이 남는다(농약 잔류량). 집적된 농약 잔류물은 세척되고, 저장되고, 가공처리되어 준비되면서 줄어든다. 그럼에도 불구하고, 이들 중 몇 가지 물질은 사과, 복숭아와 같은 신선 농산물은 물론 통조림 사과, 복숭아 소스와 같은 가공 식품에 여전히 남는다.

환경보호국(EPA)은 적절한 농약 사용 규정을 만든다. 이 단체는 농산물에 사용하는 농약의 한도를 정하고, 농약 살포의 빈도수와 장소를 제한하며, 특별히 훈련되고 자격 있는 사람들에 의하여만 사용될 수 있도록 요구할 수 있다. EPA는 또한 농약 처리된 식품에 남아 있을 수 있는 최대 농약 잔류량인 농약허용치를 규정한다. **농약허용치(pesticide tolerance)**는 안전한도를 가지므로 식품에 허용되는 최대 농약 잔류량은 건강에 나쁜 영향을 끼칠 수 있는 양보다 훨씬 적다.

맛있는 팁

환경실무그룹(EWG)은 비영리 단체로서 소비자 보호를 위하여 정부 부처의 데이터를 사용하는 과학자들도 관여하고 있다. EWG는 농약 잔유물이 가장 많이 남아 있는 농산물 목록을 만들기 위하여 실시한 정부의 조사결과를 사용하여 "잔류농약 없음"으로 분류한 리스트를 만든다. 예를 들면 사과가 잔류농약 수준의 상위 부분을 차지하고 있다. 양파는 살충제 잔유물이 가장 적게 포함된 농산물이다. 앞의 두 가지 농산물에 대하여 알아보려면 http://www.ewg.org/foodnews/summary/를 방문하라.

농약은 얼마나 안전한가?

식품에 있는 농약의 잠재적 위험 영향은 다음과 같은 사항에 달려 있다:

- 특정 화학 물질과 신체에 얼마나 효율적으로 제거되는가,
- 식품에 축적된 정도,
- 섭취하는 빈도와 양,
- 신체의 화학 물질에 대한 취약 정도,
- 생애주기 및 나이: 임신부, 유아, 어린이들은 다른 일반일들보다 농약에 더 취약할 수 있다.

농약 잔류량의 법적 허용치는 매우 적다. 그러나 정기적으로 이러한 미량의 화학 물질에 노출되는 것은 신체에 화학 물질을 축적시켜 독성을 일으키거나 암을 유발할 수 있다.[36] 환경건강 전문가들은 인간에 대한 농약을 영향을 지속적으로 관찰 조사할 것이다.

농약(pesticide) 해충, 잡초, 및 기타 유기물을 제거하거나 통제하기 위하여 사용하는 물질

농약허용치(pesticide tolerance) 농약 처리된 식품에 남아 있을 수 있는 최대 농약 잔류량

모듈 11.3

식이의 적정성: 세계적인 관심사

11.3 - 학습목표

1. 이 과의 모든 주요 용어를 정의한다.
2. 개발도상국에서 영양부족의 원인이 되는 요인들 목록을 작성한다.
3. 임신 중 그리고 유아기 영양부족이 어린이에게 어떻게 영향을 미치는지 설명한다.
4. 영양부족이 광범위하게 퍼져 있는 나라에서 영양가 있는 식품 공급 증대를 위한 노력을 설명한다.
5. 미국의 연방차원의 식품보조프로그램을 알아본다.
6. 지속 가능한 농업이 어떻게 환경을 개선시키는지에 대하여 논의한다.

영양부족(undernutrition)은 장기적으로 에너지와 영양소 섭취가 개인의 필요량을 충족시키지 못할 때 발생한다. 2012년 전 세계에 걸쳐 8억 7,000만 명의 인구가 만성적인 영양부족 상태에 있다.[37] 지역의 식품이 부족할 때 영양부족이 발생할 수 있다. 이러한 사태는 전통적인 식사, 작물재배 실패, 지역분쟁 및 정치적 불안정과 부패의 결과일 수 있다. 가난과 영양부족이 많은 개발도상국에서 흔한 일이다. 빈곤에 처한 사람들은 전염병, 과밀한 불안정한 주거시설, 오염된 물 공급 속에서 살아야만 한다(**그림 11.11**). 다음 절에서 영양부족에 대한 여러 가지 내용을 제공할 것이다; Unit 10은 과잉영양, Unit 7은 단백질 영양불량에 대한 내용이었다.

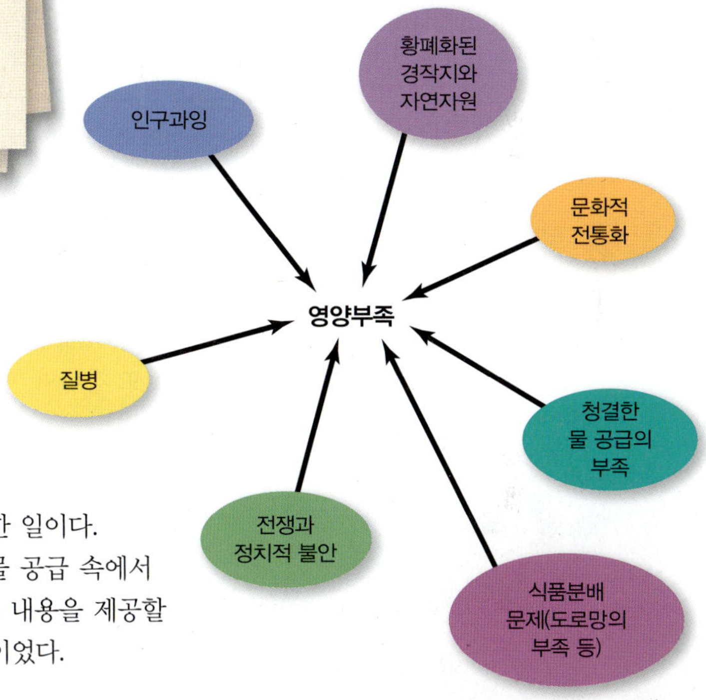

그림 11.11 영양부족을 일으키는 요인들. 전쟁, 질병 및 인구과잉 등 많은 요인들이 영양부족의 원인이 된다.

11.3a 영양부족

만성적으로 영양부족 상태에 있는 어린이들의 영양부족은 신체성장저해, 신체발육부진, 시력상실, 인지발달장애 및 조기사망의 원인이 된다. 지속적인 장기적 영양부족 상태는 신체의 면역기능을 억제하고, 특히 유아기(childhood)에는 홍역과 같은 전염병으로 사망하게 되는 위험성을 증가시킨다. 매년 엄마와 아기의 영양부족으로 350만 명이 사망한다.[38] 영양부족과 관련된 대부분의 유아사망은 특히 아프리카와 아시아의 개발도상국 빈곤층 사람들에게서 발생한다.[39]

임신 중 영양부족

임신기, 영아기, 유아기와 같은 급속한 성장기에 발생하는 영양부족은 매우 위험할 수 있다. 영양부족인 임신부는 적절한 영양이 공급된 임신부보다 출산 중 사망할 가능성이 크다. 또한 영양부족인 임신부는 미숙아를 출산할 위험성이 크다. 이러한 아기들은 호흡장애를 일으키고 출산 시 체중이 낮으며 이러한 영아들은 첫돌 안에 사망할 위험성을 증가시킨다.

영양부족(undernutrition) 장기적으로 에너지와 영양 섭취가 부족한 상태일 때 발생하는 건강상태

콰시오커(kwashiorkor) 단백질 에너지 영양실조의 형태로서 어린이가 갑자기 모유를 중단하고 양질의 단백질 섭취가 불충분할 때 발생

소모성 콰시오커(marasmic kwashiorkor) 단백질 에너지 영양실조의 형태로서 부종과 소모증이 특징

영아의 영양부족

모듈 11.1에서 설명한 바와 같이 모유수유는 위생적이고, 영양적으로 적절하고 영아에게 전염병에 대한 면역성을 제공하기 때문에 영아에게 최상의 식품이다. 개발도상국에서 엄마들이 수주 이상을 전적으로 모유수유만 하지 못한다.[38] 영아 조제유는 모유의 대체이지만 일반적으로 더 비싸다. 영아 조제유 양을 늘리기 위하여 개발도상국의 가난한 부모들은 항상 과도한 양의 물을 탄다. 이런 행위는 영아 조제유의 영양가를 희석시키고 미생물에 의한 오염의 가능성을 증가시킨다. 영아들이 비위생적인 물을 탄 조제유를 먹은 결과로 생긴 설사는 체액의 급격한 손실(탈수현상)과 사망을 일으킬 수 있다.

영양사들과 의사들은 생후 첫 6개월은 전적으로 모유수유할 것을 권장한다. 특히 깨끗한 물을 구할 수 없는 곳에서는 아기들은 2살이 될 때까지 고체 식품과 더불어 모유수유가 이상적이다. 가난한 어린이들에게 모유를 갑자기 중단하고 훨씬 더 영양분이 적은 고체 식품이 제공되기 시작하면 일반적으로 단백질 영양불량이 발생한다.

미취학 아동의 영양부족

뇌는 생후 처음 5개월 동안에 급격하게 발달한다. 이 시기에 영양부족이 발생하면 어린이의 뇌에 치명적인 영향을 줄 수 있으며 결국 영구적인 학습능력 부진을 가져온다. 더군다나, 지속적인 영양부족 어린이들은 정상적으로 성장하지 못하고 성인이 되어도 훨씬 작다.

미국과 다른 선진국에서 어린이들은 일반적으로 영양상태가 좋고 홍역과 같은 어린이 질병에 대하여 예방접종을 하고 있다. 그러나 가난한 나라에서는 많은 어린이들이 영양부족 상태에 있고 홍역을 일으키는 바이러스에 대하여 보호받지 못하고 있다. 영양부족 어린이들이 면역기능이 정상적으로 작동하지 않기 때문에 홍역은 어린이 생명을 위협하는 질병이다.

단백질-에너지 영양불량은 무엇인가?

단백질-에너지 영양불량(PEM)은 식사에 적절한 단백질은 물론 에너지가 부족한 사람들에게 나타난다. 콰시오커, 소모성 콰시오커, 그리고 소모증은 영양불량의 한 종류이다. **콰시오커(kwashiorkor)**는 주로 또 하나의 아기가 태어날 때까지 보통 모유수유를 하는 개발도상국에서 발생한다. 먼저 태어난 아기는 대체로 이제 막 걷기 시작하는 때인데 새로 태어난 동생에게 엄마의 젖을 물려주며 갑자기 젖을 떼기까지는 매우 건강하다. 비록 이 걸음마를 걷는 아기가 전통적인 시리얼 곡물을 섭취하면서 적정한 에너지를 얻을 수 있지만 이런 식사는 아기에게 매우 필요한 단백질을 충분히 만족시키기에는 부족하다. 콰시오커의 징후와 증상은 어린이의 열악한 식사에서 비롯한다.

콰시오커 어린이들은 성장장애를 겪는다; 자연스럽지 못한 갈색의 듬성듬성하고 잘 부숴지는 머리카락과 정상적인 색깔을 잃어버린 피부 등의 증상이 있다. 이런 어린이들은 또한 볼과 팔다리 및 배가 부어오르는데 잘 먹은 것처럼 보이지만 이런 모습은 잘못 인식된 것이다. 굶주리는 동안에 혈액에서 적정 체액 균형을 유지하는 단백질 농도가 줄어들고 부종이 발생한다(Unit 7 참조). 부종은 단백질 결핍 어린들이 마르고 영양실조처럼 보이는 대신에 살이 찌고 과식을 한 것처럼 보이게 한다.

많은 경우에 콰시오커로 고통을 받고 있는 어린이들은 충분한 에너지를 얻지 못하고 결국 부종과 쇠약증이 특징인 **소모성 콰시오커(marasmic kwashiorkor)**를 겪게 된다(**그림 11.12**). 쇠약증은 신체가 아미노산에서 에너지를 얻기 위하여 장기와 근육조직을 분해하기 때문이다.

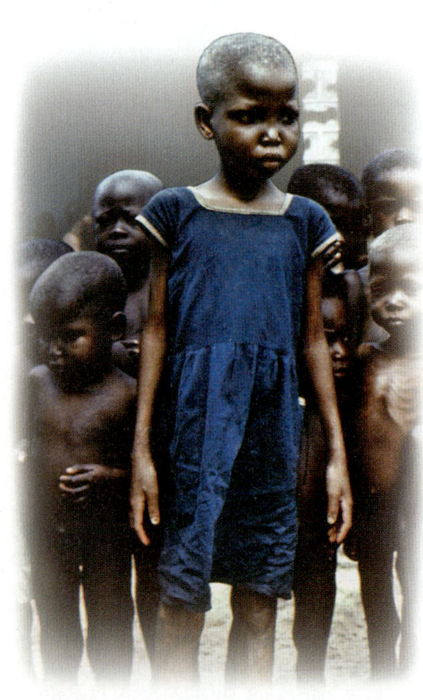

그림 11.12 영양부족 어린이는 나이지리아 내전 시 찍은 것이다(1960년대 후반).

뉴욕시에 있는 유엔 건물

심한 PEM은 극심한 체중 감소와 **소모증(마라스무스, marasmus)**을 초래하는데 일반적으로 기아라고 말한다. 소모증의 분명한 징후는 신체 허약과 신체 소모이다. 소모증을 앓는 사람들은 에너지를 보존하기 위하여 신체 활동을 피하고 종종 예민해진다. 다음 절에서 전 세계적으로 PEM의 발생을 줄일 수 있는 노력에 대하여 설명할 것이다.

소모증(마라스무스, marasmus) 심한 단백질 에너지 영양실조로서 극심한 체중 감소를 일으킨다; 기아

식품 보장(food secure) 가정의 구성원들이 건강하고 활동적인 생활을 영위할 수 있도록 충분한 식품을 확보하고 구매할 수 있는 것을 말함

식품 비보장(food insecurity) 식품을 모두 사용하여 없어지거나 추가로 식품을 살 돈이 없는 개인이나 가정을 말함

11.3b 세계식량위기: 해법의 발견

단백질 에너지 영양불량을 식품원조프로그램으로 줄이는 것이 유엔의 주요 목표이다. 세계식품 프로그램 및 유엔 아동기금(유니세프:UNICEF)은 영양부족 인구에 양질의 식품을 제공하는 유엔 기관이다. 유니세프는 또한 개발도상국의 심각하게 영양이 부족한 어린이들을 치료하기 위하여 즉석사용 가능한 치료용 식품(ready-to-use, therapeutic food, RUTF)을 개발하고 분배하는 지원을 한다. 예를 들어 플럼 피너트는 땅콩, 우유가루, 식용유, 설탕, 비타민 및 무기질로 만들어진 에너지와 영양이 농축된 파스타이다. 이것은 공급과정에서 깨끗하게 보관하여 외딴 지역에 냉장고 없이도 운반하기 위하여 호일로 포장된다. 2010년에 유니세프는 21,000메트릭톤의 RUTF를 개발도상국의 기아상태 아동들에게 공급하였다.[40]

11.3c 미국에서도 영양부족이 발생하는가?

미국과 같이 부유한 선진국에서 영양부족의 사람들이 있다는 것을 알면 놀랄 것이다. 어느 나라에서도 가난은 언제나 영양부족의 원인이다. 2007~2011년 사이 인구의 14% 이상이 미국 보건후생부의 빈곤 지침 이하에서 살고 있었다.[41] 2013년 빈곤 지침은 4인 가족 기준 $23,550이었다.[42]

대부분의 미국 가정은 **식품 보장(food secure)** 상태이며 이것은 건강하고 활동적인 생활을 영위하기 위하여 충분한 식품을 살 수 있고 확보할 수 있는 것을 의미한다. 2011년에 식품 비보장이 미국 가정의 거의 15%에서 보고되었다.[43] **식품 비보장(food insecurity)**은 식품을 모두 사용하여 없어지거나 추가로 식품을 구매할 돈이 충분하지 않은 것에 대하여 걱정하는 개인이나 가정을 설명하는 것이다. 실업상태에 있거나, 저임금 직업에 종사하거나, 과도한 의료비 및 주거비용을 내야 하는 사람들이 일반적으로 식품 비보장 상태를 경험한다. 식품 비보장은 특히 영양가 있는 식품을 구매할 것인가 혹은 생명 연장을 위한 의약품을 구매할 것인가의 사이에서 선택을 강요받는 고정된 수입을 가진 노인들에게 또한 영향을 미칠 수 있다.

표 11.10은 미국의 연방정부에서 지원하는 식품 프로그램 목록이다. 이러한 프로그램들은 가난한 사람들에게 식품을 제공한다. 그러나 식품 비보장 상태의 모든 사람들이 이러한 지원을 받을 수 있고 이용을 할 수 있는 것은 아니다. 연방정부의 영양지원 프로그램에 대하여 추가적인 내용을 알려면, http://www.nutrition.gov/food-assistance-programs를 방문하라.

지역사회에서 굶주림의 문제 해결에 도움이 되는 일을 찾을 수 있다. 지역의 식품 부족으로 인한 불안 정도에 대하여 조사함으로써 학생들의 흥미를 불러일으킬 수 있고 학교 신문에 기사를 쓸 수도 있다. 또한 지역의 무료급식소나 노숙자 임시숙소에 자원하여 식품을 준비하거나 제공하면서 식품 부족으로 불안한 사람들을 직접 도울 수도 있다. 또한 캠퍼스에서 통조림 식품 기부 행사를 시행하여 지역 식품 저장소를 도울 수도 있다.

11.3d 천연자원 보호와 세계인의 식량공급

세계 인구는 65억으로 추정된다. 만약 현재의 인구 증가율이 줄어들지 않으면 2050년에 지구상에는 약 90억 명이 살 것으로 예상된다.[44] 2050년 식품 수요를 충족시키기 위하여 현재 생산 수준보다 2배의 생산을 하는 농업분야의 노력이 필요하다.[45]

현재 식품 생산 시스템은 주로 전통적인 농업 방법에 의존한다. 일반적으로 전통적인 영농은 환경을 해칠 수 있는 상당한 양의 물과 농약을 필요로 한다. 관계시설은 강

삼림을 농작물 경작지로 바꾸는 것이 때로는 환경을 훼손한다.

표 11.10 미국 연방정부 주요 식품 보조 프로그램

프로그램	일반 자격 요건	내용
보조영양지원프로그램 (과거에 푸드스탬프 프로그램으로 불림)	저소득 개인이나 가정	참가자는 허용된 식품 구매를 위하여 전자지원 이체(직불)카드를 사용한다.
식품 보조 프로그램	임신부, 취학전 아동 및 노인을 포함한 저소득 그룹,	몇 개 주에서 주정부 기관이 USDA 잉여 식품을 적격한 사람들에게 분배한다.
여성, 유아 및 어린이(WIC)를 위한 특별 영양 보조 프로그램	영양적 위험에 처한 저소득 임신부나 모유수유 여성, 영아, 5세 이하의 어린이	참가자는 수표나 할인권을 받아 우유, 치즈, 과일주스, 특정 시리얼, 영아조제유 및 기타 특정 제품을 잡화점에서 구매할 수 있음. 영양교육도 제공함.
국가 학교 점심 프로그램	저소득 가정 취학아동	특정 학교가 정부로부터 무료 혹은 할인 가격의 영양적으로 균형있는 점심을 제공하기 위하여 지원금을 받음.
학교 아침식사 프로그램	저소득 가정 취학아동	특정 학교가 정부로부터 무료 혹은 할인 가격의 영양적으로 균형있는 아침을 제공하기 위하여 지원금을 받음.
어린이와 성인 돌봄 식품 프로그램	어린이 돌봄 프로그램 등록 어린이나 성인 돌봄 프로그램에 등록한 노인	관계부처는 참가자에게 제공된 영양이 풍부한 식사에 대한 상환 보조금을 받음.
노인영양프로그램 노인들을 위한 집단 식사	60세 이상 노인(소득에 대한 지침은 없음)	관계부처는 무료의 영양가 있는 점심을 제공. 참가자는 식사 비용을 기증할 수 있음.
가정배달 식사 (차량배달 식사)	집에서 나설 수 없는 60세 이상 노인	최소한 주 5일, 자원봉사자가 점심을 참가자의 가정으로 배달함. 식사는 무료이거나 참가자가 식사비용을 기증할 수 있음.
인디언 보호구역의 식품 분배 프로그램	저소득 북미 인디언 혹은 보호 구역 내의 비인디언 가정; 연방정부에서 인정한 북미 원주민 종족의 일원	월간 식품 패키지의 배분. 본 프로그램은 보조영양지원프로그램의 대안이며 영양교육을 포함한다.

으로부터 신선한 물을 제거하고 천연자원이 회복되는 비율보다 더 빠르게 사라지게 한다. 이러한 행위는 많은 지역사회에 물의 흐름을 감소시킨다. 재래식 농장에 흘러들어 나가는 물은 귀중한 표면토양과 수로를 오염시키는 농약을 운반한다. 이러한 영농방법은 또한 온실 가스를 배출하고 특히 이산화탄소와 메탄가스를 배출하여 지구온난화의 원인이 되고 있다. 더구나,

새로운 농경지의 필요성 때문에 삼림을 농작물 경작지로 바꾸는 벌목이 필요하다. 삼림의 파괴는 야생동물과 식물 군락지를 없앤다. 지구상 토지의 약 40%(그린랜드와 남극지역은 제외)가 식량생산을 위하여 사용되고 있다; 영농을 위하여 남아있는 땅은 거의 없다.[45] 지구상의 천연자원을 파괴하지 않고 세계 인구를 먹이기 위하여 할 수 있는 것은 무엇인가?

지속 가능한 농업(sustainable agriculture) 식량 수요를 충족시키면서 천연자원을 고갈시키지 않는 영농 방법

생명공학(biotechnology) 새로운 생산물을 만들기 위하여 살아 있는 생물을 이용

통합해충관리(intergrated pest management, IPM) 비화학적 농작물 해충 관리 방안

지속 가능한 농업은 무엇인가?

지속 가능한 농업(sustainable agriculture)은 천연자원을 망가뜨리지 않고 환경을 해치지 않으면서 식량 수요를 충족시키는 영농 방법을 포함한다. 이를 위하여 농부와 낙농가들로 하여금 주로 전통적인 영농기술을 지속 가능한 농업으로 전환하도록 하는 방법을 찾고 있다. 영농은 농부와 낙농업자에게 이윤을 가져다줄 필요가 있으므로 기존의 방법을 지속 가능한 농업 방법으로 전환하는 것이 반드시 이윤 폭이 감소하지 않도록 하여야 한다.

전통적인 농업 방법에 의해 발생한 문제를 해결하기 위하여 국제 팀이 다음과 같은 공동 정책을 수립하기 위한 5가지 포인트를 개발하였다:

- **특별히 열대림과 초지에 농업 행위의 확산을 중단한다.**
- **현재 있는 농장들로부터 생산량을 향상시킬 방법을 강구한다.**
  - 농업분야의 생명공학은 보다 높은 생산량을 공급하고, 병충해를 견디며, 가뭄을 이겨내는 작물의 개발을 선도해 왔다. **생명공학(biotechnology)**은 새로운 생산물을 만들기 위하여 생물-식물, 동물, 미생물 등을 이용한다.
  - 농업 생산을 증대하거나 식품의 영양성분을 변경함으로써 생명공학은 세계 식량 위기를 감소시키는 방법을 제공한다.
- **자연자원과 농약을 더욱 효과적으로 사용하는 방안을 추구한다.**
  - 대부분의 물이 증발해 버리는 공중 스프레이식 물뿌림 대신에 물 경작지에 직접 물을 공급하는 관계시설을 이용한다.
  - 해충 관리를 위하여 보다 더 비화학적 방법이나 **통합 해충 관리(intergrated pest management, IPM)** 방안을 따른다. IPM 방법은 환경오염을 제한하면서 해충을 통제하는 다양한 방법을 사용한다. IPM 방법은 해충에 내성이 있는 작물의 재배, 작물 파괴 벌레의 통제를 위한 이로운 곤충의 사용, 그리고 번식가능 시기 이전에 성충을 포획하는 내용을 포함하고 있다(**그림 11.13**).
- **육류를 적게 먹는다.** 세계 농산물의 60%(주로 곡물)가 사람들의 소비를 위하여 경작된다.[45] 나머지 곡물 대부분은 가축과 다른 동물의 사료로 사용된다. 햄버거 1파운드를 생산하기 위하여 약 30파운드의 곡물이 소요된다.[45] 특히 쇠고기와 같은 육류를 적게 소비함으로써 사람들이 더 많은 곡물을 소비할 수 있다. 사람들은 풀을 먹지 않으므로 초지로 비육한 소고기는 사람들의 곡물 소비를 좀 더 풍요롭게 할 수 있다.
- **음식쓰레기를 줄인다.** 약 30%의 음식이 버려지고 있다.[45] 여러 사례에서 음식이 먹기도 전에 상하며 쓰레기통에 버려진다. 음식 분량을 줄이고 개선된 식단계획으로 매일 버리는 음식의 양을 줄일 수 있다.

그림 11.13 이로운 곤충. 노린재(왼쪽)는 멕시코 콩 딱정벌레 애벌레를 먹이로 한다. 콩 딱정벌레 애벌레는 완두콩과 대두의 해충이다.

행동하기

빈곤과 굶주림은 인류를 항상 괴롭혀 왔다; 가난과 굶주림의 원인은 복잡하므로 해결하기가 어렵다. 그러나 일련의 사회적, 정치적, 경제적 및 농업의 변화가 오랜 기간 굶주린 사람들을 감소시킬 수 있다. 단기적으로는 부자 나라가 가난한 사람들을 굶어죽지 않도록 식량을 제공할 수 있다. 저개발 국가의 가정과 소규모 농장은 영양가 많은 지역 농산물을 재배하고, 가공하며, 보존하고, 분배하는 효율적인 새로운 방안을 배울 필요가 있다. 정부도 모유수유를 권장하고 지역에서 생산되고 소비되는 지역 식사에 부족한 비타민과 무기질을 강화하는 프로그램을 지원할 수 있다.

장기적으로는 미래 세대를 위하여 지구상의 자원을 보존하기 위해 인구조절이 매우 중요하다. 가난한 나라의 빈곤층 부모들은 단지 몇 명의 자녀만이 살아남아 성년에 이르기 때문에 대체로 많은 자녀를 가진다. 재정적으로 안정되고 영양적으로 적절하며 잘 교육받은 경우는 적은 수의 건강한 아이를 가진다. 따라서 인구 증가를 늦추기 위한 장기적인 방법은 후한 보수를 지불하는 직업의 제공, 공공 교육의 개선 및 건강관련 서비스 접근성의 증대를 말한다.

음식물 쓰레기를 줄이기 위하여 취할 방법은 무엇인가?

요점정리

모듈 11.1 생애주기 영양

- 임신 1분기는 태아발달에 매우 중요한 시기이다. 태반은 영양과 산소를 엄마의 혈액에서 배아/태아에게 전달한다. 태반은 또한 배아/태아로부터 노폐물을 모체의 혈액으로 전달하여 모체에서 제거한다.
- 임신기간 중에 모체는 배아/태아에게 영양을 공급하고 발달을 유지하는 것은 물론 출생 후 영아에게 줄 모유를 생산할 수 있도록 중요한 신체적 변화를 겪는다. 임신 분기에 따라 임신부의 에너지, 단백질 및 다른 영양소의 필요량은 임신 전보다 훨씬 크다.
- 임신기간 동안 늘어나야 하는 몸무게는 임신 시 몸무게와 태아의 수에 달려 있다. 임신기간 동안에 과도하게 체중이 증가되면 출산 후에도 체중 증가의 가능성이 있다.
- 급격한 체중의 증가는 특히 임신 5개월 후 임신 고혈압의 징후일 수가 있다. 만약 임신 고혈압 여성이 경련을 일으키면 이를 자간증이라고 부른다. 미국에서 자간증은 임신부들에게 두 번째로 높은 사망을 초래하는 원인이다.
- 생후 4~6개월의 건강한 아기들은 출생 시 체중의 2배가 되며 첫돌이 되면 3배가 된다. 아기들의 신장은 첫돌까지 50% 더 자란다. 만약 아기의 식사에 적절한 에너지와 영양이 부족하게 되면 아기의 성장이 지체되거나 정지한다.
- 프로락틴은 유방의 특정 세포를 자극하여 모유를 형성한다. 옥시토신은 유방 조직에 모유 "방출"신호를 보낸다. 방출반사작용은 모유가 유도관을 통하여 젖꼭지 부분으로 흐르게 한다.
- 모유수유는 아기와 산모에게 여러 가지 이점을 가져다준다. 초유는 항체, 면역계 세포, 아기의 위장관 안에 비피더스균이 자라는 것을 돕는 물질을 함유한다. 특히 전적으로 모유수유에 의존하는 아기들은 알레르기 및 위장, 호흡기 그리고 귀 감염 위험성이 영아 조제유 수유 아기들보다 낮다.
- 비록 철 강화 영아 조제유가 영양적으로 적절하고 안전하더라도 영양소 구성은 모유와 같을 수 없다. 영아 조제유는 모유 안에 있는 면역인자를 공급하지 않는다. 모유는 비타민 D, B_{12}와 철 및 불소 공급이 불충분할 수 있다.

- 건강한 생후 4~6개월의 아기들은 고체 식품을 섭취할 수 있게 신체적으로 충분히 성숙하게 된다. 생후 6개월이 지나 모유수유가 계속되어도 아기들에게 적절한 고체 식품이 제공될 수 있다. 모유수유는 아기의 첫돌까지 영아 식품과 함께 할 수 있다.
- 전유는 아기가 첫돌이 될 때까지 먹여서는 안 된다. 저지방 우유와 무지방 우유는 에너지가 너무 낮아 대부분의 아기들이 2살이 될 때까지 주지 않아야 한다.
- 돌 기간 동안의 아기의 급속한 성장률은 미취학 기간 동안 빠르게 감소한다. 아이들의 성장률이 낮아지면 식욕이 감소한다. 어린이들의 식사를 준비 계획할 때 살코기, 저지방 유제품, 전곡류 시리얼, 과일, 견과류 및 채소와 같이 영양분이 많은 식품을 주강조하여야 한다.
- 청소년기에 아이들은 사춘기와 청소년 급성장기를 경험하게 된다. 이와 같이 급격한 성장을 하는 데 필요한 에너지와 영영소를 공급하기 위하여 청소년의 식품 섭취가 증가하여야 한다. 어린이와 청소년 아이들에게 영향을 미치는 영양장애는 철 결핍, 칼슘 섭취 부족 및 비만이다.
- 노화과정은 임신부터 시작하고 노년에 칼로리의 필요성이 적어지는 것과 같은 여러 가지 신체적 변화가 특징이다. 노화와 연관하여 바람직하지 않은 많은 변화들은 신체활동이 활발하지 못한 생활의 결과이다.
- 젊은 사람들과 비교하여 노인들은 영양 부족의 위험이 더 크다. 노인들, 특히 여성 노인들의 식사는 비타민 D, A, C , B_{12}와 칼슘, 철 그리고 아연과 같은 무기질이 부족하다.
- 노인들의 영양 상태에 영향을 끼칠 수 있는 요인들은 의약품, 사회적 지원의 결핍, 저소득, 이동 능력의 부족, 치아손실 등이다. 인지 및 신체 기능이 손상된 사람들은 영양가 있는 식사를 계획하는 것은 물론 식품구매 및 식품준비와 관련된 결정을 하지 못할 수 있다.

모듈 11.2 나의 식품은 얼마나 안전한가?

- 식품 매개 질병은 병원균이나 이들이 만드는 독소가 식품에 침투하고, 이러한 식품을 섭취할 때 발생한다. 미국은 세계에서 가장 식품 공급이 안전한 나라 중 하나이다. FDA와 USDA는 국내 식품 산업을 규제함으로써 소비자를 보호하는 중요한 연방 기관이다.
- 식품 매개 병원균은 박테리아, 바이러스, 곰팡이, 원생생물 및 작은 병원충 벌레가 있다. 식품 매개 병원균은 소화기관을 감염시키고 조직을 악화시킨다. 몇 가지 식품 매개 병원균은 장관에서 증식하여 혈액으로 들어가 다른 조직을 침범하여 질병을 일으킨다. 또 다른 병원균은 식품을 오염시키고 장관을 자극하는 독소를 분비하여 식중독을 일으킨다. 단백질이 풍부한 식품이 다른 식품들보다 식품 매개 병원균을 더 잘 자라게 도와준다.
- 식품 매개 질병의 징후와 증상은 전형적으로 구토, 설사 및 장 경련 등이다. 인플루엔자는 호흡기관 감염이므로 일련의 설사와 장경련을 "위 인플루엔자"라고 부르는 것은 정확하지 않다.
- 병원균은 우리 주변에서 어디서나 발견할 수 있다. 열악한 개인위생 행동과 부적절한 식품 처리가 빈번하게 식품 매개 질병을 일으킨다. 식품을 조리하고 저장하는 것이 적절하지 못하면 식품 매개 질병의 가능성을 증가시킬 수 있다. 고위험 식품의 "위험범위"는 화씨 40~140도 사이이다. 적정한 온도로 식품을 조리하는 것은 식품 매개 바이러스와 박테리아를 제거한다. 냉장식품은 미생물의 성장을 저지한다.
- 농약은 특히 농산물을 오염시킬 수 있다. 잔류농약은 농산물이 세척되고, 저장되며 가공되고 조리될 때 감소할 수 있다. EPA는 적정한 농약 사용을 규제하고 농약허용치를 정한다.

모듈 11.3 식이의 적정성: 세계적인 관심사

- 영양부족은 장기적인 에너지와 영양섭취가 부족할 때 발생한다. 가난과 영양부족은 감염성 질병, 인구과밀, 불안전한 주거상황 및 오염된 물 공급을 직면하며 살아야만 하는 나라에서는 흔한 일이다.
- 만성적인 영양부족 어린들의 성장장애, 발육부진, 면역기능저하, 시력상실, 지능개발 장애와 조기사망과 밀접한 관계가 있다. 영양부족과 관련된 거의 대부분의 유아사망은 주로 아프리카와 아시아 개발도상국의 가난한 사람들에게서 발생한다.
- 영양부족 임신부들은 적절하게 영양이 공급된 여성들보다 출산 시 사망할 가능성이 더 크다. 더욱이 영양부족 임신부들은 조산의 위험성이 아주 높다.
- 개발도상국에서 가난한 부모들은 종종 영아 조제유에 상당히 많은 양의 물을 섞는데 이런 일은 영아 조제유의 영양가를 희석시키고 질병유발 미생물에 의한 감염의 가능성을 증가시킨다. 특히 깨끗한 물이 없는 곳에서 아기들은 고체 식품과 더불어 모유를 2살까지 잘 공급받아야 한다. 단백질 영양불량은 전형적으로 어린이가 갑자기 모유를 떼고 훨씬 영양이 부족한 고체 식품을 섭취함으로써 발생한다.
- 미국인구의 14% 이상이 빈곤 지침 이하에서 살고 있다. 2011년 미국 가정의 약 15%가 식품 비보장의 영향을 받았다. 미국에서는 연방차원의 여러 가지 식품 지원 프로그램을 통하여 가난한 사람들에게 식품을 제공하고 있다.
- 2050년에는 지구상의 인구가 약 90억 명으로 예상된다. 이 인구의 식품 수요를 맞추기 위해 농업분야는 현재 수준의 2배를 생산해야 하는 노력이 요구되고 있다. 현재 식품 생산시스템은 주로 상당한 양의 물과 농약을 사용하고 온실 가스를 발생시키는 기존의 농업방법에 의존하고 있다.
- 지속 가능한 농업은 천연자원을 고갈시키지 않고 환경을 해치지 않으면서 증가되는 식품의 수요를 충족시키는 경작 방법을 말한다. 기존의 농업 방법에 의하여 발생된 문제를 해결하는 방법들은 다음 사항을 포함하여야 한다: 열대림과 초지에서의 경작활동 확장 중단, 농업분야의 생명공학을 이용한 농업생산 향상, 천연자원과 농약을 이용한 보다 큰 효용성 증대; 보다 적은 육류 소비; 음식물 쓰레기의 감소.

- 다양한 사회적, 정치적, 경제적 및 농업의 변화가 장기간 기아 상태에 있는 사람들의 수를 줄일 수 있다. 인구조절은 다음 세대를 위하여 지구의 자원을 보존하는 데 매우 중요하다. 인구 증가를 늦추기 위한 장기적인 방법은 후한 보수를 지불하는 직업의 제공, 공공 교육의 개선 및 건강관련 서비스 접근성의 확대 등이다.

생각해 봅시다...

1. 친구 중 한 명이 지금 막 임신인 것을 알게 되었다. 그녀의 BMI가 건강한 범위에 있어도 그녀는 임신 중 체중이 느는 것에 대하여 걱정을 하고 있다. 이 시기에 약간의 체중의 늘어나야 하는 필요성에 대하여 친구에게 어떤 조언을 할 수 있는가? 만약 친구의 체중이 125파운드라면 그녀가 임신 기간 중 늘어나는 적당한 체중은 얼마인가?

2. 임신한 친구는 모유수유를 하여야 하는지 영아용 조제유를 먹여야 할지에 대하여 조언을 구하고 있다. Unit 11을 학습한 후 친구가 모유수유를 결정하도록 도움을 줄 수 있는 내용은 어떤 것인가?

3. 올리비아는 2개월 된 건강한 아기이다. 올리비아의 엄마, 카라는 올리비아가 먹는 철 강화 조제유를 신선한 액체 2% 우유로 바꾸려고 한다. 이러한 결정이 적절한지에 대해 어떤 조언을 할 수 있는가?

4. 당신의 부모, 조부모 그리고 증조부모는 현재 생존해 계신가? 만약 자신의 선대 중 어느 분이라도 60세 이전에 돌아가신 분이 계시면 그 분의 사망 원인과 사망에 이르게 한 요인들을 밝힐 수 있는가? 이제 보다 오래 건강하게 살 수 있도록 자신의 어떤 생 양식을 변화시킬 수 있겠는가?

5. 자신의 일상적인 식품 다루기와 저장 행동을 살펴보라. Unit 11을 공부한 후에 안전하지 않다고 생각하는 행동을 적어보라.

6. 자신이 낭비하는 식품의 양을 줄이고자 택할 수 있는 방법은 무엇인가?

혼자 풀어보기

가장 올바른 대답을 선택하라.

1. 배아/태아는 대부분의 기관을 ______ 동안 발달시킨다.

a. 임신하기 전

b. 삼분기 중 첫 번째 분기

c. 삼분기 중 두 번째 분기

d. 삼분기 중 세 번째 분기

2. 자간전증은 임신 기간 중 발생하는 ______의 형태이다.

a. 고혈압

b. 당뇨병

c. 고중성 지방혈증

d. 빈혈증

3. 출생 당시 체중이 6.5파운드인 건강한 아기는 첫돌에 체중이 ____ 파운드로 예상된다.

a. 13.0

b. 16.5

c. 19.5

d. 23.5

4. 모유수유 아기는 영아 조제유를 먹은 아기보다 ______

a. 설사를 할 가능성이 더 크다.

b. 겸상 적혈구 질병을 앓을 가능성이 더 적다.

c. 호흡기 감염을 가질 가능성이 더 크다.

d. 귀 감염에 걸릴 가능성 더 낮다.

5. 다음 중 노인의 영양 상태에 영향을 줄 수 있는 요인은?

a. 질병

b. 의약품

c. 소득 수준

d. 위에 것 모두 맞음

6. 식품 매개 질병은 일반적으로 다음과 같은 특징을 가진다.

a. 감기와 같은 징후와 증상.

b. 기침, 재치기 및 호흡기 감염.

c. 거대적아구성 빈혈과 신경계 장애.

d. 복부경련, 설사 및 구토.

7. 다음 행동 중 식품 매개 병원균 확산의 감소를 돕지 못하는 것은?

a. 식품 준비 전에 손을 씻음

b. 찬 음식은 차게 더운 음식은 뜨겁게 보관

c. 적정한 내부온도로 식품 조리

d. 조리된 육류를 상온에서 저장

8. 다음 온도 중 냉장 식품을 보관하도록 권장되는 온도는?

a. 화씨 40도

b. 화씨 50도

c. 화씨 60도

d. 화씨 70도

9. ____ 프로그램은 자격을 가진 참가자들이 인가된 상점에서 특별직불카드를 사용하여 식품을 구매할 수 있도록 한다.

a. 영양 식품 구매

b. 보조 영양 지원

c. 모두에게 건강한 식사

d. 적게 더 잘 먹기

10. 다음 행동 중 기존의 농업방법에 의해 발생한 문제의 해결책이 아닌 것은?

a. 더 많은 경작지를 만들기 위한 방법으로 열대림을 벌목한다.

b. 생명공학 발전을 통하여 농업 생산을 향상시킨다.

c. 통합 해충 관리 방안을 사용한다.

d. 붉은색 고기를 덜 먹는다.

참고문헌

➡ 부록 F 참조

부록

부록 A

영어식-미터법 전환과 미터법-가정용 단위 전환

길이			중량		
영어(미국)		미터법	영어(미국)		미터법
inch	=	2.54 cm (centimeter)	ounce	=	28.35 g
foot	=	0.30 m (meter)	pound	=	0.45 kg
0.039 inches	=	millimeter (mm)	2.2 lb	=	kilogram
0.390 inches	=	centimeter (cm)			
39.4 inches	=	meter (m)			
부피			**부피**		
영어(미국)		미터법	**English(USA)**		미터법
teaspoon	=	5 milliliters (ml)	1.06 quart	=	liter
tablespoon	=	15 ml			
fluid ounce	=	30 ml			
quart	=	0.95 liter (L)			
cup	=	237 ml			
가정용 단위			**가정용 단위**		
3 teaspoons (tsp)	=	1 tablespoon (tbsp)	1 c	=	8 fluid ounces
4 tbsp	=	¼ cup (c)	1 c	=	½ pint
5 tbsp + 1 tsp	=	⅓ c	2 c	=	1 pint
8 tbsp	=	½ c	4 c	=	1 quart
16 tbsp	=	1 c	2 pints	=	1 quart
			4 quarts	=	1 gallon

부록 B-1

캐나다 식이지침

이 부록은 캐나다의 식이 패턴에 관련하여 캐나다 정부에 의해 개발된 권고 사항뿐만 아니라 캐나다의 식품표시에 적용되는 몇 가지 규정을 포함한다. 이 설명서에 대한 자세한 내용은 http://hc-sc.gc.ca/fn-an/food-guide-aliment/order-commander/eating_ well_bien_manger-eng.php에서 확인할 수 있다. 캐나다와 미국 시민에 적용되는 식이섭취기준(DRIs)은 부록 G에 제시하였다.

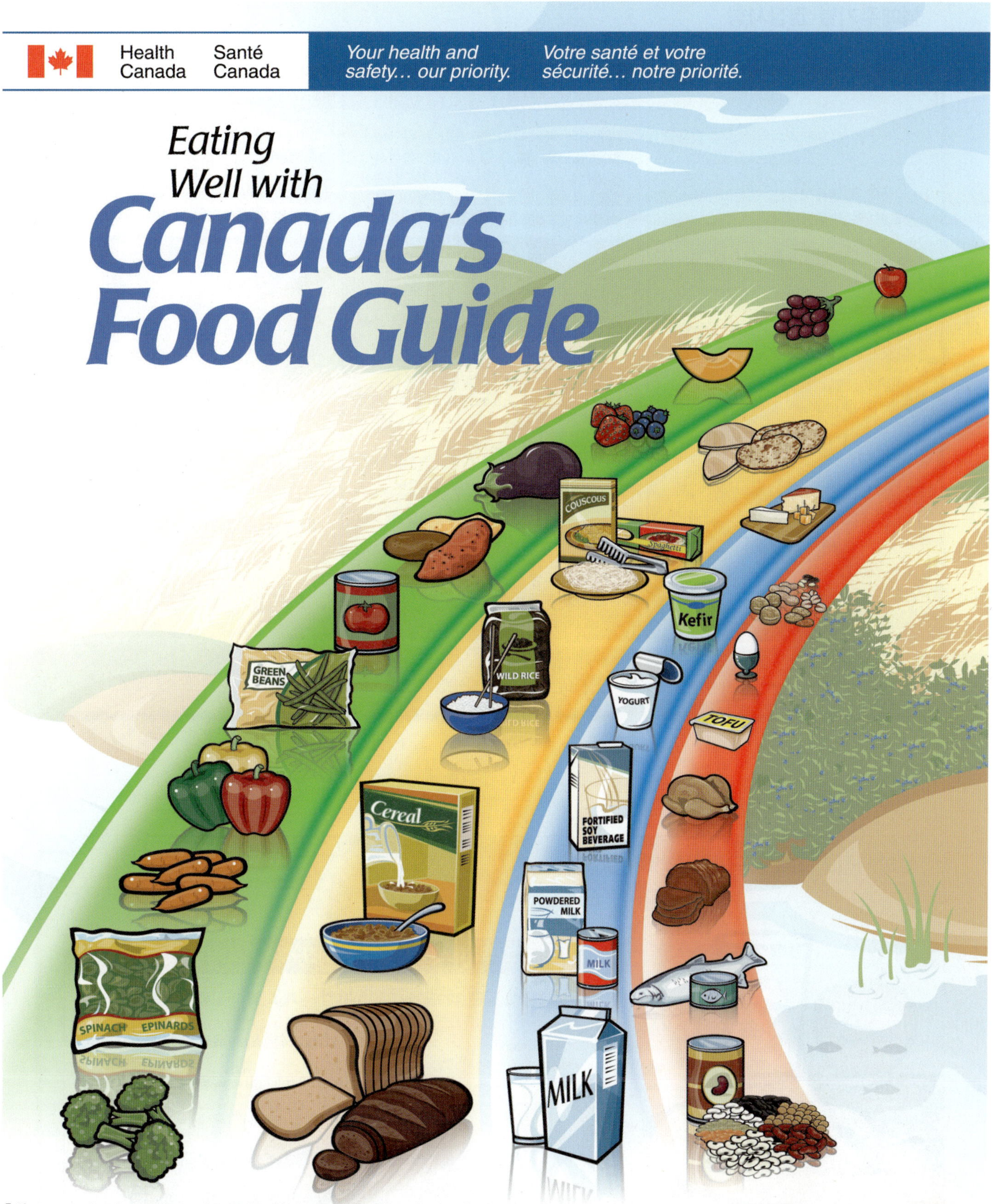

Health Canada Santé Canada

Your health and safety… our priority. *Votre santé et votre sécurité… notre priorité.*

Eating Well with Canada's Food Guide

출처: Eating Well with Canada's Food Guide http://www.hc-sc.gc.ca/fn-an/food-guide-aliment/order-commander/eating_well_bien_manger-eng.php. Public Health Agency of Canada, 2011. Reproduced with the permission of the Minister of Public Works and Government Services Canada, 2013

생애주기별 권장사항

아동

*캐나다 식이지침*은 아동의 성장과 발육을 돕는다.

어린 아동은 식욕이 적고 성장과 발달을 위한 칼로리가 필요하다.

- 매일 소량의 영양가 있는 식사와 간식을 제공한다.
- 지방 함량 때문에 영양가 있는 식품을 제한할 필요는 없다. 4가지 식품군에서 다양한 식품을 제공한다.
- 무엇보다 중요한 것은 좋은 롤모델이 되는 것이다.

임신부

가임기의 여성과 임신부 또는 수유부는 매일 **엽산**을 포함한 종합비타민 섭취가 필요하다.
임신부는 또한 **철**이 포함된 종합비타민 섭취가 필요하다. 건강관리 전문가의 도움으로 적절한 종합비타민을 선택할 수 있다.

임신부와 수유부는 칼로리가 더 많이 필요하다. 매일 식이지침의 2~3회 분량을 더 권장한다.

두 가지 예

- 간식으로 과일과 요구르트를 먹거나,
- 아침식사 때 토스트 한 조각과 저녁 식사 때 우유 한 잔을 추가로 더 섭취한다.

50세 이상의 성인남녀

50세 이후에는 **비타민 D** 요구량이 증가한다.

아래의 *캐나다 식이지침*에 더하여 50세 이상의 남녀는 매일 10 μg(400 IU)의 비타민 D 보충제를 섭취해야 한다.

식이지침의 1회 제공량 산정하는 방법

예:

소고기와 채소복음밥, 우유 한 잔, 후식으로 사과 1알
브로콜리, 당근, 파프리카 250 ml(1컵) = **채소 및 과일류**, 2회 분량
살코기 75 g(2 ½온스) = **육류**, 1회 분량
현미 250 ml(1컵) = **곡류**, 2회 분량
카놀라 기름 5 ml(1직은술) = **유지류**
1% 우유 250 ml(1컵) = **우유 및 유제품**, 1회 분량
사과 1알 = **채소 및 과일류**, 1회 분량

Recommended Number of Food Guide Servings per Day

	Children			Teens		Adults			
Age in Years	2-3	4-8	9-13	14-18		19-50		51+	
Sex	Girls and Boys			Females	Males	Females	Males	Females	Males
Vegetables and Fruit	4	5	6	7	8	7-8	8-10	7	7
Grain Products	3	4	6	6	7	6-7	8	6	7
Milk and Alternatives	2	2	3-4	3-4	3-4	2	2	3	3
Meat and Alternatives	1	1	1-2	2	3	2	3	2	3

위의 표는 4가지 각 식품군에서 매일 1회 분량을 얼마나 섭취해야 하는지 보여주고 있다.

***캐나다 식이지침*에서 권장되는 식품의 양과 형태를 알고 다음의 팁을 따르면 도움이 될 것이다.**

- 비타민, 무기질 및 기타 영양소의 필요량을 충족시킨다.
- 비만, 제2형 당뇨, 심장병, 특정 암과 골다공증의 위험을 줄인다.
- 전반적인 건강과 활력 유지를 위해 노력한다.

식이지침의 1회 분량

아래의 예를 보자.

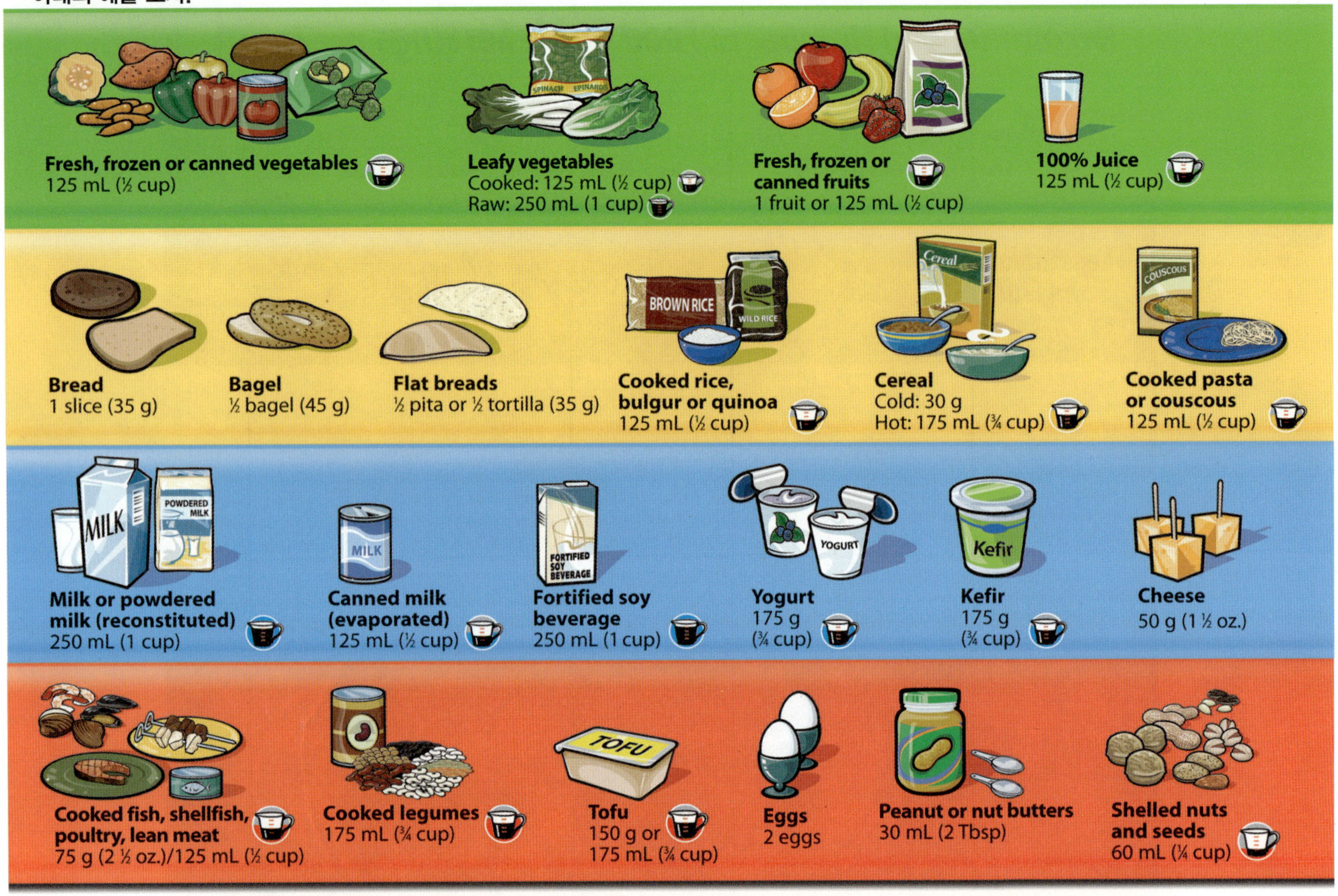

Fresh, frozen or canned vegetables
125 mL (½ cup)

Leafy vegetables
Cooked: 125 mL (½ cup)
Raw: 250 mL (1 cup)

Fresh, frozen or canned fruits
1 fruit or 125 mL (½ cup)

100% Juice
125 mL (½ cup)

Bread
1 slice (35 g)

Bagel
½ bagel (45 g)

Flat breads
½ pita or ½ tortilla (35 g)

Cooked rice, bulgur or quinoa
125 mL (½ cup)

Cereal
Cold: 30 g
Hot: 175 mL (¾ cup)

Cooked pasta or couscous
125 mL (½ cup)

Milk or powdered milk (reconstituted)
250 mL (1 cup)

Canned milk (evaporated)
125 mL (½ cup)

Fortified soy beverage
250 mL (1 cup)

Yogurt
175 g
(¾ cup)

Kefir
175 g
(¾ cup)

Cheese
50 g (1 ½ oz.)

Cooked fish, shellfish, poultry, lean meat
75 g (2 ½ oz.)/125 mL (½ cup)

Cooked legumes
175 mL (¾ cup)

Tofu
150 g or
175 mL (¾ cup)

Eggs
2 eggs

Peanut or nut butters
30 mL (2 Tbsp)

Shelled nuts and seeds
60 mL (¼ cup)

유지류

- 매일 소량 – 30~45 mL(2~3큰술) – 의 불포화지방을 섭취한다. 이는 조리시 사용된 기름, 샐러드드레싱, 마아가린, 마요네즈 등을 포함한다.
- 카놀라유, 올리브유, 콩기름 등의 식물성기름을 사용한다.
- 포화지방과 트랜스지방이 적은 연질 마가린을 선택한다.
- 버터, 경질 마아가린, 라드와 쇼트닝을 제한한다.

각 식품이 식이지침의 몇회 분량인지 확인한다...

집이나 학교에서, 직장에서 또는 외식을 할 때!

▶ **매일 진녹색채소와 주황색 채소를 적어도 한 번 이상 섭취한다.**
- 브로콜리, 로메인 상추, 시금치 등의 녹색 채소를 먹는다.
- 당근, 고구마, 겨울호박 등의 주황색 채소를 먹는다.

▶ **지방, 설탕, 소금이 적거나 거의 들어 있지 않은 채소와 과일을 선택한다.**
- 채소를 튀기는 대신에 볶거나, 굽거나, 쪄서 먹는다.

▶ **주스보다 채소나 과일을 더 자주 먹는다.**

▶ **매일 곡류 중의 절반 이상을 전곡으로 섭취한다.**
- 보리, 현미, 귀리, 퀴노아, 야생벼 등 다양한 전곡류를 먹는다.
- 통곡물빵, 오트밀, 통밀파스타를 즐겨 먹는다.

▶ **지방, 설탕, 소금 함량이 낮은 곡류를 선택한다.**
- 현명한 선택을 하기 위해 영양표시를 확인, 비교한다.
- 곡류의 참맛을 즐긴다. 소스나 스프레드와 함께 먹는 경우에는 소량만 사용한다.

▶ **매일 탈지유, 1% 또는 2% 우유를 마신다.**
- 비타민 D의 충분한 섭취를 위해서 매일 2컵(500 ml)의 우유를 마신다.
- 우유를 마시지 않는 경우에는 강화두유를 마신다.

▶ **지방함량이 적은 대체식품을 선택한다.**
- 요구르트나 치즈의 영양표시를 비교하여 현명한 선택을 한다.

콩, 두부 등의 육류 대체식품을 자주 먹는다.

▶ **어류를 매주 2회 이상 섭취한다.**
- 곤들매기, 청어, 고등어, 연어, 정어리, 송어 등의 생선을 선택한다.

▶ **지방이나 소금을 약간만, 또는 거의 첨가하지 않고 조리한 살코기나 대체식품을 선택한다.**
- 육류의 지방을 떼어내고, 가금류의 껍질을 제거한다.
- 지방을 거의 첨가하지 않는 로스팅, 굽기, 삶기 등의 조리법을 사용한다.
- 런천미트, 소시지, 포장육을 먹을 때는 소금과 지방 함량이 적은 것을 선택한다.

4가지 식품군에서 다양한 종류의 식품을 즐긴다.

갈증이 나면 물을 마시자.

물을 규칙적으로 마신다. 이는 칼로리 염려없이 갈증을 해소하는 방법이다. 날씨가 덥거나 활동량이 많을 때는 물을 더 많이 마신다.

캐나다 보건부는 특정한 생선으로부터의 수은 노출에 주의할 것을 조언하고 있다. www.healthcanada.gc.ca 에서 최근의 정보를 확인할 수 있다.

매일매일 잘 먹고 많이 움직이자!

잘 먹고 많이 움직일 때의 이점은:

- 전반적 건강 향상.
- 질병의 위험 저하.
- 건강한 체중.
- 더 좋아보임.
- 활기 넘침.
- 더 강한 근육과 골격.

많이 움직이기

매일 많이 움직이는 것은 건강 증진과 건강체중을 향한 한걸음이다.

*캐나다 신체활동지침*은 일상생활에서 성인은 30~60분간, 청소년은 적어도 90분 이상 적절한 신체활동을 하도록 권장하고 있다. 이를 한번에 다할 필요는 없으며, 성인은 한번에 최소한 10분, 청소년은 5분씩 더해간다.

천천히 시작하여 습관들이기.

잘 먹기

건강증진과 건강체중을 향한 또 다른 한걸음은 *캐나다 식이지침*을 따르는 것이다.

- 매일 권장된 식품의 종류와 권장량을 섭취한다.
- 케이크, 파이, 초콜릿, 사탕, 과자, 곡물바, 도넛, 머핀, 아이스크림, 냉동디저트, 프렌치프라이, 감자칩, 나초, 그 외 짭짤한 간식, 알코올, 과일향 음료, 청량음료, 스포츠 또는 에너지음료, 가당음료 등 칼로리와 지방, 설탕소금(나트륨) 함량이 높은 식품과 음료는 제한한다.

영양표시 읽기

- 영양표시를 비교하여 지방, 포화지방, 트랜스지방, 설탕, 나트륨 함량이 적은 제품을 선택한다.
- 표시된 칼로리와 영양소는 영양표시의 윗부분에 적혀 있는 식품량에 해당되는 것임을 명심한다.

Nutrition Facts
Per 0 mL (0 g)

Amount	% Daily Value
Calories 0	
Fat 0 g	0 %
Saturates 0 g + Trans 0 g	0 %
Cholesterol 0 mg	
Sodium 0 mg	0 %
Carbohydrate 0 g	0 %
Fibre 0 g	0 %
Sugars 0 g	
Protein 0 g	

Vitamin A	0 %	Vitamin C	0 %
Calcium	0 %	Iron	0 %

트랜스지방 제한하기

영양표시가 없는 경우, 트랜스지방과 포화지방이 적은 식품을 선택하기 위한 영양정보를 물어본다.

오늘부터 한걸음...

- ✓ 매일 아침식사를 한다. 이는 나중에 공복감을 조절하는 데 도움이 될 것이다.
- ✓ 걸을 수 있는 데는 걷는다 – 버스에서 일찍 내리고, 계단을 이용한다.
- ✓ 매 끼니와 간식으로 채소와 과일을 먹는다.
- ✓ TV 시청이나 컴퓨터 게임하기 등 비활동적 시간을 줄인다.
- ✓ 외식을 할 때, 더 건강한 선택을 하기 위해 식단에 대한 영양정보를 요청한다.
- ✓ 가족, 친구들과의 식사를 즐긴다.
- ✓ 식사는 천천히 하며 즐긴다.

For more information, interactive tools, or additional copies visit Canada's Food Guide on-line at:
www.healthcanada.gc.ca/foodguide

or contact:

Publications
Health Canada
Ottawa, Ontario K1A 0K9
E-Mail: publications@hc-sc.gc.ca
Tel.: 1-866-225-0709
Fax: (613) 941-5366
TTY: 1-800-267-1245

Également disponible en français sous le titre :
Bien manger avec le Guide alimentaire canadien

This publication can be made available on request on diskette, large print, audio-cassette and braille.

 HC Pub.: 4651 Cat.: H164-38/1-2007E ISBN: 0-662-44467-1

부록 B-2

한국인을 위한 식생활지침

건강을 위해 오늘도!

한국인을 위한 식생활지침

하루하루 건강해지는 좋은 습관, 쉬운 방법입니다.

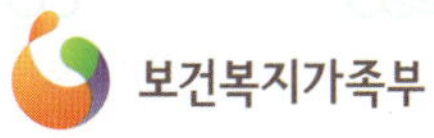

한국인을 위한
식생활 지침
건강을 위해 오늘도!
하루하루 건강해지는 좋은 습관, 쉬운 방법입니다.
임신·수유부를 위한 식생활지침
❶ 우유 제품을 매일 3회 이상 먹자.
❷ 고기나 생선, 채소, 과일을 매일 먹자.
❸ 청결한 음식을 알맞은 양으로 먹자.
❹ 짠 음식을 피하고, 싱겁게 먹자.
❺ 술은 절대로 마시지 말자.
❻ 활발한 신체활동을 유지하자.
영유아를 위한 식생활지침
❶ 생후 6개월까지는 반드시 모유를 먹이자.
❷ 이유 보충식은 성장단계에 맞추어 먹이자.
❸ 유아의 성장과 식욕에 따라 알맞게 먹이자.
❹ 곡류, 과일, 채소, 생선, 고기, 유제품 등 다양한 식품을 먹이자.
어린이를 위한 식생활지침
❶ 음식은 다양하게 골고루
❷ 많이 움직이고, 먹는 양은 알맞게
❸ 식사는 제때에, 싱겁게
❹ 간식은 안전하고, 슬기롭게
❺ 식사는 가족과 함께 예의바르게
청소년을 위한 식생활지침
❶ 각 식품군을 매일 골고루 먹자.
❷ 짠 음식과 기름진 음식을 적게 먹자.
❸ 건강 체중을 바로 알고, 알맞게 먹자.
❹ 물이 아닌 음료를 적게 마시자.
❺ 식사를 거르거나 과식하지 말자.
❻ 위생적인 음식을 선택하자.
성인을 위한 식생활지침
❶ 각 식품군을 매일 골고루 먹자.
❷ 활동량을 늘리고 건강 체중을 유지하자.
❸ 청결한 음식을 알맞게 먹자.
❹ 짠 음식을 피하고 싱겁게 먹자.
❺ 지방이 많은 고기나 튀긴 음식을 적게 먹자.
❻ 술을 마실 때는 그 양을 제한하자.
보건복지가족부

건강을 위해 오늘도!

임신·수유부를 위한

식생활지침

우유 제품을 매일 3회 이상 먹자

① 우유를 매일 3컵 이상 마십니다.

② 요구르트, 치즈, 뼈째 먹는 생선 등을 자주 먹습니다.

고기나 생선, 채소, 과일을 매일 먹자

① 다양한 채소와 과일을 매일 먹습니다.

② 생선, 살코기, 콩제품, 달걀 등 단백질 식품을 매일 1회 이상 먹습니다.

청결한 음식을 알맞은 양으로 먹자

① 끼니를 거르지 않고 식사를 규칙적으로 합니다.

② 음식을 만들 때는 식품을 위생적으로 다루고, 먹을 만큼만 준비합니다.

③ 살코기, 생선 등은 충분히 익혀 먹습니다.

④ 보관했던 음식은 충분히 가열한 후 먹습니다.

⑤ 식품을 구매하거나 외식할 때 청결한 것을 선택합니다.

짠 음식을 피하고, 싱겁게 먹자

① 음식을 만들거나 먹을 때는 소금, 간장, 된장 등의 양념을 보다 적게 사용합니다.

② 나트륨 섭취량을 줄이기 위해 국물은 싱겁게 만들어 적게 먹습니다.

③ 김치는 싱겁게 만들어 먹습니다.

술은 절대로 마시지 말자

① 술은 절대로 마시지 않습니다.

② 커피, 콜라, 녹차, 홍차, 초콜릿 등 카페인 함유식품을 적게 먹습니다.

③ 물을 충분히 마십니다.

활발한 신체활동을 유지하자

① 임신부는 적절한 체중증가를 위해 알맞게 먹고, 활발한 신체 활동을 규칙적으로 합니다.

② 산후 체중조절을 위해 가벼운 운동으로 시작하여 점차 운동량을 늘려 갑니다.

③ 모유 수유는 산후 체중 조절에도 도움이 됩니다.

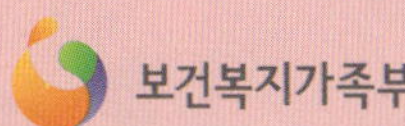

건강을 위해 오늘도!

영유아를 위한

식생활지침

생후 6개월까지는 반드시 모유를 먹이자

① 초유는 꼭 먹이도록 합니다.
② 생후 2년까지 모유를 먹이면 더욱 좋습니다.
③ 모유를 먹일 수 없는 경우에만 조제유를 먹입니다.
④ 조제유는 정해진 양대로 물에 타서 먹입니다.
⑤ 수유 시에는 아기를 안고 먹이며 수유 후에는 꼭 트림을 시킵니다.
⑥ 자는 동안에는 젖병을 물리지 않습니다.

이유 보충식은 성장 단계에 맞추어 먹이자

① 이유 보충식은 생후 만 4개월 이후 6개월 사이에 시작합니다.
② 이유 보충식은 여러 식품을 섞지 말고 한 가지씩 시작합니다.
③ 이유 보충식은 신선한 재료를 사용하여 간을 하지 않고 조리해서 먹입니다.
④ 이유 보충식은 숟가락으로 떠먹입니다.
⑤ 과일주스를 먹일 때는 컵에 담아 먹입니다.

유아의 성장과 식욕에 따라 알맞게 먹이자

① 일정한 장소에서 먹입니다.
② 쫓아다니며 억지로 먹이지 않습니다.
③ 한꺼번에 많이 먹이지 않습니다.

곡류, 과일, 채소, 생선, 고기, 유제품 등 다양한 식품을 먹이자

① 과일, 채소, 우유 및 유제품 등의 간식을 매일 2~3회 규칙적으로 먹입니다.
② 유아 음식은 싱겁고 담백하게 조리합니다.
③ 유아 음식은 씹을 수 있는 크기와 형태로 조리합니다.

보건복지가족부

건강을 위해 오늘도!

어린이를 위한

식생활지침

음식은 다양하게 골고루

① 편식하지 않고 골고루 먹습니다.
② 끼니마다 다양한 채소 반찬을 먹습니다.
③ 생선, 살코기, 콩 제품, 달걀 등 단백질 식품을 매일 한 번 이상 먹습니다.
④ 우유를 매일 두 컵 정도 마십니다.

많이 움직이고, 먹는 양은 알맞게

① 매일 한 시간 이상 적극적으로 신체활동을 합니다.
② 나이에 맞는 키와 몸무게를 알아서, 표준체형을 유지합니다.
③ TV시청과 컴퓨터게임을 모두 합해서 하루에 두 시간 이내로 제한합니다.
④ 식사와 간식은 적당한 양을 규칙적으로 먹습니다.

식사는 제때에, 싱겁게

① 아침식사는 꼭 먹습니다.
② 음식은 천천히 꼭꼭 씹어 먹습니다.
③ 짠 음식, 단 음식, 기름진 음식을 적게 먹습니다.

간식은 안전하고, 슬기롭게

① 간식으로는 신선한 과일과 우유 등을 먹습니다.
② 과자나 탄산음료 · 패스트푸드를 자주 먹지 않습니다.
③ 불량식품을 구별할 줄 알고 먹지 않으려고 노력합니다.
④ 식품의 영양표시와 유통기한을 확인하고 선택합니다.

식사는 가족과 함께 예의바르게

① 가족과 함께 식사하도록 노력합니다.
② 음식을 먹기 전에 반드시 손을 씻습니다.
③ 음식은 바른 자세로 앉아서 감사한 마음으로 먹습니다.
④ 음식은 먹을 만큼 담아서 먹고 남기지 않습니다.

보건복지가족부

건강을 위해 오늘도!

청소년을 위한 식생활지침

각 식품군을 매일 골고루 먹자

① 밥과 다양한 채소, 생선, 육류를 포함하는 반찬을 골고루 매일 먹습니다.
② 간식으로는 신선한 과일을 주로 먹습니다.
③ 우유를 매일 2컵 이상 마십니다.

짠 음식과 기름진 음식을 적게 먹자

① 짠 음식, 짠 국물을 적게 먹습니다.
② 인스턴트 음식을 적게 먹습니다.
③ 튀긴 음식과 패스트푸드를 적게 먹습니다.

건강 체중을 바로 알고, 알맞게 먹자

① 내 키에 따른 건강 체중을 압니다.
② 매일 한 시간 이상 적극적으로 신체활동을 합니다.
③ 무리한 다이어트를 하지 않습니다.
④ TV시청과 컴퓨터게임을 모두 합해서 하루에 두 시간 이내로 제한합니다.

물이 아닌 음료를 적게 마시자

① 물을 자주 충분히 마십니다.
② 탄산음료, 가당 음료를 적게 마십니다.
③ 술을 절대 마시지 않습니다.

식사를 거르거나 과식하지 말자

① 아침식사를 거르지 않습니다.
② 식사는 제 시간에 천천히 먹습니다.
③ 배가 고프더라도 한꺼번에 많이 먹지 않습니다.

위생적인 음식을 선택하자

① 불량식품을 먹지 않습니다.
② 식품의 영양표시와 유통기한을 확인하고 선택합니다.

보건복지가족부

건강을 위해 오늘도!

성인을 위한

식생활지침

④ 매일 세끼 식사를 규칙적으로 합니다.
⑤ 밥과 다양한 반찬으로 균형 잡힌 식생활을 합니다.

각 식품군을 매일 골고루 먹자

① 곡류는 다양하게 먹고 전곡을 많이 먹습니다.
② 여러 가지 색깔의 채소를 매일 먹습니다.
③ 다양한 제철과일을 매일 먹습니다.
④ 간식으로 우유, 요구르트, 치즈와 같은 유제품을 먹습니다.
⑤ 가임기 여성은 기름기 적은 붉은 살코기를 적절히 먹습니다.

활동량을 늘리고 건강 체중을 유지하자

① 일상생활에서 많이 움직입니다.
② 매일 30분 이상 운동을 합니다.
③ 건강 체중을 유지합니다.
④ 활동량에 맞추어 에너지 섭취량을 조절합니다.

청결한 음식을 알맞게 먹자

① 식품을 구매하거나 외식을 할 때 청결한 것으로 선택합니다.
② 음식은 먹을 만큼 만 만들고, 먹을 만큼만 주문합니다.
③ 음식을 만들 때는 식품을 위생적으로 다룹니다.

짠 음식을 피하고 싱겁게 먹자

① 음식을 만들 때는 소금, 간장 등을 보다 적게 사용합니다.
② 국물을 짜지 않게 만들고, 적게 먹습니다.
③ 음식을 먹을 때 소금, 간장을 더 넣지 않습니다.
④ 김치는 덜 짜게 만들어 먹습니다.

지방이 많은 고기나 튀긴 음식을 적게 먹자

① 고기는 기름을 떼어내고 먹습니다.
② 튀긴 음식을 적게 먹습니다.
③ 음식을 만들 때, 기름을 적게 사용합니다.

술을 마실 때는 그 양을 제한하자

① 남자는 하루 2잔, 여자는 1잔 이상 마시지 않습니다.
② 임신부는 절대로 술을 마시지 않습니다.

보건복지가족부

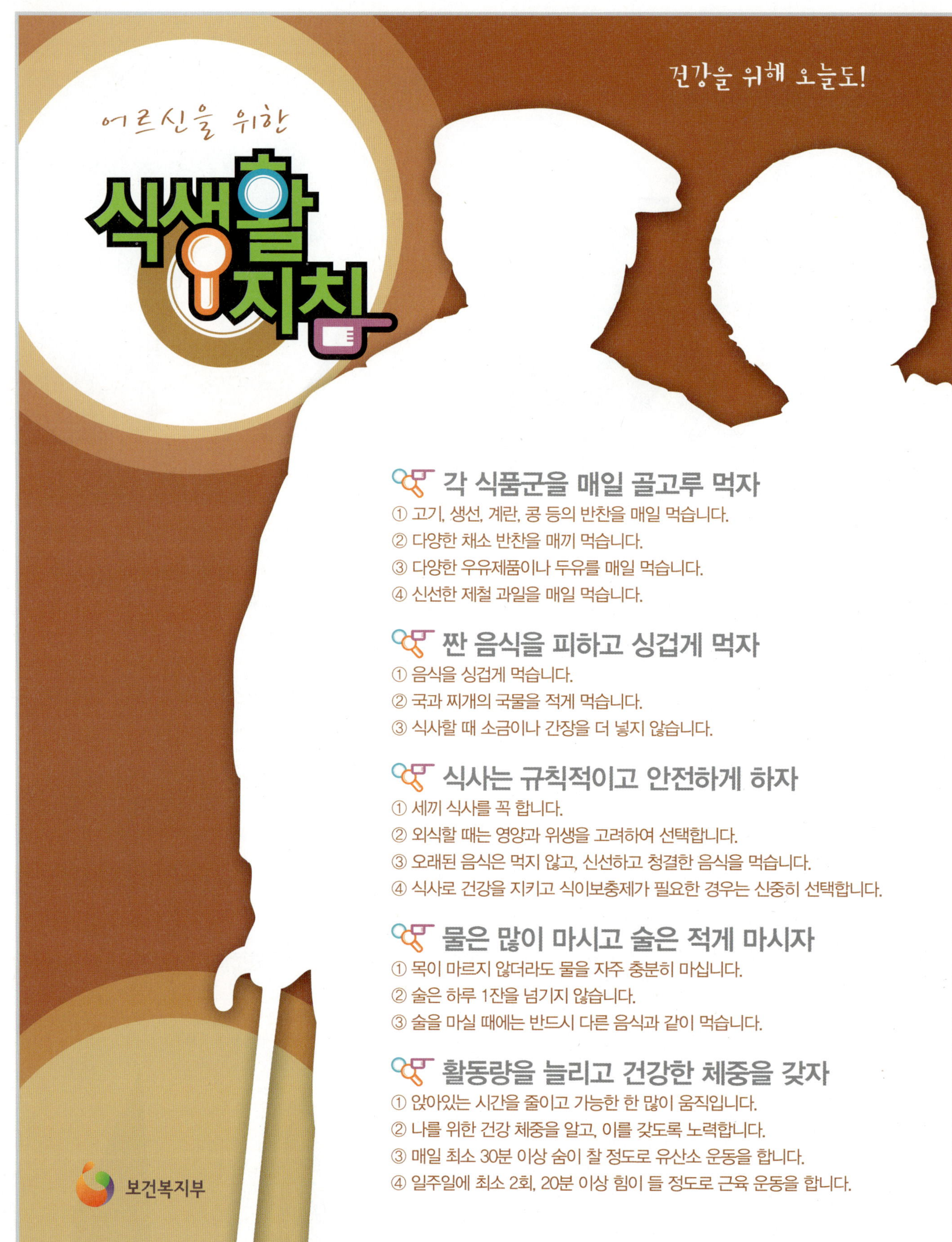
건강을 위해 오늘도!
어르신을 위한
식생활지침
각 식품군을 매일 골고루 먹자
① 고기, 생선, 계란, 콩 등의 반찬을 매일 먹습니다.
② 다양한 채소 반찬을 매끼 먹습니다.
③ 다양한 우유제품이나 두유를 매일 먹습니다.
④ 신선한 제철 과일을 매일 먹습니다.
짠 음식을 피하고 싱겁게 먹자
① 음식을 싱겁게 먹습니다.
② 국과 찌개의 국물을 적게 먹습니다.
③ 식사할 때 소금이나 간장을 더 넣지 않습니다.
식사는 규칙적이고 안전하게 하자
① 세끼 식사를 꼭 합니다.
② 외식할 때는 영양과 위생을 고려하여 선택합니다.
③ 오래된 음식은 먹지 않고, 신선하고 청결한 음식을 먹습니다.
④ 식사로 건강을 지키고 식이보충제가 필요한 경우는 신중히 선택합니다.
물은 많이 마시고 술은 적게 마시자
① 목이 마르지 않더라도 물을 자주 충분히 마십니다.
② 술은 하루 1잔을 넘기지 않습니다.
③ 술을 마실 때에는 반드시 다른 음식과 같이 먹습니다.
활동량을 늘리고 건강한 체중을 갖자
① 앉아있는 시간을 줄이고 가능한 한 많이 움직입니다.
② 나를 위한 건강 체중을 알고, 이를 갖도록 노력합니다.
③ 매일 최소 30분 이상 숨이 찰 정도로 유산소 운동을 합니다.
④ 일주일에 최소 2회, 20분 이상 힘이 들 정도로 근육 운동을 합니다.
보건복지부

부록 C

하루섭취량

하루섭취량은 일반적으로 특정 연령 및 성별 범위에서 가장 높은 영양 권장량으로 설정된다. 따라서 대부분의 하루섭취량은 기존의 영양 기준량을 초과한다. 이러한 기준은 원래 1968년 식품표시 용도로 개발되었으며, 현재의 영양지식을 반영하기 위해 업데이트도 되지 않았다. 이 표는 현재 미국의 하루섭취량을 보여주며, 최근의 권장량과 기타 영양소 기준을 비교한다.

식이성분	단위	4세 이상의 하루섭취량	19세 이상 남자의 영양섭취기준	19세 이상 여자의 영양섭취기준
Total fat*	g	65	—	—
Saturated fatty acids*	”	20	—	—
Protein*	”	50	56	46
Cholesterol‡	mg	300	—	—
Total carbohydrate*	g	300	130	130
Fiber	”	25	38	25
Vitamin A	μg (RAEs)	1250†	900	700
Vitamin D†	μg	10	15	15
Vitamin E†	mg	14–20	15	15
Vitamin K (ml)	μg	80	120	90
Vitamin C	mg	60	90	75
Folate	μg	400	400	400
Thiamin	mg	1.5	1.2	1.1
Riboflavin	”	1.7	1.3	1.1
Niacin	”	20	16	14
Vitamin B_6	”	2	1.3	1.3
Vitamin B_{12}	μg	6	2.4	2.4
Biotin	mg	0.3	0.03	0.03
Pantothenic acid	”	10	5	5
Calcium	”	1000	1000	1000
Phosphorus	”	1000	700	700
Iodine	μg	150	150	150
Iron	mg	18	8	18
Magnesium	”	400	400	310
Copper	”	2	0.9	0.9
Zinc	”	15	11	8
Sodium	”	2400	1500	1500
Potassium	”	3500	4700	4700
Chloride	”	3400	2300	2300
Manganese	”	2	2.3	1.8
Selenium	μg	70	55	55
Chromium	”	120	35	25
Molybdenum	”	75	45	45

*These Daily Values are based on a 2000 kcal diet. † Converted from IUs. ‡ Based on recommendation of the U.S. Dietary Guidelines

부록 D

에너지 대사의 기초

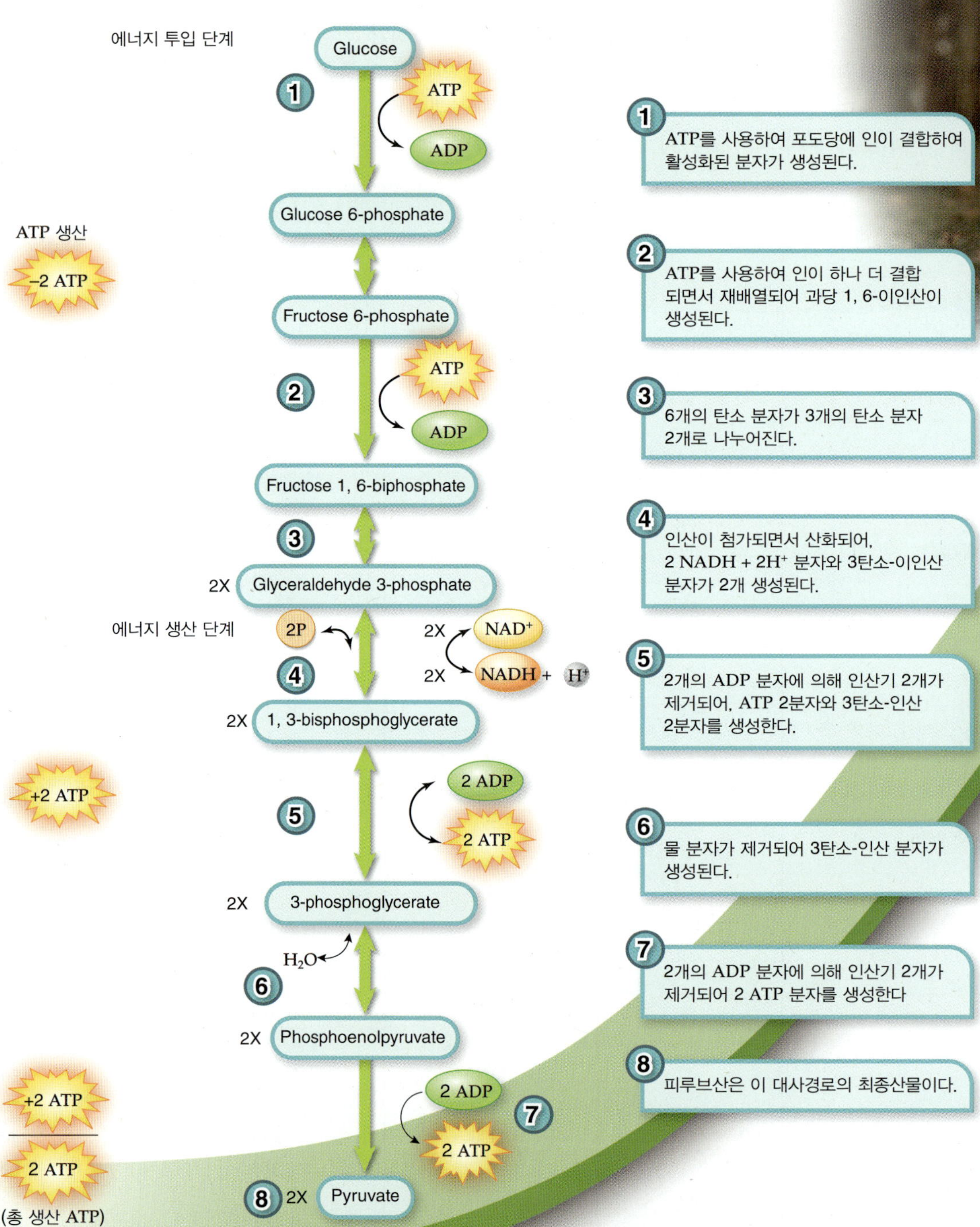

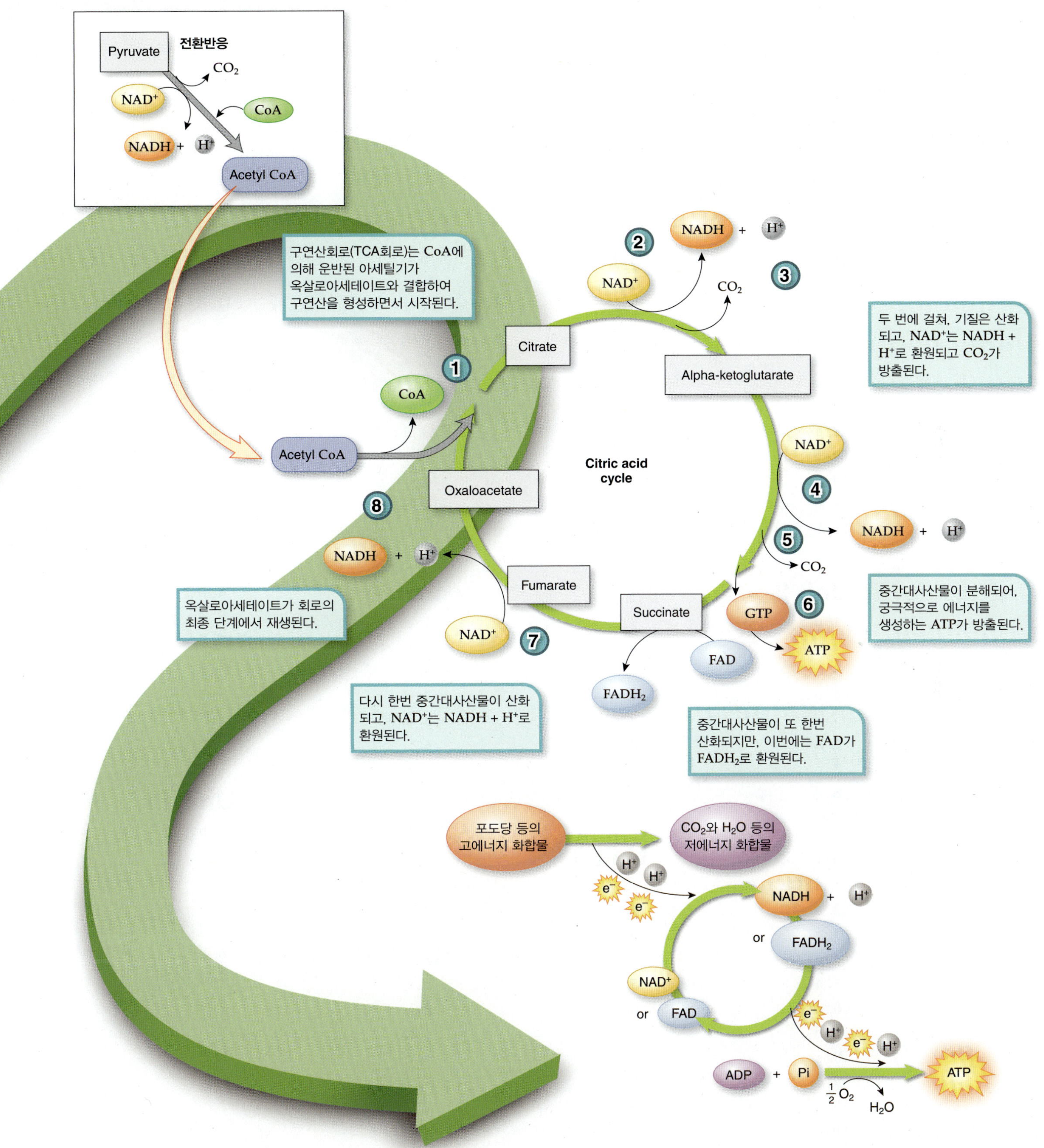
Pyruvate
전환반응
CO_2
NAD^+
CoA
NADH + H^+
Acetyl CoA
구연산회로(TCA회로)는 CoA에 의해 운반된 아세틸기가 옥살로아세테이트와 결합하여 구연산을 형성하면서 시작된다.
1
CoA
Acetyl CoA
Citrate
2
NAD^+
NADH + H^+
3
CO_2
Alpha-ketoglutarate
두 번에 걸쳐, 기질은 산화되고, NAD^+는 NADH + H^+로 환원되고 CO_2가 방출된다.
Citric acid cycle
NAD^+
4
NADH + H^+
5
CO_2
Oxaloacetate
8
NADH + H^+
Fumarate
Succinate
GTP
6
ATP
FAD
$FADH_2$
NAD^+
7
옥살로아세테이트가 회로의 최종 단계에서 재생된다.
중간대사산물이 분해되어, 궁극적으로 에너지를 생성하는 ATP가 방출된다.
다시 한번 중간대사산물이 산화되고, NAD^+는 NADH + H^+로 환원된다.
중간대사산물이 또 한번 산화되지만, 이번에는 FAD가 $FADH_2$로 환원된다.
포도당 등의 고에너지 화합물
CO_2와 H_2O 등의 저에너지 화합물
H^+
H^+
e^-
e^-
NADH + H^+
or
$FADH_2$
NAD^+
or
FAD
e^-
H^+
e^-
H^+
ADP + Pi
ATP
$\frac{1}{2}O_2$
H_2O

부록 E

혼자 풀어보기 정답

Unit 1
1. b
2. a
3. d
4. d
5. b
6. a
7. c
8. a
9. b
10. c
11. d
12. b

Unit 2
1. d
2. a
3. c
4. b
5. d
6. a
7. c
8. d

Unit 3
1. a
2. d
3. c
4. a
5. a
6. d
7. d
8. a
9. c
10. a
11. c

Unit 4
1. b
2. c
3. a
4. a
5. b
6. a
7. b
8. d
9. a
10. b

Unit 5
1. b
2. c
3. a
4. b
5. b
6. b
7. b
8. c
9. b
10. c

Unit 6
1. a
2. b
3. c
4. a
5. b
6. b
7. c
8. b
9. a
10. b

Unit 7
1. b
2. c
3. a
4. a
5. a
6. d
7. c
8. d
9. c
10. b
11. a
12. d

Unit 8
1. d
2. c
3. a
4. d
5. a
6. a
7. c
8. a
9. b
10. b
11. d
12. a

Unit 9
1. c
2. b
3. d
4. d
5. a
6. b
7. b
8. a
9. b
10. c
11. d
12. a

Unit 10
1. b
2. a
3. b
4. a
5. b
6. d
7. d
8. b
9. d
10. b
11. a
12. b
13. a
14. c

Unit 11
1. b
2. a
3. c
4. d
5. d
6. d
7. d
8. a
9. b
10. a

부록 F

참고문헌

Unit 1

1. Centers for Disease Control and Prevention: *Tobacco use*. 2011. http://www.cdc.gov/chronicdisease/resources/publications/AAG/osh.htm Accessed: March 30, 2013
2. U.S. Department of Health and Human Services, U.S. Department of Agriculture. (Released January 31, 2011) *Dietary Guidelines for Americans, 2010.* http://www.cnpp.usda.gov/Publications/DietaryGuidelines/2010/PolicyDoc/Chapter1.pdf
3. Dietary Supplement Health and Education Act of 1994. Public Law 103-417, 103rd Congress. http://ods.od
4. Vella-zarb RA, Elgar FJ: The "freshman 5": A meta-analysis of weight gain in the freshman year of college. *Journal of American College Health* 58(2):161, 2009.
5. U.S. Department of Agriculture, ChooseMyPlate.gov: *SuperTracker and other tools, empty calories chart*. Last modified: June 2011. http://www.choosemyplate.gov/supertracker-tools/empty-calories-chart.html Accessed: May 29, 2013
6. Purdue University Horticulture: *Lychee*. http://www.hort.purdue.edu/newcrop/morton/lychee.html Accessed: March 30, 2013
7. American Dietetic Association: Position of the American Dietetic Association: Functional foods. *Journal of the American Dietetic Association* 109(4):735, 2009.

Unit 2

1. Benedetti F and others: How placebos change the patient's brain. *Neuropsychopharmacology* 36(1):339, 2011.
2. National Institutes of Health, National Center for Alternative and Complementary Medicine: *Herbs at a glance: ginger*. Updated April 2012. http://nccam.nih.gov/health/ginger Accessed: May 5, 2013
3. Marshall BJ and others: Pyloric *Campylobacter* infection and gastroduodenal disease. *Medical Journal of Australia* 142(8):439, 1985.
4. Federal Trade Commission (November 2011). *Miracle Health Claims.* http://www.consumer.ftc.gov/articles/0167-miracle-health-claims Accessed: May 5, 2013
5. Federal Trade Commission: *Marketers of unproven weight-loss products ordered to pay nearly $2 million.* 2010. http://www.ftc.gov/opa/2010/01/diet.shtm Accessed: May 5, 2013

Unit 3

1. Institute of Medicine: *Dietary reference Intakes for vitamin C, vitamin E, selenium, and carotenoids.* Washington, DC: National Academies Press, 2000.
2. Otten JJ and others (eds): *Dietary Reference Intakes: The essential guide to nutrient requirements.* Institute of Medicine of the National Academies. Washington, DC: National Academies Press, 2006.
3. Barr SI and others: Interpreting and using the Dietary Reference Intakes in dietary assessment of individuals and groups. *Journal of the American Dietetic Association* 102(6):780, 2002.

4. FDA provides guidance on "whole grain" for manufacturers. *FDA News*, P06-23 (last update April 2013). http://www.fda.gov/NewsEvents/Newsroom/PressAnnouncements/2006/ucm108598.htm Accessed: May 5, 2013
5. U.S. Department of Agriculture: *Fruits: What counts as a cup of fruit?* http://www.choosemyplate.gov/food-groups/fruits-counts.html Accessed: May 5, 2013
6. U.S. Department of Agriculture: *Fruits: Tips to help you eat fruits.* http://www.choosemyplate.gov/food-groups/fruits-tips.html Accessed: May 5, 2013
7. U.S. Department of Agriculture: *Oils: What are oils?* http://www.choosemyplate.gov/food-groups/oils.html Accessed: May 5, 2013
8. U.S. Department of Agriculture: *National Organic Program*. (Last updated April 2013.) http://www.ams.usda.gov/AMSv1.0/nop Accessed: May 5, 2013
9. Smith-Spangler C and others: Are organic foods safer or healthier than conventional alternatives?: a systematic review. *Annals of Internal Medicine* 157(5):348, 2012.
10. U.S. Departments of Health and Human Services and Agriculture: *Dietary Guidelines for Americans, 2010*. 2011. http://www.cnpp.usda.gov/DGAs2010-PolicyDocument.htm Accessed: May 5, 2013
11. U.S. Department of Agriculture: *Choose MyPlate.gov 2011*. http://www.choosemyplate.gov Accessed: April 4, 2013
12. U.S. Food and Drug Administration: *How to understand and use the Nutrition Facts label*. Last updated March 2013. http://www.fda.gov/Food/ResourcesForYou/Consumers/NFLPM/ucm274593.htm Accessed: May 5, 2013
13. U.S. Food and Drug Administration: *Menu and vending machine labeling requirements*. Last updated March 2013. http://www.fda.gov/Food/IngredientsPackagingLabeling/LabelingNutrition/ucm217762.htm Accessed: July 22, 2013
14. National Center for Complementary and Alternative Medicine: *The use of complementary and alternative medicine in the United States*. http://nccam.nih.gov/news/camstats/2007/camsurvey_fs1.htm Accessed: June 6, 2013
15. National Center for Complementary and Alternative Medicine: *Using dietary supplements wisely*. Last updated April 2013. http://www.nccam.nih.gov/health/supplements/wiseuse.htm Accessed: May 5, 2013
16. Kelly JP and others: Recent trends in use of herbal and other products. *Archives of Internal Medicine* 165:281, 2005.
17. What is a megadose and why do you recommend against taking megadoses of vitamins? *Johns Hopkins Medical Letter Health After 50* 13(6):27, 2002.
18. National Center for Complementary and Alternative Medicine: *Herbs at a Glance: Echinacea*. 2012. http://nccam.nih.gov/health/echinacea/ataglance.htm Accessed: May 5, 2013
19. Enfield S: Market Overview 2012: What's driving supplement sales? *Natural Foods Merchandiser*, May 29, 2012 http://newhope360.com/retailing/nfm-market-overview-2012-whats-driving-supplement-sales Accessed: July 22, 2013
20. Huang H-Y and others: The efficacy and safety of multivitamin and multimineral supplement use to prevent cancer and chronic disease in adults: A systematic review for a National Institutes of Health State-of-the-Science Conference. *Annals of Internal Medicine* 145(5):372, 2006.

Unit 4

1. National Digestive Diseases Information Clearinghouse (NDDIC): *Ulcerative colitis*, 2011. http://digestive.niddk.nih.gov/ddiseases/pubs/colitis/ Accessed: June 6, 2013
2. Saladin KS: *Anatomy & physiology.* 6th ed. Boston: McGraw-Hill Publishing Company, 2012.
3. National Institutes of Health, U.S. National Library of Medicine: Choking—adult or child over 1 year. *Medline Plus*. Updated 2011 http://www.nlm.nih.gov/medlineplus/ency/article/000049.htm Accessed: June 6, 2013
4. Seeley RR and others: *Essentials of anatomy & physiology*. 9th ed. Boston: McGraw-Hill Publishing Company, 2011.

5. American Gastroenterological Association: *Understanding constipation*. January 2013. http://www.gastro.org/patient-center/digestive-conditions/ constipation Accessed: May 5, 2013
6. Narayan SS and others: Probiotics: current trends in the treatment of diarrhea. *Hong Kong Medical Journal* 16(3):213, 2010.
7. National Institutes of Health, U.S. National Library of Medicine: Nausea and vomiting—adults. *Medline Plus*. Updated 2011. http://www.nlm.nih.gov/medlineplus/ency/article/003117.htm Accessed: June 6, 2013
8. American Gastroenterological Association: Patient center: *Understanding heartburn and reflux disease*. 2010. http://www.gastro.org/patient-center/digestive-conditions/heartburn-gerd Accessed: June 6, 2013
9. U.S. Department of Health and Human Services, National Digestive Diseases Information Clearing House: *Heartburn, gastroesophageal reflux (GER), and gastroesophageal reflux disease (GERD)*. Updated 2012. http://digestive.niddk.nih.gov/ddiseases/pubs/gerd/ Accessed: June 6, 2013
10. American Gastroenterological Association: Patient center: *Understanding peptic ulcer disease*.2010. http://www.gastro.org/patient-center/digestive-conditions/peptic-ulcer-disease#Peptic%20Ulcer%20Disease Accessed: June 6, 2013
11. American Gastroenterological Association: Patient center: *A patient's guide to living with irritable bowel syndrome*. 2012. http://www.gastro.org/patient-center/digestive-conditions/irritable-bowel-syndrome Accessed: June 6, 2013
12. American Gastroenterological Association: Patient center: *Colorectal cancer prevention and treatment*. June 2013. http://www.gastro.org/patient-center/digestive-conditions/colorectal-cancer Accessed: June 6, 2013
13. American Cancer Society: *What are the risk factors for colorectal cancer*? Last revised January 2013. http://www.cancer.org/cancer/colonandrectumcancer/detailedguide/colorectal-cancer-risk-factors Accessed: June 6, 2013

Unit 5

1. Economic Research Service, U.S. Department of Agriculture: *Sugar and sweeteners yearbook tables*, June 2013. http://www.ers.usda.gov/data-products/sugar-and-sweeteners-yearbook-tables.aspx#.Ubsvs5zZWSo Accessed: June 14, 2013
2. National Institute of Mental Health: Attention deficit hyperactivity disorder: *What is attention deficit hyperactivity disorder (ADHD, ADD)?* http://www.nimh.nih.gov/health/topics/attention-deficit-hyperactivity-disorder-adhd/index.shtml Accessed: June 14, 2013
3. Mitchell S: *Agave syrup... How sweet is it?* 2011. http://www.susanmitchell.org/blog/tag/agave-syrup/ Accessed: June 14, 2013
4. Academy of Nutrition and Dietetics: Use of nutritive and nonnutritive sweeteners. *Journal of the Academy of Nutrition and Dietetics* 112(5):739-758; Erratum vol. 112(8):1279.
5. Swithers SE and others: High-intensity sweeteners and energy balance. *Physiology & Behavior* 100(1):55, 2010.
6. Tanzi MG, Gabay MP: Association between honey consumption and infant botulism. *Pharmacotherapy* 22(11):1479, 2002.
7. Centers for Disease Control and Prevention, National Center for Zoonotic, Vector-Borne, and Enteric Diseases. *Botulism*. Last updated 2011. ww.cdc.gov/nczved/divisions/dfbmd/diseases/botulism/ Accessed: June 14, 2013
8. U.S. Food and Drug Administration: Code of Federal Regulations: *21 CFR172.804 Title 21, volume 3* (Revised 2012). http://www.accessdata.fda.gov/scripts/cdrh/cfdocs/cfcfr/CFRSearch.cfm?fr=172.804 Accessed: June 16, 2013
9. Otten JJ and others, eds: *Dietary Reference Intakes: The essential guide to nutrient requirements*. Washington, DC: National Academies Press, 2006.
10. U.S. Department of Agriculture, Agricultural Research Service: *NHANES, 2009–10, What we eat in America*. Table 1: Nutrient intakes from food: Mean amounts consumed per individual, by gender and age, in the United States, 2009–2010. http://www.ars.usda.gov/SP2UserFiles/Place/12355000/pdf/0910/Table_1_NIN_GEN_09.pdf Accessed: June 16, 2013

11. Malik VS and others: Sugar-sweetened beverages and risk of metabolic syndrome and type 2 diabetes. *Diabetes Care* 33(11): 2477, 2010.
12. U.S. Department of Agriculture, Agricultural Research Service: *What's in the food you eat search tool, 5.0.* http://www.ars.usda.gov/Services/docs.htm?docid=17032 Accessed: June 16, 2013
13. McKinley MP and others: *Anatomy & physiology: An integrative approach*. Boston: McGraw-Hill Publishing Company, 2013.
14. Gaesser GA: Carbohydrate quantity and quality in relation to body mass index. *Journal of the American Dietetic Association* 107 (10):1768, 2007.
15. Rosen LA and others: Effects of cereals on postprandial glucose, appetite regulation and voluntary energy intake at subsequent lunch; focusing on rye products. *Nutrition Journal* 10:7, 2011.
16. Centers for Disease Control and Prevention: *National diabetes fact sheet, 2011*. http://www.cdc.gov/diabetes/pubs/factsheet11.htm Last updated: January 2012. Accessed: June 13, 2013
17. Yeung WG and others: Enterovirus infection and type 1 diabetes mellitus: Systematic review and meta-analysis of observational molecular studies. *British Medical Journal* 2011:342:d35 doi:10.1136/bmj.d35.
18. National Diabetes Information Clearinghouse: *What I need to know about gestational diabetes*. Last updated January 2013. http://diabetes.niddk.nih.gov/dm/pubs/gestational/ Accessed: June 16, 2013
19. National Diabetes Information Clearinghouse: *The A1c test and diabetes.* Last updated June 2012. http://diabetes.niddk.nih.gov/dm/pubs/A1CTest/ Accessed: June 13, 2013
20. Mayo Clinic: *A1C test*. http://www.mayoclinic.com/health/a1c-test/MY00142 2011. Accessed: June 16, 2013
21. Centers for Disease Control and Prevention: *Children and diabetes—more information*. Last updated 2012. http://www.cdc.gov/diabetes/projects/cda2.htm Accessed: June 6, 2013
22. Carter P and others: Dietary recommendations for the prevention of type 2 diabetes: What are they based on? *Journal of Nutrition and Metabolism* 2012 Article ID: 847202 doi:10.1155/2012/847202
23. Chung-Jung C and others: Informing food choices and health outcomes by use of the dietary glycemic index. *Nutrition Reviews* 69(4):231, 2011.
24. National Institute of Diabetes and Digestive and Kidney Diseases: *Hypoglycemia*. Publication No. 09-3926, Updated 2012. http://diabetes.niddk.nih.gov/dm/pubs/hypoglycemia/index.aspx Accessed: June 9, 2013
25. Mottillo S and others: The metabolic syndrome and cardiovascular risk: A systematic review and meta-analysis. *Journal of the American College of Cardiology* 56(14): 1113, 2010.
26. U.S. Department of Health and Human Services, National Heart Lung and Blood Institute: *What is metabolic syndrome*? 2011. http://www.nhlbi.nih.gov/health/health-topics/topics/ms/ Accessed: June 9, 2013
27. National Institute of Diabetes and Digestive and Kidney Diseases, National Digestive Diseases Information Clearinghouse: *Lactose intolerance*. Last updated: April 2012. http://digestive.niddk.nih.gov/ddiseases/pubs/lactoseintolerance/index.aspx Accessed: June 9, 2013
28. National Institute of Diabetes and Digestive and Kidney Diseases, National Digestive Diseases Information Clearinghouse: *Constipation*. 2012. http://digestive.niddk.nih.gov/ddiseases/pubs/constipation/index.aspx Accessed: June 9, 2013
29. National Institutes of Health, National Cancer Institute: *Colorectal cancer prevention (PDQ®)*. Last modified: April 2013. http://www.cancer.gov/cancertopics/pdq/prevention/colorectal/HealthProfessional/page2#Section_988 Accessed: June 9, 2013
30. American Dietetic Association: Position of the American Dietetic Association: Health implications of dietary fiber. *Journal of the American Dietetic Association* 108(10):1716, 2008.

Unit 6

1. U.S. Departments of Health and Human Services and Agriculture: *Dietary Guidelines for Americans 2010*. 2011. http://www.health.gov/dietaryguidelines/dga2010/DietaryGuidelines2010.pdf Accessed: June 9, 2013
2. Federal Trade Commission: *FTC settlement prohibits marketers of children's vitamins from making deceptive health claims about brain and eye development.* 2011. http://www.ftc.gov/opa/2010/12/nbty.shtm Accessed: June 9, 2013
3. U.S. Food and Drug Administration: *Talking about trans fat: What you need to know.* http://www.fda.gov/Food/ResourcesForYou/Consumers/ucm079609.htm Updated June 2012 Accessed: June 9, 2013
4. Astrup A and others: The role of reducing intakes of saturated fat in the prevention of cardiovascular disease: Where does the evidence stand in 2010? *American Journal of Clinical Nutrition* 93(4):684, 2011.
5. Zeisel SH: Nutritional genomics: Defining the dietary requirement and effects of choline. *Journal of Nutrition* 141(3):531, 2011.
6. Hoyert DL, Jiaquan X: Deaths: Preliminary data for 2011. *National Vital Statistics Reports* 61(6):1, 2012.
7. Saladin KS: *Anatomy & physiology.* 6th ed. Boston: McGraw-Hill Publishing Company, 2012.
8. Toft-Petersen AP and others: Small dense LDL particles—a predictor of coronary artery disease evaluated by invasive and CT-based techniques: a case control study. *Lipids in Health and Disease* 10:21, 2011.
9. Thanassoulis G and others: Associations of long-term and early adult atherosclerosis risk factors with aortic and mitral valve calcium. *Journal of the American College of Cardiology* 55 (22):2491, 2010.
10. National Institutes of Health, National Heart Lung and Blood Institute: *Who is at risk for atherosclerosis?* 2011. http://www.nhlbi.nih.gov/health/health-topics/topics/atherosclerosis/atrisk.html Accessed: June 9, 2013
11. Siri-Tarino PW and others: Saturated fat, carbohydrate, and cardiovascular disease. *American Journal of Clinical Nutrition* 91(3):502, 2010.
12. Brouwer IA and others: Effect of animal and industrial *trans* fatty acids on HDL and LDL-cholesterol levels in humans—a quantitative review. 2010. *PLoS ONE* 5(3):e94434, doi:10.1371/journal.pone.0009434
13. American Heart Association: *Frequently asked questions about fats.* 2010. http://www.heart.org/HEARTORG/GettingHealthy/NutritionCenter/HealthyDietGoals/Frequently-Asked-Questions-About-Fats_UCM_306069_Article.jsp Accessed: June 9, 2013
14. National Institutes of Health, National Center for Alternative and Complementary Medicine: *Herbs at a Glance: Garlic.* 2012. http://nccam.nih.gov/health/garlic/ataglance.htm Accesssed: June 9, 2013
15. U.S. Department of Agriculture, Agricultural Research Service: *NHANES, 2009–10, What we eat in America*. Table 1: Nutrient intakes from food: Mean amounts consumed per individual, by gender and age, in the United States, 2009–2010. http://www.ars.usda.gov/Services/docs.htm?docid=13793 Accessed: June 9, 2013
16. Otten JJ and others, eds: *Dietary Reference Intakes: The essential guide to nutrient requirements.* Washington, DC: National Academies Press, 2006.
17. Rizos EC and others: Association between omega-3 fatty acid supplementation and risk of major cardiovascular diseases and events: A systematic review and meta-analysis. *Journal of the American Medical Association* 308(10): 1024, 2012.
18. Hayes KC and others: Replacing trans fat: The argument for palm oil with a cautionary note on interesterification. *Journal of the American College of Nutrition* 29(3):253S, 2010.
19. American Heart Association: *Drug therapy for cholesterol.* 2012. http://www.heart.org/HEARTORG/Conditions/Cholesterol/PreventionTreatmentofHighCholesterol/Drug-Therapy-for-Cholesterol_UCM_305632_Article.jsp Accessed: June 9, 2013

20. Rong Y and others: Egg consumption and risk of coronary heart disease and stroke: dose-response meta-analysis of prospective cohort studies. *British Medical Journal* 346:e8539, Published online 2013, January 7. Doi:10.1136/bmj.e8539

Unit 7

1. U.S. Department of Agriculture, Agricultural Research Service: *NHANES, 2009–10, What we eat in America*. Table 1: Nutrient intakes from food: Mean amounts consumed per individual, by gender and age, in the United States, 2009–2010. http://www.ars.usda.gov/Services/docs.htm?docid=18349 Accessed: June 13, 2013
2. U.S. Department of Agriculture, Center for Nutrition Policy and Promotion: Nutrient content of the U.S. food supply: Developments between 2000 and 2006. 2011. *Home Economics Research Report No. 59.* http://www.cnpp.usda.gov/Publications/FoodSupply/Final_FoodSupplyReport_2006.pdf Accessed: June 13, 2013
3. U.S. Department of Agriculture: *Protein foods.* (ND) http://www.choosemyplate.gov/food-groups/protein-foods.html Accessed: June 13, 2013
4. Oelke EA and others: *Quinoa. Alternative Field Crops Manual.* University of Wisconsin-Extension, University of Minnesota: Center for Alternative Plant & Animal Productions, and the Minnesota Extension Service. (ND) http://www.hort.purdue.edu/newcrop/afcm/quinoa.html Accessed: June 13, 2013
5. American Dietetic Association: Position of the American Dietetic Association: Vegetarian diets. *The Journal of the American Dietetic Association* 109 (7):1266, 2009.
6. Robinson-O'Brien R and others: Adolescent and young adult vegetarianism: Better dietary intake and weight outcomes but increased risk of disordered eating behaviors. *Journal of the American Dietetic Association* 109(4):648, 2009.
7. Craig WJ: Health effects of vegan diets. *American Journal of Clinical Nutrition* 89(5): 1627S, 2009.
8. Guez S and others: Severe vitamin B12 deficiency in an exclusively breastfed 5-month-old Italian infant born to a mother receiving multivitamin supplementation during pregnancy. *BioMedCentral Pediatrics* 12: 85, 2012; published online 2012, June 24. doi: 10.1186/1471-2431-12-85 PMCID: PMC3407531
9. Williams MH: *Nutrition for health, fitness, & sport*. 9th ed. New York: McGraw-Hill, 2010.
10. Grimble GK: Adverse gastrointestinal effects of arginine and related amino acids. *Journal of Nutrition* 137:1693S, 2007.
11. Dioguardi FS: Clinical use of amino acids as dietary supplement: pros and cons. *Journal of Cachexia, Sarcopenia and Muscle*. 2 (2):75, 2011
12. Blatt AD and others: Increasing the protein content of meals and its effect on daily energy intake. *Journal of the American Dietetic Association* 111 (2): 290, 2011.
13. Layman DK: Dietary Guidelines should reflect new understandings about adult protein needs. *Nutrition & Metabolism* 2009, 6:12 doi:10.1186/1743-7075-6-12
14. World Health Organization: *Global health observatory (GHO): Underweight in children*. ND. http://www.who.int/gho/mdg/poverty_hunger/underweight_text/en/index.html Accessed: June 13, 2013
15. National Institutes of Health, National Institute of Allergy and Infectious Diseases: *Food allergy: Quick facts*. Last updated: February 2012. http://www.niaid.nih.gov/topics/foodAllergy/understanding/Pages/quickFacts.aspx Accessed: June 13, 2013
16. National Institutes of Health, National Institute of Diabetes and Digestive and Kidney Diseases: *Celiac disease awareness campaign*. Last updated: December 2012. http://www.celiac.nih.gov/ Accessed: June 13, 2013
17. Gaesser GA, Angadi SS: Gluten-free diet: Imprudent dietary advice for the general population? *Journal of the Academy of Nutrition and Dietetics* 112 (9): 1330, 2012.

Unit 8

1. World Health Organization: *Micronutrient deficiencies: Vitamin Adeficiency*. (ND) http://www.who.int/nutrition/topics/vad/en/index.html Accessed: June 13, 2013
2. Sale TA, Stratman E: Carotenemia associated with green bean ingestion. *Pediatric Dermatology* 21(6):657, 2004.
3. Wong IYH and others: Prevention of age-related macular degeneration. *International Ophthalmology* 31(10):73, 2011.
4. National Institutes of Health, Office of Dietary Supplements: *Dietary Supplement Fact Sheet: Vitamin D*. Last reviewed June 2011. http://ods.od.nih.gov/factsheets/VitaminD-HealthProfessional/ Accessed: June 13, 2013
5. Tripkovic L and others: Comparison of vitamin D2 and vitamin D3 supplementation in raising serum 25-hydroxyvitamin D status: a systematic review and meta-analysis. *American Journal of Clinical Nutrition* 95(6): 1357, 2012. Published online 2012, May 2. doi: 10.3945/ajcn.111.031070 PMCID: PMC3349454
6. U.S. Department of Agriculture, Agricultural Research Service: *Nutrient intakes from food: Mean amounts consumed per individual, by gender and age, in the United States, 2009–2010*. http://www.ars.usda.gov/Services/docs.htm?docid=18349 Accessed: June 13, 2013
7. National Institutes of Health, Office of Dietary Supplements: *Dietary Supplement Fact Sheet: Vitamin E*. June 5, 2013. http://ods.od.nih.gov/factsheets/VitaminE-HealthProfessional/ Accessed: June 13, 2013
8. Linus Pauling Institute, Oregon State University, Micronutrient Information Center: *Vitamin K*. Updated 2011. http://lpi.oregonstate.edu/infocenter/vitamins/vitaminK/ Accessed: June 13, 2013
9. National Institutes of Health, Office of Dietary Supplements*: Dietary supplement fact sheet: Vitamin B6*. Reviewed: 2011. http://ods.od.nih.gov/factsheets/VitaminB6-HealthProfessional/ Accessed: June 13, 2013
10. Linus Pauling Institute, Oregon State University, Micronutrient Information Center: *Vitamin B12*. Last reviewed 2007. http://lpi.oregonstate.edu/infocenter/vitamins/vitaminB12/ Accessed: June 13, 2013
11. Caudill MA: Folate bioavailability: Implications for establishing dietary recommendations and optimizing status. *American Journal of Clinical Nutrition* 91(5): 1455S, 2010. Published online 2010, March 10. doi: 10.3945/ajcn.2010.28674E PMCID: PMC2854911
12. Dali-Youcef N, Andrès R: An update on cobalamin deficiency in adults. *Quarterly Journal of Medicine* 102(1):17, 2008.
13. Centers for Disease Control and Prevention: *Spina bifida: Data and statistics*. 2011. http://www.cdc.gov/ncbddd/spinabifida/data.html Accessed: June 13, 2013
14. Hemilä H and others: Vitamin C for preventing and treating the common cold. *Cochrane Database of Systematic Reviews* 3:CD000980, 2007.
15. Food and Nutrition Board: *Dietary Reference Intakes for vitamin C, vitamin E, selenium, and carotenoids*. Washington, DC: National Academy Press, 2000.
16. Massey LK and others: Ascorbate increases human oxaluria and kidney stone risk. *Journal of Nutrition* 185(7): 1678, 2005.
17. U.S. Department of Health and Human Services, National Institutes of Health, National Cancer Institute: *What You Need to Know About Cancer™: Risk factors*. 2006. http://www.cancer.gov/cancertopics/wyntk/cancer/page3 Accessed: June 13, 2013
18. Béliveau R and Gingras D: Role of nutrition in preventing cancer. *Canadian Family Physician* 53:1905, 2007.
19. National Institutes of Health, National Cancer Institute: *Fact Sheet*: *Obesity and cancer risk*. Last reviewed: 2012. http://www.cancer.gov/cancertopics/factsheet/Risk/obesity Accessed: June 13, 2013
20. American Cancer Society: *Cancer Facts & Figures 2013*. www.cancer.org Accessed: June 13, 2013
21. American Cancer Society: *ACS guidelines on nutrition and physical activity for cancer prevention: Common questions about diet and cancer*. Last revised 2012. http://www.cancer.org/Healthy/EatHealthyGetActive/ACSGuidelinesonNutritionPhysicalActivityforCancerPrevention/index Accessed: June 13, 2013

Unit 9

1. U.S. Department of Health and Human Services: *Bone health and osteoporosis: A report of the Surgeon General*. Rockville, MD: U.S. Department of Health and Human Services, Office of the Surgeon General, 2004. http://www.surgeongeneral.gov/library/reports/bonehealth/
2. U.S. Department of Agriculture, Agricultural Research Service: *NHANES, 2009–10, What we eat in America*. Table 1: Nutrient intakes from food: Mean amounts consumed per individual, by gender and age, in the United States, 2009–2010. http://www.ars.usda.gov/Services/docs.htm?docid=18349 Accessed: June 16, 2013
3. Office of Dietary Supplements, National Institutes of Health: *Dietary supplement fact sheet: Calcium*. Reviewed March 2013. http://ods.od.nih.gov/factsheets/Calcium-HealthProfessional/ Accessed: June 16, 2013
4. Bolland MJ and others: Calcium supplements with or without vitamin D and risk of cardiovascular events: Reanalysis of the Women's Health Initiative limited access data-set and meta-analysis. *British Medical Journal*, Apr 19; 342:d2040. doi: 10.1136/bmj.d2040, 2011. PMCID: PMC3079822
5. National Osteoporosis Foundation: *Learn about osteoporosis: Bone health basics: Get the facts* (ND). http://www.nof.org Accessed: June 16, 2013
6. National Institutes of Health, NIH Osteoporosis and Related Bone Diseases Resource Center: *Osteoporosis*. January 2012. http://www.niams.nih.gov/Health_Info/Bone/Osteoporosis/overview.asp Accessed: June 16, 2013
7. U.S. National Library of Medicine: MedlinePlus: *Calcium carbonate overdose*. Updated March 2013. http://www.nlm.nih.gov/medlineplus/ency/article/002605.htm Accessed: June 16, 2013
8. Centers for Disease Control and Prevention: *2010 statistics for water fluoridation status*. Last modified April 2012. http://www.cdc.gov/fluoridation/statistics.htm Accessed: June 16, 2013
9. U.S. Library of Medicine (Medline Plus), National Institutes of Health: *Potassium*. Last updated May 2013. http://www.nlm.nih.gov/medlineplus/potassium.html Accessed: June 16, 2013
10. Cleveland Clinic: *Salt Substitutes: Are they Safe*? (ND). http://my.clevelandclinic.org/healthy_living/healthcare/salt_substitutes.aspx Accessed: June 16, 2013
11. National Heart Lung and Blood Institute, *What is the DASH eating plan?* July 2012. http://www.nhlbi.nih.gov/health/health-topics/topics/dash/ Accessed: June 16, 2013
12. Keenan NL, Rosendorf KA: Prevalence of hypertension and controlled hypertension—United States, 2005–2008. *Morbidity and Mortality Weekly Report* 60(1):94, 2011.
13. American Heart Association: *Frequently asked questions about sodium*. Updated 2010. http://www.heart.org/HEARTORG/GettingHealthy/NutritionCenter/HealthyDietGoals/Frequently-Asked-Questions-About-Sodium_UCM_306840_Article.jsp Accessed: June 16, 2013
14. U.S. Departments of Health and Human Services and Agriculture: *Dietary Guidelines for Americans 2010*. 2011. http://www.cnpp.usda.gov/DGAs2010-PolicyDocument.htm Accessed: June 16, 2013
15. U.S. Department of Agriculture, Agricultural Research Service. 2012. USDA National Nutrient Database for Standard Reference, Release 25. Nutrient Data Laboratory Home Page, http://www.ars.usda.gov/ba/bhnrc/ndl
16. Oregon State University, Linus Pauling Institute, Micronutrient Information Center: *Iron*. 2009. http://lpi.oregonstate.edu/infocenter/minerals/iron/ Accessed: June 16, 2013
17. Centers for Disease Control and Prevention: *Iron and iron deficiency*. 2011. http://www.cdc.gov/nutrition/everyone/basics/vitamins/iron.html Accessed: July 2, 2013
18. U.S. Library of Medicine (Medline Plus), National Institutes of Health: Iron deficiency anemia. *MedlinePlus*. Last update: February 2012. http://www.nlm.nih.gov/medlineplus/ency/article/000584.htm Accessed: June 16, 2013
19. Office of Dietary Supplements, National Institutes of Health: *Magnesium*. 2009. http://ods.od.nih.gov/factsheets/Magnesium-HealthProfessional/ Accessed: June 16, 2013

20. Office of Dietary Supplements, National Institutes of Health: *Selenium*. Reviewed May 2013. http://ods.od.nih.gov/factsheets/Selenium-HealthProfessional/ June 16, 2013
21. Office of Dietary Supplements, National Institutes of Health: Dietary supplement fact sheet: *Iodine*. Reviewed 2011. http://ods.od.nih.gov/factsheets/Iodine-HealthProfessional. Accessed: June 16, 2013
22. Mayo Clinic: Is sea salt better for your health than table salt? *Nutrition and Healthy Eating*. 2011. http://www.mayoclinic.com/health/sea-salt/AN01142 Accessed: June 16, 2013
23. Office of Dietary Supplements, National Institutes of Health: Dietary supplement fact sheet: *Zinc*. Reviewed June 13, 2013. http://ods.od.nih.gov/factsheets/Zinc-HealthProfessional/ Accessed: June 16, 2013
24. Office of Dietary Supplements, National Institutes of Health: *Chromium*. 2005. http://ods.od.nih.gov/factsheets/Chromium-HealthProfessional/ Accessed: June 16, 2013
25. Whittaker P and others: Mutagenicity of chromium picolinate and its components in *Salmonella typhimurium* and L5178Y mouse lymphoma cells. *Food and Chemical Toxicology* 43:1619, 2005.
26. Saladin KS: *Anatomy & physiology*. 6th ed. Boston: McGraw-Hill Publishing Company, 2012.
27. Valtrin H: "Drink at least eight glasses of water a day." Really? Is there evidence for "8×8"? *American Journal of Physiological Regulation and Integrative Comparative Physiology* 283:R993, 2002.
28. Food and Nutrition Board, Institute of Medicine: *Dietary Reference Intakes for water, potassium, sodium, chloride, and sulfate.* Washington, DC: National Academy Press, 2004.
29. Casa DJ and others: American College of Sports Medicine roundtable on hydration and physical activity: Consensus statements. *Current Sports Medicine Reports* 4:115, 2005.
30. Mayo Clinic Staff: *Hangovers: Definition*. 2011. http://www.mayoclinic.com/health/hangovers/DS00649 Accessed: June 16, 2013
31. Yeates KE and others: Salt and water: A simple approach to hyponatremia. *Canadian Medical Association Journal* 170:365, 2004.
32. U.S. Department of Health and Human Services: *Bisphenol A (BPA) information for parents.* ND. http://www.hhs.gov/safety/bpa Accessed: October 15, 2012
33. Centers for Disease Control and Prevention: *Vital Signs*. 2012. http://www.cdc.gov/vitalsigns/BingeDrinking/index.html Accessed: June 16, 2013
34. Centers for Disease Control and Prevention: *Alcohol & public health*. Last update January 2013. http://www.cdc.gov/alcohol/index.htm Accessed: June 16, 2013
35. King DE and others: Adopting moderate alcohol consumption in middle-age: Subsequent cardiovascular events. *American Journal of Medicine* 121(3):201, 2008.

Unit 10

1. National Institutes of Health, National Heart Lung and Blood Institute: *Aim for a healthy weight: What's overweight and obesity?* ND. http://www.nhlbi.nih.gov/health/public/heart/obesity/lose_wt/index.htm Accessed: June 20, 2013
2. Centers for Disease Control and Prevention: *Overweight and obesity: Adult obesity facts*. 2012. http://www.cdc.gov/obesity/data/adult.html Accessed: June 22, 2013
3. Fryar CD and others: National Center for Health Statistics: *Prevalence of overweight, obesity, and extreme obesity among adults: United States, trends 1960–62 through 2009–2010*. Last updated 2012. http://www.cdc.gov/nchs/data/hestat/obesity_adult_09_10/obesity_adult_09_10.htm Accessed: June 20, 2013
4. World Health Organization: *Obesity and overweight*. Updated March 2013. http://www.who.int/mediacentre/factsheets/fs311/en/index.html Accessed: June 20, 2013
5. Naaz A and others: Loss of cyclin-dependent kinase inhibitors produces adipocyte hyperplasia and obesity. *The FASEB Journal* 18:1925, 2004.
6. Avram MM: Cellulite: A review of its physiology and treatment. *Journal of Cosmetic and Laser Therapy* 6:181, 2004.
7. Saladin KS: *Anatomy & Physiology*. 6th ed. Boston: McGraw-Hill Publishing Company, 2012.

8. Bray GA, Champagne CM: Dietary patterns may modify central adiposity. *Journal of the American Dietetic Association* 109:1354, 2009.
9. Centers for Disease Control and Prevention*: Overweight and obesity: Causes and consequences: What causes overweight and obesity?* Last reviewed April 2012. http://www.cdc.gov/obesity/adult/causes/index.html Accessed: June 23, 2013
10. Friedman KE and others: Weight stigmatization and ideological beliefs: Relation to psychological functioning in obese adults. *Obesity Research* 13:907, 2005.
11. Barnett AH: The importance of treating cardiometabolic risk factors in patients with type 2 diabetes. *Diabetes & Vascular Disease Research* 5(1):9, 2008.
12. National Heart, Lung, and Blood Institute: *The practical guide: Identification, evaluation, and treatment of overweight and obesity in adults.* NIH Publication 00–4084, 2000. http://www.nhlbi.nih.gov/guidelines/obesity/prctgd_c.pdf Accessed: June 23, 2013
13. Klein S and others: Waist circumference and cardiometabolic risk. *Diabetes Care* 30(6): 1647, 2007.
14. National Institutes of Health, National Heart Lung and Blood Institute: *Aim for a healthy weight: Assessing your weight and health risk.* ND. http://www.nhlbi.nih.gov/health/public/heart/obesity/lose_wt/risk.htm Accessed: June 23, 2013
15. Centers for Disease Control and Prevention: Overweight and obesity: *Defining overweight and obesity*. 2012. http://www.cdc.gov/obesity/adult/defining.html Accessed: June 23, 2013
16. Garcia AL and others: Improved prediction of body fat by measuring skinfold thickness, circumferences, and bone breadths. *Obesity Research* 13:626, 2005.
17. Food and Nutrition Board, National Institute of Health: *Dietary Reference Intakes for energy, carbohydrate, fiber, fat, fatty acids, cholesterol, protein, and amino acids (macronutrients).* Washington, DC: National Academies Press, 2005.
18. Williams MH: *Nutrition for health, fitness, and sport*. 9th ed. New York: McGraw-Hill, 2010.
19. Knudsen N and others: Small differences in thyroid function may be important for body mass index and the occurrence of obesity in the population. *Journal of Clinical Endocrinology & Metabolism* 90:4019, 2006.
20. Haugen HA and others: Variability of measured resting metabolic rate. *American Journal of Clinical Nutrition* 78:1141, 2005.
21. Tomasi D and others: Association of body mass and brain activation during gastric distention: Implications for obesity. *PLoS One*. 2009; 4(8): e6847. Published online 2009, August 31. doi: 10.1371/journal.pone.0006847 PMCID: PMC2729391.
22. Jequier E: Leptin signaling, adiposity, and energy balance. *Annals of the New York Academy of Sciences* 967:379, 2002.
23. Hu FB and others: Television watching and other sedentary behaviors in relation to risk of obesity and type 2 diabetes mellitus in women. *Journal of the American Medical Association* 289:1785, 2003.
24. National Institutes of Health, National Heart Lung and Blood Institute: *How can overweight and obesity be prevented*? 2012. http://www.nhlbi.nih.gov/health/health-topics/topics/obe/prevention.html Accessed: June 23, 2013
25. Ledikwe JH and others: Portion sizes and the obesity epidemic. *Journal of Nutrition* 135:905, 2005.
26. Rolls BJ and others: What can intervention studies tell us about the relationship between fruit and vegetable consumption and weight management? *Nutrition Reviews* 62:1, 2004.
27. National Institutes of Health, National Heart Lung and Blood Institute: *How are overweight and obesity treated*? 2012. http://www.nhlbi.nih.gov/health/health-topics/topics/obe/treatment.html Accessed: June 23, 2013
28. Klein S and others: Weight management through lifestyle modification for the prevention and management of type 2 diabetes: Rationale and strategies. A statement of the American Diabetes Association, the North American Association for the Study of Obesity, and the American Society for Clinical Nutrition. *American Journal of Clinical Nutrition* 80:257, 2004.
29. Wing RR, Phelan S: Long-term weight loss maintenance. *American Journal of Clinical Nutrition* 82:222S, 2005.

30. National Weight Control Registry: *NWCR facts*. ND. http://www.nwcr.ws/Research/default.htm Accessed: June 23, 2013
31. National Institutes of Health, National Institute of Diabetes and Digestive and Kidney Diseases, Weight-Control Information Network: *Bariatric surgery for severe obesity*. 2011. http://win.niddk.nih.gov/publications/gastric.htm Accessed: June 23, 2013
32. Guller U and others: Safety and effectiveness of bariatric surgery: Roux-en-Y gastric bypass is superior to gastric banding in the management of morbidly obese patients. *Patient Safety in Surgery* 3(10), doi:10.1186/1754-9493-3-10, 2009.
33. Federal Trade Commission: *Court Orders Fake News Site Operator to Surrender Assets Totaling More than $2 Million*. News Release, October 19, 2012. http://ftc.gov/opa/2012/10/circa.shtm Accessed: June 23, 2013
34. Hession M and others: Systematic review of randomized controlled trials of low-carbohydrate vs. low-fat/low-calorie diets in the management of obesity and its comorbidities. *Obesity Reviews* 10:36, 2009.
35. Egras AM and others: Review article: An evidence-based review of fat modifying supplemental weight loss products. *Journal of Obesity*, Article ID 297315, doi:10.1155/2011/297315, 2011.
36. Igho J and others: Food supplements for body weight reduction: A systematic review of systematic reviews. *Obesity* 19 (2): 239, 2011. doi:10.1038/oby.2010.185
37. Devalaraja S and others: Exotic fruits as therapeutic complements for diabetes, obesity and metabolic syndrome. *Food Research International* 44(7): 1856, 2011. doi: 10.1016/j.foodres.2011.04.008 PMCID: PMC3156450
38. Federal Trade Commission, Bureau of Consumer Protection: *Facts for consumers: Weighing the evidence in diet ads*. 2009. http://www.ftc.gov/bcp/edu/pubs/consumer/health/hea03.shtm Accessed: December 2, 2012
39. American Dietetic Association: Position of the American Dietetic Association: Nutrition intervention in the treatment of eating disorders. *Journal of the American Dietetic Association* 111(8):1236, 2011.
40. National Institutes of Health, National Institute of Diabetes and Digestive and Kidney Diseases, Weight Control Information Network: *Binge eating disorder*. 2012. http://win.niddk.nih.gov/publications/binge.htm Accessed: June 23, 2013
41. National Institutes of Health, National Library of Medicine: Bulimia. *MedlinePlus*. 2012. http://www.nlm.nih.gov/medlineplus/ency/article/000341.htm Accessed: June 23, 2013
42. National Institutes of Health, National Library of Medicine: Anorexia nervosa. *MedlinePlus*. 2012. http://www.nlm.nih.gov/medlineplus/ency/article/000362.htm Accessed: June 23, 2013
43. American College of Sports Medicine: *Female athlete triad*. 2011. http://www.acsm.org/docs/brochures/the-female-athlete-triad.pdf Accessed: October 22, 2012
44. Centers for Disease Control and Prevention: *Physical activity and health: The benefits of physical activity*. 2011. http://www.cdc.gov/physicalactivity/everyone/health/index.html Accessed: June 23, 2013
45. National Heart Lung and Blood Institute: *Types of physical activity*. 2011. http://www.nhlbi.nih.gov/health/health-topics/topics/phys/types.html Accessed: June 23, 2013
46. National Heart Lung and Blood Institute: *Recommendations for physical activity*. 2011. http://www.nhlbi.nih.gov/health/health-topics/topics/phys/recommend.html Accessed: June 23, 2013
47. Van Loon LJC and others: The effects of increasing exercise intensity on muscle fuel utilization in humans. *Journal of Physiology* 536:295, 2001.
48. American Dietetic Association: Position of the American Dietetic Association, Dietitians of Canada, and the American College of Sports Medicine—Nutrition and athletic performance. *Journal of the American Dietetic Association* 109:509, 2009.
49. Economos CD and others: Nutritional practices of elite athletes: Practical recommendations. *Sports Medicine* 16:381, 1993.
50. Wismann J, Willoughby D: Gender differences in carbohydrate metabolism and carbohydrate loading. *Journal of the International Society of Sports Nutrition* 3(1):28, 2006.

51. Coyle EF: Fluid and fuel intake during exercise. *Journal of Sports Science* 22:39, 2004.
52. American College of Sports Medicine: Clearing up common nutrition myths. *ACSM Fit Society® Page* Spring 2011, p. 1. http://www.acsm.org/access-public-information/newsletters/fit-society-page Accessed: June 23, 2013
53. Centers for Disease Control and Prevention: *Heat stress*. http://www.cdc.gov/niosh/topics/heatstress/ Accessed: June 23, 2013
54. Seifert SM and others: Health effects of energy drinks on children, adolescents, and young adults. *Pediatrics* 127 (3), 511, 2011.
55. Substance Abuse and Mental Health Services Administration: *The Dawn Report: Emergency department visits involving energy drinks*. 2011. http://www.samhsa.gov/data/2k11/WEB_DAWN_089/WEB_DAWN_089.htm Accessed: June 23, 2013
56. National Collegiate Athletic Association: *NCAA banned drug list*; 2012–13 NCCA banned drugs. http://www.ncaa.org/wps/wcm/connect/public/NCAA/Health+and+Safety/Drug+Testing/Resources/NCAA+banned+drugs+list Accessed: June 23, 2013

Unit 11

1. Otten JJ and others (eds.): Institute of Medicine: *Dietary Reference Intakes: The essential guide to nutrient requirements*. Washington, DC: National Academies Press, 2006.
2. Martin JA and others: Births: Final data for 2010. *National Vital Statistics Reports* 61(1): 1, 2012.
3. Mathews TJ, MacDorman MF: Infant mortality statistics from the 2008 period linked birth/infant death data set. *National Vital Statistics Reports* 61(5):1, 2012.
4. Scholl TO: Iron status during pregnancy: Setting the stage for mother and infant. *American Journal of Clinical Nutrition* 81:1218S, 2005.
5. American College of Obstetricians and Gynecologists: *FAQS: Nutrition during pregnancy*. 2012. http://www.acog.org/~/media/For%20Patients/faq001.pdf?dmc=1&ts=20121104T1138508217 June 24, 2013
6. March of Dimes: *Your pregnant body: Weight gain during pregnancy*. 2009. http://www.marchofdimes.com/pregnancy/weight-gain-during-pregnancy.aspx Accessed: June 24, 2013
7. American Dietetic Association: Position of the American Dietetic Association and American Society for Nutrition: Obesity, reproduction, and pregnancy outcomes. *Journal of the American Dietetic Association* 109:918, 2009.
8. Jannson N and others: Maternal hormones linking maternal body mass index and dietary intake to birth weight. *American Journal of Clinical Nutrition* 87:1743, 2008.
9. Centers for Disease Control and Prevention: *Table 2D, 2011 Pregnancy Nutrition Surveillance* http://www.cdc.gov/pednss/pnss_tables/pdf/national_table2.pdf Accessed: June 24, 2013
10. National Heart Lung and Blood Institute: MedlinePlus: *Preeclampsia*. Updated March 2013. http://www.nlm.nih.gov/medlineplus/ency/article/000898.htm Accessed: June 24, 2013
11. National Heart Lung and Blood Institute: *High blood pressure in pregnancy*. (ND). http://www.nhlbi.nih.gov/health/public/heart/hbp/hbp_preg.htm Accessed: June 24, 2013
12. American Dietetic Association: Position paper: Promoting and supporting breastfeeding. 2009. *Journal of the American Dietetic Association* 109:1926, 2009.
13. The American Academy of Pediatrics: *Policy Statement: Breastfeeding and the use of human milk*. Published online February 27, 2012. *Pediatrics* 129 (3): March 1, 2012 pp. e827–e841 (doi: 10.1542/peds.2011-3552)
14. Baker RD, Greer, FR: Diagnosis and prevention of iron deficiency and iron-deficiency anemia in infants and young children (0–3 years of age). *Pediatrics* 126(5): 1040, 2010.
15. Centers for Disease Control and Prevention: *Breastfeeding among U.S. children born 2000–2009, CDC National Immunization Survey*. 2012. http://www.cdc.gov/breastfeeding/data/NIS_data/index.htm Accessed: June 24, 2013
16. Saarela T and others: Macronutrient and energy contents of human milk fractions during the first six months of lactation. *Acta Paediatricia* 94(9):1176, 2005.

17. Cincinnati Children's Hospital: *Health Topics: Warming formula or breast milk*. Updated 2012. www.cincinnatichildrens.org/ Accessed: June 25, 2013
18. Fomon SJ: Infant feeding in the 20th century: Formula and beikost. *Journal of Nutrition* 131:409S, 2001.
19. American Dietetic Association: *Reducing the risk from food allergies*. 2012. http://www.eatright.org/ Accessed: June 25, 2013
20. Macdonald LE and others: A systematic review and meta-analysis of the effects of pasteurization on milk vitamins, and evidence for raw milk consumption and other health-related outcomes. *Journal of Food Protection* 74(11):1814, 2011.
21. American Academy of Dermatologists: *Frequently asked questions about acne*. (ND) http://www.skincarephysicians.com/acnenet/FAQ.html#1 Accessed: November 4, 2012
22. Centers for Disease Control and Prevention: *Basics about childhood obesity.* Last updated April 2012. http://www.cdc.gov/obesity/childhood/basics.html Accessed: June 25, 2013
23. Centers for Disease Control and Prevention: *Overweight and obesity: A growing problem.* Last updated April 2013. http://www.cdc.gov/obesity/childhood/problem.html Accessed: June 23, 2013
24. U.S. Census Bureau: *Facts for features: Older Americans month: May 2013.* Released March 2013. http://www.census.gov/newsroom/releases/archives/facts_for_features_special_editions/cb13-ff07.html Accessed: July 22, 2013
25. Pesonen J and others: High bone mineral density among perimenopausal women. *Osteoporosis International* 16:1899, 2005.
26. Chernoff R: Micronutrient requirements in older women. *American Journal of Clinical Nutrition* 81:1240S, 2005.
27. National Institute of Allergy and Infectious Diseases: *Foodborne diseases.* Last updated April 2012. http://www.niaid.nih.gov/topics/foodborne/pages/default.aspx Accessed: June 25, 2013
28. Committee on Identifying and Assessing Unintended Effects of Genetically Engineered Foods on Human Health. Safety of genetically engineered foods: *Approaches to assessing unintended health effects.* National Research Council, 2004.
29. Centers for Disease Control and Prevention: *Foodborne illness: Frequently asked questions.* 2005. http://www.cdc.gov/ncidod/dbmd/diseaseinfo/files/foodborne_illness_FAQ.pdf Accessed: June 25, 2013
30. U.S. Department of Health and Human Services: *Keep foods safe: Cook.* (ND) http://www.foodsafety.gov/keep/basics/cook/index.html Accessed: June 25, 2013
31. U.S. Department of Agriculture, Agricultural Research Service: *Best ways to clean kitchen sponges*. 2007. http://www.ars.usda.gov/is/pr/2007/070423.htm Accessed: June 25, 2013
32. Dawson P and others: Residence time and food contact time effects on transfer of *Salmonella typhimurium* from tile, wood and carpet: Testing the five-second rule. *Journal of Applied Microbiology* 102(4):945, 2007.
33. U.S. Department of Agriculture, Food Safety and Inspection Service: *Appliances and thermometers: Microwave ovens and food safety*. Last modified October 2011. http://www.fsis.usda.gov/Fact_Sheets/Microwave_Ovens_and_Food_Safety/index.asp Accessed: July 22, 2013
34. U.S. Department of Agriculture, Food Safety and Inspection Service: *Food safety information: Basics for handling food safely*. ND. http://www.fsis.usda.gov/PDF/Basics_for_Safe_Food_Handling.pdf Accessed: June 25, 2013
35. Environmental Protection Agency: *Assessing health risks from pesticides*. 2007. http://www.epa.gov/pesticides/factsheets/riskassess.htm Accessed: June 25, 2013
36. NIOSH Agriculture, Forestry & Fishing Program: *Plan to implement the National Academies' program evaluation recommendations, 2011*. www.cdc.gov/niosh/nas/pdfs/AgFFImpPlanfinal.pdf
37. United Nations, UN News Centre: *Agricultural cooperatives can help end global hunger, says UNfood agency*. November 2, 2012. http://www.un.org/apps/news/story.asp?NewsID=43408&Cr=FAO&Cr1=#.UJkrb4awVpQ Accessed: June 25, 2013
38. Black RE and others: Maternal and child undernutrition: Global and regional exposures and health consequences. *The Lancet* 371(9608): 243–60, 2008.

39. Knoll RJ and others: Neonatal, postneonatal, childhood and under-5 mortality for 187 countries, 1970–2010: A systematic analysis of progress towards Millennium Development Goal 4. *The Lancet* May 24, 2010. DOI:10.1016/S0140-6736(10)60703-9
40. United Nations Children's Fund: *Nutrition and micronutrients.* Updated 2011. http://www.unicef.org/supply/index_39993.html Accessed: June 25, 2013
41. U.S. Census Bureau: *State & County QuickFacts.* Last revised June 6, 2013. http://quickfacts.census.gov/qfd/states/00000.html Accessed: June 25, 2013
42. U.S. Department of Health and Human Services: *2013 Poverty Guidelines.* http://aspe.hhs.gov/poverty/13poverty.cfm Accessed: June 25, 2013
43. Coleman-Jenson A and others: Household food security in the United States in 2011. *Economic Research Report No.* (ERR-141) 37 pp., September 2012. http://www.ers.usda.gov/publications/err-economic-research-report/err141.aspx Accessed July 22, 2013
44. United Nations (UN), UN News Service: *World population to reach 9.1 billion in 2050, UN projects.* 2005. http://www.un.org/apps/news/storyAr.asp?NewsID=13451&Cr=population&Cr1 Accessed: June 25, 2013
45. Foley JA: Can we feed the world & sustain the planet? *Scientific American* 305(5):60, 2011.

용어풀이

ㄱ

각기(beriberi) 티아민결핍증

각막(cornea) 안구의 전면을 덮는 투명한 막

간경변(cirrhosis) 간조직의 경화

간염(hepatitis) 간의 염증

갈락토오스(galactose) 유당의 구성성분인 단당류

갑상선 호르몬(thyroid hormone) 신체의 대사율을 조절하는 호르몬

갑상선종(goiter) 갑상선이 비대해짐

강도(intensity) 신체활동을 수행하는 정도

강화(enrichment) 곡류 및 그 외 식품에 영양소를 추가하는 것

거대 적아구성 빈혈(megaloblastic anemia) 적혈구의 수가 적고 비정상적인 상태

거식증(anorexia nervosa, AN) 식사를 거부하는 심각한 심리적 장애

건강 강조 표시(health claim) 식품이나 식품 성분과 영양 관련 질환의 위험 감소 사이의 관계를 설명한 것

건강기능식품(dietary supplement) 비타민, 무기질, 허브나 그 외 식물성 성분 및 아미노산이나, 총섭취량을 증가시켜 식이를 보충하는 식이성분

게실(diverticula) 대장의 내벽에서 형성되는 작은 주머니

결장(colon) 대장의 주요 부분

결핍증(deficiency disease) 식이에서 영양소가 누락되었을 때 나타나는 건강상태

계란 채식주의자(ovovegetarian) 동물성 단백질로 계란을 섭취하는 채식주의자

고급(완전) 단백질[high-quality (complete) protein] 모든 필수아미노산을 어린이의 성장과 조직단백질 형성에 필요한 양만큼 충분히 함유하고 있는 단백질

고밀도 지단백질(high-density lipoprotein, HDL) 콜레스테롤을 조직으로부터 간으로 운반하여 제거되도록 하는 지단백질

고용량(megadose) 비타민이나 무기질 권장량의 최소 10배 정도의 양

고출생체중(high-birth-weight, HBW) 신생아 일반적으로 8.8파운드 이상의 신생아

고혈압(hypertension) 비정상적으로 높은 혈압 수준이 지속되는 상태

고혈압(hypertension) 혈압이 지속적으로 증가하는 상태

골다공증(osteoporosis) 골질량이 낮고 골조직이 감소된 만성질환

골연화증(osteomalacia) 성인 구루병; 뼈의 무기질화가 잘 이루어지지 않은 상태

공장(jejunum) 소장의 중간 부분

과다한 체지방(overfat) 과다한 체지방을 지님

과당(fructose) 과일, 꿀, 몇 가지 채소에 들어 있는 단당류; "levulose"나 과일당

과민성 대장증후군(irritable bowel syndrome, IBS) 설사 또는 변비와 장경련이 자주 일어나는 만성질환

과체중(overweight) 뼈, 근육, 체지방 그리고/혹은 신체의 수분 때문에 과체중을 지님

괴혈병(scurvy) 비타민 C 결핍증

교차오염(cross-contamination) 한 식품에서 다른 식품으로 의도치 않게 미세 병원균을 전파함

구루병(rickets) 어린이의 비타민 D 결핍증

구조/기능 강조 표시(structure/function claim) 뼈 등의 구조를 유지하거나 소화 등 정상적인 기능을 증진시키는 위한 영양소의 역할을 설명한 것

권장섭취량(Recommended Dietary Allowances, RDA) 각종 영양소의 일일 권장섭취 기준량

궤양성 대장염(ulcerative colitis, UC) 염증성 장질환 형태

균류(fungi) 사체나 부패중인 유기물에 사는 단순 유기체

균형(balance) 건강체중을 유지하기 위한 칼로리 섭취와 소비의 균형

그렐린(ghrelin) 먹기를 자극하는 단백질

글루카곤(glucagon) 혈당을 증가시키는 호르몬

글루텐(gluten) 밀, 보리, 호밀에 들어 있는 단백질군

글리코겐(glycogen) 인간과 다른 동물의 포도당 저장 형태

기계적 소화(mechanical digestion) 식품의 물리적 분해

기관(organ) 연관된 방식으로 기능하는 다양한 조직들의 결합체

기관계(organ system) 유사한 목적을 위해 함께 작동하는 기관의 그룹

기초 대사(basal metabolism) 단식과 12시간의 휴식 후 필수 활동을 위하여 신체가 사용하는 최저 칼로리

기형발생물질(teratogen) 선천적 기형을 유발하는 물질

ㄴ

내성(tolerance) 통상적으로 섭취하는 알코올의 양에 간이 적응되어 보다 빨리 대사하는 상태

내인성인자(intrinsic factor, IF) 비타민 B_{12} 흡수에 도움을 주는, 위에서 생성되는 물질

내장지방(visceral fat) 위와 장 위에 보호막을 형성하는 복부근육 아래의 지방조직

농약(pesticide) 해충, 잡초, 및 기타 유기물을 제거하거나 통제하기 위하여 사용하는 물질

농약허용치(pesticide tolerance) 농약 처리된 식품에 남아 있을 수 있는 최대 농약 잔류량

뇌졸중(stroke) 뇌의 어떤 영역으로 흐르는

혈액의 손실로 뇌세포가 죽게 됨

ㄷ

다가불포화 지방산(polyunsaturated fatty acid, PUFA) 탄소 사슬 내에 두 개 이상의 이중결합을 갖는 지방산

다당류(polysaccharides) 10개 이상의 단당류가 결합하여 구성된 화합물

다량 무기질(major minerals) 하루 100 mg 이상 요구되는 필수 무기질 원소

다량영양소(macronutrients) 매일 g 단위로 다량이 필요하며 에너지를 제공한다; 탄수화물, 지방, 단백질

다양성(variety) 각 식품군으로부터 다른 식품을 포함하는 것

단당류(monosaccharide) 탄수화물의 기본 분자인 단순당

단백질(proteins) 아미노산으로 구성된, 크고 복잡한 유기영양소

단백질-에너지 영양불량(protein-energy malnutrition, PEM) 적절한 양의 단백질과 에너지가 식사에서 부족한 상태

단일불포화 지방산(monounsaturated fatty acid, MUFA) 탄소 사슬 내에 한 개의 이중결합을 갖는 지방산

담즙염(bile salts) 담즙의 구성요소

당뇨병(diabetes mellitus, diabetes) 비정상적인 포도당, 지방, 단백질 대사를 나타내는 심각한 만성질환

대사(metabolism) 생체 내에서 일어나는 모든 화학반응

대사율(metabolic rate) 휴식과 식사 후 몇 시간 동안 신체가 사용하는 에너지 비율

대사증후군(metabolic syndrome) 심혈관 질환의 위험을 증가시키는 상태

대장암(colorectal cancer) 결장 또는 직장에서 시작하는 암

대조군(control group) 치료를 받지 않는 그룹

대체감미료(alternative sweeteners) 음식에 첨가하여 단맛을 내면서 칼로리가 거의 없는 물질

도코사헥사엔산(docosahexaenoic acid, DHA) 오메가-3 지방산의 알파 리놀렌산으로부터 유래

돌팔이치료(quackery) 적절한 훈련이나 면허 없이 의료행위를 하는 것

동맥 플라크(arterial plaque) 동맥벽 내에 축적된 지질이 많은 부위

동맥경화증(arteriosclerosis, "동맥 경화") 죽상동맥경화증에서 이어지는 상태

동화작용(anabolic reactions) 에너지를 필요로 하는 세포 내 화학적 변화

동화작용(anabolism) 작은 물질에서 더 큰 물질을 만드는 대사과정

ㄹ

락타아제(lactase) 유당을 포도당과 과당으로 분해하는 효소

레시틴(lecithin) 식품에 포함된 주요 인지질

레티놀(retinol; preformed vitamin A) 동물성 급원 식품 중의 비타민 A 형태

렙틴(leptin) 배고픈 느낌을 감소시켜 지방의 저장을 방해하는 호르몬

리놀레산(linoleic acid) 필수 오메가-6 지방산

리파아제(lipases) 지질분해효소

림프(lymph) 림프계의 액체

ㅁ

말초혈관질환(peripheral vascular disease, PVD) 동맥경화로 인해 혈관이 심장이나 뇌로 혈액을 보내지 못함

말타아제(maltase) 맥아당을 두 개의 포도당으로 분해하는 효소

맥아당(maltose) 두 개의 포도당 분자가 서로 결합된 이당류

모노글리세리드(monoglyceride) 글리세롤 골격에 지방산이 한 개 붙은 것

미량 무기질(trace minerals) 하루 100 mg 미만 요구되는 필수 무기질 원소

미량영양소(micronutrients) 비타민과 무기질

미셀(micelle) 담즙염에 둘러싸인 지질풍부 입자. 지질을 흡수세포에 이동

미숙아(premature) 임신 37주 이전에 태어나는 아기

미오글로빈(myoglobin) 적혈구로부터 산소를 분리되도록 하는 근육세포 안의 철 함유 단백질

밀어내기 반사(extrusion reflex) 영아의 입에 고체나 반고체 식품이 들어오면 자신도 모르게 뱉어내는 본능적 반응

ㅂ

바리아트릭 비만 치료(bariatric medicine) 비만치료에 초점을 맞춘 특수 의료 행위

바이러스(virus) 질병 유발 미세 중간자

박테리아(bacteria) 단순 단세포 미생물

반 채식주의자 또는 융통성 있는 채식주의자(semivegetarian or flexitarian) 계란, 생선 및 유제품은 섭취하지만, 육류는 피한다

발암 물질(carcinogen) 암을 유발하는 인자

방출반사반응(let-down reflex) 모유수유 아기에게 일어나는 자동적인 신체반응으로 젖이 젖꼭지에 도달할 수 있도록 한다.

배고픔(hunger) 음식물을 섭취하도록 요구하는 불편한 느낌

배아(embryo) 수정 후 첫 8주 동안 형성된 인간 유기체

베타-카로틴(beta-carotene) 체내에서 비타민 A로 전환될 수 있는 카로티노이드

변비(constipation) 정상적인 경우보다 배변 빈도가 적고, 배변이 어려운 상태

병원균(pathogens) 질병유발 미생물

보조인자(cofactor) 화학반응의 촉매로 작용하는 이온 혹은 분자

복부 비만(central-body obesity) 상당량의 내장지방을 가지고 "사과" 모양의 특징을 가짐

부갑상선 호르몬(parathyroid hormone, PTH) 혈액 칼슘 수준이 너무 낮을 때 부갑상선에서 분비되는 호르몬

부분적 수소화(partial hydrogenation) 액상 식물성 기름에 수소원자를 첨가하여, 트랜스 지방과 포화 지방을 형성하는 식품가공 공정

부속 기관(accessory organs) 소화관의 기능을 돕는 소화기계의 기관

부종(edema) 조직 내 체액의 축적

분자(molecules) 물질을 구성하는 기본적인 화학적 단위

불용성 식이섬유(insoluble fiber) 일반적으로 물에 녹지 않는 식이섬유 형태

비만(obesity) 과잉의 체지방과 건강에 해로운 양의 체지방 상태

비필수 아미노산(nonessential amino acids) 체내에서 합성할 수 있는 아미노산

비헴철(nonheme iron) 헴철만큼 흡수되지 않는 철 형태

빈 칼로리 식품(empty-calorie) 건강에 해로운 지방, 첨가당, 알코올 등에서 과다한 열량을 공급하는 식품

빈 칼로리 허용량(empty calorie allowance) 주요 식품군에서 고체지방과 첨가당을 거의 함유하지 않는 식품의 권장량을 섭취한 후에 남은 에너지량

빈혈(anemia) 적혈구 내에 헤모글로빈 함량이 낮은 상태

ㅅ

사춘기(puberty) 신체적으로 성숙하게 되고 생식활동이 가능한 시기

산-염기 평형(acid-base balance) 체액의 적절한 수소이온 농도 유지

상피세포(epithelial cells) 신체의 보호내벽을 형성하는 세포

상한섭취량(Tolerable Upper Intake Level, UL) 매일 섭취해도 해가 되지 않을 정도의 최대 영양소 섭취량

상호보완(complementary combinations) 동물성 단백질의 추가 없이도 필수아미노산 모두를 공급할 수 있도록 특정 식물성 식품을 혼합하는 것

생균제(probiotics) 살아 있고, 활성적인 유익한 미생물

생명공학(biotechnology) 새로운 생산물을 만들기 위하여 살아 있는 생물을 이용

생체전기저항측정법(bioelectrical impedance) 생체전기저항측정법은 체성분을 측정하는 기술로 관련 기구가 몸속의 약한 전류 흐름의 저항값을 측정한다.

생활양식(lifestyle) 식이, 신체활동 습관, 흡연이나 음주 등의 약물 사용 및 그 외 전형적인 건강관련 행위 등을 포함한 개인의 삶의 방식

설정값 이론(set-point theory) 체지방의 용량이 유전적으로 사전에 결정되어 있다는 과학적 개념

섭식장애(eating disorders) 특정한 신체적 변화와 심각한 건강 합병증을 야기하는 심리적 장애

섭취 에너지(energy intake) 다량영양소와 알코올을 함유한 식품과 음료에서 나오는 칼로리의 섭취

세포 내액(intracellular water) 세포 내부의 체액

세포 외액(extracellular water) 세포의 외부를 둘러싸거나 혈액 안에 있는 체액

세포(cell) 유기체의 가장 작은 기능적 단위

셀리악 병(celiac disease) 글루텐 단백질로 인해 소장 내 자가면역 반응을 일으키는 만성 질환

소모성 콰시오커(marasmic kwashiorkor) 단백질 에너지 영양실조의 형태로서 부종과 소모증이 특징

소모증(마라스무스, marasmus) 심한 단백질 에너지 영양실조로서 극심한 체중 감소를 일으킨다; 기아

소비 에너지(energy output) 세포들이 활동을 수행하기 위하여 사용하는 칼로리

소화(digestion) 커다란 식품 성분이 물리적, 화학적으로 분해되는 과정

소화관(digestive tract) 입에서 항문으로 이어지는 근육 관

소화성 궤양(peptic ulcer) 상부 소화관 점막의 염증

속쓰림(heartburn) 자극적인 위의 내용물이 식도로 역류하는 것

수분 섭취 총량(total water intake) 대사와 외부 급원으로부터 섭취하는 수분

수분중독(water intoxication) 단시간 내에 과도한 물을 섭취하거나 신장이 물을 여과하기 어려울 때 발생하는 상태

수용성 비타민(water-soluble vitamins) 티아민, 리보플라빈, 니아신, 비타민 B_6, 판토텐산, 엽산, 비오틴, 비타민 B_{12}, 비타민 C

수용성 식이섬유(soluble fiber) 물에 녹거나 물을 흡수하여 팽창하는 식이섬유 형태

수유기(lactation) 젖 생산 기간

수축기 혈압(systolic pressure) 심장이 수축할 때 동맥 안에서 발생하는 최대 혈압

수화(hydration) 수분 상태

슈크라아제(sucrase) 자당을 포도당과 과당으로 분해하는 효소

식도(esophagus) 입의 뒤쪽과 위를 연결하는 소화관의 관 모양 기관

식욕(appetite) 음식에 매력을 느끼는 욕망

식이(diet) 음식 선택의 일상적인 유형

식이섬유(dietary fiber, fiber) 소화되지 않는 식물성 물질; 대부분 다당류의 형태

식중독(food intoxication) 일종의 미생물이 배출한 독소가 식품을 오염시키고 장을 자극할 때 나타나는 질병

식품 매개 질병(food-borne illness) 식품 안의 미생물 질병 유발 중간자 병원균에 의한 감염

식품 보장(food secure) 가정의 구성원들이 건강하고 활동적인 생활을 영위할 수 있도록 충분한 식품을 확보하고 구매할 수 있는 것을 말함

식품 비보장(food insecurity) 식품을 모두 사용하여 없어지거나 추가로 식품을 살 돈이 없는 개인이나 가정을 말함

식품과민증(food intolerance) 특정 식품 섭취로 인한 신체의 부정적 반응으로 신체 면역계와는 무관함

식품의 열발생 효과(thermic effect of food, TEF) 식품, 음료의 소화와 다량영양소의 흡수와 추가 과정에 사용되는 에너지

신경관(neural tube) 궁극적으로 뇌와 척수로 발달되는 배아의 구조

신경성 폭식증(bulimia nervosa, BN) 일련의 폭식과 칼로리 제한 식사가 특징인 이상 식행동

신체적 적합성(physical fitness) 과도한 피로를 느끼지 않고 적당한 강도부터 격렬한 강도에 이르기까지 활동을 수행하는 능력

신체활동(physical activity) 근골격의 수축으로 나타나는 움직임

실험(experiment) 과학적 문제를 테스트하는 방법

심장마비(heart attack) 심장근육의 한 영역에 흐르는 혈액흐름이 막혀 조직 괴사를 유발함

심혈관 질환(cardiovascular disease, CVD) 심장과 혈관에 영향을 주는 질병군

십이지장(duodenum) 소장의 처음 부분

ㅇ

아데노신 삼인산(adenosine triphosphate, ATP) 세포의 "에너지 통화"

아라키돈산(arachidonic acid, AA) 리놀레산에서 유래된 오메가-6 지방산

아리보플라비노시스(ariboflavinosis) 리보플라빈 결핍증

아미노산(amino acids) 단백질을 구성하는, 질소 함유 화학물질 단위

아스코르브산(ascorbic acid) 비타민 C

아황산염(sulfites) 와인, 감자, 새우에 보존제로 첨가되는 황함유 화합물

악성 빈혈(pernicious anemia) 내인성 인자의 부족으로 발생

알코올 남용자(alcohol abuser) 자신의 음주 습관과 관련이 있는 가정, 직장, 학교에서 많은 문제를 일으키는 사람

알코올 중독자(alcoholic) 알코올에 의존하고 섭취하지 않을 때에 금단현상이나 증상을 겪는 사람

알코올(에탄올) 종종 식품으로 분류되는 향정신성 억제약품

알파-리놀렌산(alpha-linolenic acid) 필수 오메가-3 지방산

알파-토코페롤(alpha-tocopherol) 비타민 E

암(cancer) 비정상적 세포 행동을 나타내는 질병군

양의 에너지 상태(positive energy state) 칼로리 섭취가 칼로리 소비보다 많은 것

에너지 균형(energy balance) 칼로리 섭취와 소비가 같은 것

에너지(energy) 작업을 수행할 수 있는 능력

에너지밀도(energy density) 식품중량에 대한 식품의 에너지 값

에너지적정비율(Acceptable Macronutrient Distribution Ranges, AMDRs) 영양적으로 적절하고 식이관련 만성질환의 위험을 낮출 수 있는 다량영양소의 섭취 범위

에너지필요추정량(Estimated Energy Requirement, EER) 체중을 유지하는 건강한 사람의 필요량을 충족시키는 평균 에너지 섭취량

에이코사펜타엔산(eicosapentaenoic acid, EPA) 오메가-3 지방산의 알파 리놀렌산으로부터 유래

여성 운동선수 세 가지 문제점(female athlete triad) 낮은 에너지섭취, 비정상적인 월경주기 및 뼈 무기질 이상이 있는 상태

연동운동(peristalsis) 소화관의 근육수축 형태

연방통상위원회(Federal Trade Commission, FTC) 소비자 보호법을 시행하고 건강 강조표시를 조사하는 연방정부기관

열사병(heatstroke) 가장 위험한 열 관련 질병

엽산과 식품 엽산염(folic acid and food folate) 엽산염(folate) 형태

영아용 조제유(infant formula) 모유를 모방한 복합음료

영양밀도가 높은 식품(nutrient-dense) 총열량에 비해 더 많은 비타민과 무기질을 공급하는 식품이나 음료

영양부족(undernutrition) 장기적으로 에너지와 영양 섭취가 부족한 상태일 때 발생하는 건강상태

영양불량(malnutrition) 신체가 적절한 영양 공급을 받지 못했을 때의 건강상태

영양섭취기준(Dietary Reference Intakes, DRIs) 미국인을 위한 다양한 에너지와 영양소 섭취기준

영양소 함량 강조 표시(nutrient content claim) 포장된 식품의 영양소 함량을 설명한 것

영양소(nutrients) 적절한 신체 기능을 위해 식품 속에 포함되어 있는, 생명을 유지하는 화학물질

영양표시(Nutrition Facts panel) 식품 1회 제공량당 영양정보를 표시한 식품 포장의 정보

영양학(nutrition) 영양소 및 인체의 영양소 이용에 대한 과학적 연구

오메가-3 지방산(omega-3 fatty acid) 3번째 탄소에 처음 이중결합을 갖는 다가불포화 지방산

오메가-6 지방산(omega-6 fatty acid) 6번째 탄소에 처음 이중결합을 갖는 다가불포화 지방산

옥시토신(oxytocin) 젖의 "방출"과 자궁 수축을 일으키는 호르몬

완전 채식주의자(vegan) 오직 식물성 식품만을 섭취하는 채식주의자

요소(urea) 아미노산 대사 결과 생기는 노폐물

용매(solvent) 다른 물질을 녹이는 물질

용혈(hemolysis) 적혈구의 파괴

우유 채식주의자(lactovegetarian) 동물성 단백질로 우유와 유제품을 섭취하는 채식주의자

우유계란 채식주의자(lactoovovegetarian) 동물성 단백질로 유제품과 계란을 섭취하는 채식주의자

운동(exercise) 하나의 목적을 위하여 계획되고 조직된 신체활동

운동능력향상 보조제(ergogenic aids) 신체 기능을 향상시키기 위한 음식, 기구, 식사보조제 혹은 약물 카페인 천연적인 자극약물

원생생물(protists) 동물, 식물, 균류의 특성을 갖는 작은 유기체

위식도역류질환(gastroesophageal reflux disease, GERD) 속쓰림이 잦은 만성질환

위약(placebo) 가짜 약, 주사, 또는 의료 절차 등의 가짜 치료

위약효과(placebo effect) 위약에 대한 반응

위험인자(risk factor) 만성질환 발병 가능성을 증가시키는 개인적인 특성

유기 영양소(organic nutrients) 화학 구조에 탄소를 가지고 있는 영양소

유기농 식품(organic foods) 항생물질, 호르몬, 합성비료, 농약, 유전자 조작, 또는 방사선을 사용하지 않고 생산된 식품

유당(lactose) 갈락토오스와 포도당으로 구성된 이당류; "milk sugar"

유당불내증(lactose intolerance) 유당을 적절하게 소화할 수 없는 것

유문괄약근(pyloric sphincter) 위의 기저 부분에서 있는 근육의 고리. 유미즙의 배출속도를 조절함

유미관(lacteal) 대부분의 지방을 흡수하는 융모에 있는 림프관

유미즙(chyme) 부분적으로 소화된 음식과 위액의 혼합물

유산소 운동(aerobic exercise) 큰 근육군의 지속적이고 리드미컬한 수축을 포함하는 신체활동

유전자변형생물체(genetically modified organisms, GMOs) 생명공학 기술의 결과로 유전물질의 변형이 이루어진 생물

유화제(emulsifier) 지용성과 수용성 물질이

서로 혼합되도록 도와주는 물질

융모(villi) 소장 내벽의 작고, 손가락 같은 돌기로 음식물의 소화 흡수에 관여

음의 에너지 상태(negative energy state) 칼로리 섭취가 칼로리 소비보다 적은 것

이뇨제(diuretic) 소변 생성을 증가시키는 물질

이당류(disaccharide) 두 개의 단당류로 구성된 단순당

이식증(pica) 식품이 아닌 물질을 몹시 먹고 싶어함

이완기 혈압(diastolic pressure) 심장의 수축 사이에서 심장이 이완할 때 동맥 안에서 발생하는 압력

이유(weaning) 모유나 젖병수유로부터 컵으로 마시고 고체식품을 먹는 것으로 서서히 전환하는 과정

이중 맹검 연구(double-blind study) 실험대상이나 연구자가 각 실험대상이 배정된 그룹을 알지 못하도록 설계된 실험

이화작용(catabolic reactions) 에너지 방출을 위한 세포 내 화학적 변화

이화작용(catabolism) 큰 물질을 더 작은 것으로 분해하는 대사과정

인공감미료[nonnutritive ("artificial") sweeteners] 합성된 대체감미료이며 설탕과 비교하여 단맛이 매우 강한 물질

인슐린(insulin) 혈당을 저하시키는 호르몬

인지질(phospholipid) 세포막 합성과 신경세포의 적절한 기능에 필요한 지질

일화(anecdotes) 개인적인 경험의 보고서

임신성 고혈압(gestational hypertension) 임신기간 중 발생할 수 있는 고혈압의 한 종류

입덧(morning sickness) 임신과 관련 있는 메스꺼움과 구토

ㅈ

자가면역 질환(autoimmune disease) 체내에서 특정 면역세포가 정상세포를 공격하고 파괴하는 만성 질환

자간전증(preeclampsia) 임신성 고혈압의 일반적인 명칭

자간증(eclampsia) 자간전증을 앓는 임신부가 발작을 일으키는 상태

자당(sucrose) 포도당과 과당으로 구성된 이당류; 테이블 설탕

자유 라디칼(free radical) 더 안정된 화합물에서 전자를 떼어낼 수 있는 화학적으로 불안정한 물질

잠복기(incubation period) 질병을 일으키기 전에 병원균이 식품이나 장기에서 증식하는 데 필요한 시간

잡식성 동물(omnivore) 식물, 동물, 버섯, 세균으로부터 영양소를 소화하고 흡수하는 유기체

저급(불완전) 단백질[low-quality (incomplete) protein] 필수아미노산 중 한 가지 이상이 결핍 또는 부족한 단백질

저밀도 지단백질(low-density lipoprotein, LDL) 콜레스테롤을 조직으로 운반하는 지단백질

저온살균(pasteurization) 식품과 음료의 병원균과 부패와 관련된 미생물을 죽이는 가공절차

저출생체중 신생아(low-birth-weight, LBW) 보통 5파운드 미만의 적은 체중을 가지는 아기

저혈당증(hypoglycemia) 혈당치가 비정상적으로 낮은 상태

적응 대사량(nonexercise activity thermogenesis, NEAT) 안절부절과 같은 비자발적인 뼈 근육 활동

적정량(moderation) 적절한 식품량을 섭취하는 것

전곡(whole grains) 밀, 메밀, 귀리, 옥수수, 쌀, 야생 벼, 호밀, 보리 등 곡물의 낟알을 그대로, 또는 갈거나, 잘게 부수거나, 얇게 으깬 것들

전문가 심사(peer review) 연구 논문이 출판되기 전 전문가의 비판적 분석

전분(starch) 식물의 포도당 저장 형태

전해질(electrolytes) 물에 용해되어 전하를 띠는 무기질; 이온

점액(mucus) 특정 세포를 보호하는 미끌미끌한 물질

젖산(lactic acid) 혐기적 대사 시 피루브산에서 생성되는 물질

제지방 조직(fat-free mass) 제지방 조직

조직(tissues) 유사한 특성과 기능을 가지는 세포들의 결합체

조효소(coenzyme) 효소가 기능을 수행할 수 있도록 작용하는 이온이나 작은 분자

죽상동맥경화증(atherosclerosis) 동맥벽 내부에 플라크가 형성되어 동맥경화를 유발하는 만성질환의 진행과정

중성지방(triglyceride) 글리세롤이라 부르는 세 개 탄소화합물에 세 개의 지방산이 결합된 지질

지단백질(lipoprotein) 혈액과 림프를 통해 지질을 운반하는 구조물

지방세포(adipose cells) 지방세포(fat cells)

지방세포(adipose cells) 지방을 저장하는 특수 세포

지속 가능한 농업(sustainable agriculture) 식량 수요를 충족시키면서 천연자원을 고갈시키지 않는 영농방법

지용성 비타민(fat-soluble vitamins) 비타민 A, D, E, K

지질(lipids) 물에 녹지 않는(물 불용성) 유기영양소 분류

직장(rectum) 대장의 아랫부분

ㅊ

채식주의자(vegetarians) 식물성 식품을 기본으로 식사를 하는 사람

처치군(treatment group) 치료를 받는 그룹

척추이분증(spina bifida) 출생 전에 척추가 적절하게 형성되지 못하여 척수를 에워싸지 못한 신경관 손상의 형태

철 결핍성 빈혈(iron deficiency anemia) 체내에 철의 저장이 적은 상태

첨가당(added sugars) 식품의 가공이나 처리 과정 중에 첨가된 당

청소년 급성장기(adolescent growth spurt) 신장과 체중이 급격하게 증가하는 사춘기와 연계된 기간

체질량 지수(body mass index, BMI) 과다한 체지방과 연계된 만성적인 건강 문제와의 관련성에 근거한 수치

초기 고혈압(prehypertension) 지속적인 수축기 혈압이 120~139 mm Hg이고 이완기혈압 수치가 80~89 mm Hg를 보임

초유(colostrum) 항체와 면역세포를 포함한 첫 모유

초저밀도 지단백질(very-low-density

lipoprotein, VLDL) 혈중 지질의 상당부분을 운반하는 지단백질

총 체지방조직(total body fat) 필수지방과 저장지방 조직

최신 유행 식사요법(fad) 한동안 널리 인기를 끌다가 더 이상 관심을 끌지 못하는 유행 방법

추천(testimonial) 제품에 대한 개인적인 보증

충분섭취량(Adequate Intakes, AI) 결핍증이 나타나지 않아 평균 일일 섭취량으로 적절하다고 추정되는 양

췌장 리파아제(pancreatic lipase) 각 중성지방 분자에서 두 개의 지방산을 분리하는 소화효소

치질(hemorrhoids) 항문관의 정맥이 부풀어, 가려움증과 출혈이 있는 질환

침(saliva) 침샘에서 분비되어, 음식과 섞이는 액체

ㅋ

카로테네미아(carotenemia) 체내 과다한 베타-카로틴에 의해 초래된 피부의 황변

카로티노이드(carotenoids) 과일과 채소의 주황색 색소

카제인(casein) 우유 속의 주요 단백질

카페인(caffeine) 천연적인 자극약물

칼시토닌(calcitonin) 혈액 칼슘 수준이 너무 높을 때 갑상선에서 분비되는 호르몬

케톤체(ketone bodies) 지방의 불완전한 분해 과정으로 생긴 화합물

콜라겐(collagen) 결합조직에 강도를 주는 섬유 단백질

콜레스테롤(cholesterol) 동물성 식품에 있는 스테롤이며 체내에서도 합성됨

콜린(choline) 레시틴에 있는 유사 비타민 화합물

콩과식물(legumes) 씨앗이 한 줄로 들어 있는 꼬투리를 형성하는 식물

콰시오커(kwashiorkor) 단백질 에너지 영양 실조의 형태로서 어린이가 갑자기 모유를 중단하고 양질의 단백질 섭취가 불충분할 때 발생

크레틴병(cretinism) 요오드가 결핍된 임산부가 출산한 아기에게서 발생

크론병(Crohn's disease) 염증성 장질환 형태

킬로미크론(chylomicron) 소장 흡수세포 내에서 형성된 입자로 혈액내 지질을 운반

킬로미크론(chylomicrons) 흡수세포에서 형성된 지단백질의 한 종류

ㅌ

타액 아밀라아제(salivary amylase) 침샘에서 분비되어 입에서 전분의 소화를 시작하는 효소

탄수화물(carbohydrates) 체내 에너지의 주요 급원인 영양소

탈수(dehydration) 몸속의 수분이 부적절한 상태

태반(placenta) 자궁을 배아/태아에게 탯줄을 통하여 연결하는 기관

태아 알코올 스펙트럼 이상(fetal alcohol spectrum disorder, FASD) 임신 중 술을 마신 여성이 출산한 신생아에게 나타나는 비정상적인 신체적, 지적 발달

태아(fetus) 수정된 지 8주 이후부터 출산까지 기간의 인간 유기체

태아기(prenatal period) 수정에서 출산 사이의 기간

통합해충관리(intergrated pest management, IPM) 비화학적 농작물 해충 관리 방안

트랜스 지방산(*trans* fatty acids) 특이한 화학 구조를 가진 불포화 지방산

ㅍ

펠라그라(pellagra) 니아신 결핍증

펩신(pepsin) 위에서 단백질을 폴리펩티드로 분해하는 효소

펩티드결합(peptide bond) 두 개의 아미노산을 서로 연결하는 화학적 결합

평균필요량(Estimated Average Requirement, EAR) 생활주기 및 성별에 따른 건강한 사람의 50%의 요구를 충족하는 영양소의 양

포도당(glucose) 근육과 다른 세포의 주요 연료인 단당류; "혈당"

포만감(satiety) 충분한 식품과 음료를 섭취하여 배고픔을 만족케 하는 감각

포화 지방산(saturated fatty acid, SFA) 탄소 사슬 내 탄소 모두 단일결합으로만 이루어진 지방산

폴리펩티드(polypeptides) 두 개 이상의 아미노산 사슬

프로락틴(prolactin) 출산 이후 모유의 생산을 촉진시키는 호르몬

프로비타민 A(provitamin A) 체내에서 비타민 A로 전환되는 카로티노이드계

피루브산(pyruvate) 혐기적 상태에서 포도당의 분해 생성물

피토케미칼(phytochemicals) 식물에서 생성되며, 영양소는 아니지만 건강에 이로운 물질

피하지방 두께 측정(skinfold thickness measurements) 신체의 여러 부분에서 피하지방의 두께를 측정하는 캘리퍼를 사용하여 체조성 추정 기법

피하지방(subcutaneous fat) 다른 세포보다 지방세포가 많은 피하조직층

필수 아미노산(essential amino acids) 체내에서 합성할 수 없거나, 체내 요구를 충족할 만큼 합성할 수 없는 아미노산

필수 지방산(essential fatty acids) 식사로 섭취되어야 하는 지질

필수영양소(essential nutrients) 음식으로 공급되어야 하는 영양소

필요량(requirement) 정의된 영양적 건강 수준을 유지하는 영양소의 최소량

ㅎ

하루섭취량(Daily Values, DV) 식품표시를 위한 목적으로 개발한 영양 섭취 기준

하부식도괄약근(lower gastroesophageal sphincter, LES) 식도의 끝부분에 있는 평활근의 고리; 식도와 위의 사이의 개폐를 조절함

하임릭 응급법(Heimlich maneuver) 질식한 사람을 위한 응급 처치 기술

항산화제(antioxidant) 세포 및 그 구성성분이 내부적 요인이나 유해한 환경에 노출되어 손상되거나 파괴되지 않도록 보호하는 물질

항체(antibodies) 감염 예방과 치료에 도움을 주는 단백질

헤모글로빈(hemoglobin) 산소를 운반하는 적혈구 내의 단백질

헤모글로빈(hemoglobin) 조직으로 산소를 운반하는 적혈구 안의 철을 포함한 단백질

헴(heme) 헤모글로빈의 철 함유 부분

헴철(heme iron) 흡수가 잘 되는 철 형태

혈당부하(glycemic load, GL) 어떤 식품의 일반적인 1회 제공량에 함유된 탄수화물의 양에 그 식품의 혈당지수를 곱한 값

혈당지수(glycemic index, GI) 표준량의 포도당 또는 흰 빵과 비교하여 소화 가능한 탄수화물 50 g을 함유한 식품을 섭취한 후의 체내 혈당 반응 측정치

혈중 알코올 농도(blood alcohol concentration, BAC) 혈액의 알코올 추정 농도

혐기적 대사(anaerobic metabolism) 산소를 필요로 하지 않는 대사과정

혐기적 상태(anaerobic conditions) 산소가 부족한 상태

협심증(angina) 심장근육조직에 산소부족으로 오는 흉통

호기적 대사(aerobic metabolism) 산소를 필요로 하는 대사과정

호기적 상태(aerobic conditions) 산소를 함유한 상태

호르몬(hormones) 화학적 메신저

호모시스테인(homocysteine) 독성을 가진 아미노산

화학적 소화(chemical digestion) 소화관으로 분비된 물질에 의한 식품의 화학적 분해

회장(ileum) 소장의 끝 부분

효소(enzymes) 화학적 변화가 일어나도록 도와주는 단백질

후두개(epiglottis) 음식을 삼킬 때 폐로 들어가지 않도록 기관을 덮는 덮개모양의 조직

흡수(absorption) 물질이 소화관으로 흡수되어, 혈류 또는 림프계로 들어가는 과정

흡수세포(absorptive cells) 영양소를 흡수하는 소화관 세포

bioavailability 신체가 영양소를 흡수하고 이용하는 능력

kilocalories (kcal) 또는 Calories 식품의 에너지를 측정하는 단위

MyPlate 인터넷상으로 상호작용하는 미국농무부의 식생활 및 식단계획지침

previtamin D 비타민 D의 불활성 형태

찾아보기

ㅈ

ㅊ

ㅋ

ㅌ

ㅍ

ㅎ

U

V

W

Dietary Reference Intakes (DRIs): Recommended Intakes for Individuals, Vitamins
Food and Nutrition Board, Institute of Medicine, National Academies

Life Stage Group	Vitamin A (μg/d)[a]	Vitamin C (mg/d)	Vitamin D (μg/d)[b,c]	Vitamin E (mg/d)[d]	Vitamin K (μg/d)	Thiamin (mg/d)	Riboflavin (mg/d)	Niacin (mg/d)[e]	Vitamin B-6 (mg/d)	Folate (μg/d)[f]	Vitamin B-12 (μg/d)	Pantothenic Acid (mg/d)	Biotin (μg/d)	Choline (mg/d)[g]
Infants														
0–6 mo	400*	40*	10	4*	2.0*	0.2*	0.3*	2*	0.1*	65*	0.4*	1.7*	5*	125*
7–12 mo	500*	50*	10	5*	2.5*	0.3*	0.4*	4*	0.3*	80*	0.5*	1.8*	6*	150*
Children														
1–3 y	300	15	15	6	30*	0.5	0.5	6	0.5	150	0.9	2*	8*	200*
4–8 y	400	25	15	7	55*	0.6	0.6	8	0.6	200	1.2	3*	12*	250*
Males														
9–13 y	600	45	15	11	60*	0.9	0.9	12	1.0	300	1.8	4*	20*	375*
14–18 y	900	75	15	15	75*	1.2	1.3	16	1.3	400	2.4	5*	25*	550*
19–30 y	900	90	15	15	120*	1.2	1.3	16	1.3	400	2.4	5*	30*	550*
31–50 y	900	90	15	15	120*	1.2	1.3	16	1.3	400	2.4	5*	30*	550*
51–70 y	900	90	15	15	120*	1.2	1.3	16	1.7	400	2.4[h]	5*	30*	550*
>70 y	900	90	20	15	120*	1.2	1.3	16	1.7	400	2.4[h]	5*	30*	550*
Females														
9–13 y	600	45	15	11	60*	0.9	0.9	12	1.0	300	1.8	4*	20*	375*
14–18 y	700	65	15	15	75*	1.0	1.0	14	1.2	400[i]	2.4	5*	25*	400*
19–30 y	700	75	15	15	90*	1.1	1.1	14	1.3	400[i]	2.4	5*	30*	425*
31–50 y	700	75	15	15	90*	1.1	1.1	14	1.3	400[i]	2.4	5*	30*	425*
51–70 y	700	75	15	15	90*	1.1	1.1	14	1.5	400	2.4[h]	5*	30*	425*
>70 y	700	75	20	15	90*	1.1	1.1	14	1.5	400	2.4[h]	5*	30*	425*
Pregnancy														
≤18 y	750	80	15	15	75*	1.4	1.4	18	1.9	600[j]	2.6	6*	30*	450*
19–30 y	770	85	15	15	90*	1.4	1.4	18	1.9	600[j]	2.6	6*	30*	450*
31–50 y	770	85	15	15	90*	1.4	1.4	18	1.9	600[j]	2.6	6*	30*	450*
Lactation														
≤18 y	1200	115	15	19	75*	1.4	1.6	17	2.0	500	2.8	7*	35*	550*
19–30 y	1300	120	15	19	90*	1.4	1.6	17	2.0	500	2.8	7*	35*	550*
31–50 y	1300	120	15	19	90*	1.4	1.6	17	2.0	500	2.8	7*	35*	550*

mg = milligram, μg = microgram

NOTE: This table (taken from the DRI reports; see www.nap.edu) presents Recommended Dietary Allowances (RDAs) in **bold type** and Adequate Intakes (AIs) in ordinary type followed by an asterisk (*). RDAs and AIs may both be used as goals for individual intake. RDAs are set to meet the needs of almost all (97 to 98%) individuals in a group. For healthy breastfed infants, the AI is the mean intake. The AI for other life stage and gender groups is believed to cover needs of all individuals in the group, but lack of data or uncertainty in the data prevents being able to specify with confidence the percentage of individuals covered by this intake.

[a] As retinol activity equivalents (RAEs). 1 RAE = 1 μg retinol, 12 μg β-carotene, 24 μg α-carotene, or 24 μg β-cryptoxanthin. To calculate RAEs from REs of provitamin A carotenoids in foods, divide the REs by 2. For preformed vitamin A in foods or supplements and for provitamin A carotenoids in supplements, 1 RE = 1 RAE.

[b] cholecalciferol. 1 μg cholecalciferol = 40 IU vitamin D.

[c] In the absence of adequate exposure to sunlight.

[d] As α-tocopherol. α-Tocopherol includes RRR-α-tocopherol, the only form of α-tocopherol that occurs naturally in foods, and the 2R-stereoisomeric forms of α-tocopherol (RRR-, RSR-, RRS-, and RSS-α-tocopherol) that occur in fortified foods and supplements. It does not include the 2S-stereoisomeric forms of α-tocopherol (SRR-, SSR-, SRS-, and SSS-α-tocopherol), also found in fortified foods and supplements.

[e] As niacin equivalents (NE). 1 mg of niacin = 60 mg of tryptophan; 0–6 months = preformed niacin (not NE).

[f] As dietary folate equivalents (DFE). 1 DFE = 1 μg food folate = 0.6 μg of folic acid from fortified food or as a supplement consumed with food = 0.5 μg of a supplement taken on an empty stomach.

[g] Although AIs have been set for choline, there are few data to assess whether a dietary supply of choline is needed at all stages of the life cycle, and it may be that the choline requirement can be met by endogenous synthesis at some of these stages.

[h] Because 10 to 30% of older people may malabsorb food-bound B-12, it is advisable for those older than 50 years to meet their RDA mainly by consuming foods fortified with B-12 or a supplement containing B-12.

[i] In view of evidence linking folate intake with neural tube defects in the fetus, it is recommended that all women capable of becoming pregnant consume 400 μg from supplements or fortified foods in addition to intake of food folate from a varied diet.

[j] It is assumed that women will continue consuming 400 μg from supplements or fortified food until their pregnancy is confirmed and they enter prenatal care, which ordinarily occurs after the end of the periconceptional period—the critical time for formation of the neural tube.

Dietary Reference Intakes (DRIs): Recommended Intakes for Individuals, Elements

Food and Nutrition Board, Institute of Medicine, National Academies

Life Stage Group	Calcium (mg/d)	Chromium (μg/d)	Copper (μg/d)	Fluoride (mg/d)	Iodine (μg/d)	Iron (mg/d)	Magnesium (mg/d)	Manganese (mg/d)	Molybdenum (μg/d)	Phosphorus (mg/d)	Selenium (μg/d)	Zinc (mg/d)
Infants												
0–6 mo	200*	0.2*	200*	0.01*	110*	0.27*	30*	0.003*	2*	100*	15*	2*
7–12 mo	260*	5.5*	220*	0.5*	130*	**11**	75*	0.6*	3*	275*	20*	**3**
Children												
1–3 y	**700**	11*	**340**	0.7*	**90**	**7**	**80**	1.2*	**17**	**460**	**20**	**3**
4–8 y	**1000**	15*	**440**	1*	**90**	**10**	**130**	1.5*	**22**	**500**	**30**	**5**
Males												
9–13 y	**1300**	25*	**700**	2*	**120**	**8**	**240**	1.9*	**34**	**1250**	**40**	**8**
14–18 y	**1300**	35*	**890**	3*	**150**	**11**	**410**	2.2*	**43**	**1250**	**55**	**11**
19–30 y	**1000**	35*	**900**	4*	**150**	**8**	**400**	2.3*	**45**	**700**	**55**	**11**
31–50 y	**1000**	35*	**900**	4*	**150**	**8**	**420**	2.3*	**45**	**700**	**55**	**11**
51–70 y	**1000**	30*	**900**	4*	**150**	**8**	**420**	2.3*	**45**	**700**	**55**	**11**
>70 y	**1200**	30*	**900**	4*	**150**	**8**	**420**	2.3*	**45**	**700**	**55**	**11**
Females												
9–13 y	**1300**	21*	**700**	2*	**120**	**8**	**240**	1.6*	**34**	**1250**	**40**	**8**
14–18 y	**1300**	24*	**890**	3*	**150**	**15**	**360**	1.6*	**43**	**1250**	**55**	**9**
19–30 y	**1000**	25*	**900**	3*	**150**	**18**	**310**	1.8*	**45**	**700**	**55**	**8**
31–50 y	**1000**	25*	**900**	3*	**150**	**18**	**320**	1.8*	**45**	**700**	**55**	**8**
51–70 y	**1200**	20*	**900**	3*	**150**	**8**	**320**	1.8*	**45**	**700**	**55**	**8**
>70 y	**1200**	20*	**900**	3*	**150**	**8**	**320**	1.8*	**45**	**700**	**55**	**8**
Pregnancy												
≤18 y	**1300**	29*	**1000**	3*	**220**	**27**	**400**	2.0*	**50**	**1250**	**60**	**12**
19–30 y	**1000**	30*	**1000**	3*	**220**	**27**	**350**	2.0*	**50**	**700**	**60**	**11**
31–50 y	**1000**	30*	**1000**	3*	**220**	**27**	**360**	2.0*	**50**	**700**	**60**	**11**
Lactation												
≤18 y	**1300**	44*	**1300**	3*	**290**	**10**	**360**	2.6*	**50**	**1250**	**70**	**13**
19–30 y	**1000**	45*	**1300**	3*	**290**	**9**	**310**	2.6*	**50**	**700**	**70**	**12**
31–50 y	**1000**	45*	**1300**	3*	**290**	**9**	**320**	2.6*	**50**	**700**	**70**	**12**

NOTE: This table presents Recommended Dietary Allowances (RDAs) in **bold type** and Adequate Intakes (AIs) in ordinary type followed by an asterisk (*). RDAs and AIs may both be used as goals for individual intake. RDAs are set to meet the needs of almost all (97 to 98%) individuals in a group. For healthy breastfed infants, the AI is the mean intake. The AI for other life stage and gender groups is believed to cover needs of all individuals in the group, but lack of data or uncertainty in the data prevents being able to specify with confidence the percentage of individuals covered by this intake.

Sources: Dietary Reference Intakes for Calcium, Phosphorus, Magnesium, Vitamin D, and Fluoride (1997); *Dietary Reference Intakes for Thiamin, Riboflavin, Niacin, Vitamin B-6, Folate, Vitamin B-12, Pantothenic Acid, Biotin, and Choline* (1998); *Dietary Reference Intakes for Vitamin C, Vitamin E, Selenium, and Carotenoids* (2000); *Dietary Reference Intakes for Vitamin A, Vitamin K, Arsenic, Boron, Chromium, Copper, Iodine, Iron, Manganese, Molybdenum, Nickel, Silicon, Vanadium, and Zinc* (2001); and *Dietary Reference Intakes for Calcium and Vitamin D* (2011). These reports may be accessed via www.nap.edu.

Dietary Reference Intakes (DRIs): Recommended Intakes for Individuals, Macronutrients

Food and Nutrition Board, Institute of Medicine, National Academies

Life Stage Group	Carbohydrate (g/d)	Total Fiber (g/d)	Fat (g/d)	Linoleic Acid (g/d)	α-Linolenic Acid (g/d)	Protein[a] (g/d)
Infants						
0–6 mo	60*	ND	31*	4.4*	0.5*	9.1*
7–12 mo	95*	ND	30*	4.6*	0.5*	**11.0**
Children						
1–3 y	**130**	19*	ND[b]	7*	0.7*	**13**
4–8 y	**130**	25*	ND	10*	0.9*	**19**
Males						
9–13 y	**130**	31*	ND	12*	1.2*	**34**
14–18 y	**130**	38*	ND	16*	1.6*	**52**
19–30 y	**130**	38*	ND	17*	1.6*	**56**
31–50 y	**130**	38*	ND	17*	1.6*	**56**
51–70 y	**130**	30*	ND	14*	1.6*	**56**
>70 y	**130**	30*	ND	14*	1.6*	**56**
Females						
9–13 y	**130**	26*	ND	10*	1.0*	**34**
14–18 y	**130**	26*	ND	11*	1.1*	**46**
19–30 y	**130**	25*	ND	12*	1.1*	**46**
31–50 y	**130**	25*	ND	12*	1.1*	**46**
51–70 y	**130**	21*	ND	11*	1.1*	**46**
>70 y	**130**	21*	ND	11*	1.1*	**46**
Pregnancy						
14–18 y	**175**	28*	ND	13*	1.4*	**71**
19–30 y	**175**	28*	ND	13*	1.4*	**71**
31–50 y	**175**	28*	ND	13*	1.4*	**71**
Lactation						
14–18 y	**210**	29*	ND	13*	1.3*	**71**
19–30 y	**210**	29*	ND	13*	1.3*	**71**
31–50 y	**210**	29*	ND	13*	1.3*	**71**

NOTE: This table presents Recommended Dietary Allowances (RDAs) in **bold type** and Adequate Intakes (AIs) in ordinary type followed by an asterisk (*). RDAs and AIs may both be used as goals for individual intake. RDAs are set to meet the needs of almost all (97 to 98%) individuals in a group. For healthy breastfed infants, the AI is the mean intake. The AI for other life stage and gender groups is believed to cover needs of all individuals in the group, but lack of data or uncertainty in the data prevents being able to specify with confidence the percentage of individuals covered by this intake.

[a]Based on 0.8g protein/kg body weight for reference body weight.

[b]ND = not determinable at this time.

Sources: Dietary Reference Intakes for Energy, Carbohydrate, Fiber, Fat, Fatty Acids, Cholesterol, Protein, and Amino Acids (2002). This report may be accessed via www.nap.edu.

Dietary Reference Intakes (DRIs): Recommended Intakes for Individuals, Electrolytes and Water

Food and Nutrition Board, Institute of Medicine, National Academies

Life Stage Group	Sodium (mg/d)	Potassium (mg/d)	Chloride (mg/d)	Water (L/d)
Infants				
0–6 mo	120*	400*	180*	0.7*
7–12 mo	370*	700*	570*	0.8*
Children				
1–3 y	1000*	3000*	1500*	1.3*
4–8 y	1200*	3800*	1900*	1.7*
Males				
9–13 y	1500*	4500*	2300*	2.4*
14–18 y	1500*	4700*	2300*	3.3*
19–30 y	1500*	4700*	2300*	3.7*
31–50 y	1500*	4700*	2300*	3.7*
51–70 y	1300*	4700*	2000*	3.7*
> 70 y	1200*	4700*	1800*	3.7*
Females				
9–13 y	1500*	4500*	2300*	2.1*
14–18 y	1500*	4700*	2300*	2.3*
19–30 y	1500*	4700*	2300*	2.7*
31–50 y	1500*	4700*	2300*	2.7*
51–70 y	1300*	4700*	2000*	2.7*
> 70 y	1200*	4700*	1800*	2.7*
Pregnancy				
14–18 y	1500*	4700*	2300*	3.0*
19–50 y	1500*	4700*	2300*	3.0*
Lactation				
14–18 y	1500*	5100*	2300*	3.8*
19–50 y	1500*	5100*	2300*	3.8*

NOTE: The table is adapted from the DRI reports. See www.nap.edu. Adequate Intakes (AIs) are followed by an asterisk (*). These may be used as a goal for individual intake. For healthy breastfed infants, the AI is the average intake. The AI for other life stage and gender groups is believed to cover the needs of all individuals in the group, but lack of data prevent being able to specify with confidence the percentage of individuals covered by this intake; therefore, no Recommended Dietary Allowance (RDA) was set.

Source: Dietary Reference Intakes for Water, Potassium, Sodium, Chloride, and Sulfate (2005). This report may be accessed via www.nap.edu.

Acceptable Macronutrient Distribution Ranges

	Range (percent of energy)		
Macronutrient	**Children, 1–3 y**	**Children, 4–18 y**	**Adults**
Fat	30–40	25–35	20–35
omega-6 polyunsaturated fats (linoleic acid)	5–10	5–10	5–10
omega-3 polyunsaturated fats[a] (α-linolenic acid)	0.6–1.2	0.6–1.2	0.6–1.2
Carbohydrate	45–65	45–65	45–65
Protein	5–20	10–30	10–35

[a]Approximately 10% of the total can come from longer-chain n-3 fatty acids.

Source: Dietary Reference Intakes for Energy, Carbohydrate, Fiber, Fat, Fatty Acids, Cholesterol, Protein, and Amino Acids (2002). The report may be accessed via www.nap.edu.

Dietary Reference Intakes (DRIs): Tolerable Upper Intake Levels (UL[a]), Vitamins
Food and Nutrition Board, Institute of Medicine, National Academies

Life Stage Group	Vitamin A (μg/d)[b]	Vitamin C (mg/d)	Vitamin D (μg/d)	Vitamin E (mg/d)[c,d]	Vitamin K	Thiamin	Riboflavin	Niacin (mg/d)[d]	Vitamin B-6 (mg/d)	Folate (μg/d)[d]	Vitamin B-12	Pantothenic Acid	Biotin	Choline (g/d)	Carotenoids[e]
Infants															
0–6 mo	600	ND	25	ND	ND	ND	ND	ND	ND	ND	ND	ND	ND	ND	ND
7–12 mo	600	ND	38	ND	ND	ND	ND	ND	ND	ND	ND	ND	ND	ND	ND
Children															
1–3 y	600	400	63	200	ND	ND	ND	10	30	300	ND	ND	ND	1.0	ND
4–8 y	900	650	75	300	ND	ND	ND	15	40	400	ND	ND	ND	1.0	ND
Males, Females															
9–13 y	1700	1200	100	600	ND	ND	ND	20	60	600	ND	ND	ND	2.0	ND
14–18 y	2800	1800	100	800	ND	ND	ND	30	80	800	ND	ND	ND	3.0	ND
19–70 y	3000	2000	100	1000	ND	ND	ND	35	100	1000	ND	ND	ND	3.5	ND
> 70 y	3000	2000	100	1000	ND	ND	ND	35	100	1000	ND	ND	ND	3.5	ND
Pregnancy															
≤ 18 y	2800	1800	100	800	ND	ND	ND	30	80	800	ND	ND	ND	3.0	ND
19–50 y	3000	2000	100	1000	ND	ND	ND	35	100	1000	ND	ND	ND	3.5	ND
Lactation															
≤ 18 y	2800	1800	100	800	ND	ND	ND	30	80	800	ND	ND	ND	3.0	ND
19–50 y	3000	2000	100	1000	ND	ND	ND	35	100	1000	ND	ND	ND	3.5	ND

[a]UL = The maximum level of daily nutrient intake likely to pose no risk of adverse effects. Unless otherwise specified, the UL represents total intake from food, water, and supplements. Due to lack of suitable data, ULs could not be established for vitamin K, thiamin, riboflavin, vitamin B-12, pantothenic acid, biotin, or carotenoids. In the absence of ULs, extra caution may be warranted in consuming levels above recommended intakes.

[b]As preformed vitamin A only.

[c]As α-tocopherol; applies to any form of supplemental α-tocopherol.

[d]The ULs for vitamin E, niacin, and folate apply to synthetic forms obtained from supplements, fortified foods, or a combination of the two.

[e]Beta-Carotene supplements are advised only to serve as a provitamin A source for individuals at risk of vitamin A deficiency.

[f]ND = Not determinable due to lack of data of adverse effects in this age group and concern with regard to lack of ability to handle excess amounts. Source of intake should be from food only to prevent high levels of intake.

Sources: Dietary Reference Intakes for Calcium and Vitamin D (2011); *Dietary Reference Intakes for Calcium, Phosphorus, Magnesium, Vitamin D, and Fluoride* (1997); *Dietary Reference Intakes for Thiamin, Riboflavin, Niacin, Vitamin B-6, Folate, Vitamin B-12, Pantothenic Acid, Biotin, and Chlorine* (1998); *Dietary Reference Intakes for Vitamin C, Vitamin E, Selenium, and Carotenoids* (2000); and *Dietary Reference Intakes for Vitamin A, Vitamin K, Arsenic, Boron, Chromium, Copper, Iodine, Iron, Manganese, Molybdenum, Nickel, Silicon, Vanadium, and Zinc* (2001). These reports may be accessed via www.nap.edu.

Dietary Reference Intakes (DRIs): Tolerable Upper Intake Levels (UL[a]), Elements and Electrolytes[b,c]

Food and Nutrition Board, Institute of Medicine, National Academies

Life Stage Group	Arsenic[b]	Boron (mg/d)	Calcium (g/d)	Copper (μg/d)	Fluoride (mg/d)	Iodine (μg/d)	Iron (mg/d)	Magnesium (mg/d)[d]	Manganese (mg/d)	Molybdenum (μg/d)	Nickel (mg/d)	Phosphorus (g/d)	Selenium (μg/d)	Vanadium (mg/d)[e]	Zinc (mg/d)	Sodium (mg/d)	Chloride (mg/d)
Infants																	
0–6 mo	ND[f]	ND	1	ND	0.7	ND	40	ND	ND	ND	ND	ND	45	ND	4	ND	ND
7–12 mo	ND	ND	1.5	ND	0.9	ND	40	ND	ND	ND	ND	ND	60	ND	5	ND	ND
Children																	
1–3 y	ND	3	2.5	1000	1.3	200	40	65	2	300	0.2	3	90	ND	7	1500	2300
4–8 y	ND	6	2.5	3000	2.2	300	40	110	3	600	0.3	3	150	ND	12	1900	2900
Males, Females																	
9–13 y	ND	11	3	5000	10	600	40	350	6	1100	0.6	4	280	ND	23	2200	3400
14–18 y	ND	17	3	8000	10	900	45	350	9	1700	1.0	4	400	ND	34	2300	3600
19–70 y	ND	20	2.5[g]	10000	10	1100	45	350	11	2000	1.0	4	400	1.8	40	2300	3600
>70 y	ND	20	2	10000	10	1100	45	350	11	2000	1.0	3	400	1.8	40	2300	3600
Pregnancy																	
≤18 y	ND	17	3	8000	10	900	45	350	9	1700	1.0	3.5	400	ND	34	2300	3600
19–50 y	ND	20	2.5	10000	10	1100	45	350	11	2000	1.0	3.5	400	ND	40	2300	3600
Lactation																	
≤18 y	ND	17	3	8000	10	900	45	350	9	1700	1.0	4	400	ND	34	2300	3600
19–50 y	ND	20	2.5	10000	10	1100	45	350	11	2000	1.0	4	400	ND	40	2300	3600

[a]UL = The maximum level of daily nutrient intake that is likely to pose no risk of adverse effects. Unless otherwise specified, the UL represents total intake from food, water, and supplements. Due to lack of suitable data, ULs could not be established for arsenic, chromium, and silicon. In the absence of ULs, extra caution may be warranted in consuming levels above recommended intakes.

[b]Although a UL was not determined for arsenic, there is no justification for adding arsenic to food or supplements.

[c]Although silicon has not been shown to cause adverse effects in humans, there is no justification for adding silicon to supplements.

[d]The ULs for magnesium represent intake from a pharmacological agent only and do not include intake from food and water.

[e]Although vanadium in food has not been shown to cause adverse effects in humans, there is no justification for adding vanadium to food and vanadium supplements should be used with caution. The UL is based on adverse effects in laboratory animals and this data could be used to set a UL for adults but not children and adolescents.

[f]ND = Not determinable due to lack of data of adverse effects in this age group and concern with regard to lack of ability to handle excess amounts. Source of intake should be from food only to prevent high levels of intake.

[g]Upper Limit declines to 2 after age 50.

Sources: Dietary Reference Intakes for Calcium and Vitamin D (2011); *Dietary Reference Intakes for Calcium, Phosphorus, Magnesium, Vitamin D, and Fluoride* (1997); *Dietary Reference Intakes for Thiamin, Riboflavin, Niacin, Vitamin B-6, Folate, Vitamin B-12, Pantothenic Acid, Biotin, and Choline* (1998); *Dietary Reference Intakes for Vitamin C, Vitamin E, Selenium,* and *Carotenoids* (2000); *Dietary Reference Intakes for Vitamin A, Vitamin K, Arsenic, Boron, Chromium, Copper, Iodine, Iron, Manganese, Molybdenum, Nickel, Silicon, Vanadium, and Zinc* (2001); and *Dietary Reference Intakes for Water, Potassium, Sodium, Chloride, and Sulfate* (2004). *These reports may be accessed via* www.nap.edu.

F